전산응용토목제도
기능사 필기 + 실기

강봉수 지음

Craftsman-Computer Aided Drawing in Civil Engineering

" 이 책을 선택한 당신, 당신은 이미 위너입니다! "

■ **도서 A/S 안내**

성안당에서 발행하는 모든 도서는 저자와 출판사, 그리고 독자가 함께 만들어 나갑니다.

좋은 책을 펴내기 위해 많은 노력을 기울이고 있습니다. 혹시라도 내용상의 오류나 오탈자 등이 발견되면 "좋은 책은 나라의 보배"로서 우리 모두가 함께 만들어 간다는 마음으로 연락주시기 바랍니다. 수정 보완하여 더 나은 책이 되도록 최선을 다하겠습니다.

성안당은 늘 독자 여러분들의 소중한 의견을 기다리고 있습니다. 좋은 의견을 보내주시는 분께는 성안당 쇼핑몰의 포인트(3,000포인트)를 적립해 드립니다.

잘못 만들어진 책이나 부록 등이 파손된 경우에는 교환해 드립니다.

저자 문의 e-mail : kangbong24@naver.com(강봉수)
본서 기획자 e-mail : coh@cyber.co.kr(최옥현)
홈페이지 : http://www.cyber.co.kr   전화 : 031) 950-6300

머리말

Preface

전산응용토목제도기능사는 토목일반 및 제도에 관한 기본지식을 바탕으로 컴퓨터를 이용하여 도면을 작성하고, 수정·보완 및 출력 등을 수행하는 직무입니다. 이 책은 전산응용토목제도기능사를 준비하는 수험생은 물론, 토목분야에 대한 지식을 학습하는 독자를 위해 집필하였습니다.

변경된 출제기준에 맞추어 크게 토목제도, CAD 일반, 철근 및 콘크리트, 토목일반으로 나누어 내용을 구성하였으며, 세부 항목은 내용의 유사성을 고려하여 적절하게 재구조화하였습니다.

이 책의 특징
1. 핵심만 모아서 구성한 **핵심 암기노트**를 제공합니다.
2. 각 단원별로 출제빈도 높은 문제유형으로 **적중 예상문제**를 수록하였고, 중요 문제는 **별표(★)**로 강조하였습니다.
3. 상세한 해설이 담긴 **8개년 과년도 기출문제**를 수록하였습니다.
4. CBT 대비 **실전 모의고사**를 수록하여 최종 점검을 할 수 있습니다.
5. 따라만 하면 3회독 마스터가 가능한 **5주 완성 합격 플래너**를 제공합니다.

실기편에서는 실기 도면을 작도하는 방법에 대해 다루었습니다. Auto CAD의 기본 기능을 다룰 수 있다는 전제 아래 문제 도면을 이해하고 작도하는 방법 위주로 구성하였으므로 실기 내용을 학습하기 전에 Auto CAD의 기본 기능에 대한 숙달이 필요합니다.

수업 시간에 필자가 학생들에게 자주 하는 말이 있습니다.
"노력한다고 모두가 성공하는 것은 아니지만, 성공한 사람은 모두 노력한 사람이다."라는 말인데, '내가 지금 이걸 공부해서 자격증을 취득할 수 있을까?', '내가 자격증을 취득한다고 과연 원하는 곳에 취업할 수 있을까?' 고민하지 말고 지금 할 수 있는 노력을 해 보세요. 작은 물줄기가 모이지 않으면 강과 바다가 될 수 없듯이, 노력하지 않으면 이룰 수 있는 것은 없습니다. 기억하세요. 노력하는 사람에게는 행운도 함께 찾아옵니다.

이 책이 독자 여러분이 꿈을 이루는 데 디딤돌이 되기를 바라며,
여러분의 성공을 응원합니다.

지은이 강봉수

가이드

✓ NCS 안내

1 국가직무능력표준(NCS)이란?

국가직무능력표준(NCS, National Competency Standards)은 산업현장에서 직무를 수행하기 위해 요구되는 지식·기술·태도 등의 내용을 국가가 산업부문별, 수준별로 체계화한 것이다.

(1) 국가직무능력표준(NCS) 개념도

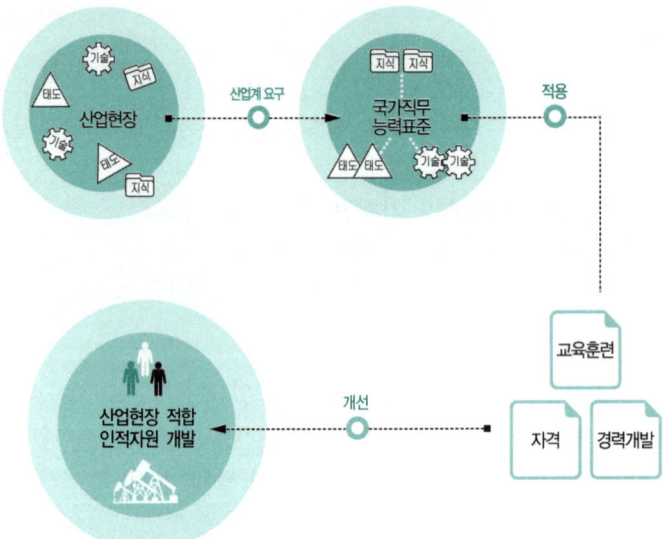

- 직무능력 : 일을 할 수 있는 On-spec인 능력
  ① 직업인으로서 기본적으로 갖추어야 할 공통 능력 → 직업기초능력
  ② 해당 직무를 수행하는 데 필요한 역량(지식, 기술, 태도) → 직무수행능력

- 보다 효율적이고 현실적인 대안 마련
  ① 실무 중심의 교육·훈련 과정 개편
  ② 국가자격의 종목 신설 및 재설계
  ③ 산업현장 직무에 맞게 자격시험 전면 개편
  ④ NCS 채용을 통한 기업의 능력 중심 인사관리 및 근로자의 평생경력 개발 관리 지원

(2) 국가직무능력표준(NCS) 학습모듈

국가직무능력표준(NCS)이 현장의 '직무요구서'라고 한다면, NCS 학습모듈은 NCS 능력단위를 교육훈련에서 학습할 수 있도록 구성한 '교수·학습자료'이다.
NCS 학습모듈은 구체적 직무를 학습할 수 있도록 이론 및 실습과 관련된 내용을 상세하게 제시하고 있다.

Guide

2 국가직무능력표준(NCS)이 왜 필요한가?

능력 있는 인재를 개발해 핵심 인프라를 구축하고, 나아가 국가경쟁력을 향상시키기 위해 국가직무능력표준이 필요하다.

(1) 국가직무능력표준(NCS) 적용 전/후

지금은
- 직업 교육·훈련 및 자격제도가 산업현장과 불일치
- 인적자원의 비효율적 관리 운용

→ 국가직무능력표준 →

이렇게 바뀝니다.
- 각각 따로 운영되었던 교육·훈련, 국가직무능력표준 중심 시스템으로 전환 (일-교육·훈련-자격 연계)
- 산업현장 직무 중심의 인적자원 개발
- 능력중심사회 구현을 위한 핵심 인프라 구축
- 고용과 평생직업능력개발 연계를 통한 국가경쟁력 향상

(2) 국가직무능력표준(NCS) 활용범위

기업체 Corporation
- 현장 수요 기반의 인력채용 및 인사관리 기준
- 근로자 경력개발
- 직무기술서

교육훈련기관 Education and training
- 직업교육훈련과정 개발
- 교수계획 및 매체, 교재 개발
- 훈련기준 개발

자격시험기관 Qualification
- 자격종목의 신설·통합·폐지
- 출제기준 개발 및 개정
- 시험문항 및 평가 방법

가이드

3 과정평가형 자격취득

(1) 개념

과정평가형 자격은 국가직무능력표준(NCS)으로 설계된 교육·훈련과정을 체계적으로 이수하고 내·외부평가를 거쳐 취득하는 국가기술자격이다.

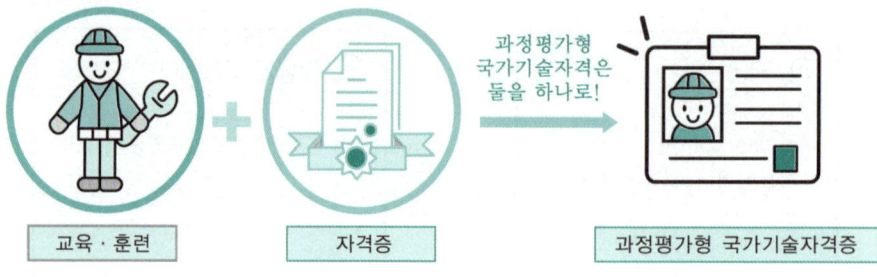

(2) 기존 자격제도와 차이점

구분	검정형	과정형
응시자격	학력, 경력요건 등 응시요건을 충족한 자	해당 과정을 이수한 누구나
평가방법	지필평가, 실무평가	내부평가, 외부평가
합격기준	• 필기: 평균 60점 이상 • 실기: 60점 이상	내부평가와 외부평가의 결과를 1:1로 반영하여 평균 80점 이상
자격증 기재내용	자격종목, 인적사항	자격종목, 인적사항, 교육·훈련기관명, 교육·훈련기간 및 이수시간, NCS 능력단위명

(3) 취득방법

① 산업계의 의견수렴절차를 거쳐 한국산업인력공단은 다음 연도의 과정평가형 국가기술자격 시행종목을 선정한다.
② 한국산업인력공단은 종목별 편성기준(시설·장비, 교육·훈련기관, NCS 능력단위 등)을 공고하고, 엄격한 심사를 거쳐 과정평가형 국가기술자격을 운영할 교육·훈련기관을 선정한다.
③ 교육·훈련생은 각 교육·훈련기관에서 600시간 이상의 교육·훈련을 받고 능력단위별 내부평가에 참여한다.
④ 이수기준(출석률 75%, 모든 내부평가 응시)을 충족한 교육·훈련생은 외부평가에 참여한다.
⑤ 교육·훈련생은 80점 이상(내부평가 50+외부평가 50)의 점수를 받으면 해당 자격을 취득하게 된다.

(4) 교육·훈련생의 평가방법

① 내부평가(지정 교육·훈련기관)
　㉠ 과정평가형 자격 지정 교육·훈련기관에서 능력단위별 75% 이상 출석 시 내부평가 시행
　㉡ 내부평가

시기	NCS 능력단위별 교육·훈련 종료 후 실시(교육·훈련시간에 포함됨)
출제·평가	지필평가, 실무평가
성적관리	능력단위별 100점 만점으로 환산
이수자 결정	능력단위별 출석률 75% 이상, 모든 내부평가에 참여
출석관리	교육·훈련기관 자체 규정 적용(다만, 훈련기관의 경우 근로자직업능력개발법 적용)

　㉢ 모니터링

시행시기	내부평가 시
확인사항	과정 지정 시 인정받은 필수기준 및 세부 평가기준 충족 여부, 내부평가의 적정성, 출석관리 및 시설장비의 보유 및 활용사항 등
시행횟수	분기별 1회 이상(교육·훈련기관의 부적절한 운영상황에 대한 문제제기 등 필요 시 수시 확인)
시행방법	종목별 외부전문가의 서류 또는 현장조사
위반사항 적발	주무부처 장관에게 통보, 국가기술자격법에 따라 위반내용 및 횟수에 따라 시정명령, 지정취소 등 행정처분(국가기술자격법 제24조의 5)

② 외부평가(한국산업인력공단)
　내부평가 이수자에 대한 외부평가 실시

시행시기	해당 교육·훈련과정 종료 후 외부평가 실시
출제·평가	과정 지정 시 인정받은 필수기준 및 세부평가기준 충족 여부, 내부평가의 적정성, 출석관리 및 시설장비의 보유 및 활용사항 등 ※ 외부평가 응시 시 발생되는 응시수수료 한시적으로 면제

★ NCS에 대한 자세한 사항은 **국가직무능력표준** 홈페이지(www.ncs.go.kr)에서 확인하시기 바랍니다. ★

★ 과정평가형 자격에 대한 자세한 사항은 **CQ-Net** 홈페이지(c.q-net.or.kr)에서 확인하시기 바랍니다. ★

가이드

✅ 출제기준 [필기]

직무분야	건설	중직무분야	토목	자격종목	전산응용토목제도기능사	적용기간	2026. 1. 1.~2027. 12. 31.

○ 직무내용: 토목일반 및 제도에 관한 기본지식을 바탕으로 컴퓨터를 이용하여 도면을 작성, 수정·보완 및 출력 등을 수행하는 직무이다.

필기검정방법	객관식	문제 수	60	시험시간	1시간

필기과목명	출제문제 수	주요항목	세부항목	세세항목
토목제도(CAD), 철근콘크리트, 토목일반구조	60	1. 토목제도	(1) 제도기준	① 표준규격 ② KS토목제도통칙 ③ 도면의 크기와 축척 ④ 제도 표시의 일반 원칙 ⑤ 치수와 치수요소
			(2) 기본도법	① 평면도법 ② 입체투상도
			(3) 도면작성	① 도면의 작성순서 ② 도면의 작성방법
			(4) 건설재료의 표시	① 건설재료의 단면 표시 ② 재료단면의 경계 표시 ③ 단면의 형태에 따른 절단면 표시 ④ 판형재(형강, 강관 등)의 종류와 치수 ⑤ 지형의 경사면 표시방법
			(5) 도면이해	① 구조물 도면 ② 도로도면 ③ 평면도 ④ 종단면도 ⑤ 횡단면도
		2. 전산응용제도	(1) CAD 일반	① CAD 시스템 ② CAD 프로그램에 의한 좌표 설정 ③ CAD 시스템에 의한 도형 처리 ④ GIS 개요와 데이터 이해 ⑤ 측량 데이터 관리

필기과목명	출제 문제 수	주요항목	세부항목	세세항목
		3. 철근 및 콘크리트	(1) 철근	① 철근의 종류와 간격 ② 갈고리 ③ 철근의 이음 ④ 철근의 부착과 정착 ⑤ 피복두께
			(2) 콘크리트	① 콘크리트의 구성 및 특징 ② 콘크리트의 재료 ③ 콘크리트의 성질 ④ 콘크리트의 종류
		4. 토목일반	(1) 토목구조물의 개념	① 토목구조물의 개요 ② 토목구조물의 형식 ③ 토목구조물의 특징 ④ 토목구조물의 하중
			(2) 토목구조물의 종류	① 보 ② 기둥 ③ 슬래브 ④ 기초 및 옹벽
			(3) 토목구조물의 특성	① 철근콘크리트 구조 ② 프리스트레스트 콘크리트 구조 ③ 강구조

가이드

✓ 출제기준 [실기]

직무분야	건설	중직무분야	토목	자격종목	전산응용토목제도기능사	적용기간	2026. 1. 1.~2027. 12. 31.

○ 직무내용: 토목일반 및 제도에 관한 기본지식을 바탕으로 컴퓨터를 이용하여 도면을 작성, 수정·보완 및 출력 등을 수행하는 직무이다.

필기검정방법	작업형	시험시간	3시간 정도

실기과목명	주요항목	세부항목	세세항목
전산응용 토목제도 작업	1. 도로설계 도면작성	(1) 위치도·일반도 작성하기	① 설계도면 작성기준에 의해 설계자의 의도를 정확히 전달하고 표현이 불확실한 부분이 최소화되도록 설계도면을 작성할 수 있다. ② 도로 노선에 표준이 되고 과업기준에 적합한 축척 범위로 표준횡단면도, 편경사도 등과 같은 과업특성을 파악하고 표준화된 내용을 일반도에 적용할 수 있다.
		(2) 종평면도·횡단면도 작성하기	① 종단면도 아래 제원표는 공통도면 작성기준의 테이블 작성규정에 따라 측점, 지반고, 계획고, 땅깎기 및 흙쌓기, 편경사, 종단곡선 및 평면곡선 정보와 기점거리 등을 기입하여 종단계획을 수립할 수 있다.
	2. 구조물 도면 작성	(1) 구조물 상·하부 구조 일반도 작성하기	① 설계기준을 기초로 하여 주요 구조부의 치수를 결정하고 도면화할 수 있다.
	3. 토공 도면 파악	(1) 기본도면 파악하기	① 토공 도면을 확인하여 종평면도, 횡단면도, 상세도로 구분할 수 있다.
		(2) 도면 기본지식 파악하기	① 토공 도면의 기능과 용도를 파악할 수 있다. ② 토공 도면에서 지시하는 내용을 파악할 수 있다. ③ 토공 도면에 표기된 각종 기호의 의미를 파악할 수 있다.

Guide

국가기술자격 실기시험문제

| 자격종목 | 전산응용토목제도기능사 | 과제명 | 옹벽 구조도
도로 토공 횡단면도
도로 토공 종단면도 |

| 비번호 | | 시험일시 | | 시험장명 | |

※ 시험시간 : 3시간(시험 종료 후 문제지는 반납)

1. 요구사항

※ 주어진 도면 (1), (2), (3)을 보고 CAD 프로그램을 이용하여 아래 조건에 맞게 도면을 작도하여 감독위원의 지시에 따라 저장하고, 주어진 축척에 맞게 **A3(420×297)용지에 흑백으로 가로로 출력**하여 파일과 함께 제출하시오.

가. 옹벽 구조도
① 주어진 도면 (1)을 참고하여 표준 단면도(1:30)와 일반도(1:60)를 작도하고, 표준단면도는 도면의 좌측에, 일반도는 우측에 적절히 배치하시오.
② 도면 상단에 과제명과 축척을 도면의 크기에 어울리게 작도하시오.

나. 도로 토공 횡단면도
① 주어진 도면 (2)를 참고하여 도로 토공 횡단면도(1:100)를 작도하고, 도로 포장 단면의 표층, 기층, 보조기층을 아래의 단면 표시에 따라 출력물에서 구분될 수 있도록 적당한 크기로 해칭하여 완성하시오.

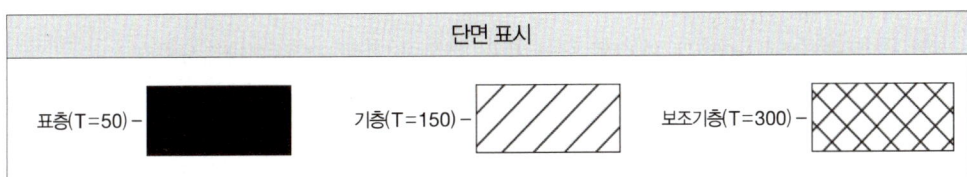

② 도면 상단에 과제명과 축척을 도면의 크기에 어울리게 작도하시오.

다. 도로 토공 종단면도
① 주어진 도면 (3)을 참고하여 도로 토공 종단면도(하단 야장표 제외)를 가로 축척(H), 세로 축척(V)에 맞게 작도하고, 절토고 및 성토고 표를 적당한 크기로 완성하여 종단면도의 우측에 배치하시오.
② 도면 상단에 과제명과 축척을 도면의 크기에 어울리게 작도하시오.

가이드

2. 수험자 유의사항

※ 다음 유의사항을 고려하여 요구사항을 완성하시오.

① 명시되지 않은 조건은 토목제도의 원칙에 따르시오.
② 정전 및 기계고장 등에 의한 자료손실을 방지하기 위하여 수시로 저장하시오.
③ 계산이 필요한 경우 CAD 내 계산기(명령어: QUICKCALC 또는 QC)만을 사용하며, 이외의 계산기 및 문서 프로그램(excel 등)은 사용할 수 없습니다.
④ 윤곽선의 여백은 상하좌우 모두 15 mm 범위가 되도록 작도하고, 철근의 단면은 출력결과물에 지름 1 mm가 되도록 작도하시오.
⑤ 시험 시작 후 우선 도면 좌측 상단에 아래와 같이 표제란을 만들어 수험번호, 성명을 기재하시오. (단, 표제란의 축척은 1:1로 하시오.)

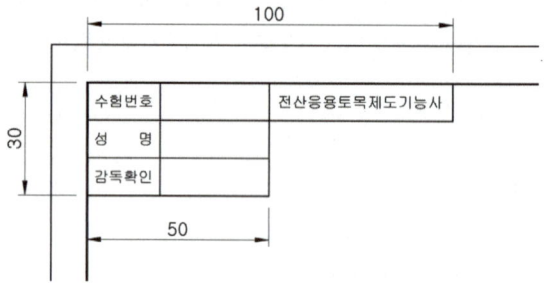

⑥ 작업이 끝나면 감독위원의 확인을 받은 후 파일과 문제지를 제출하고 본부위원의 지시에 따라 흑백(출력결과물에서 선의 진하고 연함이 없이 선의 굵기로만 구분되도록 출력: AutoCAD의 monochrome.ctb 기준)으로 도면을 요구사항에 따라 출력하시오. [출력시간은 시험시간에서 제외(20분을 초과할 수 없음)하고 출력은 주어진 축척에 맞게 수험자가 직접 하여야 합니다.]
⑦ 선의 굵기를 구분하기 위하여 선의 색을 다음과 같이 정하여 작도하시오.

선굵기	색상(color)	용도
0.7 mm	파란색(5-Blue)	윤곽선
0.4 mm	빨간색(1-Red)	철근선
0.3 mm	하늘색(4-Cyan)	계획선, 측구, 포장층
0.2 mm	선홍색(6-Magenta)	중심선, 파단선
0.2 mm	초록색(3-Green)	외벽선, 철근기호, 지반선, 인출선
0.15 mm	흰색(7-White)	치수, 치수선, 표, 스케일
0.15 mm	회색(8-Gray)	원지반선

⑧ 다음 사항은 실격에 해당하여 채점 대상에서 제외됩니다.
　가) 수험자 본인이 수험 도중 시험에 대한 포기 의사를 표현하는 경우
　나) 장비조작 미숙으로 파손 및 고장을 일으킬 것으로 시험위원이 합의하거나 출력시간이 20분을 초과할 경우
　다) 3개 과제 중 1과제라도 0점인 경우
　라) 출력작업을 시작한 후 작업내용을 수정할 경우
　마) 수험자는 컴퓨터에 어떤 프로그램도 설치 또는 제거하여서는 안 되며 별도의 저장장치를 휴대하거나 작업 시 타인과 대화하는 경우
　바) 시험시간 내에 3개 과제(옹벽 구조도, 도로 토공 횡단면도, 도로 토공 종단면도)를 제출하지 못한 경우
　사) 과제별 도면 명칭, 기울기, 치수선, 철근 종류 등 10개소 이상 누락된 경우
　아) 도면 축척이 틀리거나 지시한 내용과 다르게 출력되어 채점이 불가한 경우

※ 각 과제별 제출 도면 배치(예시)

1과제(옹벽 구조도)

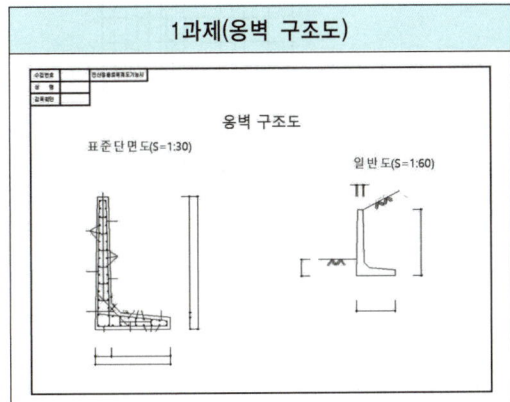

2과제(도로 토공 횡단면도)

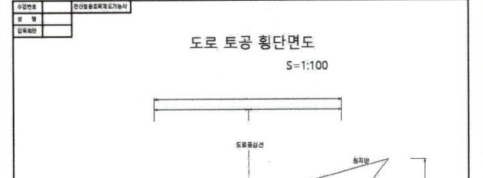

3과제(도로 토공 종단면도)

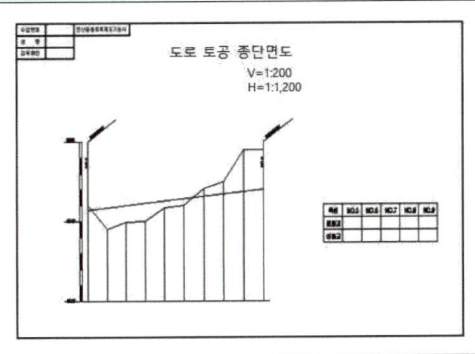

- 각 과제별 제출 시 '도면의 배치'를 나타내는 예시로서 수치 및 형태는 주어진 문제와 다를 수 있으니 참고하시기 바랍니다.

가이드

3. 도면 (1)

| 자격종목 | 전산응용토목제도기능사 | 과제명 | 옹벽 구조도 | 척도 | N.S |

표 준 단 면 도

벽 체
전 면   배 면

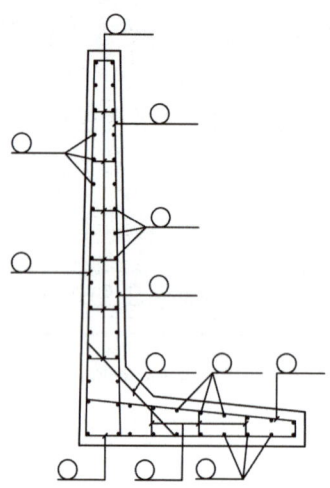

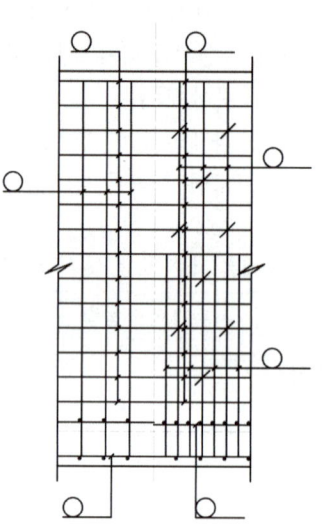

저 판

일 반 도

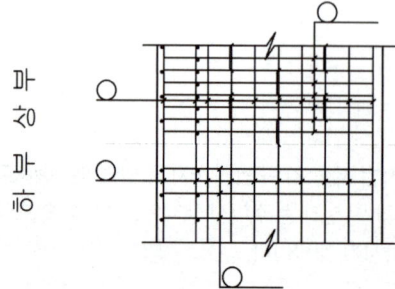

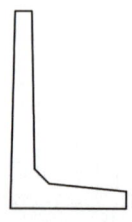

3. 도면 (2)

| 자격종목 | 전산응용토목제도기능사 | 과제명 | 도로 토공 횡단면도 | 척도 | N.S |

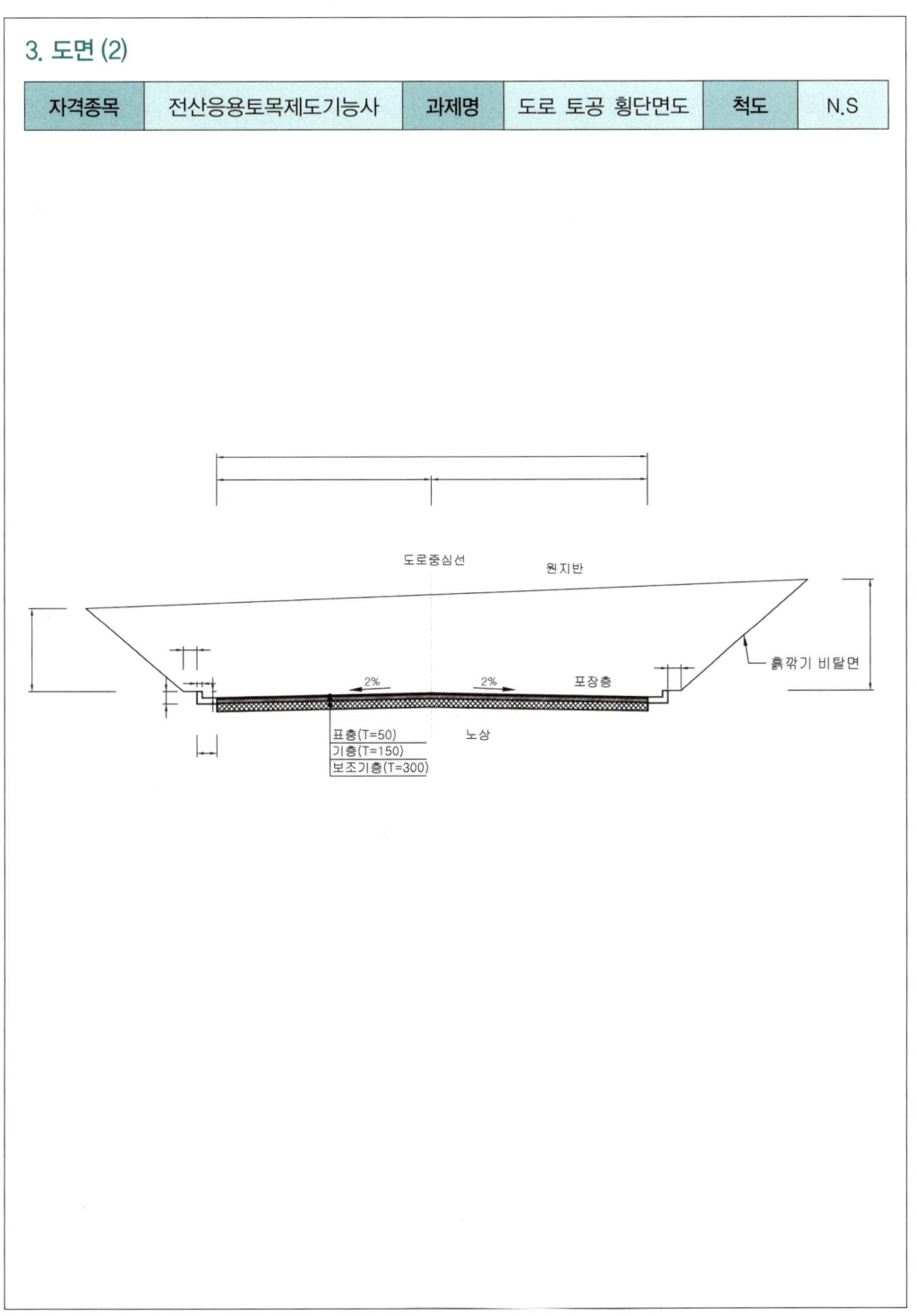

3. 도면 (3)

| 자격종목 | 전산응용토목제도기능사 | 과제명 | 도로 토공 종단면도 | 척도 | N.S |

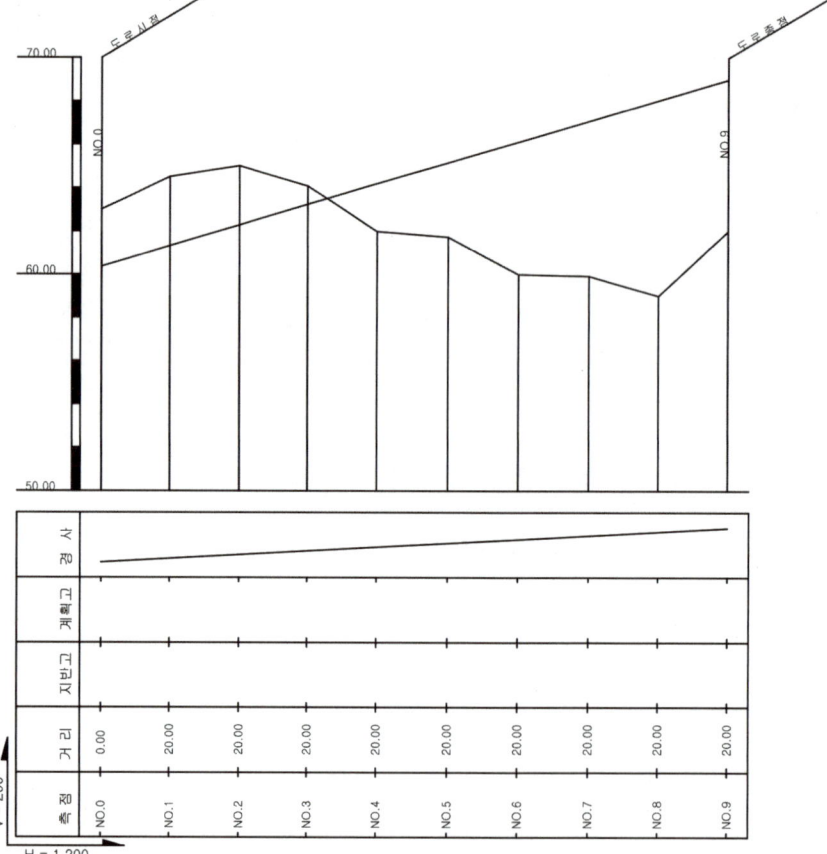

측점	NO.0	NO.1	NO.2	NO.3	NO.4
절토고					
성토고					

차례

PART 01 토목제도

Chapter 01 제도기준
- 1.1 제도의 규격 … 2
- 1.2 KS 토목제도통칙(KS F 1001) … 3
- 1.3 도면의 크기와 척도 … 4
- 1.4 제도 표시의 일반 원칙 … 6
- 1.5 치수와 치수 요소 … 9
- ▶ 적중 예상문제 … 14

Chapter 02 기본도법
- 2.1 평면도법 … 19
- 2.2 입체투상도 … 21
- ▶ 적중 예상문제 … 29

Chapter 03 건설재료의 표시
- 3.1 건설재료의 단면 표시 … 33
- 3.2 재료 단면의 경계 표시 … 34
- 3.3 단면의 형태에 따른 절단면 표시 … 34
- 3.4 판형재(형강, 강관 등)의 종류와 치수 … 34
- 3.5 지형의 경사면 표시방법 … 36
- ▶ 적중 예상문제 … 37

Chapter 04 도면 이해
- 4.1 구조물 도면 … 40
- 4.2 측량에 의해 제작되는 도면 … 50
- ▶ 적중 예상문제 … 56

차례

PART 02 CAD 일반

Chapter 01 CAD의 개요
1.1 CAD의 정의	64
1.2 CAD의 이용 효과	64
1.3 CAD의 특징	65
▶ 적중 예상문제	66

Chapter 02 CAD 시스템
2.1 CAD 시스템의 좌표	68
2.2 CAD 시스템의 구성	69
▶ 적중 예상문제	72

PART 03 철근 및 콘크리트

Chapter 01 철 근
1.1 철근의 종류와 간격	74
1.2 철근의 표준갈고리	79
1.3 철근의 이음	81
1.4 철근의 부착과 정착	83
1.5 피복두께	85
1.6 압축부재의 횡철근	87
▶ 적중 예상문제	89

Chapter 02 콘크리트
2.1 콘크리트의 구성 및 특징	98
2.2 콘크리트의 재료	99
2.3 콘크리트의 성질	115
2.4 콘크리트의 종류	123
▶ 적중 예상문제	127

Contents

PART 04 토목일반

Chapter 01 토목구조물의 개념
1.1 토목구조물의 개요   144
1.2 토목구조물의 하중(교량에 작용하는 하중)   145
▶ 적중 예상문제   148

Chapter 02 토목구조물의 종류
2.1 토목구조물의 재료 및 시공법에 따른 분류   150
2.2 토목구조물의 용도 및 위치에 따른 분류   157
▶ 적중 예상문제   169

Chapter 03 철근콘크리트 구조의 개요 및 설계
3.1 강도설계법   178
3.2 휨을 받는 철근콘크리트보의 상태   179
3.3 단철근 직사각형 보의 해석   180
▶ 적중 예상문제   184

Practical test 실기

Chapter 01 화면 구성요소에 대한 이해
01 신속접근 도구막대   188
02 작업탭 및 탭별 리본 메뉴(패널)   189
03 명령 입력줄   190
04 뷰 큐브   190
05 탐색막대   190
06 UCS 아이콘   190
07 상태막대   191

차례

Chapter 02 도면 작성을 위한 Auto CAD 환경설정
01 Option 설정   192
02 Osnap 설정   194
03 문자 스타일 설정   195
04 도면층(Layer) 구성   196
05 치수(Dimension) 설정   198

Chapter 03 도면 양식 및 표제란 그리기
01 용지 크기 설정 및 윤곽선 그리기   201
02 표제란 그리기   201
03 도면 Scale 조정   202

Chapter 04 옹벽 구조도 그리기
01 도면 배치   203
02 옹벽 표준 단면도 그리기   204
03 일반도 그리기   217
04 인출선 및 철근기호   219
05 문자 및 치수 입력   221
06 출력   223

Chapter 05 도로 토공 도면 그리기
01 도로 토공 횡단면도 그리기   229
02 도로 토공 종단면도 그리기   232

Appendix 부록

부록 I. 과년도 출제문제
2010년 제1회 과년도 출제문제   2
제4회 과년도 출제문제   14
제5회 과년도 출제문제   26

Contents

2011년 제1회 과년도 출제문제   37
　　　　제4회 과년도 출제문제   49
　　　　제5회 과년도 출제문제   61

2012년 제1회 과년도 출제문제   73
　　　　제4회 과년도 출제문제   85
　　　　제5회 과년도 출제문제   96

2013년 제1회 과년도 출제문제   107
　　　　제4회 과년도 출제문제   118
　　　　제5회 과년도 출제문제   129

2014년 제1회 과년도 출제문제   141
　　　　제4회 과년도 출제문제   153
　　　　제5회 과년도 출제문제   165

2015년 제1회 과년도 출제문제   177
　　　　제4회 과년도 출제문제   189
　　　　제5회 과년도 출제문제   201

2016년 제1회 과년도 출제문제   212
　　　　제4회 과년도 출제문제   223

2025년 제1회 기출 복원문제   234
　　　　제2회 기출 복원문제   250

부록 II. CBT 실전 모의고사

제1회 CBT 실전 모의고사   265
제1회 CBT 실전 모의고사 정답 및 해설   272

제2회 CBT 실전 모의고사   277
제2회 CBT 실전 모의고사 정답 및 해설   284

핵심 요점노트

PART 1 　토목제도

1. 제도의 국가 규격

한 국가 내에서 통용될 수 있도록 규정해 놓은 것으로, 각 나라에서 표준으로 삼고 있는 규격이다.

표준 명칭	기호
한국산업표준(Korean Industrial Standards)	KS
영국 규격(British Standards)	BS
독일 규격(Deutsche Industrie für Normung)	DIN
미국 규격(American National Standards Institute)	ANSI
스위스 규격(Schweitzerish Normen-Vereinigung)	SNV
프랑스 규격(Norm Francaise)	NF
일본 규격(Japanese Industrial Standards)	JIS

2. 제도의 부문별 기호

분류기호	KS A	KS B	KS C	KS D	KS E	KS F	KS G	KS H
부문	기본	기계	전기전자	금속	광산	건설	일용품	식품
분류기호	KS K	KS L	KS M	KS P	KS R	KS V	KS W	KS X
부문	섬유	요업	화학	의료	수송기계	조선	항공우주	정보

3. 제도 용지의 치수

[용지의 치수]　　　　　　　　　　　　　　　　[KS A 5201](단위 : mm)

번호 \ 열	A열 $a \times b$	B열 $a \times b$	번호 \ 열	A열 $a \times b$	B열 $a \times b$
0	841×1189	1030×1456	6	105×148	128×182
1	594×841	728×1030	7	74×105	91×128
2	420×594	515×728	8	52×74	64×91
3	297×420	364×515	9	37×52	45×64
4	210×297	257×364	10	26×37	32×45
5	148×210	182×257			

4. 선의 종류와 용도

선의 종류		선 모양	명칭	선의 용도
실선	굵은 실선	———	외형선	대상물의 보이는 부분의 겉모양을 표시 (0.35~1 mm 정도)
	가는 실선	———	치수선	치수를 기입하기 위하여 사용
			치수보조선	치수를 기입하기 위하여 도형에서 인출한 선
			지시선	지시, 기호 등을 나타내기 위하여 사용
			수준면선	수면, 유면 등의 위치를 나타냄 (0.18~0.3 mm 정도)
		▨▨▨	해칭선	• 가는 실선으로 규칙적으로 빗금을 그은 선 • 단면도의 절단면을 나타내는 선
	자유실선	∿∿	파단선	대상물의 일부를 파단한 경계 또는 일부를 떼어 낸 경계를 표시
파선	파선	- - - - -	숨은선	대상물의 보이지 않는 부분의 모양을 표시
쇄선	가는 1점쇄선	—·—·—	중심선	도형의 중심을 나타내며 중심선이 이동한 중심 궤적을 표시
			기준선	위치 결정의 근거임을 나타내기 위하여 사용
			피치선	반복 도형의 피치의 기준을 잡음
	가는 2점쇄선	—··—··—	가상선	가공 부분을 이동하는 특정 위치 또는 이동 한계의 위치를 나타냄
			무게 중심선	단면의 무게 중심 연결에 사용

5. 투상도의 분류

• 투상 : 투상에 의해 대상물의 형태를 찍어 내는 평면

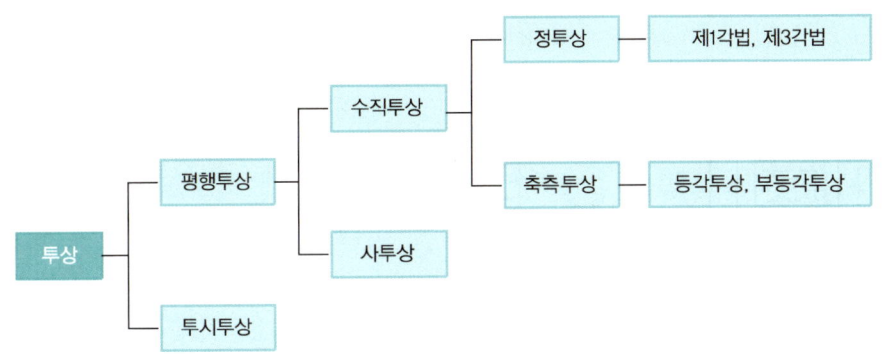

핵심 요점노트

6. 정투상법

물체의 표면으로부터 평행한 투시선으로 입체를 투상하는 방법으로, 대상물을 각 면의 수직 방향에서 바라본 모양을 그려 정면도, 평면도, 측면도로 물체를 나타내는 방법

제1각법	제3각법
투상면을 물체의 뒤에 놓는다.	투상면을 물체의 앞에 놓는다.
눈 → 물체 → 투상면	눈 → 투상면 → 물체

7. 투시투상법(투시도법)

물체와 시점 간의 거리감(원근감)을 느낄 수 있도록 실제로 우리 눈에 보이는 대로 대상물을 그리는 방법

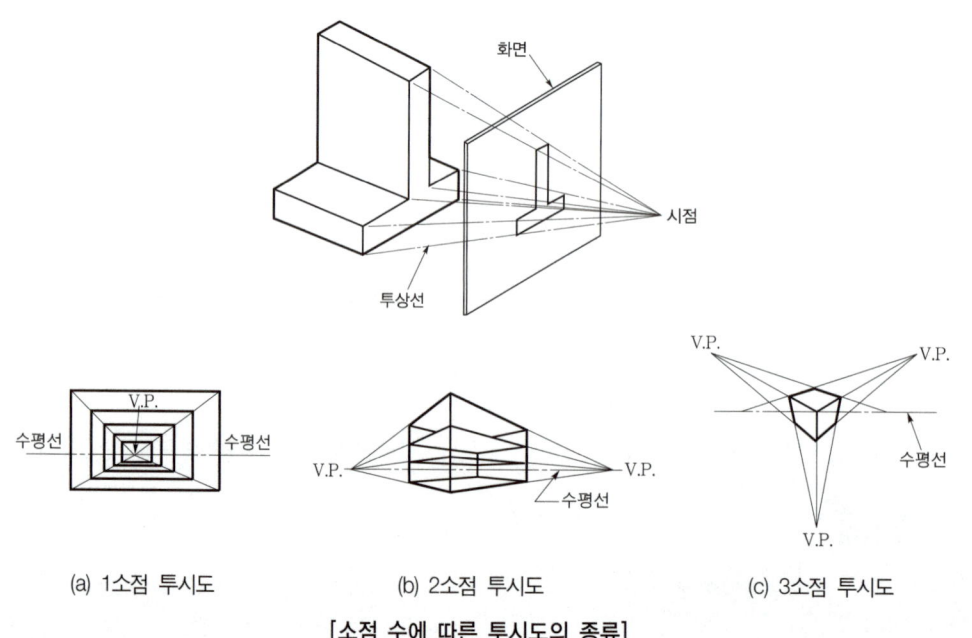

[소점 수에 따른 투시도의 종류]

8. 건설재료의 단면 표시

(1) 금속재 및 비금속재의 단면 표시방법

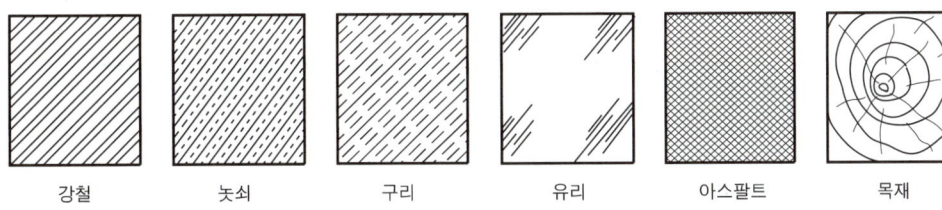

강철　　놋쇠　　구리　　유리　　아스팔트　　목재

(2) 석재 및 콘크리트의 단면 표시방법

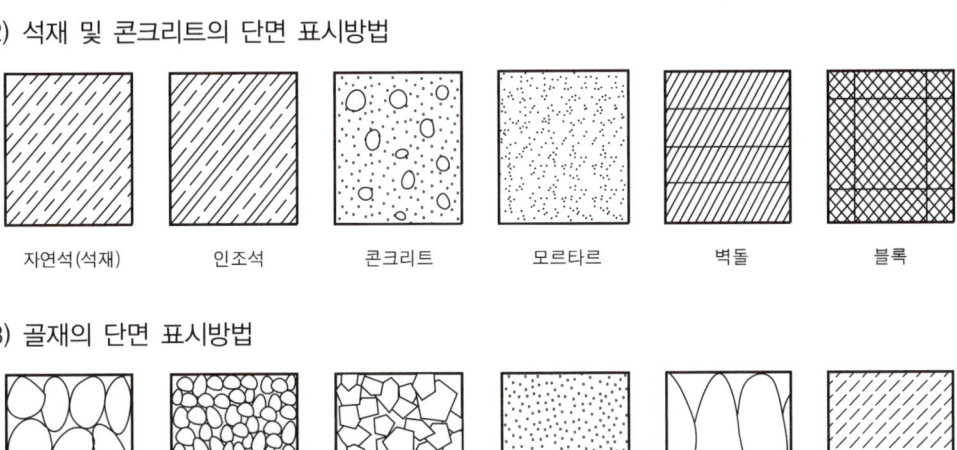

자연석(석재)　　인조석　　콘크리트　　모르타르　　벽돌　　블록

(3) 골재의 단면 표시방법

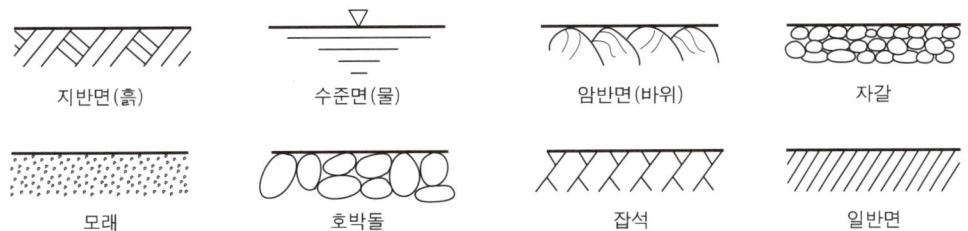

호박돌　　자갈　　깬돌　　모래　　잡석　　사질토

9. 재료 단면의 경계 표시

지반면(흙)　　수준면(물)　　암반면(바위)　　자갈

모래　　호박돌　　잡석　　일반면

핵심 요점노트

10. 단면의 형태에 따른 절단면 표시

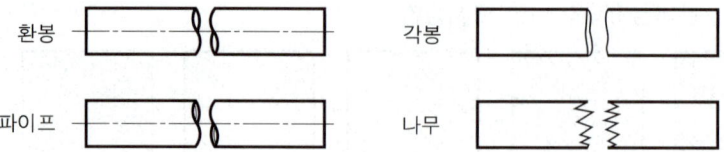

11. 지형의 경사면 표시

(1) 흙쌓기면(성토면)

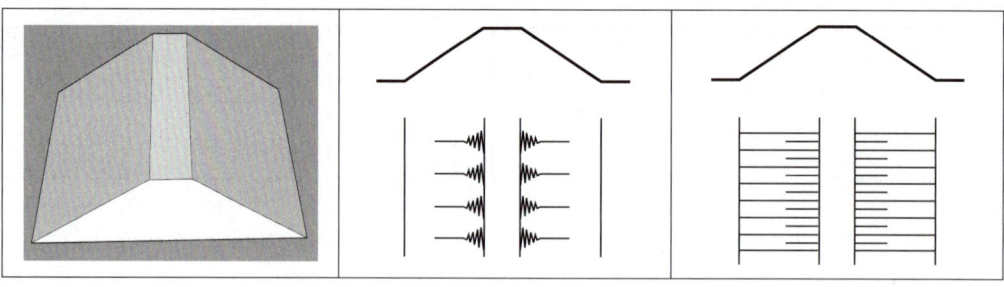

(2) 땅깎기면(절토면)

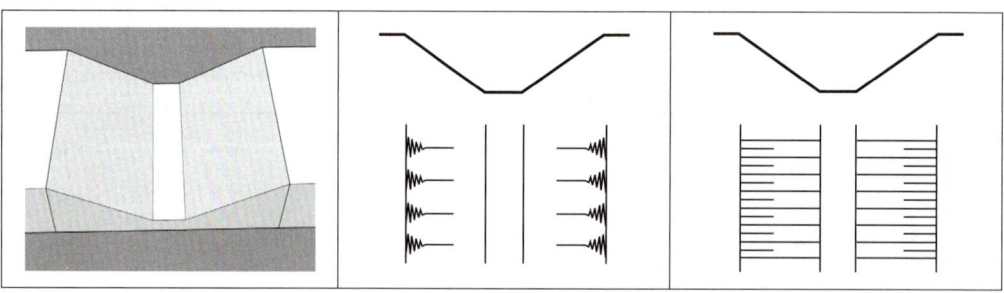

12. 구조물 도면의 종류

(1) 콘크리트 도면의 종류
① 일반도 : 구조물 전체의 개략적인 모양을 표시한 도면
② 구조 일반도 : 콘크리트 구조물 제도에 있어서 거푸집을 제작할 수 있도록 구조물의 모양 및 치수를 표시한 도면
③ 구조도 : 배근도라고도 하며 콘크리트 내부의 구조 구체를 도면에 표시한 도면
④ 상세도 : 상세한 도면이 필요한 경우 구조도의 일부를 큰 축척으로 확대하여 표시한 도면

(2) 강구조물 도면의 종류
① 일반도 : 강구조물 전체의 계획이나 형식 및 구조의 대략을 표시한 도면
② 구조도 : 강구조물 부재의 치수, 부재를 구성하는 소재의 치수와 그 제작 및 조립 과정 등을 표시한 도면으로, 보통 설계도나 제작도를 의미
③ 상세도 : 특정한 부분을 상세하게 나타낸 도면으로, 용접의 마무리, 받침 등의 주강품, 주철품, 기계 가공 부분, 특수 볼트 등을 표시

13. 성토고와 절토고

지반고가 계획고보다 클 때에는 절토고(땅깎기), 지반고가 계획고보다 작을 때에는 성토고(흙쌓기)가 된다. 예를 들어 No. 2의 지반고가 101 m, 계획고가 100.8 m이면 101 m−100.8 m = −0.2 m로 절토고(땅깎기) 0.2 m가 된다. 또 No. 3의 지반고가 100.9 m, 계획고가 101.2 m이면 101.2 m −100.9 m = +0.3 m로 성토고(흙쌓기) 0.3 m가 된다.

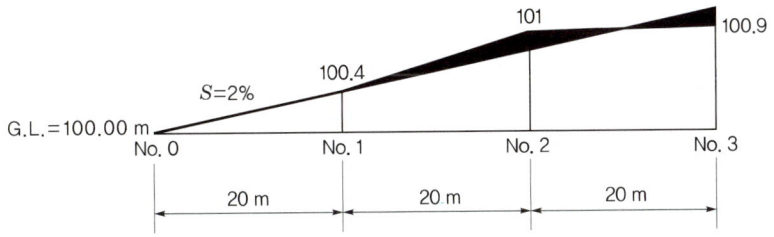

PART 2 CAD 일반

1. CAD의 정의

CAD는 설계자가 컴퓨터에 설치된 프로그램을 실행하여 명령어를 입력하거나 메뉴를 선택하여 모니터에 도면으로 나타내는 방식이다.

2. CAD의 이용 효과

① 생산성 향상　　② 품질 향상　　③ 표현력 향상
④ 표준화　　　　⑤ 정보화　　　　⑥ 경영의 효율화
⑦ 경영의 합리화

3. CAD의 특징

① 설계자가 원하는 위치에 도형을 정확하게 그릴 수 있다.

핵심 요점노트

② 기존의 도면을 손쉽게 입·출력하므로, 도면 분석, 수정, 제작이 수작업에 비하여 더 정확하고 빠르다.
③ 여러 사람이 동시에 작업할 수 있다.
④ 표준화를 이룰 수 있어서 설계 시간의 단축에 의한 일의 생산성을 향상시킨다.
⑤ 부분적으로 수정, 삽입할 수 있어서 설계상의 잘못을 쉽게 고칠 수 있다.
⑥ 3차원의 설계 도면과 움직이는 도면까지도 그릴 수 있다.
⑦ 설계 도면의 데이터베이스 구축이 가능하다.
⑧ 교량, 댐, 옹벽 등과 같은 구조물의 설계 및 구조 계산에도 활용되고 있다.
⑨ 신속한 설계작업이 가능하다.
⑩ 다양한 외부 소프트웨어와의 상호 호환 및 연동이 가능하다.

4. 좌표의 구분

분류 기준	좌표계	설명
기준점에 따른 분류	절대좌표	원점으로부터 시작되는 좌표
	상대좌표	이전 점 또는 지정된 임의의 점으로부터 시작되는 좌표
후속점 입력방식에 따른 분류	직교좌표	원점 또는 이전 점에서의 X축, Y축의 이동거리로 표시
	극좌표	원점 또는 이전 점부터의 길이와 각도로 표시

PART 3　철근 및 콘크리트

1. 철근의 종류

① **원형철근**(KS R3504)
　표면에 마디와 리브의 돌기 없음

② **이형철근**(KS D3504)
　표면이 마디와 리브의 돌기로 이루어짐

리브　마디

2. 사용 위치에 따른 분류

① 주철근 : 철근콘크리트 구조에서 주로 휨모멘트에 의해 생기는 장력에 대하여 배치된 철근이다. 기둥에서는 재축(材軸) 방향으로 넣는 철근으로, 축방향 철근이라고도 한다. 보에서는 상부근, 하부근으로 주철근을 배치하고, 슬래브에서는 짧은 변 방향의 철근이 주철근이다. 또한 보 또는 슬래브에 사용되는 주철근은 정철근과 부철근으로 나뉜다.

㉠ 정철근 : 정(+)의 휨모멘트로 일어나는 인장응력을 받도록 배치한 주철근으로, 주로 보 또는 슬래브의 하단부에 배치된다.
㉡ 부철근 : 부(−)의 휨모멘트로 일어나는 인장응력을 받도록 배치한 주철근으로, 주로 보 또는 슬래브의 상단부에 배치된다.
② 배력철근 : 하중을 분포시키거나 콘크리트의 건조수축에 의한 균열을 제어할 목적으로 주철근과 직각 또는 직각에 가까운 방향으로 배치한 보조철근이다.
③ 스터럽(늑근) : 철근콘크리트 구조의 보에서 전단력 및 비틀림모멘트에 저항하도록 보의 주근을 둘러싸고 이에 직각 또는 경사지게 배치한 보강철근이다.
④ 띠철근 : 철근콘크리트 구조의 기둥에서 가로 방향의 변형을 방지하고 압축응력을 증가시키기 위해 축방향 철근을 소정의 간격마다 둘러싼 가로 방향의 보강철근이다.
⑤ 나선철근 : 철근콘크리트 구조의 기둥에서 종방향 철근(주근)을 나선 형태로 감은 철근이다.

3. 전단철근의 종류

① 주인장철근에 45° 이상의 각도로 설치되는 스터럽
② 주인장철근에 30° 이상의 각도로 구부린 굽힘철근
③ 스터럽과 절곡철근의 조합

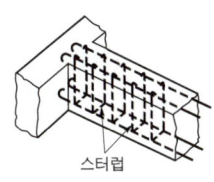 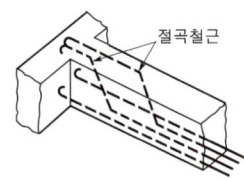 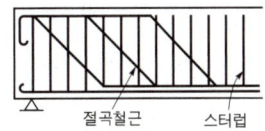

[스터럽 및 절곡철근]

4. 철근의 배근 간격 제한

① 동일 평면에서 평행하는 철근의 수평 순간격은 25 mm 이상, 굵은골재 최대치수의 4/3배 이상, 철근의 공칭지름 이상으로 해야 한다.
② 철근이 2단 이상으로 배치되는 경우 상하 철근은 동일 연직면 내에 배치되어야 하고, 상하 철근의 연직 순간격은 25 mm 이상으로 해야 한다.
③ 나선철근과 띠철근 기둥에서 종방향 철근의 순간격은 40 mm 이상, 철근 공칭지름의 1.5배 이상으로 해야 한다.
④ 1방향 슬래브에서 정모멘트 철근 및 부모멘트 철근의 중심 간격은 위험단면에서는 슬래브 두께의 2배 이하여야 하고, 300 mm 이하로 해야 한다.
⑤ 현장치기 보의 정(+)·부(−) 철근의 수평 순간격은 40 mm 이상, 굵은골재 최대치수의 1.5배 이상, 철근 공칭지름의 1.5배 이상으로 해야 한다.

5. 철근의 표준갈고리

철근의 정착을 위하여 철근의 끝을 구부린 것을 갈고리라고 하며, 형상과 치수가 표준에 맞게 된 것을 표준갈고리라고 한다.

(1) 주철근의 표준갈고리

① 180°(반원형) 갈고리 : 180° 구부린 반원 끝에서 $4d_b$ 이상, 또는 60 mm 이상 더 연장해야 한다.

② 90°(직각) 갈고리 : 90° 구부린 끝에서 $12d_b$ 이상 더 연장해야 한다.

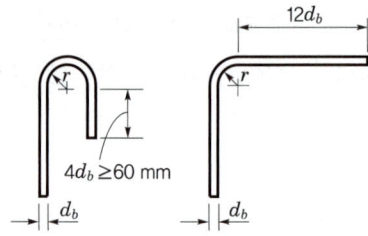

(2) 스터럽과 띠철근의 표준갈고리

① 90° 표준갈고리
  ㉠ D16 이하인 철근은 90° 구부린 끝에서 $6d_b$ 이상 더 연장해야 한다.
  ㉡ D19, D22 및 D25인 철근은 90° 구부린 끝에서 $12d_b$ 이상 더 연장해야 한다.

② 135° 표준갈고리 : D25 이하의 철근은 135° 구부린 끝에서 $6d_b$ 이상 더 연장해야 한다.

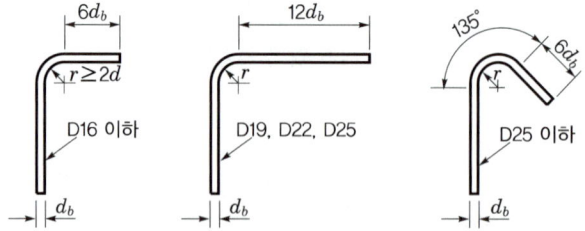

6. 철근의 이음

철근은 이음을 하지 않는 것을 원칙으로 한다. 하지만 이음을 해야 하는 경우에는 최대 인장응력이 작용하는 곳에서는 이음을 하지 않으며, 철근 여러 개를 이음해야 할 경우, 철근의 이음을 한 단면에 집중시키지 말고 서로 엇갈리게 한다. 이음의 종류로는 겹침이음, 용접이음, 기계적 이음이 있다.

철근 이음의 규정

① 지름이 35 mm를 초과하는 철근은 겹침이음을 할 수 없고 용접에 의한 맞댐이음을 해야 한다.

② 맞댄 용접이음, 기계적 이음 등 맞댐이음 시 이음부가 철근의 설계기준 항복강도의 125% 이상의 인장력을 발휘할 수 있어야 한다.

7. 철근의 부착과 정착

(1) 부착

철근과 콘크리트가 경계면에서 미끄러지지 않도록 저항하는 것

① 부착의 원리
  ㉠ 시멘트풀과 철근 표면의 점착작용
  ㉡ 콘크리트와 철근 표면의 마찰작용
  ㉢ 이형철근 표면의 요철에 의한 기계적 작용

(2) 정착

콘크리트 속에 묻혀 있는 철근을 인장력이나 압축력을 부담하기 위해서 양끝이 콘크리트로부터 빠져나오지 않도록 고정하는 것

8. 피복두께

피복두께란 철근 표면부터 콘크리트 표면까지의 최단 거리로, 콘크리트 속에 묻혀 있는 철근이 부식되지 않도록 한다.

[철근의 최소 피복두께(현장치기 콘크리트의 경우)]

철근의 외부 조건			최소 피복두께
수중에서 타설하는 콘크리트			100 mm
흙에 접하여 콘크리트를 친 후에 영구히 흙에 묻혀 있는 콘크리트			75 mm
흙에 접하거나 옥외의 공기에 직접 노출되는 콘크리트	D19 이상의 철근		50 mm
	D16 이하의 철근, 지름 16 mm 이하의 철선		40 mm
옥외의 공기나 흙에 직접 접하지 않는 콘크리트	슬래브, 벽체, 장선	D35를 초과하는 철근	40 mm
		D35 이하의 철근	20 mm
	보, 기둥(f_{ck}가 40 MPa 이상인 경우는 규정값에서 10 mm 저감)		40 mm
	셸, 절판 부재		20 mm

9. 콘크리트의 구성

보통 콘크리트는 물, 시멘트, 골재(굵은골재, 잔골재)로 구성되며, 혼합과정에서 공기가 포함된다. 성능개선을 위한 혼화재, 혼화제를 첨가할 수 있다.

핵심 요점노트

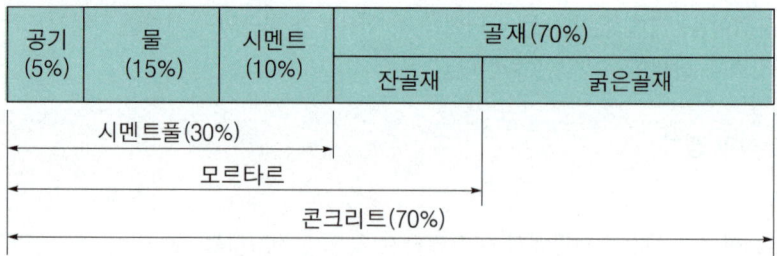

[콘크리트의 구성]

10. 콘크리트의 특징

장점	단점
① 재료의 크기, 모양에 제한을 받지 않고 비교적 자유롭게 만들 수 있다. ② 압축강도가 크고 내구성·내화성·내수성·내진성이 우수하다. ③ 재료 구입 및 운반이 쉽다. ④ 시공 시 특별한 숙련공이 필요하지 않고 시공이 쉽다. ⑤ 구조물의 유지 관리가 용이하다. ⑥ 철근과 부착력이 커서 일체식 구조물로 제작하기 쉽다.	① 콘크리트 자체 무게가 크다. 그러므로 교량 등에서 지간(span)을 길게 할 수 없다. ② 압축강도에 비해 인장강도, 휨강도가 작다. ③ 건조수축에 의한 균열이 생기기 쉽다. ④ 시공 후 모양 변경, 해체, 철거가 어렵다. ⑤ 현장 시공일 경우 품질관리가 어렵다. ⑥ 시공 기간이 길다.

11. 콘크리트의 재료

(1) 골재

골재는 콘크리트 부피의 약 65~80% 정도를 차지하기 때문에 골재의 종류나 성질에 따라 콘크리트의 성질이 크게 좌우된다.

① 골재의 분류
  ㉠ 크기에 따른 분류
   • 잔골재 : 10 mm 체를 통과하고 5 mm 체를 거의 다 통과하며, 0.08 mm 체에 거의 다 남은 입상 상태의 암석이 자연적으로 붕괴 마모되어 생성된 것
   • 굵은골재 : 5 mm 체에 거의 다 남은 입상 상태의 재료로서, 암석이 자연적으로 붕괴 마모되어 생성된 것
  ㉡ 밀도(중량)에 의한 분류 : 경량골재(비중 2.50 이하인 골재), 보통골재(비중 2.50~2.65인 골재), 중량골재(비중 2.70 이상인 골재)
  ㉢ 채취 장소 또는 생산방법에 의한 분류 : 천연골재, 인공골재

② 골재의 성질
　㉠ 골재의 밀도
　　• 골재의 밀도는 일반적으로 표면 건조 포화 상태의 밀도를 말한다.
　　• 잔골재의 비중은 2.50~2.65, 굵은골재의 비중은 2.55~2.70 범위에 있다.
　　• 밀도가 클수록 빈틈이 적고 흡수량이 적으며 내구성이 크다.
　　• 골재의 밀도는 콘크리트 배합설계, 실적률, 공극률 등의 계산에 사용된다.
　㉡ 골재의 함수 상태 및 수량

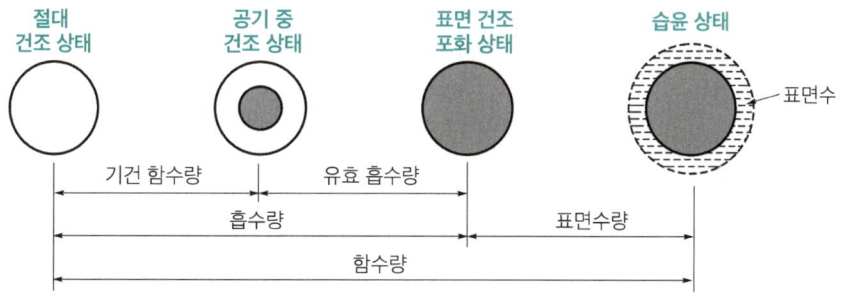

[골재의 함수 상태]

　㉢ 골재의 입도
　　골재의 크고 작은 입자의 혼합된 정도를 말하며, 크고 작은 입자가 적절하게 혼합되어 있을 때 입도가 좋다고 표현한다. 입도가 좋은 골재를 사용할 때에는 비교적 작은 단위시멘트량으로 워커빌리티가 좋고 강도·내구성·수밀성 등이 큰 양질의 콘크리트를 만들 수 있어 경제적이다.
　㉣ 조립률(F.M) : 골재의 입도를 수치적으로 나타내는 방법으로 체 종류 10개(75 mm, 40 mm, 20 mm, 10 mm, 5 mm, 2.5 mm, 1.2 mm, 0.6 mm, 0.3 mm, 0.15 mm)

$$\text{조립률(F.M)} = \frac{\text{각 체에 남은 양의 누계의 합}}{100}$$

• 잔골재는 2.3~3.1, 굵은골재는 6~8 범위가 적절하다.
• 잔골재와 굵은골재가 혼합되어 있을 때의 조립률

$$f_a = \left(\frac{p}{p+q}\right)f_s + \left(\frac{q}{p+q}\right)f_g$$

여기서, f_a : 혼합골재의 조립률, f_s : 잔골재의 조립률
　　　　f_g : 굵은골재의 조립률, p, q : 잔골재와 굵은골재 각각의 혼합비(무게 비율)

핵심 요점노트

(2) 시멘트

시멘트란 넓은 의미에서 물질과 물질을 접합시키는 성질을 가진 모든 무기질 결합재를 말하지만, 콘크리트에서는 물과 반응하여 굳어지는 수경성 시멘트를 의미한다. 시멘트의 비중은 일반적으로 3.14~3.2 정도이다.

① 분말도 : 시멘트 입자의 가는 정도를 말하며, 입자가 가늘수록 분말도가 높다.
② 시멘트 분말도가 높은 시멘트의 특징
  - 수화작용이 빨라 응결이 빠르고 발열량이 크며, 조기강도가 크다.
  - 워커빌리티가 좋아진다.
  - 블리딩이 적고 비중이 가벼워진다.
  - 수화열이 많아져 건조수축이 커지며 균열이 발생하기 쉽다.
  - 풍화되기 쉽다.
③ 응결과 경화
  ㉠ 응결 : 시멘트가 수화반응을 일으키고 시간이 경과하면서 점차 유동성을 잃고 굳어지는 현상

  > **응결의 특징**
  > - 온도가 높으면 응결이 빨라진다.
  > - 분말도가 높으면 응결이 빨라진다.
  > - 물이 많으면 응결이 늦어진다.
  > - 습도가 높으면 응결이 늦어진다.
  > - 석고량이 많으면 응결이 늦어진다.
  > - 시멘트가 풍화되면 응결이 늦어진다.

  ㉡ 경화 : 응결이 끝난 후 수화작용이 계속되어 시멘트가 굳어지고 강도를 내는 현상
④ 수화열 : 시멘트의 수화반응 또는 발열반응을 통해 시멘트가 응결, 경화하는 과정에서 발생하는 열
  - 풍화한 시멘트는 수화열이 감소한다.
  - 물-시멘트비가 높을수록 수화열이 높아진다.
  - 수화열은 콘크리트 내부 온도를 상승시키므로 한중 콘크리트에 유리하다.
  - 매스 콘크리트는 큰 온도가 발생하고 내외 온도의 차이로 인해 표면에 균열이 발생할 수 있다.

⑤ 수화열과 강도의 관계
- 시멘트 수화열이 크면 응결 및 경화의 속도가 빨라 조기 강도가 크다. 하지만 높은 수화열로 인해 큰 건조수축이 일어나고 균열이 발생하여 장기강도는 작아진다(알루미나 시멘트, 초속경 시멘트, 초조강 시멘트, 조강 포틀랜드 시멘트 등).
- 시멘트 수화열이 낮으면 응결 및 경화의 속도가 느려서 조기강도가 작다. 하지만 수화열이 낮아 건조수축이 적게 발생하고 균열이 적어 장기강도가 크다(중용열 포틀랜드 시멘트, 저열 포틀랜드 시멘트, 고로 슬래그 시멘트, 플라이애시 시멘트, 실리카 시멘트 등).

(3) 혼화재료

콘크리트를 만들 때 시멘트, 물, 골재 이외에 적당량의 재료를 첨가함으로써 콘크리트에 여러 성능을 부여하고 그 품질의 향상을 도모할 목적으로 사용되는 재료를 말한다. 첨가량이 소량으로서 배합 계산에서 그 양을 무시할 수 있는 것을 혼화제라고 하고, 첨가량이 비교적 많아 배합 계산에서 그 양을 무시할 수 없는 것을 혼화재라고 한다.
- 혼화재 : 플라이애시, 고로슬래그 미분말, 팽창재, 착색재, 폴리머, 포졸란 등
- 혼화제 : 공기연행제(AE제), 감수제, AE감수제, 촉진제, 급결제, 지연제, 발포제, 기포제 등

(4) 물

콘크리트의 혼합수는 콘크리트에 필요한 유동성을 부여하며, 시멘트와 수화반응을 일으켜 경화를 촉진시키는 역할을 한다. 바닷물을 혼합수로 사용한 콘크리트는 철근과 강재를 부식시킬 수 있다.

12. 굳지 않은 콘크리트의 성질

(1) 반죽질기(consistency)

주로 수량의 많고 적음에 따르는 반죽의 되고 진 정도로서, 변형 또는 유동에 대한 저항성의 정도를 나타낸다.

(2) 워커빌리티(workability)

반죽질기의 정도에 따르는 운반, 타설, 다짐, 마무리 등 작업의 난이도 및 재료의 분리에 저항하는 정도를 나타낸다.

(3) 성형성(plasticity)

거푸집에 쉽게 다져 넣을 수 있고, 거푸집을 제거하면 천천히 형상이 변하기는 하지만 허물어지거나 재료가 분리되는 일이 없는 성질을 말한다.

(4) 피니셔빌리티(finishability)

굵은골재의 최대치수, 잔골재율, 잔골재의 입도, 반죽질기 등에 따라 표면을 마무리하기 쉬운 정도를 나타낸다.

핵심 요점노트

13. 블리딩

콘크리트를 친 뒤에 시멘트와 골재알이 가라앉으면서 물이 콘크리트 표면으로 떠오르는 현상을 말하며, 콘크리트의 표면에 떠올라 가라앉는 미세한 물질을 레이턴스라고 한다.

[블리딩 현상을 줄이는 방법]
① 분말도가 높은 시멘트를 사용한다.
② AE제를 사용하여 단위수량을 줄인다.
③ 포졸란을 사용하여 단위수량을 줄인다.

14. 콘크리트의 배합설계

콘크리트를 만들기 위한 각 재료의 비율 또는 사용량을 콘크리트의 배합이라고 하며, 각 재료의 비율을 정하는 것을 콘크리트의 배합설계라고 한다. 콘크리트의 각 재료량은 단위시멘트량, 단위 수량, 단위 잔골재량, 단위 굵은골재량 등으로 나타낸다.

(1) 시방배합

시방서 또는 책임감리원에서 지시한 배합이다. 골재의 함수 상태가 표면 건조 포화 상태이면서 잔골재는 5 mm 체를 전부 통과하고, 굵은골재는 5 mm 체에 다 남는 상태를 기준으로 한다.

• 단위 골재의 절대 부피(m^3)

$$= 1 - \left(\frac{단위 수량}{1,000} + \frac{단위 결합재량}{시멘트 밀도 \times 1,000} + \frac{단위 혼화재량}{혼화재의 밀도 \times 1,000} + \frac{공기량}{100} \right)$$

(2) 현장배합

① 입도에 대한 보정

현장 골재에서 잔골재 속에 들어 있는 굵은골재량(5 mm 체에 남는 양)과 굵은골재 속에 들어 있는 잔골재량(5 mm 체를 통과하는 양)에 따라 입도를 보정한다.

② 표면수에 대한 보정

현장 골재의 함수 상태에 따라 콘크리트의 함수량이 달라지고 골재량도 달라진다. 따라서 골재의 함수 상태에 따라 시방 배합의 물의 양과 골재량을 보정해야 한다.

15. 콘크리트 구조의 종류

(1) 철근콘크리트

콘크리트는 압축에는 강하나 인장에 약하므로 콘크리트 속에 철근을 넣어 인장강도를 보강한 콘크리트이다.

[철근콘크리트 구조의 성립 이유]
① 철근과 콘크리트는 온도에 의한 열팽창계수가 비슷하다.
② 굳은 콘크리트 속에 있는 철근은 힘을 받아도 그 주변 콘크리트와의 큰 부착력 때문에 잘 빠져 나오지 않는다.
③ 콘크리트 속에 묻혀 있는 철근은 콘크리트의 알칼리 성분에 의해서 녹이 슬지 않는다.

(2) 프리스트레스트 콘크리트

콘크리트에 생기는 인장응력을 상쇄시키거나 감소시키기 위해서 강선이나 강봉을 미리 긴장시켜 압축응력을 주어 만든 콘크리트

(3) 그 밖의 콘크리트

유동화 콘크리트, AE콘크리트, 팽창콘크리트, 강섬유콘크리트, 한중콘크리트, 서중콘크리트, 수밀콘크리트, 수중콘크리트, 해양콘크리트, 매스콘크리트, 뿜어붙이기 콘크리트, 프리플레이스트 콘크리트 등이 있다.

PART 4 토목일반

1. 토목구조물의 특징

① 일반적으로 구조물의 규모가 크므로 건설에 많은 비용과 시간이 소요된다.
② 대부분 공공의 목적으로 건설된다. 따라서 공공의 비용으로 건설된다.
③ 한 번 건설해 놓으면 오랜 기간 사용하므로 장래를 예측하여 설계하고 건설해야 한다.
④ 대부분 자연환경 속에 건설된다. 따라서 자연으로부터 여러 가지 작용을 받는다.
⑤ 어떠한 조건에서 설계 및 시공된 토목구조물은 유일한 구조물이다. 동일한 조건을 갖는 환경은 없고, 동일한 구조물을 두 번 이상 건설하는 일이 없다.

2. 토목설계 시 고려해야 할 사항

① 안정성 : 사용 기간 중에 작용하중에 의하여 파괴되지 않고 구조물이 안전해야 한다.
② 사용성 : 유지 관리가 용이하고 기능이 편리해야 한다.
③ 내구성 : 오래 사용할 수 있도록 내구성이 좋아야 한다.
④ 경제성 : 건설비의 총경비를 최소화해야 한다.
⑤ 미관 : 주변 경관과 조화가 이루어지도록 해야 한다.

3. 하중의 종류

구분	종류
주하중	고정하중, 활하중, 충격하중
부하중	풍하중, 온도 변화에 의한 하중, 지진하중
특수하중	설하중, 원심하중, 제동하중, 지점 이동에 의한 하중, 가설하중, 충돌하중

4. 철근콘크리트 구조의 개념

콘크리트는 압축력에 매우 강하나 인장력에는 약하고, 철근은 인장력에는 매우 강하나 압축력에 의해 구부러지기 쉽다. 이에 따라 콘크리트 구조체의 인장력이 일어나는 곳에 철근을 배근하여 인장력을 부담하도록 한다.

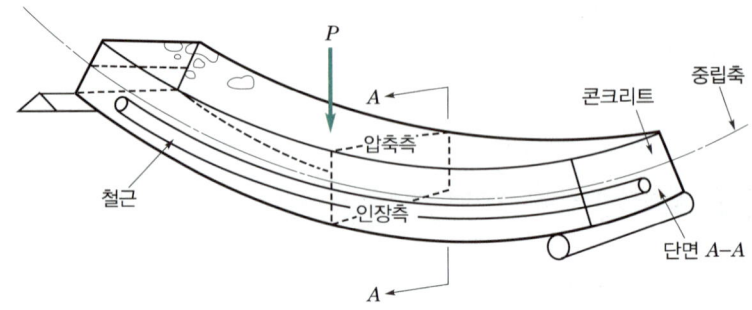

[철근콘크리트 구조의 원리]

5. 철근콘크리트 구조의 특징

(1) 철근콘크리트 구조의 장단점

장점	단점
① 내구성, 내진성, 내화성, 내풍성이 우수하다. ② 다양한 치수와 형태로 건축이 가능하다. ③ 구조물을 경제적으로 만들 수 있고, 유지관리비가 적게 든다. ④ 일체식 구조로 만듦으로써 강성이 큰 구조가 된다.	① 자체 중량이 크다. ② 습식 공사로 공사 기간이 길다. ③ 균열이 발생하기 쉽고 부분적으로 파손되기 쉽다. ④ 파괴나 철거가 쉽지 않다.

(2) 콘크리트의 건조수축

콘크리트에 함유된 수분이 증발하면서 콘크리트의 부피가 줄어드는 것을 건조수축이라고 한다. 단위시멘트량이 많을수록, 단위수량이 많을수록 크게 일어나며, 적절한 습윤양생으로 건조수축을 줄일 수 있다.

(3) 크리프

구조물에 자중 등과 같은 하중이 오랜 시간 지속적으로 작용하면 더 이상 응력이 증가하지 않더라도 시간이 지나면서 구조물에 발생하는 변형이다. 크리프의 양은 응력의 재하기간, 물-시멘트비, 단위 시멘트량, 가해지는 응력, 온도에 비례하고, 콘크리트의 재령기간, 콘크리트의 강도, 철근비와 반비례하여 발생한다.

6. 프리스트레스트 콘크리트 구조의 장단점

장점	단점
① 장스팬의 구조가 가능하다. ② 처짐이 작다. ③ 균열이 거의 발생되지 않기에 강재의 부식위험이 적고 내구성이 좋다. ④ 과대한 하중으로 일시적인 균열이 발생해도 하중을 제거하면 다시 복원되므로 탄력성과 복원성이 우수하다. ⑤ 콘크리트의 전 단면을 유효하게 이용할 수 있어 부재 단면을 줄이고 자중을 경감시킬 수 있다. ⑥ 프리캐스트 공법을 적용할 경우 시공성이 좋고 공기단축이 가능하다. ⑦ 파괴의 전조 증상이 뚜렷하게 나타난다.	① 휨강성이 작아져 진동이 생기기 쉽다. ② 고강도 강재는 높은 온도에 접하면 갑자기 강도가 감소하므로 내화성에 대하여 불리하다. 그러므로 5 cm 이상의 내화피복이 요구된다. ③ 공정이 복잡하며 고도의 품질관리가 요구된다. ④ 단가가 비싸고 보조재료가 많이 사용되므로 공사비가 많이 든다.

7. 프리스트레스트 콘크리트 구조의 종류

(1) 프리텐션 방식

콘크리트를 타설하기 전에 강재를 미리 긴장시킨 후 콘크리트를 타설하고, 콘크리트가 경화되면 긴장력을 풀어서 콘크리트에 프리스트레스가 주어지도록 하는 방법이다. 콘크리트와 강재의 부착에 의해서 프리스트레스가 도입된다. 공장에서 제작되는 PSC 제품으로 품질이 우수하고 대량생산이 가능하다.
① 시스, 정착장치 등이 필요 없다.
② 강재를 곡선으로 배치할 수 없다.
③ 부재의 중앙부에는 큰 긴장력이 도입되지만 단부로 갈수록 긴장력이 작아진다.

(2) 포스트텐션 방식

인장측에 시스관을 묻어 놓고 시스 내에 PC 강재를 배치한 후 콘크리트를 타설한다. 콘크리트가 경화한 후 시스관 속의 PC 강재를 양단에서 긴장 및 정착시킨다. 이때 발생하는 강재의 상향력으로 인장력을 상쇄한다.
① 현장에서 시공되는 PSC에 사용되며, 강재를 현장에서 긴장시키므로 강재의 재긴장이 가

능하다.
② 강재의 곡선배치가 가능하여 대형 구조물을 제작할 수 있다.
③ 콘크리트가 경화한 후에 긴장을 하므로 부재 자체를 지지대로 활용할 수 있어 별도의 지지대가 필요 없다.
④ 정착장치, 시스관, 그라우트 등이 필요하다.
⑤ 철근의 정착방법으로는 쐐기작용을 이용하는 방법, 너트와 지압판을 사용하는 방법, 리벳 머리에 의한 방법이 있다.

8. 강구조의 장단점

장점	단점
① 단위면적당 강도가 크다.	① 내화성이 낮다.
② 자중이 작기 때문에 긴 지간 교량이나 고층 건물 시공에 쓰인다.	② 좌굴의 영향이 크다.
③ 인성이 커서 변형에 유리하고 내구성이 크다.	③ 접합부의 신중한 설계와 용접부의 검사가 필요하다.
④ 재료가 균질하다.	④ 처짐 및 진동을 고려해야 한다.
⑤ 부재를 공장에서 제작하고 현장에서 조립하여 현장작업이 간편하고 공사 기간이 단축된다.	⑤ 유지 관리가 필요하다.
⑥ 세장한 부재가 가능하다.	⑥ 반복하중에 따른 피로에 의해 강도 저하가 심하다.
⑦ 기존 건축물의 증축, 보수가 용이하다.	⑦ 소음이 발생하기 쉽다.
⑧ 환경 친화적인 재료이다.	⑧ 구조 해석이 복잡하다.

9. 트러스교의 종류

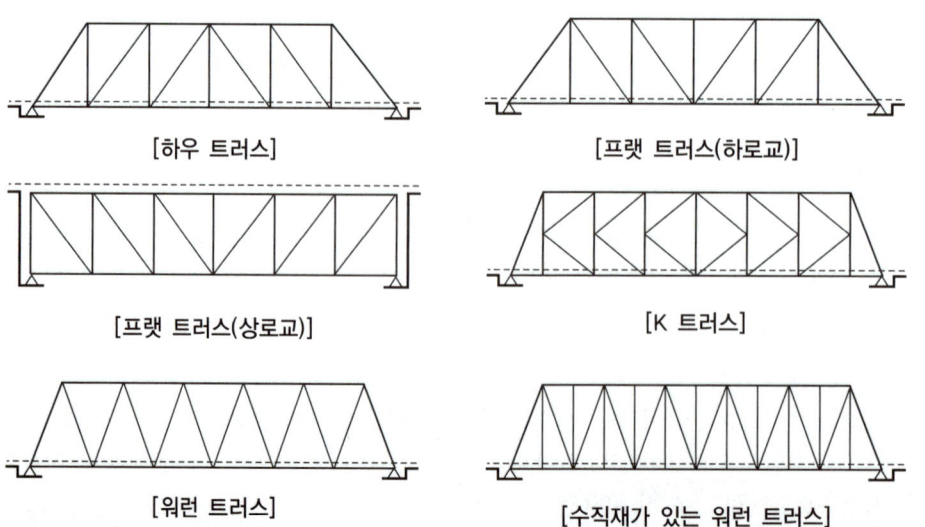

[하우 트러스] [프랫 트러스(하로교)]
[프랫 트러스(상로교)] [K 트러스]
[워런 트러스] [수직재가 있는 워런 트러스]

10. 구조물의 위치에 따른 분류

(1) 기둥

부재의 종방향(길이 방향)으로 작용하는 압축하중을 받는 압축부재이다. 지붕, 바닥 등의 상부 하중을 받아서 토대 및 기초에 전달하고 벽체의 골격을 이루는 구조체이다. 세장비에 의해서 단주와 장주로 구분된다.

① 띠철근기둥 : 종방향으로 배근된 철근을 적당한 간격의 띠철근으로 둘러 감은 기둥
- 기둥 단면의 최소치수는 200 mm 이상이고, 단면적은 60,000 mm^2 이상이어야 한다.
- 띠철근의 수직 간격은 축방향 철근 지름의 16배 이하, 띠철근 지름의 48배 이하, 기둥 단면의 최소치수 이하여야 한다.

② 나선철근기둥 : 종방향으로 배근된 철근을 나선형으로 배근된 나선철근으로 둘러 감은 기둥
- 나선철근의 심부지름은 200 mm 이상이어야 한다.
- 기둥의 축방향 철근은 나선철근으로 둘러싸인 경우 6개 이상 배근한다.

③ 합성기둥 : 구조용 강재, 강관 등을 종방향으로 배치한 기둥

④ 기둥의 유효길이 : 기둥에서 모멘트가 0인 점 사이의 거리를 그 기둥의 유효길이라고 한다.

[기둥의 지지 조건과 유효길이계수]

지지 조건	양단고정	일단고정 타단힌지	양단힌지	일단고정 타단자유
좌굴곡선 (탄성곡선)				
유효길이(kl)	$0.5l$	$0.7l$	$1.0l$	$2.0l$
유효길이계수(k)	0.5	0.7	1.0	2.0

(2) 보

하중을 길이 방향의 직각 방향으로 지지하는 부재로서 폭에 비하여 길이가 긴 부재이다.

핵심 요점노트

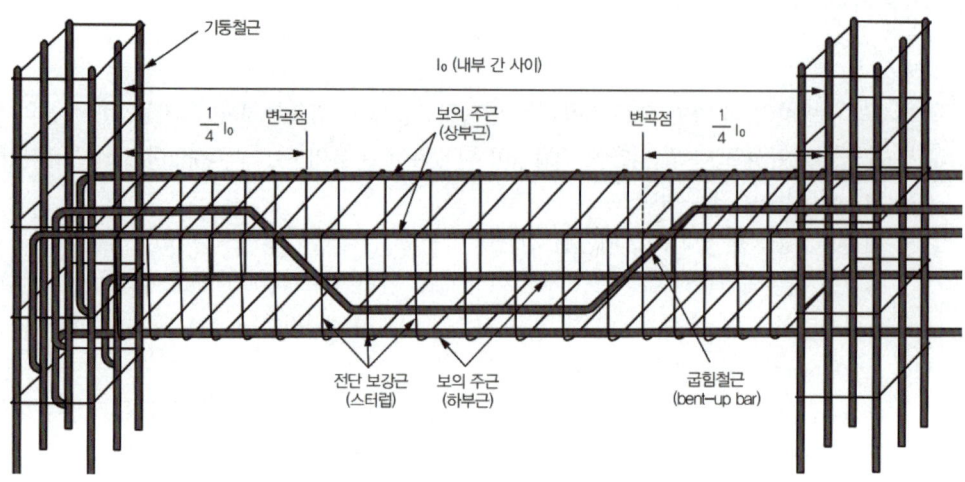

[기둥과 보의 철근 배근]

(3) 슬래브

두께에 비하여 폭이나 길이가 매우 큰 판 모양의 부재로, 교량이나 건축물의 상판이 그 예이다.

① 1방향 슬래브
- 작용하는 하중의 대부분이 한 방향으로만 영향을 미치기 때문에 한 방향으로만 주철근을 배근한 슬래브를 1방향 슬래브라고 한다. 이때 단변 방향에 주철근을 배근하고 장변 방향으로 수축·온도 철근을 배근한다.
- 두 변에 의해서만 지지된 경우이거나, 네 변이 지지된 슬래브 중에서 $\dfrac{장변\ 방향\ 길이}{단변\ 방향\ 길이} \geq 2$ 일 경우 1방향 슬래브로 설계한다.

② 2방향 슬래브
- 작용하는 하중이 직교하는 두 방향으로 영향을 미치기 때문에 직교하는 두 방향으로 주철근을 배근하는 슬래브를 2방향 슬래브라고 한다.
- 네 변으로 지지된 슬래브로서 $\dfrac{장변\ 방향\ 길이}{단변\ 방향\ 길이} < 2$ 일 경우 2방향 슬래브로 설계한다.

(4) 확대기초

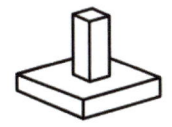
ⓐ 독립확대기초

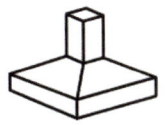
ⓑ 경사확대기초

ⓒ 계단식 확대기초

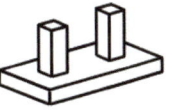
ⓓ 복합(연결)확대기초

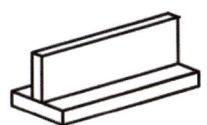
ⓔ 연속확대기초

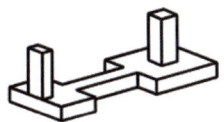
ⓕ 캔틸레버 확대기초

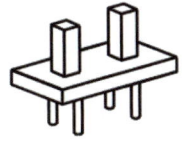
ⓗ 말뚝기초

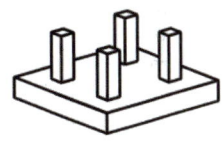
ⓖ 전면확대기초

[확대기초의 종류]

(5) 옹벽

토압에 저항하여 흙의 붕괴를 막거나 비탈면에서 흙이 무너져 내리는 것을 방지하기 위해 설치하는 구조물을 말한다.

[옹벽의 안정조건]
① 전도에 대한 안정 : 옹벽이 토압 등 수평력의 힘에 의해서 넘어가지 않도록 하는 안정
② 활동에 대한 안정 : 지반과 저판 밑면 사이의 마찰력과 저판의 전면에 작용하는 수동토압에 의해 옹벽의 안정에서 옹벽이 미끄러져 나아가게 하려는 힘에 저항하는 안정
③ 침하에 대한 안정 : 옹벽이 침하에 대해 안정하기 위해서는 지지 지반에 작용하는 최대 압력이 지반의 허용지지력을 초과해서는 안 되도록 하는 안정

핵심 요점노트

11. 단철근 직사각형 보의 개념

단철근 직사각형 보라고 하는 것은 보에서 중립축 위의 압축응력은 전적으로 콘크리트가 부담하고, 중립축 아래의 인장응력을 받는 부분에만 철근을 배치하여 인장응력을 부담하도록 하는 직사각형 단면의 보이다.

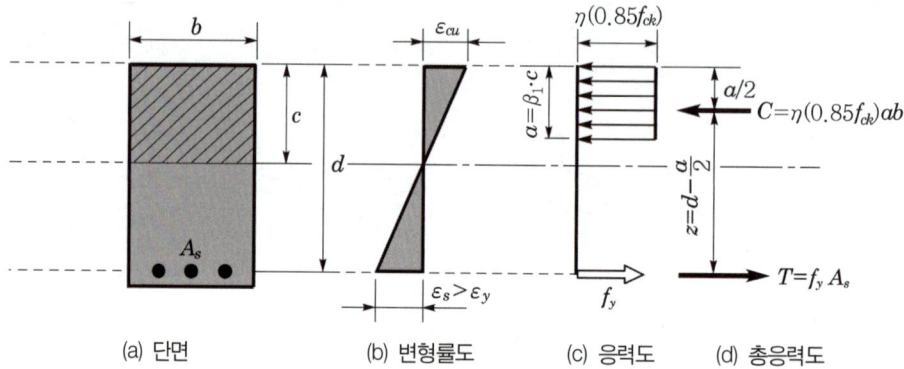

(a) 단면 (b) 변형률도 (c) 응력도 (d) 총응력도

① 강도설계법에 있어서 철근은 항복에 도달했을 때를 파괴로 보며, 콘크리트는 최대 압축변형률이 0.0033에 이르렀을 때를 파괴로 본다. 따라서 인장철근이 항복강도 f_y에 도달함과 동시에 콘크리트의 최대 압축변형률이 0.0033에 도달하도록 설계된 단면을 균형단면이라고 하고, 그러한 보를 균형보라고 한다. 또 콘크리트 면적에 대한 철근의 면적비율을 철근비라 하는데, 균형단면에서의 철근비를 균형철근비(ρ_b)라고 한다.

$$\rho_b = \eta(0.85 f_{ck}) \cdot \frac{\beta_1}{f_y} \cdot \frac{660}{660 + f_y}$$

[등가직사각형 응력분포 변수값]

f_{ck}	≤ 40	50	60	70	80	90
ε_{cu}	0.0033	0.0032	0.0031	0.003	0.0029	0.0028
η	1.00	0.97	0.95	0.91	0.87	0.84
β_1	0.80	0.80	0.76	0.74	0.72	0.70

② 실제 설계된 철근비(ρ)가 균형철근비보다 크면 콘크리트가 먼저 파괴되므로 취성파괴가 일어나고, 균형철근비보다 작으면 철근이 먼저 항복하므로 연성파괴가 일어난다.

> **참고**
>
> 철근비 $\rho = \dfrac{A_s}{bd}$

㉠ 취성파괴 : 철근비(ρ) > 균형철근비(ρ_b)

철근비가 커서 보의 파괴가 압축측 콘크리트의 파쇄로 시작될 경우에는 사전의 징조 없이 갑자기 일어난다. 이러한 파괴 형태를 취성파괴 또는 메짐파괴라고 한다.

㉡ 연성파괴 : 철근비(ρ) < 균형철근비(ρ_b)

철근의 항복으로 시작되는 보의 파괴는 철근의 항복 고원이 존재하므로, 사전에 붕괴의 징조를 보이면서 점진적으로 일어난다. 이와 같은 파괴 형태를 연성파괴라고 한다.

③ 최대 철근비와 최소 철근비

㉠ 최대 철근비 : 철근콘크리트 구조물의 연성파괴를 보장하기 위해서 철근비가 균형상태인 균형철근비(ρ_b)에 미치지 못하도록 최대 철근비를 규정해 놓는다.

㉡ 최소 철근비 : 취성파괴를 피하기 위해서는 어느 한도 이상의 철근량을 배치해야 한다. 철근량이 너무 적게 배근되면 무근콘크리트와 같이 취성파괴의 형상을 띠게 된다.

12. 휨강도의 계산

① 등가직사각형의 깊이(a)

단면에서 작용하는 수평 방향의 내력은 평형을 이루어야 하므로 다음 식이 성립한다.

$$\text{콘크리트의 압축력}(C) = \text{철근의 인장력}(T)$$

$$\therefore \eta(0.85 f_{ck})ab = A_s f_y$$

$$\therefore a = \frac{A_s f_y}{\eta(0.85 f_{ck})b}$$

② 공칭휨강도(공칭모멘트, M_n)

콘크리트의 압축력(C)과 인장철근의 인장력(T)에 의한 우력모멘트(M_n)

$$M_n = C \cdot z = \eta(0.85 f_{ck})ab\left(d - \frac{a}{2}\right)$$

$$= T \cdot z = A_s f_y\left(d - \frac{a}{2}\right)$$

③ 설계휨강도(M_d)

$$M_d = \phi M_n = \phi \eta(0.85 f_{ck})ab\left(d - \frac{a}{2}\right) = \phi A_s f_y\left(d - \frac{a}{2}\right)$$

CRAFTSMAN-COMPUTER AIDED DRAWING IN CIVIL ENGINEERING

PART 1

토목제도

CHAPTER 01 | **제도기준**
CHAPTER 02 | **기본도법**
CHAPTER 03 | **건설재료의 표시**
CHAPTER 04 | **도면 이해**

Chapter 01 제도기준

Section 1.1 제도의 규격

1) 표준규격

도면 작성 시에는 표준규격이 제도의 기준이 되어야 한다. 표준규격이란 각종 도식 기호나 기본 요소 등이 같은 모양과 형태가 되도록 정해진 약속과 규칙을 의미한다. 즉, 도면 작성자의 설명이 없어도 도면에 나타난 뜻을 전달하기 위한 제도상의 약속이라고 할 수 있다. 우리나라는 산업표준화법에 따라 한국산업표준(KS, Korean Industrial Standards)이 규정되어 있으며, 국제표준화기구(ISO, International Organization for Standardization) 규격과 일치하도록 개정하고 있다.

> **학습 POINT**
>
> **표준규격**
> - 제품의 균일화
> - 생산성 향상
> - 품질 향상
> - 제품 상호 간 호환성의 증가

❶ **국제 규격** : 국제표준화기구(ISO)나 국제전기표준회의(IEC)에서 규정해 놓은 것으로, 국제적인 공동의 이익을 추구하기 위하여 여러 나라가 협의하여 규정해 놓은 규격이다.

표준 명칭	기호
국제표준화기구(International Organization for Standardization)	ISO
국제전기표준회의(International Electrotechnical Commission)	IEC

> **참고**
>
> 국제표준화기구(ISO) 및 국제전기표준회의(IEC) 마크
>
>

❷ **국가 규격**: 한 국가 내에서 통용될 수 있도록 규정해 놓은 것으로, 각 나라에서 표준으로 삼고 있는 규격이다.

표준 명칭	기호
한국산업표준(Korean Industrial Standards)	KS
영국 규격(British Standards)	BS
독일 규격(Deutsche Industrie für Normung)	DIN
미국 규격(American National Standards Institute)	ANSI
스위스 규격(Schweitzerish Normen-Vereinigung)	SNV
프랑스 규격(Norm Francaise)	NF
일본 규격(Japanese Industrial Standards)	JIS

❸ **단체 규격**: 사업자나 학회 등의 단체 관계자들이 규정해 놓은 것으로, 해당 단체 또는 그 구성원에게 적용되는 규격이다.

❹ **사내 규격**: 개개의 기업 또는 공장에서 각 부서의 동의를 얻어 규정해 놓은 것으로, 해당 기업 또는 공장 내에서 적용되는 규격이다.

> ✅ **참고**
>
> 한국산업표준(KS) 마크
>
>

2) 부문별 기호

분류기호	KS A	KS B	KS C	KS D	KS E	KS F	KS G	KS H
부문	기본	기계	전기전자	금속	광산	건설	일용품	식품
분류기호	KS K	KS L	KS M	KS P	KS R	KS V	KS W	KS X
부문	섬유	요업	화학	의료	수송기계	조선	항공우주	정보

Section 1.2 KS 토목제도통칙(KS F 1001)

1) 토목제도

사회기반시설 또는 그것을 구성하는 토목구조물의 조사, 계획, 설계, 제작, 시공, 유지관리 등에 필요한 도면을 작성하는 것으로, 주로 도형을 표시한 것에 기호, 문자, 숫자 등을 덧붙여 표현한다.

2) 적용 범위

한국산업표준(KS)에는 도면을 작성할 때 적용되는 제도통칙(KS A 0005)을 바탕으로 토목제도에 관한 공통적이고 기본적인 사항에 대하여 규정한다.

> **참고**
>
> **KS A 0005**
> 한국산업표준(KS) 「제도-통칙(도면 작성의 일반코드)」으로, 공업의 각 분야에서 도면을 작성할 때의 요구 사항에 대하여 총괄적으로 규정해 놓은 통칙

Section 1.3 도면의 크기와 척도

1) 도면의 크기

① 도면의 크기는 종이(KS A 5201)의 A0~A4의 규격을 따르는 것이 원칙이며 부득이한 경우는 길이 방향으로 연장이 가능하다.

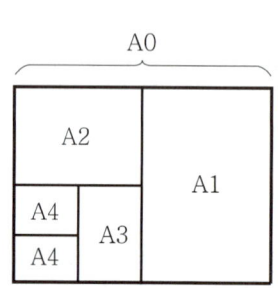
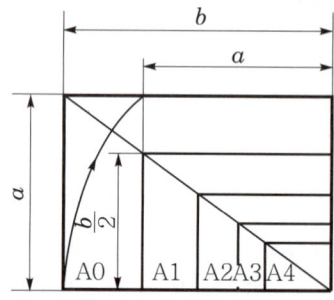

[도면의 크기]

[용지의 치수]   [KS A 5201](단위 : mm)

열 번호	A열 $a \times b$	B열 $a \times b$	열 번호	A열 $a \times b$	B열 $a \times b$
0	841×1189	1030×1456	6	105×148	128×182
1	594×841	728×1030	7	74×105	91×128
2	420×594	515×728	8	52×74	64×91
3	297×420	364×515	9	37×52	45×64
4	210×297	257×364	10	26×37	32×45
5	148×210	182×257			

② 윤곽의 크기는 용지에 따라 다음 그림 및 표와 같이하며, 세로와 가로의 비는 $1:\sqrt{2}$ 로 한다.

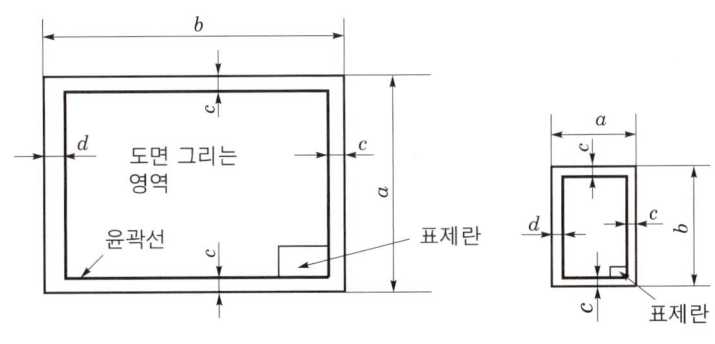

[윤곽선의 크기]

[용지 및 윤곽선의 크기]   (단위 : mm)

크기와 호칭		A0	A1	A2	A3	A4
도면의 윤곽선 (최소)	도면의 크기($a \times b$)	841×1189	594×841	420×594	297×420	210×297
	c (최소)	20	20	10	10	10
	d 철하지 않을 때	20	20	10	10	10
	철할 때	25	25	25	25	25

③ 도면은 긴 변을 좌우 방향으로 놓는 것을 원칙으로 한다.
④ 윤곽선은 도면의 크기에 따라 0.5 mm 이상의 굵은 실선으로 나타낸다.
⑤ 도면의 크기가 클 때에는 A4 크기로 접어서 보관한다.

> **참고**
> 도면을 철하기 위한 구멍 뚫기의 여유를 둘 때 최소 너비는 20 mm이다.

2) 도면의 척도

척도란 길이에 대한 도면에서의 크기와 물체의 실제 크기의 비율을 말하는 것으로, 실물 크기보다 축소하여 도면을 그리는 경우 **축척**, 실물과 같은 크기로 도면을 그리는 경우 **현척**, 실물 크기보다 확대하여 도면을 그리는 경우 **배척**이라고 한다. 척도의 표시는 도면의 표제란에 기입한다.

구분	척도
축척	1:2, 1:5, 1:10, 1:20, 1:50, 1:100, 1:200, 1:500
현척	1:1
배척	2:1, 5:1, 10:1, 20:1, 50:1, 100:1, 200:1, 500:1

① 축척은 도면마다 기입하고 같은 도면 안에 다른 축척을 사용하는 경우는 그림마다 그 축척을 기입한다. 단, 도면의 대부분은 같은 축척이나 일부분만 축척이 다른 경우는 대표 축척을 표제란에 기입하고, 다른 축척만을 그림 가까이에 기입할 수 있다.
② 도면의 축척은 1/1, 1/2, 1/5, 1/10, 1/15, 1/20, 1/25, 1/30, 1/40, 1/50, 1/100, 1/200, 1/250, 1/300, 1/400, 1/500, 1/600, 1/1000, 1/1200, 1/2500, 1/3000, 1/5000 등 22종을 기본으로 한다.
③ 도면의 축척은 목적에 따라 선택한다.
 • 일반도 : 1/100, 1/200, 1/500, 1/1000
 • 구조물도 : 1/20, 1/30, 1/40, 1/50, 1/100
 • 상세도 : 1/1, 1/2, 1/5, 1/10, 1/20, 1/30
 • 평면도 : 1/500, 1/600, 1/1000, 1/1200, 1/1300, 1/1500
④ 그림의 모양이 치수에 비례하지 않아 착오의 우려가 있을 때는 NS(None Scale)로 명시한다.
⑤ 구조선도, 조립도, 배치도 등의 그림에서 치수를 읽을 필요가 없는 것은 척도를 표시할 필요가 없다.

Section 1.4 제도 표시의 일반 원칙

1) 선과 글자

도면에는 구조물의 외형을 표현하는 선과 도면명, 각부의 명칭, 치수 외에도 설명이나 도면의 이해를 돕기 위해서 문자와 숫자를 사용한다.
① 선의 종류와 용도는 외형, 내형, 테두리, 중심, 가상, 절단, 표면 등에 따라 달리 쓰인다.

> **참고**
>
> 굵기에 따른 선의 종류
>
> | 종류 | 굵기 비율 | 예시 |
> |---|---|---|
> | 가는 선 | 1 | 0.2 mm |
> | 보통 선(굵은 선) | 2 | 0.4 mm |
> | 굵은 선(아주 굵은 선) | 4 | 0.8 mm |

[선의 종류와 용도]

선의 종류		선 모양	명칭	선의 용도
실선	굵은 실선	———	외형선	대상물의 보이는 부분의 겉모양을 표시 (0.35~1 mm 정도)
	가는 실선	———	치수선	치수를 기입하기 위하여 사용
			치수보조선	치수를 기입하기 위하여 도형에서 인출한 선
			지시선	지시, 기호 등을 나타내기 위하여 사용
			수준면선	수면, 유면 등의 위치를 나타냄(0.18~0.3 mm 정도)
		/////////	해칭선	• 가는 실선으로 규칙적으로 빗금을 그은 선 • 단면도의 절단면을 나타내는 선
	자유실선	∿∿∿	파단선	대상물의 일부를 파단한 경계 또는 일부를 떼어 낸 경계를 표시
파선	파선	— — — —	숨은선	대상물의 보이지 않는 부분의 모양을 표시
쇄선	가는 1점쇄선	— · — · —	중심선	도형의 중심을 나타내며 중심선이 이동한 중심 궤적을 표시
			기준선	위치 결정의 근거임을 나타내기 위하여 사용
			피치선	반복 도형의 피치의 기준을 잡음
	가는 2점쇄선	— ·· — ·· —	가상선	가공 부분을 이동하는 특정 위치 또는 이동 한계의 위치를 나타냄
			무게 중심선	단면의 무게 중심 연결에 사용

> **✓ 학습 POINT**
>
> **한 도면에서 두 종류 이상의 선이 겹칠 때의 우선순위**
> ① 외형선　　② 숨은선　　③ 절단선　　④ 중심선　　⑤ 무게 중심선

② 글자는 명확하게 쓰고, 문장은 가로로 왼쪽에서 오른쪽으로 쓰는 것이 원칙이다.
③ 같은 크기의 문자는 그 선의 굵기가 되도록 균일하게 한다.
④ 한글 서체는 고딕체로 하고, 수직 또는 오른쪽으로 15° 경사지게 쓰는 것이 원칙이다.
⑤ 숫자는 아라비아 숫자를 사용하고, 영문자는 로마자 대문자를 사용한다.
⑥ 글자의 크기는 높이로 표현한다. 보통 2.24, 3.15, 4.5, 6.3, 9, 12.5, 18 mm 등 7종을 표준으로 하며, 활자 등에서 이미 정해져 있는 것을 사용하는 경우에는 7종 중에서 가까운 것을 선택하는 것이 좋다.

[쓰이는 곳에 따른 문자의 높이]

쓰이는 곳	높이(mm)	쓰이는 곳	높이(mm)
공차 치수	2.24~4.5	도면번호	9~12.5
일반 치수	3.15~6.3	도면이름	9~18
부품 번호	6.3~12.5		

⑦ 문자의 크기 : 치수를 표시하는 문자의 크기는 4.5 mm, 표제에는 9 mm를 사용한다.
⑧ 문자선의 굵기는 한글, 숫자, 영문자에 해당하는 문자 크기의 호칭에 대하여 1/9로 하는 것이 바람직하다.
⑨ 서체는 J형 사체, B형 사체, B형 입체 중 한 가지를 사용하며 혼용하지 않는 것이 원칙이다.
⑩ 네 자리 이상의 숫자는 세 자리마다 자리 표시를 하거나 간격을 두어야 하며, 네 자릿수는 자리 표시를 하지 않아도 된다.
⑪ 길이는 원칙적으로 mm의 단위로 기입하고 단위기호는 붙이지 않는다.
⑫ 각도는 일반적으로 도(°) 단위로 기입하고, 필요한 경우에는 분('), 초(")를 병용할 수 있다.

> **참고**
> 사체(oblique)
> 문자가 약간 오른쪽으로 기울어진 모양의 글자체로 이탤릭체와 같은 의미로 쓰인다.

2) 표제란

표제란이란 도면의 내용에 대한 정보와 도면의 관리에 필요한 사항을 기입하는 것으로, 보통 도면의 오른쪽 아래에 배치한다.
① 표제란에는 도면번호, 도면명칭, 기업명, 책임자 서명, 도면작성 연월일, 축척 등을 기입한다.
② 표제란은 통상적으로 도면의 방향과 일치하도록 하는 것이 좋다.

[표제란의 예]

공사명			
도면명			
축 척		도면번호	
설계연월일			
설계자		제 도 자	
설계사명			

③ 범례는 표제란 가까이에 기입한다.

> **참고**
>
> **범례**
> 지도나 도표의 내용을 알기 쉽도록 본보기로 표시해 둔 기호나 부호에 대한 설명

3) 도면의 변경

① 특별한 경우를 제외하고 도면은 채색하지 않는 것이 원칙이다.
② 도면을 변경할 때는 변경한 곳에 적당한 기호를 표시하고, 변경 전의 모양 및 숫자는 보존한다.
③ 변경한 날짜와 이유를 기재한다.

4) 작도 통칙

① 도면은 가능한 한 단순하게 작도하며, 중복을 피한다.
② 도면은 될 수 있는 대로 **실선**으로 표시하고, 파선으로 표시하는 것을 피한다.
③ 대칭이 되는 도면은 중심선의 한쪽을 외형도, 반대쪽을 단면도로 표시하는 것이 원칙이다.

> **참고**
>
> **단면도**
> 물체 내부의 보이지 않는 부분을 나타낼 때 물체를 절단하여 내부 모양을 그리는 것을 말한다.

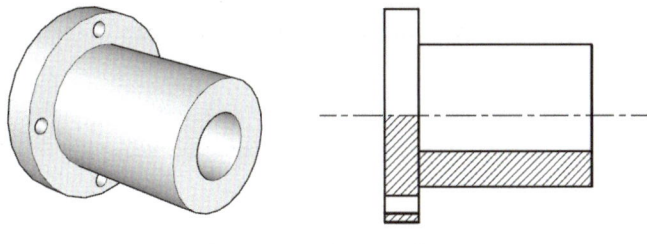

[대칭적인 그림의 표시]

Section 1.5 치수와 치수 요소

1) 치수 기입 원칙

① 치수는 특별히 명시하지 않으면 **마무리 치수(완성 치수)**로 표시한다.
② 치수는 모양 및 위치를 가장 명확하게 표시하며 중복해서 기입하지 않는다. 또한 **계산하지 않고서도 알 수 있도록 표기한다.**

③ 제작, 조립, 시공, 설계를 할 때 기준이 되는 곳이 있으면 그곳을 기준으로 해서 치수를 기입한다.
④ 부분 치수의 합계는 부분 치수의 바깥쪽에 기입하고, **전체 치수는 가장 바깥쪽에 기입**한다.
⑤ 도면의 모든 치수에 동일한 치수단위를 사용하고, 단위기호(mm)는 생략한다. 단, 도면 명세의 일부로서 다른 단위를 사용해야 하는 곳에는 해당 단위기호를 수치와 함께 표시한다.
⑥ 치수선은 표시할 치수의 방향에 평행하게 긋는다.
⑦ 치수선과 치수보조선은 되도록 다른 선과 교차되지 않도록 한다.
⑧ 다수의 평행 치수선을 서로 접근시켜 그릴 때는 선의 간격을 동일하게 하고 서로 교차되지 않도록 한다.
⑨ 치수선의 양끝에는 화살표(또는 작은 원, 사선)로 표시한다. 단, 치수선 끝 화살표를 붙일 공간이 부족할 때는 치수선을 치수보조선 바깥에 긋고, 안쪽을 향하게 화살표를 붙인다. 또한 화살표는 도면마다 균일하게 표시한다.

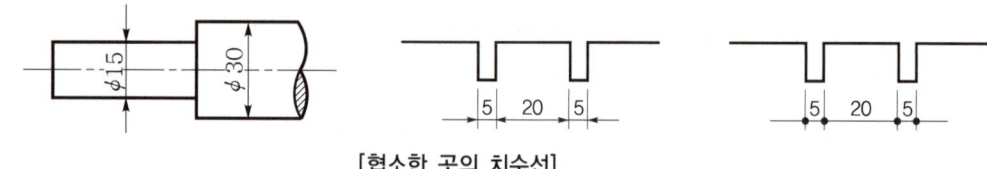

[협소한 곳의 치수선]

⑩ 중심선으로 대칭물의 한쪽을 표시하는 도면의 치수선은 그 중심을 지나 연장하며, 치수선 중심 끝의 화살표를 붙이지 않는다. 다만 경우에 따라 치수선을 규정보다 짧게 할 수 있다.

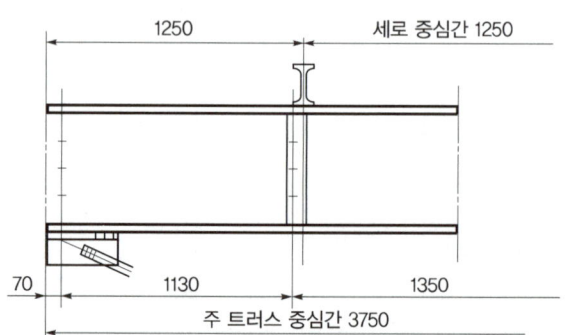

[대칭물의 한쪽을 표시하는 도면의 치수선]

⑪ 치수보조선은 그림과 같이 치수를 표시하는 부분의 양끝에서 치수선에 직각으로 긋고, 치수선을 약간 넘도록 연장한다. 치수선을 그을 곳이 마땅하지 않을 때는 치수선에 대해 적당한 각도로 치수보조선을 그을 수 있다.
⑫ 치수선은 될 수 있는 대로 물체를 표시하는 도면의 외부에 긋는다.
⑬ 치수보조선이 외형선과 접근하기 때문에 선의 구별이 어려울 때에는 치수선과 적당한 각도(60° 등)를 가지게 한다.
⑭ 치수는 될 수 있는 대로 주 투상도에 기입한다.

2) 치수의 기입방법

① 치수를 기입할 때는 치수가 치수선을 자르거나 치수와 치수선이 겹치지 않게 **치수선의 위쪽 중앙에 기입**하는 것을 원칙으로 한다. 치수선이 세로일 때는 치수선의 왼쪽 중앙에 기입한다.

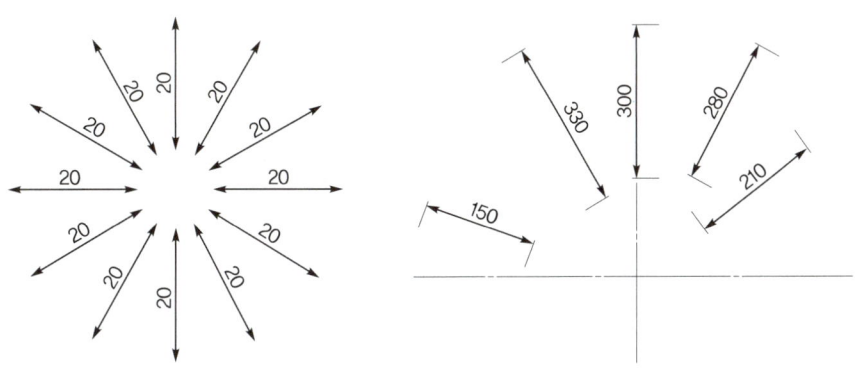

[치수의 기입]

② 치수는 선과 교차하는 곳에는 가급적 쓰지 않는다.
③ 같은 간격으로 연속되는 치수는 그림과 같이 '간격 수 @ 간격 길이 = 총길이'로 쓸 수 있다.

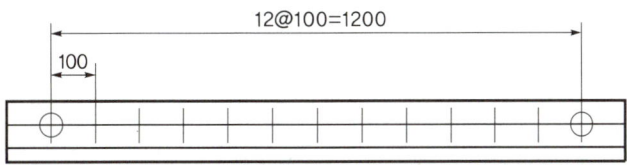

[등분 간격으로 연속되는 치수 기입]

④ 협소한 구간에서 연속되게 치수를 기입할 경우에는 치수선의 위쪽과 아래쪽에 번갈아 치수를 기입한다.

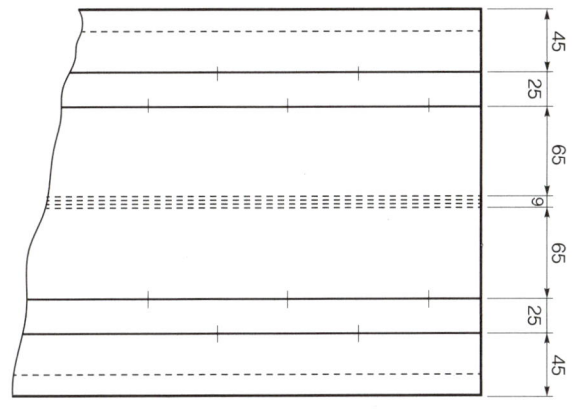

[협소한 구간이 연속될 때의 치수 기입]

⑤ 각도를 기입하는 치수선은 각도를 이루는 두 변 또는 그 두 변의 연장선의 교점을 중심으로 하고 양변 또는 그 연장선 사이에 호로 표시한다.

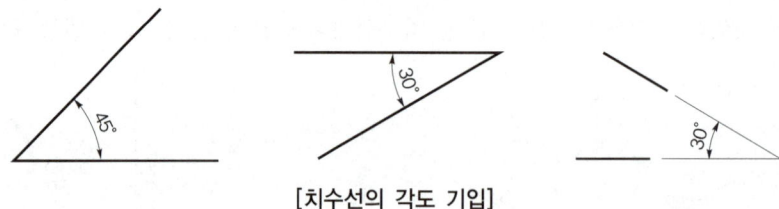

[치수선의 각도 기입]

⑥ 경사의 표시는 원칙적으로 높이에 따른 수평거리의 비로 표시하며, 때에 따라서 백분율(%) 또는 천분율(‰)로 표시한다. 경사의 방향을 표시할 필요가 있을 때에는 하향 경사 쪽으로 화살표를 붙인다.

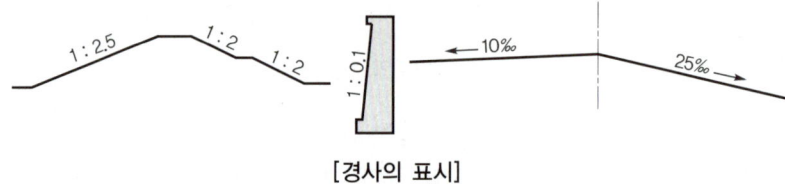

[경사의 표시]

⑦ 현의 길이와 호의 길이는 그림과 같이 표시한다.

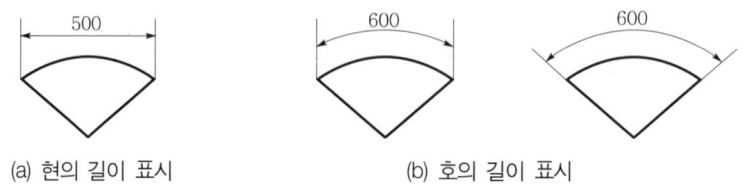

(a) 현의 길이 표시   (b) 호의 길이 표시

⑧ 원 또는 호의 반지름을 표시하기 위해서 호 쪽에 화살선을 그리고 **반지름을 의미하는** *R*과 그 뒤에 반지름값을 기입한다.

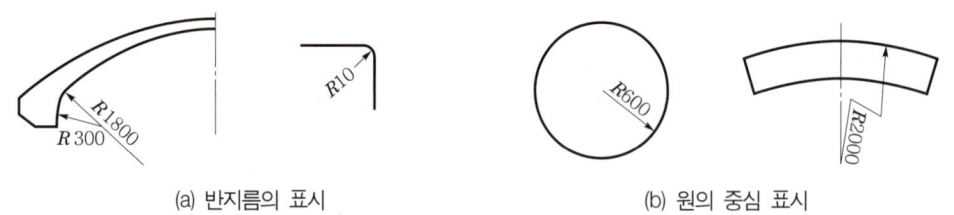

(a) 반지름의 표시   (b) 원의 중심 표시

⑨ 원의 지름을 표시하는 치수선은 중심선 또는 기준선에 겹치지 않게 하며, 작은 원의 지름은 그림과 같이 인출선을 써서 표시할 수 있다. 이 경우 치수 앞에 **지름을 의미하는** ϕ를 붙여준다. 단, 원호가 1/2 이상 원형으로 그려진 경우 치수 앞에는 ϕ를 생략할 수 있다.

⑩ 단면이 정사각형임을 표시할 때는 그 한 변의 치수 앞에 정사각형을 의미하는 □를 붙여준다. 이때, □는 치수의 크기보다 작게 한다.

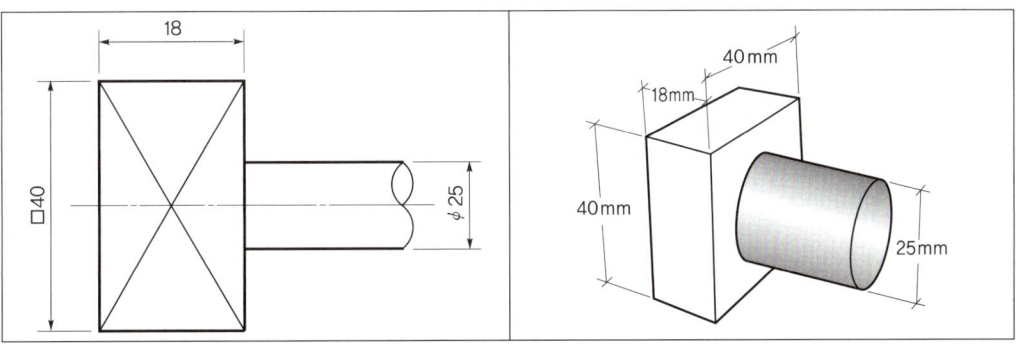

[정사각형 표시]

⑪ 골조구조 등의 구조선도에는 치수선 및 치수보조선을 생략하고 골조를 표시하는 선의 위쪽 또는 왼쪽에 바로 치수를 기입한다.

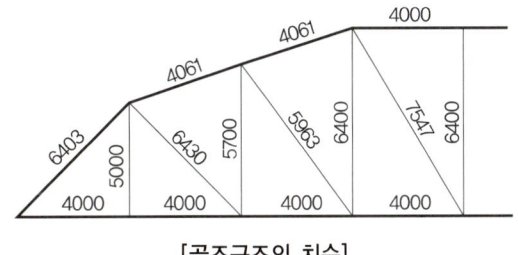

[골조구조의 치수]

⑫ 나사 등의 재료에 대한 치수는 숫자 대신 기호를 써서 표시할 수 있다.
⑬ 인출선은 치수, 가공법, 주의사항 등을 써 넣기 위해 사용하는 선이다. 가로에 대해 직각 또는 45°의 직선을 긋고, 인출되는 쪽에 화살표를 붙여 인출한 쪽의 끝에 가로선을 그어 가로선 위에 치수 또는 정보를 쓴다. 철근콘크리트구조에서 철근의 치수, 배근을 나타내기 위한 인출선 표현은 다음 그림과 같이 한다.

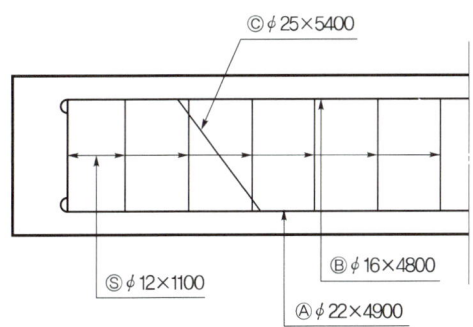

[철근 치수 기입을 위한 인출선]

CHAPTER 01 적중 예상문제

제1장 **제도기준**

01 국가 규격 명칭과 규격 기호가 바르게 표시된 것은?
① 일본 규격 – JKS
② 미국 규격 – USTM
③ 스위스 규격 – JIS
④ 국제표준화기구 – ISO

해설 국제 규격 및 국가 규격

표준 명칭	기호
국제표준화기구(International Organization for Standardization)	ISO
국제전기표준회의(International Electrotechnical Commission)	IEC
한국산업표준(Korean Industrial Standards)	KS
영국 규격(British Standards)	BS
독일 규격(Deutsche Industrie für Normung)	DIN
미국 규격(American National Standards Institute)	ANSI
스위스 규격(Schweitzerish Normen-Vereinigung)	SNV
프랑스 규격(Norm Francaise)	NF
일본 규격(Japanese Industrial Standards)	JIS

★ 02 제도통칙에서 제도용지의 세로와 가로의 비로 옳은 것은?
① $1:1$
② $1:2$
③ $1:\sqrt{2}$
④ $1:\sqrt{3}$

해설 제도용지의 세로와 가로의 비는 $1:\sqrt{2}$ 이다.

03 KS의 부문별 기호 중 건설 부문의 기호는?
① KS C
② KS D
③ KS E
④ KS F

해설 KS 부문별 기호

분류 기호	KS A	KS B	KS C	KS D	KS E	**KS F**	KS G	KS H
부문	기본	기계	전기 전자	금속	광산	**건설**	일용품	식품
분류 기호	KS K	KS L	KS M	KS P	KS R	KS V	KS W	KS X
부문	섬유	요업	화학	의료	수송 기계	조선	항공 우주	정보

★ 04 도면의 크기를 종이 재단 치수(KS A 5201)에 의하여 분류했을 때 A3의 크기가 바른 것은?
① 841×1189
② 594×841
③ 297×420
④ 210×297

해설 용지 및 윤곽선의 크기 (단위 : mm)

크기의 호칭		A0	A1	A2	A3	A4
도면의 윤곽	$a \times b$	841×1189	594×841	420×594	297×420	210×297
	c(최소)	20	20	10	10	10
	d(최소) 철하지 않을 때	20	20	10	10	10
	d(최소) 철할 때	25	25	25	25	25

정답 1.④ 2.③ 3.④ 4.③

05 윤곽선은 도면의 크기에 따라 몇 mm 이상의 굵기인 실선으로 긋는가?

① 0.1 mm ② 0.3 mm
③ 0.4 mm ④ 0.5 mm

해설 윤곽선은 도면의 크기에 따라 0.5 mm 이상의 굵은 실선으로 나타낸다.

06 도면을 철하지 않을 경우 A3 도면 윤곽선의 여백 치수의 최솟값은 얼마로 하는 것이 좋은가?

① 25 mm ② 20 mm
③ 10 mm ④ 5 mm

해설 용지 및 윤곽선의 크기 (단위 : mm)

크기의 호칭		A0	A1	A2	A3	A4
도면의 윤곽	$a \times b$	841×1189	594×841	420×594	297×420	210×297
	c(최소)	20	20	10	10	10
	d(최소) 철하지 않을 때	20	20	10	10	10
	철할 때	25	25	25	25	25

07 ★ 큰 도면을 접어서 보관할 때 접어야 할 기준이 되는 도면의 크기는?

① A0 ② A1
③ A3 ④ A4

해설 도면의 크기가 클 때에는 A4 크기로 접어서 보관한다.

08 도면을 철할 때 철하는 쪽의 여백은?

① 우측 25 mm
② 좌측 25 mm
③ 우측 35 mm
④ 좌측 35 mm

해설 도면을 철하고자 할 때에는 왼쪽을 철함을 원칙으로 하고 25 mm 이상 여백을 둔다.

09 도면에 대한 설명 중 틀린 것은?

① 일반적으로 도면의 크기는 종이 재단 치수(A0~A4)에 따른다.
② 도면은 긴 변 방향을 상하 방향으로 놓는 것을 원칙으로 한다.
③ 윤곽선은 도면의 크기에 따라 0.5 mm 이상의 굵은 실선으로 그린다.
④ 일반적으로 A4 도면의 윤곽선은 최소 10 mm 정도이다.

해설 도면은 긴 변을 좌우 방향으로 놓는 것을 원칙으로 한다.

10 ★ 굵기에 따른 선의 종류가 아닌 것은?

① 가는 선 ② 아주 굵은 선
③ 중심선 ④ 굵은 선

해설 굵기에 따른 선의 종류

구분	굵기 비율	예시
가는 선	1	0.2 mm
보통 선(굵은 선)	2	0.4 mm
굵은 선(아주 굵은 선)	4	0.8 mm

11 도형의 중심을 나타내는 중심선, 위치 결정의 근거임을 나타내는 기준선 등에 사용되는 선의 종류는?

① 1점쇄선 ② 2점쇄선
③ 파선 ④ 가는 실선

해설 ㉠ 1점쇄선: 중심선, 기준선, 피치선
㉡ 2점쇄선: 가상선, 무게 중심선

12 선의 종류와 용도에 대한 설명으로 옳지 않은 것은?

① 외형선은 굵은 실선으로 긋는다.
② 치수선은 가는 실선으로 긋는다.
③ 숨은선은 파선으로 긋는다.
④ 윤곽선은 1점쇄선으로 긋는다.

해설 윤곽선은 도면의 크기에 따라 0.5 mm 이상의 굵은 실선으로 나타낸다.

정답 5.④ 6.③ 7.④ 8.② 9.② 10.③ 11.① 12.④

13 단면에 해칭을 넣을 때 선의 종류는?
① 가는 실선 ② 파선
③ 1점쇄선 ④ 2점쇄선

해설 단면에 해칭을 넣을 때는 가는 실선으로 수평선, 중심선 또는 표준선에 대하여 45°(필요할 때는 기타 각도)로 눕혀 동일한 간격으로 넣는다.

14 제도용 문자의 크기는 무엇을 기준으로 하여 나타내는가?
① 높이 ② 너비
③ 굵기 ④ 대각선 길이

해설 문자의 크기는 문자의 높이로 표현한다.

15 한 도면에서 두 종류 이상의 선이 같은 장소에 겹치게 될 때 우선순위로 옳은 것은?

㉠ 숨은선	㉡ 중심선
㉢ 외형선	㉣ 절단선

① ㉣-㉠-㉢-㉡ ② ㉢-㉠-㉣-㉡
③ ㉠-㉡-㉢-㉣ ④ ㉢-㉠-㉡-㉣

해설 한 도면에서 두 종류 이상의 선이 겹칠 때 우선순위
① 외형선
② 숨은선
③ 절단선
④ 중심선
⑤ 무게 중심선

16 제도의 통칙에서 한글, 숫자 및 영문자의 경우 글자의 굵기는 글자 높이의 얼마 정도로 하는가?
① 1/2 ② 1/5
③ 1/9 ④ 1/13

해설 문자선의 굵기는 한글, 숫자, 영문자에 해당하는 문자 크기의 호칭에 대하여 1/9로 하는 것이 바람직하다.

17 문자에 대한 토목제도 통칙으로 옳지 않은 것은?
① 문자의 크기는 높이에 따라 표시한다.
② 숫자는 주로 아라비아 숫자를 사용한다.
③ 글자는 필기체로 쓰고 수직 또는 30° 오른쪽으로 경사지게 쓴다.
④ 영문자는 주로 로마자의 대문자를 사용하나 기호, 그 밖에 특별히 필요한 경우에는 소문자를 사용해도 좋다.

해설 한글 서체는 고딕체로 하고, 수직 또는 오른쪽으로 15° 경사지게 쓰는 것이 원칙이다.

18 토목제도에서 표제란에 기입하지 않아도 되는 항목은?
① 도면명 ② 범례
③ 축척 ④ 작성 연월일

해설 표제란에는 도면번호, 도면명칭, 기업명, 책임자 서명, 도면작성 연월일, 축척 등을 기입한다.

★19 치수선에 대한 설명으로 틀린 것은?
① 치수선은 표시할 치수의 방향에 평행하게 긋는다.
② 협소하여 화살표를 붙일 여백이 없을 때에는 치수선을 치수보조선 바깥쪽에 긋고 내측을 향하여 화살표를 붙인다.
③ 일반적으로 불가피한 경우가 아닐 때에는, 치수선은 다른 치수선과 서로 교차하지 않도록 한다.
④ 대칭인 물체의 치수선은 중심선에서 약간 연장하여 긋고, 치수선의 중심 쪽 끝에는 화살표를 붙인다.

해설 중심선으로 대칭물의 한쪽을 표시하는 도면의 치수선은 그 중심을 지나 연장하며, 치수선의 중심 쪽 끝에는 화살표를 붙이지 않는다. 다만 경우에 따라 치수선을 규정보다 짧게 할 수 있다.

정답 13. ① 14. ① 15. ② 16. ③ 17. ③ 18. ② 19. ④

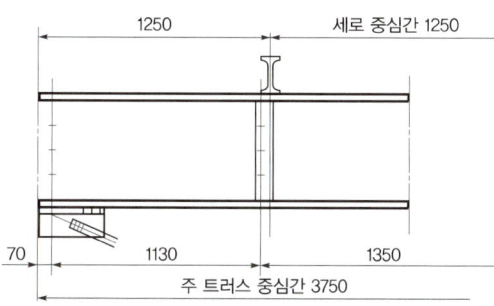

20 치수 표기에서 특별한 명시가 없으면 무엇으로 표시하는가?

① 가상 치수 ② 재료 치수
③ 재단 치수 ④ 마무리 치수

[해설] 치수는 특별히 명시하지 않으면 마무리 치수(완성 치수)로 표시한다.

21 도면의 치수 기입방법으로 옳지 않은 것은?

① 치수는 치수선에 평행하게 기입한다.
② 치수선이 수직일 때 치수는 왼쪽에 쓴다.
③ 협소한 구간에서 치수는 인출선을 사용하여 표시해도 된다.
④ 협소 구간이 연속될 때라도 치수선의 위쪽과 아래쪽에 번갈아 써서는 안 된다.

[해설] 협소한 구간에서 연속되게 치수를 기입할 경우에는 치수선의 위쪽과 아래쪽에 번갈아 치수를 기입한다.

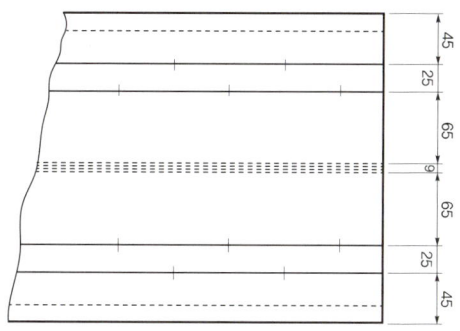

22 치수 기입에 대한 설명 중 옳지 않은 것은?

① 치수는 도면상에서 다른 선에 의해 겹치거나 교차되거나 분리되지 않게 기입한다.
② 가로 치수는 치수선의 아래쪽에, 세로 치수는 치수선의 오른쪽에 쓴다.
③ 협소한 구간이 연속될 때에는 치수선의 위쪽과 아래쪽에 번갈아 치수를 기입할 수 있다.
④ 경사는 백분율 또는 천분율로 표시할 수 있으며, 경사방향 표시는 하향경사 쪽으로 표시한다.

[해설] 치수를 기입할 때는 치수가 치수선을 자르거나 치수와 치수선이 겹치지 않게 치수선의 위쪽 중앙에 기입하는 것을 원칙으로 한다. 치수선이 세로일 때는 치수선의 왼쪽 중앙에 기입한다.

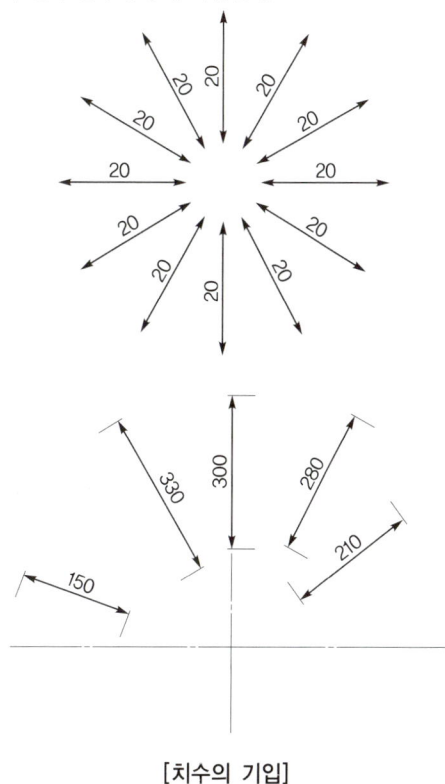

[치수의 기입]

정답 20. ④ 21. ④ 22. ②

23 그림에서 치수 기입방법이 틀린 것은?

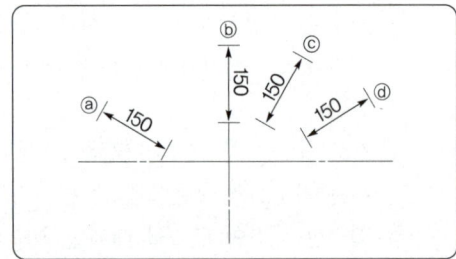

① ⓐ　　　② ⓑ
③ ⓒ　　　④ ⓓ

[해설] 치수선이 세로인 때에는 치수선의 왼쪽에 기입한다.

★ 24 일반적으로 토목제도에서 사용하는 길이의 단위는?

① mm　　② cm
③ m　　　④ km

[해설] 길이는 원칙적으로 mm의 단위로 기입하고 단위기호는 붙이지 않는다.

25 그림과 같은 골조구조에서 치수 기입이 잘못된 치수는?

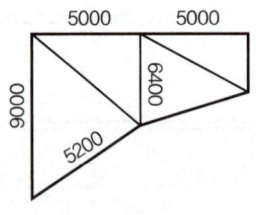

① 5000　　② 5200
③ 6400　　④ 9000

[해설] 골조를 표시하는 선의 위쪽 또는 왼쪽에 치수를 쓴다.

26 다음 중 현의 길이를 바르게 나타낸 것은?

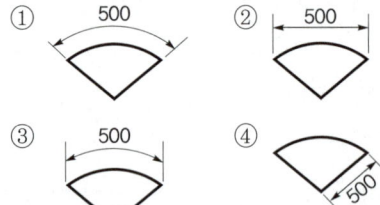

[해설] 호의 길이는 보기 ①, ③과 같이 나타내고, 현의 길이는 보기 ②와 같이 나타낸다.

정답 23. ②　24. ①　25. ③　26. ②

Chapter 02 기본도법

기본도법이란 제도를 하는 데 있어서 기하학의 기본적인 이론을 적용하여 도형과 도법을 습득하기 위한 도법이다.

Section 2.1 평면도법

1) 선분 등분하기

• 주어진 선 2등분하기

(a) 주어진 선분의 길이

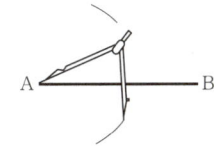
(b) 점 A를 중심으로 AB 길이의 반보다 약간 긴 길이로 원호를 그린다.

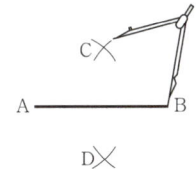
(c) 점 B를 중심으로 (b)와 같이 원호를 그린다.

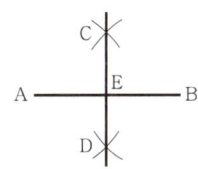
(d) 자를 대고 점 C, D를 직선으로 연결한다. 직선 CD는 선분 AB의 수직 2등분선이 된다.

> **참고**
>
> 주어진 선 n등분하기
>
>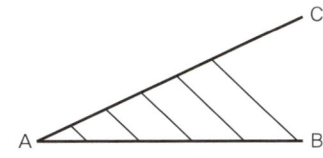
>
> ① 점 A에서 60°보다 작게 경사선을 긋는다.
> ② 디바이더로 적당한 간격을 잡아 선분 AC를 n등분한다.
> ③ 선분 AC에 등분해 놓은 n번째 점과 선분 AB의 끝을 연결하는 선을 긋는다.
> ④ 선분 AC의 등분점에서 ③에서 그린 선과 평행하도록 선분 AB까지 선을 긋는다. $(n-1)$회 반복한다.

2) 각 등분하기

• 주어진 각 2등분하기

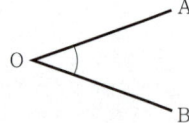 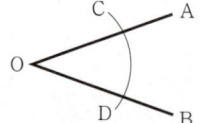 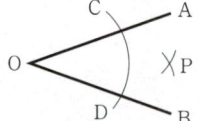 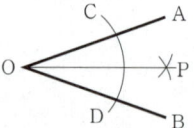

(a) 주어진 각 ∠AOB

(b) 점 O를 중심으로 임의의 반지름으로 원호를 그린다. 이때 선 A, B와 만나는 점을 C, D라 한다.

(c) 점 C, D를 각각 중심으로 하고 임의의 반지름으로 원호를 그려 만나는 점을 P라 한다.

(d) 점 O와 점 P를 직선으로 연결한다. 직선 OP는 ∠AOB의 2등분선이 된다.

• 직각을 3등분하기

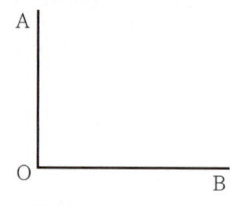 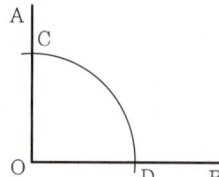 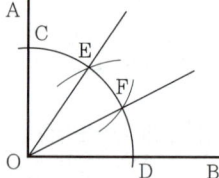

(a) 주어진 직각 ∠AOB

(b) 점 O를 중심으로 임의의 길이로 원호를 그린다. 선분 OA, OB와 만난 점을 C, D라 한다.

(c) 점 C, D를 각각 중심으로 하여 OC의 길이를 반지름으로 하는 원호를 그려 점 E, F를 구한다. 점 E, F를 점 O와 연결하면 직각의 3등분선이 된다.

3) 각 옮기기

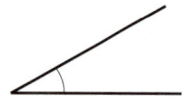 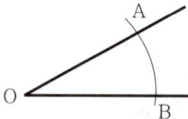 

(a) 임의의 각

(b) 점 O를 중심으로 임의의 반지름으로 원호를 그려 두 변과 만나는 점을 A, B라 한다.

(c) 임의의 선분 CD를 긋는다.

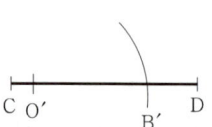 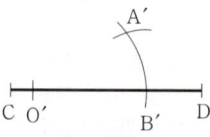 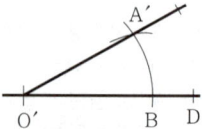

(d) O′B′=OA[그림 (b)]가 되게 원호를 그린다.

(e) A′B′=AB가 되게 원호를 그린다.

(f) O′A′을 직선으로 연결한다.

📝 참고

삼각형에 내접하는 최대 정사각형 그리기

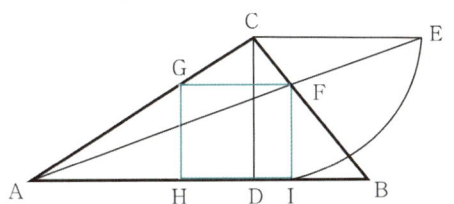

[삼각형에 내접하는 최대 정사각형]

① 삼각형 ABC의 꼭짓점 C에서 변 AB에 그은 수선과의 교점을 D라 한다.
② 점 C에서 반지름 CD로 그은 원호와 점 C를 지나고 변 AB에 평행한 선과의 교점 E를 구한다.
③ 점 A와 E를 이은 선과 변 BC의 교점 F를 구한다.
④ 점 F에서 변 AB에 내린 수선의 발 I, F를 지나면서 변 AB에 평행한 선과 AC의 교점 G, 점 G에서 변 AB에 내린 수선의 발을 H라 한다.
⑤ 점 F, G, H, I를 이으면 최대 정사각형이 된다.

Section 2.2 입체투상도

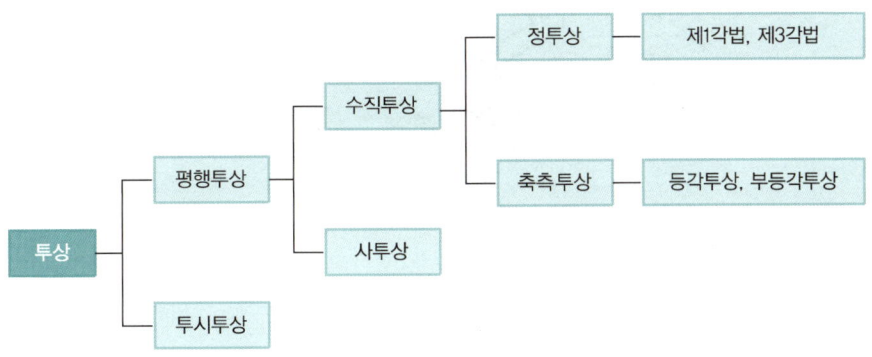

✓ 학습 POINT

- **투상**
  일정한 법칙에 의해서 대상물의 형태를 평면상에 그리는 것

- **투상면의 요소**
  인간이 공간 내에 존재하는 물체를 유리를 가운데에 두고 바라보고, 물체가 보인 대로 유리판상에 묘사되었다면, 이때 물체를 묘사하는 유리판을 투상면, 투상면의 상에 기록된 물체의 모습을 투상의 상 또는 투상도라고 하며, 물체와 인간의 눈을 연결하는 가상의 선을 시선 또는 투상선이라고 한다.

1) 정투상법

물체의 표면으로부터 평행한 투시선으로 입체를 투상하는 방법으로, **대상물을 각 면의 수직 방향에서 바라본 모양을 그려 정면도, 평면도, 측면도로 물체를 나타내는 방법**이다. 물체의 길이와 내부 구조를 충분히 표현할 수 있다.

(1) 제1각법

① **제1상한** 안에 물체를 놓고 투상하는 방법이다.
② 투사선이 물체를 통과하여 투사면에 이르게 되어 **눈(시점)-물체-투상면의 순**으로 진행됨으로써 보는 위치의 반대편에 상이 나타난다.
③ 정면도 아래쪽에 평면도가 놓이게 그리고, 정면도의 왼쪽에 우측면도가 놓이게 그린다.
④ 우리나라의 제도통칙으로 사용하고 있는 투상도법이다.

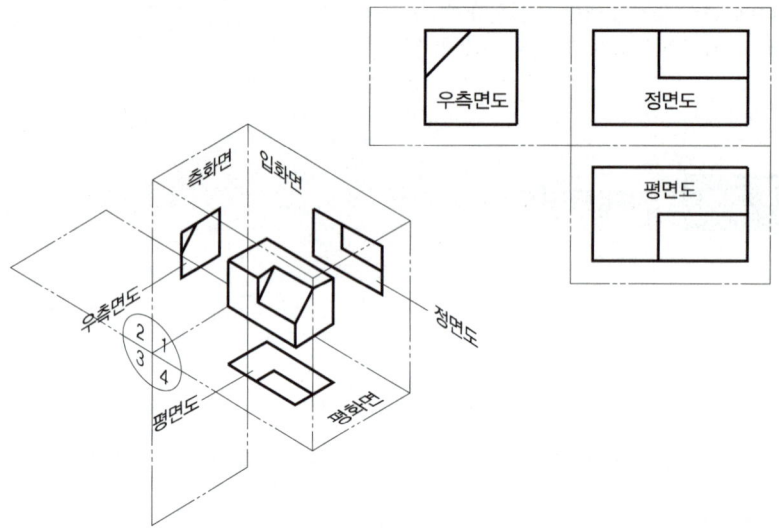

(2) 제3각법

① **제3상한** 안에 물체를 놓고 투상하는 방법이다.
② 투사선이 투사면을 통과하여 입체에 이르게 되어 **눈(시점)-화면-물체의 순**으로 진행된다.
③ 정면도 위쪽에 평면도가 놓이게 그리고, 정면도의 오른쪽에 우측면도가 놓이게 그린다.
④ 우리나라의 제도통칙으로 사용하고 있는 투상도법이다.

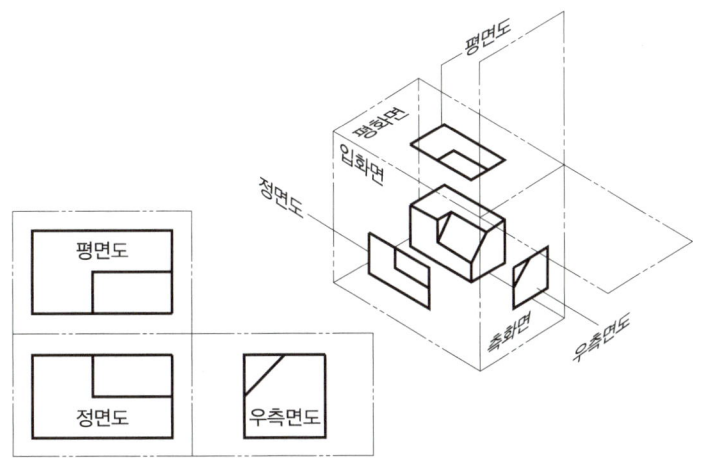

> **참고**
>
> KS 규격에서 정투상법은 제3각법에 따라 도면을 작성하는 것을 원칙으로 한다.

제1각법	제3각법
투상면을 물체의 뒤에 놓는다.	투상면을 물체의 앞에 놓는다.
눈 → 물체 → 투상면	눈 → 투상면 → 물체

> **참고**
>
> **정면도의 선정**
> ① 정면도는 그 물체의 모양과 특징을 가장 잘 나타낼 수 있는 면으로 선정한다.
> ② 동물, 자동차, 비행기는 그 모양의 측면을 정면도로 선정하여야 특징이 잘 나타난다.

> **참고**
>
> 제3각법으로 나타낸 주사위 도면

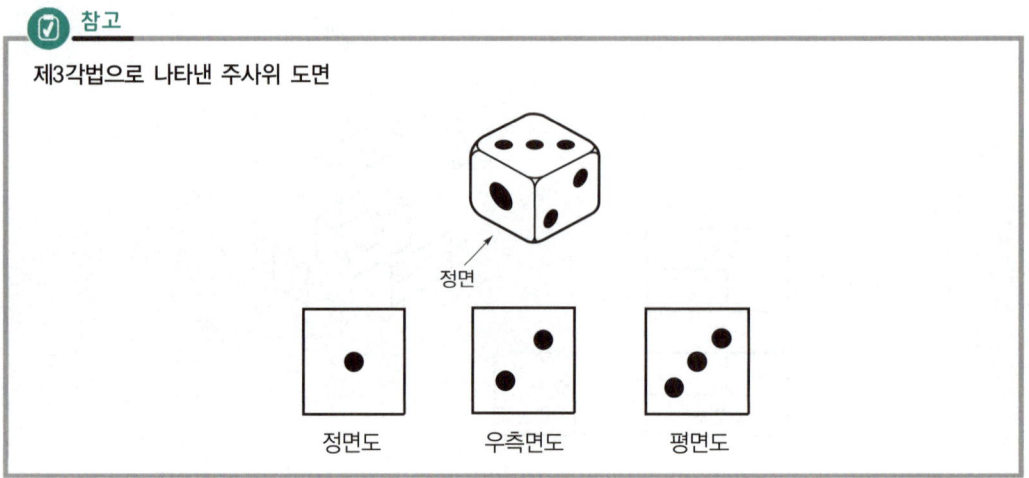

2) 축측투상법

정육면체를 경사대 위에서 적당한 방향으로 두고, 투상면에 수직투상하여 정육면체 3개의 인접면을 1개의 도형으로 표현하는 방법이다. 정투상법이 1개의 물체를 여러 방향에서 바라본 그림들을 조합하는 방법인 반면, 축측투상법은 그림 1개로 표현하는 투상법이다. 투상된 도형은 경사대의 경사각 및 경사대 위에 있는 정육면체의 방향에 따라 **등각투상법**, **부등각투상법**, **이등각투상법** 으로 나눌 수 있다.

(1) 등각투상법

① 평면, 정면, 측면을 하나의 투상면에서 한 번에 볼 수 있도록 그리는 방법이다.
② 밑면의 모서리선은 수평선과 좌우 각각 $30°$씩을 이루며, 물체의 각 모서리 3개의 축은 $120°$의 등각을 이룬다($\alpha = 120°$).

(2) 부등각투상법

① 투상면과 3개의 축이 이루는 각도를 각각 다르게 그리는 방법이다($\alpha \neq \beta \neq \gamma$).
② 수평선과 2개의 축선이 이루는 각도가 서로 다르다($\theta_1 \neq \theta_2$).

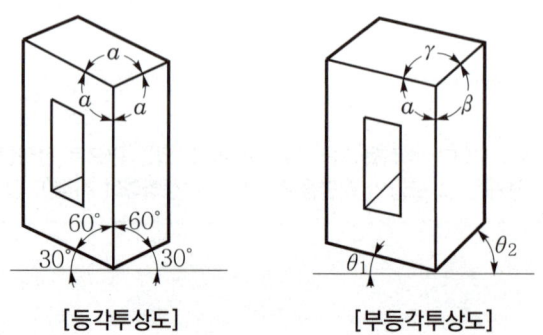

[등각투상도]   [부등각투상도]

(3) 이등각투상법

① 이등각투상법은 투상면과 3개의 주축이 이루는 모서리의 각 중 2축은 동일하고 1축만 다르게 그리는 방법이다($\alpha = \beta \neq \gamma$).
② 화면의 중심으로 좌우의 각이 같고, 상하각이 좌우각과 다르게 그리는 방법이다($\theta_1 = \theta_2$).

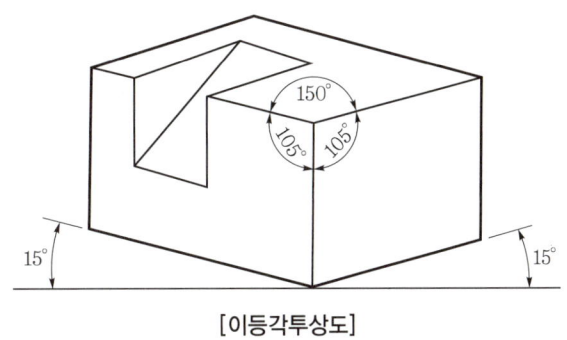

[이등각투상도]

3) 사투상법

물체 앞면의 2개의 주축을 입체의 3개 주축(X축, Y축, Z축) 중에서 2개와 일치하게 놓고 정면도로 하며, 옆면 모서리축을 수평선과 임의의 각으로 그리는 방법이다.

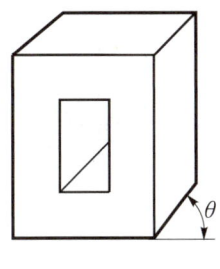

[사투상도]

❶ **기본사투상도** : 기준선 위에 물체의 정면도를 나타낸 후, 각 꼭짓점에서 기준선과 45°를 이루는 사선을 긋고, 이 선 위에 물체의 안쪽 길이를 옮겨서 그리는 방법
❷ **특수사투상도** : 경사각을 45°가 아닌 30°, 60° 등으로 달리하고, 안쪽 길이를 줄여서 시각적 효과를 다르게 나타내는 방법

4) 투시투상법(투시도법)

① 물체와 시점 간의 **거리감(원근감)**을 느낄 수 있도록 실제로 우리 눈에 보이는 대로 대상물을 그리는 방법으로, 원근법이라고도 한다.

② 하나의 시점과 물체의 각 점을 방사선으로 이어서 그리는 방법이다.

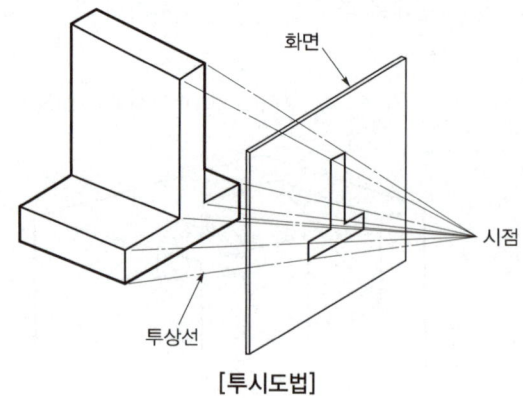

[투시도법]

③ 투상법 중에서는 3차원 세계의 현실을 시각적으로 가장 자연스럽게 표현할 수 있다.
④ 투시투상법에는 1소점 투시투상법, 2소점 투시투상법, 3소점 투시투상법의 세 가지 투상법이 있다. 각 투상법으로 정육면체를 그리면 아래와 같이 투시도를 그릴 수 있다. 1소점 투시도에서는 내측 길이 방향의 능선이 한 점에 집중한다. 이 집중하는 점을 투시투상도에서는 소점이라고 부른다.

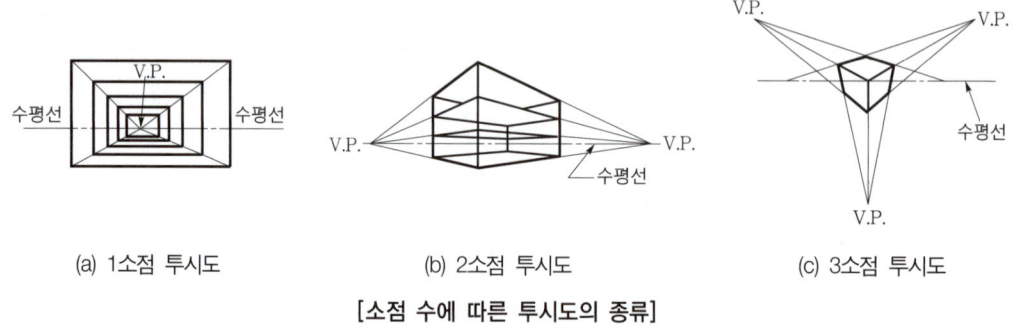

(a) 1소점 투시도   (b) 2소점 투시도   (c) 3소점 투시도

[소점 수에 따른 투시도의 종류]

> **학습 POINT**
>
> **소점**(消點)
> 실제로는 평행하는 직선을 투시도상에서 멀리 연장했을 때 하나로 만나는 점으로, 사라질 '消'자를 써서 다수의 평행선이 만나 사라지는 점을 의미한다.

⑤ 투시도법은 건설분야에서 구조물의 조감도, 겨냥도 등을 작성할 때 쓰이며, 실내건축제도에서는 1소점 투시도법을 주로 사용한다.

> **참고**
>
> **겨냥도**
> 도면을 일정한 방향에서 본 것을 약식으로 그린 그림으로, 보이는 곳은 실선으로
> 표시하고 보이지 않는 곳은 점선으로 표시한다.

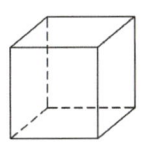

⑥ 투시도법의 종류(기면과 화면에 따라)
- **평행투시도** : 인접한 두 면이 각각 화면과 기면에 평행한 때의 투시도
- **유각투시도** : 인접한 두 면 가운데 밑면은 기면에 평행하고 다른 면은 화면에 경사진 투시도
- **경사투시도** : 인접한 두 면이 모두 기면과 화면에 기울어진 투시도

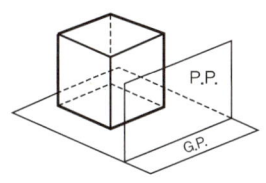
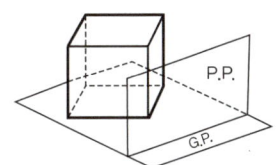
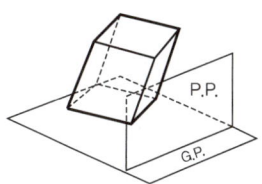

(a) 평행투시도　　　　　(b) 유각투시도　　　　　(c) 경사투시도

[물체의 투시 방향에 따른 종류]

⑦ 투시도 용어

용어	기호	설명
화면(picture plane)	P.P.	물체를 투시하여 도면을 그리는 입화면
기면(ground plane)	G.P.	화면과 수직이고 기준이 되는 평화면
기선(ground line)	G.L.	기면과 화면이 만나는 선
수평선(horizontal line)	H.L.	입화면과 수평면이 만나는 선
시점(eye point)	E.P.	보는 사람의 눈 위치
정점(station point)	S.P.	시점이 기면 위에 투상되는 점
소점(vanishing point)	V.P.	시점이 화면 위에 투상되는 점, 즉 소점은 물체가 기면에 평행으로 무한히 멀리 있을 때 수평선 위의 한 점에서 모이게 되는 점
시선축(axis of vision)	A.V.	시점에서 입화면에 수직하게 통하는 투상선

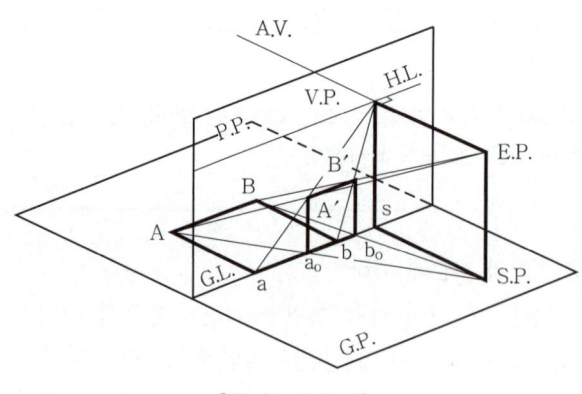

[투시도의 원리]

5) 표고투상법

입체의 높고 낮음을 평면의 형태로 작도한 수직투상으로, 높낮이가 다른 대상물을 정확한 수치의 **등고선에 의해 높낮이 차이를 표현**한 방법이다. 2투상을 가지고 표시하지만 입면도를 쓰지 않고 수평면으로부터 높이의 수치를 평면도에 기호로 주기하여 나타낸다.

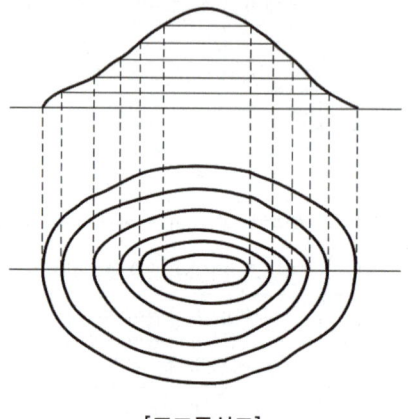

[표고투상도]

> ✅ **참고**
>
> **표고**
> 해수면이나 어떤 지점을 정하여 수직으로 잰 일정한 지대의 높이

02 적중 예상문제

제2장 **기본도법**

01 주어진 각(∠AOB)을 2등분할 때 가장 먼저 해야 할 일은?

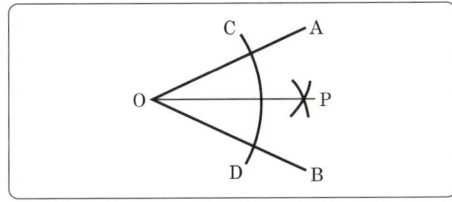

① A와 P를 연결한다.
② O점과 P점을 연결한다.
③ O점에서 임의의 원을 그려 C와 D점을 구한다.
④ C, D점에서 임의의 반지름으로 원호를 그려 P점을 찾는다.

해설 주어진 각을 2등분하는 방법
㉠ 점 O를 중심으로 임의의 반지름으로 원호를 그린다. 이때 선 A, B와 만나는 점을 C, D라 한다.
㉡ 점 C, D를 각각 중심으로 하고 임의의 반지름으로 원을 그려 만나는 점을 P라 한다.
㉢ 점 O와 점 P를 직선으로 연결한다. 직선 OP는 ∠AOB의 2등분선이 된다.

02 그림은 무엇을 작도하기 위한 것인가?

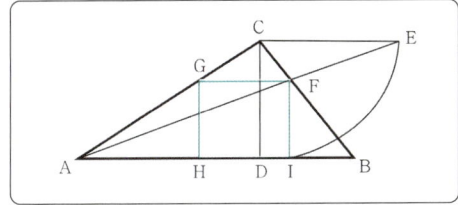

① 사각형에 외접하는 최소 삼각형
② 사각형에 외접하는 최대 삼각형
③ 삼각형에 내접하는 최대 정사각형
④ 삼각형에 내접하는 최소 직사각형

해설 삼각형에 내접하는 최대 정사각형 그리는 방법
㉠ 삼각형 ABC의 꼭짓점 C에서 변 AB에 그은 수선과의 교점을 D라 한다.
㉡ 점 C에서 반지름 CD로 그은 원호와 점 C를 지나고 변 AB에 평행한 선과의 교점 E를 구한다.
㉢ 점 A와 E를 이은 선과 변 BC의 교점 F를 구한다.
㉣ 점 F에서 변 AB에 내린 수선의 발 I, F를 지나면서 변 AB에 평행한 선과 AC의 교점 G, 점 G에서 변 AB에 내린 수선의 발을 H라 한다.
㉤ 점 F, G, H, I를 이으면 최대 정사각형이 된다.

03 치수·가공법·주의사항 등을 써넣기 위하여 쓰이며, 일반적으로 가로에 대하여 45°의 직선을 긋고, 인출되는 쪽에 화살표를 붙여 인출한 쪽의 끝에 가로선을 그어 가로선 위에 문자 또는 숫자를 기입하는 선은?

① 중심선   ② 치수선
③ 치수보조선   ④ 인출선

해설 인출선
㉠ 치수, 가공법, 주의사항 등을 쓰기 위해 사용하는 선이다.
㉡ 가로에 대해 직각 또는 45°의 직선을 긋고, 인출되는 쪽에 화살표를 붙여 인출한 쪽의 끝에 가로선을 그어 가로선 위에 치수 또는 정보를 쓴다.

04 인출선에 관한 설명으로 옳은 것은?

① 치수선을 그리기 위해 보조적 역할을 한다.
② 치수, 가공법, 주의사항 등을 기입하기 위하여 사용한다.
③ 1점쇄선으로 표기하는 것이 일반적이다.
④ 원이나 호의 치수는 인출선으로 한다.

해설 ① 치수보조선에 대한 설명이다.
③ 인출선은 실선으로 표기하는 것이 일반적이다.
④ 원이나 호의 길이는 치수선으로 하고, 원이나 호의 반지름 표시는 인출선으로 한다.

정답 1.③ 2.③ 3.④ 4.②

05 일반적으로 정투상도로 사용되는 방법은?

① 제1각법과 제2각법
② 제2각법과 제3각법
③ 제3각법과 제1각법
④ 제4각법과 제1각법

해설 ㉠ 제3각법 : 정면도 위쪽에 평면도가 놓이게 그리고, 정면도의 오른쪽에 우측면도가 놓이게 그린다.
㉡ 제1각법 : 정면도 아래쪽에 평면도가 놓이게 그리고, 정면도의 왼쪽에 우측면도가 놓이게 그린다.

06 KS에서 원칙으로 하고 있는 정투상법은?

① 제1각법   ② 제2각법
③ 제3각법   ④ 제4각법

해설 KS에서 정투상법은 제3각법에 따라 도면을 작성하는 것을 원칙으로 한다.

07 제3각법으로 도면을 작성할 때 투상면, 물체, 눈의 위치로 바른 것은?

① 투상면-눈-물체
② 투상면-물체-눈
③ 눈-물체-투상면
④ 눈-투상면-물체

해설 정투상법
㉠ 제3각법 : 눈 → 투상면 → 물체
㉡ 제1각법 : 눈 → 물체 → 투상면

08 투상선이 투상면에 대하여 수직으로 투상되는 투영법은?

① 사투상법   ② 정투상법
③ 중심투상법   ④ 평행투사법

해설 정투상법
물체의 표면으로부터 평행한 투시선으로 입체를 투상하는 방법으로, 대상물을 각 면의 수직 방향에서 바라본 모양을 그려, 정면도, 평면도, 측면도로 물체를 나타내는 방법이다. 물체의 길이와 내부 구조를 충분히 표현할 수 있다.

09 정투상법 중 제3각법에 대한 설명으로 옳지 않은 것은?

① 제3상한 각에 물체를 놓고 투상하는 방법이다.
② 눈 → 투상면 → 물체의 순으로 보는 것이다.
③ 각 면에 보이는 물체를 보이는 면과 반대쪽에 배치한다.
④ 투상선이 투상면에 대하여 수직으로 투상한다.

해설 정투상법의 제3각법

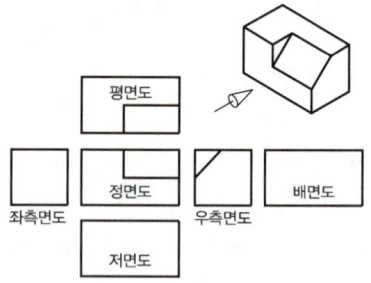

㉠ 물체를 제3면각 안에 놓고 투상하는 방법(눈 → 투상면 → 물체의 순으로 보는 것)이다.
㉡ 정면도를 기준으로 하여 좌우, 상하에서 본 모양을 본 위치에 그리게 되므로 도면을 보고 물체를 이해하기 쉽다.

10 각 모서리가 직각으로 만나는 물체의 모서리를 세 축으로 하여 투상도를 그려 입체의 모양을 투상도 하나로 나타낼 수 있는 투상법은?

① 정투상법   ② 표고투상법
③ 투시투상법   ④ 축측투상법

해설 축측투상법
정육면체를 경사대 위에서 적당한 방향으로 두고, 투상면에 수직투상하여 정육면체 3개의 인접면을 1개의 도형으로 표현하는 방법이다. 투상된 도형은 경사대의 경사각 및 경사대 위에 있는 정육면체의 방향에 따라 등각투상법, 부등각투상법, 이등각투상법으로 나눌 수 있다.

정답 5.③ 6.③ 7.④ 8.② 9.③ 10.④

11 그림에서와 같이 주사위를 바라보았을 때 우측면도를 바르게 표현한 것은? (단, 투상법은 제3각법이며, 물체의 모서리 부분의 표현은 무시한다.)

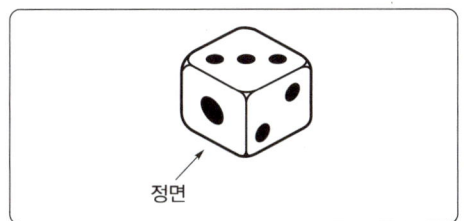
정면

① ②
③ ④

해설 ① 우측면도
② 정면도
③ 평면도

12 다음 물체를 제3각법에 의하여 투상하였을 때 우측면도는?

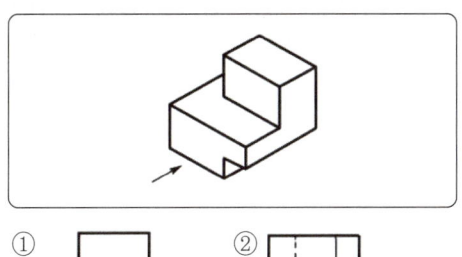

① 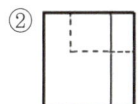 ②
③ 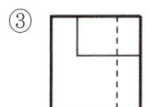 ④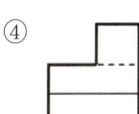

해설 ① 정면도
② 저면도
③ 평면도

13 그림과 같은 투상법은?

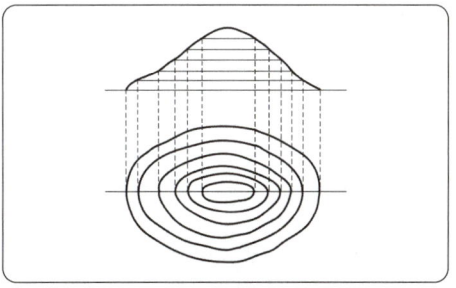

① 정투상법 ② 축측투상법
③ 표고투상법 ④ 사투상법

해설 표고투상법
2투상을 가지고 표시하지만 입면도를 쓰지 않고 수평면으로부터 높이의 수치를 평면도에 기호로 주기하여 나타낸다.

14 입면도를 쓰지 않고 수평면으로부터 높이의 수치를 평면도에 기호로 주기하여 나타내는 투상법은?

① 정투상법 ② 사투상법
③ 축측투상법 ④ 표고투상법

해설 표고투상법
입체의 높고 낮음을 평면의 형태로 작도한 수직투상으로, 높낮이가 다른 대상물을 정확한 수치의 등고선에 의해 높낮이 차이를 표현한 방법이다.

15 물체의 상징인 정면 모양이 실제로 표시되며 한쪽으로 경사지게 투상하여 입체적으로 나타내는 투상도는?

① 정투상도 ② 사투상도
③ 등각투상도 ④ 투시투상도

해설 사투상법
물체 앞면의 2개의 주축을 입체의 3개 주축(X축, Y축, Z축) 중에서 2개와 일치하게 놓고 정면도로 하며, 옆면 모서리축을 수평선과 임의의 각으로 그리는 방법이다.

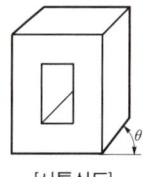
[사투상도]

16 물체의 앞이나 뒤에 화면을 놓은 것으로 생각하고, 물체를 본 시선과 그 화면이 만나는 각 점을 연결하여 물체를 그리는 투상법은?

① 투시도법 ② 사투상도법
③ 정투상법 ④ 표고투상법

해설 투시투상법(투시도법)
㉠ 물체와 시점 간의 거리감(원근감)을 느낄 수 있도록 실제로 우리 눈에 보이는 대로 대상물을 그리는 방법으로 원근법이라고도 한다.
㉡ 하나의 시점과 물체의 각 점을 방사선으로 이어서 그리는 방법이다.

17 인접한 두 면이 각각 화면과 기면에 평행한 때의 투시도를 무엇이라 하는가?

① 평행투시도 ② 유각투시도
③ 경사투시도 ④ 정사투시도

해설 투시도법의 종류(기면과 화면에 따라)
㉠ 평행투시도 : 인접한 두 면이 각각 화면과 기면에 평행한 때의 투시도
㉡ 유각투시도 : 인접한 두 면 가운데 밑면은 기면에 평행하고 다른 면은 화면에 경사진 투시도
㉢ 경사투시도 : 인접한 두 면이 모두 기면과 화면에 기울어진 투시도

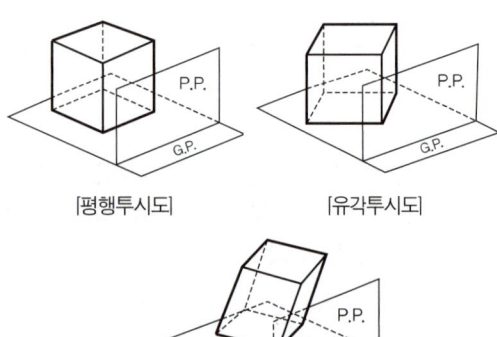

[평행투시도] [유각투시도]

[경사투시도]

18 소점 수에 따른 투시도의 종류가 아닌 것은?

① 1소점 투시도 ② 2소점 투시도
③ 3소점 투시도 ④ 4소점 투시도

해설 투시투상법(투시도법)에는 1소점 투시투상법, 2소점 투시투상법, 3소점 투시투상법의 세 가지 투상법이 있다.
소점이란 실제로는 평행하는 직선을 투시도상에서 멀리 연장했을 때 하나로 만나는 점으로, 사라질 '消' 자를 써서 다수의 평행선이 만나 사라지는 점을 의미한다.

19 투상도에서 물체 모양과 특징을 가장 잘 나타낼 수 있는 면을 일반적으로 어느 도면으로 선정하는 것이 좋은가?

① 평면도 ② 정면도
③ 측면도 ④ 배면도

해설 정면도의 선정
㉠ 정면도는 그 물체의 모양과 특징을 가장 잘 나타낼 수 있는 면으로 선정한다.
㉡ 동물, 자동차, 비행기는 그 모양의 측면을 정면도로 선정하여야 특징이 잘 나타난다.

20 투시도에 사용되는 기호의 연결이 틀린 것은?

① P.P. – 화면 ② G.P. – 기면
③ H.L. – 수평선 ④ V.P. – 시점

해설 V.P.(Vanishing Point)는 소점으로, 시점이 화면 위에 투상되는 점이다. 즉 소점은 물체가 기면에 평행으로 무한히 멀리 있을 때 수평선 위의 한 점에서 모이게 되는 점을 말한다.

정답 16. ① 17. ① 18. ④ 19. ② 20. ④

Chapter 03 건설재료의 표시

Section 3.1 건설재료의 단면 표시

건설재료의 단면은 다음과 같이 표시한다.

❶ 금속재 및 비금속재의 단면 표시방법

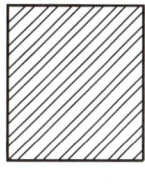     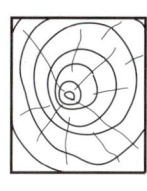

(a) 강철　　(b) 놋쇠　　(c) 구리　　(d) 유리　　(e) 아스팔트　　(f) 목재

❷ 석재 및 콘크리트의 단면 표시방법

  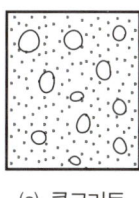 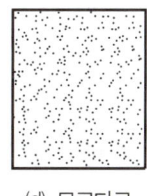 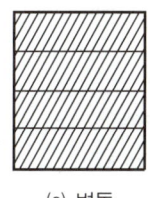 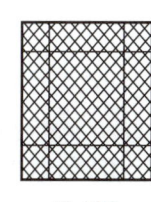

(a) 자연석(석재)　　(b) 인조석　　(c) 콘크리트　　(d) 모르타르　　(e) 벽돌　　(f) 블록

❸ 골재의 단면 표시방법

 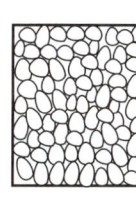  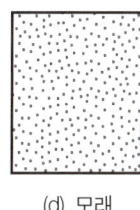  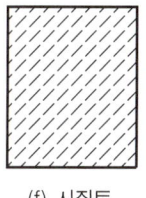

(a) 호박돌　　(b) 자갈　　(c) 깬돌　　(d) 모래　　(e) 잡석　　(f) 사질토

Section 3.2 재료 단면의 경계 표시

건설재료 단면의 경우는 다음과 같이 표시한다.

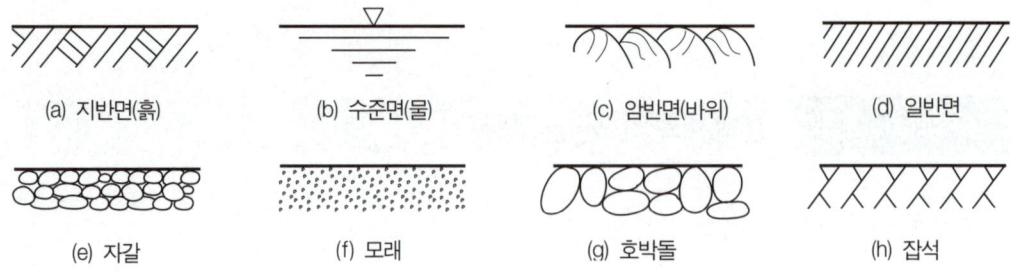

(a) 지반면(흙) (b) 수준면(물) (c) 암반면(바위) (d) 일반면
(e) 자갈 (f) 모래 (g) 호박돌 (h) 잡석

Section 3.3 단면의 형태에 따른 절단면 표시

재료의 절단면은 단면의 형태에 따라 다음과 같이 표시한다.

Section 3.4 판형재(형강, 강관 등)의 종류와 치수

판형재의 표시는 수량, 형재 기호, 모양 치수×길이의 순으로 기입하고, 필요에 따라 재질을 기입할 수 있다.

[판형재의 기호 및 모양 치수의 표시(KS B 0001)]

종류	단면 모양	표시방법	종류	단면 모양	표시방법
등변ㄱ형강		$L\ A \times B \times t - L$	경Z형강		$\mathsf{Z}\ H \times A \times C \times t - L$
부등변ㄱ형강		$L\ A \times B \times t - L$	립ㄷ형강		$\mathsf{C}\ H \times A \times C \times t - L$

(계속)

종류	단면 모양	표시방법	종류	단면 모양	표시방법
부등변 부등두께 ㄱ형강		L $A \times B \times t_1 \times t_2 - L$	립Z형강		⌐ $H \times A \times C \times t - L$
I형강		I $H \times B \times t - L$	모자형강		⊓ $H \times A \times B \times t - L$
ㄷ형강		⊏ $H \times B \times t_1 \times t_2 - L$	환강		보통 : $\phi A - L$ 이형 : $DA - L$
구평형강		J $A \times t - L$	강관		$\phi A \times t - L$
T형강		T $B \times H \times t_1 \times t_2 - L$	각강관		▭ $A \times B \times t - L$
H형강		H $H \times A \times t_1 \times t_2 - L$	각강		▫ $A - L$
경ㄷ형강		⊏ $H \times A \times B \times t - L$	평강		▬ $B \times t - L$

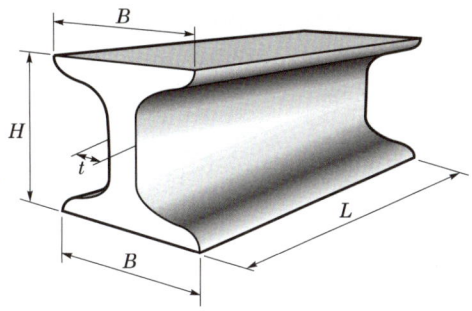

[I형강의 치수 표시: I $H \times B \times t - L$]

Section 3.5 지형의 경사면 표시방법

① 흙쌓기면(성토면)은 아래 그림과 같이 표시한다.

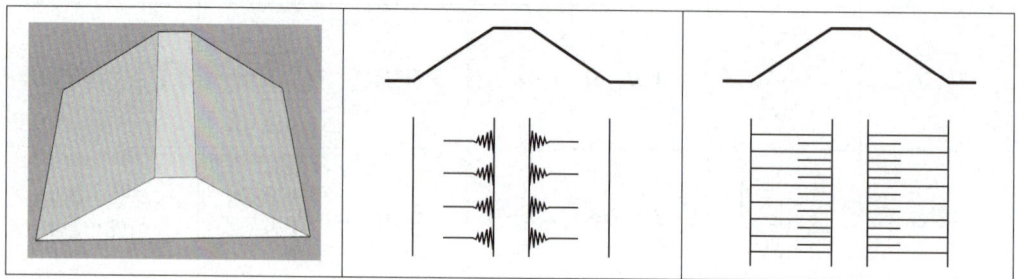

② 땅깎기면(절토면)은 아래와 같이 표시한다.

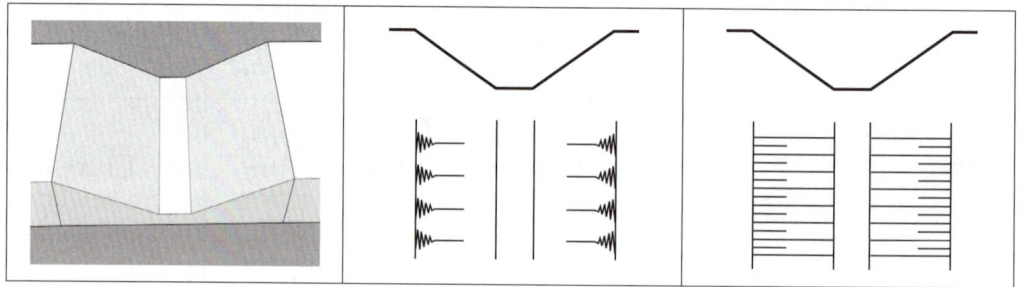

03 적중 예상문제

제3장 건설재료의 표시

01 다음 중 강(鋼)재료의 단면표시로 옳은 것은?

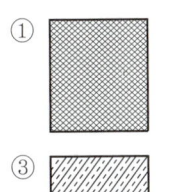 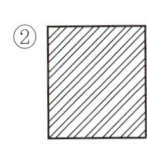
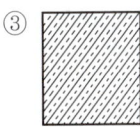 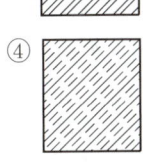

해설 ① 아스팔트 ② 강철 ③ 놋쇠 ④ 구리

02 토목제도의 단면표시에서 자연석(석재)을 나타낸 것은?

 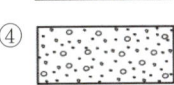

해설 ① 목재 ② 사질토 ③ 자연석(석재) ④ 콘크리트

03 구조용 재료의 단면표시 중 모래를 나타낸 것은?

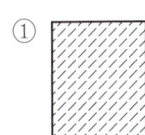 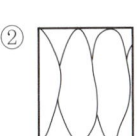
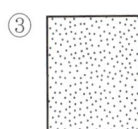 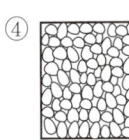

해설 ① 사질토 ② 잡석 ③ 모래 ④ 자갈

04 자갈을 나타내는 재료의 경계표시는?

①  ②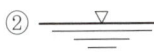
③ ④

해설 ① 지반면(흙) ② 수준면(물) ③ 호박돌 ④ 자갈

05 건설재료의 단면 경계 기호 중 지반면(흙)을 나타내는 것은?

① ②
③ ④

해설 ① 모래 ② 암반면(바위) ③ 자갈 ④ 지반면(흙)

06 강재의 표시방법 중 옳지 않은 것은?

① 보통 $\phi A - L$

② $\square\ t \times B - L$

③ $L\ A \times B \times t - L$

④ $\sqsubset\ H \times A \times B \times t - L$

해설 ㉠ 평강 : $\square\ B \times t - L$
사각형 모양을 가로로 길게 표시
㉡ 각강 : $\square\ A - L$
가로, 세로, 높이가 같은 정사각형 모양으로 표시

정답 1.② 2.③ 3.③ 4.④ 5.④ 6.②

07 긴 부재의 단면 형상 중 각봉의 표시는?

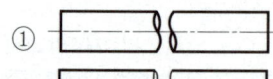

해설 ① 환봉 ② 각봉 ③ 파이프 ④ 나무

08 그림과 같은 모양의 I형강 2개를 바르게 표시한 것은? (단, 축방향 길이 = 2000)

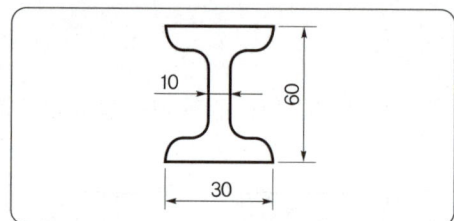

① 2-I 30×60×10×2000
② 2-I 60×30×10-2000
③ I-2 10×60×30×2000
④ I-2 10×30×60×2000

해설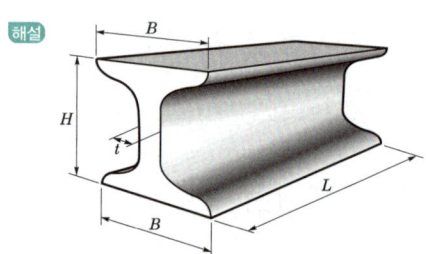

I형강 : I $H \times B \times t - L$
2개의 I형강을 표시하므로 2-I 60×30×10-2000

09 건설재료 중 각강(鋼)의 치수 표시방법은?

① ▭ $A - L$
② ▭ $A \times B \times t - L$
③ ▭ $B \times t - L$
④ $\phi A - L$

해설 ① 각강 ② 각강관 ③ 평강 ④ 환강(보통)

10 다음 그림과 같은 강관의 치수 표시방법으로 옳은 것은? (단, B : 내측 지름, t : 축방향 길이)

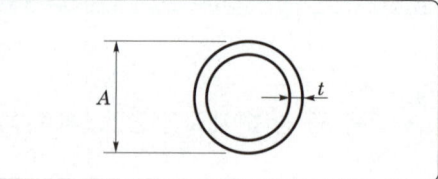

① $\phi A - L$
② $\phi A \times t - L$
③ ▭ $B \times t - L$
④ L $A \times B \times t - L$

해설 ① 환강 : $\phi A - L$
③ 평강 : ▭ $B \times t - L$
④ 등변ㄱ형강 : L $A \times B \times t - L$

11 그림과 같은 부등변ㄱ형강이 있다. 바르게 표시한 것은?

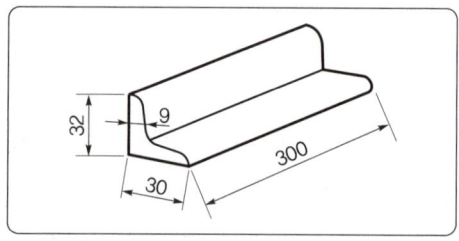

① L 32×30×9-300
② L 30×32×9-300
③ L 9×32×30-300
④ L 32×30×300-9

해설 부등변ㄱ형강의 치수 기입

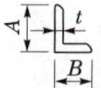

L $A \times B \times t - L$ = L 32×30×9-300

정답 7.② 8.② 9.① 10.② 11.①

12 보기의 철강재료의 기호 표시에서 재료의 종류, 최저 인장강도, 화학성분값 등을 표시하는 부분은?

KS D 3503　S　S　330
　　ㄱ　　　ㄴ　ㄷ　ㄹ

① ㄱ ② ㄴ
③ ㄷ ④ ㄹ

해설 금속재료의 기호 표시
　ㄱ KS D 3503 : KS 분류번호(일반구조용 압연강재)
　ㄴ S : 강(steel)
　ㄷ S : 일반구조용 압연강재
　ㄹ 330 : 최저 인장강도 330 MPa

13 다음 그림은 평면도상에서 어떠한 상태를 나타내는 것인가?

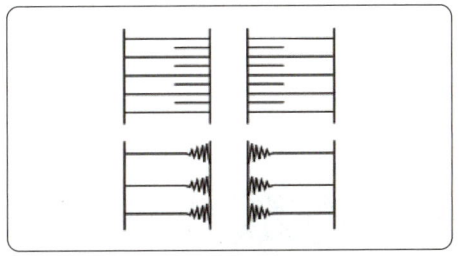

① 절토면 ② 성토면
③ 수준면 ④ 물매면

해설 보기 그림은 성토면을 나타낸다.

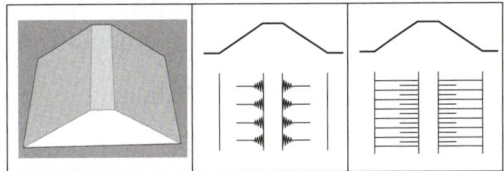

정답 12. ④ 13. ②

Chapter 04 도면 이해

Section 4.1 구조물 도면

1) 구조물의 도면 작성방법

(1) 구조물의 설계

❶ 예비조사 : 구조물을 계획한 뒤 측량 및 지질 조사, 하천 조건, 그 밖에 기상 조건, 환경 조건 등의 예비조사가 실시된다.

❷ 비교 설계
  ㉠ 비교 일반도 : 그 계획의 특색, 구조의 요점을 나타낸 것으로 보통 도면에 그린다.
  ㉡ 개략 구조도 : 비교 일반도에 그려진 구조물이 그 형식과 치수로 제작 시공이 가능하다는 것을 명확하게 하기 위하여 주요 부분의 개략 설계 계산을 하여 구조의 개요를 보인 도면이다.
  ㉢ 완성 상상도 : 투시도법 등에 의하여 그려진 구조물의 도면으로, 미관을 고려하여 형식을 결정할 경우에 이용된다.
  ㉣ 가설 계획도 : 시공에 특별한 방법이 필요한 때에 그 시공 개요의 계획을 나타낸 도면이다.

❸ 본설계
  ㉠ **일반도** : 상세한 설계에 따라 확정된 모든 요소의 치수를 기입한 도면이다.
  ㉡ 응력도 : 주요 구조 부분의 단면 치수, 그것에 작용하는 외력 및 단면의 응력도 등을 나타낸 도면이다.
  ㉢ **구조 상세도** : 제작이나 시공을 할 수 있도록 구조를 상세하게 나타낸 도면이다.
  ㉣ 가설 계획도 : 구조물을 설계할 때에 산정된 가설 및 시공법의 계획도로서 요점을 필요에 따라 그린 것이다.

> **참고**
>
> **계획도**
> 구체적인 설계를 하기 전에 계획자의 의도를 명시하기 위해서 그리는 도면

(2) 도면 작성 시 유의사항

① 도면은 KS 토목제도통칙에 따라 정확하게 그려야 한다.
② 치수선, 치수보조선, 철근 표시선, 구조물 외형선 등의 선의 구분을 명확히 하여 도면을 쉽게 이해할 수 있도록 해야 한다.
③ 글씨는 명확하고 띄어쓰기에 맞게 쓰며, 도면의 크기와 배치에 알맞도록 써야 한다.
④ 도면은 될 수 있는 대로 간단하게 그리며 중복을 피한다.
⑤ 도면은 불필요한 것은 기입하지 않는다.
⑥ 윤곽선은 원칙적으로 1개의 굵은 실선으로 하고, 장식적인 것은 특별한 때 이외에는 사용하지 않는다.
⑦ 설계제도는 직접 현장에서 사용할 도면이므로 설계자의 의도를 정확하고 알기 쉽게 전달해야 한다.
  ㉠ 도면에 오류가 없도록 할 것
  ㉡ 설계자의 의도를 정확하게 전달하기 위하여 알기 쉬울 것
  ㉢ 현장이나 그 밖의 지역에서 취급이 쉬울 것
  ㉣ 깨끗하게 잘 정리할 수 있도록 할 것

(3) 도면의 작성방법

① 단면도는 실선으로 주어진 치수대로 정확히 작도한다.
② 단면도에 배근될 철근 수량은 정확하고, 철근 간격이 벗어나지 않도록 주의해야 한다.
③ 단면도에 표시된 철근 길이가 벗어나지 않도록 해야 한다.
④ 철근 치수 및 철근 기호를 표시하고, 누락되지 않도록 주의한다.
⑤ 정면도나 측면도 등의 작도는 단면도에 표시된 간격이나 철근이 누락되지 않고 정확히 표현되도록 주의해야 한다.

(4) 도면의 작성순서

① 일반적인 도면의 작도 순서는 단면도-배근도(각부 배근도)-일반도-주철근 조립도-철근 상세도의 순이다.
② 일반적인 도면 배치는 단면도를 중심으로 하부에 저판 배근도, 우측에 벽체 배근도를 배치하고, 저판 배근도 우측에 일반도를 배치한다. 이외의 나머지 도면은 적절히 배치한다.
③ 도면 상단에 도면 명칭과 각부 도면의 명칭을 도면의 크기에 알맞게 기입한다.
④ 도면 각부에 철근 번호, 철근 치수 등 도면에 표시되어야 할 모든 내용을 빠짐없이 표시하여야 한다. 단면도에서 단면으로 표시되는 철근의 수량과 철근 간격을 정확히 균일성 있게 표시한다.
⑤ 배근도에서는 헌치 철근이나 절곡철근 등의 위치와 길이를 정확하게 실선과 점선 등으로 구분해서 표시하고, 그에 맞추어 배근도에 표시한다.

> **참고**
>
> 일반적인 도면 배치

⑥ 인출선의 화살표를 정확하게 표시하여 철근 단편과 구분하고, 철근 지름이 누락되지 않도록 한다.
⑦ 단면도와 배근도에 표시되는 철근의 길이와 간격을 정확히 표시하고, 실선과 쇄선 등의 구분을 정확히 한다.

2) 콘크리트 구조물의 도면

> **참고**
>
> 콘크리트 구조물 도면의 축척
>
> | 도면의 종류 | 축척 |
> |---|---|
> | 일반도 | 1/100, 1/200, 1/300, 1/400, 1/500, 1/600 |
> | 구조 일반도 | 1/50, 1/100, 1/200 |
> | 구조도 | 1/20, 1/30, 1/40, 1/50 |
> | 상세도 | 1/1, 1/2, 1/5, 1/10, 1/20 |

(1) 콘크리트 도면의 종류

❶ 일반도
 ㉠ 구조물 전체의 **개략적인 모양**을 표시한다.
 ㉡ 구조물 주위의 지형지물을 표시하여 지형과 구조물과의 연관성을 명확하게 표시해야 한다.
 ㉢ 축척은 일반적으로 1/100, 1/200, 1/300, 1/400, 1/500, 1/600을 표준으로 한다.

❷ 구조 일반도
　㉠ 콘크리트 구조물 제도에 있어서 거푸집을 제작할 수 있도록 구조물의 모양 및 치수를 표시한다.
　㉡ 축척은 일반적으로 1/50, 1/100, 1/200을 표준으로 한다.

❸ 구조도
　㉠ 배근도라고도 하며 콘크리트 내부의 구조 구체를 도면에 표시한다.
　㉡ 철근, PC 강재 등 설계상 필요한 여러 가지 재료의 모양 및 품질 등을 표시한다.
　㉢ 축척은 일반적으로 1/20, 1/30, 1/40, 1/50을 표준으로 한다.

❹ 상세도
　㉠ 상세한 도면이 필요한 경우 구조도의 일부를 큰 축척으로 확대하여 표시한다.
　㉡ 축척은 1/1, 1/2, 1/5, 1/10, 1/20을 표준으로 한다.

(2) 도면의 배치

도면은 일반적으로 정면도, 평면도, 측면도, 단면도를 적절하게 배치하고, 필요한 경우 재료표를 작성하여 함께 표시한다.

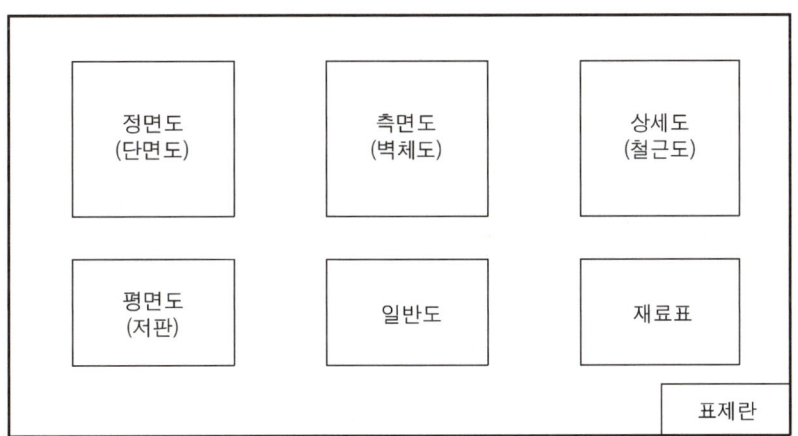

[콘크리트 구조물의 도면 배치]

(3) 철근의 표시

❶ 철근의 치수 및 기호 표시
　㉠ 부재에 따라 철근의 기호는 다음과 같이 표시한다.

기호	의미	기호	의미
Ⓑ	Beam, Base, Bottom	Ⓗ	Haunch
Ⓒ	Column	Ⓢ	Spacer, Slab
Ⓕ	Foundation, Footing	Ⓦ	Wall

ⓛ 철근의 종류, 치수, 수량은 다음 표와 같이 나타낸다.

표시방법	설명
Ⓐ φ13	철근기호(분류기호) Ⓐ의 지름 13 mm의 원형철근
Ⓑ D13	철근기호(분류기호) Ⓑ의 지름 13 mm의 이형철근(일반 철근)
Ⓒ H13	철근기호(분류기호) Ⓒ의 지름 13 mm의 이형철근(고강도 철근)
5×450=2250	전장 2250 mm를 450 mm로 5등분
24@200=4800	전장 4800 mm를 200 mm로 24등분
φ12@300	지름 12 mm의 원형철근을 300 mm 간격으로 배치
D19 L=2200 N=20	지름 19 mm로서 길이 2200 mm의 이형철근 20개
@400 C.T.C.	철근과 철근의 간격이 400 mm(center to center)

❷ 철근의 표시법
  ㉠ 철근의 표시방법은 실제 치수에 관계없이 한 줄의 실선으로 나타낸다.
  ㉡ 철근은 지름에 따라 선 굵기를 조정하여 나타내지만, 모든 철근을 굵기를 조정하여 표시할 수 없으므로 선 굵기를 반드시 철근의 지름에 따라 작도할 필요는 없다.
  ㉢ 철근을 표시하는 평면도에서는 그 평면도상에 없는 철근은 표시하지 않는 것이 원칙이지만 필요한 경우 파선으로 표시한다.
  ㉣ 철근의 단면은 지름에 따라 원을 칠해서 표시한다.
  ㉤ 철근의 종류가 다른 것이 연속 배열되어 있을 경우 인출선 없이 철근 단면에 표시한다.

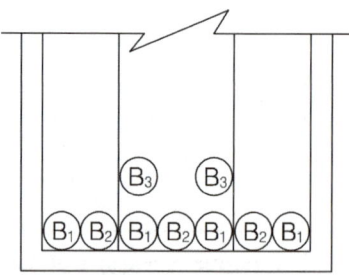

[철근의 배열]

  ㉥ 철근 상세도에서 가공 치수 표시는 철근의 형태 그대로를 축척 없이 그리고 치수를 기입하는 것이 일반적이다.
  ㉦ 콘크리트의 타설 이음부를 표시할 때에는 가는 실선으로 그리고 타설 이음부라고 기입한다.

ⓒ 철근의 갈고리 측면도는 그 모양을 아래와 같이 표시한다.

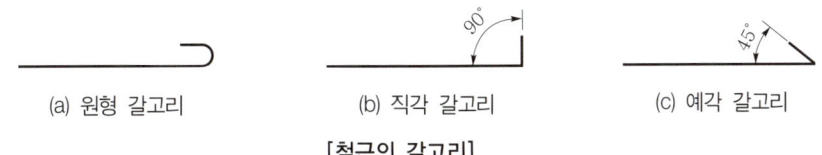

[철근의 갈고리]

ⓔ 철근의 갈고리가 앞으로 또는 뒤로 가려져 있을 때, 갈고리가 없는 철근과 구별하기 위해서 30° 기울여 가늘고 짧은 직선을 그어 나타낸다.

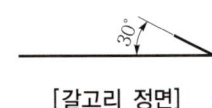

[갈고리 정면]

ⓕ 철근의 끝에 갈고리가 없을 때에는 철근 끝에 직각으로 짧고 가는 직선을 붙인다.

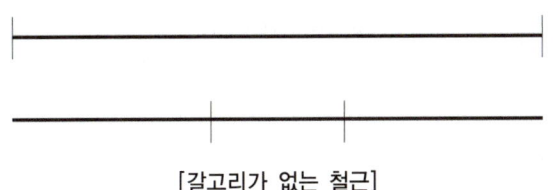

[갈고리가 없는 철근]

ⓖ 철근의 겹침이음을 기호로 표시하고, 축척에 따른 크기로 표시한다.

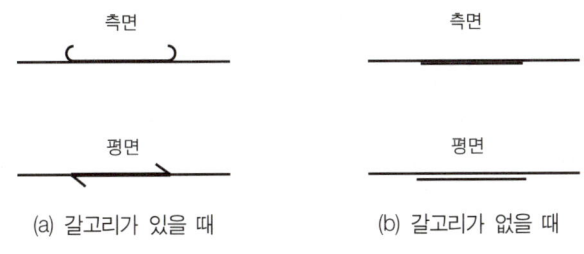

[철근의 겹침이음]

> **참고**
>
> - 철근의 용접이음 :
> - 철근의 기계적 이음 :
>
>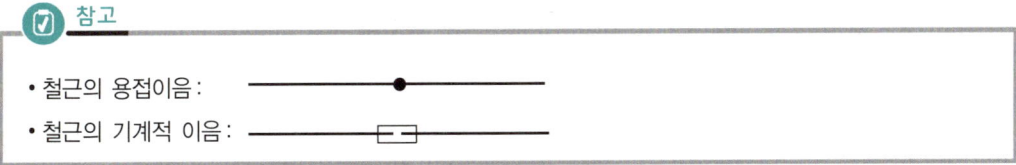

3) 강구조물의 도면

강구조물이란 주로 콘크리트로 만들어진 기초 위에 강철로 된 부재를 사용하여 만들어진 구조물을 말한다. 철근콘크리트 구조에 비해 가벼워서 부재의 길이도 길고 간격도 넓게 할 수 있다.

또한 많은 소재가 조합되어 부재가 만들어지므로 강구조물의 제도는 주요 세목을 중점적으로 확실하게 표현하는 것을 원칙으로 한다. 도면의 종류는 크게 일반도, 구조도, 상세도, 재료표로 나눌 수 있다.

(1) 강구조물 도면의 종류

❶ 일반도
- ㉠ 강구조물 전체의 계획이나 형식 및 구조의 대략을 표시하는 도면이다.
- ㉡ 구조물의 주위 환경이 표시되는 계획 일반도와 강구조물만의 형식과 구조가 표시되는 설계 일반도가 있다.
- ㉢ 축척은 일반적으로 1/100, 1/200, 1/500을 표준으로 한다.

❷ 구조도
- ㉠ 강구조물 부재의 치수, 부재를 구성하는 소재의 치수와 그 제작 및 조립 과정 등을 표시한 도면으로, 보통 설계도나 제작도를 의미한다.
- ㉡ 사용 강재의 종류와 치수, 리벳이나 용접에 의한 부재의 조립, 이음을 하기 위한 방법을 표시한다.
- ㉢ 축척은 일반적으로 1/10, 1/20, 1/25, 1/30, 1/40, 1/50을 표준으로 한다.

❸ 상세도
- ㉠ 특정한 부분을 상세하게 나타낸 도면이다.
- ㉡ 용접의 마무리, 받침 등의 주강품, 주철품, 기계 가공 부분, 특수 볼트 등을 표시한다.
- ㉢ 축척은 일반적으로 1/1, 1/2, 1/5, 1/10, 1/20을 표준으로 한다.

> ✓ 학습 POINT
>
> 강구조물 도면의 종류 : 일반도, 구조도, 상세도

(2) 도면의 배치

강구조물의 도면 배치는 정면도, 측면도, 평면도와 몇 개의 단면도를 적절하게 배치한다. 강구조물의 투상에서 구조나 형식은 여러 가지이므로 일정한 배치 기준은 두지 않으나, 다음 사항에 주의하여 필요한 것은 빠짐없이 표시해야 한다.

① 강구조물은 너무 길고 넓어 많은 공간을 차지하므로 몇 개의 **단면으로 절단하여 표현**한다.
② 강구조물의 도면은 제작이나 가설을 고려하여 부분으로 제작하고 단위마다 상세도를 작성한다.
③ 평면도, 측면도, 단면도 등은 소재나 부재가 잘 나타나도록 각각 독립하여 그릴 수 있다.
④ 도면이 잘 보이도록 절단선과 지시선의 방향을 붙이는 것이 좋다.

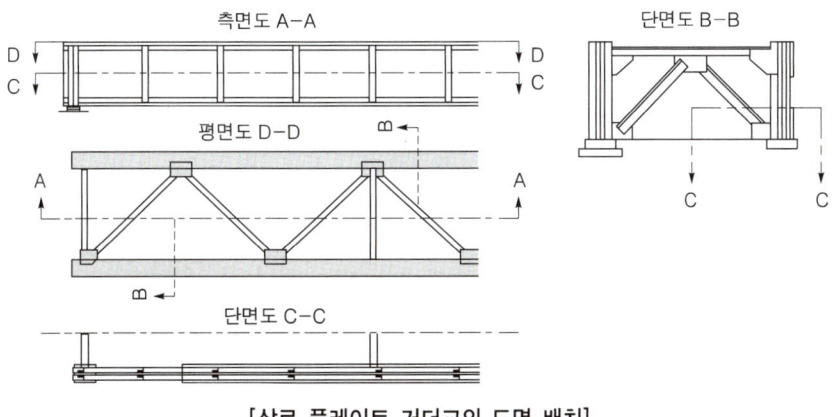

[상로 플레이트 거더교의 도면 배치]

(3) 부재의 표시

① 얇은 판구조 및 형강 모양은 1개의 굵은 실선으로 두께를 표시할 수 있다.
② 부재의 단면, 주철품, 주강품 및 주요 부재 상세도의 단면은 필요에 따라 해칭을 넣을 수 있다.
③ 이음판 및 채움재의 측면은 해칭을 해야 한다.
④ 길이가 길거나 면적이 넓으면 중간부를 생략할 수 있다.

> **참고**
>
> 해칭선
> ① 가는 실선으로 규칙적으로 빗금을 그은 선
> ② 단면도의 절단면을 나타내는 선

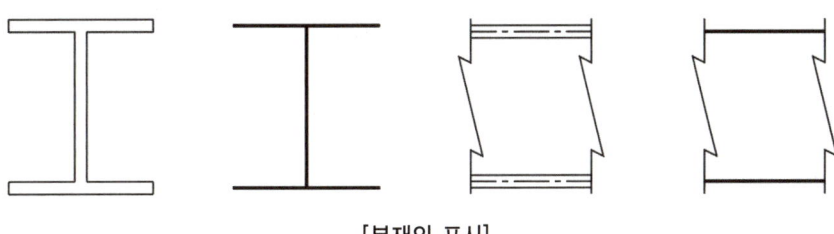

[부재의 표시]

(4) 부재의 이음

판형이나 형강을 조립할 때 부재끼리 접합하는 것을 이음이라고 한다. 강구조물의 부재 이음에는 리벳이음, 볼트이음, 용접이음 등이 있다.

❶ 리벳이음

리벳이음은 강재를 서로 겹쳐 구멍을 뚫고 리벳을 끼워 결합시키는 것이다.

㉠ 리벳기호는 리벳선을 가는 실선으로 그리고 리벳선 위에 기입하는 것을 원칙으로 한다.
㉡ 리벳이 같은 피치로 연속되는 경우에는 리벳선에 직각으로 짧고 가는 실선으로 나타낸다.
㉢ 리벳이 다른 선과 만나는 곳에 있는 리벳은 규정된 기호(○)로 표시한다.
㉣ 현장리벳은 그 기호를 생략하지 않음을 원칙으로 한다.
㉤ 축이 투상면에 나란한 리벳은 그리지 않음을 원칙으로 한다.
㉥ 리벳 지름의 기입에서 같은 도면에 다른 지름의 리벳을 사용할 경우, 리벳마다 그 지름을 기입하는 것을 원칙으로 한다.

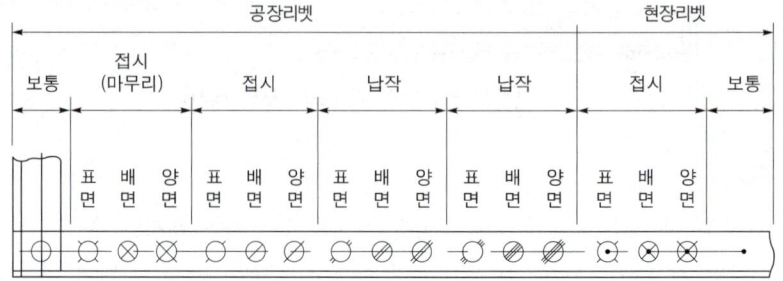

(a) 평면기호

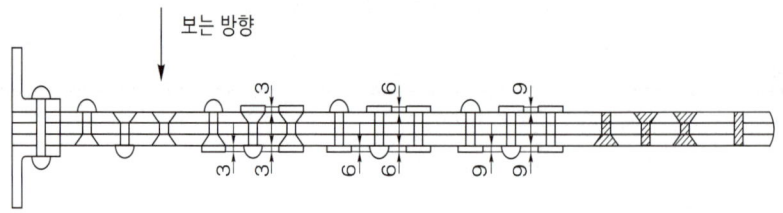

(b) 단면기호

[리벳기호]

> **참고**
>
> **인장재의 순단면적**
> 강재에서 볼트 구멍을 뺀 폭에 판 두께를 곱한 것

❷ 볼트이음

인장에 약한 리벳의 단점을 극복하고 충격하중이나 진동하중을 받는 강교의 연결방법이다.
㉠ 리벳의 기입법을 준용하여 그리고, 볼트기호는 그림과 같이 그린다.

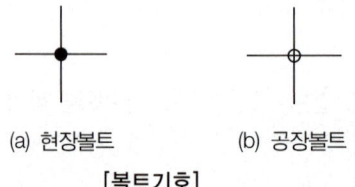

(a) 현장볼트   (b) 공장볼트

[볼트기호]

ⓛ 볼트와 리벳을 함께 사용하는 경우에는 볼트의 모양을 그림과 같이 그리고, 앵커 볼트 및 그 밖의 볼트가 필요한 경우에는 볼트의 모양을 그려서 표시한다.

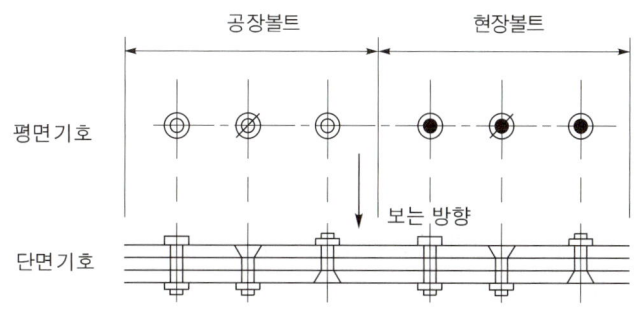

[볼트와 리벳을 공용할 경우의 볼트기호]

❸ 용접이음

㉠ 용접의 기호 표시는 접합부당 1개를 표시하는 것이 원칙이나, 한 용접부에 2개 이상의 용접이 요구될 때는 함께 표현할 수 있다.
㉡ 용접의 기호 표시는 화살표로 표시하고 실선과 점선의 평행선으로 된 이중 기선을 그린다. 필요에 따라 화살표를 2개 이상 붙일 수 있으나 기선 끝에는 화살표를 붙이지 않는다.
㉢ 화살표는 용접부를 지시하는 것으로, 되도록 기선에 60°의 직선으로 한다.
㉣ 용접 부위가 지시선 쪽 또는 앞쪽에 있을 때는 기본 기호를 실선 쪽에 표시하고, 용접 부위가 지시선 반대쪽 또는 뒤쪽일 때는 기본기호를 점선 쪽에 표시한다.

✅ 참고

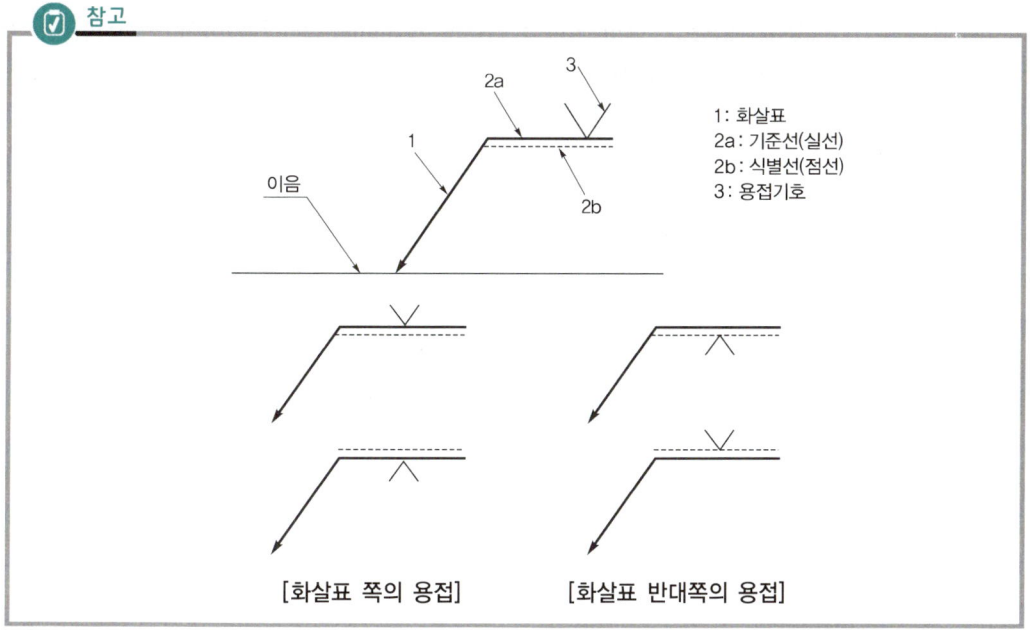

Section 4.2 측량에 의해 제작되는 도면

1) 도로 도면

① 도로를 신설할 때는 먼저 그 지방의 지형도에 의해 도면에서 가장 경제적이라고 생각되는 **계획노선**을 선정한다.
② 노선의 중심을 따라 **종단 측량**과 **횡단 측량**을 실시한다.
③ 평면 측량을 실시하여 노선의 종단면도, 횡단면도, 평면도를 작성하고, 이를 토대로 공사에 필요한 토공량을 산정한다.

> **학습 POINT**
>
> **도로 도면의 축척**
> - 평면도 : 1/500~1/2000
> - 종단면도 : 세로 1/100~1/200, 가로 1/500~1/2000
> - 횡단면도 : 1/100~1/200(종단면도의 세로 축척)

(1) 도로의 평면도

① 평면도의 축척은 1/500~1/2000로 하고 기점은 왼쪽에 둔다.
② 노선의 중심선 좌우 약 100 m와 지형 및 교량, 옹벽, 용지 경계 등의 지물을 표시한다. 단, 특별한 지물이 없는 평탄한 전답 지역은 노선의 좌우 30~40 m 정도를 표시한다.
③ 산악이나 구릉부의 지형은 등고선을 기입하여 표시한다. 등고선은 축척이 1/2000인 경우에는 10 m마다, 1/1000에서는 5 m마다 기입한다.

> **참고**
>
> | 등고선의 종류 | 표시방법 |
> |---|---|
> | 계곡선 | 굵은 실선 |
> | 주곡선 | 가는 실선 |
> | 간곡선 | 가는 긴 파선 |
> | 조곡선 | 가는 짧은 파선 |

④ 도로의 평면을 설계할 때, 원곡선부와 직선부 사이에 곡률반지름의 변화를 주는 완화곡선을 설치하여 자동차의 원활한 운행을 돕도록 하며, 평면도에는 굴곡부 노선, 등고선의 설정법, 굴곡부와 직선부의 연결 등을 표시한다.

> **참고**
>
> **완화곡선**
> 자동차 운행을 원활하게 하기 위하여 원곡선부와 직선부 사이에 설치하는 곡률반지름이 변화하는 곡선을 말한다.

(2) 도로의 종단면도

① 도로의 길이 방향을 수직으로 잘라 그 단면을 나타낸 도면으로, 노선의 중심선을 따라 지반의 높이를 측량하여 작성한다.

② 종단면도의 축척은 세로 1/100~1/200, 가로 1/500~1/2000로 한다. 일반적으로 도로의 경우 가로의 변위에 비해 세로의 고저 차가 작기 때문에 세로 축척을 가로 축척의 3~10배로 한다.

③ 일반적으로 노선 중심 말뚝 간의 간격은 20 m이며, 하천의 경우는 50 m마다 말뚝을 박아 노선의 중심선을 설정하고, 측점 간의 고저 차가 심한 지역에는 추가 말뚝을 설치하여 측량 결과를 바탕으로 종단면도를 작성한다.

④ 종단면도에는 노선 종방향의 기복 상태를 나타내게 되며, 이것을 기준으로 노선의 시공 기준면을 결정한다.

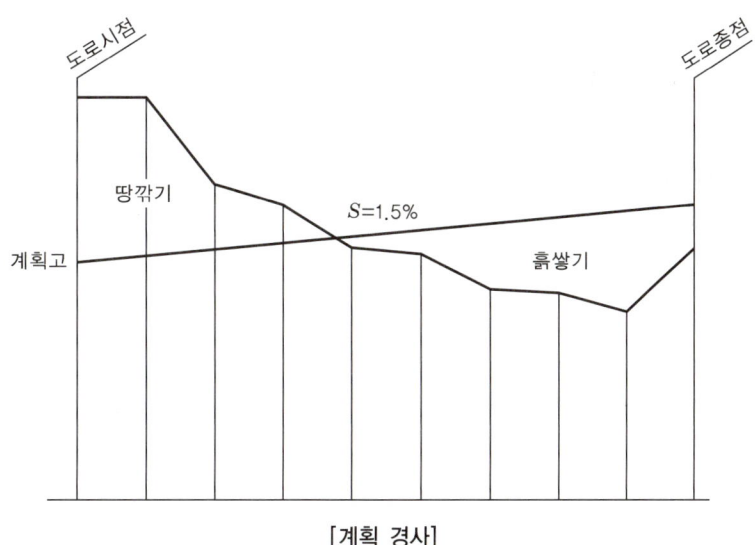

⑤ 종단면도를 작성할 때에는 곡선, 측점, 거리, 추가거리, 지반고, 계획고, 절토고, 성토고, 경사 등을 측량 또는 계산하여 기입한다.

> **참고**
>
> **성토고와 절토고**
> 지반고가 계획고보다 클 때에는 절토고(땅깎기), 지반고가 계획고보다 작을 때에는 성토고(흙쌓기)가 된다. 예를 들어, No. 2의 지반고가 101 m, 계획고가 100.8 m이면 101 m − 100.8 m = − 0.2 m로 절토고(땅깎기) 0.2 m가 된다. 또 No. 3의 지반고가 100.9 m, 계획고가 101.2 m이면 101.2 m − 100.9 m = + 0.3 m로 성토고(흙쌓기) 0.3 m가 된다.
>
>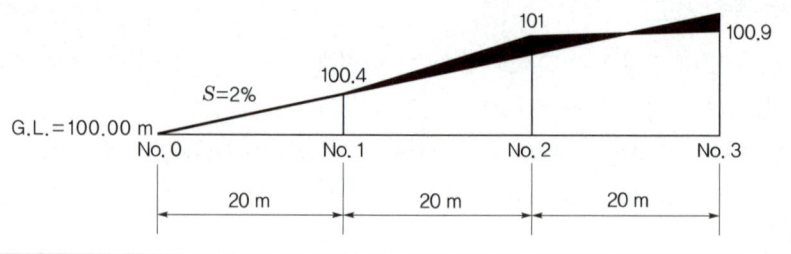

예제

수평거리 100 m, 수직거리 2 m일 때 경사는?

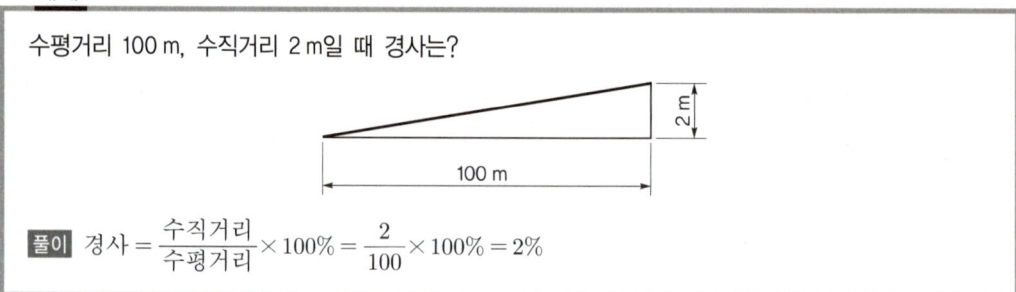

풀이 경사 = $\dfrac{수직거리}{수평거리} \times 100\% = \dfrac{2}{100} \times 100\% = 2\%$

(3) 도로의 횡단면도

① 종단 측량에서 설치한 **중심 말뚝과 추가 말뚝에서 중심선 방향에 직각 방향으로 좌우 지반고의 변화가 있는 점까지의 거리와 그 점의 표고를 측량하여 작성한 도면**이다. 상·하수도 등과 같이 폭이 좁은 곳에서는 종단면도만으로도 충분하지만, 도로·철도 등과 같이 비교적 폭이 넓은 지역은 횡단면도가 필요하다.
② 축척은 일반적으로 종단면도의 세로 축척(1/100~1/200)과 같게 한다.
③ 기점을 좌측 하단으로 정한 후에 각 중심 말뚝의 위치를 정하고 횡단 측량의 결과를 중심 말뚝의 좌우에 취하여 지반선을 그린다. 기점을 좌측 상단에 정하고 아래를 향하여 그릴 수도 있다.
④ 종단면도에서 각 측점의 땅깎기 높이 또는 흙쌓기 높이로 계획선을 설정하고, 노폭을 정하여 측구 및 비탈 경사선을 그리고 땅깎기 또는 흙쌓기 단면을 그린다.
⑤ 횡단면도에는 중심 말뚝, 측점 번호, 계획선, 땅깎기의 높이와 면적, 흙쌓기의 높이와 면적 등을 기입한다.

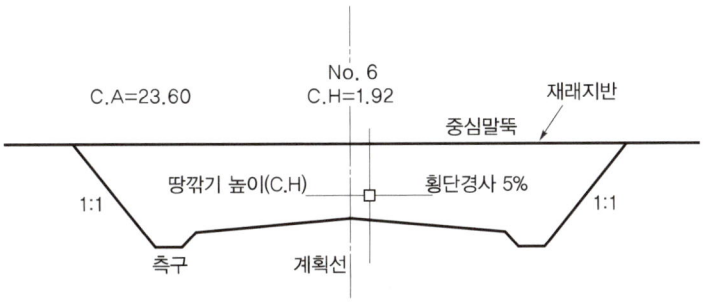

[땅깎기의 횡단면도]

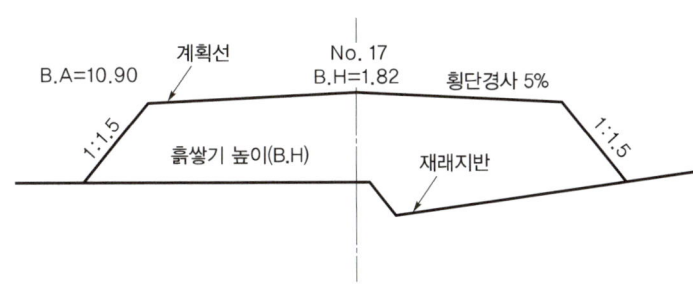

[흙쌓기의 횡단면도]

참고

도로설계 횡단면도의 해석

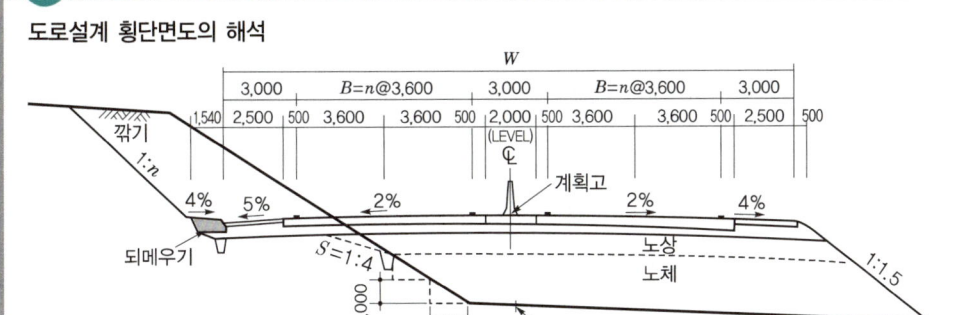

[도로설계 표준 횡단면도]

① 계획고보다 지반고가 높은 좌측은 절토를 하고, 지반고보다 계획고가 높은 우측은 성토를 한다.
② 도로의 총폭은 W로 표시되어 있으며, 한 차로의 폭이 3,600인 편도 2차선, 왕복 4차선 도로이다.
③ 노체와 노상부분은 1:1.5의 구배로 성토를 한다.
④ 노체가 흘러내리지 않도록 1:VAR로 층따기를 하여 절토한다.
⑤ 포장층은 중간층(바인더층) 표층으로 시공한다.
⑥ 포장층 중 표층에는 도로 중앙에서 측면으로 2%의 하향구배를 줌으로써 배수가 용이하도록 한다.
⑦ 포장층 중 절토부 길어깨에는 5%, 성토부 길어깨에는 4%의 하향구배를 줌으로써 배수가 용이하도록 한다.
⑧ 중앙분리대는 중심선을 기준으로 양쪽으로 1,000씩의 폭을 가져 총폭이 2,000이 되도록 설치한다.
⑨ 중앙분리대부터 라인마킹까지 500의 공간을 둔다.
⑩ 포장층의 측면 라인마킹부터 중간층(바인더층)까지 500의 공간을 둔다.
⑪ 절토부분 길어깨 포장층 밑에는 종방향으로 측구를 설치한다.

2) 하천 도면

(1) 하천의 평면도

① 평면도는 개수, 그 밖의 하천 공사 계획의 기본도로 사용된다.
② 삼각 측량 및 트래버스 측량의 결과에 따라 측점은 반드시 좌표에 의해 전개해야 한다.
③ 평면도의 축척은 1/2500로 하지만 하천 폭이 50 m 이하일 때는 1/1000로 하고 도면에는 축척, 방위 및 측량 연월일, 측량자의 성명 등을 기입하여 둔다.
④ 도면의 부호는 육지측량부 지형도 도식에 의해 기입한다.

(2) 하천의 종단면도

① 축척은 보통 세로 1/100, 가로 1/10,000로 하고, 세로 축척은 가로 축척의 100~1000배 정도로 취하여 경사를 명확히 한다.
② 하류를 좌측으로 제도하고 하저 경사와 수면 경사를 명시함과 동시에 양안의 제방의 고저, 고수위(H.W.L), 저수위(L.W.L), 거리표, 그 밖의 하중의 구조물, 예를 들면 댐, 교량, 둑 등의 위치 및 높이 등도 기입한다.
③ 횡단 측량은 보통 200 m마다 동일 번호의 양안의 거리표를 연결하는 선을 따라 시행한다.
④ 하저 경사는 하천의 가장 깊은 곳의 경사이다. 하지만 하천의 최심부와 중심이 반드시 일치하는 것은 아니다.
⑤ 횡단 측량에 의해 최심부를 발견하여 평면도로 옮긴 후, 평면도에서 거리를 구하고 최심점을 연결하여 하저 경사를 그린다. 그러나 종단면도에 기입하는 하저 경사는 횡단 측량 개소의 최심점을 단순히 연결하여도 무방하다.

(3) 하천의 횡단면도

① 좌안은 왼쪽으로 하고 좌안의 거리표를 기점으로 하여 제도한다.
② 댐, 저수지의 계획에서 배수 계산을 할 때에 사용하는 도면에서는 좌안이 오른쪽이 되도록 그린다.
③ 제방, 하상의 고저와 거리 및 고수위, 저수위 등을 기입한다.
④ 횡단면도의 축척은 폭을 1/1000, 높이를 1/100로 그리는 것이 보통이다.
⑤ 유량을 산출할 때에는 수면 이하의 횡단면적 및 윤변 등을 그린다.

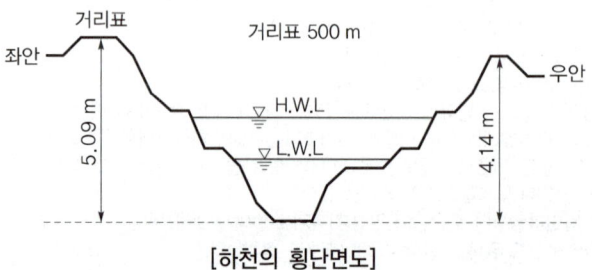

[하천의 횡단면도]

> **참고**
>
> **측량제도 시 유의사항**
> - 치수를 기입하지 않는 대신 척도의 그림을 그려 넣고 그림에서 직선 길이를 측정할 수 있도록 하며, 축척을 명기한다.
> - 축척은 일반적으로 1/100~1/5000 정도까지 사용하지만, 시공용으로는 1/100, 1/250, 1/500 등이 있다.
> - 일반적으로 평면도는 위쪽을 북으로 하고 도면의 좌측 상단에 방위를 그린다.
> - 지물, 구조물 등을 식별하기 쉽도록 기호(범례)를 명기한다.
> - 측점은 최소의 원으로 표시하고 측선은 가는 선으로 그린다.

3) 거리측량 제도

① 토털스테이션, 트랜싯 등의 측량기계를 사용하지 않고 체인이나 테이프를 이용하여 간략하게 지형도를 작성할 때는 우선 지거 측량을 하고 지물, 구조물 등의 위치를 지거 노트에 기입한다.

> **참고**
>
> **지거**
> 구하려는 점에서 기준이 되는 선으로, 내려 그은 수직선의 길이

② 측량 지역이 협소할 때는 약도법을 사용하고, 측량 지역이 비교적 넓을 때는 종란법으로 지거 노트를 한다.

③ 종란법으로 노트하는 것은 중앙에 폭이 약 2 cm 정도의 종란을 만들고 그 안에 본선 거리를 기입하고, 좌우에는 목적물의 기호와 지거를 기입한다.

4) 트래버스 제도

① 다각점(트래버스점)을 연결한 선분의 집합을 트래버스라 하고, 한 기지점으로부터 출발하여 끼인각과 거리를 측정하여 차례로 다각점의 좌표를 구하는 측량방법을 트래버스 측량이라고 한다.

② 삼각측량과 함께 골조측량의 주요한 방법이며, 먼 거리를 내다보지 않고도 측정할 수 있으므로 시가지 내에서의 측량이나 도로의 중심선 측량 등에 많이 이용된다.

③ 직각 좌표에 의한 방법, 각도기에 의한 방법, 삼각함수에 의한 방법이 있다.

CHAPTER 04 적중 예상문제

제4장 도면 이해

01 본설계에 필요한 도면이 아닌 것은?
① 완성 상상도 ② 일반도
③ 응력도   ④ 구조 상세도

해설 구조물 본설계 도면
㉠ 일반도 : 상세한 설계에 따라 확정된 모든 요소의 치수를 기입한 도면
㉡ 응력도 : 주요 구조 부분의 단면 치수, 그것에 작용하는 외력 및 단면의 응력도 등을 나타낸 도면
㉢ 구조 상세도 : 제작이나 시공을 할 수 있도록 구조를 상세하게 나타낸 도면
㉣ 가설 계획도 : 구조물을 설계할 때에 산정된 가설 및 시공법의 계획도로서 요점을 필요에 따라 그린 도면

02 콘크리트 구조물의 도면 배치방법이다. ㉠, ㉡에 배치하는 도면으로 가장 적합한 것은?

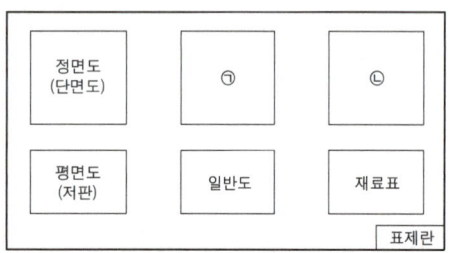

① 측면도, 상세도 ② 측면도, 저면도
③ 상세도, 측면도 ④ 상세도, 구조도

해설 콘크리트 구조물의 도면 배치

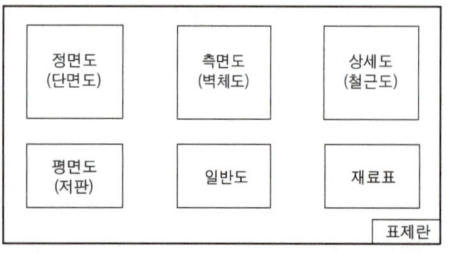

03 일반적인 토목구조물 제도에서 도면 배치에 대한 설명으로 옳지 않은 것은?
① 단면도를 중심으로 저판 배근도는 하부에 그린다.
② 단면도를 중심으로 우측에는 벽체 배근도를 그린다.
③ 도면 상단에는 도면 명칭을 도면 크기에 알맞게 기입한다.
④ 일반도는 단면도의 상단에 위치하도록 그린다.

해설 일반적인 도면 배치 : 단면도를 중심으로 하부에 저판 배근도, 우측에 벽체 배근도를 배치하고, 저판 배근도 우측에 일반도를 배치한다.

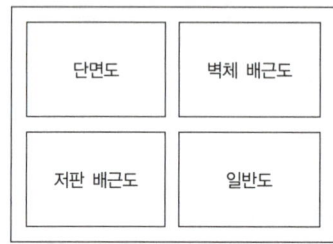

04 구조물 설계제도에서 도면의 작도 순서로 가장 알맞은 것은?

ⓐ 단면도   ⓑ 주철근 조립도
ⓒ 철근 상세도 ⓓ 일반도
ⓔ 각부 배근도

① ⓔ→ⓑ→ⓒ→ⓓ→ⓐ
② ⓔ→ⓓ→ⓒ→ⓑ→ⓐ
③ ⓐ→ⓔ→ⓓ→ⓑ→ⓒ
④ ⓐ→ⓒ→ⓑ→ⓔ→ⓓ

정답 1.① 2.① 3.④ 4.③

해설 일반적인 도면의 작도 순서는 단면도-배근도(각부 배근도)-일반도-주철근 조립도-철근 상세도의 순이다.

05 도면의 작도방법에 대한 기본 사항 중 틀린 설명은?

① 철근 치수 및 기호를 표시하고 누락되지 않도록 주의한다.
② 단면도는 실선으로 주어진 치수대로 정확히 작도한다.
③ 단면도에 표시된 철근 길이가 벗어나지 않도록 주의한다.
④ 단면도에 배근될 철근 수량은 정확하여야 하나, 철근의 간격은 일정하지 않아도 무방하다.

해설 단면도에 배근될 철근 수량은 정확하고, 철근 간격이 벗어나지 않도록 주의해야 한다.

06 설계제도에 대한 설명으로 옳지 않은 것은?

① 도면에 오류가 없어야 한다.
② 도면은 간단하게 그리고 중복되게 작성한다.
③ 도면에 불필요한 사항은 기입하지 않는다.
④ 도면은 설계자의 의도가 정확하게 전달될 수 있어야 한다.

해설 도면은 될 수 있는 대로 간단하게 그리며 중복을 피한다.

07 다음 보기는 콘크리트 구조물의 어떤 도면에 대한 설명인가?

> 구조물 전체의 개략적인 모양을 표시한 도면

① 일반도   ② 상세도
③ 구조도   ④ 배근도

해설 일반도는 구조물 전체의 개략적인 모양을 표시한 도면이다.

08 콘크리트 구조물 제도에서 구조물의 모양, 치수를 모두 표현하고, 거푸집을 제작할 수 있는 도면은?

① 일반도   ② 구조 일반도
③ 구조도   ④ 상세도

해설
㉠ 일반도 : 구조물 전체의 개략적인 모양을 표시하는 도면
㉡ 구조도 : 콘크리트 내부의 구조 주체를 도면에 표시한 도면
㉢ 상세도 : 구조도의 일부를 취하여 큰 축척으로 표시한 도면

09 다음 보기는 콘크리트 구조물의 어떤 도면에 대한 설명인가?

> 일반적으로 배근도라고도 하며, 현장에서는 이 도면에 따라 철근의 가공, 배치 등을 행하는 중요한 도면이다.

① 일반도   ② 평면도
③ 구조도   ④ 상세도

해설 구조도
㉠ 배근도라고도 하며 콘크리트 내부의 구조 구체를 도면에 표시한다.
㉡ 철근, PC 강재 등 설계상 필요한 여러 가지 재료의 모양 및 품질 등을 표시한다.
㉢ 축척은 일반적으로 1/20, 1/30, 1/40, 1/50을 표준으로 한다.

10 다음 중 구조도에서 표시하기 어려운 특정한 부분을 상세하게 나타낸 도면은?

① 일반도   ② 투시도
③ 상세도   ④ 설명도

해설 상세도
㉠ 상세한 도면이 필요한 경우, 구조도의 일부를 큰 축척으로 확대하여 표시한다.
㉡ 축척은 1/1, 1/2, 1/5, 1/10, 1/20을 표준으로 한다.

정답 5. ④ 6. ② 7. ① 8. ② 9. ③ 10. ③

11 토목제도를 목적과 내용에 따라 분류한 것으로 옳은 것은?

① 설계도 – 중요한 치수, 기능, 사용되는 재료를 표시한 도면
② 계획도 – 설계도를 기준으로 작업 제작에 이용되는 도면
③ 구조도 – 구조물과 관련 있는 지형 및 지질을 표시한 도면
④ 일반도 – 구조도에 표시하기 곤란한 부분의 형상, 치수를 표시한 도면

해설 ② 계획도 : 구체적인 설계를 하기 전에 계획자의 의도를 명시하기 위해서 그리는 도면
③ 구조도 : 구조물의 구조를 나타내는 도면
④ 일반도 : 구조물의 평면도, 입면도, 단면도 등에 의해서 그 형식과 일반구조를 나타내는 도면

12 콘크리트 구조물 도면에서 구조도의 표준축척으로 적합하지 않은 것은?

① 1 : 30   ② 1 : 40
③ 1 : 50   ④ 1 : 15

해설 콘크리트 구조물 도면의 표준 축척

도면의 종류	축척
일반도	1/100, 1/200, 1/300, 1/400, 1/500, 1/600
구조 일반도	1/50, 1/100, 1/200
구조도	1/20, 1/30, 1/40, 1/50
상세도	1/1, 1/2, 1/5, 1/10, 1/20

13 다음 중 철근의 용접이음에 해당하는 것은?

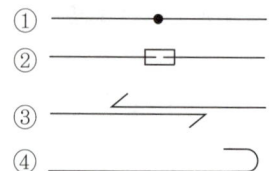

해설 ② 철근의 기계적 이음
③ 갈고리가 있을 때의 평면
④ 원형 갈고리

14 철근의 기계적 이음을 표시하고 있는 것은?

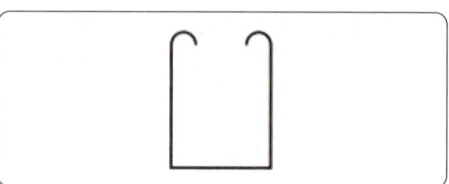

해설 ② 철근의 용접이음
③ 철근 갈고리
④ 철근 갈고리의 겹침이음

15 다음 그림은 콘크리트 구조물 제도에서 어떤 철근 배근을 나타낸 것인가?

① 절곡철근   ② 스터럽
③ 띠철근   ④ 나선철근

해설 그림은 스터럽(stirrup)을 나타낸 것이다. 스터럽은 정철근 또는 부철근을 둘러싸고, 이에 직각되게 또는 경사지게 배치한 복부 철근을 말한다.

16 벽체에 사용된 철근의 기호는?

① Ⓗ   ② Ⓦ
③ Ⓢ   ④ Ⓕ

해설 ① Ⓗ : 헌치
② Ⓦ : 벽(wall)
③ Ⓢ : 슬래브(slab)
④ Ⓕ : 기초(foundation)

Ⓑ	Beam, Base, Bottom
Ⓒ	Column
Ⓕ	Foundation, Footing
Ⓗ	Haunch
Ⓢ	Spacer, Slab
Ⓦ	Wall

정답 11. ① 12. ④ 13. ① 14. ① 15. ② 16. ②

17 철근의 표시법과 그에 대한 설명으로 바른 것은?

① φ13 – 반지름 13 mm의 원형철근
② D16 – 공칭지름 16 mm의 이형철근
③ H16 – 높이 16 mm의 고강도 이형철근
④ φ13 – 공칭지름 13 mm의 이형철근

해설 ① φ13 : 공칭지름 13 mm의 원형철근
③ H16 : 공칭지름 16 mm의 이형철근(고강도 철근)

18 다음 보기의 철근 표시법에 대한 설명으로 옳은 것은?

24@200 = 4800

① 전장 4800 m를 24 m로 200등분
② 전장 4800 mm를 200 mm로 24등분
③ 전장 4800 m를 24 m와 200 m로 적당한 비율로 등분
④ 전장 4800 mm를 24 mm로 배분하고 마지막 1칸은 200 mm로 1회 배분

해설 24@200 = 4800은 전장 4800 mm를 200 mm로 24등분한다는 의미이다.

19 콘크리트 구조물 제도에서 공칭지름이 22 mm인 이형철근의 표시법으로 옳은 것은?

① R22 ② φ22 ③ D22 ④ H22

해설 ① R22 : 반지름 22 mm의 원형철근
② φ22 : 지름 22 mm의 원형철근
③ D22 : 지름 22 mm의 이형철근(일반 철근)
④ H22 : 지름 22 mm의 이형철근(고강도 철근)

20 지름 22 mm의 철근이 200 mm 간격으로 배치된다는 뜻을 표시한 기호는?

① φ22@200 ② 22@-φ200
③ 200@22φ ④ 200φ-22@

해설 ㉠ φ22 : 지름이 22 mm인 원형철근
㉡ @200 : 200 mm 간격으로 배근

21 철근의 치수 및 배치에 대한 설명 중 옳지 않은 것은?

① φ12는 지름 12 mm의 원형철근을 의미한다.
② D12는 반지름 12 mm인 이형철근을 의미한다.
③ 5×100 = 500이란 전체 길이 500 mm를 100 mm로 5등분한 것이다.
④ 12@300 = 3600이란 전체 길이 3,600 mm를 300 mm로 12등분한 것이다.

해설 D12는 공칭지름 12 mm인 이형철근을 의미한다.

22 철근의 표시법으로 @400 C.T.C.를 바르게 설명한 것은?

① 전장 400 mm를 중심에서 절단할 것
② 철근 지름이 400 mm인 것을 배치할 것
③ 철근과 철근 사이의 간격이 400 mm가 되도록 할 것
④ 철근을 400 mm 지점에서 겹침이음할 것

해설 • @ : 간격을 의미
• C.T.C. : Center To Center의 약자로 중심 사이의 간격을 의미
• @400 C.T.C. : 철근과 철근 중심 사이의 간격이 400 mm임을 나타냄.

23 강구조물의 표시에서 강구조물 부재의 치수, 부재를 구성하는 소재의 치수와 그 제작 및 조립과정 등을 표시한 도면은?

① 일반도 ② 구조도
③ 상세도 ④ 재료표

해설 강구조물 도면의 종류
㉠ 일반도 : 강구조물 전체의 계획이나 형식 및 구조의 대략을 표시하는 도면
㉡ 구조도 : 강구조물 부재의 치수, 부재를 구성하는 소재의 치수와 그 제작 및 조립 과정 등을 표시한 도면
㉢ 상세도 : 특정한 부분을 상세하게 나타낸 도면

정답 17. ② 18. ② 19. ③ 20. ① 21. ② 22. ③ 23. ②

24 강구조물을 표시하는 도면 중 부재의 치수, 소재 치수, 제작 및 조립 과정을 표시하는 도면으로 보통 설계도나 제작도를 의미하는 것은?

① 일반도 ② 상세도
③ 구조도 ④ 평면도

해설 강구조물 도면의 종류
㉠ 일반도 : 강구조물 전체의 계획이나 형식 및 구조의 대략을 표시하는 도면
㉡ 구조도 : 강구조물 부재의 치수, 부재를 구성하는 소재의 치수와 그 제작 및 조립 과정 등을 표시한 도면
㉢ 상세도 : 특정한 부분을 상세하게 나타낸 도면

25 강구조물의 도면 배치 설명으로 바르지 않은 것은?

① 도면이 잘 보이도록 하기 위하여 절단선과 지시선의 방향을 붙이는 것이 좋다.
② 평면도, 측면도, 단면도 등을 소재나 부재가 잘 나타나도록 각각 독립하여 그려도 된다.
③ 강구조물이 길고 많은 공간을 차지하여도 단면을 절단하거나 생략하여 표시하여서는 안 된다.
④ 강구조물의 도면은 가설을 고려하여 부분적으로 제작 단위마다 상세도를 작성한다.

해설 강구조물은 너무 길고 넓어 많은 공간을 차지하므로 몇 개의 단면으로 절단하여 표현한다.

26 볼트 종류와 지름을 구별할 필요가 있을 때 표시 기호 중 옳지 않은 것은?

① ● ② ◎
③ ◐ ④ ◍

해설 ㉠ 볼트기호는 보통 ○나 +로 표시한다.
㉡ 종류나 지름을 구별할 필요가 있을 때는 ●, ◎, ×, ◐ 등의 기호로 표시한다.

27 리벳에 대한 설명 중 옳은 것은?

① 현장리벳은 그 기호를 생략함을 원칙으로 한다.
② 리벳기호는 리벳선을 가는 파선으로 그린다.
③ 축이 투상면에 나란한 리벳은 그리지 않음을 원칙으로 한다.
④ 같은 도면 중에 다른 지름의 리벳을 사용할 경우, 리벳마다 그 지름을 기입하지 않음을 원칙으로 한다.

해설 ① 현장리벳은 그 기호를 생략하지 않음을 원칙으로 한다.
② 리벳기호는 리벳선을 가는 실선으로 그린다.
④ 같은 도면 중에 다른 지름의 리벳을 사용할 경우, 리벳마다 그 지름을 기입하는 것을 원칙으로 한다.

28 리벳의 도면표시방법이다. 옳지 않은 것은?

① 리벳은 가는 점선으로 표시한다.
② 같은 피치로 연속되는 공장리벳은 직각으로 짧고 가는 실선으로 나타낸다.
③ 리벳선이 다른 선과 만나는 곳에 있는 리벳은 ○을 그려 나타낸다.
④ 현장리벳은 그 기호를 생략하지 않음을 원칙으로 한다.

해설 리벳기호는 리벳선을 가는 실선으로 그린다.

29 도로 평면도의 기재 사항이 아닌 것은?

① 계획고
② 측점 번호
③ 곡선의 기점
④ 곡선의 반지름

해설 종단면도에는 계획고와 지반고를 기재하며, 계획고와 지반고의 차이를 통해 얻은 절토고와 성토고도 함께 기재한다.

정답 24. ③ 25. ③ 26. ④ 27. ③ 28. ① 29. ①

30 도로 평면도에서 선형요소를 기입할 때 교점을 나타내는 기호는?

① B.C ② E.C
③ I.P ④ T.L

해설 ① B.C(Begining of Curve) : 곡선 시점
② E.C(End of Curve) : 곡선 종점
③ I.P(Intersection Point) : 교점
④ T.L(Tangent Length) : 접선 길이

31 도로설계에서 자동차의 운행을 원활하게 하기 위하여 원곡선부와 직선부 사이의 곡률 반지름이 변화하는 곡선을 무엇이라 하는가?

① 완화곡선 ② 확폭량
③ 반향곡선 ④ 포물선

해설 완화곡선이란 자동차 운행을 원활하게 하기 위하여 원곡선부와 직선부 사이의 곡률반지름이 변화하는 곡선을 말한다.

32 도로설계 제도에서 평면의 곡선부에 기입하지 않는 것은?

① 교각 ② 반지름
③ 접선장 ④ 계획고

해설 평면에 곡선부를 그리려면 먼저 교점(I.P)의 위치를 정하고 교각(I)을 각도기로 접선 길이(T.L)와 동등하게 시곡점(B.C) 및 종곡점(E.C)을 취하고, 시곡점과 종곡점을 중심으로 반지름(R)의 원호를 그린다. 그리고 그 교점을 굴곡부의 중심으로 하여 곡선부를 그린다.

33 No. 0의 지반고는 10 m, 중심말뚝의 간격은 20 m, 오르막 경사가 4%일 때 No. 4+5의 계획고는?

① 10 m ② 13.4 m
③ 14.5 m ④ 20 m

해설 ㉠ No. 4+5 말뚝까지의 수평거리 = 20×4+5 = 85 m
㉡ 수직거리 = 85×0.04 = 3.4 m
㉢ 계획고 = 10(No. 0의 지반고)+3.4 = 13.4 m

34 도면 제도에 있어서 등고선의 종류 중 지형 표시의 기본이 되는 선으로 가는 실선으로 나타내는 것은?

① 계곡선 ② 주곡선
③ 간곡선 ④ 조곡선

해설 등고선의 종류와 표시방법

등고선의 종류	표시방법
계곡선	굵은 실선
주곡선	가는 실선
간곡선	가는 긴 파선
조곡선	가는 짧은 파선

35 도로의 제도에서 종단 측량의 결과 No. 0의 지반고가 105.35 m이고 오름 경사가 1.0%일 때 수평거리 40 m 지점의 계획고는?

① 105.35 m
② 105.51 m
③ 105.67 m
④ 105.75 m

해설 ㉠ No. 0에서 수평거리 40 m 지점까지의 수직거리
= 40×0.01 = 0.4 m
㉡ 수평거리 40 m 지점의 계획고 = 105.35+0.4
= 105.75 m

36 도로설계 제도에서 평면도를 그릴 때 평탄한 전답으로 별다른 지물이 없을 경우에 일반적으로 노선 중심선 좌우를 중심으로 표시하는 거리 범위로 가장 적당한 것은?

① 1~5 m ② 10~20 m
③ 30~40 m ④ 100~200 m

해설 도로의 평면도에서 노선 중심선 좌우 약 100 m와 지형 및 교량, 옹벽, 용지 경계 등의 지물을 표시한다. 단, 특별한 지물이 없는 평탄한 전답 지역은 노선 좌우 30~40 m 정도를 표시한다.

정답 30. ③ 31. ① 32. ④ 33. ② 34. ② 35. ④ 36. ③

37 No. 0의 지반고는 10 m, 중심말뚝의 간격은 20 m일 때 No. 3+10에 대한 계획고의 기울기와 성·절토고는?

측정	No. 0	No. 1	No. 2
계획고	10.00	10.20	10.40
지반고	10.00	10.35	10.22
측정	No. 3	No. 3+10	No. 4
계획고	10.60	10.70	10.80
지반고	10.55	10.73	10.92

① 상향 1%, 성토(흙쌓기) 0.03 m
② 상향 1%, 절토(땅깎기) 0.03 m
③ 하향 1%, 성토(흙쌓기) 0.03 m
④ 상향 1%, 절토(땅깎기) 0.03 m

해설 ㉠ 기울기 $= \dfrac{10.70-10}{3\times 20+10}\times 100 = 1\%$
㉡ 토공량 = 계획고−지반고 = 10.70−10.73 = −0.03 m
= 절토 0.03(계획고보다 지반고가 높으므로 절토해야 함.)

38 그림과 같은 종단면도에서 측점 간의 거리는 20 m, 측점의 지반고는 No. 0에서 100 m, No. 1에서 106 m이고, 계획선의 경사가 3%일 때 No. 1의 계획고는? (단, No. 0의 계획고는 100 m이다.)

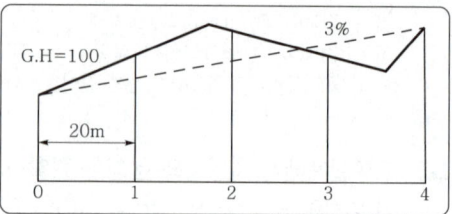

① 100.6 m ② 101.3 m
③ 103.5 m ④ 105.6 m

해설 No. 1의 계획고 $= 100 + \dfrac{3}{100}\times 20 = 100.6$ m

정답 37. ② 38. ①

PART 2

CAD 일반

CHAPTER 01 | **CAD의 개요**
CHAPTER 02 | **CAD 시스템**

Chapter 01 CAD의 개요

Section 1.1 CAD의 정의

CAD란 'Computer Aided Design'의 약어로, 컴퓨터를 사용하여 작업하는 설계활동을 의미한다. 즉, CAD는 도면 설계 및 제도의 작도, 분석, 편집, 수정 등 일련의 작업 처리에 컴퓨터를 이용하여 신속하게 수행하는 것으로서, 넓게는 컴퓨터를 활용한 도면 창작 활동을 모두 포함한다. 이것은 키보드, 모니터, 플로터 등과 같은 입출력장치와 전용 소프트웨어를 사용하므로 최적의 설계 환경을 구현할 수 있다.

도면의 기본 요소인 점, 선, 면을 이용하여 설계자가 원하는 위치에 도형을 그리고, 작도된 도형을 확대, 축소, 이동, 복사, 회전 등의 변형을 함으로써 제도를 보다 편리하고 정확하게 할 수 있게 되었다. 특히 수정, 보관 및 다중작업(multi-tasking) 등이 수월해졌다.

Section 1.2 CAD의 이용 효과

학습 POINT

CAD의 이용 효과
- 생산성 향상
- 품질 향상
- 표현력 향상
- 표준화
- 정보화
- 경영의 효율화
- 경영의 합리화

① **생산성 향상** : 반복작업과 수정작업의 편리성, 설계기간 단축, 도면 분할 및 중복작업의 효율화
② **품질 향상** : 도면의 수정 및 재활용, 작업상 오류 발생 시 수정작업 용이, 정확한 설계 도면 작성
③ **표현력 향상** : 표현방법의 다양화, 입체적 표현 가능, 짧은 시간에 많은 아이디어 제공
④ **표준화** : 심벌 및 표준화 축척으로 자료실을 구축하고, 설계기법의 표준화로 제품을 표준화하여 업무를 표준화
⑤ **정보화** : 데이터베이스를 구축하고 후속 프로젝트에 유용하게 활용

⑥ **경영의 효율화와 합리화** : 생산성 향상, 품질 향상, 표준화 등을 통한 기업의 이미지 쇄신과 신뢰도 증진

Section 1.3 CAD의 특징

① CAD는 도면의 기본 요소인 점, 선, 면을 이용하여 설계자가 원하는 위치에 도형을 정확하게 그릴 수 있다.
② 설계자가 컴퓨터 화면을 통하여 대화하면서 기존의 도면을 손쉽게 입출력하므로 도면 분석, 수정, 제작이 수작업에 비하여 더 정확하고 빠르다.
③ 심벌(symbol)과 축척을 표준화하기 때문에 웹을 이용하여 방대한 도면을 여러 사람이 동시에 작업할 수 있다.
④ 여러 사람이 동시에 작업을 하여도 표준화를 이룰 수 있어서 설계 시간의 단축에 의한 일의 생산성을 향상시킨다.
⑤ 기존의 도면을 다시 그리지 않고 부분적으로 수정, 삽입할 수 있어서 설계상의 잘못을 쉽게 고칠 수 있다.
⑥ 보관이 간편하며, 2차원은 물론 3차원의 설계 도면과 움직이는 도면까지도 그릴 수 있다.
⑦ 설계 도면의 데이터베이스 구축이 가능하다.
⑧ 교량, 댐, 옹벽 등과 같은 구조물의 설계 및 구조계산에도 활용되고 있다.
⑨ 단축 메뉴를 활용하여 신속한 설계작업이 가능하다.
⑩ 다양한 외부 소프트웨어와의 상호 호환 및 연동이 가능하다(MS-Office, 3DS-MAX, SketchUP, Photoshop 등).
⑪ 다수의 도면을 동시에 열어서 작업할 수 있다.

CHAPTER 01 적중 예상문제

제1장 CAD의 개요

01 다양한 응용분야에서 정밀하고 능률적인 설계 제도작업을 할 수 있도록 지원하는 소프트웨어는?

① CAD   ② CAI
③ Excel ④ Access

해설 CAD란 'Computer Aided Design'의 약어로, 컴퓨터를 사용하여 작업하는 설계활동을 의미한다. 즉, CAD는 도면 설계 및 제도의 작도, 분석, 편집, 수정 등 일련의 작업처리에 컴퓨터를 이용하여 신속하게 수행하는 것으로, 넓게는 컴퓨터를 활용한 도면 창작 활동을 모두 포함한다.

02 CAD란 어떤 프로그램인가?

① 컴퓨터를 이용한 설계 프로그램
② 컴퓨터를 이용한 생산 프로그램
③ 컴퓨터를 이용한 소비 프로그램
④ 컴퓨터를 이용한 설비 프로그램

해설 CAD는 설계자가 컴퓨터에 설치된 프로그램을 실행하여 명령어를 입력하거나 메뉴를 선택하여 모니터에 도면으로 나타내는 방식이다.

03 CAD 소프트웨어의 기능 중 기본 기능에 속하지 않는 것은?

① 도면 요소 편집 기능
② 도면 요소 작성 기능
③ 기계 등의 가공 및 제조 기능
④ 도면 내용 출력 기능

해설 CAD 소프트웨어의 기본 기능
㉠ 도면 요소 작성 및 변화 기능
㉡ 도면 요소 편집 및 도면화 기능
㉢ 도면 내용 출력(화면 제어 및 플로팅) 기능

★ 04 CAD 시스템을 도입하였을 때 얻어지는 효과와 거리가 먼 것은?

① 도면의 표준화
② 작업의 효율화
③ 제품 원가의 증대
④ 설계의 신용도 상승

해설 도면의 생산성이 향상되면서 원가는 감소한다.

CAD의 이용 효과
• 생산성 향상
• 품질 향상
• 표현력 향상
• 표준화
• 정보화
• 경영의 효율화
• 경영의 합리화

05 CAD 시스템의 특징을 나열한 것이다. 틀린 것은?

① 도면의 분석, 수정, 삽입, 제작이 정확하고 빠르다.
② 방대한 도면을 여러 사람이 동시에 작업하여도 표준화를 이룰 수 있다.
③ 2차원은 물론 3차원의 설계 도면과 움직이는 도면까지 그릴 수 있다.
④ 편리한 점은 많으나 설계 도면의 데이터베이스 구축이 불가능하다.

해설 CAD는 데이터베이스를 구축하고 후속 프로젝트에 유용하게 활용할 수 있다.

정답 1.① 2.① 3.③ 4.③ 5.④

06 CAD 작업의 특징이 아닌 것은?

① 설계자가 컴퓨터 화면을 통하여 대화하는 방식으로 도면을 입출력할 수 있다.
② 도면 분석, 수정, 제작이 수작업에 비하여 더 정확하고 빠르다.
③ 설계 도면을 여러 사람이 동시에 작업할 수 없으며, 표준화 작업이 어렵다.
④ 설계 시간의 단축으로 일의 생산성을 향상시킨다.

해설 CAD는 설계 도면을 여러 사람이 동시에 작업하여도 표준화를 이룰 수 있어서 설계 시간의 단축에 의한 생산성을 향상시켜 준다.

07 CAD 작업의 특징으로 옳지 않은 것은?

① 도면의 출력과 시간 단축이 어렵다.
② 도면의 관리, 보관이 편리하다.
③ 도면의 분석, 제작이 정확하다.
④ 도면의 수정, 보완이 편리하다.

해설 기존의 도면을 손쉽게 입출력하므로 단면 분석, 수집, 제작이 정확하고 빠르다.

정답 6. ③ 7. ①

Chapter 02 CAD 시스템

Section 2.1 CAD 시스템의 좌표

(1) 절대좌표

도면의 원점 (0,0,0)으로부터의 거리를 나타내는 방법으로, 2차원인 경우 X, Y값의 순서로 좌표를 입력하고, 3차원일 경우에는 X, Y, Z값의 순서로 좌표를 입력한다.

① 절대직교좌표 : 원점 (0,0)을 기준으로 X, Y값을 입력받아 하나의 점을 정의한다(입력방법 : x, y).

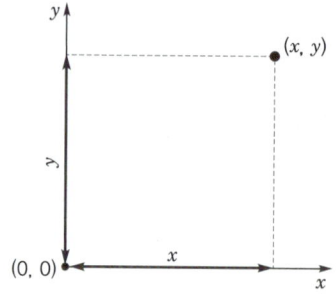

② 절대극좌표 : 원점 (0,0)과 지정하려는 점 사이의 거리와 X축과 그 선이 이루는 각도를 입력하여 한 점을 정의한다(입력방법 : $l < \theta$).

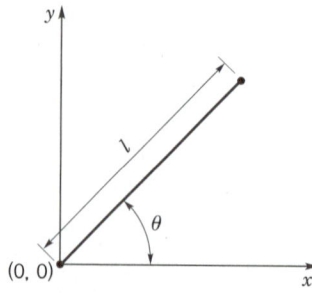

(2) 상대좌표

원점이 아닌 임의의 점에서 도면을 그리기 시작하는 경우에 사용되며, 원점에서부터 좌표가 시작되는 것이 아니라 가장 최근에 입력한 점을 기준으로 좌표가 시작된다. 상대좌표 입력을 위해서 @기호를 맨 앞에 붙여서 사용한다.

❶ 상대직교좌표 : 현재 설정되어 있는 점을 기준으로 각각의 축방향으로 변위값을 입력하여 하나의 점을 정의한다(입력방법 : $@x$, $@y$).

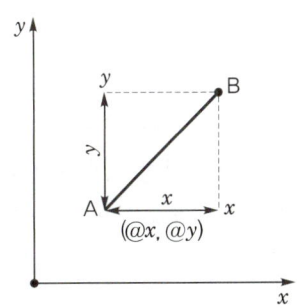

❷ 상대극좌표 : 현재 설정되어 있는 점을 기준으로 지정하려는 점 사이의 거리와 X축과 그 선이 이루는 각도를 입력하여 한 점을 정의한다(입력방법 : $@l < \theta$).

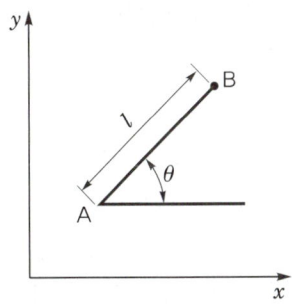

[좌표의 분류]

분류 기준	좌표계	설명
기준점에 따른 분류	절대좌표	원점으로부터 시작되는 좌표
	상대좌표	이전 점 또는 지정된 임의의 점으로부터 시작되는 좌표
후속점 입력방식에 따른 분류	직교좌표	원점 또는 이전 점에서의 X축, Y축의 이동거리로 표시
	극좌표	원점 또는 이전 점부터의 길이와 각도로 표시

Section 2.2 CAD 시스템의 구성 (※ 출제기준에서 제외됨)

(1) CAD 프로그램을 활용하기 위해서는 적절한 하드웨어와 소프트웨어가 구성되어 있어야 한다.
(2) 하드웨어는 입력장치, 중앙처리장치(CPU), 주기억장치, 보조기억장치, 출력장치로 이루어져 있다.

❶ **입력장치** : 처리해야 할 데이터나 프로그램을 입력 기기를 통해서 주기억장치에 기억시키는 장치

   ㉠ 키보드(keyboard) : 한글, 영문, 한문 등 다양한 문자 정보 및 수식 정보를 입력할 때에 사용한다.

   ㉡ 마우스(mouse) : 모니터의 화면에서 커서를 원하는 위치로 자유롭게 움직여서 화면에 나타난 메뉴를 선택하거나 이동시킬 때에 사용한다.

   ㉢ 라이트 펜(light pen) : 스크린에 직접 접촉하면서 정보를 입력한다.

   ㉣ 디지타이저(digitizer) : 평판의 자성을 이용한 절대좌표 체계를 가지는 2차원 그래픽 입력장치로 대형 고분해 능력의 기종이다.

   ㉤ 태블릿(tablet) : 디지타이저와 유사한 입력장치로, 탁상에서의 활용성이 향상된 소형의 기종이다.

   ㉥ 스캐너(scanner) : 사진이나 그림 등을 컴퓨터 메모리에 디지털화하여 입력한다.

❷ **중앙처리장치(CPU)** : 명령을 수행하고 데이터를 처리하는 장치로서 사람의 뇌에 해당한다고 할 수 있으며, 제어장치와 연산장치로 구성된다.

❸ **주기억장치** : 중앙처리장치와 직접 데이터를 교환할 수 있는 기억장치로서, 프로그램 수행에 필요한 기본적인 명령어와 데이터를 기억한다.

   ㉠ 캐시 메모리 : 중앙처리장치와 주기억장치 사이에서 실행 속도를 높이기 위해 사용되는 접근 속도가 빠른 기억장치이다.

   ㉡ ROM : 기억된 내용을 읽을 수만 있는 기억장치이다.

   ㉢ RAM : 정보를 자유롭게 읽고 쓸 수 있는 주기억장치지만 전원이 끊어지면 기억된 내용이 모두 지워진다.

   ㉣ DRAM : 단위 면적당 집적도가 높아 주기억장치로 사용되며, 구조가 단순하고 소비 전력이 적다.

   ㉤ SRAM : 접근 속도가 빨라 캐시 메모리로 사용되며, 구조가 복잡하고 소비 전력이 많다.

❹ **보조기억장치** : 전원이 꺼진 후에도 정보를 잃지 않는 비휘발성 기억장치로서, 주기억장치에 비해 경제적이고 많은 양의 정보를 저장한다.

❺ **출력장치** : 컴퓨터에서 처리한 결과를 사람이 보거나 들을 수 있도록 문자, 숫자, 그래픽, 소리 형태로 변환시켜 주는 장치이다.

   ㉠ 모니터(monitor) : 출력장치 중에서 가장 대표적인 역할을 하는 주변 기기로서, 작업의 결과물을 화면에 표시하여 시각화한다.

   ㉡ 프린터(printer) : 화면에 표시된 정보를 종이에 인쇄한다.

   ㉢ 플로터(plotter) : 화면에 표시된 정보를 종이에 인쇄하는 장치이며, X축과 Y축을 마음대로 움직이는 펜을 사용하여 그래프, 도면, 그림, 사진 등의 이미지를 정밀하게 인쇄하고자 할 때 사용한다.

[하드웨어의 구분]

구분	입력장치	중앙처리장치	주기억장치	보조기억장치	출력장치
종류	• 키보드 • 마우스 • 스캐너 • 라이트 펜 • 디지타이저 • 태블릿 • 터치 스크린 • 디지털카메라	• 레지스터 • 연산장치 • 제어장치	• 캐시 메모리 • 주기억장치 　-ROM 　-RAM	• 자기 디스크 • 하드 디스크 • 플로피 디스크 • 플래시 메모리 • 광디스크 　-CD-ROM 　-DVD	• 프린터 • 모니터 • 플로터 • 프로젝터

02 적중 예상문제

제2장 CAD 시스템

01 CAD의 좌표계 종류가 아닌 것은?
① 절대좌표 ② 상대직교좌표
③ 상대극좌표 ④ 상대접합좌표

해설

분류 기준	좌표계	설명
기준점에 따른 분류	절대좌표	원점으로부터 시작되는 좌표
	상대좌표	이전 점 또는 지정된 임의의 점으로부터 시작되는 좌표
후속점 입력방식에 따른 분류	직교좌표	원점 또는 이전 점에서의 X축, Y축의 이동 거리로 표시
	극좌표	원점 또는 이전 점부터의 길이와 각도로 표시

02 CAD 작업에서 좌표의 원점으로부터 좌표값 X, Y의 값을 입력하는 좌표는?
① 절대좌표 ② 상대좌표
③ 극좌표 ④ 원좌표

해설 절대좌표
도면의 원점 (0,0,0)으로부터의 거리를 나타내는 방법으로, 2차원인 경우 X, Y값의 순서로 좌표를 입력하고, 3차원일 경우에는 X, Y, Z값의 순서로 좌표를 입력한다.

03 CAD 작업에서 가장 최근에 입력한 점을 기준으로 하여 위치를 결정하는 좌표계는?
① 절대좌표계 ② 상대좌표계
③ 표준좌표계 ④ 사용자좌표계

해설 상대좌표계
원점에서 좌표가 시작되는 것이 아니라 가장 최근에 입력한 점을 기준으로 하여 좌표가 시작된다.

04 CAD로 아래의 정삼각형(△ABC)을 그리기 위하여 명령어를 입력하고자 한다. ( )에 알맞은 명령은? (단, 그리는 순서는 A → B → C → A이다.)

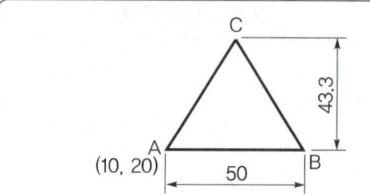

command : LINE [enter]
시작점 : 10, 20 [enter]
다음점 : (   ) [enter]
다음점 : @-25, 43.3 [enter]
다음점 : C [enter]

① 50, 20 ② @50, 20
③ @60, 0 ④ @50<0

해설 상대극좌표는 @거리<각도로 입력한다.

05 캐드 명령어 '@20, 30'의 의미는?
① 이전 점에서부터 Y축 방향으로 20, X축 방향으로 30만큼 이동된다는 의미
② 이전 점에서부터 X축 방향으로 20, Y축 방향으로 30만큼 이동된다는 의미
③ 원점에서부터 Y축 방향으로 20, X축 방향으로 30만큼 이동된다는 의미
④ 원점에서부터 X축 방향으로 20, Y축 방향으로 30만큼 이동된다는 의미

해설 상대직교좌표
현재 설정되어 있는 점을 기준으로 각각의 축방향으로 변위값을 입력하여 하나의 점을 정의한다(입력방법 : @X, Y). 이전 점에서부터 X축 방향으로 20, Y축 방향으로 30만큼 이동한다.

정답 1.④ 2.① 3.② 4.④ 5.②

PART 3

철근 및 콘크리트

CHAPTER 01 | 철근
CHAPTER 02 | 콘크리트

Chapter 01 철근

Section 1.1 철근의 종류와 간격

1) 철근의 종류

철근은 콘크리트 속에 매입하여 콘크리트를 보강하기 위한 것으로, 그 형상에 따라 원형철근과 이형철근, 철선, 피아노선, 용접 철망 등으로 나누며, 강도에 따라 보통 철근과 고강도 철근으로 나눌 수 있다. 또한 철근이 사용되는 위치에 따라 주철근, 부철근 등 다르게 표현한다.

> **참고**
>
>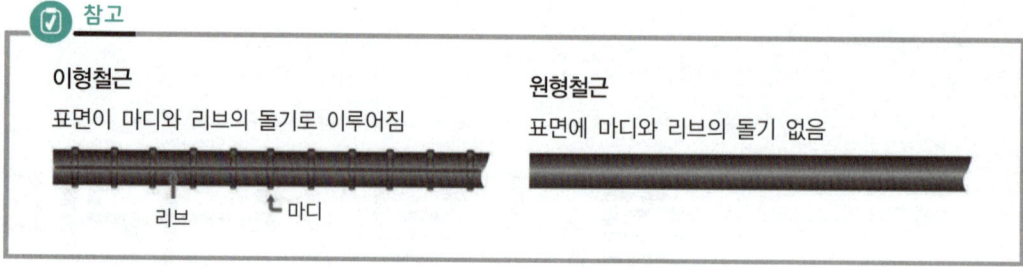
>
> **이형철근**
> 표면이 마디와 리브의 돌기로 이루어짐
>
> **원형철근**
> 표면에 마디와 리브의 돌기 없음

(1) 형상에 따른 분류

❶ 이형철근(SD)

콘크리트와의 **부착력**을 높이기 위하여 표면에 **마디**나 **리브**(rib) 등의 요철(凹凸)이 있는 강봉

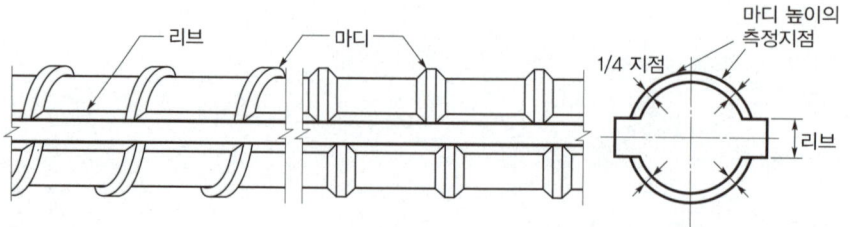

> **참고**
>
> • 이형철근(SD) : Steel Deformed
> • 원형철근(SR) : Steel Round

❷ **원형철근(SR)**

철근 표면에 리브 또는 마디 등의 돌기가 없는 원형 단면의 매끈한 표면으로 된 강봉

> ✅ **참고**
> - 철선 : 연강철을 늘여서 실 모양으로 만들어 놓은 것
> - 피아노선 : 강도가 크고 인성이 큰 단단한 강선으로, 피아노의 현처럼 미리 장력을 부가하는 데 사용
> - 용접 철망 : 철선을 15~30 cm 간격으로 격자 형태로 배치하고 교점을 전기용접한 것으로, 주로 도로나 지면에 접하는 바닥판의 보강에 사용

(2) 강도에 따른 분류

❶ 일반강도 철근(보통 철근)

❷ 고강도 철근 : 보통 철근에 비해 인장강도가 크므로 주로 압축강도가 큰 고강도 콘크리트와 함께 사용

❸ 초고강도 철근 : 초고층 건물, 초대형 건물에 사용

> ✅ **학습 POINT**
> **강도에 따른 철근의 분류**
> - 일반강도 철근 : SD300
> - 고강도 철근 : SD400(HD)
> - 초고강도 철근 : SD500(SHD), SD600(UHD), SD700 이상

(3) 철근이 사용되는 위치에 따른 분류

❶ **주철근** : 철근콘크리트 구조에서 주로 휨모멘트에 의해 생기는 장력에 대하여 배치된 철근이다. 기둥에서는 재축(材軸) 방향으로 넣는 철근으로, 축방향 철근이라고도 한다. 보에서는 상부근, 하부근으로 주철근을 배치하고, **슬래브에서는 짧은 변 방향의 철근이 주철근**이다. 또한 보 또는 슬래브에 사용되는 주철근은 정철근과 부철근으로 나뉜다.

  ㉠ **정철근** : 정(+)의 휨모멘트로 일어나는 인장응력을 받도록 배치한 주철근으로, 주로 보 또는 슬래브의 하단부에 배치된다.

  ㉡ **부철근** : 부(−)의 휨모멘트로 일어나는 인장응력을 받도록 배치한 주철근으로, 주로 보 또는 슬래브의 상단부에 배치된다.

> ✅ **참고**
> 부(−)의 휨모멘트가 발생하는 연속보의 지점 상부, 라멘구조의 벽체 상부 부분에도 부철근이 배근된다.

❷ **배력철근** : 하중을 분포시키거나 콘크리트의 건조수축에 의한 **균열을 제어**할 목적으로 주철근과 직각 또는 직각에 가까운 방향으로 배치한 보조철근이다.

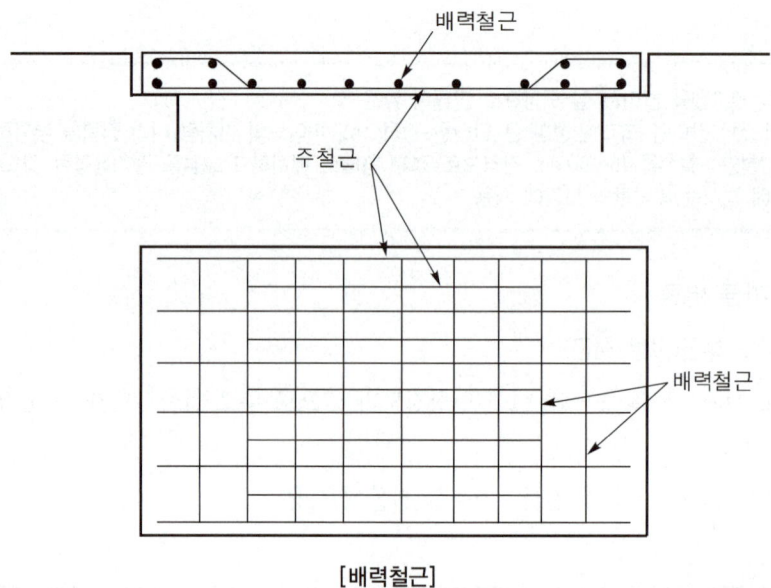

[배력철근]

학습 POINT

배력철근의 배치 효과
- 응력 분포
- 콘크리트 수축 억제 및 균열 제어
- 주철근의 간격 유지
- 균열 발생 시 균열 분포

학습 POINT

배력철근과 온도철근의 비교

구분	온도철근	배력철근
배근의 주목적	건조수축 및 온도균열 제어	하중 분산
적용	1방향 슬래브	2방향 슬래브
단변 방향	주근	주근
장변 방향	온도철근	배력철근

❸ **스터럽(늑근)** : 철근콘크리트 구조의 보에서 **전단력** 및 비틀림모멘트에 저항하도록 보의 주근을 둘러싸고 이에 직각 또는 경사지게 배치한 보강철근이다.

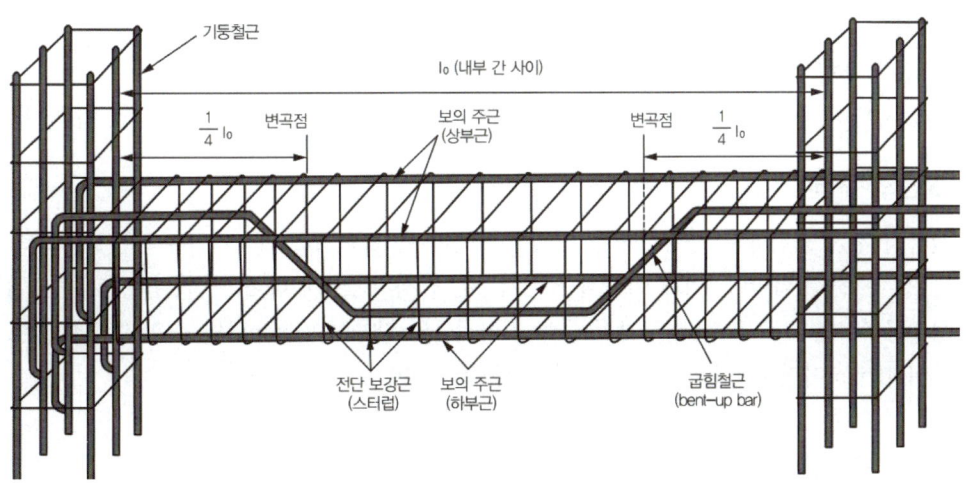

[기둥과 보의 철근 배근]

> **참고**
>
> 부재축에 직각으로 배치된 전단철근의 간격
> - 철근콘크리트 부재 : $d/2$ 이하
> - 프리스트레스트 콘크리트 부재 : $0.75h$ 이하
> - 어느 경우든 600 mm 이하

> **학습 POINT**
>
> 철근콘크리트 부재에 사용되는 전단철근
> - 주인장철근에 **45° 이상**의 각도로 설치되는 **스터럽**
> - 주인장철근에 **30° 이상**의 각도로 구부린 **굽힘철근**
> - 스터럽과 절곡철근의 조합
>
>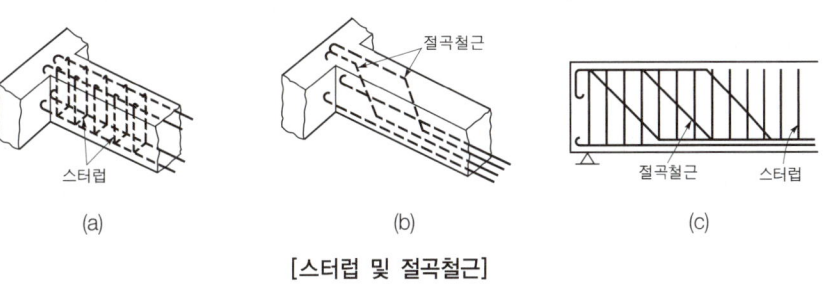
>
> [스터럽 및 절곡철근]

> **참고**
>
> 절곡철근
> 휨모멘트에 대하여 더 연장할 필요가 없는 인장철근을 30° 이상의 각도로 휘어올린 철근으로, 굽힘철근이라고도 한다.

❹ **띠철근** : 철근콘크리트 구조의 기둥에서 가로 방향 변형을 방지하고 압축응력을 증가시키기 위해 축방향 철근을 소정의 간격마다 둘러싼 가로 방향의 보강철근이다.
❺ **나선철근** : 철근콘크리트 구조의 기둥에서 종방향 철근(주근)을 나선 형태로 감은 철근이다.

(4) 철근의 규격

철근의 지름 표시에서 원형철근은 ϕ로, 이형철근은 D로, 고강도 이형철근은 HD로 하여 mm 단위 치수를 기입한다. 이때 이형철근의 지름은 공칭지름이라 하며, 단위길이당 무게가 같은 원형철근의 지름으로 표기한다. 예를 들어 원형철근의 지름이 19 mm라면 ϕ19, 이형철근의 공칭지름이 16 mm이면 D16으로, 고강도 이형철근은 HD16으로 표기한다.

2) 철근 배치 간격

(1) 철근 간격 규정 목적

철근을 배치할 때는 철근 사이로 골재가 끼거나 걸리지 않고 잘 통과할 수 있도록 콘크리트의 충전성을 확보하고, 철근이 한 위치에 집중됨으로써 발생할 수 있는 전단 또는 수축 균열을 방지한다. 또한 철근과 콘크리트와의 부착력을 확보하기 위하여 설계도 및 시공도에 따라 정확하게 배근하여야 한다.

(2) 철근의 배근 간격 제한

① 동일 평면에서 평행하는 철근의 수평 순간격은 25 mm 이상, 굵은골재 최대치수의 4/3배 이상, 철근의 공칭지름 이상으로 해야 한다.
② 철근이 2단 이상으로 배치되는 경우 상하 철근은 동일 연직면 내에 배치되어야 하고, 상하 철근의 연직 순간격은 25 mm 이상으로 해야 한다.
③ 나선철근과 띠철근 기둥에서 종방향 철근의 순간격은 40 mm 이상, 철근 공칭지름의 1.5배 이상으로 해야 한다.
④ 1방향 슬래브에서 정모멘트 철근 및 부모멘트 철근의 중심 간격은 위험단면에서는 슬래브 두께의 2배 이하이어야 하고 300 mm 이하로 해야 한다.
⑤ 현장치기 보의 정(+)·부(−) 철근 수평 순간격은 40 mm 이상, 굵은골재 최대치수의 1.5배 이상, 철근 공칭지름의 1.5배 이상으로 해야 한다.

> **참고**
> 철근콘크리트 휨부재에 철근을 배치할 때 철근을 묶어서 다발로 사용하는 경우
> ① 2개 이상의 철근을 묶어서 사용하는 다발철근은 이형철근으로, 그 개수는 4개 이하이어야 한다.
> ② 휨부재의 경간 내에서 끝나는 한 다발철근 내의 개개 철근은 $40d_b$ 이상 서로 엇갈리게 끝나야 한다.
> ③ 스터럽이나 띠철근으로 둘러싸여야 한다.
> ④ 보에서 D35를 초과하는 철근은 다발로 사용할 수 없다.

> ✅ **참고**
>
> **구조용 강재의 종류**
> ① 일반구조용 압연강재 : 압연강재의 대부분을 차지
> ② 용접구조용 압연강재 : 용접성이 좋도록 만든 강재
> ③ 내후성 열간 압연강재 : 녹슬기 쉬운 단점을 개선한 강재

(3) 철근의 배치 원칙

① 철근이 설계된 도면상의 배치 위치에서 d_b 이상 벗어나야 할 경우에는 책임구조기술자의 승인을 받아야 한다.
② 철근 조립을 위해 교차되는 철근은 용접할 수 없다. 다만, 책임구조기술자가 승인한 경우에는 용접할 수 있다.
③ 철근, 긴장재 및 덕트는 콘크리트를 치기 전에 정확히 배치하여 시공이 편리하게 한다.
④ 철근, 긴장재 및 덕트는 허용 오차 이내에서 규정된 위치에 배치한다.

Section 1.2 철근의 표준갈고리

1) 표준갈고리

① 철근의 정착을 위하여 철근의 끝을 구부린 것을 갈고리라고 하며, 형상과 치수가 표준에 맞게 된 것을 표준갈고리라고 한다.
② **원형철근은 반드시 갈고리를 만들고**, 부재의 중요도에 따라 이형철근도 갈고리를 만들어 사용한다.
③ 갈고리는 철근과 콘크리트의 **기계적 부착력 증가**를 위한 것으로 인장철근에만 만든다.

> ✅ **참고**
>
> **철근의 표준갈고리**
>
>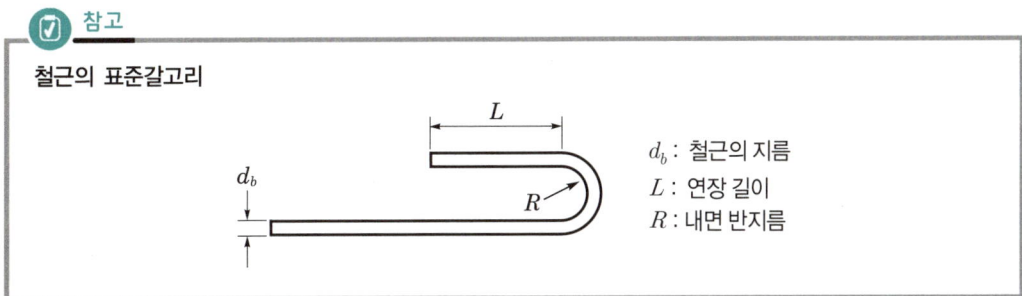
>
> d_b : 철근의 지름
> L : 연장 길이
> R : 내면 반지름

(1) 주철근의 표준갈고리

❶ 180°(반원형) 갈고리 : 180° 구부린 반원 끝에서 $4d_b$ 이상, 또는 60 mm 이상 더 연장해야 한다.

❷ 90°(직각) 갈고리 : 90° 구부린 끝에서 $12d_b$ 이상 더 연장해야 한다.

(2) 스터럽과 띠철근의 표준갈고리(D25 이하의 철근에만 적용)

❶ 90° 표준갈고리

㉠ D16 이하의 철근은 90° 구부린 끝에서 $6d_b$ 이상 더 연장해야 한다.

㉡ D19, D22 및 D25 철근은 90° 구부린 끝에서 $12d_b$ 이상 더 연장해야 한다.

❷ 135° 표준갈고리 : D25 이하의 철근은 135° 구부린 끝에서 $6d_b$ 이상 더 연장해야 한다.

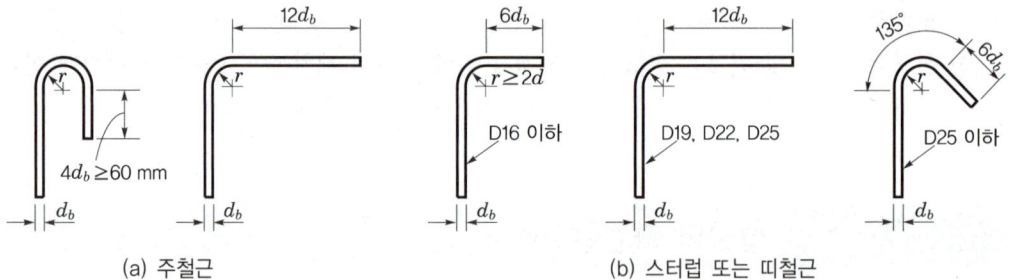

(a) 주철근   (b) 스터럽 또는 띠철근

180° 표준갈고리	90° 표준갈고리	D16 이하 철근	D19, D22, D25 철근	D25 이하 철근
180° 구부린 반원 끝에서 $4d_b$ 이상, 또는 60 mm 이상 연장	90° 구부린 반원 끝에서 $12d_b$ 이상 연장	90° 구부린 반원 끝에서 $6d_b$ 이상 연장	90° 구부린 반원 끝에서 $12d_b$ 이상 연장	135° 구부린 끝에서 $6d_b$ 이상 연장

2) 구부림의 최소 내면 반지름

철근을 구부리는 데 최소 내면 반지름을 두는 이유는 구부리는 부분의 콘크리트가 파쇄되는 것을 방지하고 철근 재질의 손상을 막기 위해서이다.

(1) 표준갈고리의 최소 내면 반지름

① 180° 표준갈고리와 90° 표준갈고리의 구부림 내면 반지름

[구부림의 최소 내면 반지름]

철근 지름	최소 반지름(r)
D10~D25	$3d_b$
D29~D35	$4d_b$
D38 이상	$5d_b$

② 스터럽과 띠철근용 표준갈고리의 내면 반지름
　㉠ D16 이하의 철근을 스터럽과 띠철근으로 사용할 때, 표준갈고리의 구부림 내면 반지름은 $2d_b$ 이상으로 하여야 한다.
　㉡ D19 이상의 철근을 스터럽과 띠철근으로 사용할 때, 표준갈고리의 구부림 내면 반지름은 180° 표준갈고리와 90° 표준갈고리의 구부림 내면 반지름과 같다.
③ 스터럽 또는 띠철근으로 사용되는 용접 철망에 대한 표준갈고리의 구부림 내면 반지름은 지름이 7 mm 이상인 이형 철선은 $2d_b$, 그 밖의 철선은 d_b 이상으로 하여야 한다.
④ 표준갈고리가 아닌 철근의 최소 구부림 내면 반지름은 $5d_b$ 이상으로 한다.

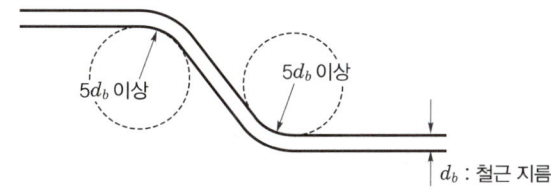

[표준갈고리 이외의 철근 구부림 내면 반지름]

⑤ 철근의 구부림 시 유의사항
　㉠ 철근은 상온에서 구부리는 것을 원칙으로 한다.
　㉡ 콘크리트 속에 일부가 묻혀 있는 철근은 책임구조기술자의 승인 없이는 현장에서 구부리지 않도록 한다.
　㉢ 큰 응력을 받는 부분의 철근은 내면 반지름을 더 크게 하여야 한다.
　㉣ 철근의 가열 여부는 철근 기술자가 결정하며 콘크리트에 손상이 가지 않아야 한다.
　㉤ 가열된 철근은 서서히 냉각시켜 철근에 손상이 발생하지 않도록 해야 한다.
　㉥ 구부림 작업 중 파손된 철근은 구부림 구역 밖에서 이을 수 있다.
　㉦ 가열된 철근은 300℃로 온도가 하강할 때까지 인위적으로 냉각시켜서는 안 된다.

Section 1.3 철근의 이음

1) 철근 이음의 원칙

① 철근은 이음을 하지 않는 것을 원칙으로 한다.
② 철근의 이음부는 구조상 약점이 되므로 **최대 인장응력이 작용하는 곳에서는 이음을 하지 않는다.**
③ 철근 여러 개를 이음해야 할 경우, **철근의 이음을 한 단면에 집중시키지 말고 서로 엇갈리게** 한다.

2) 철근 이음의 종류

(1) 겹침이음
철근 2개를 일정 길이 이상 겹쳐서 하는 이음으로, 겹이음이라고도 하며 이음방법 중에서 가장 많이 사용한다.

(2) 용접이음
용접을 통해 두 철근을 잇는 방법이나, 현장에서는 거의 사용되지 않는다. 용접이음에는 겹친 용접이음과 맞댄 용접이음, 덧댄 용접이음 등이 있다.

> **참고**
>
> **용접법**
> ① 아크 용접법　② 가스 용접법　③ 특수 용접법

(3) 기계적 이음
철근의 이음 부분에 슬리브(sleeve)를 끼우고 양쪽 마구리의 틈새는 석면 등으로 막은 후 슬리브의 내부에 녹인 금속재를 충전하여 잇는 방법이다.

> **참고**
>
> **기계적 이음의 종류**
> - 단부 나사이음 : 두 철근의 단부에 나사를 만들어 암나사로 두 철근을 연결하는 방식
> - 강관압착이음 : 맞댄 철근의 단부에 강관을 덧씌우고 강관을 유압잭으로 압착하여 강관을 이형철근 마디의 사이에 파고들게 하여 접합하는 방식

3) 철근 이음의 규정

(1) 지름이 35 mm를 초과하는 철근은 겹침이음을 할 수 없고 용접에 의한 맞댐이음을 해야 한다.
(2) 맞댄 용접이음, 기계적 이음 등 맞댐이음 시 이음부가 철근의 설계기준 항복강도의 125% 이상의 인장력을 발휘할 수 있어야 한다.

(3) 겹침이음 길이
❶ 인장철근의 이음 길이 : 이형철근을 인장철근으로 사용하는 겹침이음 길이는 다음과 같으며, 또는 300 mm 이상이어야 한다(l_d : 인장철근 정착길이).

A급 이음	$\dfrac{사용한\ A_s}{필요한\ A_s} \geq 2,\ \dfrac{겹침이음된\ A_s}{총철근량\ A_s} \leq \dfrac{1}{2}$
B급 이음	위 조건에 해당되지 않는 경우

> **학습 POINT**
>
> **철근의 겹침이음 길이**
> 철근의 겹침이음 길이는 철근의 종류, 철근의 공칭지름, 철근의 설계기준 항복강도에 의해 결정된다.

  ㉠ A급 이음 : $1.0l_d$ 이상 ≥ 300 mm
  ㉡ B급 이음 : $1.3l_d$ 이상 ≥ 300 mm

❷ 압축철근의 이음 길이
  ㉠ 철근 항복강도 $f_y ≤ 400\,\text{MPa}$인 경우 $l = 0.072f_y d_b$
  ㉡ 철근 항복강도 $f_y > 400\,\text{MPa}$인 경우 $l = (0.13f_y - 24)d_b$
  ㉢ 콘크리트 설계기준강도 $f_{ck} < 21\,\text{MPa}$일 때는 겹침이음 길이를 1/3 증가시켜야 한다.

❸ 지름이 서로 다른 두 철근을 겹침이음할 때는 지름이 큰 철근의 정착길이를 적용한다.

> **참고**
>
> 휨부재에서 서로 직접 접촉되지 않게 겹침이음된 철근은 횡방향으로 소요 겹침이음 길이의 1/5 또는 150 mm 중 작은 값 이상 떨어지지 않아야 한다.

Section 1.4 철근의 부착과 정착

1) 철근의 부착과 정착의 개념

❶ 부착
  철근과 콘크리트가 경계면에서 미끄러지지 않도록 저항하는 것을 부착이라고 한다.

❷ 정착
  콘크리트 속에 묻혀 있는 철근은 인장력이나 압축력을 부담하기 위해서 양끝이 콘크리트로부터 빠져나오지 않도록 고정되어 있어야 하는데, 이것을 정착이라고 한다. 정착을 위해서 철근을 더 연장하여 콘크리트 속에 묻어 넣어야 하는데, 이 길이를 정착길이라고 한다. 주로 철근과 콘크리트의 부착에 의해 생긴다. 정착길이는 철근의 피복과 간격에 관계된다.

> **참고**
>
> 철근에 대한 콘크리트 덮개가 크고, 철근의 간격이 넓으면 정착길이는 짧아진다.

> **참고**
>
> 철근이 콘크리트 속에 묻혀서 인장력이나 압축력을 부담하면서 콘크리트와 일체로 거동하도록 만든 구조물이 철근콘크리트 구조물이다. 철근과 콘크리트가 일체로 되어 거동하기 위해서는 두 재료 사이에서 하중이 잘 전달되어야 하는데, 이것은 두 재료 사이의 부착에 의해 이루어진다. 일반적으로 부착은 철근과 콘크리트의 경계면이 활동에 저항하는 것을 말하며, 철근 표면과 콘크리트의 교착과 마찰작용, 철근 표면의 요철에 의한 기계적인 작용에 의해 이루어진다. 그리고 정착은 하중을 받고 있는 철근의 단부가 콘크리트로부터 빠져나오지 않도록 고정되어 있는 것을 말하며, 주로 철근과 콘크리트의 부착에 의해 이루어진다.

2) 부착의 원리

① 시멘트풀과 철근 표면의 **점착작용**
② 콘크리트와 철근 표면의 **마찰작용**
③ 이형철근 표면의 요철에 의한 **기계적 작용**

3) 부착강도에 영향을 주는 요소

① **콘크리트 강도**가 클수록 부착강도가 크다.
② **이형철근**은 표면의 마디와 리브로 인해 원형철근보다 부착강도가 크다.
③ 콘크리트 **인장강도**는 부착과 밀접한 관련이 있다.
④ 같은 양의 철근을 배근할 때 **가는 지름의 철근을 여러 개 사용**하는 것이 굵은 지름의 철근을 적게 사용하는 것보다 부착강도가 크다.
⑤ 철근의 **피복두께**가 클수록 부착강도가 좋아진다.

> **참고**
> - 수평철근은 철근의 하부에 물공극이 생기므로 수직철근에 비해 부착강도가 작다.
> - 콘크리트 시공 시 물이 위쪽으로 떠오르는 블리딩 현상이 발생한다. 이로 인해 콘크리트 하부의 압축강도가 상부의 압축강도보다 더 크고, 하부에 배근되는 철근의 부착강도가 상부에 배근되는 철근의 부착강도보다 더 크다.

4) 철근의 정착

(1) 인장이형철근의 정착길이

❶ 갈고리 없이 묻힘길이만으로 정착하는 경우

㉠ 기본정착길이 $l_{db} = \dfrac{0.6 d_b f_y}{\lambda \sqrt{f_{ck}}}$

㉡ 정착길이 $l_d =$ 기본정착길이(l_{db}) × 보정계수 ≥ 300 mm

ⓒ 보정계수는 아래 계수를 고려하여 산정한다.
- α : 철근 배치 위치 계수
- β : 에폭시 도막 계수
- λ : 경량 콘크리트 계수

❷ 표준갈고리를 사용하는 경우
ⓐ 기본정착길이 $l_{hb} = \dfrac{0.24\beta d_b f_y}{\lambda \sqrt{f_{ck}}}$

ⓑ 정착길이 $l_d = $ 기본정착길이$(l_{hb}) \times$ 보정계수 $\geq 8d_b \geq 150$ mm

ⓒ 표준갈고리의 정착길이는 위험단면에서 갈고리 외측까지의 거리이다.

(2) 압축이형철근의 정착길이

ⓐ 기본정착길이 $l_{db} = \dfrac{0.25 d_b f_y}{\lambda \sqrt{f_{ck}}} \geq 0.043 d_b f_y$

ⓑ 정착길이 $l_d = $ 기본정착길이$(l_{db}) \times$ 보정계수 ≥ 200 mm

ⓒ 보정계수 : 지름이 6 mm 이상이고 나선 간격이 100 mm 이하인 나선철근(0.75)

(3) 다발철근의 정착길이

① 인장 또는 압축을 받는 철근 다발 중 각각의 철근 정착길이는 낱개 철근 정착길이에 비해 다음과 같은 정착길이가 요구된다.
ⓐ 3개 철근으로 구성된 다발철근은 20% 증가
ⓑ 4개 철근으로 구성된 다발철근은 33% 증가

② 보에서 D35를 초과하는 철근은 다발로 사용할 수 없다.

> **참고**
>
> **정철근의 정착**
> - 단순 부재 정철근의 1/3 이상, 연속 부재는 1/4 이상을 받침부까지 연장한다.
> - 보는 받침부 내로 150 mm 이상 연장한다.

Section 1.5 피복두께

1) 피복두께의 목적

① 콘크리트 속에 묻혀 있는 철근이 **부식되지 않도록 한다**.
② 철근은 불에 약하다. 그러므로 충분한 콘크리트의 피복두께로 철근을 보호하여 **내화성을 증진**시킨다. 콘크리트와 철근의 충분한 **부착강도**를 얻기 위해서는 충분한 피복두께의 확보가 필요하다.

> **학습 POINT**
>
> **피복두께**
> 철근 표면부터 콘크리트 표면까지의 최단 거리

> **참고**
>
> **철근의 피복두께**
>
>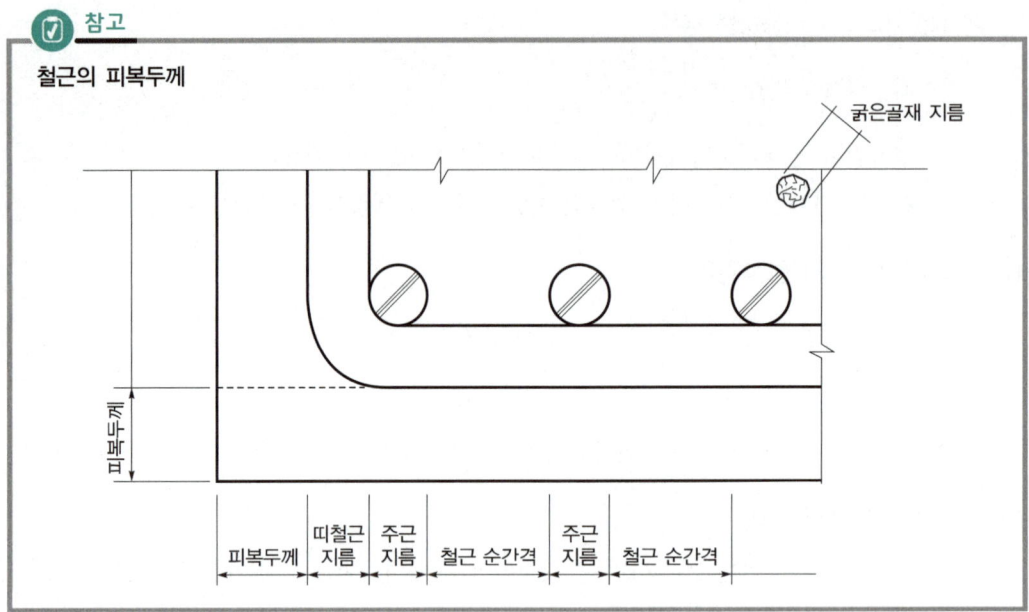

2) 최소 피복두께 규정

철근콘크리트에서 철근의 최소 피복두께는 콘크리트를 타설하는 조건, 사용 철근의 공칭지름, 구조물이 받는 환경 조건에 따라 결정한다.

[철근의 최소 피복두께(현장치기 콘크리트의 경우)]

철근의 외부 조건			최소 피복두께
수중에서 타설하는 콘크리트			100 mm
흙에 접하여 콘크리트를 친 후에 영구히 흙에 묻혀 있는 콘크리트			75 mm
흙에 접하거나 옥외의 공기에 직접 노출되는 콘크리트	D19 이상의 철근		50 mm
	D16 이하의 철근, 지름 16 mm 이하의 철선		40 mm
옥외의 공기나 흙에 직접 접하지 않는 콘크리트	슬래브, 벽체, 장선	D35를 초과하는 철근	40 mm
		D35 이하의 철근	20 mm
	보, 기둥 (f_{ck}가 40 MPa 이상인 경우는 규정값에서 10 mm 저감)		40 mm
	쉘, 절판 부재		20 mm

단, 콘크리트의 설계기준압축강도가 40 MPa 이상인 경우 규정된 값에서 10 mm 줄일 수 있다.

> **참고**
>
> **다발철근 피복두께**
> ① 다발철근의 피복두께는 다발의 등가 지름 이상으로 하여야 한다.
> ② 60 mm보다 크게 할 필요는 없다.
> ③ 흙에 접하여 콘크리트를 타설하여 영구히 흙에 묻혀 있는 경우는 피복두께를 75 mm 이상으로 하여야 한다.
> ④ 수중에서 콘크리트를 타설한 경우는 100 mm 이상으로 하여야 한다.

Section 1.6 압축부재의 횡철근

1) 압축부재의 나선철근

① 현장치기 콘크리트 공사에서 나선철근의 지름은 10 mm 이상이어야 한다.
② 나선철근 순간격은 25 mm 이상, 75 mm 이하여야 한다.
③ 나선철근의 정착을 위해 철근 끝에서 추가로 1.5회전만큼 연장해야 한다.
④ 나선철근의 이음은 이형철근의 경우 지름의 48배 이상, 원형철근의 경우 지름의 72배 이상, 또 300 mm 이상의 겹침이음으로 한다.
⑤ 기둥머리가 있는 기둥에서 기둥머리 지름이나 폭이 기둥지름의 2배가 되는 곳까지 나선철근을 연장해야 한다.

2) 압축부재의 띠철근

① D32 이하의 축방향 철근은 D10 이상의 띠철근으로 둘러싸야 한다.
② D32를 초과하는 축방향 철근과 다발철근은 D13 이상의 띠철근으로 둘러싸야 한다.
③ 띠철근의 수직 간격은 축방향 철근 지름의 16배 이하, 띠철근이나 철선 지름의 48배 이하, 또한 기둥 단면의 최소치수 이하로 하여야 한다.
④ 확대 기초판 또는 기초 슬래브 윗면에 배치되는 첫 번째 띠철근 간격은 다른 띠철근 간격의 1/2 이하로 하여야 하고, 슬래브나 지판, 기둥 전단 머리에 배치된 최하단 수평철근 아래에 배치된 첫 번째 띠철근도 다른 띠철근 간격의 1/2 이하로 하여야 한다.

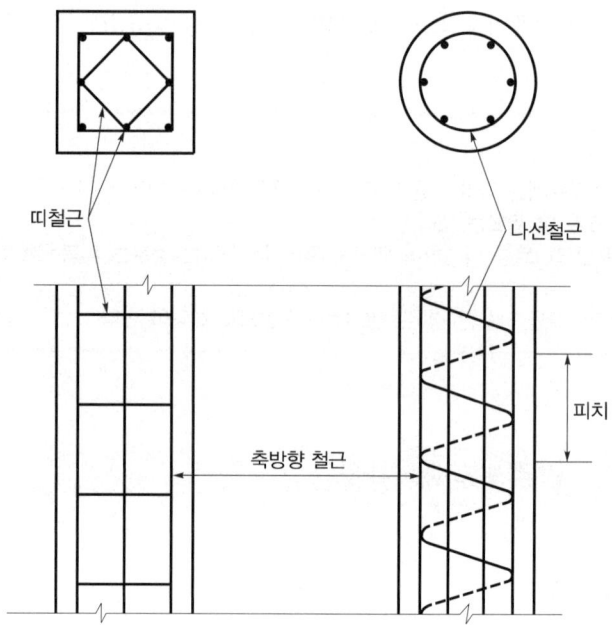

[띠철근기둥과 나선철근기둥]

CHAPTER 01 적중 예상문제

제1장 **철근**

01 콘크리트와의 부착력을 증대시켜 주는 이점이 있어 철근콘크리트 구조물에 주로 이용되는 철근은?

① 원형철근 ② 민철근
③ 이형철근 ④ 압축철근

해설 이형철근
콘크리트와의 부착력을 높이기 위하여 표면에 마디나 리브(rib) 등의 요철(凹凸)이 있는 강봉

★ 02 철근콘크리트보의 주철근을 둘러싸고 이에 직각이 되게 또는 경사지게 배치한 복부 보강근으로서 전단력 및 비틀림모멘트에 저항하도록 배치한 보강철근을 무엇이라 하는가?

① 스터럽 ② 배력철근
③ 절곡철근 ④ 띠철근

해설 스터럽
철근콘크리트 구조의 보에서 전단력 및 비틀림모멘트에 저항하도록 보의 주근을 둘러싸고 이에 직각 또는 경사지게 배치한 보강철근으로, 늑근이라고도 한다.

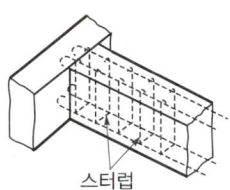
스터럽

03 기둥에서 종방향 철근의 위치를 확보하고 전단력에 저항하도록 정해진 간격으로 배치된 횡방향의 보강철근을 무엇이라 하는가?

① 띠철근 ② 절곡철근
③ 인장철근 ④ 주철근

해설 띠철근에 대한 설명이다.
② 절곡철근 : 휨모멘트에 대하여 더 연장할 필요가 없는 인장철근을 30° 이상의 각도로 휘어 올린 철근
③ 인장철근 : 부재의 인장에 힘이 가해지는 부분에 배근되는 철근
④ 주철근 : 철근콘크리트 구조에서 주로 휨모멘트에 의해 생기는 장력에 대하여 배치된 철근

04 보의 주철근 수평 순간격에 대한 설명으로 틀린 것은?

① 굵은골재 최대치수의 4/3배 이상
② 동일 평면에서 평행하는 철근 사이의 수평 순간격은 철근의 공칭지름 이상
③ 보 높이의 1/4 이상
④ 동일 평면에서 평행하는 철근 사이의 수평 순간격은 25 mm 이상

해설 보의 주철근 수평 순간격
㉠ 25 mm 이상
㉡ 굵은골재 최대치수의 4/3배 이상
㉢ 철근의 공칭지름 이상
위의 값 중 최댓값 선택

★ 05 주철근을 2단 이상으로 배치할 경우에는 그 연직 순간격은 최소 얼마 이상으로 하여야 하는가?

① 15 mm ② 20 mm
③ 25 mm ④ 30 mm

해설 철근이 2단 이상으로 배치되는 경우 상하 철근은 동일 연직면 내에 배치되어야 하고, 상하 철근의 연직 순간격은 25 mm 이상으로 해야 한다.

정답 1. ③ 2. ① 3. ① 4. ③ 5. ③

06 휨부재를 제작할 때 사용되는 철근으로 D25(공칭지름 25.4 mm)를 쓰고 굵은골재 최대치수가 30 mm라 한다면 이때 정철근과 부철근의 수평 순간격은 얼마이어야 하는가?

① 40 mm 이상
② 30 mm 이상
③ 25 mm 이상
④ 20 mm 이상

해설 보의 주철근 수평 순간격
㉠ 25 mm 이상 : 25 mm
㉡ 굵은골재 최대치수의 4/3배 이상 : $30 \times \frac{4}{3}$ = 40 mm
㉢ 철근의 공칭지름 이상 : 25.4 mm
중 가장 큰 값인 40 mm 이상으로 한다.

07 보의 주철근을 상단과 하단에 2단 이상으로 배치하는 경우에 대한 설명 중 옳은 것은?

① 상하 철근은 지그재그로 배치하여야 한다.
② 상하 철근의 순간격은 25 mm 이상으로 하여야 한다.
③ 상하 철근을 서로 교차하여 배치하여야 한다.
④ 상하 철근의 순간격은 철근의 공칭지름 이하로 하여야 한다.

해설 철근이 2단 이상으로 배치되는 경우 상하 철근은 동일 연직면 내에 배치되어야 하고, 상하 철근의 연직 순간격은 25 mm 이상으로 해야 한다. 또한 상하 철근의 순간격은 철근 공칭지름 이상이어야 한다.

08 1방향 슬래브에서 정모멘트 철근 및 부모멘트 철근의 중심 간격에 대한 위험단면에서의 기준으로 옳은 것은?

① 슬래브 두께의 2배 이하, 300 mm 이하
② 슬래브 두께의 2배 이하, 400 mm 이하
③ 슬래브 두께의 3배 이하, 300 mm 이하
④ 슬래브 두께의 3배 이하, 400 mm 이하

해설 정철근과 부철근의 중심 간격은 최대 휨모멘트가 일어나는 단면에서 슬래브 두께의 2배 이하, 300 mm 이하로 한다.

09 철근 배치에서 간격 제한에 대한 설명으로 옳은 것은?

① 동일 평면에서 평행한 철근 사이의 수평 순간격은 20 mm 이하로 하여야 한다.
② 벽체 또는 슬래브에서 휨 주철근의 간격은 벽체나 슬래브 두께의 4배 이상으로 하여야 한다.
③ 상단과 하단에 2단 이상으로 배치된 경우 상하 철근은 동일 단면 내에서 서로 지그재그로 배치하여야 한다.
④ 나선철근 또는 띠철근이 배근된 압축부재에서 축방향 철근의 순간격은 40 mm 이상으로 하여야 한다.

해설 ① 동일 평면에서 평행한 철근 사이의 수평 순간격은 25 mm 이상으로 하여야 한다.
② 벽체 또는 슬래브에서 휨 주철근의 간격은 벽체나 슬래브 두께의 3배 이하로 하여야 한다.
③ 상단과 하단에 2단 이상으로 배치된 경우 상하 철근은 동일 연직면 내에서 배치되어야 한다.

10 철근 배치에서 간격 제한에 대한 기준으로 빈칸에 알맞은 것은?

> 나선철근 또는 띠철근이 배근된 압축부재에서 축방향 철근의 순간격은 ( ) 이상, 또한 ( )의 1.5배 이상으로 하여야 한다.

① 25 mm – 철근 공칭지름
② 40 mm – 철근 공칭지름
③ 25 mm – 굵은골재의 최대 공칭치수
④ 40 mm – 굵은골재의 최대 공칭치수

해설 나선철근 또는 띠철근이 배근된 압축부재에서 축방향 철근의 순간격은 40 mm 이상, 또한 철근 공칭지름의 1.5배 이상으로 하여야 한다.

정답 6. ① 7. ② 8. ① 9. ④ 10. ②

11 스터럽과 띠철근, 주철근에 대한 표준갈고리로 사용되지 않는 것은?

① 180° 표준갈고리 ② 135° 표준갈고리
③ 90° 표준갈고리   ④ 45° 표준갈고리

해설 표준갈고리의 구부리는 각도
• 반원형(180°) 갈고리
• 직각(90°) 갈고리
• 예각(135°) 갈고리

12 D29 철근의 반원형 갈고리의 길이(L)는 최소 얼마 이상이 되어야 하는가? (단, D29 철근의 단면적 $A_s = 642.4 \text{ mm}^2$, 철근의 공칭지름 $d_b = 28.6 \text{ mm}$)

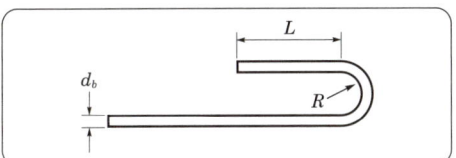

① 60 mm 이상   ② 80 mm 이상
③ 114.4 mm 이상 ④ 171.6 mm 이상

해설 180°(반원형) 갈고리
180° 구부린 반원 끝에서 $4d_b$ 이상 또는 60 mm 이상
∴ $4d_b = 4 \times 28.6 = 114.4 \text{ mm} \geq 60 \text{ mm}$

13 D25 철근을 사용한 90° 표준갈고리는 90° 구부린 끝에서 최소 얼마 이상 더 연장하여야 하는가? (단, d_b : 철근의 공칭지름)

① $6d_b$ ② $9d_b$
③ $12d_b$ ④ $15d_b$

해설 ㉠ 90° 표준갈고리
• D16 이하인 철근은 90° 구부린 끝에서 $6d_b$ 이상 더 연장하여야 한다.
• D19, D22 및 D25 철근은 90° 구부린 끝에서 $12d_b$ 이상 더 연장하여야 한다.
㉡ 135° 표준갈고리
D25 이하의 철근은 135° 구부린 끝에서 $6d_b$ 이상 더 연장하여야 한다.

14 D22 이형철근으로 스터럽의 135° 표준갈고리를 제작할 때 135° 구부린 끝에서 최소 얼마 이상 더 연장하여야 하는가? (단, d_b : 철근의 지름)

① $6d_b$ ② $9d_b$
③ $12d_b$ ④ $15d_b$

해설 ㉠ 90° 표준갈고리
• D16 이하인 철근은 90° 구부린 끝에서 $6d_b$ 이상 더 연장하여야 한다.
• D19, D22 및 D25 철근은 90° 구부린 끝에서 $12d_b$ 이상 더 연장하여야 한다.
㉡ 135° 표준갈고리
D25 이하의 철근은 135° 구부린 끝에서 $6d_b$ 이상 더 연장하여야 한다.

15 표준갈고리의 최소 내면 반지름을 두는 이유로 가장 적절한 것은?

① 철근을 잘 구부리기 위하여
② 작업을 편하게 하기 위하여
③ 철근의 사용량을 줄이기 위하여
④ 철근의 재질을 손상시키지 않기 위하여

해설 철근을 구부리는 데 최소 내면 반지름을 두는 이유는 구부리는 부분의 콘크리트가 파쇄되는 것을 방지하고 철근 재질의 손상을 막기 위해서이다.

16 D22인 철근 갈고리의 최소 반지름은 얼마 이상이어야 하는가? (단, d_b : 철근의 공칭지름)

① $3d_b$ ② $4d_b$
③ $5d_b$ ④ $6d_b$

해설 표준갈고리의 최소 구부림 내면 반지름

철근 지름	최소 반지름(r)
D10~D25	$3d_b$
D29~D35	$4d_b$
D38 이상	$5d_b$

17 180° 표준갈고리와 90° 표준갈고리의 구부리는 최소 내면 반지름이 D38 이상일 때 철근 지름의 몇 배 이상이어야 하는가?

① 5배　　② 4배
③ 3배　　④ 2배

해설 　표준갈고리의 최소 구부림 내면 반지름

철근 지름	최소 반지름(r)
D10~D25	$3d_b$
D29~D35	$4d_b$
D38 이상	$5d_b$

18 D16 이하의 스터럽과 띠철근으로 사용하는 표준갈고리에서 구부리는 내면 반지름은 최소 얼마 이상이어야 하는가?

① $1d_b$　　② $2d_b$
③ $3d_b$　　④ $4d_b$

해설 　㉠ D16 이하의 철근을 스터럽과 띠철근으로 사용할 때, 표준갈고리의 구부림 내면 반지름은 $2d_b$ 이상으로 하여야 한다.
㉡ D19 이상의 철근을 스터럽과 띠철근으로 사용할 때, 표준갈고리의 구부림 내면 반지름은 180° 표준갈고리와 90° 표준갈고리의 구부리는 내면 반지름과 같다.

19 표준갈고리가 아닌 철근의 최소 구부림 내면 반지름은 철근 지름의 몇 배 이상이어야 하는가?

① 3배　　② 4배
③ 5배　　④ 6배

해설 　표준갈고리가 아닌 철근의 최소 구부림 내면 반지름은 $5d_b$ 이상으로 한다.

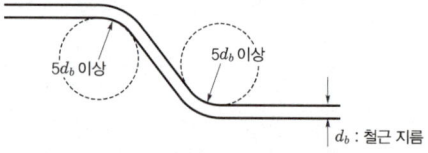

20 절곡철근의 구부리는 내면 반지름은 철근 지름의 최소 몇 배 이상으로 해야 하는가?

① 6배 이상　　② 5배 이상
③ 4배 이상　　④ 3배 이상

해설 　표준갈고리가 아닌 철근의 최소 구부림 내면 반지름은 $5d_b$ 이상으로 한다.

21 콘크리트 속에 일부가 매립된 철근은 책임구조기술자의 승인하에 구부림 작업을 해야 한다. 현장에서 철근을 구부리기 위한 작업 방법으로 옳지 않은 것은?

① 가급적 상온에서 실시한다.
② 구부리기 위한 철근의 가열은 콘크리트에 손상이 가지 않도록 한다.
③ 구부림 작업 중 균열이 발생하면 가열하여 나머지 철근에서 이러한 현상이 발생하지 않도록 한다.
④ 800℃ 정도까지 가열된 철근은 냉각수 등을 사용하여 급속히 냉각하도록 한다.

해설 　가열된 철근은 300℃로 온도가 하강할 때까지 인위적으로 냉각시켜서는 안 된다.

22 철근의 구부리기에 관한 설명으로 옳지 않은 것은?

① 모든 철근은 가열해서 구부리는 것을 원칙으로 한다.
② D38 이상의 철근은 구부림 내면 반지름을 철근 지름의 5배 이상으로 하여야 한다.
③ 콘크리트 속에 일부가 묻혀 있는 철근은 현장에서 구부리지 않는 것이 원칙이다.
④ 큰 응력을 받는 곳에서 철근을 구부릴 때는 구부림 내면 반지름을 더욱 크게 하는 것이 좋다.

해설 　철근은 상온에서 구부리는 것을 원칙으로 한다.

23 다음 중 철근의 이음방법이 아닌 것은?

① 신축이음 ② 겹침이음
③ 용접이음 ④ 기계적 이음

해설 신축이음 : 구조물은 온도 변화에 따라 수축, 팽창이 일어날 수 있으므로 이러한 변화에 대비해 신축량을 흡수하기 위해 설치한 이음이다.

철근 이음의 종류
㉠ 겹침이음 : 철근 2개를 일정 길이 이상 겹쳐서 하는 이음으로, 겹이음이라고도 하며 이음방법 중에서 가장 많이 사용한다.
㉡ 용접이음 : 용접을 통해 두 철근을 잇는 방법이나 현장에서는 거의 사용되지 않는다. 용접이음에는 겹친 용접이음과 맞댄 용접이음, 덧댄 용접이음 등이 있다.
㉢ 기계적 이음 : 철근의 이음 부분에 슬리브(sleeve)를 끼우고 양쪽 마구리의 틈새는 석면 등으로 막은 후 슬리브의 내부에 녹인 금속재를 충전하여 잇는 방법이다.

24 철근의 이음에 대한 설명으로 옳은 것은?

① 철근은 항상 이어서 사용해야 한다.
② 철근의 이음부는 최대 인장력 발생 지점에 설치한다.
③ 철근의 이음은 한 단면에 집중시키는 것이 유리하다.
④ 철근의 이음에는 겹침이음, 용접이음, 기계적 이음 등이 있다.

해설 철근의 이음
㉠ 기성 철근의 길이는 한계가 있으므로 시공 시 필요할 경우 철근을 이음하여 사용한다.
㉡ 최대 응력이 작용하는 곳에서의 철근 이음은 피한다.
㉢ 여러 개의 철근을 이음하는 경우 이음부를 한 단면에 집중시키지 않고 서로 엇갈리게 두는 것이 좋다.

★
25 공칭지름이 몇 mm를 초과하는 철근은 겹침 이음을 해서는 안 되는가?

① 35 mm ② 32 mm
③ 29 mm ④ 25 mm

해설 지름이 35 mm(D35)를 초과하는 철근은 겹침이음을 하지 않고 이용에 의한 맞댐이음을 한다.

★
26 철근의 이음에 대한 설명으로 옳지 않은 것은?

① 철근은 이어대지 않는 것을 원칙으로 한다.
② 최대 인장응력이 작용하는 곳에서 이음을 하는 것이 좋다.
③ 이음부는 서로 엇갈리게 하는 것이 좋다.
④ 겹침이음은 A급 이음과 B급 이음으로 분류할 수 있다.

해설 최대 인장응력이 작용하는 곳에서의 철근이음은 피한다.

27 철근의 용접이음을 할 때 철근의 설계기준 항복강도(f_y)의 몇 % 이상의 인장력을 발휘할 수 있는 완전 용접이어야 하는가?

① 90% ② 100% ③ 125% ④ 150%

해설 맞댐이음 시 이음부가 철근 항복강도의 125% 이상의 인장력을 발휘할 수 있어야 한다.

28 인장이형철근의 겹침이음 분류에서 아래 설명에 해당되는 겹침이음은?

> 배치된 철근량이 이음부 전체 구간에서 해석 결과 요구되는 소요 철근량의 2배 이상이고, 소요 겹침이음 길이 내 겹침이음된 철근량이 전체 철근량의 1/2 이하인 경우

① A급 이음 ② B급 이음
③ C급 이음 ④ D급 이음

해설

A급 이음	$\dfrac{\text{사용한 } A_s}{\text{필요한 } A_s} \geq 2$, $\dfrac{\text{겹침이음된 } A_s}{\text{총철근량 } A_s} \leq \dfrac{1}{2}$
B급 이음	위 조건에 해당되지 않는 경우

㉠ A급 이음 : $1.0 l_d$ ㉡ B급 이음 : $1.3 l_d$

29 인장이형철근의 겹침이음의 최소 길이는?

① 100 mm ② 200 mm
③ 300 mm ④ 400 mm

해설 인장력을 받는 이형철근 및 이형철선의 겹침이음 길이는 A급, B급으로 분류하며, 항상 300 mm 이상이어야 한다.

30 콘크리트 구조물의 이음에 관한 설명으로 옳지 않은 것은?

① 설계에 정해진 이음의 위치와 구조는 지켜야 한다.
② 신축이음은 양쪽의 구조물 혹은 부재가 구속되지 않는 구조이어야 한다.
③ 시공이음은 될 수 있는 대로 전단력이 큰 위치에 설치한다.
④ 신축이음에서는 필요에 따라 이음재, 지수판 등을 설치할 수 있다.

해설 콘크리트의 시공이음은 전단력이 작은 위치에 설치하고, 부재의 압축력이 작용하는 방향과 직각이 되도록 하는 것이 원칙이다.

31 인장력을 받는 D25 철근을 겹침이음할 때 A급 이음이라면 겹침이음 길이는 최소 몇 mm인가? (단, 기본정착길이가 l_d = 500 mm이며 수정 계수는 없음)

① 360 mm ② 500 mm
③ 700 mm ④ 880 mm

해설 인장철근의 겹침이음 길이
이형철근을 인장철근으로 사용하는 겹침이음 길이는 다음과 같으며, 또는 300mm 이상이어야 한다.

A급 이음	사용한 A_s / 필요한 A_s ≥ 2, 겹침이음된 A_s / 총철근량 A_s ≤ $\frac{1}{2}$
B급 이음	위 조건에 해당되지 않는 경우

㉠ A급 이음 : $1.0 l_d$
㉡ B급 이음 : $1.3 l_d$
∴ $1.0 l_d = 500 \times 1.0 = 500$ mm 이상

32 철근과 콘크리트가 그 경계면에서 미끄러지지 않도록 저항하는 것을 무엇이라 하는가?

① 부착 ② 비틀림
③ 철근 이음 ④ 좌굴

해설 부착에 대한 설명이다.
좌굴 : 세장한 기둥, 판 등의 부재가 일정한 힘 이상의 압축하중을 받을 때 길이의 수직 방향으로 급격히 휘는 현상

33 철근과 콘크리트 사이의 부착에 영향을 주는 주요 원리로 옳지 않은 것은?

① 콘크리트와 철근 표면의 마찰작용
② 시멘트풀과 철근 표면의 점착작용
③ 이형철근 표면의 요철에 의한 기계적 작용
④ 거푸집에 의한 압축작용

해설 부착의 원리
㉠ 시멘트풀과 철근 표면의 점착작용
㉡ 콘크리트와 철근 표면의 마찰작용
㉢ 이형철근 표면의 요철에 의한 기계적 작용

34 인장력이나 압축력을 부담하기 위하여 철근의 끝부분이 콘크리트 속에서 미끄러지거나 빠져나오지 않도록 콘크리트 속에 충분히 묻어 주는 것을 무엇이라 하는가?

① 부착 ② 탈착
③ 정착 ④ 활착

해설 콘크리트 속에 묻혀 있는 철근은 인장력이나 압축력을 부담하기 위해서 양끝이 콘크리트로부터 빠져나오지 않도록 고정되어 있어야 하는데, 이를 정착이라고 한다.

35 위험단면에서 철근의 설계기준 항복강도를 발휘하는 데 필요한 길이로서 철근을 더 연장하여 묻어 넣은 길이를 무엇이라 하는가?

① 매입길이 ② 정착길이
③ 이음길이 ④ 초과길이

해설 정착을 위해서 철근을 더 연장하여 콘크리트 속에 묻어 넣어야 하는데, 이 길이를 정착길이라고 한다. 정착길이는 철근의 피복과 간격에 관계된다.

36 보에서 다발철근으로 사용할 수 있는 최대 공칭지름의 철근은?

① D19 ② D25
③ D32 ④ D35

해설 보에서 D35를 초과하는 철근은 다발로 사용할 수 없다.

37 다음 중 철근의 정착에 대한 설명으로 옳은 것은?

① 철근의 정착은 묻힘 길이에 의한 방법만을 의미한다.
② 묻힘 길이에 의한 정착에서 철근의 정착길이는 철근의 간격이 크면 길어져야 한다.
③ 철근이 콘크리트 속에서 미끄러지거나 뽑혀 나오지 않도록 하기 위하여 연장하여 묻어 놓은 철근의 길이를 정착길이라 한다.
④ 묻힘 길이에 의한 정착에서 철근의 정착길이는 철근의 피복두께가 크면 길어져야 한다.

해설 ① 철근의 정착에는 일반적으로 정착길이에 의한 방법과 표준갈고리에 의한 방법이 사용된다.
② 묻힘 길이에 의한 정착에서 철근의 정착길이는 철근의 간격이 크면 짧아진다.
④ 묻힘 길이에 의한 정착에서 철근의 정착길이는 철근의 피복두께가 크면 짧아진다.

38 표준갈고리를 가지는 인장이형철근의 보정계수가 0.8이고 기본정착길이가 600 mm이었다. 이 인장철근의 정착길이를 구하면?

① 360 mm ② 420 mm
③ 480 mm ④ 540 mm

해설 표준갈고리를 사용하는 인장이형철근의 경우 정착길이는 아래와 같다.
㉠ 기본정착길이 $l_{hb} = \dfrac{0.24\beta d_b f_y}{\sqrt{f_{ck}}}$
㉡ 정착길이 l_d = 기본정착길이(l_{hb}) × 보정계수 ≥ $8d_b$
≥ 150 mm
㉢ 표준갈고리의 정착길이는 위험단면에서 갈고리 외측까지의 거리이다.
기본정착길이와 보정계수가 주어져 있으므로
0.8 × 600 mm = 480 mm

39 3개의 철근으로 구성된 다발철근의 정착길이는 다발철근이 아닌 경우의 정착길이에 대하여 최소 몇 %를 증가시켜야 하는가?

① 20% ② 25%
③ 33% ④ 35%

해설 다발철근의 정착길이
㉠ 인장 또는 압축을 받는 철근다발 중 각각의 철근 정착길이는 낱개 철근 정착길이에 비해 다음과 같은 정착길이가 요구된다.
• 3개의 철근으로 구성된 다발철근은 20% 증가
• 4개의 철근으로 구성된 다발철근은 33% 증가
㉡ 보에서 D35를 초과하는 철근은 다발로 사용할 수 없다.

40 철근의 피복두께에 대한 설명으로 바른 것은?

① 철근의 중앙에서 콘크리트 표면까지의 최단거리
② 철근의 상단에서 콘크리트의 표면까지의 최단거리
③ 철근의 표면에서 콘크리트의 표면까지의 최단거리
④ 철근의 표면에서 콘크리트의 표면까지의 45° 사거리

해설 철근의 피복두께는 철근의 표면에서 콘크리트의 표면까지의 최단거리이다.

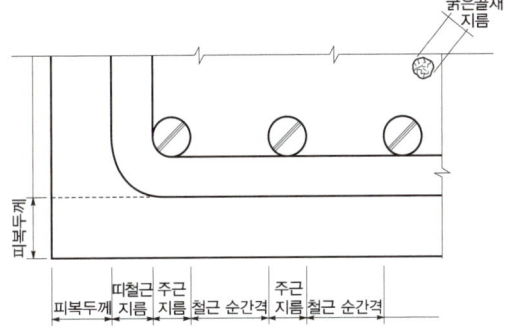

★ 41 철근콘크리트 구조물에서 철근의 피복두께를 일정량 이상으로 규정하는 이유로서 거리가 가장 먼 것은?

① 철근이 산화되지 않도록 하기 위하여
② 내화구조를 만들기 위하여
③ 부착 응력을 확보하기 위하여
④ 아름다운 구조물을 만들기 위하여

[해설] **철근의 피복두께를 두는 이유**
   ㉠ 철근의 산화(부식) 방지
   ㉡ 내화성 증진
   ㉢ 부착 응력 확보

42 ★ 현장치기 콘크리트에서 옥외의 공기나 흙에 직접 접하지 않는 보나 기둥의 최소 피복두께는?

① 20 mm   ② 30 mm
③ 40 mm   ④ 50 mm

[해설] **콘크리트의 피복두께**

철근의 외부 조건			최소 피복
수중에서 타설하는 콘크리트			100 mm
흙에 접하여 콘크리트를 친 후에 영구히 흙에 묻혀 있는 콘크리트			75 mm
흙에 접하거나 옥외의 공기에 직접 노출되는 콘크리트	D19 이상의 철근		50 mm
	D16 이하의 철근, 지름 16 mm 이하의 철선		40 mm
옥외의 공기나 흙에 직접 접하지 않는 콘크리트	슬래브, 벽체, 장선	D35를 초과하는 철근	40 mm
		D35 이하인 철근	20 mm
	보, 기둥 (f_{ck}가 40 MPa 이상인 경우는 규정값에서 10 mm 저감)		40 mm
	셸, 절판 부재		20 mm

43 압축을 받는 부재의 모든 축방향 철근은 띠철근으로 둘러싸야 하는데, 띠철근의 수직 간격은 띠철근이나 철선 지름의 몇 배 이하로 하여야 하는가?

① 16배   ② 32배
③ 48배   ④ 64배

[해설] **압축부재에 사용되는 띠철근의 수직 간격**
   ㉠ 축방향 철근 지름의 16배 이하
   ㉡ 띠철근이나 철선 지름의 48배 이하
   ㉢ 기둥 단면의 최소 치수 이하

44 ★ 흙에 접하여 콘크리트를 친 후 영구히 흙에 묻혀 있는 콘크리트 구조물의 경우 다발철근을 사용하였다면 최소 피복두께는 얼마인가?

① 50 mm   ② 60 mm
③ 70 mm   ④ 75 mm

[해설] **콘크리트의 피복두께**

철근의 외부 조건			최소 피복
수중에서 타설하는 콘크리트			100 mm
흙에 접하여 콘크리트를 친 후에 영구히 흙에 묻혀 있는 콘크리트			75 mm
흙에 접하거나 옥외의 공기에 직접 노출되는 콘크리트	D19 이상의 철근		50 mm
	D16 이하의 철근, 지름 16 mm 이하의 철선		40 mm
옥외의 공기나 흙에 직접 접하지 않는 콘크리트	슬래브, 벽체, 장선	D35를 초과하는 철근	40 mm
		D35 이하인 철근	20 mm
	보, 기둥 (f_{ck}가 40 MPa 이상인 경우는 규정값에서 10 mm 저감)		40 mm
	셸, 절판 부재		20 mm

45 구조물 시공 시에 철근을 묶어 다발로 쓸 때 철근다발의 피복두께는 다음 중 어느 값 이상이어야 하는가?

① 철근다발의 등가 지름
② 굵은골재의 최대치수
③ 단면의 최대치수
④ 단면의 최소치수

[해설] **다발철근 피복두께**
   ㉠ 다발철근의 피복두께는 다발의 등가 지름 이상으로 하여야 한다.
   ㉡ 60 mm보다 크게 할 필요는 없다.
   ㉢ 흙에 접하여 콘크리트를 타설하여 영구히 흙에 묻혀 있는 경우는 피복두께를 75 mm 이상으로 하여야 한다.
   ㉣ 수중에서 콘크리트를 타설한 경우는 100 mm 이상으로 하여야 한다.

46 압축부재의 철근 배치 및 철근 상세에 관한 설명으로 옳지 않은 것은?

① 축방향 주철근 단면적은 전체 단면적의 1~8%로 하여야 한다.
② 띠철근의 수직 간격은 축방향 철근 지름의 16배 이하, 띠철근 지름의 48배 이하, 또한 기둥 단면의 최소치수 이하로 하여야 한다.
③ 띠철근기둥에서 축방향 철근의 순간격은 40 mm 이상, 또한 철근 공칭지름의 1.5배 이상으로 하여야 한다.
④ 압축부재의 축방향 주철근의 최소 개수는 삼각형으로 둘러싸인 경우 4개로 하여야 한다.

해설 기둥의 축방향 철근은 사각형, 원형 띠철근으로 둘러싸인 경우 4개, 삼각형 띠철근으로 둘러싸인 경우 3개, 나선철근으로 둘러싸인 경우 6개 이상 배근한다.

47 압축부재의 횡철근에 나선철근의 순간격 범위는?

① 20 mm 이상, 50 mm 이하
② 25 mm 이상, 75 mm 이하
③ 20 mm 이상, 80 mm 이하
④ 25 mm 이상, 100 mm 이하

해설 기둥 등의 압축부재에 사용되는 나선철근의 순간격은 25 mm 이상, 75 mm 이하여야 한다.

정답 46. ④ 47. ②

Chapter 02 콘크리트

Section 2.1 콘크리트의 구성 및 특징

1) 콘크리트의 구성

보통 콘크리트는 물, 시멘트, 골재(굵은골재, 잔골재)로 구성되며, 혼합과정에서 공기가 포함된다. 성능개선을 위한 혼화재, 혼화제를 첨가할 수 있다.

> **참고**
> • 잔골재: 모래   • 굵은골재: 자갈

공기 (5%)	물 (15%)	시멘트 (10%)	골재 (70%)	
			잔골재	굵은골재
	시멘트풀(30%)			
	모르타르			
	콘크리트(70%)				

[콘크리트의 구성]

(1) 시멘트풀(시멘트 페이스트)

시멘트와 물을 섞어 반죽하여 만든 것으로, 콘크리트에서는 굵은골재와 잔골재가 서로 잘 부착되도록 접착 역할을 한다.

(2) 모르타르

시멘트와 모래를 1:1~1:3 정도의 중량비로 섞고 물에 반죽하여 만든 것으로, 콘크리트 표면 등의 미장용과 벽돌, 블록, 석재, 기와 등을 쌓을 때 접착제로 사용된다.

(3) 콘크리트

시멘트에 모래와 자갈을 섞고 물에 반죽하여 만든 것으로, 만드는 방법이 간단하고 내구성이 커서 건설공사의 구조 재료로 주로 사용된다.

2) 콘크리트의 특징

(1) 장점

① 재료의 크기, 모양에 제한을 받지 않고 비교적 자유롭게 만들 수 있다.
② 압축강도가 크고 내구성·내화성·내수성·내진성이 우수하다.
③ 재료 구입 및 운반이 쉽다.
④ 시공 시 특별한 숙련공이 필요하지 않고 시공이 쉽다.
⑤ 구조물의 유지 관리가 용이하다.
⑥ 철근과 부착력이 커서 일체식 구조물로 제작하기 쉽다.

(2) 단점

① 콘크리트 자체 무게가 크다. 그러므로 교량 등에서 지간(span)을 길게 할 수 없다.
② 압축강도에 비해 인장강도, 휨강도가 작다.
③ 건조수축에 의한 균열이 생기기 쉽다.
④ 시공 후 모양 변경, 해체, 철거가 어렵다.
⑤ 현장시공일 경우 품질 관리가 어렵다.
⑥ 시공 기간이 길다.

> **학습 POINT**
> 콘크리트의 인장강도는 압축강도의 1/10~1/13 정도이다.

Section 2.2 콘크리트의 재료

콘크리트는 골재, 시멘트, 혼화재, 혼화제로 이루어진다.

1) 골재

골재는 콘크리트 부피의 약 65~80% 정도를 차지하기 때문에 골재의 종류나 성질에 따라 콘크리트의 성질이 크게 좌우된다. 비용이 저렴하고, 시멘트 페이스트에 비하여 부피 변화가 작으며 내구성이 좋아 콘크리트에 골재를 사용한다.

(1) 골재의 분류

❶ 크기에 따른 분류
  ㉠ 잔골재
    - 10 mm 체를 전부 다 통과하고 5 mm 체에 무게비 85% 이상 통과하며, 0.08 mm 체에 다 남는 골재로, 자연 상태 또는 가공 후 모든 골재에 적용
    - 5 mm 체를 다 통과하고, 0.08 mm 체에 다 남는 골재(시방배합 시 적용)
  ㉡ 굵은골재
    - 5 mm 체에 무게비 85% 이상 남는 골재
    - 5 mm 체에 다 남는 골재(시방배합 시 적용)

❷ 밀도(중량)에 의한 분류
  ㉠ 경량골재 : 비중 2.50 이하인 골재. 천연경량골재와 인공경량골재로 구분
  ㉡ 보통골재 : **비중 2.50~2.65**인 골재. 토목, 건축 구조물에 사용되는 일반적인 골재
  ㉢ 중량골재 : 비중 2.70 이상인 골재. 중정석, 갈철광 등의 비중이 큰 골재로 주로 방사선 차폐 콘크리트에 사용

> **참고**
> 단위체계 개편으로 비중 대신 밀도로 표시한다. 밀도의 단위는 g/cm^{3}이다.

❸ 채취장소 또는 생산방법에 의한 분류
  ㉠ 천연골재 : 자연상태에서 얻을 수 있는 골재. 강모래, 강자갈, 바닷모래, 바닷자갈, 산모래, 산자갈, 천연경량골재 등
  ㉡ 인공골재 : 암석을 파쇄하여 인공적으로 만든 골재. 부순 모래, 부순 자갈, 인공중량골재, 고로 슬래그 등

> **학습 POINT**
> 콘크리트용으로 사용하는 부순 골재의 특징
> - 시멘트와의 **부착력**이 좋다.
> - **휨강도**가 커서 포장 콘크리트에 사용하면 좋다.
> - 단위수량이 많이 요구된다.
> - 수밀성·내구성이 약간 저하된다.

❹ 용도에 의한 분류
  사용 목적에 따라 모르타르용 골재, 콘크리트용 골재, 포장 콘크리트용 골재, 경량 콘크리트용 골재, 철도선용 골재 등으로 나뉜다.

(2) 좋은 골재의 조건

① 단단하고 내구성이 좋아야 한다.
② 물리 화학적으로 안정되어야 한다.
③ 먼지, 흙, 유기불순물, 염화물 등이 없이 깨끗해야 한다.
④ 연한 석편, 가느다란 석편을 함유하지 않고, 모양이 정육면체에 가깝게 둥글어야 한다.
⑤ 크기가 적당하게 혼입되어야 하며 알맞은 입도를 가져야 한다.
⑥ 마모에 대한 저항성이 크고 필요한 무게를 가져야 한다.

> **참고**
>
> **굵은골재 최대치수**
> 질량비로 90% 이상을 통과시키는 체 중에서 최소치수의 체눈을 호칭치수로 나타낸다.

> **참고**
>
> **골재의 모양과 실적률**
> ① 골재의 모양은 정육면체에 가깝거나 둥근 것이 좋다.
> ② 가늘고 긴 석편은 시멘트풀이 많이 들어서 좋지 않다.
> ③ 실적률이 클수록 알의 모양이 좋고 입도가 좋다.
> ④ 실적률이 크면 공극률이 작아진다.
>
> **공극률**
> ① 골재의 단위 부피 중 골재 사이의 빈틈 비율
> ② 공극률이 작으면 시멘트풀이 줄어들어 경제적이다.
> ③ 콘크리트의 밀도, 마멸성, 수밀성, 내구성(어떤 환경에서 골재가 견딜 수 있는 성질)이 커진다.
> ④ 콘크리트의 건조수축이 작고 균열이 적어진다.
> ⑤ 일반적인 공극률 : 잔골재 30~40%, 굵은골재 35~40%, 혼합골재 25% 정도

(3) 골재의 성질

❶ 골재의 밀도

㉠ 골재의 밀도는 일반적으로 표면 건조 포화 상태의 밀도를 말한다.
㉡ 잔골재의 비중은 2.50~2.65, 굵은골재의 비중은 2.55~2.70 범위에 있다.
㉢ 밀도가 클수록 빈틈이 적고 흡수량이 적으며 내구성이 크다.
㉣ 골재의 밀도는 콘크리트 배합설계, 실적률, 공극률 등의 계산에 사용된다.

> **참고**
>
> 골재의 성질이란 골재 입자 개개의 성질이 아니라 크고 작은 입자로 구성된 전체의 성질을 말한다. 콘크리트표준시방서에 의하면, "잔골재는 깨끗하고 강하며, 내구적이고 알맞은 입도를 가지며 먼지, 흙, 유기불순물, 염화물 등의 유해량을 허용 한도 이상 함유하지 않아야 한다."라고 규정하고 있으며, "굵은골재는 깨끗하고 강하며, 내구적이고 알맞은 입도를 가지며 얇은 석편, 유기불순물, 염화물 등의 유해물질을 함유하지 않아야 하며, 특히 내화성을 요하는 경우에는 내화적인 굵은골재를 사용하여야 한다."라고 규정하고 있다.

❷ 골재의 함수 상태 및 수량
㉠ 골재의 함수 상태

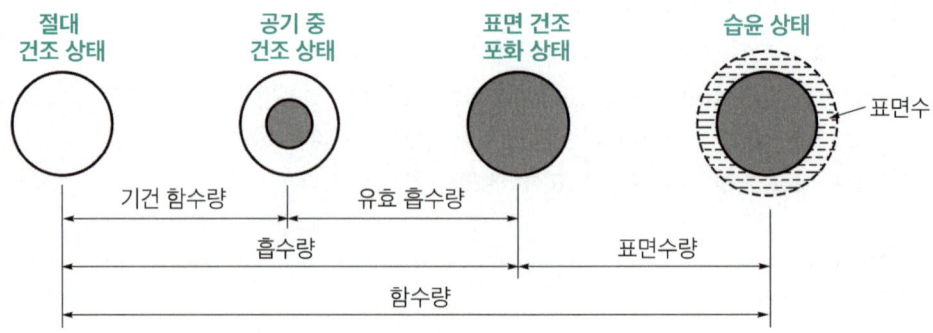

[골재의 함수 상태]

- 절대 건조 상태(노건조 상태, 절건 상태) : 건조기를 사용하여 약 110℃의 온도에서 24시간 이상 건조시켜 골재 내부의 공극에 포함된 물을 전부 제거한 상태
- 공기 중 건조 상태(기건 상태) : 실내에서 자연 건조시켜 골재 내부의 공극 일부가 물로 차 있는 상태

> 참고
> 단위 무게는 기건 상태에서 골재 1 m³의 무게이다.

- 표면 건조 포화 상태(표건 상태) : 골재를 침수시켰다가 표면의 물기만 제거해 표면에는 물기가 없고, 내부 공극은 물로 가득 차 있는 상태

> 참고
> 골재의 밀도는 표건 상태 비중을 말하고, **시방배합의 기준**이 된다. 자연적으로는 만들 수 없고 실험을 위하여 인위적으로 만들어진다.

- 습윤 상태 : 골재 내부 공극은 물로 가득 차 있고 표면에 표면수가 있는 상태

㉡ 골재의 수량
- 함수율 : 골재알이 품고 있는 모든 물의 양을 함수량이라고 하며, 함수량을 절대 건조 상태 골재의 무게비(%)로 나타낸 것을 함수율이라고 한다.

$$함수율(\%) = \frac{습윤\ 상태 - 절건\ 상태}{절건\ 상태} \times 100$$

> 학습 POINT
> 골재의 수량은 각 상태별 골재의 무게로 계산한다.

- 흡수율 : 골재알이 절대 건조 상태에서 표면 건조 포화 상태로 되기까지 흡수한 물의 양을 흡수량이라고 하며, 흡수량을 절대 건조 상태 골재의 무게비(%)로 나타낸 것을 흡수율이라고 한다.

$$흡수율(\%) = \frac{표건 \ 상태 - 절건 \ 상태}{절건 \ 상태} \times 100$$

> **학습 POINT**
>
> **흡수량**
> 골재의 흡수량은 보통 골재에서 잔골재는 1~6%, 굵은골재는 0.5~4% 정도이다.

- 유효 흡수율 : 골재알이 공기 중 건조 상태에서 표면 건조 포화 상태로 되기까지 흡수된 물의 양을 유효 흡수량이라고 하며, 유효 흡수량을 절대 건조 상태 골재의 무게비(%)로 나타낸 것을 유효 흡수율이라고 한다.

$$유효 \ 흡수율(\%) = \frac{표건 \ 상태 - 기건 \ 상태}{절건 \ 상태} \times 100$$

- 표면수율 : 골재알의 표면에 묻어 있는 수량을 표면수량이라고 하며, 표면수량을 표면 건조 상태 골재의 무게비(%)로 나타낸 것을 표면수율이라고 한다.

$$표면수율(\%) = \frac{습윤 \ 상태 - 표건 \ 상태}{표건 \ 상태} \times 100$$

❸ 골재의 입도

㉠ 골재의 크고 작은 입자의 혼합된 정도를 말하며, 크고 작은 입자가 적절하게 혼합되어 있을 때 입도가 좋다고 표현한다.

㉡ 입도가 좋은 골재를 사용할 때에는 비교적 작은 단위시멘트량으로 워커빌리티가 좋고 강도, 내구성, 수밀성 등이 큰 양질의 콘크리트를 만들 수 있어 경제적이다.

㉢ 체가름 시험 결과를 가지고 입도 곡선을 그릴 수 있고, 표준 입도 내에 들어 있는지를 검토할 수 있다. 입도의 표준은 그 범위의 입도를 갖는 골재를 사용할 경우 소요의 콘크리트를 경제적으로 제조할 수 있다는 것을 나타낸 것으로, 이 범위를 벗어난 골재의 사용을 금지하는 것은 아니다.

> **참고**
>
> 입도가 양호한 골재를 사용하게 되면 굵은골재의 공극을 작은 골재가 채우고, 그 골재의 공극은 더 작은 골재가 채움으로써 실적률이 높아지고 빈틈이 적게 된다. 이 골재들의 공극을 시멘트 모르타르가 채우게 되는데, 실적률이 큰 골재에는 공극이 적으므로 시멘트가 적게 사용되어 경제적이다.

ⓔ **조립률**(F.M)로 나타낸다.
- 골재의 입도를 수치적으로 나타내는 방법
- 체의 종류 : 80 mm, 40 mm, 20 mm, 10 mm, 5 mm, 2.5 mm, 1.2 mm, 0.6 mm, 0.3 mm, 0.15 mm
- 각 체에 남은 양으로 조립률을 계산한다.

$$조립률(F.M) = \frac{각\ 체에\ 남은\ 양의\ 누계의\ 합}{100}$$

- **잔골재는 2.3~3.1, 굵은골재는 6~8 범위가 적절하다.**
- 잔골재와 굵은골재가 혼합되어 있을 때의 조립률

$$f_a = \left(\frac{p}{p+q}\right)f_s + \left(\frac{q}{p+q}\right)f_g$$

여기서, f_a : 혼합골재의 조립률
f_s : 잔골재의 조립률
f_g : 굵은골재의 조립률
p, q : 잔골재와 굵은골재 각각의 혼합비(무게 비율)

ⓜ 굵은골재 최대치수
- 무게의 90% 이상을 통과하는 체 중에서 최소치수의 체눈의 공칭치수로 나타낸 굵은골재의 치수
- 굵은골재 최대치수가 크면 시멘트풀의 양이 적어져서 경제적이지만 재료 분리가 일어나기 쉽고 시공하기가 어렵다.
- 일반적으로 굵은골재 최대치수가 20 mm, 25 mm인 골재를 사용한다.

✅ **참고**

콘크리트의 종류		굵은골재의 최대치수	
무근콘크리트		• 40 mm • 부재 최소치수의 1/4을 초과해서는 안 됨	
철근콘크리트	일반적인 경우	20 mm 또는 25 mm	• 부재 최소치수의 1/5 이하
	단면이 큰 경우	40 mm	• 피복두께, 철근 순간격의 3/4 이하

❹ 골재의 내구성 및 내마모성
ⓐ 골재의 내구성 : 심한 기상작용을 받는 콘크리트에는 내구성이 큰 골재를 사용하여야 한다. 황산나트륨 용액에 대한 골재의 저항성을 측정하는 안정성 시험을 통해 잔골재는 10% 이하, 굵은골재는 12% 이하의 손실 질량비를 가져야 한다.

ⓒ 골재의 내마모성 : 도로 포장 콘크리트, 댐 콘크리트에 사용하는 골재는 닳음에 대한 저항성이 커야 한다. 골재의 마모 시험은 로스앤젤레스 마모 시험기를 통해서 한다.

❺ 골재의 유해물

골재 속에 먼지, 실트(silt), 점토(clay) 덩어리, 연한 석편과 부식토와 같은 유기물 등이 들어 있으면 콘크리트의 강도와 내구성이 나빠지며, 염화물이 들어 있으면 철근을 녹슬게 하여 철근콘크리트에 나쁜 영향을 준다.

❻ 골재의 저장
ⓐ 잔골재, 굵은골재 및 입도가 다른 골재는 각각 구분하여 따로 저장한다.
ⓑ 골재는 대소의 알이 분리되지 않도록 하고, 먼지 및 잡물이 혼입되지 않도록 한다.
ⓒ 겨울에 동결이나 빙설이 혼입되지 않게 하고, 여름에는 장시간 직사광선에 노출되지 않게 한다.
ⓓ 저장장소에 적절한 배수시설을 한다.

> **✓ 참고**
>
> **콘크리트용으로 사용하는 부순돌(쇄석)의 특징**
> - 부순돌은 강자갈과 달리 거친 표면 조직과 풍화암이 섞여 있다.
> - 시멘트와 부착이 좋다.
> - 보통 콘크리트보다 단위수량이 10% 정도 많이 요구된다.
> - 수밀성, 내구성 등은 약간 저하된다.

2) 시멘트

(1) 시멘트의 성질

시멘트란 넓은 의미에서 물질과 물질을 접합시키는 성질을 가진 모든 무기질 결합재를 말하지만, 콘크리트에서는 물과 반응하여 굳어지는 수경성 시멘트를 의미한다.

❶ 시멘트의 비중
ⓐ 시멘트의 비중은 일반적으로 3.14~3.2 정도이다.
ⓑ 시멘트의 비중은 시멘트 단위무게 계산과 콘크리트 배합설계 등에 필요하다.

❷ 분말도
ⓐ 시멘트 입자의 가는 정도를 말하며, 입자가 가늘수록 분말도가 높다.
ⓑ 분말도가 높은 시멘트의 특징
- 수화작용이 빨라 응결이 빠르고 발열량이 크며, 조기강도가 크다.
- 워커빌리티가 좋아진다.
- 블리딩이 적고 비중이 가벼워진다.

- 수화열이 많아져 건조수축이 커지며 균열이 발생하기 쉽다.
- 풍화되기 쉽다.

> **학습 POINT**
>
> 시멘트는 물과 닿으면 화학반응을 일으켜 수화물을 생성하는데, 이러한 반응을 수화작용이라고 하며, 이때 방생하는 열을 수화열이라고 한다.

❸ 응결과 경화
  ㉠ 응결 : 시멘트가 수화반응을 일으키고 시간이 경과하면서 점차 유동성을 잃고 굳어지는 현상
  ㉡ 경화 : 응결이 끝난 후 수화작용이 계속되어 시멘트가 굳어지고 강도를 내는 현상
  ㉢ 응결시간 측정은 비카 침에 의한 방법과 길 모어 침에 의한 방법이 있다.
  ㉣ 응결의 특징
    - 온도가 높으면 응결이 빨라진다.
    - 분말도가 높으면 응결이 빨라진다.
    - 물이 많으면 응결이 늦어진다.
    - 습도가 높으면 응결이 늦어진다.
    - 석고량이 많으면 응결이 늦어진다.
    - 시멘트가 풍화되면 응결이 늦어진다.

> **학습 POINT**
>
> 시멘트 응결에 영향을 주는 요소
> - 비례: 온도, 분말도
> - 반비례: 물의 양, 습도, 석고의 양, 풍화 정도

❹ 풍화
  ㉠ 시멘트가 공기 중의 습기나 이산화탄소와 수화반응하여 수산화칼슘을 만들고, 수산화칼슘이 공기 중의 탄산가스와 결합하여 탄산염을 만들어 시멘트의 품질을 저하시키는 현상이다.
  ㉡ 시멘트 풍화도는 강열감량시험에 의해 실시하고, 포틀랜드 시멘트는 감량을 3% 이하로 규정한다.
  ㉢ 풍화된 시멘트의 특징
    - 강열감량이 증가한다.
    - 비중이 작아진다.
    - 응결 경화가 늦어진다.
    - 강도가 감소된다.

> **참고**
>
> **강열감량**
> 시멘트 시료를 강열했을 때의 중량손실을 말한다.

⑤ 수화열

  ㉠ 시멘트의 수화반응 또는 발열반응을 통해 시멘트가 응결, 경화하는 과정에서 열이 발생한다.
  ㉡ **풍화**한 시멘트는 수화열이 감소한다.
  ㉢ **물-시멘트비**가 높을수록 수화열이 높아진다.
  ㉣ 수화열은 콘크리트 내부 온도를 상승시키므로 **한중콘크리트**에 유리하다.
  ㉤ **매스콘크리트**는 댐이나 교각처럼 구조체가 큰 콘크리트를 말하는데, 수화열에 의해 내부와 표면에 온도차가 생겨 표면에 균열이 발생할 수 있다.

> **참고**
>
> **콘크리트의 균열 발생 원인**
>
>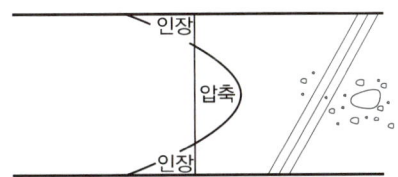
>
> - 내부 : 온도↑, 팽창, 압축응력
> - 외부 : 온도↓, 수축, 인장응력
>
> 시멘트 수화열로 인해 콘크리트 내부의 온도가 높아져 팽창하며 압축응력이 발생하고, 바깥공기로 인해 외부의 온도가 낮아져 수축하며 인장응력이 발생한다. 이때, 외부와 내부의 응력 차이로 인해 표면에 균열이 발생한다.

⑥ 시멘트의 저장

  ㉠ 방습 구조로 된 사일로 또는 창고에 품종별로 구분하여 저장한다.
  ㉡ **지면에서 30 cm 이상, 13포대 이하**로 쌓고, 저장 기간이 길면 7포대 이상은 쌓지 않는다.
  ㉢ 시멘트 입하 순서대로 사용한다.
  ㉣ 저장 중 약간이라도 굳은 시멘트는 사용하지 않으며, 장기간 저장된 시멘트는 품질시험을 한 후 사용한다.

(2) 시멘트의 종류

❶ 포틀랜드 시멘트

포틀랜드 시멘트는 석회질의 수경성 시멘트로서, 석회석과 점토를 주원료로 사용하여 만든다.

㉠ 보통 포틀랜드 시멘트
- 일반적으로 말하는 시멘트로서 원료인 석회석과 점토를 얻기 쉽고, 제조공정도 간단하여 가장 많이 사용된다.
- 토목, 건축 구조물, 콘크리트 2차 제품 등에 널리 사용되고 있으며 국내 생산량의 대부분을 차지한다.
- 비중 3.15 정도이다.

㉡ 중용열 포틀랜드 시멘트
- 수화열을 적게 하기 위해서 규산삼석회(C_3S), 알루민산삼석회(C_3A)의 함유량을 제한하고, 규산이석회(C_2S)의 알루민산철사석회(C_4AF)의 양을 적당량 증가시킨다.
- **수화열이 적어서 건조수축이 작고 장기강도가 크다.**
- 수화열이 적으므로 **서중콘크리트**에 사용하기 용이하다.
- 댐과 같은 **매스콘크리트**, 방사선 차폐용 콘크리트 등 단면이 큰 콘크리트에 적합하다.

㉢ 조강 포틀랜드 시멘트
- 보통 포틀랜드 시멘트보다 조기강도가 크며, 재령 7일에서 보통 포틀랜드 시멘트의 재령 28일 강도를 낸다.
- 보통 포틀랜드 시멘트에 비해서 규산삼석회(C_3S)의 함유량을 높이고, 규산이석회(C_2S)를 줄이는 동시에 분말도를 높였다.
- **단기 강도가 요구되는 긴급공사, 수중공사 등에 사용한다.**
- 수화열이 많으므로 **한중콘크리트** 시공에 적합하다.
- 수화열이 많아 균열이 발생하기 쉬우므로 매스콘크리트에 사용할 때에는 주의해야 한다.

㉣ 저열 포틀랜드 시멘트
- 중용열 시멘트보다 수화열이 5~10% 정도 더 적다.
- 댐 등의 매스콘크리트 시공에 적합하다.

㉤ 내황산염 포틀랜드 시멘트
- 알루민산삼석회(C_3A)의 함유량을 줄여 황산염에 대한 저항성이 높다.
- 토양이나 해수 및 공장 폐수 등에 접하는 콘크리트에 사용한다.

✅ 학습 POINT

황산염
해수 중에 많으며, 시멘트 수화물과 반응하여 팽창성 물질을 생성시키므로 콘크리트에 균열, 박리, 붕괴를 일으킬 수 있다.

㉥ 백색 포틀랜드 시멘트
- 철분, 마그네시아가 적은 백색 점토와 석회석을 원료로 한다.
- 건축물의 미장, 장식용, 인조석 제조에 사용된다.

❷ 혼합 시멘트

혼합 시멘트는 포틀랜드 시멘트 클링커에 적당량 급랭 고로 슬래그 및 포졸란 재료를 조합하여 분쇄한 것으로, 포틀랜드 시멘트의 결점을 보강하여 특유의 성질을 부여한 시멘트이다.

㉠ 고로 슬래그 시멘트
- 포틀랜드 시멘트 클링커에 고로 슬래그와 석고를 혼합한 것이다.
- **수화열이 작고 수밀성이 크며 장기강도가 크다.**
- 황산염 등에 대한 화학적 저항성이 크다.
- 알칼리 골재반응을 억제한다.
- 주로 댐, 하천, 항만 등의 구조물에 쓰이며, 해수, 하수, 공장 폐수와 닿는 콘크리트에 사용한다.

✓ 학습 POINT

- **고로 슬래그**
  제철소의 용광로에서 선철을 제조할 때 부산물로 얻어지는 슬래그

- **알칼리 골재반응**
  골재 중 실리카 광물이 시멘트의 알칼리 성분과 화학적으로 반응하는 것으로, 균열을 발생시켜 콘크리트의 내구성을 저하시킨다.

㉡ 포틀랜드 포졸란 시멘트 및 플라이애시 시멘트
- 포틀랜드 시멘트 클링커에 포졸란과 석고를 혼합한 것이다. 포졸란 중 플라이애시를 혼합한 것을 플라이애시 시멘트라고 한다.
- **볼 베어링 효과로 유동성이 커져서 워커빌리티가 개선**되므로 단위수량을 줄일 수 있다.
- 단위수량이 줄어들어 **수화열이 작아** 건조수축이 적게 일어나므로 **수밀성**이 크며 **장기강도가 크다.**
- 해수 등에 대한 화학적 저항성이 커서 댐, 방파제, 하수처리시설 등에 사용된다.

✓ 학습 POINT

- **포졸란**
  플라이애시·화산재·현무암 또는 응회암의 풍화토 등 가용성 실리카분이 풍부한 콘크리트용 미분혼화재의 총칭이다.

- **플라이애시**
  화력발전소에서 석탄이나 중유 등을 연소할 때 생성되는 미세한 입자의 재를 전기 집진기로 채취한 것이다.

❸ 특수 시멘트

특수한 목적에 맞도록 제조방법과 화학성분을 다르게 하여 만든 시멘트이다.

㉠ 알루미나 시멘트
- 보크사이트(수산화알루미늄 광물)와 석회석을 1:1로 섞어서 만든 것으로, 재령 1일에 보통 포틀랜드 시멘트 재령 28일의 압축강도를 나타낸다.
- 시멘트 중에서 **강도 발현이 가장 빠르다.**
- 조기강도가 커서 **긴급공사**에 사용한다.
- 수화열이 커서 **한중콘크리트**에 알맞다.
- 내화학성이 커서 **해수공사**에 알맞다.

> ✅ **참고**
> **내화학성**
> 산, 염류, 해수 등의 화학적 침식에 대해 저항하는 성질

㉡ 팽창시멘트
- 굳는 과정에서 콘크리트를 팽창시킴으로써 건조수축을 보상시키는 시멘트이다.
- 콘크리트의 균열을 막고 방수성이 좋다.
- 그라우트 모르타르에 사용한다.

> ✅ **참고**
> **그라우트 모르타르**
> 틈을 메우거나 일정 공간을 채우기 위해 사용하는 모르타르

㉢ 초조강 시멘트
- 알루미나 시멘트와 조강 포틀랜드 시멘트의 중간 정도의 조강성을 가진다.
- 경화 시 **발열이 크고 경화시간이 짧아서** 긴급공사, 보수공사, 뿜어붙이기 공법, 그라우트 등에 쓰인다.

㉣ 초속경 시멘트
- 초조강 시멘트보다 더욱 큰 초기 강도를 얻을 수 있다.
- 경화 시 **발열이 크고 경화시간이 짧아서 긴급공사, 보수공사, 뿜어붙이기 공법, 그라우트** 등에 쓰인다.
- 온도에 매우 민감하므로 콘크리트 타설 초기에 양생에 주의해야 한다.

㉤ 내산 시멘트
- 염산, 질산, 황산 등의 침식성이 강한 약품에 대한 내산성의 향상을 위하여 고로 슬래그, 시멘트 클링커, 석고 등의 화학조성, 분말도, 밀도 등을 조정하여 개발한 시멘트이다.

• 공장의 산처리시설, 폐액처리시설, 중유의 연소나 폐가스의 굴뚝 등에 사용된다.

> **참고**
>
> • 시멘트 조기강도 발현 순서
>   알루미나 > 초속경 > 초조강 > 조강 > 보통
>
> • 수화열과 강도의 관계
>   – 시멘트 수화열이 크면 응결 및 경화 속도가 빨라 조기강도가 크다. 하지만 높은 수화열로 인해 큰 건조수축이 일어나고 균열이 발생하여 장기강도는 작아진다(알루미나 시멘트, 초속경 시멘트, 초조강 시멘트, 조강 포틀랜드 시멘트 등).
>   – 시멘트 수화열이 작으면 응결 및 경화 속도가 느려 조기강도가 작다. 하지만 수화열이 낮아 건조수축이 적게 발생하고 균열이 적어 장기강도가 크다(중용열 포틀랜드 시멘트, 저열 포틀랜드 시멘트, 고로 슬래그 시멘트, 플라이애시 시멘트, 실리카 시멘트 등).

3) 혼화재료

혼화재료(admixture, additive)란 콘크리트를 만들 때 시멘트, 물, 골재 이외에 적당량의 재료를 첨가함으로써 콘크리트에 여러 성능을 부여하고 그 품질의 향상을 도모할 목적으로 사용되는 재료를 말한다.

첨가량이 소량으로서 배합 계산에서 그 양을 무시할 수 있는 것을 혼화제라고 하고, 첨가량이 비교적 많아 배합 계산에서 그 양을 무시할 수 없는 것을 혼화재라고 한다.

(1) 혼화재

시멘트 중량의 5% 이상을 사용하여 콘크리트 배합설계 시 그 무게를 고려해야 한다. 플라이애시, 고로 슬래그 미분말, 팽창재, 착색재, 폴리머, 포졸란 등이 있다.

❶ 플라이애시

㉠ 화력발전소에서 석탄이나 중유 등을 연소했을 때 생성되는 미세한 입자의 재를 전기집진기로 채취한 것이다.

㉡ 플라이애시 입자는 둥글고 매끄러워 콘크리트의 워커빌리티를 좋게 하고 수밀성과 내구성을 향상시킨다.

> **학습 POINT**
>
> **플라이애시의 특징**
> • 콘크리트의 워커빌리티 향상
> • 수화열 및 건조수축 감소
> • 수밀성과 내구성 향상
> • 사용 수량 감소
> • 동결융해 저항성 향상
> • 장기강도 증가

❷ 고로 슬래그 미분말
  ㉠ 용광로에서 나오는 슬래그를 급랭시켜 만든 미분말이다.
  ㉡ 콘크리트의 워커빌리티를 좋게 하고 수화열이 적으며 장기강도를 크게 한다.

❸ 팽창재
  ㉠ 콘크리트가 굳을 때 부피를 팽창시켜 건조수축에 의한 균열을 막는다.
  ㉡ 석고계 팽창재, 철분계 팽창재, 석회계 팽창재 등이 있다.

❹ 착색재
  콘크리트에 색깔을 넣기 위해 사용된다.

❺ 폴리머
  시멘트 대신에 폴리머를 결합재로 사용하는 폴리머 콘크리트에 사용하는 혼화재이다.

> **학습 POINT**
>
> **폴리머 콘크리트**
> 시멘트 대신에 폴리머를 결합재로 사용한 콘크리트로, 플라스틱 콘크리트 또는 레진 콘크리트(resin concrete)라고도 한다. 압축강도가 우수하고, 방수성과 수밀성(水密性)이 좋으며, 각종 산이나 알칼리, 염류에 강하고 내마모성이 우수하여 바닥재·포장재로 적합하다.

❻ 포졸란
  ㉠ 실리카의 가루로 수경성을 가지고 있지 않지만, 콘크리트 속의 물에 녹아 있는 수산화칼슘과 상온에서 천천히 화합하여 불용성 화합물을 만든다. 이것을 포졸란 반응이라고 한다.
  ㉡ 콘크리트의 워커빌리티를 좋게 한다.
  ㉢ 수밀성과 내구성을 크게 한다.

(2) 혼화제

사용량이 시멘트 중량의 1% 정도 이하를 사용하여 콘크리트 배합설계 시 그 무게를 고려하지 않는다. 공기연행제(AE제), 감수제, 공기연행 감수제, 고성능 감수제, 유동화제, 촉진제, 급결제, 지연제, 발포제, 기포제 등이 있다.

❶ 공기연행제(AE제)
  ㉠ 콘크리트 속의 작은 기포(연행공기)를 고르게 분포시키는 계면활성제의 일종이다.

> **참고**
>
> • 기포(연행공기)
> AE제에 의해 생성된 공기로, 입경이 작고 균일하게 분포한다.
> • 계면활성제
> 수용액 속에서 표면에 흡착하여 표면장력을 현저히 저하시키는 물질이다.

  ⓒ 콘크리트의 워커빌리티가 향상되고 블리딩이 감소한다.
  ⓒ 기상작용에 대한 내구성과 수밀성이 향상된다.
  ⓔ 워커빌리티가 향상되므로 단위수량을 감소시킬 수 있다.
  ⓜ AE제가 너무 많이 들어갈 경우, 발생된 공기로 인하여 콘크리트와 철근이 닿는 표면적이 작아지므로 콘크리트 강도와 철근의 부착 강도가 다소 작아진다.

❷ 감수제, AE감수제
  ㉠ 시멘트 입자를 흐트러지게 하여 소정의 반죽질기를 얻음으로써 단위수량을 줄일 수 있다.
  ⓒ 감수제에 AE 공기도 함께 생기도록 한 것을 AE감수제라고 한다.
  ⓒ **시멘트 분산작용으로 워커빌리티가 개선**된다.
  ⓔ 소요 슬럼프의 강도를 확보하기 위해 단위수량 및 단위시멘트를 감소시킬 목적으로 사용한다.
  ⓜ 단위수량을 줄임으로써 재료분리가 적어진다.
  ⓗ 건조수축을 감소시켜 수밀성이 향상되고 투수성이 감소한다.
  ⓢ **동결융해에 대한 저항성이 증대**된다.

> ✅ 참고
>
> **재료분리**
> 굵은골재가 모르타르로부터 분리되는 현상

❸ 고성능 감수제
  ㉠ 보통 감수제보다 분산 능력이 커서 감수율이 더 큰 혼화제이다.
  ⓒ 시멘트의 응결지연성 및 공기연행성이 없기 때문에 다량 첨가가 가능하다.
  ⓒ 고성능 감수제는 사용방법에 따라 감수를 목적으로 하는 고강도 콘크리트용 감수제와, 감수시키지 않고 동일한 물-결합재비에서 작업 성능의 향상을 목적으로 하는 유동화제로 나뉜다.

❹ 촉진제
  ㉠ 시멘트의 수화작용을 촉진시킨다.
  ⓒ 염화칼슘 또는 염화칼슘이 들어 있는 감수제를 사용한다.
  ⓒ 응결이 빨라지고 조기강도가 커지므로 뿜어붙이기 콘크리트나 긴급공사에 알맞다.
  ⓔ 발열량이 많아 동해를 받는 일이 적으므로 한중콘크리트에 알맞다.
  ⓜ 철근의 부식을 촉진하기 때문에 프리스트레스트 콘크리트 및 부식의 우려가 있는 철근콘크리트에 사용하지 않는다.

❺ 급결제
  ㉠ 시멘트의 응결을 극도로 촉진하여 단시간에 굳게 하기 위해 사용한다.
  ⓒ 뿜어붙이기 공법(shotcrete), 그라우트에 의한 누수 방지 공법 등 급속공사에 이용된다.
  ⓒ 급결제를 사용하면 1~2일의 단기강도는 증대하지만 장기강도의 발현은 느린 경우가 많다.

❻ 지연제

㉠ 콘크리트의 응결이나 초기 경화를 지연시키기 위하여 사용한다.
㉡ 서중콘크리트 시공이나 레디믹스트 콘크리트 운반 중 응결을 방지하기 위해 사용한다.
㉢ 대형 구조물 등 콘크리트의 연속 타설을 할 때 콘크리트 구조에 작업이음(cold and work joint)이 생기지 않도록 하기 위해서 사용한다.

> **✅ 참고**
>
> • **레디믹스트 콘크리트**
> 콘크리트 제조설비를 갖춘 공장에서 생산되어 굳지 않은 상태로 배달되는 콘크리트이다. 약칭으로 레미콘이라고 한다.
>
> • **작업이음(콜드 조인트)**
> 계속해서 콘크리트를 칠 때, 먼저 친 콘크리트와 나중에 친 콘크리트가 완전히 일체화되지 않은 시공불량에 의한 이음이다.

❼ 발포제

㉠ 알루미늄 또는 아연가루를 넣어 시멘트가 응결할 때 수소가스를 발생시켜 모르타르 또는 콘크리트 속에 아주 작은 기포를 발생시킨다.
㉡ 용적을 증가시켜 경량화할 수 있고 단열성을 높일 수 있다.
㉢ 프리팩트 콘크리트용 그라우트, 프리스트레스트 콘크리트용 그라우트 등에 사용한다.

> **✅ 참고**
>
> **프리팩트 콘크리트**
> 거푸집 내에 미리 조골재를 채운 후 그라우트 펌프 등을 사용하여 내부를 모르타르로 채운 콘크리트

❽ 기포제

㉠ 콘크리트 속에 많은 거품을 일으켜 부재가 경량화된다.
㉡ 단열성능이 높아진다.

❾ 기타 혼화제

㉠ 방청제 : 콘크리트 속의 철근이 염화물에 의해 부식하는 것을 방지한다.
㉡ 방수제 : 수밀성을 향상시킨다.
㉢ 보수제 : 콘크리트 속의 수분 증발을 방지한다.
㉣ 방동제 : 콘크리트가 어는 것을 막는다.
㉤ 수축 저감제 : 건조수축을 줄인다.

4) 물

① 콘크리트의 혼합수는 콘크리트에 소요의 유동성을 부여한다.
② 시멘트와 수화반응을 일으켜 경화를 촉진시키는 역할을 한다.
③ 특별한 맛, 냄새, 빛깔, 탁도 등이 없는 음료에 적합하고 깨끗한 것이어야 하며, 기름, 산, 염류, 유기불순물 등이 섞여 있는 물은 사용하지 않는다.
④ 바닷물을 혼합수로 사용한 콘크리트는 철근과 강재를 부식시킬 수 있다.

Section 2.3 콘크리트의 성질

콘크리트의 성질은 굳지 않은 콘크리트와 굳은 콘크리트로 나뉜다. 굳지 않은 콘크리트는 비벼서 칠 때 알맞은 작업성을 가져야 하고, 굳은 후에는 필요한 강도, 내구성, 수밀성을 가져야 한다.

1) 굳지 않은 콘크리트

(1) 굳지 않은 콘크리트의 성질

❶ **반죽질기(consistency)**
주로 수량의 많고 적음에 따르는 반죽의 되고 진 정도로서 변형 또는 유동에 대한 저항성의 정도를 나타낸다.

❷ **워커빌리티(workability)**
반죽질기의 정도에 따르는 운반, 타설, 다짐, 마무리 등 작업의 난이 정도 및 재료의 분리에 저항하는 정도를 나타낸다.

❸ **성형성(plasticity)**
거푸집에 쉽게 다져 넣을 수 있고, 거푸집을 제거하면 천천히 형상이 변하기는 하지만 허물어지거나 재료가 분리되지 않도록 하는 성질을 말한다.

❹ **피니셔빌리티(finishability)**
굵은골재의 최대치수, 잔골재율, 잔골재의 입도, 반죽질기 등에 따라 표면을 마무리하기 쉬운 정도를 나타낸다.

(2) 워커빌리티에 영향을 주는 요인

❶ 시멘트
시멘트가 많고 분말도가 높을수록 워커빌리티가 좋아진다. 풍화된 시멘트를 사용할 경우, 슬럼프가 증가하고 재료분리가 발생할 수 있다.

❷ 골재

시멘트의 양에 비해 골재의 양이 적을수록, 골재알의 모양이 둥글수록 워커빌리티가 좋아진다.

❸ 혼화재료

플라이애시, 고로 슬래그 미분말 등의 혼화재와 AE제, 감수제, AE감수제 등의 혼화제를 사용하면 워커빌리티가 좋아진다.

❹ 물

워커빌리티에 가장 영향을 끼치는 것은 사용 수량이다. 수량이 많을수록 콘크리트는 묽은 반죽이 되어 재료가 분리되기 쉽고, 수량이 적으면 된 반죽이 되어 유동성이 작아 워커빌리티가 나빠진다.

(3) 굳지 않은 콘크리트의 변화

굳지 않은 콘크리트는 작업 중이나 작업 후에도 재료분리가 생긴다. 재료분리가 생기면 콘크리트는 강도와 수밀성이 작아지고, 전반적으로 품질이 나빠진다.

❶ 작업 중의 재료분리

㉠ 굵은골재의 최대치수가 너무 크고, 단위 골재량과 단위수량이 많으면 콘크리트의 작업 중에 재료분리가 일어난다.

㉡ 작업 중 재료분리를 줄이기 위해서는 잔골재율을 증가시키거나, 물-결합재비를 작게 하고 AE제나 플라이애시 등을 사용하면 효과가 있다.

❷ 작업 후의 재료분리

㉠ 블리딩

- 콘크리트를 친 뒤에 시멘트와 골재알이 가라앉으면서 물이 콘크리트 표면으로 떠오르는 블리딩 현상이 발생한다.
- 블리딩이 커지면 콘크리트 윗부분의 강도가 작아지고 수밀성과 내구성이 나빠진다.
- 블리딩 현상을 줄이기 위해서는 분말도가 높은 시멘트를 사용하거나 AE제나 포졸란 등을 사용하여 단위수량을 줄인다.

✓ 학습 POINT

블리딩 현상을 줄이는 방법
- 분말도가 높은 시멘트를 사용한다.
- 포졸란을 사용하여 단위수량을 줄인다.
- AE제를 사용하여 단위수량을 줄인다.

㉡ 레이턴스

- 블리딩 현상에 의하여 콘크리트의 표면에 떠올라 가라앉는 미세한 물질을 말한다.
- 레이턴스는 굳어도 강도가 거의 없으므로 콘크리트를 덧치기할 때에는 이것을 없앤 뒤에 작업하여야 한다.

ⓒ 공기량
- AE제, AE감수제 등에 의하여 콘크리트 속에 생긴 공기를 AE 공기 또는 연행공기라고 하며, 그 밖의 공기를 갇힌 공기라고 한다.
- 콘크리트 속에 AE 공기량이 알맞게 있으면 워커빌리티가 좋아지고, 기상작용에 대한 내구성이 커진다.
- 공기량이 너무 많으면 콘크리트의 강도가 작아진다.
- AE 콘크리트의 알맞은 공기량은 콘크리트 부피의 4~7%를 표준으로 한다.
- 공기량 시험방법에는 무게법, 부피법, 공기실 압력법이 있다.

> **학습 POINT**
>
> - **무게법**
> 공기량이 전혀 없는 것으로 하여 시방배합에서 계산한 콘크리트의 단위 무게와 실제로 측정한 단위 무게와의 차이로 공기량을 구하는 방법이다.
> - **부피법**
> 콘크리트 속의 공기량을 물로 치환하여 치환한 물의 부피로부터 공기량을 구하는 방법이다.
> - **공기실 압력법**
> 워싱턴형 공기량 측정기를 사용하며, 공기실에 일정한 압력을 콘크리트에 주입한 후 공기량으로 인하여 압력이 저하되는 정도로부터 공기량을 구하는 방법이다.

2) 굳은 콘크리트

(1) 강도

❶ 압축강도
ⓐ 콘크리트의 강도 중에서 압축강도가 가장 중요하며, 콘크리트 강도라 하면 보통 압축강도를 말한다. 이는 압축강도가 다른 강도에 비해서 현저하게 크기 때문이다.
ⓑ 콘크리트의 강도는 일반적으로 표준 양생을 한 재령 28일의 압축강도를 기준으로 한다.
ⓒ 재료의 품질, 배합, 시공방법, 시험 시의 재령 등의 영향을 받는다.

❷ 쪼갬인장강도
ⓐ 콘크리트 압축강도의 1/10~1/13 정도이다.
ⓑ 철근콘크리트 설계에서는 무시되지만, 프리스트레스트 콘크리트 설계에 사용된다.

❸ 휨강도
ⓐ 콘크리트 압축강도의 1/5~1/8 정도이다.
ⓑ 도로 포장용 콘크리트의 품질 결정에 사용된다.

(2) 콘크리트의 기타 성질

❶ 내구성
㉠ 동결융해 : 콘크리트 중의 수분이 동결되면 그 빙압 때문에 콘크리트 조직에 균열이 생긴다.
㉡ 중성화 : 굳은 콘크리트는 표면에서 공기 중의 이산화탄소의 작용을 받아 수산화칼슘이 탄산칼슘으로 바뀐다. 이 반응으로 콘크리트에 수축 및 균열의 위험이 발생함과 동시에 콘크리트가 알칼리성을 상실하는데, 이를 중성화 또는 탄산화라고 한다.

> **참고**
> 철근 주위를 둘러싸고 있는 콘크리트가 중성화하여 물과 공기가 침투하면 철근이 녹슬게 되고 녹슨 철근은 부피가 팽창하여 균열이 발생하며 결국 구조물이 내력과 내구성을 상실하게 된다.
>
> 중성화 속도는 물-결합재비가 작을수록 느려지며, 혼합 시멘트를 사용하면 빠르게 되고 마감재 유무 및 그 종류에 따라 현저한 차이를 나타낸다.

㉢ 알칼리 골재 반응 : 시멘트로 공급되는 알칼리와 골재를 구성하는 어떤 종류의 실리카 광물이 반응해서 콘크리트를 팽창시키는 화학반응이다.
㉣ 염해 : 콘크리트 중에 염화물이 존재하여 강재(철근, PC 강재)가 부식함으로써 콘크리트 구조물에 손상을 끼치는 현상이다.

> **참고**
> 콘크리트용 배합수로 바닷물을 사용할 때 염소이온량(Cl^-)은 $0.3\,kg/m^3$ 이하이어야 한다.

❷ 수밀성
콘크리트는 물에 접하면 물을 흡수하고 압력수가 작용하면 투수한다. 수공 구조물은 물론 대부분의 구조물에서 흡수 및 투수에 대한 저항성, 즉 수밀성 또는 방수성은 구조물의 내구성에 큰 영향을 미치기 때문에 매우 중요한 성질이다.

❸ 부피의 변화
콘크리트는 온도가 높아지면 부피가 팽창하고, 낮아지면 수축한다. 또한 콘크리트는 수분 변화에 따라 부피가 변하며, 특히 건조에 의한 수축은 콘크리트에 수축·균열을 일으키는 원인이 된다.

❹ 단위 무게
㉠ 일반 콘크리트(무근콘크리트) : $2,300 \sim 2,350\,kg/m^3$
㉡ 철근콘크리트 : $2,400 \sim 2,500\,kg/m^3$
㉢ 경량 콘크리트 : $1,400 \sim 2,000\,kg/m^3$

> **학습 POINT**
>
> **경량 콘크리트의 특징**
> ① 자중이 가볍고 내화성이 크다. ② 열전도율이 작다.
> ③ 강도와 탄성계수가 작다. ④ 건조수축과 팽창이 크다.

3) 콘크리트의 배합설계

콘크리트를 만들기 위한 각 재료의 비율 또는 사용량을 콘크리트의 배합이라고 하며, 각 재료의 비율을 정하는 것을 콘크리트의 배합설계라고 한다.

(1) 배합의 표시법

콘크리트 $1\,\mathrm{m}^3$를 만드는 데 필요한 재료의 양(kg)을 단위량($\mathrm{kg/m}^3$)이라고 하며, 콘크리트의 각 재료량은 단위시멘트량, 단위수량, 단위 잔골재량, 단위 굵은골재량 등으로 나타낸다. 배합에는 시방배합과 현장배합이 있으며, 배합은 각 재료의 비율을 질량비로 나타낸다.

❶ **시방배합**

시방서 또는 책임기술자가 지시한 배합이다. 골재의 함수 상태가 표면 건조 포화 상태이면서 잔골재는 5 mm 체를 전부 통과하고, 굵은골재는 5 mm 체에 다 남는 상태를 기준으로 한다.

❷ **현장배합**

현장에서 사용하는 골재의 함수 상태와 잔골재 속의 5 mm 체에 남는 양, 굵은골재 속의 5 mm 체를 통과하는 양을 고려하여 시방배합을 수정한 것이다.

(2) 시험 배합의 설계

콘크리트의 배합을 결정하는 방법에는 계산에 의한 방법, 배합표에 의한 방법, 시험 배합에 의한 방법 등이 있다. 일반적으로 가장 합리적이고 실용적인 방법이 시험 배합에 의한 것이다. 일반 콘크리트 시험 배합은 다음과 같은 방법으로 정한다.

❶ **배합강도의 결정**

배합강도는 현장 콘크리트의 품질 변동을 고려해서 설계기준강도보다 크게 정한다.

㉠ $f_{ck} \leq 35\,\mathrm{MPa}$일 때

$f_{cr} = f_{ck} + 1.34s\,[\mathrm{MPa}]$

$f_{cr} = (f_{ck} - 3.5) + 2.33s\,[\mathrm{MPa}]$ 중 큰 값

㉡ $f_{ck} > 35\,\mathrm{MPa}$일 때

$f_{cr} = f_{ck} + 1.34s\,[\mathrm{MPa}]$

$f_{cr} = 0.9f_{ck} + 2.33s\,[\mathrm{MPa}]$ 중 큰 값

여기서, f_{cr} : 콘크리트의 배합강도[MPa]
f_{ck} : 콘크리트의 설계기준강도[MPa]
s : 콘크리트 압축강도의 표준편차[MPa]

- 콘크리트 압축강도의 표준편차(s)는 실제 사용한 콘크리트의 최소 30회 이상의 시험 실적으로부터 결정하는 것을 원칙으로 한다.
- 압축강도의 시험횟수가 15~29회일 때는 계산한 표준편차에 보정계수를 곱한 값을 표준편차로 사용한다.

시험횟수	표준편차의 보정계수
15회	1.16
20회	1.08
25회	1.03
30회 이상	1.00

※ 기타 횟수는 직선보간한다.

ⓒ 콘크리트 압축강도의 표준편차를 알지 못하거나 압축강도의 시험횟수가 14회 이하인 경우, 콘크리트의 배합강도는 다음 표와 같이 정할 수 있다.

설계기준 압축강도 f_{ck}[MPa]	배합강도 f_{ck}[MPa]
21 미만	$f_{ck}+7$
21 이상 35 이하	$f_{ck}+8.5$
35 초과	$1.1f_{ck}+5.0$

❷ 물-결합재비의 결정
ⓐ 물-결합재비는 소요 강도와 내구성을 고려하여 정한다.
ⓑ 수밀성을 요하는 구조물에서는 물-결합재비가 55% 이하여야 한다.
ⓒ 물-결합재비를 결정하는 방법으로는 압축강도를 기준으로 하여 정하는 방법, 내동해성을 기준으로 하여 정하는 방법, 수밀성을 기준으로 하여 정하는 방법이 있다.

❸ 단위 결합재량(단위시멘트량)의 산정
단위 결합재량은 단위수량과 물-결합재비를 이용하여 구한다.

$$단위\ 결합재량(\text{kg}) = \frac{단위수량}{물-결합재비}$$

> **참고**

- **굵은골재의 최대치수 선정**
  콘크리트의 종류와 단면의 크기에 따른 굵은골재 최대치수의 표준을 보고 선정한다.

[굵은골재의 최대치수 표준]

콘크리트의 종류		굵은골재의 최대치수(mm)
철근콘크리트	일반적인 경우	20 또는 25
	단면이 큰 경우	40
무근콘크리트		40, 부재 최소치수의 1/4 이하

- **슬럼프값 선정**
  콘크리트의 종류와 단면의 크기에 따른 슬럼프값의 표준을 보고 선정한다.

[슬럼프값의 표준]

콘크리트의 종류		슬럼프값(mm)
철근콘크리트	일반적인 경우	50~150
	단면이 큰 경우	50~100
무근콘크리트	일반적인 경우	80~150
	단면이 큰 경우	60~120

- **공기량 선정**
  AE 콘크리트의 알맞은 공기량은 굵은골재의 최대치수에 따라 다르며, 일반 콘크리트에서 비빈 뒤의 공기량은 아래 표를 참고한다.

- **단위수량 선정**
  소요의 슬럼프를 얻는 데 필요한 단위수량은 사용 재료에 따라 시험에서 정한다. 단위수량을 정할 때는 아래 표를 표준으로 한다.

- **잔골재율 선정**
  일반 콘크리트에서 잔골재와 굵은골재의 비는 일반적으로 잔골재율로 정한다. 잔골재율의 대략적인 표준으로 아래 표를 사용한다.

[콘크리트의 단위 굵은골재 부피, 잔골재율 및 단위수량 표준값]

굵은골재의 최대치수 [mm]	단위 굵은골재 부피 [%]	AE제를 사용하지 않는 콘크리트			AE제를 사용하는 콘크리트				
		갇힌 공기 [%]	잔골재율 S/a [%]	단위수량 W [kg]	공기량 [%]	양질의 AE제를 사용하는 경우		양질의 AE감수제를 사용하는 경우	
						잔골재율 S/a[%]	단위수량 W[kg]	잔골재율 S/a[%]	단위수량 W[kg]
15	58	2.5	49	190	7.0	47	180	48	170
20	62	2.0	45	185	6.0	44	175	45	165
25	67	1.5	41	175	5.0	42	170	43	160
40	72	1.2	36	165	4.5	39	165	40	155

❹ **단위 골재량의 산정**

단위 잔골재량과 단위 굵은골재량은 다음 식에 따라 구한다.

㉠ 단위 골재의 절대 부피(m^3)

$$= 1 - \left(\frac{\text{단위 수량}}{1,000} + \frac{\text{단위 결합재량}}{\text{시멘트의 밀도} \times 1,000} + \frac{\text{단위 혼화재량}}{\text{혼화재의 밀도} \times 1,000} + \frac{\text{공기량}}{100} \right)$$

㉡ 단위 잔골재의 절대 부피(m^3) = 단위 골재의 절대 부피 × 잔골재율

㉢ 단위 잔골재량(kg) = 단위 잔골재의 절대 부피 × 잔골재의 밀도 × 1,000

㉣ 단위 굵은골재의 절대 부피(m^3) = 단위 골재의 절대 부피 − 단위 잔골재의 절대 부피

㉤ 단위 굵은골재량(kg) = 단위 굵은골재의 절대 부피 × 굵은골재의 밀도 × 1,000

(3) 현장배합

시방배합에서는 잔골재는 5 mm 체를 모두 통과하고 굵은골재는 5 mm 체에 전부 남는 것을 사용하며, 모든 골재가 표면 건조 포화 상태라고 가정한다.

현장 골재의 조건은 가정했던 상태와 다르므로 현장에서 사용하는 골재의 함수 상태와 잔골재 속의 5 mm 체에 남는 양, 굵은골재 속의 5 mm 체를 통과하는 양을 고려하여 시방배합을 수정해야 한다.

❶ **입도에 대한 보정**

현장 골재에서 잔골재 속에 들어 있는 굵은골재량(5 mm 체에 남는 양)과 굵은골재 속에 들어 있는 잔골재량(5 mm 체를 통과하는 양)에 따라 입도를 보정한다.

$$x + y = S + G$$
$$ax + (100 - b)y = 100G$$
$$by + (100 - a)x = 100S$$

위의 방정식을 풀면 다음 식을 얻을 수 있다.

$$x = \frac{100S - b(S + G)}{100 - (a + b)}$$

$$y = \frac{100G - a(S + G)}{100 - (a + b)}$$

여기서, x : 실제 계량할 단위 잔골재량(kg)
y : 실제 계량할 단위 굵은골재량(kg)
S : 시방배합의 단위 잔골재량 실제 계량(g)
G : 시방배합의 단위 굵은골재량(kg)
a : 잔골재 속의 굵은골재량(잔골재 중 5 mm 체에 남는 양)(%)
b : 굵은골재 속의 잔골재량(굵은골재 중 5 mm 체를 통과하는 양)

❷ **표면수에 대한 보정**

현장 골재의 함수 상태에 따라 콘크리트의 함수량이 달라지고 골재량도 달라진다. 따라서 골

재의 함수 상태에 따라 시방배합의 물의 양과 골재량을 보정하여야 한다.
㉠ 표면 건조 포화 상태를 가정했으므로 기건 또는 절건 상태라면 가정했던 것보다 물이 적게 들어가는 것이다. 이때는 표건 상태가 될 만큼 물을 추가해 주고, 물이 추가되는 무게만큼 골재량을 줄인다.
㉡ 표면 건조 포화 상태를 가정했으므로 습윤 상태라면 가정했던 것보다 물이 많이 들어가는 것이다. 이때는 표면수만큼 물의 양을 줄이고, 물의 양이 줄어드는 무게만큼 골재량을 늘린다.

$$S' = x\left(1 + \frac{c}{100}\right)$$
$$G' = y\left(1 + \frac{d}{100}\right)$$
$$W' = W - x\frac{c}{100} - y\frac{d}{100}$$

여기서, S' : 실제 계량해야 할 단위 잔골재량(kg)
G' : 실제 계량해야 할 단위 굵은골재량(kg)
c : 현장 잔골재의 표면수율(%)
d : 현장 굵은골재의 표면수율(%)
W' : 계량해야 할 단위수량(kg)
W : 시방배합의 단위수량(kg)

Section 2.4 콘크리트의 종류

1) 철근콘크리트

① 콘크리트는 압축에는 강하나 인장에 약하므로 콘크리트 속에 철근을 넣어 인장강도를 보강한 콘크리트이다.
② 철근콘크리트는 압축강도와 내구성, 내화성이 크고 일체성이 있으며, 철근으로 보강했으므로 인장강도도 커서 구조용 재료로 가장 많이 사용된다.

> **학습 POINT**
>
> **철근콘크리트 구조의 성립 이유**
> - 철근과 콘크리트는 온도에 의한 **열팽창계수**가 비슷하다.
> - 굳은 콘크리트 속에 있는 철근은 힘을 받아도 그 주변 콘크리트와의 큰 **부착력** 때문에 잘 빠져나오지 않는다.
> - 콘크리트 속에 묻혀 있는 철근은 콘크리트의 알칼리 성분에 의해서 **녹**이 슬지 않는다.

2) 프리스트레스트 콘크리트

① 콘크리트에 생기는 인장응력을 상쇄시키거나 감소시키기 위해서 **강선이나 강봉을 미리 긴장시켜 압축응력을 주어 만든 콘크리트**이다.
② 프리스트레스트 콘크리트는 균열과 처짐이 비교적 적으며 지간을 길게 할 수 있다. 그러나 강성이 작아서 변형이 크고 진동하기 쉽다.

3) 유동화 콘크리트

① 콘크리트에 유동화제(고성능 감수제)를 혼입하여 물-결합재비는 유지한 채 유동성을 증대시킨 콘크리트이다.
② 운반 시간을 길게 만들 수 있고, 슬럼프가 작아져 시공하기 어려운 곳에 사용한다.

4) AE 콘크리트

콘크리트에 AE제를 혼입하여 **AE 공기**가 발생되도록 한 콘크리트이다.
① 콘크리트의 **워커빌리티가 향상**되고, **블리딩이 감소**한다.
② 기상작용에 대한 내구성과 수밀성이 향상된다.
③ 워커빌리티가 향상되므로 **단위수량을 감소**시킬 수 있다.
④ 공기량에 비례하여 콘크리트 강도와 철근의 **부착강도가 작아진다**.

>  학습 POINT
> AE제는 콘크리트 용적의 4~7% 정도 공기량을 증가시켜 공기의 연행에 의하여 워커빌리티를 개선한다.

5) 팽창콘크리트

① 콘크리트에 팽창제를 사용하여 콘크리트가 굳을 때 부피를 팽창시켜 건조수축에 의한 균열을 막는 콘크리트이다.
② 물탱크, 지붕 슬래브, 지하벽, 이음매 없는 콘크리트 포장 등에 사용된다.

6) 강섬유 보강 콘크리트

① 콘크리트의 인장강도, 휨강도, 충격강도 등을 개선시키기 위하여 콘크리트 속에 짧은 강섬유를 고르게 분산시킨 콘크리트이다.
② 주로 도로 및 활주로의 포장, 터널 라이닝, 각종 구조물의 보수, 프리캐스트 콘크리트 제품 등에 사용된다.

7) 한중콘크리트

① 한중콘크리트는 하루 평균 기온이 **약 4℃ 이하**가 되는 기상 조건에서 사용하는 콘크리트이다.
② 한중콘크리트 타설 시 재료를 가열하여 사용하기도 하는데, 시멘트를 투입하기 전에 믹서 안의 재료 온도는 40℃를 넘지 않는 것이 좋다.
③ 응결 경화 반응이 지연되고 콘크리트가 동결할 염려가 있거나 타설 후 28일간 외기 온도가 평균 3.2℃ 이하의 기간에 사용한다.

8) 서중콘크리트

① 서중콘크리트는 하루 평균 기온이 **약 25℃를 초과**하거나 하루 최고 온도가 30℃를 초과하는 기상 조건에서 사용하는 콘크리트이다.
② 배합은 필요한 강도 및 워커빌리티를 얻는 범위 내에서 **단위수량과 시멘트량이 적게** 되도록 한다.
③ 콘크리트를 비벼서 쳐 넣을 때까지의 시간은 1시간 30분(90분)을 넘어서는 안 된다.

9) 수밀콘크리트

① 물이 새지 않도록 치밀하게 만들어 수밀성이 큰 콘크리트이다.
② 일반적인 경우보다 잔골재율을 어느 정도 크게 하는 것이 좋다.
③ AE제, 감수제, AE감수제, 고성능 감수제, 포졸란 등을 사용한다.
④ 물-결합재비를 55% 이하로 한다.
⑤ 투수·투습에 의해 구조물의 안전성, 내구성, 기능성, 유지 관리 및 외관 등에 의하여 영향을 받는 각종 저장시설, 지하 구조물, 수리 구조물, 저수조, 수영장, 상하수도 시설, 터널 등 수밀을 요하는 구조물에 적용한다.

10) 수중콘크리트

① **물속에 콘크리트를 치는 것**을 수중콘크리트라 한다.
② 공기 중에서 시공할 때보다 높은 배합강도를 가진 콘크리트를 사용해야 한다.
③ 재료분리가 될 수 있는 대로 적게 되도록 시공해야 한다.
④ 방파제의 기초, 호안 기초, 수문 기초, 케이슨 바닥, 안벽 등의 구조물에 사용된다.
⑤ 물-결합재비는 50% 이하로 하고, 잔골재율은 40~45%를 표준으로 한다.
⑥ 트레미, 콘크리트 펌프, 밑열림 상자, 밑열림 포대 등을 사용한다.

11) 해양콘크리트

① 항만이나 해안지역에서 구조물을 지을 때 사용하는 콘크리트를 말한다.

② 염해로 인한 손상이 발생되기 쉬우므로 내구성이 강하고 강도와 수밀성이 커야 한다.
③ 고로 시멘트, 플라이애시 시멘트 등의 혼합 시멘트 사용이 적합하다.

12) 매스콘크리트

① **부재 단면이 큰 콘크리트**를 말한다.
② 매스콘크리트 구조물에서는 시멘트의 **수화열**이 축적되어 **온도 균열**이 생기기 쉽기 때문에 시공상 특별한 고려가 필요하다.

13) 뿜어붙이기 콘크리트

① 압축 공기를 이용하여 시공면에 모르타르나 콘크리트를 뿜어붙이는 것으로, 숏크리트(shotcrete)라고도 한다.
② 설치공법에는 건식공법과 습식공법이 있다.
③ 굵은골재는 최대치수 10~15 mm의 부순돌 또는 강자갈을 사용한다.
④ 거푸집이 필요없고, 급속 시공이 가능하기 때문에 공사 기간이 짧아진다.
⑤ 터널이나 비탈면의 보호, 구조물의 라이닝, 댐·교량의 보수 공사에 사용된다. 터널 굴착 후 사용할 경우, 3~4시간 안에 매끈한 내벽을 완성하고 벽면 전체를 지지시킬 수 있다.

14) 프리플레이스트 콘크리트

① 미리 거푸집 안에 굵은골재를 채우고 그 틈 사이에 특수 모르타르를 주입하는 것을 프리플레이스트 콘크리트(preplaced concrete)라고 한다.
② 프리플레이스트 콘크리트에서 굵은골재 공극 중에 모르타르를 주입할 때 굵은골재의 최소치수는 15 mm 이상이어야 한다.
③ 블리딩 및 레이턴스가 적다.
④ 조기강도는 보통 콘크리트에 비해 작으나 장기강도가 크다.
⑤ 수중콘크리트에 적합하다.

CHAPTER 02 적중 예상문제

제2장 **콘크리트**

01 시멘트, 잔골재, 물 및 필요에 따라 첨가하는 혼화재료를 구성재료로 하여, 이들을 비벼서 만든 것 또는 경화된 것을 무엇이라 하는가?
① 시멘트풀 ② 모르타르
③ 무근콘크리트 ④ 철근콘크리트

해설 ㉠ 시멘트풀(시멘트 페이스트) : 시멘트와 물을 섞어 반죽하여 만든 것으로, 콘크리트에서는 굵은골재와 잔골재가 서로 잘 부착되도록 접착 역할을 한다.
㉡ 모르타르 : 시멘트와 모래를 1:1~1:3 정도의 중량비로 섞고 물에 반죽하여 만든 것으로, 콘크리트 표면 등의 미장용과 벽돌, 블록, 석재, 기와 등을 쌓을 때 접착제로 사용된다.
㉢ 콘크리트 : 시멘트에 모래와 자갈을 섞고 물에 반죽하여 만든 것으로, 만드는 방법이 간단하고 내구성이 커서 건설 공사의 구조 재료로 주로 사용된다.

02 다음의 토목 재료에 대한 설명 중 옳지 않은 것은?
① 시멘트와 잔골재를 물로 비빈 것을 모르타르라 한다.
② 시멘트에 물만 넣고 반죽한 것을 시멘트풀이라고 한다.
③ 시멘트, 잔골재, 굵은골재, 혼화재료를 섞어 물로 비벼서 만든 것을 콘크리트라 한다.
④ 보통 콘크리트는 전체 부피의 약 70%가 시멘트풀이고, 30%는 골재로 되어 있다.

해설 보통 콘크리트는 전체 부피의 약 70%가 골재이고, 나머지 30%가 물, 시멘트, 공기로 이루어져 있다.

★
03 토목 재료 요소의 콘크리트 특징으로 옳지 않은 것은?
① 콘크리트 자체의 무게가 무겁다.
② 압축강도와 내구성이 크다.
③ 재료의 운반과 시공이 쉽다.
④ 압축강도에 비해 인장강도가 크다.

해설 콘크리트의 인장강도는 압축강도의 약 1/10~1/13 정도이다.

04 잔골재와 굵은골재로 분류하는 체의 크기는?
① 3 mm ② 4 mm
③ 5 mm ④ 10 mm

해설 ㉠ 굵은골재 : 5 mm 체를 거의 다 통과하고 남는 골재
㉡ 잔골재 : 5 mm 체를 다 통과하고 0.08 mm 체에 다 남는 골재

05 부순 골재에 대한 설명 중 옳은 것은?
① 부순 잔골재의 석분은 콘크리트 경화 및 내구성에 도움이 된다.
② 부순 굵은골재는 시멘트풀과 부착이 좋다.
③ 부순 굵은골재는 콘크리트를 비빌 때 소요 단위수량이 적어진다.
④ 부순 굵은골재를 사용한 콘크리트는 수밀성은 향상되나 휨강도는 감소된다.

해설 콘크리트용으로 사용하는 부순 골재의 특징
㉠ 시멘트와의 부착력이 좋다.
㉡ 휨강도가 커서 포장 콘크리트에 사용하면 좋다.
㉢ 단위수량이 많이 요구된다.
㉣ 수밀성, 내구성이 약간 저하된다.

정답 1. ② 2. ④ 3. ④ 4. ③ 5. ②

06 콘크리트 골재 중 중량 골재란 골재의 비중이 얼마 이상을 말하는가?

① 2.70
② 2.90
③ 3.0
④ 3.1

해설
㉠ 경량 골재 : 비중이 2.50 이하의 골재
㉡ 보통 골재 : 2.50~2.65로서 일반적으로 사용되는 골재
㉢ 중량 골재 : 비중이 2.70 이상인 골재

07 콘크리트용 골재로서 요구되는 성질이 아닌 것은?

① 골재 낱알의 크기가 균등하게 분포될 것
② 필요한 무게를 가질 것
③ 단단하고 치밀할 것
④ 알의 모양은 둥글거나 입방체에 가까울 것

해설 골재가 갖추어야 할 성질
㉠ 단단하고 내구적일 것
㉡ 깨끗하고 먼지·흙 등이 섞이지 않을 것
㉢ 모양이 입방체 또는 둥근형에 가깝고 얇은 조각, 가늘고 긴 조각 등이 없을 것
㉣ 입도가 적당할 것
㉤ 유기불순물을 가지지 않을 것
㉥ 닳음에 대한 저항성이 클 것
㉦ 필요한 무게를 가질 것

08 굵은골재의 최대치수는 질량비로 몇 % 이상을 통과시키는 체 가운데에서 가장 작은 치수의 체눈을 체의 호칭치수로 나타낸 것인가?

① 80%
② 85%
③ 90%
④ 95%

해설 굵은골재 최대치수
질량비로 90% 이상을 통과시키는 체 중에서 최소치수의 체눈을 호칭치수로 나타낸다.

09 골재의 절대 건조 상태란 건조로의 온도를 얼마로 가열했을 때인가?

① 100±15℃
② 105±5℃
③ 110±15℃
④ 115±5℃

해설 절대 건조 상태(노건조 상태, 절건 상태)
건조기를 사용하여 약 110℃의 온도에서 24시간 이상 건조시켜 골재 내부의 공극에 포함된 물을 전부 제거한 상태

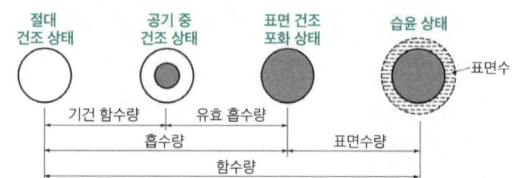

10 골재의 함수 상태 네 가지 중 습기가 없는 실내에서 자연 건조시킨 것으로서 골재알 속의 빈틈 일부가 물로 차 있는 상태는?

① 습윤 상태
② 절대 건조 상태
③ 표면 건조 포화 상태
④ 공기 중 건조 상태

해설 공기 중 건조 상태(기건 상태)
실내에서 자연 건조시켜 골재 내부의 공극 일부가 물로 차 있는 상태

11 골재의 표면수는 없고 골재알 속의 빈틈이 물로 차 있는 상태는?

① 절대 건조 상태
② 기건 상태
③ 습윤 상태
④ 표면 건조 포화 상태

해설 표면 건조 포화 상태(표건 상태)
골재를 침수시켰다가 표면의 물기만 제거해 표면에는 물기가 없고 내부 공극은 물로 가득 차 있는 상태

정답 6.① 7.① 8.③ 9.③ 10.④ 11.④

12 골재알 속이 물로 차 있고 표면에도 물기가 있는 상태를 무엇이라 하는가?

① 습윤 상태
② 표면 건조 포화 상태
③ 공기 중 건조 상태
④ 불포화 상태

해설 **습윤 상태**
골재 내부 공극은 물로 가득 차 있고 표면에 표면수가 있는 상태

13 공기 중 건조 상태에서 골재의 입자가 표면 건조 포화 상태로 되기까지 흡수된 물의 양을 말하는 것은?

① 유효 흡수량   ② 흡수량
③ 표면수량   ④ 함수량

해설 **유효 흡수량**
골재알이 공기 중 건조 상태에서 표면 건조 포화 상태로 되기까지 흡수된 물의 양을 유효 흡수량이라고 하며, 유효 흡수율은 유효 흡수량을 절대 건조 상태 골재의 무게비(%)로 나타낸 것이다.

14 골재의 함수량에서 흡수량을 뺀 것은?

① 유효 흡수량   ② 흡수량
③ 표면수량   ④ 함수량

해설 **표면수량**
골재알의 표면에 묻어 있는 수량을 표면수량이라고 하며, 표면수율은 표면수량을 표면 건조 상태 골재의 무게비(%)로 나타낸 것이다.

15 골재의 크고 작은 알이 섞여 있는 정도를 무엇이라 하는가?

① 골재의 평형   ② 골재의 조립률
③ 골재의 입도   ④ 골재의 비중

해설 골재의 입도란 골재의 크고 작은 입자의 혼합된 정도를 말하며, 크고 작은 입자가 적절하게 혼합되어 있을 때 입도가 좋다고 표현한다. 입도가 좋은 골재를 사용할 때에는 비교적 적은 단위시멘트량으로 워커빌리티가 좋고 강도, 내구성, 수밀성 등이 큰 양질의 콘크리트를 만들 수 있어 경제적이다.

16 습윤 상태에 있어서 중량 120 g의 모래를 건조시켜 표면 건조 포화 상태에서 105 g, 공기 건조 상태에서 100 g, 노건조 상태에서 97 g의 무게가 되었을 때 흡수율은?

① 14.3%   ② 5.5%
③ 8.2%   ④ 23.7%

해설 골재알이 절대 건조 상태에서 표면 건조 포화 상태로 되기까지 흡수한 물의 양을 흡수량이라고 하며, 흡수량을 절대 건조 상태 골재의 무게비(%)로 나타낸 것을 흡수율이라고 한다.

$$흡수율(\%) = \frac{표건\ 상태 - 절건\ 상태}{절건\ 상태} \times 100$$
$$= \frac{105 - 97}{97} \times 100\% = 8.2\%$$

17 골재에서 F.M(Fineness Modulus)이란 무엇을 뜻하는가?

① 입도   ② 조립률
③ 잔골재율   ④ 골재의 단위량

해설 골재의 조립률 F.M(Fineness Modulus)이란 골재의 입도를 수치적으로 나타내는 방법이다. 10개의 체(80 mm, 40 mm, 20 mm, 10 mm, 5 mm, 2.5 mm, 1.2 mm, 0.6 mm, 0.3 mm, 0.15 mm)에 남은 양으로 조립률을 계산한다.

$$조립률(F.M) = \frac{각\ 체에\ 남은\ 양의\ 누계의\ 합}{100}$$

18 골재의 조립률에 관한 설명으로 옳지 않은 것은?

① 잔골재의 조립률이 콘크리트의 품질 특성에 영향을 준다.
② 골재의 입도를 수치적으로 나타낸 것을 조립률이라 한다.
③ 조립률을 구할 때 쓰이는 체는 5개이다.
④ 조립률이 큰 값일수록 굵은 입자가 많이 포함되어 있다는 것을 의미한다.

해설 조립률을 구하기 위해서 10개의 체(80 mm, 40 mm, 20 mm, 10 mm, 5 mm, 2.5 mm, 1.2 mm, 0.6 mm, 0.3 mm, 0.15 mm)를 사용한다.

정답 12. ① 13. ① 14. ③ 15. ③ 16. ③ 17. ② 18. ③

19 품질이 좋은 콘크리트를 만들기 위한 잔골재 조립률의 범위로 옳은 것은?

① 2.3~3.1　　② 3.2~4.7
③ 6~8　　　　④ 8~10

해설 잔골재는 2.3~3.1, 굵은골재는 6~8 범위가 적절하다.

20 조립률을 구하는 데 사용되는 체가 아닌 것은?

① 40 mm　　② 10 mm
③ 1.2 mm　　④ 0.5 mm

해설 조립률은 80 mm, 40 mm, 20 mm, 10 mm, 5 mm, 2.5 mm, 1.2 mm, 0.6 mm, 0.3 mm, 0.15 mm 등 10개의 체를 1조로 하여 체가름 시험을 하였을 때, 각 체에 남은 누계량의 전체 시료에 대한 질량백분율의 합을 100으로 나눈 값이다.

21 1 g의 시멘트가 가지고 있는 전체 입자의 표면적의 합계를 무엇이라 하는가?

① 비표면적
② 총표면적
③ 단위표면적
④ 표면적

해설 1 g의 시멘트가 가지고 있는 전체 입자의 총표면적을 비표면적이라 한다.

★ 22 시멘트의 분말도에 대한 설명 중 틀린 것은?

① 시멘트 입자의 가는 정도를 나타내는 것을 분말도라 한다.
② 시멘트의 분말도가 높으면 수화작용이 빨라서 조기강도가 커진다.
③ 시멘트의 분말도가 높으면 풍화되기 쉽고, 건조수축이 커진다.
④ 시멘트의 오토클레이브 팽창도 시험방법에 의하여 분말도를 구한다.

해설 시멘트의 오토클레이브 시험방법은 시멘트의 팽창도 시험이며, 시멘트의 분말도 시험방법은 블레인(blaine) 공기투과장치로 이루어진다.

23 분말도가 높은 시멘트의 성질에 대한 설명으로 틀린 것은?

① 수화작용이 빠르다.
② 조기강도가 커진다.
③ 건조수축이 작아진다.
④ 풍화하기 쉽다.

해설 분말도가 높은 시멘트의 특징
㉠ 수화작용이 빨라 응결이 빠르고 발열량이 크며, 조기강도가 크다.
㉡ 워커빌리티가 좋아진다.
㉢ 블리딩이 적고 비중이 가벼워진다.
㉣ 수화열이 많아져 건조수축이 커지며 균열이 발생하기 쉽다.
㉤ 풍화되기 쉽다.

24 시멘트의 응결에 대한 설명 중 틀린 것은?

① 수량이 많고 시멘트가 풍화되었을 경우는 응결이 늦어진다.
② 온도와 분말도가 높고 습도가 낮을 경우는 응결이 빨라진다.
③ 석고의 양이 많으면 응결시간이 늦어진다.
④ 화학 성분 중에서 C_3A가 많으면 응결이 늦어진다.

해설 알루민산삼석회(C_3A)가 많으면 응결이 빨라진다.

25 시멘트의 구성 화합물들이 물과 접촉하여 각각 특유한 화학반응을 일으켜서 다른 화합물이 되는 작용을 무엇이라 하는가?

① 응결작용　　② 수화작용
③ 경화작용　　④ 수축작용

해설 시멘트는 물과 닿으면 화학반응을 일으켜 수화물을 생성하는데, 이러한 반응을 수화작용이라고 하며, 이때 발생하는 열을 수화열이라고 한다.

정답　19. ①　20. ④　21. ①　22. ④　23. ③　24. ④　25. ②

26 풍화된 시멘트에 대하여 옳게 설명한 것은?

① 비중이 커진다.
② 응결이 빠르다.
③ 강도가 증가된다.
④ 강열감량이 증가한다.

해설 풍화
시멘트가 공기 중의 습기나 이산화탄소와 수화반응하여 수산화칼슘을 만들고, 수산화칼슘이 공기 중 탄산가스와 결합하여 탄산염을 만들어 시멘트의 품질을 저하시키는 현상

풍화된 시멘트의 특징
㉠ 강열감량이 증가한다.
㉡ 비중이 작아진다.
㉢ 응결 경화가 늦어진다.
㉣ 강도가 감소된다.

27 포틀랜드 시멘트의 종류로 옳지 않은 것은?

① 포틀랜드 플라이애시 시멘트
② 중용열 포틀랜드 시멘트
③ 조강 포틀랜드 시멘트
④ 저열 포틀랜드 시멘트

해설 포틀랜드 시멘트의 종류
㉠ 보통 포틀랜드 시멘트
㉡ 중용열 포틀랜드 시멘트
㉢ 조강 포틀랜드 시멘트
㉣ 저열 포틀랜드 시멘트
㉤ 내황산염 포틀랜드 시멘트
㉥ 백색 포틀랜드 시멘트

28 댐과 같은 콘크리트 단면이 큰 공사에 가장 적합한 시멘트는?

① 중용열 포틀랜드 시멘트
② 보통 포틀랜드 시멘트
③ 알루미나 시멘트
④ 백색 포틀랜드 시멘트

해설 중용열 포틀랜드 시멘트
㉠ 수화열을 적게 하기 위해서 규산삼석회(C_3S), 알루민산삼석회(C_3A)의 함유량을 제한하고 규산이석회(C_2S)의 알루민산철사석회(C_4AF) 양을 적당량 증가시킨다.
㉡ 수화열이 적어서 건조수축이 작고 장기강도가 크다.
㉢ 수화열이 적으므로 서중콘크리트에 사용하기 용이하다.
㉣ 댐과 같은 매스콘크리트, 방사선 차폐용 콘크리트 등의 단면이 큰 콘크리트에 적합하다.

29 경화가 빠르고 조기강도가 커서 공기를 단축할 수 있고 한중콘크리트와 수중 콘크리트 시공에 적합한 시멘트는 어느 것인가?

① 중용열 포틀랜드 시멘트
② 실리카 시멘트
③ 플라이애시 시멘트
④ 조강 포틀랜드 시멘트

해설 조강 포틀랜드 시멘트
㉠ 보통 포틀랜드 시멘트보다 조기강도가 크며, 재령 7일에서 보통 포틀랜드 시멘트의 재령 28일 강도를 낸다.
㉡ 보통 포틀랜드 시멘트에 비해서 규산삼석회(C_3S)의 함유량을 높이고 규산이석회(C_2S)를 줄이는 동시에 분말도를 높였다.
㉢ 단기강도가 요구되는 긴급공사, 수중공사 등에 사용한다.
㉣ 수화열이 많으므로 겨울(한중콘크리트) 콘크리트 시공에 적합하다.
㉤ 수화열이 많아 균열이 발생하기 쉬우므로 매스콘크리트에 사용할 때에는 주의해야 한다.

30 댐·하천·항만 등의 구조물에 사용하는 시멘트로 가장 적합한 것은?

① 조강 포틀랜드 시멘트
② 알루미나 시멘트
③ 초속경 시멘트
④ 고로 슬래그 시멘트

해설 고로 슬래그 시멘트
㉠ 포틀랜드 시멘트 클링커에 고로 슬래그와 석고를 혼합한 것이다.
㉡ 수화열이 작고 수밀성이 크며 장기강도가 크다.
㉢ 황산염 등에 대한 화학적 저항성이 크다
㉣ 알칼리 골재반응을 억제한다.
㉤ 주로 댐, 하천, 항만 등의 구조물에 쓰이며, 해수, 하수, 공장 폐수와 닿는 콘크리트에 사용한다.

정답 26. ④ 27. ① 28. ① 29. ④ 30. ④

31 보통 포틀랜드 시멘트의 28일 강도는 조강 포틀랜드 시멘트의 며칠 강도와 비슷한가?

① 3일　　② 7일
③ 14일　　④ 28일

해설 조강 포틀랜드 시멘트는 조기강도가 크며, 재령 7일에서 보통 포틀랜드 시멘트의 재령 28일 강도를 낸다.

32 혼합 시멘트가 아닌 것은?

① 고로 슬래그 시멘트
② 플라이애시 시멘트
③ 포틀랜드 포졸란 시멘트
④ 알루미나 시멘트

해설 혼합 시멘트의 종류
㉠ 고로 슬래그 시멘트
㉡ 플라이애시 시멘트
㉢ 포틀랜드 포졸란 시멘트

33 알루미나 시멘트의 최대 특징은?

① 원료가 풍부하다.
② 조기강도가 크다.
③ 값이 싸다.
④ 타 시멘트와 혼합이 용이하다.

해설 알루미나 시멘트
㉠ 보크사이트와 석회석을 1:1로 섞어서 만든 것으로, 재령 1일에 보통 포틀랜드 시멘트 재령 28일의 압축강도를 나타낸다.
㉡ 시멘트 중에서 강도 발현이 가장 빠르다.
㉢ 조기강도가 커서 긴급공사에 사용한다.
㉣ 수화열이 커서 한중콘크리트에 알맞다.
㉤ 내화학성이 커서 해수공사에 알맞다.

34 다음 ( ) 안에 알맞은 값은?

> 혼화재료는 혼화제와 혼화재로 나뉘며, 사용량이 시멘트 무게의 ( )% 정도 이상이 되어 그 자체의 부피가 콘크리트의 배합 계산에 관계되는 것을 혼화재라고 한다.

① 1　　② 3
③ 5　　④ 8

해설 ㉠ 혼화재 : 사용량이 시멘트 중량의 5% 이상을 사용하여 콘크리트 배합설계 시 그 무게를 고려해야 한다. 플라이애시, 고로 슬래그 미분말, 팽창재, 착색재, 폴리머, 포졸란 등이 있다.
㉡ 혼화제 : 사용량이 시멘트 중량의 1% 정도 이하를 사용하여 콘크리트 배합설계 시 그 무게를 고려하지 않는다. 공기연행제(AE제), 감수제, 공기연행 감수제, 고성능 감수제, 유동화제, 촉진제, 급결제, 지연제, 발포제, 기포제 등이 있다.

35 혼화재료 중 사용량이 비교적 많아 그 자체의 부피가 콘크리트의 배합 계산에 영향을 끼치는 것은?

① 플라이애시　　② AE제
③ 감수제　　④ 유동화제

해설
• 혼화재 : 첨가량이 비교적 많아 배합 계산에 그 양을 무시할 수 없는 것. 플라이애시, 고로 슬래그 미분말, 팽창재
• 혼화제 : 첨가량이 소량으로서 배합 계산에서 그 양을 무시할 수 있는 것. AE제, 감수제, 고성능 감수제, 촉진제, 급결제, 지연제, 발포제, 기포제, 유동화제

36 가루 석탄을 연소시킬 때 굴뚝에서 집진기로 모은 아주 작은 입자의 재이며 실리카질 혼화재로 입자가 둥글고 매끄럽기 때문에 콘크리트의 워커빌리티를 좋게 하고 수화열이 적으며, 장기강도를 크게 하는 것은?

① 포졸란(pozzolan)
② 플라이애시(fly ash)
③ 고로 슬래그 미분말
④ AE제

해설 플라이애시는 포졸란의 한 종류로서 화력발전소에서 석탄이나 중유 등을 연소했을 때에 생성되는 미세한 입자의 재를 전기집진기로 채취한 것이다.
㉠ 볼 베어링 효과로 유동성이 커져서 워커빌리티가 개선되므로 단위수량을 줄일 수 있다.
㉡ 단위수량이 줄어들어 수화열이 작아 건조수축이 적게 일어나므로 수밀성이 크며 장기강도가 크다.
㉢ 해수 등에 대한 화학적 저항성이 커서 댐, 방파제, 하수처리시설 등에 사용된다.

정답 31.② 32.④ 33.② 34.③ 35.① 36.②

37 콘크리트가 경화되는 도중에 부피가 늘어나게 하여 콘크리트의 건조수축에 의한 균열을 막는 데 사용하는 혼화재는?

① AE제 ② 플라이애시
③ 팽창성 혼화재 ④ 포졸란

해설 **팽창재**
㉠ 콘크리트가 굳을 때 부피를 팽창시켜 건조수축에 의한 균열을 막는다.
㉡ 석고계 팽창재, 철분계 팽창재, 석회계 팽창재 등이 있다.

38 혼화재 중 용광로에서 나오는 슬래그를 급랭시켜서 만든 가루는?

① 포졸란(pozzolan)
② 플라이애시(fly ash)
③ 고로 슬래그 미분말
④ AE제

해설 **고로 슬래그 미분말**
㉠ 용광로에서 나오는 슬래그를 급랭시켜 만든 미분말이다.
㉡ 콘크리트의 워커빌리티를 좋게 하고 수화열이 적으며 장기강도를 크게 한다.

39 시멘트 입자를 분산시켜 콘크리트의 필요한 반죽질기를 얻고 단위수량을 줄일 목적으로 사용하는 혼화제는?

① 감수제 ② 경화 촉진제
③ AE제 ④ 수포제

해설 **감수제, AE감수제**
㉠ 시멘트 입자를 흐트러지게 하여 소정의 반죽질기를 얻음으로써 단위수량을 줄일 수 있다.
㉡ 감수제에 AE 공기도 함께 생기도록 한 것을 AE감수제라고 한다.
㉢ 시멘트 분산작용으로 워커빌리티가 개선된다.
㉣ 소요 슬럼프 강도 확보를 위해 단위수량 및 단위시멘트를 감소시킬 목적으로 사용한다.
㉤ 단위수량을 줄임으로써 재료분리가 적어진다.
㉥ 건조수축을 감소시켜 수밀성이 향상되고 투수성이 감소한다.
㉦ 동결융해에 대한 저항성이 증대된다.

40 AE제를 사용할 때의 특성을 설명한 것으로 옳지 않은 것은?

① 철근과의 부착강도가 커진다.
② 동결융해에 대한 저항이 커진다.
③ 워커빌리티가 좋아지고 단위수량이 줄어든다.
④ 수밀성은 커지나 강도가 작아진다.

해설 **공기연행제(AE제)**
㉠ 콘크리트 속의 작은 기포(연행공기)를 고르게 분포시키는 계면활성제의 일종이다.
㉡ 콘크리트의 워커빌리티가 향상되고 블리딩이 감소한다.
㉢ 기상작용에 대한 내구성과 수밀성이 향상된다.
㉣ 워커빌리티가 향상되므로 단위수량을 감소시킬 수 있다.
㉤ AE제가 너무 많이 들어갈 경우, 발생된 공기로 인하여 콘크리트와 철근이 닿는 표면적이 작아지므로 콘크리트 강도와 철근의 부착강도가 다소 작아진다.

41 시멘트의 응결을 빠르게 하기 위하여 사용하는 혼화제는?

① 자연제 ② 발포제
③ 급결제 ④ 기포제

해설 **급결제**
㉠ 시멘트의 응결을 극도로 촉진하여 단시간에 굳게 하기 위해 사용한다.
㉡ 뿜어붙이기 공법(shotcrete), 그라우트에 의한 누수 방지 공법 등 급속공사에 이용된다.
㉢ 급결제를 사용하면 1~2일의 단기강도는 증대하지만 장기강도의 발현은 느린 경우가 많다.

42 콘크리트 속에 일반적으로 많이 사용되는 응결 경화 촉진제는?

① 플라이애시 ② 산화철
③ 내황산염 ④ 염화칼슘

해설 콘크리트의 응결 경화 촉진제로는 일반적으로 염화칼슘을 많이 사용한다.

43 콘크리트를 연속으로 칠 경우 콜드 조인트가 생기지 않도록 하기 위하여 사용할 수 있는 혼화제는?

① 지연제 ② 급결제
③ 발포제 ④ 촉진제

해설 지연제
㉠ 콘크리트의 응결이나 초기경화를 지연시키기 위하여 사용한다.
㉡ 서중콘크리트 시공이나 레디믹스트 콘크리트 운반 중 응결을 방지하기 위해 사용한다.
㉢ 대형 구조물 등 콘크리트의 연속 타설을 할 때 콘크리트 구조에 작업이음(cold and work joint)이 생기지 않도록 하기 위해서 사용한다.

44 알루미늄 또는 아연가루를 넣어, 시멘트가 응결할 때 수소가스를 발생시켜 모르타르 또는 콘크리트 속에 아주 작은 기포를 생기게 하는 혼화제는?

① 지연제 ② 발포제
③ 팽창제 ④ 기포제

해설 발포제
㉠ 알루미늄 또는 아연가루를 넣어 시멘트가 응결할 때 수소가스를 발생시켜 모르타르 또는 콘크리트 속에 아주 작은 기포를 발생시킨다. 이때 발생한 기포를 발생제라고 한다.
㉡ 용적을 증가시켜 경량화할 수 있고 단열성을 높일 수 있다.
㉢ 프리팩트 콘크리트용 그라우트, 프리스트레스트 콘크리트용 그라우트 등에 사용된다.

45 굵은골재의 최대치수, 잔골재율, 잔골재 입도, 반죽질기 등에 의한 마무리하기 쉬운 정도를 나타내는 굳지 않은 콘크리트의 성질을 뜻하는 것은?

① 반죽질기 ② 워커빌리티
③ 성형성   ④ 피니셔빌리티

해설 피니셔빌리티(finishability)
굵은골재의 최대치수, 잔골재율, 잔골재의 입도, 반죽질기 등에 따라 표면을 마무리하기 쉬운 정도를 나타낸다.

46 철근콘크리트에서 철근이 녹슬지 않도록 사용하는 혼화제는?

① AE제
② 경화 촉진제
③ 감수제
④ 방청제

해설 방청제는 콘크리트 속의 철근이 염화물에 의해 부식되는 것을 방지한다.

★ 47 주로 물의 양이 많고 적음에 따라 반죽이 되고 진 정도를 나타내는 굳지 않은 콘크리트의 성질은?

① 반죽질기 ② 워커빌리티
③ 성형성   ④ 피니셔빌리티

해설 반죽질기(consistency)
주로 수량의 많고 적음에 따라 반죽이 되고 진 정도를 나타내는 굳지 않은 콘크리트의 성질로, 변형 또는 유동에 대한 저항성의 정도를 나타낸다.

★ 48 반죽질기의 정도에 따르는 작업이 어렵고 쉬운 정도 및 재료의 분리에 저항하는 정도를 나타내는 굳지 않은 콘크리트의 성질을 무엇이라 하는가?

① 반죽질기 ② 워커빌리티
③ 성형성   ④ 피니셔빌리티

해설 워커빌리티(workability)
반죽질기의 정도에 따르는 운반, 타설, 다짐, 마무리 등 작업의 난이 정도 및 재료의 분리에 저항하는 정도를 나타낸다.

49 굳지 않은 콘크리트 성질 중 거푸집에 쉽게 다져 넣을 수 있고 거푸집을 떼어내면 천천히 모양이 변하기는 하지만 허물어지거나 재료의 분리가 일어나는 일이 없는 것은 무엇인가?

① 반죽질기 ② 워커빌리티
③ 성형성   ④ 피니셔빌리티

정답 43. ① 44. ② 45. ④ 46. ④ 47. ① 48. ② 49. ③

해설 **성형성(plasticity)**
거푸집에 쉽게 다져 넣을 수 있고, 거푸집을 제거하면 천천히 형상이 변하기는 하지만 허물어지거나 재료가 분리되는 일이 없는 성질을 말한다.

50 다음 워커빌리티에 영향을 끼치는 요소 중 가장 중요한 것은?

① 단위시멘트량　② 단위수량
③ 단위 잔골재량　④ 단위 혼화재량

해설 워커빌리티에 가장 영향을 끼치는 것은 사용 수량이다. 물의 양이 많을수록 콘크리트는 묽은 반죽이 되어 재료가 분리되기 쉽고, 물의 양이 적으면 된 반죽이 되어 유동성이 작아 워커빌리티가 나빠진다.

★
51 콘크리트의 워커빌리티에 영향을 미치는 요소에 대한 설명으로 옳지 않은 것은?

① 시멘트의 분말도가 높을수록 워커빌리티가 좋아진다.
② AE제, 감수제 등의 혼화제를 사용하면 워커빌리티가 좋아진다.
③ 시멘트양에 비해 골재의 양이 많을수록 워커빌리티가 좋아진다.
④ 단위수량이 적으면 유동성이 적어 워커빌리티가 나빠진다.

해설 단위시멘트양이 많을수록 워커빌리티가 좋아진다.

워커빌리티에 영향을 주는 요인
㉠ 시멘트 : 시멘트가 많고 분말도가 높을수록 워커빌리티가 좋아진다. 풍화된 시멘트를 사용할 경우, 슬럼프가 증가하고 재료분리가 발생할 수 있다.
㉡ 골재 : 시멘트의 양에 비해 골재의 양이 적을수록, 골재알의 모양이 둥글수록 워커빌리티가 좋아진다.
㉢ 혼화재료 : 플라이애시, 고로 슬래그 미분말 등의 혼화재와 AE제, 감수제, AE감수제 등의 혼화제를 사용하면 워커빌리티가 좋아진다.
㉣ 물 : 워커빌리티에 가장 영향을 끼치는 것은 사용 수량이다. 물의 양이 많을수록 콘크리트는 묽은 반죽이 되어 재료가 분리되기 쉽고, 물의 양이 적으면 된 반죽이 되어 유동성이 작아 워커빌리티가 나빠진다.

★
52 굳지 않은 콘크리트의 작업 후 재료분리 현상으로 시멘트와 골재가 가라앉으면서 물이 올라와 콘크리트 표면에 떠오르는 현상은?

① 크리프　② 블리딩
③ 레이턴스　④ 워커빌리티

해설 **블리딩**
㉠ 콘크리트를 친 뒤에 시멘트와 골재알이 가라앉으면서 물이 콘크리트 표면으로 떠오르는 블리딩 현상이 발생한다.
㉡ 블리딩이 커지면 콘크리트 윗부분의 강도가 작아지고 수밀성과 내구성이 나빠진다.

53 블리딩을 작게 하는 방법으로 잘못된 것은?

① 분말도가 높은 시멘트를 사용한다.
② 단위수량을 크게 한다.
③ AE제를 사용한다.
④ 포졸란을 사용한다.

해설 블리딩 현상을 줄이기 위해서는 분말도가 높은 시멘트를 사용하거나 AE제나 포졸란 등을 사용하여 단위수량을 줄인다.

54 워싱턴형 공기량 측정기를 사용하여 공기실의 일정한 압력을 콘크리트에 주었을 때 공기량으로 인하여 공기실의 압력이 떨어지는 것으로부터 공기량을 구하는 방법은 무엇인가?

① 무게법　② 부피법
③ 공기실 압력법　④ 진공법

해설 **콘크리트의 공기량 측정방법**
㉠ 무게법 : 공기량이 전혀 없는 것으로 하여 시방 배합에서 계산한 콘크리트의 단위 무게와 실제로 측정한 단위 무게와의 차이로 공기량을 구하는 방법
㉡ 부피법 : 콘크리트 속의 공기량을 물로 치환하여 치환한 물의 부피로부터 공기량을 구하는 방법
㉢ 공기실 압력법 : 워싱턴형 공기량 측정기를 사용하며, 보일(Boyle)의 법칙에 의하여 공기실에 일정한 압력을 콘크리트에 주었을 때 공기량으로 인하여 법칙에 저하하는 것으로부터 공기량을 구하는 방법

정답 50. ② 51. ③ 52. ② 53. ② 54. ③

55 AE 콘크리트의 특징으로 옳지 않은 것은?
① 공기량에 비례하여 압축강도가 커진다.
② 워커빌리티가 좋다.
③ 수밀성이 좋다.
④ 동결융해에 대한 저항성이 크다.

해설 공기량 1% 증가에 대해 압축강도가 4~6% 정도 작아진다.

56 콘크리트를 친 후 비중 차이로 시멘트와 골재알이 가라앉으며 물이 올라와 콘크리트의 표면에 가라앉은 작은 물질을 무엇이라 하는가?
① 슬럼프   ② 레이턴스
③ 워커빌리티 ④ 반죽질기

해설 레이턴스
㉠ 블리딩 현상에 의하여 콘크리트의 표면에 떠올라 가라앉는 미세한 물질을 말한다.
㉡ 레이턴스는 굳어도 강도가 거의 없으므로 콘크리트를 덧치기할 때에는 이것을 없앤 뒤에 작업하여야 한다.

57 철근콘크리트에 사용하는 굳은 콘크리트의 성질 가운데 가장 중요한 것으로 일반적인 콘크리트의 강도를 의미하는 것은?
① 휨강도   ② 인장강도
③ 압축강도   ④ 전단강도

해설 콘크리트의 강도 중에서 압축강도가 가장 중요하며, 콘크리트 강도라 하면 보통 압축강도를 말한다. 이는 압축강도가 다른 강도에 비해서 현저하게 크기 때문이다.

58 콘크리트 압축강도에 영향을 끼치는 요소 중에서 가장 크게 영향을 주는 것은?
① 물-시멘트비
② 잔골재율
③ 단위 굵은골재의 절대 부피
④ 공기량

해설 콘크리트의 강도, 내구성 및 수밀성에 영향을 미치는 중요한 요소는 물-시멘트비이다. 물-시멘트비가 높을수록 콘크리트의 압축강도는 감소한다.

59 콘크리트의 강도에 대한 설명으로 옳지 않은 것은?
① 재령 28일의 콘크리트의 압축강도를 설계기준강도로 한다.
② 콘크리트의 인장강도는 압축강도의 약 1/10~1/13 정도이다.
③ 콘크리트의 휨강도는 압축강도의 약 1/5~1/8 정도이다.
④ 인장강도는 도로 포장용 콘크리트의 품질 결정에 이용된다.

해설 콘크리트의 휨강도는 도로 포장용 콘크리트의 품질 결정에 사용된다.

60 지름 150 mm의 원주형 공시체를 사용한 콘크리트의 압축강도시험에서 최대 압축하중이 225 kN이었다. 압축강도는 약 얼마인가?
① 10.0 MPa   ② 100 MPa
③ 12.7 MPa   ④ 127 MPa

해설 콘크리트의 압축강도
$$f_c = \frac{P}{A} = \frac{225 \times 10^3}{\frac{\pi \times 150^2}{4}} = 12.7 \text{ MPa}$$

61 콘크리트의 내구성에 영향을 끼치는 요인으로 가장 거리가 먼 것은?
① 동결과 융해
② 거푸집의 종류
③ 물 흐름에 의한 침식
④ 철근의 녹에 의한 균열

해설 콘크리트의 내구성이란 재료의 건습, 동결과 융해, 철근의 녹에 의한 균열, 마모 등의 물리적 작용이나 산, 알칼리 등의 화학적 작용에 견디는 성질이다.

정답 55.① 56.② 57.③ 58.① 59.④ 60.③ 61.②

62 콘크리트의 시방배합에서 잔골재는 어느 상태를 기준으로 하는가?

① 5 mm 체를 전부 통과하고 표면 건조 포화 상태인 골재
② 5 mm 체를 전부 통과하고 공기 중 건조 상태인 골재
③ 5 mm 체에 전부 남고 표면 건조 포화 상태인 골재
④ 5 mm 체에 전부 남고 공기 중 건조 상태인 골재

해설 시방배합은 시방서 또는 책임기술자가 지시한 배합이다. 골재의 함수 상태가 표면 건조 포화 상태이면서 잔골재는 5 mm 체를 전부 통과하고, 굵은골재는 5 mm 체에 다 남는 상태를 기준으로 한다.

★
63 시방배합과 현장배합에 대한 설명으로 옳지 않은 것은?

① 시방배합에서 골재의 함수상태는 표면 건조 포화 상태를 기준으로 한다.
② 시방배합에서 굵은골재와 잔골재를 구분하는 기준은 10 mm체이다.
③ 시방배합을 현장배합으로 고치는 경우 골재의 표면수량과 입도를 고려한다.
④ 시방배합을 현장배합으로 고치는 경우 혼화제를 희석시킨 희석수량 등을 고려하여야 한다.

해설 시방배합에서 굵은골재와 잔골재를 구분하는 기준은 5 mm 체이다.

64 콘크리트의 배합을 정하는 경우에 목표로 하는 압축강도를 무엇이라 하는가?

① 현장배합　② 설계기준강도
③ 시방배합　④ 배합강도

해설 배합강도란 콘크리트 배합을 정하는 경우에 목표로 하는 압축강도를 말한다. 배합강도는 현장 콘크리트의 품질 변동을 고려해서 설계기준강도보다 크게 정한다.

65 시방배합표에 속하지 않는 것은?

① 굵은골재의 최대치수
② 슬럼프의 범위
③ 잔골재율
④ 표면수

해설 시방배합표

굵은골재의 최대치수 [mm]	슬럼프 [mm]	W/C [%]	잔골재율 S/a [%]	단위량[kg/m³]				
				물 (W)	시멘트 (C)	잔골재 (S)	굵은골재 (G)	혼화재

66 콘크리트의 배합설계에서 실제 시험에 의한 설계기준강도(f_{ck})와 압축강도의 표준편차(s)를 구했을 때 배합강도(f_{cr})를 구하는 방법으로 옳은 것은? (단, $f_{ck} \leq 35\,\text{MPa}$인 경우)

① $f_{cr} = f_{ck} + 1.34s\,[\text{MPa}]$,
　$f_{cr} = (f_{ck} - 3.5) + 2.33s\,[\text{MPa}]$
　두 식으로 구한 값 중 작은 값

② $f_{cr} = f_{ck} + 1.34s\,[\text{MPa}]$,
　$f_{cr} = (f_{ck} - 3.5) + 2.33s\,[\text{MPa}]$
　두 식으로 구한 값 중 큰 값

③ $f_{cr} = f_{ck} + 1.34s\,[\text{MPa}]$,
　$f_{cr} = 0.9f_{ck} + 2.33s\,[\text{MPa}]$
　두 식으로 구한 값 중 작은 값

④ $f_{cr} = f_{ck} + 1.34s\,[\text{MPa}]$,
　$f_{cr} = 0.9f_{ck} + 2.33s\,[\text{MPa}]$
　두 식으로 구한 값 중 큰 값

해설 배합강도
㉠ $f_{ck} \leq 35\,\text{MPa}$인 경우
　$f_{cr} = f_{ck} + 1.34s\,[\text{MPa}]$,
　$f_{cr} = (f_{ck} - 3.5) + 2.33s\,[\text{MPa}]$
　두 식으로 구한 값 중 큰 값

정답 62. ① 63. ② 64. ④ 65. ④ 66. ②

ⓒ $f_{ck} > 35$ MPa인 경우
$f_{cr} = f_{ck} + 1.34s$ [MPa],
$f_{cr} = 0.9f_{ck} + 2.33s$ [MPa]
두 식으로 구한 값 중 큰 값

67 콘크리트를 배합설계할 때 물-시멘트비를 결정할 때의 고려사항으로 거리가 먼 것은?

① 압축강도   ② 단위시멘트량
③ 내구성   ④ 수밀성

해설 물-결합재비는 소요 강도의 내구성을 고려하여 정한다. 수밀성을 요하는 구조물에서는 콘크리트의 수밀성에 대해서도 고려하여야 한다. 물-결합재비를 결정하는 방법으로는 압축강도를 기준으로 하여 정하는 방법, 내동해성을 기준으로 하여 정하는 방법, 수밀성을 기준으로 하여 정하는 방법이 있다.

68 콘크리트 배합설계에서 물-시멘트비가 48%, 절대 잔골재율이 35%, 단위수량이 170 kg/m³를 얻었다면 단위시멘트량은 얼마인가?

① 485 kg/m³   ② 413 kg/m³
③ 354 kg/m³   ④ 327 kg/m³

해설 단위시멘트량
$= \dfrac{단위\ 수량}{물-시멘트비} = \dfrac{170}{0.48} = 354.17$ kg/m³

69 갇힌 공기량 2%, 단위수량 180 kg/m³, 단위시멘트량 315 kg/m³인 콘크리트의 단위 골재량의 절대 부피는 얼마인가? (단, 시멘트의 비중은 3.15임)

① 0.65 m³   ② 0.68 m³
③ 0.70 m³   ④ 0.73 m³

해설 단위 골재의 절대 부피
$= 1 - \left(\dfrac{단위\ 수량}{1000} + \dfrac{단위\ 시멘트량}{시멘트\ 밀도 \times 1000} + \dfrac{공기량}{100}\right)$
$= 1 - \left(\dfrac{180}{1000} + \dfrac{315}{3.15 \times 1000} + \dfrac{2}{100}\right)$
$= 0.70$ m³

70 단위 골재량의 절대 부피가 0.75 m³이고 잔골재율이 30%일 때의 단위 잔골재량은? (단, 잔골의 비중=2.6)

① 585 kg   ② 595 kg
③ 605 kg   ④ 615 kg

해설 단위 잔골재량=단위 골재의 절대 부피×잔골재율
×잔골재 비중×1,000
$= 0.75 \times 0.30 \times 2.60 \times 1,000 = 585$ kg

★
71 시방배합을 현장배합으로 고칠 경우에 고려하여야 할 사항으로 옳지 않은 것은?

① 단위시멘트량
② 잔골재 중 5 mm 체에 남는 굵은골재량
③ 굵은골재 중에서 5 mm 체를 통과하는 잔골재량
④ 골재의 함수 상태

해설 ㉠ 시방배합: 시방서 또는 책임 감리원에서 지시한 배합이다. 골재의 함수 상태가 표면 건조 포화 상태이면서 잔골재는 5 mm 체를 전부 통과하고, 굵은골재는 5 mm 체에 다 남는 상태를 기준으로 한다.
㉡ 현장배합: 현장에서 사용하는 골재의 함수 상태와 잔골재 속의 5 mm 체에 남는 양, 굵은골재 속의 5 mm 체를 통과하는 양을 고려하여 시방배합을 수정한 것이다.

72 시방배합에서 단위수량 165 kg/m³, 잔골재량 620 kg/m³, 굵은골재량 1,300kg/m³이다. 현장배합으로 고칠 때 표면수량에 대한 보정을 하여 조정된 수량은 몇 kg/m³인가? (단, 잔골재 표면수량은 1%, 굵은골재 표면수량은 2%이며, 입도 조정은 무시한다.)

① 122   ② 126
③ 130   ④ 133

해설 현장배합 표면수 보정
㉠ 잔골재의 표면수량 $= 620 \times \dfrac{1}{100} = 6.20$ kg/m³
㉡ 굵은골재의 표면수량 $= 1,300 \times \dfrac{2}{100} = 26$ kg/m³
㉢ 보정수량 $= 165 - (6.20 + 26) = 132.8$ kg/m³

정답 67. ② 68. ③ 69. ③ 70. ① 71. ① 72. ④

73 콘크리트 배합에 대한 설명 중 옳은 것은?

① 시방배합의 단위수량은 골재가 건조 상태에 있는 것으로 표시한다.
② 콘크리트 단위수량은 골재가 건조 상태에 있는 것으로 표시한다.
③ 무근콘크리트의 굵은골재 최대치수는 150 mm 이하가 표준이다.
④ 단위시멘트량은 단위수량과 물-시멘트 비로써 정한다.

해설 ① 시방배합의 단위수량은 골재가 표면 건조 포화 상태에 있는 것으로 표시한다.
② 콘크리트 단위수량은 골재가 표면 건조 포화 상태에 있는 것으로 표시한다.
③ 무근콘크리트의 굵은골재 최대치수는 40 mm 이하가 표준이다.

74 콘크리트 속에 철근을 배치하여 양자가 일체가 되어 외력을 받게 한 구조는?

① 철근콘크리트 구조
② 무근콘크리트 구조
③ 프리스트레스트 구조
④ 합성구조

해설 철근콘크리트는 압축에는 강하나 인장에서 약하므로 콘크리트 속에 철근을 넣어 인장강도를 보강한 콘크리트이다.

75 콘크리트에 일어날 수 있는 인장응력을 상쇄하기 위하여 계획적으로 압축응력을 준 콘크리트를 무엇이라 하는가?

① 강구조물
② 합성구조물
③ 철근콘크리트
④ 프리스트레스트 콘크리트

해설 프리스트레스트 콘크리트
콘크리트에 생기는 인장응력을 상쇄시키거나 감소시키기 위해서 강선이나 강봉을 미리 긴장시켜 압축응력을 주어 만든 콘크리트이다.

76 AE제를 사용한 콘크리트의 공기량은 일반적으로 콘크리트 용적의 몇 %를 표준으로 하는가?

① 2~5%   ② 4~7%
③ 6~9%   ④ 8~11%

해설 AE제는 콘크리트 용적의 4~7% 정도 공기량을 증가시켜 공기의 연행에 의하여 워커빌리티를 개선한다.

77 강섬유 보강 콘크리트가 주로 사용되는 용도와 거리가 먼 것은?

① 도로 및 활주로의 포장
② 중성자선의 차폐 재료
③ 터널 라이닝
④ 프리캐스트 콘크리트 제품

해설 중성자선의 차폐 재료로는 중량 콘크리트가 사용된다.

강섬유 보강 콘크리트
㉠ 콘크리트의 인장강도, 휨강도, 충격강도 등을 개선시키기 위하여 콘크리트 속에 짧은 강섬유를 고르게 분산시킨 콘크리트이다.
㉡ 주로 도로 및 활주로의 포장, 터널 라이닝, 각종 구조물의 보수, 프리캐스트 콘크리트 제품 등에 사용된다.

78 한중콘크리트에 관한 설명으로 옳지 않은 것은?

① 하루의 평균 기온이 4℃ 이하가 되는 기상 조건하에서는 한중콘크리트로서 시공한다.
② 타설할 때의 콘크리트 온도는 5~20℃의 범위에서 정한다.
③ 가열한 재료를 믹서에 투입할 경우 가열한 물과 굵은골재, 잔골재를 넣어서 믹서 안에 재료 온도가 60℃ 정도가 된 후 시멘트를 넣는 것이 좋다.
④ AE 콘크리트를 사용하는 것을 원칙으로 한다.

정답 73. ④ 74. ① 75. ④ 76. ② 77. ② 78. ③

해설 **한중콘크리트**
㉠ 한중콘크리트는 하루 평균 기온이 약 4℃ 이하가 되는 기상 조건에서 사용하는 콘크리트이다.
㉡ 한중콘크리트 타설 시 재료를 가열하여 사용하기도 하는데, 시멘트를 투입하기 전에 믹서 안의 재료 온도는 40℃를 넘지 않는 것이 좋다.
㉢ 응결 경화 반응이 지연되고 콘크리트가 동결할 염려가 있거나 타설 후 28일간 외기 온도가 평균 3.2℃ 이하의 기간에 사용한다.

79 서중콘크리트에 대한 설명으로 옳은 것은?
① 월평균 기온이 5℃를 넘을 때 시공한다.
② 콘크리트 재료는 온도가 되도록 낮아지도록 하여 사용하여야 한다.
③ 배합은 필요한 강도 및 워커빌리티를 얻는 범위 내에서 단위수량과 시멘트량이 많이 되도록 한다.
④ 콘크리트를 비벼서 쳐 넣을 때까지의 시간은 30분을 넘어서는 안 된다.

해설 **서중콘크리트**
㉠ 서중콘크리트는 하루 평균 기온이 약 25℃를 초과하거나 하루 최고 온도가 30℃를 초과하는 기상 조건에서 사용하는 콘크리트이다.
㉡ 배합은 필요한 강도 및 워커빌리티를 얻는 범위 내에서 단위수량과 시멘트량이 적게 되도록 한다.
㉢ 콘크리트를 비벼서 쳐 넣을 때까지의 시간은 1시간 30분(90분)을 넘어서는 안 된다.

80 수밀콘크리트에 대한 설명 중 옳지 않은 것은?
① 일반적인 경우보다 잔골재율을 적게 하는 것이 좋다.
② 물-시멘트비는 55% 이하가 표준이다.
③ 경화 후의 콘크리트는 될 수 있는 대로 장기간 습윤 상태로 유지한다.
④ 혼화재료는 AE감수제, 고성능 감수제 또는 포졸란을 사용한다.

해설 **수밀콘크리트**
㉠ 물이 새지 않도록 치밀하게 만들어 수밀성이 큰 콘크리트이다.
㉡ 일반적인 경우보다 잔골재율을 어느 정도 크게 하는 것이 좋다.
㉢ 혼화재로 AE제, 감수제, AE감수제, 고성능 감수제, 포졸란 등을 사용한다.
㉣ 물-결합재비를 55% 이하로 한다.

81 수중콘크리트의 시공에 관한 설명 중 옳지 않은 것은?
① 콘크리트는 정수 중에서 타설하는 것이 좋다.
② 콘크리트는 수중에 낙하시켜서는 안 된다.
③ 점성이 풍부해야 하며 물-시멘트비는 55% 이상으로 해야 한다.
④ 콘크리트 펌프나 트레미를 사용해서 타설해야 한다.

해설 **수중콘크리트**
㉠ 물속에 콘크리트를 치는 것을 수중콘크리트라 한다.
㉡ 공기 중에서 시공할 때보다 높은 배합강도를 가진 콘크리트를 사용해야 한다.
㉢ 재료분리가 될 수 있는 대로 적게 되도록 시공해야 한다.
㉣ 방파제의 기초, 호안 기초, 수문 기초, 케이슨 바닥, 안벽 등의 구조물에 사용된다.
㉤ 물-결합재비는 50% 이하로 하고, 잔골재율은 40~45%를 표준으로 한다.

82 뿜어붙이기 콘크리트에 대한 설명으로 틀린 것은?
① 시멘트는 보통 포틀랜드 시멘트를 사용한다.
② 혼화제로는 급결제를 사용한다.
③ 굵은골재는 최대치수가 40~50 mm의 부순돌 또는 강자갈로 사용한다.
④ 시공방법으로는 건식공법과 습식공법이 있다.

정답 79.② 80.① 81.③ 82.③

해설 뿜어붙이기 콘크리트
  ㉠ 압축 공기를 이용하여 시공면에 모르타르나 콘크리트를 뿜어붙이는 것으로 숏크리트(shotcrete)라고도 한다.
  ㉡ 설치공법에는 건식공법과 습식공법이 있다.
  ㉢ 굵은골재는 최대치수 10~15 mm의 부순돌 또는 강자갈을 사용한다.
  ㉣ 거푸집이 필요없고, 급속 시공이 가능하기 때문에 공사 기간이 짧아진다.

83 뿜어붙이기 콘크리트의 시공에 적합하지 않은 것은?

① 콘크리트 표면 공사
② 콘크리트 보수 공사
③ 터널(tunnel) 공사
④ 수중 콘크리트 공사

해설 터널이나 비탈면의 보호, 구조물의 라이닝, 댐·교량의 보수공사에 사용된다. 터널 굴착 후 시공할 경우, 3~4시간 안에 매끈한 내벽을 완성하고 벽면 전체를 지지할 수 있다.

84 하루 평균 기온이 최소 몇 ℃를 초과해야 서중콘크리트로 시공하는가?

① 20℃   ② 25℃
③ 30℃   ④ 35℃

해설 서중콘크리트는 하루 평균 기온이 약 25℃를 초과하거나 하루 최고 온도가 30℃를 초과하는 기상 조건에서 사용하는 콘크리트이다.

CRAFTSMAN-COMPUTER AIDED DRAWING IN CIVIL ENGINEERING

PART 4

토목일반

CHAPTER 01 | 토목구조물의 개념
CHAPTER 02 | 토목구조물의 종류
CHAPTER 03 | 철근콘크리트 구조의 개요 및 설계

Chapter 01 토목구조물의 개념

Section 1.1 토목구조물의 개요

1) 토목구조물의 설계 순서

토목구조물의 설계 순서는 다음과 같다.

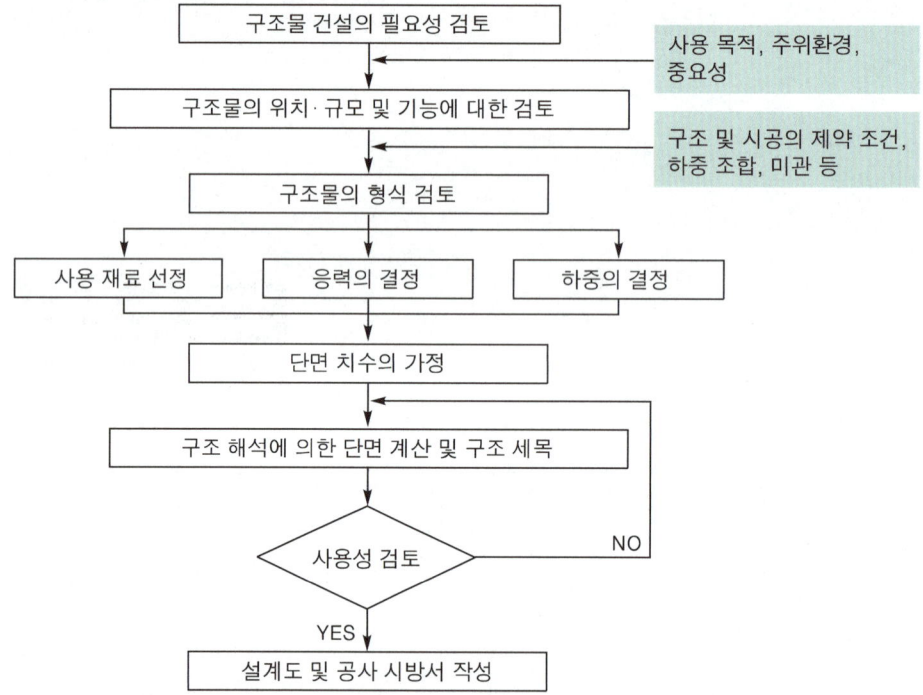

2) 토목구조물의 특징

① 일반적으로 구조물의 규모가 크므로 건설에 많은 비용과 시간이 소요된다.
② 대부분 공공의 목적으로 건설된다. 따라서 공공의 비용으로 건설된다.
③ 한 번 건설해 놓으면 오랜 기간 사용하므로 장래를 예측하여 설계하고 건설해야 한다.
④ 대부분 자연환경 속에 건설된다. 따라서 자연으로부터 여러 가지 작용을 받는다.
⑤ 어떠한 조건에서 설계 및 시공된 토목구조물은 유일한 구조물이다. 동일한 조건을 갖는 환경

은 없고, 동일한 구조물을 두 번 이상 건설하는 일이 없다.

3) 토목설계 시 고려해야 할 사항

① **안정성** : 사용 기간 중에 작용 하중에 의하여 파괴되지 않고 구조물이 안전해야 한다.
② **사용성** : 유지관리가 용이하고 기능이 편리해야 한다.
③ **내구성** : 오래 사용할 수 있도록 내구적이어야 한다.
④ **경제성** : 건설비의 총경비를 최소화해야 한다.
⑤ **미관** : 주변 경관과 조화가 이루어지도록 해야 한다.

4) 토목구조물의 재료 선정 시 고려사항

① 구조물의 종류
② 재료 구입의 난이도
③ 완성 후의 유지 관리비

Section 1.2 토목구조물의 하중(교량에 작용하는 하중)

1) 주하중

구조물에 장기적으로 작용하는 하중으로서, 설계에 있어서 반드시 생각해야 할 하중이다.

(1) 고정하중

① 고정하중(사하중)은 교량의 상부구조의 중량이다.
② 교량의 자중을 비롯하여 교량에 부설된 모든 시설물의 중량을 말한다.

> **참고**
>
> 하중의 종류
>
> | 구분 | 하중의 종류 |
> | --- | --- |
> | 주하중 | 고정하중, 활하중, 충격하중 |
> | 부하중 | 풍하중, 온도 변화의 영향, 지진하중 |
> | 특수하중 | 설하중, 원심하중, 제동하중, 지점 이동의 영향, 가설하중, 충돌하중 |

(2) 활하중

① 활하중은 교량을 통행하는 사람이나 자동차 등의 이동 하중이다.
② 도로교 설계기준에서는 표준 트럭 하중과 차선 하중의 두 종류로 정해 놓고 있다.
  ㉠ 표준트럭하중은 DB 하중이라고 하며, 2축 차륜 견인차에 1축 차륜의 세미 트레일러를 연결한 것이다.

[표준트럭하중]

교량의 등급	하중	총중량(kN)	전륜(kN)	후륜(kN)
1등급	DB-24	432	24	96
2등급	DB-18	324	18	72
3등급	DB-13.5	243	13.5	54

  ㉡ 차선 하중은 DL 하중이라고도 하며, 지간이 긴 교량의 설계에 사용된다.

> **참고**
>
> 표준트럭하중(DB 하중)
> - D(Doro) : 도로
> - B(Ban-truck) : 반견인차(semitrailar)

(3) 충격하중

자동차와 같이 활하중은 교량 위를 달릴 때 교량이 진동하게 되는데, 이것을 충격 또는 충격하중이라고 한다.

① 자동차가 정지하고 있을 때보다 그 하중의 영향이 훨씬 커진다.
② 충격은 지간이 짧고, 자중이 작을수록 그 영향이 크다.
③ 설계할 때에는 정지 상태에 있는 트럭 하중에 의한 단면력에 충격계수를 곱하여 충격의 영향으로 본다.
④ 보도에는 충격의 영향을 고려하지 않는다.
⑤ 도로교 설계기준에서 규정하고 있는 교량의 상부구조에 대한 충격계수는 다음과 같다.

$$충격계수\ i = \frac{15}{45+L} \leq 0.3$$

여기서, L : 활하중이 등분포하중인 경우 부재에 최대 응력이 일어나도록 활하중이 재하된 지간 부분의 길이

2) 부하중

때에 따라 작용하는 2차적인 하중으로서 하중의 조합에 반드시 고려해야 할 하중이다.

(1) 풍하중

① 바람에 의한 압력을 풍하중이라고 한다.
② 교량 등에서는 교량의 측면에 수직으로 작용하는 경우가 가장 위험하다.
③ 풍하중은 교축에 직각으로 작용하는 수평하중으로 생각하며, 부재에 가장 불리한 응력이 일어나도록 재하한다.

(2) 온도 변화의 영향

① 온도 변화에 따라 구조물의 부재에 신축이 발생한다. 이때 지점이 이동하지 않도록 구속된 구조에서는 부재가 신축될 수 없어 내부에 응력이 발생한다. 이러한 압축응력 또는 인장응력을 온도응력이라고 한다.
② 고정보나 라멘, 아치 등과 같은 부정정구조물에서는 온도응력을 고려하여 설계해야 한다.

3) 특수하중

교량의 종류, 구조 형식, 가설 지점의 상황 등에 따라 특별히 고려해야 할 하중이다.

(1) 설하중

교량 위에 쌓인 눈의 하중으로 설하중은 $150 \, kg/m^3$ 정도이다.

(2) 원심하중

차량이 곡선상을 달리는 경우에 원심력에 의한 하중으로, 교면상 1.8 m의 높이에서 가로 방향으로 작용하는 것으로 본다.

(3) 제동하중

차량이 급정거할 때의 제동하중은 DB 하중의 10%를 적용하며, 교면상 1.8 m의 높이에서 작용하는 것으로 한다.

(4) 충돌하중

자동차에 의한 충돌하중은 노면 위 1.8 m에서 수평으로 작용하는 것으로 보고 설계된다.

CHAPTER 01 적중 예상문제

제1장 **토목구조물의 개념**

01 토목구조물에 대한 설계 절차에 있어서 가장 먼저 해야 하는 것은?
① 재료의 선정   ② 응력의 결정
③ 하중의 결정   ④ 사용성의 검토

해설 **설계 절차**
재료의 선정 → 응력의 결정 → 하중의 결정 → 부재 단면의 가정 → 설계 강도의 계산 → 단면의 결정 → 사용성의 검토

02 토목구조물의 특징으로 옳은 것은?
① 다량 생산을 할 수 있다.
② 대부분은 개인적인 목적으로 건설된다.
③ 건설에 비용과 시간이 적게 소요된다.
④ 구조물의 수명, 즉 공용 기간이 길다.

해설 **토목구조물의 특징**
㉠ 어떠한 조건에서 설계 및 시공된 토목구조물은 유일한 구조물이다. 동일한 조건을 갖는 환경은 없고, 동일한 구조물을 두 번 이상 건설하는 일이 없다.
㉡ 대부분 공공의 목적으로 건설된다. 따라서 공공의 비용으로 건설된다.
㉢ 일반적으로 구조물의 규모가 크므로 건설에 많은 비용과 시간이 소요된다.
㉣ 한 번 건설해 놓으면 오랜 기간 사용하므로 장래를 예측하여 설계하고 건설해야 한다.

03 토목설계의 기본 개념으로 고려하여야 할 사항과 가장 거리가 먼 것은?
① 경제성
② 미관
③ 사용성과 내구성
④ 희소성

해설 **토목설계 시 고려해야 할 사항**
㉠ 안정성 : 사용 기간 중에 작용 하중에 의하여 파괴되지 않고 구조물이 안전해야 한다.
㉡ 사용성 : 유지 관리가 용이하고 기능이 편리해야 한다.
㉢ 내구성 : 오래 사용할 수 있도록 내구적이어야 한다.
㉣ 경제성 : 건설비의 총경비를 최소화해야 한다.
㉤ 미관 : 주변 경관과 조화가 이루어지도록 해야 한다.

04 교량 설계에 있어서 반드시 고려해야 하고 항상 장기적으로 작용하는 하중은?
① 주하중   ② 부하중
③ 특수하중   ④ 충돌하중

해설 ② 부하중 : 때에 따라 작용하는 2차적인 하중으로서 하중의 조합에 반드시 고려해야 할 하중
③ 특수하중 : 교량의 종류, 구조 형식, 가설 지점의 상황 등에 따라 특별히 고려해야 할 하중
④ 충돌하중 : 특수하중의 일종으로, 자동차에 의한 충돌하중은 노면 위 1.8 m에서 수평으로 작용하는 것으로 보고 설계된다.

05 교량의 상부구조의 중량, 즉 교량의 자중을 비롯하여 교량에 부설된 모든 시설물의 중량을 말하는 토목구조물의 설계하중은?
① 활하중   ② 고정하중
③ 충격하중   ④ 풍하중

해설 고정하중에 대한 설명이다.
① 활하중 : 교량을 통행하는 사람이나 자동차 등의 이동하중
③ 충격하중 : 자동차와 같은 활하중이 교량 위를 지나갈 때 교량이 진동하게 되는 하중
④ 풍하중 : 바람에 의한 압력

정답 1.① 2.④ 3.④ 4.① 5.②

06 다음 중 고정하중이 아닌 것은?

① 난간 ② 가로보
③ 아스팔트 포장 ④ 정차 중인 트럭

해설 고정하중(사하중)
㉠ 교량 상부구조의 중량, 즉 교량의 자중을 비롯하여 교량에 부설된 아스팔트 포장의 중량 등이다.
㉡ 상부구조 : 바닥판, 바닥틀(세로보, 가로보), 난간

07 교량을 통행하는 사람이나 자동차 등의 이동하중은 다음 중 어떤 하중으로 볼 수 있는가?

① 고정하중 ② 풍하중
③ 설하중 ④ 활하중

해설 ① 고정하중 : 교량의 상부구조의 중량, 즉 교량의 자중을 비롯하여 교량에 부설된 모든 시설물의 중량
② 풍하중 : 바람에 의한 압력
③ 설하중 : 교량 위에 쌓이는 눈의 중량에 의한 하중

08 자동차와 같은 활하중이 교량 위를 지나갈 때 교량이 진동하게 되는 하중을 무엇이라 하는가?

① 고정하중 ② 풍하중
③ 충격하중 ④ 충돌하중

해설 ① 고정하중 : 교량의 상부구조의 중량, 즉 교량의 자중을 비롯하여 교량에 부설된 모든 시설물의 중량
② 풍하중 : 바람에 의한 압력
④ 충돌하중 : 입체 교차로와 같이 다른 도로 가운데 각주 등이 있는 경우 자동차가 이 구조물과 충돌하는 경우 발생하는 힘

09 차량이 교량의 곡선상을 달리는 경우에는 원심력에 의한 하중이 교량에 작용하게 된다. 이러한 원심하중을 설계에 적용하는 방법 중 옳은 것은?

① 교면상 1.8 m의 높이에서 수평 방향으로 작용하는 것으로 본다.
② 교면상 2.8 m의 높이에서 수평 방향으로 작용하는 것으로 본다.
③ 교면상 1.8 m의 높이에서 수직 방향으로 작용하는 것으로 본다.
④ 교면상 2.8 m의 높이에서 수직 방향으로 작용하는 것으로 본다.

해설 원심하중
차량이 곡선상을 달리는 경우에 원심력에 의한 하중으로, 교면상 1.8 m의 높이에서 가로 방향으로 작용하는 것으로 본다.

10 자동차가 교량 위를 달리다가 갑자기 정지했을 때의 손실에 해당하는 것은?

① 풍하중 ② 제동하중
③ 충격하중 ④ 고정하중

해설 제동하중
차량이 급정거할 때의 제동하중은 DB 하중의 10%를 적용하며, 교면상 1.8 m의 높이에서 작용하는 것으로 한다.

정답 6.④ 7.④ 8.③ 9.① 10.②

Chapter 02 토목구조물의 종류

Section 2.1 토목구조물의 재료 및 시공법에 따른 분류

1) 철근콘크리트 구조

❶ 철근콘크리트 구조의 개념

콘크리트는 압축력에 매우 강하나 인장력에는 약하고, 철근은 인장력에는 매우 강하나 압축력에 의해 구부러지기 쉽다. 이에 따라 **콘크리트 구조체의 인장력이 일어나는 곳에 철근을 배근하여 인장력을 부담**하도록 한다.

 참고

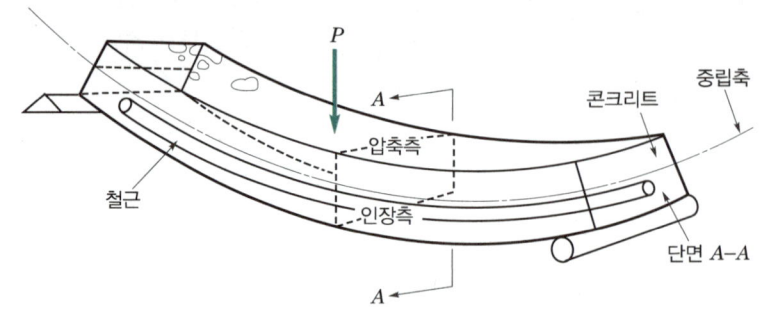

[철근콘크리트 구조의 원리]

무근콘크리트로 된 단순보에 하중이 작용하면 보는 아래로 휘면서 위쪽은 압축력이 작용하고, 아래쪽은 인장력이 생겨 균열이 발생한다. 이때 인장력이 걸리는 아래쪽에 인장력에 강한 철근을 배치하여 보강함으로써 외부에서 작용하는 하중에 효율적으로 대처할 수 있어 이상적인 구조를 형성한다. 이처럼 철근과 콘크리트가 서로의 단점을 보완하여 주고 하나의 합성체가 되어 외력에 잘 견디게 된다.

❷ 철근콘크리트 구조의 성립

㉠ 철근과 콘크리트는 온도에 의한 **열팽창계수가 비슷하다.**
㉡ 굳은 콘크리트 속에 있는 철근은 힘을 받아도 그 주변 콘크리트와의 **큰 부착력** 때문에 잘 빠져나오지 않는다.
㉢ 콘크리트 속에 묻혀 있는 철근은 콘크리트의 알칼리 성분에 의해서 **녹이 슬지 않는다.**

> **참고**
>
> **열팽창계수**
> 어떤 재료의 온도가 1℃ 변했을 때 단위길이당 길이가 얼마나 변했는지 나타낸 값으로, 콘크리트와 철근의 열팽창계수는 1.0×10^{-5} 정도로 유사하다.

❸ **철근콘크리트 구조의 특징**

㉠ 철근콘크리트 구조는 다음과 같은 장단점이 있다.

장점	단점
• 내구성·내진성·내화성·내풍성이 우수하다. • 다양한 치수와 형태로 건축이 가능하다. • 구조물을 경제적으로 만들 수 있고, 유지관리비가 적게 든다. • 일체식 구조로 만듦으로써 강성이 큰 구조가 된다.	• 자체 중량이 크다. • 습식 공사로 공사 기간이 길다. • 균열이 발생하기 쉽고 부분적으로 파손되기 쉽다. • 파괴나 철거가 쉽지 않다.

㉡ **콘크리트의 건조수축** : 콘크리트에 함유된 수분이 증발하면서 콘크리트의 부피가 줄어드는 것을 건조수축이라고 한다. 콘크리트 공사에 있어서 수화작용에 필요한 양 이상의 물을 사용한 경우, **여분의 물이 건조에 의해 증발**하면서 **시멘트풀의 수축**이 발생하고, 이로 인해 **콘크리트가 수축**함으로써 수축균열이 일어난다.

  건조수축에 영향을 미치는 요인은 다음과 같다.
  • 건조수축을 일으키는 것은 시멘트이므로 **단위시멘트량**이 많으면 건조수축이 크게 일어난다. 일반적으로 모르타르는 콘크리트의 2배 정도의 건조수축이 발생한다.
  • **단위수량**이 많으면 건조수축이 크게 일어난다.
  • 적절한 습윤양생으로 건조수축을 줄일 수 있으며, 수중 구조물에서는 건조수축이 거의 없다.

> **참고**
>
> **촉진 양생법**
> 증기 양생, 오토클레이브 양생, 온수 양생, 전기 양생, 적외선 양생, 고주파 양생

㉢ **크리프** : 구조물에 자중 등과 같은 하중이 오랜 시간 지속적으로 작용하면 더 이상 응력이 증가하지 않더라도 시간이 지나면서 구조물에 변형이 발생하는데, 이러한 변형을 크리프라고 한다. 크리프에 영향을 미치는 요인은 다음과 같다.
  • 응력의 크기와 재하 기간, 재하 속도가 빠를수록 크리프가 크게 일어난다.
  • 콘크리트의 물-시멘트비가 클수록 크리프가 크게 일어난다.
  • 단위시멘트량이 많을수록 크리프가 크게 일어난다.

- 콘크리트에 가해지는 응력이 클수록 크리프가 크게 일어난다.
- 온도가 높을수록 크리프가 크게 일어난다.
- 하중을 재하하는 시기에 콘크리트의 재령기간이 짧을수록 크리프가 크게 일어난다.
- 고강도 콘크리트일수록 크리프가 작게 일어난다.
- 고온 증기 양생을 하면 크리프가 작게 일어난다.
- 철근비가 높을수록(많은 철근량이 효과적으로 배근되면) 크리프가 작게 일어난다.

> **참고**
>
> 크리프 계수란 크리프 변형과 탄성 변형의 비율을 말한다.(단, 이때 크리프 변형은 크리프 변형이 거의 일정해졌을 때의 값이다.)
>
> $$크리프\ 계수(\phi) = \frac{크리프\ 변형률}{탄성\ 변형률} = \frac{\varepsilon_c}{\varepsilon_e}$$

2) 프리스트레스트 콘크리트 구조

❶ 프리스트레스트 콘크리트(PSC, Prestressed Concrete) 구조의 개념

콘크리트에 인장응력이 발생할 수 있는 부분에 고강도 강재(PS 강재)를 긴장시켜 **미리 계획적으로 압축력을 주어 인장력이 상쇄**될 수 있도록 한 콘크리트이다. 인장응력에 의한 균열이 방지되고 콘크리트의 전 단면을 유효하게 이용할 수 있다. PS 콘크리트 또는 PSC라고도 한다.

❷ 프리스트레스트 콘크리트의 특징

㉠ 프리스트레스트 콘크리트 구조는 다음과 같은 장단점이 있다.

장점	단점
• 장스팬의 구조가 가능하다. • 처짐이 작다. • 균열이 거의 발생하지 않아서 강재의 부식위험이 적고 내구성이 좋다. • 과다한 하중으로 일시적인 균열이 발생해도 하중을 제거하면 다시 복원되므로 탄력성과 복원성이 우수하다. • 콘크리트의 전 단면을 유효하게 이용할 수 있어 부재 단면을 줄이고 자중을 경감시킬 수 있다. • 프리캐스트 공법을 적용할 경우 시공성이 좋고 공기단축이 가능하다. • 파괴의 전조 증상이 뚜렷하게 나타난다.	• 휨강성이 작아져서 진동이 생기기 쉽다. • 고강도 강재는 높은 온도에 접하면 갑자기 강도가 감소하므로 내화성에 대하여 불리하다. 그러므로 5 cm 이상의 내화피복이 요구된다. • 공정이 복잡하며 고도의 품질관리가 요구된다. • 단가가 비싸고 보조재료가 많이 사용되므로 공사비가 많이 든다.

> **참고**
>
> **응력**
> 재료에 압축, 인장, 굽힘, 비틀림 등의 하중(외력)을 가했을 때, 그 크기에 대응하여 재료 내에 생기는 저항력을 응력이라고 한다.

ⓛ 프리스트레스의 손실 원인

도입 시 손실(즉시 손실)	도입 후 손실
• 정착장치의 활동 • PS 강재와 덕트(시스) 사이의 마찰 • 콘크리트의 탄성변형(탄성수축)	• 콘크리트의 크리프 • 콘크리트의 건조수축 • PS 강재의 릴랙세이션

❸ 프리스트레스트 콘크리트 구조의 종류

ⓐ **프리텐션 방식** : **콘크리트를 타설하기 전에 강재를 미리 긴장**시킨 후 콘크리트를 타설하고, 콘크리트가 경화되면 긴장력을 풀어서 콘크리트에 프리스트레스가 주어지도록 하는 방법이며 콘크리트와 강재의 부착에 의해서 프리스트레스가 도입된다.
  - 공장에서 제작되는 PSC 제품으로, 품질이 우수하고 **대량생산**이 가능하다.
  - 시스, 정착장치 등이 필요 없다.
  - 강재를 곡선으로 배치할 수 없다.
  - 부재의 중앙부에는 큰 긴장력이 도입되지만, 단부로 갈수록 긴장력이 작아진다.

> **학습 POINT**
>
> 부재 중앙부에서 단부로 갈수록 긴장력이 작아지는 이유는 고무줄을 양손으로 잡고 잡아당겼을 때, 가운데 부분은 더 많이 긴장되어 얇아지지만 손가락으로 잡고 있는 부분은 긴장이 덜 되는 원리와 같다.

ⓑ **포스트텐션 방식** : **인장측에 시스관을 묻어 놓고 시스 내에 PC 강재를 배치한 후 콘크리트를 타설**한다. 콘크리트가 경화한 후 시스관 속의 PC 강재를 양단에서 긴장 및 정착시킨다. 이때 발생하는 강재의 상향력으로 인장력을 상쇄한다.
  - 현장에서 시공되는 PSC에 사용되며, 강재를 현장에서 긴장시키므로 강재의 재긴장이 가능하다.
  - 강재의 곡선배치가 가능하여 **대형 구조물**을 제작할 수 있다.
  - 콘크리트가 경화한 후에 긴장을 하므로 부재 자체를 지지대로 활용할 수 있어 별도의 지지대가 필요 없다.
  - 정착장치, **시스관, 그라우트 등이 필요**하다.
  - 철근의 정착방법으로는 쐐기작용을 이용하는 방법, 너트와 지압판을 사용하는 방법, 리벳머리에 의한 방법이 있다.

> **학습 POINT**
>
> **시스관**
> 포스트텐션 방식의 PSC 부재에서 긴장재를 수용하기 위하여 미리 콘크리트 속에 뚫어 두는 구멍을 덕트(duct)라고 한다. 덕트를 형성하기 위하여 쓰는 관을 시스관이라고 한다.

- PSC 강재는 다음과 같은 성질이 필요하다.
  - 인장강도가 커야 한다.
  - 릴랙세이션이 작아야 한다.
  - 적당한 연성과 인성이 있어야 한다.
  - 응력 부식에 대한 저항성이 커야 한다.

> **학습 POINT**
>
> - **릴랙세이션**
> PS 강재를 어떤 인장력으로 긴장한 채 그 길이를 일정하게 유지해 주면 시간이 지남에 따라 PS 강재의 인장응력이 감소하는 현상이다.
>
> - **응력 부식**
> 응력의 존재하에서 부식이 심하게 진행하여 이에 의해 균열이 생기는 현상을 말한다. 높은 응력을 받는 강재는 급속하게 녹이 슬거나, 표면에 녹이 보이지 않더라도 조직이 취약해지는 현상이 발생할 수 있다.

> **참고**
>
> - **마찰 감소재**
> PS 강재와 시스 등의 마찰을 줄이기 위하여 PS 강재에 바르는 재료를 마찰 감소재라고 하는데, 마찰 감소재로는 그리스, 파라핀, 왁스 등이 사용된다.
> - **PS 강재의 종류**
>   - PS 강선
>   - PS 강연선
>   - PS 강봉
> - 프리스트레스트 콘크리트에 사용되는 콘크리트의 물-결합재비는 일반적으로 45% 이하로 해야 한다.

3) 강구조(철골구조)

❶ 강구조의 개념

구조상 주요한 부분에 형강·강판·강관 등 강재 등의 부재를 써서 구성된 구조이다. 철골을 이용하여 구조물의 뼈대를 이루고 있어서 철골구조라고도 한다.

❷ 강구조의 특징

㉠ 강구조는 다음과 같은 장단점이 있다.

장점	단점
• 단위면적당 강도가 크다. • 자중이 작기 때문에 긴 지간 교량이나 고층 건물 시공에 쓰인다. • 인성이 커서 변형에 유리하고 내구성이 크다. • 재료가 균질하다. • 부재를 공장에서 제작하고 현장에서 조립하여 현장작업이 간편하고 공사 기간이 단축된다. • 세장한 부재가 가능하다. • 기존 건축물의 증축, 보수가 용이하다. • 환경 친화적인 재료이다.	• 내화성이 낮다. • 좌굴의 영향이 크다. • 접합부의 신중한 설계와 용접부의 검사가 필요하다. • 처짐 및 진동을 고려해야 한다. • 유지 관리가 필요하다. • 반복하중에 따른 피로에 의해 강도 저하가 심하다. • 소음이 발생하기 쉽다. • 구조 해석이 복잡하다.

학습 POINT

좌굴
세장한 기둥, 판 등의 부재가 일정한 힘 이상의 압축하중을 받을 때 길이의 수직 방향으로 급격히 휘는 현상이다. 일반적으로 세장비가 클수록 잘 발생한다.

ⓒ 강구조는 공장에서 제작된 부재를 용접, 고장력 볼트, 리벳을 이용하여 접합하는 구조이므로 다양한 접합기술에 대한 이해와 기술이 필요하다.

- 용접이음 : 2개 이상의 금속 또는 열가소성 부품을 용융점까지 가열하고 함께 융합하여 결합하는 연결방법이다. 크게 맞댄용접과 모살용접으로 나뉜다.
  - 맞댄용접(groove welding) : 용접하려는 모재에 홈을 파서 용접살을 채워 넣어 용접하는 방식
  - 모살용접(fillet welding) : 용접하려는 모재를 겹쳐서 그 둘레를 용접하는 방식
- 고장력 볼트 이음 : 구멍을 뚫고 고장력 볼트를 조여 강재 간의 마찰력에 의해 접합되도록 하는 연결방법이다. 충격하중이나 진동하중을 받는 강교에 주로 사용된다.
- 리벳 이음 : 강재를 서로 겹쳐 구멍을 뚫고 리벳을 끼워 결합시키는 연결방법이다. 작업 중 화재의 위험이 있고 소음이 발생한다.

참고

피로파괴
강재에 반복하중이 지속적으로 작용하는 경우에 허용응력 이하의 작은 하중에서 파괴되는 현상

❸ 트러스교

부재의 길이에 비하여 단면이 작은 부재를 삼각형으로 이어서 만든 뼈대가 보의 작용을 하도록 한 구조를 트러스라고 하며, 강재를 이용하여 트러스 형태로 만든 교량을 트러스교라고 한다.

㉠ 트러스교의 특징
- 구조적으로 긴 지간의 구조로 만들 수 있다. 40~120 m의 지간에 알맞은 교량형식이다.
- 쉽게 변형이 발생하지 않고, 내풍 안전성이 있다.
- 구조물의 해석이 비교적 간단하다.

> **참고**
>
> **내풍 안전성**
> 바람의 압력에 견디는 특성을 말한다.

㉡ 트러스교의 종류
- 하우(howe) 트러스 : 사재의 방향이 프랫 트러스와 반대 방향이다. 사재는 보통 압축재가 되나, 수직재는 인장재가 된다.
- 프랫(pratt) 트러스 : 강교에 널리 사용되는 형식이다.
- K 트러스 : 미관상 좋지 않아서 주 트러스로는 잘 쓰이지 않으나, 가로 브레이싱으로 주로 사용되는 형식이다.
- 워런(Warren) 트러스 : 부재를 이등변삼각형으로 구성한 트러스로서, 부재 수가 적다. 상현재의 장주로서의 길이를 절반으로 줄이는 이점이 있으므로 많이 쓰이고 있다.

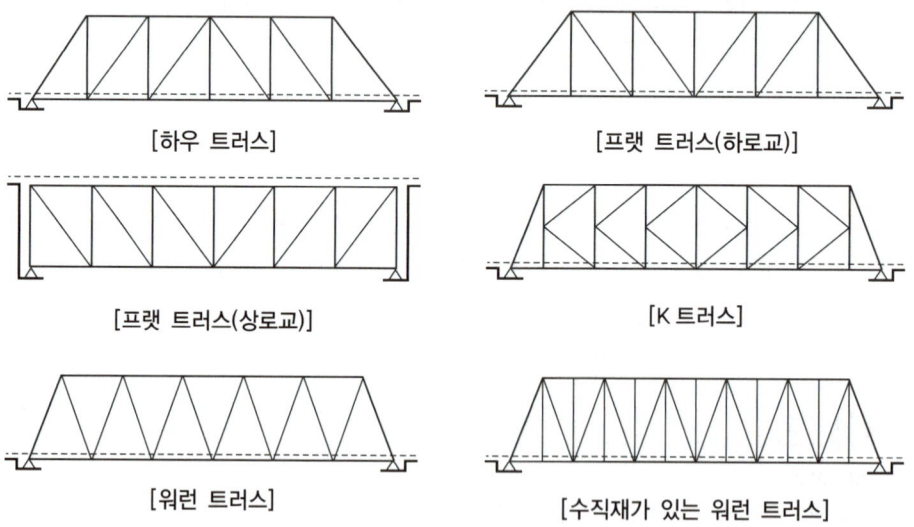

[하우 트러스]   [프랫 트러스(하로교)]
[프랫 트러스(상로교)]   [K 트러스]
[워런 트러스]   [수직재가 있는 워런 트러스]

4) 합성구조

❶ 합성구조의 개념

강재와 콘크리트 등 다른 종류의 재료를 합성하여 구조적으로 하나로 작용하도록 만든 구조이다. 철골 부재를 콘크리트로 피복한 기둥, 보 부재로 골조를 형성하는 철골철근콘크리트 구조(SRC)가 대표적이다.

❷ 합성구조의 종류
  ㉠ 강재의 보 위에 철근콘크리트 슬래브를 이어 쳐서 일체화시킨 구조
  ㉡ 미리 제작해 놓은 PSC보를 정해진 위치에 놓고, 그 위에 철근콘크리트 슬래브를 이어 쳐서 일체화시킨 구조
  ㉢ 철근콘크리트 기둥 중 구조용 강재나 강관을 축방향으로 보강한 구조(철골철근콘크리트)

❸ 합성구조 중 철골철근콘크리트의 특징
  ㉠ 대규모 공사에 접합하다.
  ㉡ 내구성·내화성·내진성이 우수하다.
  ㉢ 시공이 복잡하며 공기가 길다.
  ㉣ 공사비가 비싸다.

Section 2.2 토목구조물의 용도 및 위치에 따른 분류

1) 기둥

① 부재의 종방향(길이 방향)으로 작용하는 압축하중을 받는 압축부재이다. 지붕·바닥 등의 상부 하중을 받아서 토대 및 기초에 전달하고 벽체의 골격을 이루는 구조체이다.
② 부재의 높이가 단면 최소치수의 3배 이상이다(세장비에 의해서 단주와 장주로 구분된다).
③ 수직 또는 수직에 가까울 정도로 서 있다.

> **참고**
>
> **세장비**
> 세장비는 기둥의 길이 L 과 최소 단면 2차 반지름 r 과의 비 $\dfrac{L}{r}$ 이다. 단면적에 비하여 길이가 길면 세장비가 크고 압축력에 약하다.

❶ 기둥의 종류
  ㉠ 띠철근기둥 : 종방향으로 배근된 철근을 적당한 간격의 띠철근으로 둘러 감은 기둥
  ㉡ 나선철근기둥 : 종방향으로 배근된 철근을 나선형으로 배근된 나선철근으로 둘러 감은 기둥
  ㉢ 합성기둥 : 구조용 강재, 강관 등을 종방향으로 배치한 기둥

> **학습 POINT**
>
> **띠철근**
> 축방향 철근의 위치를 확보하고 좌굴을 방지하기 위하여 축방향 철근을 가로 방향으로 묶어주는 역할을 한다.

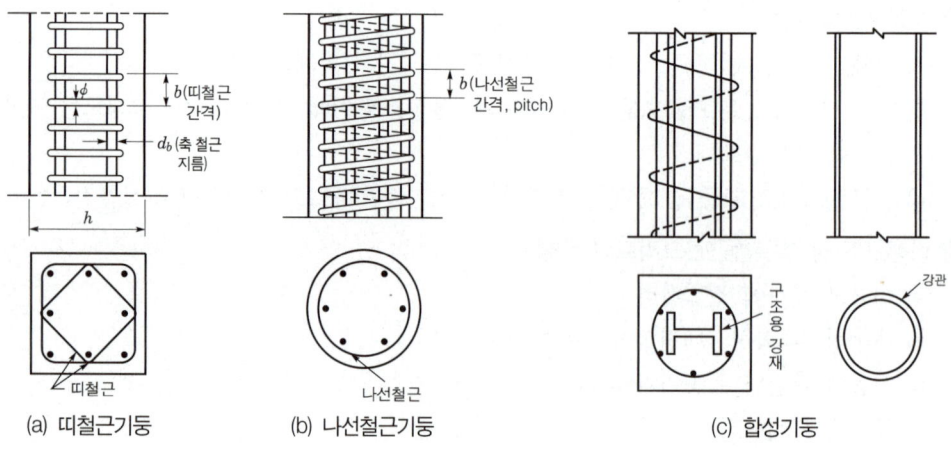

[기둥의 종류]

❷ 기둥의 설계 단면 및 철근 상세
  ㉠ 띠철근기둥
   • 기둥 단면의 최소치수는 200 mm 이상이고, 단면적은 60,000 mm² 이상이어야 한다.
   • 기둥의 축방향 철근은 사각형, 원형 띠철근으로 둘러싸인 경우 16 mm 이상의 철근을 4개, 삼각형 띠철근으로 둘러싸인 경우 3개 이상 배근한다.
   • 띠철근의 수직 간격은 축방향 철근 지름의 16배 이하, 띠철근 지름의 48배 이하, 기둥 단면의 최소치수 이하여야 한다. 단, 첫 번째 띠철근 간격은 다른 띠철근 간격의 1/2 이하로 하여야 한다.
  ㉡ 나선철근기둥
   • 나선철근의 심부지름은 200 mm 이상이어야 한다.
   • 기둥의 축방향 철근은 나선철근으로 둘러싸인 경우 16 mm 이상의 철근을 6개 이상 배근한다.
   • 나선철근은 10 mm 이상의 것을 사용하고, 나선철근의 순간격은 25 mm 이상, 75 mm 이하여야 한다.

구분	띠철근기둥	나선철근기둥
단면치수	• 최소단면(d) ≥ 200 mm • 단면적(A) ≥ 60,000 mm²	• 심부지름(D) ≥ 200 mm
축방향 철근(주철근) 개수	• ◯, ▢ 단면 : 16 mm 이상, 4개 이상 • △ 단면 : 16 mm 이상, 3개 이상	• ◯ 단면 : 16 mm 이상, 6개 이상

ⓒ 축방향 철근
- 기둥의 축방향 철근비(압축부재의 종방향 철근의 단면적/총단면적)는 1~8%이다.
- 보에서 동일 평면에서 평행한 철근 사이의 수평 순간격은 25 mm, 철근의 공칭지름 이상, 굵은골재 최대치수의 4/3배 이상이어야 한다.
- 보의 주철근이 상단과 하단에 2단으로 배치된 경우 상하 철근은 동일 연직면 내에 배치해야 하고, 이때 상하 철근의 순간격은 25 mm 이상으로 하여야 한다.
- 띠철근과 나선철근 기둥에서 축방향 철근의 순간격은 40 mm 이상, 철근의 공칭지름의 1.5배 이상이어야 한다.

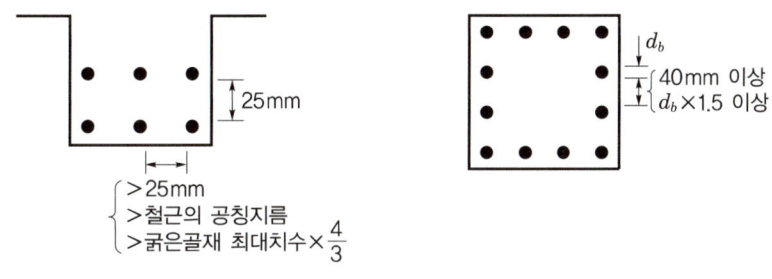

(a) 보의 주철근 간격　　(b) 기둥의 축방향 철근 간격

[철근의 간격 제한]

> **학습 POINT**
>
> **축방향 철근의 한계를 두는 이유**
> - 최소 한도를 두는 이유
>   - 예상 밖으로 작용하는 휨모멘트에 대비
>   - 콘크리트의 크리프 및 건조수축의 영향 감소화
>   - 콘크리트에 발생될 수 있는 결함에 대비
> - 최대 한도를 두는 이유
>   - 경제성
>   - 콘크리트 타설작업의 편의성

❸ 기둥의 유효길이

기둥에서 모멘트가 0인 점 사이의 거리를 그 기둥의 유효길이라고 한다.
㉠ 양끝이 고정되어 있는 기둥 : 모멘트가 0이 되는 변곡점이 기둥 길이의 1/4인 점에서 생기므로, 이 기둥의 유효길이는 기둥 전체 길이의 0.5배이다.
㉡ 한쪽 끝이 고정이고 다른 한쪽 끝이 힌지로 되어 있는 기둥 : 유효길이는 기둥 전체 길이의 0.7배이다.
㉢ 양끝이 힌지로 고정되어 있는 기둥 : 힌지 지점의 모멘트는 0이므로 이 기둥의 유효길이는 기둥 전체 길이가 된다.
㉣ 한쪽 끝이 고정이고 다른 한쪽 끝이 자유로운 기둥 : 이 기둥의 유효길이는 기둥 전체 길이의 2배이다.

[기둥의 지지 조건과 유효길이계수]

지지 조건	양단고정	일단고정 타단힌지	양단힌지	일단고정 타단자유
좌굴곡선 (탄성곡선)				
유효길이(kl)	$0.5l$	$0.7l$	$1.0l$	$2.0l$
유효길이계수(k)	0.5	0.7	1.0	2.0

2) 보

① 하중을 길이 방향의 직각 방향으로 지지하는 부재로서 폭에 비하여 길이가 긴 부재이다.
② 보에 작용하는 단면력 중에서 휨모멘트가 가장 큰 영향을 미치므로 휨에 대하여 우선적으로 설계해야 한다.

> **참고**
>
> 헌치(haunch)
> 지지하는 부재와의 접합부에서 응력 집중의 완화와 지지부의 보강을 목적으로 단면을 크게 한 부분

3) 슬래브

두께에 비하여 폭이나 길이가 매우 큰 판 모양의 부재로, 교량이나 건축물의 상판이 그 예이다.

❶ 슬래브의 종류

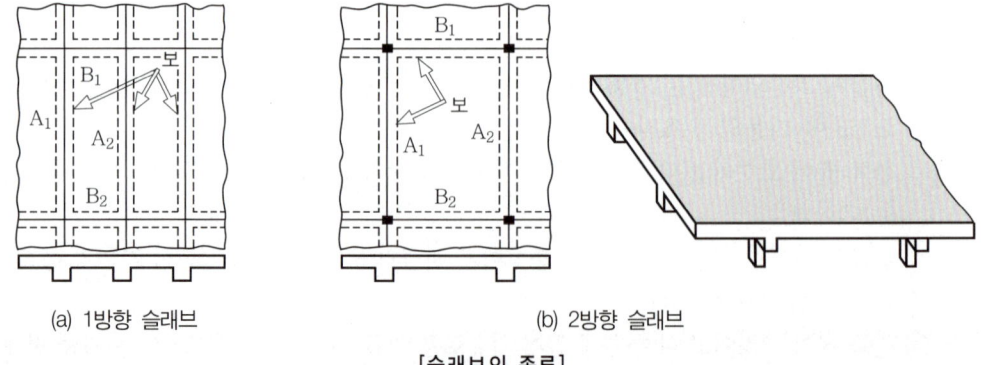

(a) 1방향 슬래브   (b) 2방향 슬래브

[슬래브의 종류]

㉠ 1방향 슬래브
- 작용하는 하중의 대부분이 한 방향으로만 영향을 미치기 때문에 한 방향으로만 주철근을 배근한 슬래브를 1방향 슬래브라고 한다. 이때 단변 방향에 주철근을 배근하고 장변 방향으로 수축·온도 철근을 배근한다.
- 두 변에 의해서만 지지된 경우이거나, 네 변이 지지된 슬래브 중에서 $\dfrac{장변\ 방향\ 길이}{단변\ 방향\ 길이} \geq 2$ 일 경우 1방향 슬래브로 설계한다.
- 1방향 슬래브의 두께는 최소 100 mm 이상으로 해야 한다.
- 주철근(정철근과 부철근)의 중심 간격은 최대 휨모멘트가 일어나는 단면에서 슬래브 두께의 2배 이하, 300 mm 이하로 하고, 기타의 단면에서는 슬래브 두께의 3배 이하, 450 mm 이하로 한다.
- 배력철근의 중심 간격은 슬래브 두께의 5배 이하, 450 mm 이하로 한다.

㉡ 2방향 슬래브
- 작용하는 하중이 직교하는 두 방향으로 영향을 미치기 때문에 직교하는 두 방향으로 주철근을 배근하는 슬래브를 2방향 슬래브라고 한다.
- 네 변으로 지지된 슬래브로서 $\dfrac{장변\ 방향\ 길이}{단변\ 방향\ 길이} < 2$ 일 경우 2방향 슬래브로 설계한다.

㉢ 평판 슬래브
- 드롭 패널(drop pannel)이나 기둥머리 없이 순수하게 기둥으로만 지지되는 슬래브이다.
- 하중이 별로 크지 않거나 지간이 짧은 경우에 사용한다.

㉣ 플랫 슬래브
- 보의 사용 없이 기둥이 슬래브를 지지하는 구조이다.
- 기둥 둘레의 전단력과 부모멘트를 감소시키기 위해 **드롭 패널과 기둥머리**를 둔 슬래브이다.

㉤ 와플 슬래브
- 격자 형식의 장선이 슬래브를 지지하는 구조이다.
- 기둥과 기둥 사이의 간격을 넓게 만들 수 있다.

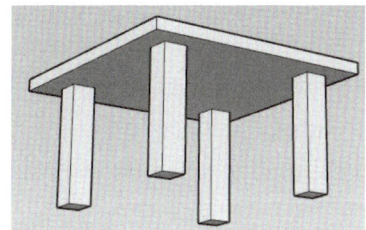
[평판(플랫플레이트) 슬래브]

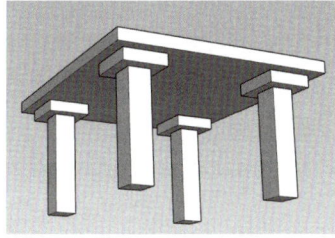
[플랫 슬래브]

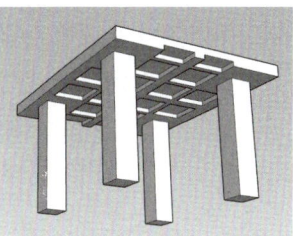
[와플 슬래브]

4) 확대기초

상부구조물의 하중을 넓은 면적에 분포시켜 구조물의 하중을 안전하게 지반에 전달하기 위하여 설치되는 구조물이다.

❶ 확대기초의 종류
  ㉠ **독립확대기초** : 하나의 기둥으로 하나의 기초를 지지한다. 밑바닥의 형상은 일반적으로 정사각형 또는 직사각형이다.
  ㉡ **복합확대기초** : **하나의 확대기초를 사용하여 2개 이상의 기둥을 지지**하도록 만든 것으로, 연결확대기초라고도 한다.
  ㉢ **연속확대기초** : 벽을 지지하는 확대기초로 벽의 확대기초, **줄기초**라고도 한다.
  ㉣ 캔틸레버 확대기초 : 2개의 독립확대기초를 하나의 보로 연결한 기초이다. 연결된 보로 인해서 부등침하를 줄일 수 있다.
  ㉤ **전면확대기초** : 지반이 약할 때, 구조물 또는 **건축물의 밑바닥 전부를 기초판으로 만들어** 모든 기둥을 지지하도록 만든 것으로 **온통기초**, **매트기초**라고도 한다.
  ㉥ 말뚝기초 : 지반 강화를 위해 **지반에 말뚝을 설치하고 그 위에 기초판**을 만들어 상부구조를 지지한다.

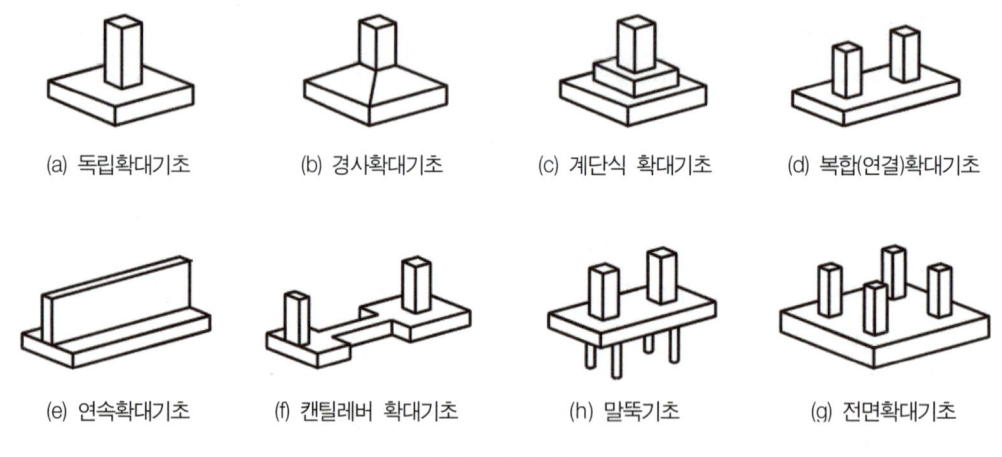

(a) 독립확대기초 (b) 경사확대기초 (c) 계단식 확대기초 (d) 복합(연결)확대기초
(e) 연속확대기초 (f) 캔틸레버 확대기초 (h) 말뚝기초 (g) 전면확대기초

[확대기초의 종류]

❷ 확대기초의 설계 일반사항
  ㉠ 전단에 대한 위험단면
    • 기초판의 전단거동이 1방향일 경우, 전단에 대한 위험단면은 기둥의 전면으로부터 유효깊이 d만큼 떨어진 곳이다.
    • 기초판의 전단거동이 2방향일 경우, 단에 대한 위험단면은 기둥의 전면으로부터 유효깊이 $\frac{d}{2}$만큼 떨어진 곳이다.

ⓛ 기초판 상단에서 하부 철근까지의 깊이는 흙에 놓이는 기초의 경우 150 mm 이상, 말뚝기초의 경우 300 mm 이상으로 해야 한다.
ⓒ 말뚝의 기초판 설계에서 말뚝의 반력은 각 말뚝의 중심에 집중된다고 가정한다.

5) 옹벽

토압에 저항하여 흙의 붕괴를 막거나 비탈면에서 흙이 무너져 내리는 것을 방지하기 위해 설치하는 구조물을 말한다.

❶ 옹벽의 종류

㉠ 중력식 옹벽 : 무근콘크리트나 석재·벽돌 등으로 만들어지며 자중에 의하여 안정을 유지한다. 일반적으로 3 m 이하일 때 사용한다.

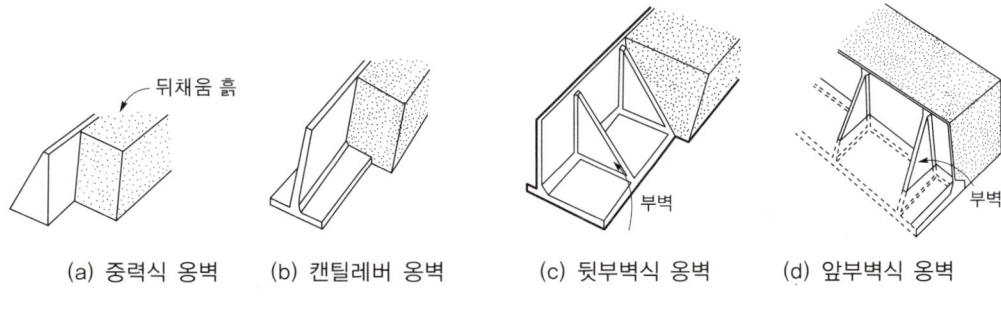

[옹벽의 종류]

㉡ 캔틸레버식 옹벽 : 철근콘크리트로 만들어지며, 역T형 옹벽, L형 옹벽, 역L형 옹벽이 있고, 벽체, 뒷굽판, 앞굽판과 같은 옹벽의 각 부분이 캔틸레버처럼 거동한다. 일반적으로 3~7.5 m 정도일 때 사용한다.

㉢ 부벽식 옹벽 : 철근콘크리트로 만들어지며 캔틸레버식 옹벽에 일정한 간격으로 부벽을 설치하여 보강하는 옹벽을 말한다. 부벽이 설치되는 위치에 따라 뒷부벽식과 앞부벽식이 있으며 일반적으로 7.5 m 이상일 때 사용한다.

- 뒷부벽식 옹벽 : 캔틸레버식 옹벽의 뒷면(흙 속에 묻히는 쪽)에 일정한 간격의 부벽을 설치하고, 이때 부벽은 인장에 저항한다.
- 앞부벽식 옹벽 : 캔틸레버식 옹벽의 앞면(흙 속에 묻히지 않는 쪽)에 일정한 간격의 부벽을 설치하고, 이때 부벽은 압축에 저항한다.

㉣ 반중력식 옹벽 : 중력식 옹벽과 철근콘크리트 옹벽의 중간 형태이다. 중력식 옹벽의 벽 두께를 얇게 하고 이로 인해 생기는 인장응력에 저항하도록 하기 위해 철근을 배치한 것이다.

❷ **옹벽의 안정**

옹벽은 상부의 하중과 옹벽의 자중, 옹벽에 작용하는 토압에 견딜 수 있도록 설계해야 한다. 또한 전도, 활동 지반의 지지력에 대한 안정성을 검토해야 한다.

> **학습 POINT**
>
> **옹벽의 안정조건**
> • 전도에 대한 안정   • 활동에 대한 안정   • 침하에 대한 안정

㉠ **전도에 대한 안정**

$$F_s = \frac{\text{저항 모멘트}(M_r)}{\text{전도 모멘트}(M_o)} = \frac{\Sigma V \cdot y}{\Sigma H \cdot x} \geq 2$$

여기서, ΣH : 토압 등 모든 수평력의 합
　　　　ΣV : 옹벽의 자중 등 모든 연직력의 합
　　　　y : 옹벽 저판부터 수평력의 합력이 작용하는 점까지의 거리
　　　　x : 저판의 앞쪽 끝부터 합력의 작용점까지의 거리

모든 외력의 합력 R의 작용점은 옹벽 저판을 3등분했을 때 중앙의 1/3 구간에 있는 것이 좋다.

㉡ **활동에 대한 안정** : 옹벽에 작용하는 수평력의 합(ΣH)은 옹벽을 수평 방향으로 활동시키려고 한다. 지반과 저판 밑면 사이의 마찰력과 저판의 전면에 작용하는 수동토압이 활동에 저항하지만 저판 전면의 수동토압은 무시한다.

$$F_s = \frac{\text{저판의 밑면과 지반 사이의 마찰력}}{\text{옹벽에 작용하는 수평력의 합력}} = \frac{\Sigma V \cdot \mu}{H} \geq 1.5$$

여기서, μ : 마찰계수
　　　　ΣV : 옹벽의 자중 등 모든 연직력의 합

> **참고**
>
> 활동에 대한 안정에서 저판의 전면에 작용하는 수동토압을 무시하는 이유는 옹벽을 시공할 때 주변의 흙을 파내고 옹벽을 설치한 후에 흙을 되메움함으로써 저판 전면에 있는 지반이 흐트러져 있기 때문이다.

㉢ **침하에 대한 안정** : 옹벽이 침하에 대해 안정하기 위해서는 지지 지반에 작용하는 최대 압력이 지반의 허용지지력을 초과해서는 안 된다.

$$F_s = \frac{\text{지반의 극한 지지력}}{\text{지반의 최대 반력}} \geq 3$$

> 참고

그리스 문자

대문자	소문자	호칭방법	대문자	소문자	호칭방법
A	α	알파	N	ν	뉴
B	β	베타	Ξ	ξ	크사이, 크시
Γ	γ	감마	O	o	오미크론
Δ	δ	델타	Π	π	파이
E	ε	엡실론	P	ρ	로
Z	ζ	제타	Σ	σ	시그마
H	η	에타	T	τ	타우
Θ	θ	세타	Y	υ	입실론
I	ι	요타	Φ	ϕ	파이, 피
K	κ	카파	X	χ	카이, 키
Λ	λ	람다	Ψ	ψ	프사이, 프시
M	μ	뮤	Ω	ω	오메가

6) 교량

교량은 강, 하천, 해협, 계곡 등에 가로질러 설치함으로써 교통을 위해 사용하는 구조물이다.

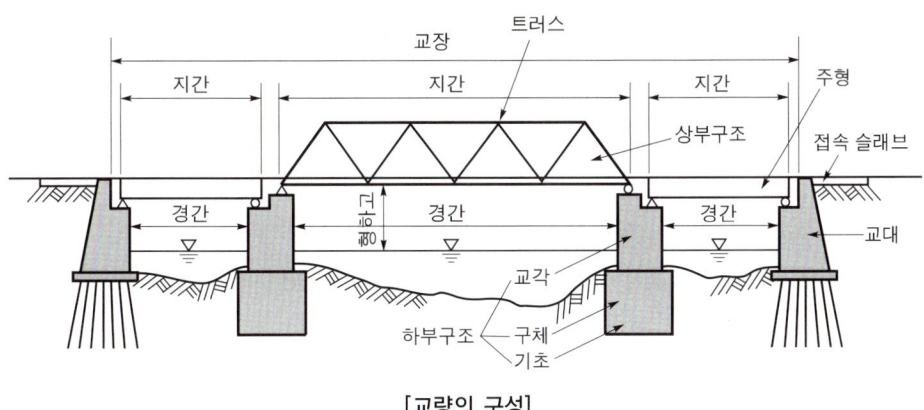

[교량의 구성]

❶ 교량의 구성
  ㉠ 상부구조 : 교통물의 하중을 직접 받는 부분으로, 바닥판·바닥틀·주형 등으로 구성되어 있다. 상부구조를 어떤 구조로 하느냐에 따라 교량의 종류가 결정된다.
    • 바닥판 : 교통물을 직접 받쳐주는 포장 및 슬래브 부분이다.

- 바닥틀 : 바닥판으로부터 전해지는 하중을 받쳐서 주형에 전달하는 부분으로, 세로보와 가로보로 이루어진다.
- 주형 : 바닥틀로부터 전해지는 하중을 받쳐서 지점을 통해 하부구조에 전달한다.

ⓒ 하부구조 : 상부구조의 하중을 지반으로 전달해 주는 부분으로, 교각·교대·기초 등으로 구성되어 있다.
- 교대 : 상부구조의 하중을 지반에 전달하는 역할을 하는 구조로, 교량의 시점과 종점부에 위치하며 상부구조를 지지하는 역할을 한다.
- 교각 : 상부구조의 하중을 지반에 전달하는 역할을 하는 구조로 상부구조가 2경간 이상이 되는 경우에 설치한다. 주로 교각기초, 기둥, 코핑부로 구성된다.

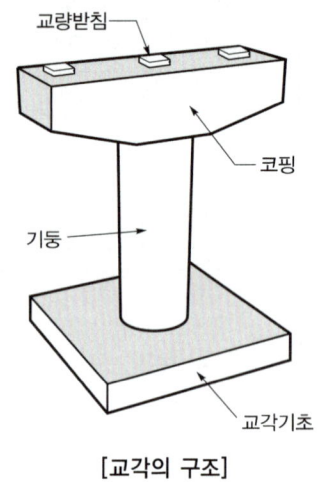

[교각의 구조]

❷ 교량의 종류

㉠ 상부구조의 형식에 따른 분류
- 거더교 : 거더(보, 형)를 교량 종방향(차량 진행 방향)으로 설치하고 그 위에 슬래브 부분을 올린 교량으로, 일반적으로 가장 널리 사용되는 형식이다.
- 슬래브교 : 거더 없이 하부구조에 슬래브 부분을 올린 교량으로, 주로 규모가 작은 교량에 사용된다.

> ✓ 학습 POINT
> 슬래브교의 최소 두께는 250 mm이다.

- 라멘교 : 상부구조와 하부구조를 강결로 연결함으로써 전체 구조의 강성을 높이고 상부구조에 휨모멘트를 하부구조가 함께 부담하게 한다.

> ✓ 학습 POINT
>
> **라멘구조**
> 수직부재인 기둥과 수평부재인 보를 강결로 연결한 구조

- 아치교 : 호 형태로 아치에 가해지는 외력을 아치의 축선을 따라 압축력으로 저항하는 구조이다.
- 사장교 : 교각 위에 세운 주탑으로부터 비스듬히 케이블을 걸어 교량 상판을 매단 형태의 교량이다.
- 현수교 : 주탑을 양쪽에 세워 주 케이블을 걸고, 이 케이블에 수직 케이블(행어)을 걸어 보강형을 매달아 지지하는 교량형식으로, 초장대교에 적합하다.

ⓒ 지지형식에 따른 분류
- 단순교 : 주형이나 주 트러스의 양끝이 단순 지지된 교량이다.

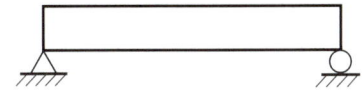

- 연속교 : 주형이나 주 트러스를 3개 이상의 지점으로 지지하여 2경간 이상에 걸쳐 연속시킨 교량이다. 단순교에 비해 처짐이 작고 신축이음을 최소화하여 주행성이 좋다는 장점이 있다.

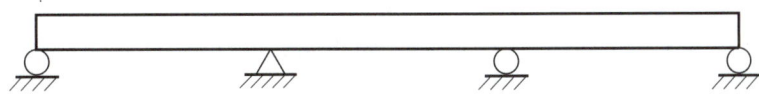

- 거버교 : 연속교 주형의 중간에 힌지를 넣어 정정구조로 만든 교량이다. 지반이 불량한 경우 효과적이지만 내부 힌지 부분을 적절하게 연결시켜야 처짐의 문제가 생기지 않는다.

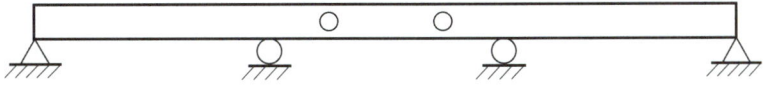

ⓒ 재료에 따른 분류
- 강교
- 철근콘크리트(RC)교
- 프리스트레스트 콘크리트(PSC)교
- 목교
- 석교

㉣ 사용 용도에 따른 분류
- 도로교 : 차량의 통행을 위해 만들어진 교량

- 육교 : 도로나 철로 위를 사람들이 횡단할 수 있도록 공중으로 건너질러 놓은 교량
- 철도교 : 철도 선로를 통하기 위해 만들어진 교량
- 수로교 : 발전·관개·수도 등의 용수로나 운하 등을 통하게 하기 위해 만들어지는 교량. 수도에 의한 것을 수도교, 운하에 의한 것을 운하교라고 한다.
- 군용교 : 군사용 목적으로 만들어진 교량
- 혼용교 : 도로와 철도가 병설되어 있는 교량과 같이 2개 이상의 용도에 사용되는 교량

ⓜ 통로의 위치에 따른 분류
- 상로교 : 통로가 교량의 주형이나 주 트러스 위쪽에 있는 교량
- 중로교 : 통로가 교량의 주형이나 주 트러스 중간에 있는 교량
- 하로교 : 통로가 교량의 주형이나 주 트러스 아래쪽에 있는 교량
- 2층교 : 통로가 2개 층으로 되어 있는 교량

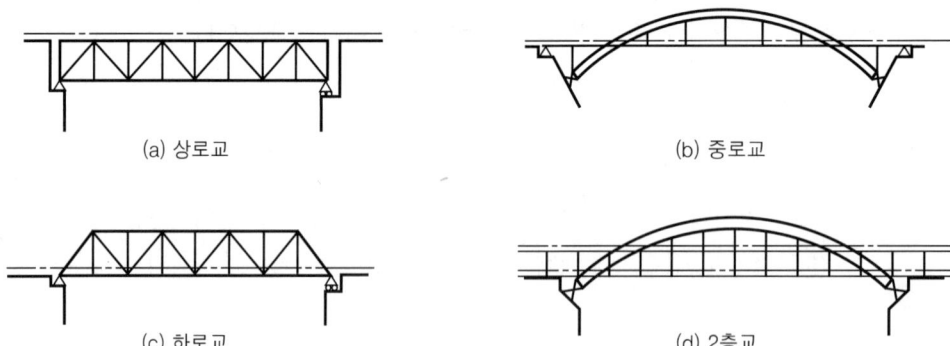

[통로의 위치에 따른 분류]

02 적중 예상문제

제2장 **토목구조물의 종류**

01 철근과 콘크리트는 그 성질이 매우 다르지만 두 재료가 일체로 되어 외력에 저항하는 구조 재료로 널리 이용되는 이유로 틀린 것은?
① 균열이 잘 생기지 않는다.
② 철근과 콘크리트는 부착이 매우 잘 된다.
③ 콘크리트 속에 묻힌 철근은 녹이 슬지 않는다.
④ 철근과 콘크리트는 온도에 대한 선팽창계수가 거의 같다.

해설 철근콘크리트의 특징

장점
• 내구성, 내진성, 내화성, 내풍성이 우수하다. • 다양한 치수와 형태로 건축이 가능하다. • 구조물을 경제적으로 만들 수 있고, 유지관리비가 적게 든다. • 일체식 구조로 만듦으로써 강성이 큰 구조가 된다.

단점
• 자체 중량이 크다. • 습식 공사로 공사 기간이 길다. • 균열이 발생하기 쉽고 부분적으로 파손되기 쉽다. • 파괴나 철거가 쉽지 않다.

02 콘크리트에 일정하게 하중을 주면 응력의 변화는 없는데도 시간이 경과함에 따라 변형이 커지는 현상은?
① 건조수축 ② 크리프
③ 틱소트로피 ④ 릴랙세이션

해설 크리프
구조물에 자중 등과 같은 하중이 오랜 시간 지속적으로 작용하면 더 이상 응력이 증가하지 않더라도 시간이 지나면서 구조물에 발생하는 변형

03 철근콘크리트의 특징에 대한 설명으로 옳지 않은 것은?
① 내구성, 내화성, 내진성이 우수하다.
② 균열 발생이 없고, 검사 및 개조, 해체 등이 쉽다.
③ 여러 가지 모양과 치수의 구조물을 만들기 쉽다.
④ 다른 구조물에 비하여 유지관리비가 적게 든다.

해설 철근콘크리트는 균열이 발생하기 쉽고 검사, 개조, 보강, 파괴가 어렵다.

04 크리프에 영향을 미치는 요인 중 옳지 않은 것은?
① 재하 하중이 클수록 커진다.
② 콘크리트 온도가 높을수록 크리프값이 커진다.
③ 고강도 콘크리트일수록 크리프값이 크다.
④ 하중 재하 시 콘크리트 재령이 짧고 하중 재하 기간이 길면 커진다.

해설 고강도 콘크리트일수록 크리프가 작게 일어난다.

크리프에 영향을 미치는 요인
㉠ 응력의 크기와 재하 기간, 재하 속도가 빠를수록 크리프가 크게 일어난다.
㉡ 콘크리트의 물-시멘트비가 클수록 크리프가 크게 일어난다.
㉢ 단위시멘트량이 많을수록 크리프가 크게 일어난다.
㉣ 콘크리트에 가해지는 응력이 클수록 크리프가 크게 일어난다.
㉤ 온도가 높을수록 크리프가 크게 일어난다.
㉥ 하중을 재하하는 시기에 콘크리트의 재령기간이

정답 1.① 2.② 3.② 4.③

짧을수록 크리프가 크게 일어난다.
ⓒ 고강도 콘크리트일수록 크리프가 작게 일어난다.
ⓓ 고온 증기 양생을 하면 크리프가 작게 일어난다.
ⓔ 철근비가 높을수록(많은 철근량이 효과적으로 배근되면) 크리프가 작게 일어난다.

05 철근콘크리트(RC) 구조물의 특징이 아닌 것은?

① 철근과 콘크리트는 부착력이 매우 크다.
② 콘크리트 속에 묻힌 철근은 부식되지 않는다.
③ 철근과 콘크리트는 온도변화에 대한 열팽창계수가 비슷하다.
④ 철근은 압축응력이 크고, 콘크리트는 인장응력이 크다.

해설 콘크리트는 압축력에 매우 강하나 인장력에는 약하고, 철근은 인장력에 매우 강하나 압축력에 의해 구부러지기 쉽다. 이에 따라 콘크리트 구조체의 인장력이 일어나는 곳에 철근을 배근하여 인장력을 부담하도록 한다.

06 포스트텐션 방식의 PSC 부재에서 콘크리트 부재 속에 구멍을 형성하기 위해 사용하는 관은?

① 시스   ② PS 강재
③ 정착단 ④ 잭

해설 포스트텐션 방식
인장측에 시스관을 묻어 놓고 시스 내에 PC 강재를 배치한 후 콘크리트를 타설한다. 콘크리트가 경화한 후 시스관 속의 PC 강재를 양단에서 긴장 및 정착시킨다. 이때 발생하는 강재의 상향력으로 인장력을 상쇄한다.

07 프리스트레스트 콘크리트의 특징이 아닌 것은?

① 설계하중이 작용하더라도 균열이 발생하지 않는다.
② 안정성이 높다.
③ 철근콘크리트에 비해 고강도 콘크리트와 강재를 사용한다.
④ 철근콘크리트보다 내화성이 우수하다.

해설 프리스트레스트 콘크리트의 특징

장점
• 장스팬의 구조가 가능하다. • 처짐이 작다. • 균열이 거의 발생하지 않아서 강재의 부식위험이 적고 내구성이 좋다. • 과다한 하중으로 일시적인 균열이 발생해도 하중을 제거하면 다시 복원되므로 탄력성과 복원성이 우수하다. • 콘크리트의 전 단면을 유효하게 이용할 수 있어서 부재 단면을 줄이고 자중을 경감시킬 수 있다. • 프리캐스트 공법을 적용할 경우, 시공성이 좋고 공기단축이 가능하다. • 파괴의 전조 증상이 뚜렷하게 나타난다.

단점
• 휨강성이 작아져 진동이 생기기 쉽다. • 고강도 강재는 높은 온도에 접하면 갑자기 강도가 감소하므로 내화성에 대하여 불리하다. 그러므로 5 cm 이상의 내화피복이 요구된다. • 공정이 복잡하며 고도의 품질관리가 요구된다. • 단가가 비싸고 보조재료가 많이 사용되므로 공사비가 많이 든다.

08 강구조의 특징에 대한 설명으로 옳은 것은?

① 콘크리트에 비해 균일성이 없다.
② 콘크리트에 비해 부재의 치수가 크게 된다.
③ 콘크리트에 비해 공사기간 단축이 용이하다.
④ 재료의 세기, 즉 강도가 콘크리트에 비해 월등히 작다.

해설 ① 콘크리트에 비해 균일성이 있다.
② 콘크리트에 비해 부재의 치수가 작다.
④ 재료의 세기, 즉 강도가 콘크리트에 비해 크다.

09 인장측의 콘크리트에 미리 계획적으로 압축응력을 주어 일어날 수 있는 인장응력을 상쇄시킨 콘크리트를 무엇이라 하는가?

① 강콘크리트
② 합성 콘크리트
③ 철근콘크리트
④ 프리스트레스트 콘크리트

정답 5.④ 6.① 7.④ 8.③ 9.④

해설 **프리스트레스트 콘크리트**
콘크리트에 인장응력이 발생할 수 있는 부분에 고강도 강재(PS 강재)를 긴장시켜 미리 계획적으로 압축력을 주어 인장력이 상쇄될 수 있도록 한 콘크리트이다. 인장응력에 의한 균열이 방지되고 콘크리트의 전 단면을 유효하게 이용할 수 있다. PS 콘크리트 또는 PSC라고도 한다.

10 프리스트레스트 콘크리트의 사용 재료 중 PS 강재의 성질로 잘못된 것은?

① 인장강도가 작아야 한다.
② 릴랙세이션이 작아야 한다.
③ 적당한 연성과 인성이 있어야 한다.
④ 응력 부식에 대한 저항성이 커야 한다.

해설 **PSC 강재에 요구되는 성질**
㉠ 인장강도가 커야 한다.
㉡ 릴랙세이션이 작아야 한다.
㉢ 적당한 연성과 인성이 있어야 한다.
㉣ 응력 부식에 대한 저항성이 커야 한다.

11 포스트텐션 방식에서 PS 강재가 녹스는 것을 방지하고, 콘크리트에 부착시키기 위해 시스 안에 시멘트풀 또는 모르타르를 주입하는 작업을 무엇이라고 하는가?

① 그라우팅　② 덕트
③ 프레시네　④ 디비다그

해설 시멘트풀 또는 모르타르를 그라우트라 하고, 그라우트를 주입하는 작업을 그라우팅이라고 한다.

12 프리스트레스트 콘크리트의 프리텐션 방식을 설명한 것으로 옳지 않은 것은?

① 주로 공장에서 제작한다.
② PS 강재를 긴장한 채로 콘크리트를 친다.
③ PS 강재와 콘크리트의 부착에 의하여 콘크리트의 프리스트레스가 도입된다.
④ 콘크리트가 경화한 후 프리스트레스를 도입한다.

해설 **프리텐션 방식**
콘크리트를 타설하기 전에 강재를 미리 긴장시킨 후 콘크리트를 타설하고, 콘크리트가 경화되면 긴장력을 풀어서 콘크리트에 프리스트레스가 주어지도록 하는 방법이다. 콘크리트와 강재의 부착에 의해서 프리스트레스가 도입된다.

★
13 프리스트레스의 손실 원인 중 도입할 때의 손실 원인으로 옳은 것은?

① 마찰에 의한 손실
② 콘크리트의 크리프
③ 콘크리트의 건조수축
④ PS 강재의 릴랙세이션

해설 **프리스트레스의 손실 원인**

도입 시 손실(즉시 손실)	도입 후 손실
• 정착장치의 활동 • PS 강재와 덕트(시스) 사이의 마찰 • 콘크리트의 탄성변형(탄성수축)	• 콘크리트의 크리프 • 콘크리트의 건조수축 • PS 강재의 릴랙세이션

★
14 강구조에 관한 설명으로 옳지 않은 것은?

① 구조용 강재의 재료는 균질성을 갖는다.
② 다양한 형상의 구조물을 만들 수 있으나 개보수 및 보강이 어렵다.
③ 강재의 이음에는 용접이음, 고장력 볼트 이음, 리벳 이음 등이 있다.
④ 강구조에 쓰이는 강은 탄소 함유량이 0.04~2.0%로 유연하고 연성이 풍부하다.

해설 **강구조의 특징**

장점
• 단위면적당 강도가 크다. • 자중이 작기 때문에 긴 지간 교량이나 고층 건물 시공에 쓰인다. • 인성이 커서 변형에 유리하고 내구성이 크다. • 재료가 균질하다. • 부재를 공장에서 제작하고 현장에서 조립하여 현장작업이 간편하고 공사 기간이 단축된다. • 세장한 부재가 가능하다. • 기존 건축물의 증축, 보수가 용이하다. • 환경친화적인 재료이다.

정답　10. ①　11. ①　12. ④　13. ①　14. ②

단점
• 내화성이 낮다. • 좌굴의 영향이 크다. • 접합부의 신중한 설계와 용접부의 검사가 필요하다. • 처짐 및 진동을 고려해야 한다. • 유지 관리가 필요하다. • 반복하중에 따른 피로에 의해 강도 저하가 심하다. • 소음이 발생하기 쉽다. • 구조 해석이 복잡하다.

15 다음 중 강구조의 강재 이음방법으로 가장 거리가 먼 것은?

① 겹침이음
② 용접이음
③ 고장력 볼트 이음
④ 리벳 이음

해설 강구조는 공장에서 제작된 부재를 용접, 고장력 볼트, 리벳을 이용하여 접합하는 구조이므로 다양한 접합기술에 대한 이해와 기술이 필요하다.

16 겹치기 이음 또는 T이음에 주로 사용되는 용접으로 용접할 모재를 겹쳐서 그 둘레를 용접하거나 2개의 모재를 T형으로 하여 모재 구석에 용착금속을 채우는 용접은?

① 홈 용접(groove welding)
② 필릿 용접(fillet welding)
③ 슬롯 용접(slot welding)
④ 플러그 용접(plug welding)

해설 필릿 용접에 대한 내용이다. 모살 용접이라고도 한다.

17 용접이음에 대한 장점이 아닌 것은?

① 리벳 접합 방식에 비하여 강재를 절약할 수 있다.
② 인장측의 리벳 구멍에 의한 단면 손실이 없다.
③ 시공 중에 소음이 없다.
④ 접합부의 강성이 작다.

해설 용접이음은 2개 이상의 금속 또는 열가소성 부품을 융점까지 가열하고 함께 융합하여 결합하는 연결방법으로, 접합부의 강성이 크다.

18 강재에서 고장력 볼트의 구멍은 볼트의 호칭 지름에 얼마의 값을 더하는가?

① 2 mm ② 3 mm
③ 5 mm ④ 6 mm

해설 **고장력 볼트 이음**
고장력 볼트 이음 구멍을 뚫고 고장력 볼트를 조여 강재 간의 마찰력에 의해 접합되도록 하는 연결방법이다. 볼트 구멍은 호칭 지름에 3 mm를 더한 값으로 뚫는다. 충격하중이나 진동하중을 받는 강교에 주로 사용된다.

19 강교에서 부재의 길이에 비하여 단면이 작은 부재를 삼각형으로 이어서 만든 뼈대로서, 보의 작용을 하도록 한 구조로 지간이 40 m 이상에서 유리하며 40~120 m의 지간에 가장 알맞은 교량 형식은 무엇인가?

① 판형교 ② 트러스교
③ 아치교 ④ 거버교

해설 **트러스교**
부재의 길이에 비하여 단면이 작은 부재를 삼각형으로 이어서 만든 뼈대가 보의 작용을 하도록 한 구조를 트러스라고 하며, 강재를 이용하여 트러스 형태로 만든 교량을 트러스교라고 한다.

20 다음 〈보기〉의 특징이 설명하고 있는 교량 형식은?

㉠ 부재를 삼각형의 뼈대로 만든 것으로 보의 작용을 한다. ㉡ 수직 또는 수평 브레이싱을 설치하여 횡압에 저항토록 한다. ㉢ 부재와 부재의 연결점을 격점이라 한다.

① 단순교 ② 아치교
③ 트러스교 ④ 판형교

정답 15. ① 16. ② 17. ④ 18. ② 19. ② 20. ③

해설 트러스교에 대한 설명이다.

트러스교의 특징
㉠ 구조적으로 긴 지간의 구조로 만들 수 있다. 40~120 m의 지간에 알맞은 교량형식이다.
㉡ 쉽게 변형이 발생하지 않고, 내풍 안전성이 있다.
㉢ 구조물의 해석이 비교적 간단하다.

21 트러스의 종류 중 주 트러스로는 잘 쓰이지 않으나, 가로 브레이싱에 주로 사용되는 형식은?

① K트러스
② 프랫(pratt) 트러스
③ 하우(howe) 트러스
④ 워런(warren) 트러스

해설 K트러스

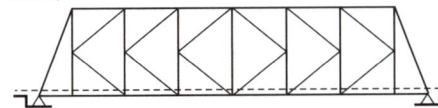

22 철근콘크리트기둥을 분류할 때 구조용 강재나 강관을 축방향으로 보강한 기둥은?

① 복합기둥　② 합성기둥
③ 띠철근기둥　④ 나선철근기둥

해설 합성기둥
구조용 강재나 강판을 축방향으로 보강한 기둥

23 일반적인 기둥의 종류가 아닌 것은?

① 띠철근기둥　② 나선철근기둥
③ 합성기둥　　④ 강도기둥

해설 기둥의 종류
띠철근기둥, 나선철근기둥, 합성기둥

24 축방향 압축을 받는 부재로서 높이가 단면 최소치수의 3배 정도 이상인 구조는?

① 보　　② 기둥
③ 옹벽　④ 슬래브

해설 기둥
㉠ 부재의 종방향으로 작용하는 압축하중을 받는 압축부재이다. 지붕, 바닥 등의 상부 하중을 받아서 토대 및 기초에 전달하고 벽체의 골격을 이루는 구조체이다.
㉡ 부재의 높이가 단면 최소치수의 3배 이상이다.
㉢ 수직 또는 수직에 가까울 정도로 서 있다.

★25 압축부재에 사용되는 나선철근의 정착은 나선철근의 끝에서 추가로 몇 회전만큼 더 확보하여야 하는가?

① 1.0회전　② 1.5회전
③ 2.0회전　④ 2.5회전

해설 압축부재의 나선철근
㉠ 현장치기 콘크리트 공사에서 나선철근의 지름은 10 mm 이상이어야 한다.
㉡ 나선철근의 순간격은 25 mm 이상, 75 mm 이하여야 한다.
㉢ 나선철근 정착은 철근 끝에서 추가로 1.5회전하여야 한다.
㉣ 나선철근의 이음은 이형철근의 경우 지름의 48배 이상, 원형철근의 경우 지름의 72배 이상, 또 300 mm 이상의 겹침이음으로 한다.
㉤ 기둥머리가 있는 기둥에서 기둥머리 지름이나 폭이 기둥지름의 2배가 되는 곳까지 나선철근을 연장해야 한다.

26 나선철근과 띠철근 기둥에서 축방향 철근의 순간격은 40 mm 이상, 또한 철근 공칭지름의 몇 배 이상으로 하여야 하는가?

① 0.5배　② 0.8배
③ 1.5배　④ 3배

해설 띠철근기둥에서 축방향 철근의 배치는 다음 이상으로 한다.
㉠ 순간격은 40 mm 이상
㉡ 철근 지름의 1.5배 이상
㉢ 굵은골재 최대치수의 1.5배 이상

정답 21.① 22.② 23.④ 24.② 25.② 26.③

27 다음은 기둥(장주)의 유효길이에 대한 설명이다. 올바른 것은?

① 양끝이 힌지로 되어 있는 기둥일 경우 유효길이는 기둥 전체 길이의 0.5배이다.
② 양끝이 고정되어 있는 기둥일 경우 유효길이는 기둥의 전체 길이이다.
③ 한끝이 고정이고, 다른 한끝이 자유롭게 되어 있는 기둥일 경우 유효길이는 기둥 전체 길이의 2배이다.
④ 한끝이 고정이고, 다른 한끝이 힌지로 되어 있는 기둥일 경우 유효길이는 기둥 전체 길이의 4배이다.

해설 기둥의 지지 조건과 유효길이계수

지지 조건	양단고정	일단고정 타단힌지	양단힌지	일단고정 타단자유
좌굴곡선 (탄성곡선)				
유효길이 (kl)	$0.5l$	$0.7l$	$1.0l$	$2.0l$
유효길이 계수(k)	0.5	0.7	1.0	2.0

★
28 슬래브의 종류에는 1방향 슬래브와 2방향 슬래브가 있다. 이를 구분하는 기준과 가장 관계가 깊은 것은?

① 부철근의 구조 ② 슬래브의 두께
③ 지지하는 경계조건 ④ 기둥의 높이

해설 ㉠ 두 변에 의해서만 지지된 경우이거나, 네 변이 지지된 슬래브 중에서 $\frac{장변\ 방향\ 길이}{단변\ 방향\ 길이} \geq 2$일 경우 1방향 슬래브로 설계한다.
㉡ 네 변으로 지지된 슬래브로서 $\frac{장변\ 방향\ 길이}{단변\ 방향\ 길이} < 2$일 경우 2방향 슬래브로 설계한다.

29 보의 받침부와 기둥의 접합부나 라멘의 접합부 모서리 내에서 응력 전달이 원활하도록 단면을 크게 한 부분을 무엇이라 하는가?

① 덮개 ② 플랜지
③ 복부 ④ 헌치

해설 헌치(haunch)
지지하는 부재와의 접합부에서 응력집중의 완화와 지지부의 보강을 목적으로 단면을 크게 한 부분

★
30 최대 휨모멘트가 일어나는 단면에서 1방향 슬래브의 정철근 및 부철근의 중심 간격에 대한 설명으로 옳은 것은?

① 슬래브 두께의 2배 이하이어야 하고 또한 300 mm 이하로 하여야 한다.
② 슬래브 두께의 2배 이하이어야 하고 또한 400 mm 이하로 하여야 한다.
③ 슬래브 두께의 3배 이하이어야 하고 또한 300 mm 이하로 하여야 한다.
④ 슬래브 두께의 3배 이하이어야 하고 또한 400 mm 이하로 하여야 한다.

해설 1방향 슬래브에서 정모멘트 철근 및 부모멘트 철근의 중심 간격은 위험단면에서는 슬래브 두께의 2배 이하이어야 하고, 또한 300 mm 이하로 하여야 한다.

31 1방향 슬래브에서 배력철근을 배치하는 이유로서 옳지 않은 것은?

① 응력을 고르게 분포시키기 위하여
② 주철근의 간격을 유지시켜 주기 위하여
③ 콘크리트의 건조수축이나 온도 변화에 의한 수축을 감소시키기 위하여
④ 슬래브의 두께를 얇게 하기 위하여

해설 배력철근의 효과
㉠ 응력의 고른 분포
㉡ 콘크리트 수축 억제 및 균열 제어
㉢ 주철근의 간격 유지
㉣ 균열 발생 시 균열 분포

정답 27.③ 28.③ 29.④ 30.① 31.④

32 4변에 의해 지지되는 2방향 슬래브 중에서 짧은 변에 대한 긴 변의 비가 최소 몇 배를 넘으면 1방향 슬래브로 해석하는가?

① 2배 ② 3배 ③ 4배 ④ 5배

해설 단변에 대한 장변의 비가 2배를 넘으면 1방향 슬래브로 해석한다. 작용하는 하중의 대부분이 한 방향으로만 영향을 미치기 때문에 단변 방향에만 주철근을 배근하고 장변 방향으로 수축·온도 철근을 배근한다.

33 기둥, 교대, 교각, 벽 등에 작용하는 상부구조물의 하중을 지반에 안전하게 전달하기 위하여 설치하는 구조물은?

① 노상 ② 확대기초
③ 노반 ④ 암거

해설 확대기초
상부구조물의 하중을 넓은 면적에 분포시켜 구조물의 하중을 안전하게 지반에 전달하기 위하여 설치하는 구조물이다.

34 다음 그림과 같은 기초를 무엇이라 하는가?

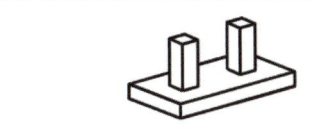

① 독립확대기초 ② 경사확대기초
③ 벽확대기초   ④ 복합확대기초

해설 복합확대기초
하나의 확대기초를 사용하여 2개 이상의 기둥을 지지하도록 만든 것으로, 연결확대기초라고도 한다.

35 일반적인 옹벽의 종류에 속하지 않는 것은?

① 중력식 옹벽   ② 캔틸레버식 옹벽
③ 뒷부벽식 옹벽 ④ 연결 확대 옹벽

해설 옹벽의 종류
㉠ 중력식 옹벽
㉡ 캔틸레버식 옹벽(L형 옹벽, 역T형 옹벽 등)
㉢ 부벽식 옹벽(앞부벽식 옹벽, 뒷부벽식 옹벽)
㉣ 반중력식 옹벽

36 2개 이상의 기둥을 1개의 확대기초로 받치도록 만든 기초는?

① 독립확대기초 ② 벽확대기초
③ 연결확대기초 ④ 전면기초

해설
㉠ 독립확대기초 : 하나의 기둥을 하나의 기초가 지지한다. 밑바닥의 형상은 일반적으로 정사각형이나 직사각형이다.
㉡ 벽확대기초 : 벽을 지지하는 확대기초로 줄기초, 연속확대기초라고도 한다.
㉢ 전면확대기초 : 지반이 약할 때, 구조물 또는 건축물의 밑바닥 전부를 기초판으로 만들어 모든 기둥을 지지하도록 만든 것으로 온통기초, 매트기초라고도 한다.

37 2방향 작용에 의하여 펀칭 전단(punching shear)이 독립확대기초에서 발생될 때 위험단면의 위치는? (단, d는 기초판의 유효깊이이다.)

① 기둥 전면에서 $d/2$만큼 떨어진 곳
② 기둥 전면에서 $d/3$만큼 떨어진 곳
③ 기둥 전면에서 $d/4$만큼 떨어진 곳
④ 기둥 전면

해설 전단에 대한 위험단면
㉠ 기초판의 전단거동이 1방향일 경우, 전단에 대한 위험단면은 기둥의 전면으로부터 유효깊이 d만큼 떨어진 곳이다.
㉡ 기초판의 전단거동이 2방향일 경우, 전단에 대한 위험단면은 기둥의 전면으로부터 유효깊이 $\frac{d}{2}$만큼 떨어진 곳이다.

38 옹벽의 종류와 설명이 바르게 연결된 것은?

① 뒷부벽식 옹벽 - 통상 무근콘크리트로 만든다.
② 캔틸레버식 옹벽 - 철근콘크리트로 만들어지며 역T형 옹벽이라 한다.
③ 중력식 옹벽 - 통상 높이가 6 m 이상의 옹벽에 주로 쓰인다.
④ 앞부벽식 옹벽 - 옹벽 높이가 7.5 m를 넘는 경우는 비경제적이다.

정답 32.① 33.② 34.④ 35.④ 36.③ 37.① 38.②

해설 ㉠ 중력식 옹벽 : 통상 무근콘크리트로 만든다.
㉡ 캔틸레버식 옹벽 : 철근콘크리트로 만들어지며 역 T형 옹벽이 대표적이다.
㉢ 중력식 옹벽 : 일반적으로 3 m 이하일 때 사용한다.
㉣ 부벽식 옹벽 : 높이가 7.5 m 이상일 때 사용한다.

39 보통 무근콘크리트로 만들어지며 자중에 의하여 안정을 유지하는 옹벽의 형태를 무엇이라 하는가?

① 중력식 옹벽 ② L형 옹벽
③ 캔틸레버식 옹벽 ④ 뒷부벽식 옹벽

해설 중력식 옹벽
무근콘크리트나 석재, 벽돌 등으로 만들어지며 자중에 의하여 안정을 유지한다. 일반적으로 3 m 이하일 때 사용한다.

40 가장 보편적으로 사용되며, 철근콘크리트로 만들어지고 보통 3~7.5 m 정도의 높이에 사용되며 역T형 옹벽이라고도 하는 것은?

① 뒷부벽식 옹벽 ② 캔틸레버식 옹벽
③ 앞부벽식 옹벽 ④ 중력식 옹벽

해설 캔틸레버식 옹벽
철근콘크리트로 만들어지며, 역T형 옹벽, L형 옹벽, 역L형 옹벽이 있고, 벽체, 뒷굽판, 앞굽판과 같은 옹벽의 각 부분이 캔틸레버처럼 거동한다. 일반적으로 3~7.5 m 정도일 때 사용한다.

41 옹벽의 전도에 대한 안정조건에서 저항 모멘트가 회전 모멘트의 최소 몇 배 이상이 되도록 설계기준에서 요구하고 있는가?

① 2배 ② 2.5배 ③ 3배 ④ 4배

해설 전도에 대한 안정
$$F_s = \frac{저항\ 모멘트(M_r)}{전도\ 모멘트(M_o)} = \frac{\Sigma V \cdot y}{\Sigma H \cdot x} \geq 2$$

여기서, ΣH : 토압 등 모든 수평력의 합
ΣV : 옹벽의 자중 등 모든 연직력의 합
y : 옹벽 저판으로부터 수평력의 합력이 작용하는 점까지의 거리
x : 저판의 앞쪽 끝부터 합력의 작용점까지의 거리

42 옹벽의 안정조건이 아닌 것은?

① 전도에 대한 안정
② 침하에 대한 안정
③ 활동에 대한 안정
④ 충격에 대한 안정

해설 옹벽의 안정조건
전도에 대한 안정, 활동에 대한 안정, 침하에 대한 안정

43 옹벽의 안정에서 옹벽이 미끄러져 나아가게 하려는 힘에 저항하는 안정을 무엇이라 하는가?

① 전도에 대한 안정
② 침하에 대한 안정
③ 활동에 대한 안정
④ 저판에 대한 안정

해설 활동에 대한 안정
옹벽에 작용하는 수평력의 합(ΣH)은 옹벽을 수평 방향으로 활동시키려고 한다. 지반과 저판 밑면 사이의 마찰력과 저판의 전면에 작용하는 수동토압이 활동에 저항하지만 저판 전면의 수동토압은 무시한다.

44 다음은 교량구조에 대한 설명이다. 옳지 않은 것은?

① 상부구조 가운데 사람이나 차량 등을 직접 받쳐주는 포장 및 슬래브의 부분을 바닥판이라 한다.
② 바닥판에 실리는 하중을 받쳐서 주형에 전달해 주는 부분을 바닥틀이라 한다.
③ 바닥틀은 상부구조와 하부구조로 이루어진다.
④ 바닥틀로부터의 하중이나 자중을 안전하게 받쳐서 하부구조에 전달하는 부분을 주형이라 한다.

해설 교량은 상부구조와 하부구조로 구성되며, 바닥틀은 상부구조에 속한다.

정답 39. ① 40. ② 41. ① 42. ④ 43. ③ 44. ③

45 교량의 구성에 있어서 상부구조에 속하지 않는 것은?

① 바닥판 ② 바닥틀
③ 주 트러스 ④ 교대

해설
㉠ 상부구조: 바닥판, 바닥틀, 주형 또는 주 트러스, 받침
㉡ 하부구조: 교대, 교각 및 기초(말뚝 기초 및 우물통기초)

46 서해대교와 같이 교각 위에 주탑을 세우고 주탑과 경사로 배치된 케이블로 주형을 고정시키는 형식의 교량은?

① 현수교 ② 라멘교
③ 연속교 ④ 사장교

해설
㉠ 사장교: 교각 위에 탑을 세우고, 탑에서 경사진 케이블로 주형을 잡아당기는 형식의 교량으로, 국내 최대 사장교인 서해대교가 있다.
㉡ 현수교: 주탑을 양쪽에 세워 주 케이블을 걸고, 이 케이블에 수직 케이블(행어)을 걸어 보강형을 매달아 지지하는 교량형식으로, 초장대교에 적합하다.
㉢ 라멘교: 상부구조와 하부구조를 강결로 연결함으로써 전체 구조의 강성을 높이고 상부구조에 휨모멘트를 하부구조가 함께 부담하게 한다.
㉣ 연속교: 지지형식에 따른 분류로 주형이나 주 트러스를 3개 이상의 지점으로 지지하여 2경간 이상에 걸쳐 연속시킨 교량이다.

47 연속교 주형의 중간 부분의 적당한 곳에 힌지를 넣어서 정정구조로 되게 한 교량을 무엇이라 하는가?

① 단순교 ② 연속교
③ 거버교 ④ 아치교

해설 거버교
연속교 주형의 중간에 힌지를 넣어 정정구조로 만든 교량이다. 지반이 불량한 경우 효과적이지만 내부 힌지 부분을 적절하게 연결시켜야 처짐의 문제가 생기지 않는다.

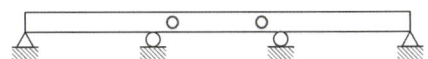

48 양쪽에 주탑을 세우고 그 사이에 케이블을 걸어 여기에 보강형 또는 보강 트러스를 매단 형식의 교량은?

① 아치교 ② 현수교
③ 연속교 ④ 라멘교

해설 현수교에 대한 설명이다.
㉠ 아치교: 호 형태로 아치에 가해지는 외력을 아치의 축선을 따라 압축력으로 저항하는 구조이다.
㉡ 연속교: 지지형식에 따른 분류로 주형이나 주 트러스를 3개 이상의 지점으로 지지하여 2경간 이상에 걸쳐 연속시킨 교량이다.
㉢ 라멘교: 상부구조와 하부구조를 강결로 연결함으로써 전체 구조의 강성을 높이고 상부구조에 휨모멘트를 하부구조가 함께 부담하게 한다.

49 아치교에 대한 설명으로 옳지 않는 것은?

① 미관이 아름답다.
② 계곡이나 지간이 긴 곳에도 적당하다.
③ 상부구조의 주체가 아치(arch)로 된 교량을 말한다.
④ 우리나라의 대표적인 아치교는 거가대교이다.

해설 거가대교는 사장교, 침매터널, 육상터널로 이루어져 있다.

50 주형 혹은 주 트러스를 3개 이상의 지점으로 지지하여 2경간 이상에 걸쳐 연속시킨 교량의 구조 형식은?

① 단순교 ② 라멘교
③ 연속교 ④ 아치교

해설
㉠ 연속교: 단순교에 비해 처짐이 작고 신축이음을 최소화하여 주행성이 좋다는 장점이 있다.
㉡ 단순교: 주형 또는 주 트러스의 양끝이 단순 지지된 교량을 말하며, 한쪽 지점은 힌지, 다른 쪽 지점은 이동 지점으로 지지된다.
㉢ 라멘교: 상부구조와 하부구조를 강결로 연결함으로써 전체 구조의 강성을 높이고 상부구조에 휨모멘트를 하부구조가 함께 부담하게 한다.
㉣ 아치교: 타이드아치 형식의 한강대교와 같이 상부구조의 주체가 아치로 된 교량으로, 계곡이나 지간이 긴 곳에 적당하다.

정답 45. ④ 46. ④ 47. ③ 48. ② 49. ④ 50. ③

Chapter 03 철근콘크리트 구조의 개요 및 설계

Section 3.1 강도설계법

1) 강도설계법의 개념

구조물의 파괴 상태 또는 파괴에 가까운 상태를 기준으로 하여 그 구조물의 사용 기간 중에 예상되는 최대하중에 대하여 구조물의 안전을 적절한 수준으로 확보하려는 설계방법이다.

2) 강도설계법의 기본 가정

강도설계법은 부재가 파괴되는 공칭강도에 기초를 두고 있으며, 부재에 작용하는 외력과 공칭강도에 적당한 계수를 곱하여 조절함으로써 안전이 확보되도록 한다.
① 콘크리트 및 철근의 변형률은 중립축으로부터의 거리에 비례한다.
② 휨을 받는 부재의 콘크리트의 극한변형률(ε_{cu})은 0.0033으로 가정한다($f_{ck} \leq 40$ MPa인 경우).
③ 철근의 응력이 설계기준 항복강도 f_y 이하에서 철근의 응력은 그 변형률의 E_s 배로 본다.
④ 항복강도 f_y에 해당하는 변형률보다 큰 변형률에 대해서도 철근의 응력은 그 변형률에 관계없이 f_y와 같다고 본다.
⑤ 콘크리트의 인장강도는 철근콘크리트 부재 단면의 축하중강도와 휨모멘트강도 계산에서 무시한다.
⑥ 철근과 콘크리트 사이의 부착은 완전하며, 그 경계면에서의 활동은 일어나지 않는다.
⑦ 보에 휨을 받기 전에 생각한 임의의 단면은 휨을 받아 변형을 일으킨 뒤에도 그대로 평면을 유지한다.
⑧ 콘크리트의 압축응력이 $\eta(0.85f_{ck})$로 균등하게 압축측 연단으로부터 $a = \beta_1 \cdot c$까지 등분포한다고 가정한다.

Section 3.2 휨을 받는 철근콘크리트보의 상태

1) 휨을 받는 보의 거동

폭보다 길이가 긴 구조물로서 하중을 길이 방향의 직각으로 지지하는 구조물을 보라고 하며, 보에 작용하는 단면력 중에서 휨모멘트가 가장 지배적이므로 휨에 대해 우선적으로 설계되어야 한다.

2) 콘크리트의 등가직사각형 응력 분포

① 보가 큰 휨모멘트를 받아 파괴 상태 또는 파괴에 가까운 상태에 있게 되면, 그 변형률은 그림 (b)와 같이 된다. 즉, 콘크리트의 압축변형률 ε_{cu}는 극한변형률 0.0033에 이르게 되고, 동시에 인장철근은 항복하여 $\dfrac{f_y}{E_s}$의 변형률을 나타낸다. 이러한 상태를 강도설계법에서는 파괴 상태로 본다.

② 이때 압축측 콘크리트의 응력 분포는 그림 (c)와 같은 모양으로 되지만, 계산을 간편하게 하기 위하여 그림 (d)와 같은 직사각형으로 바꾸어 놓는다. 이 직사각형을 콘크리트의 등가직사각형 응력 분포라 한다.

③ 이 직사각형 응력은 그림 (d)와 같이 콘크리트의 압축응력은 $\eta(0.85f_{ck})$의 크기로 등분포한다고 본다[여기서, η(에타)는 설계기준 압축강도에 따라 콘크리트의 등가직사각형 압축응력 블록의 크기를 나타내는 계수이다].

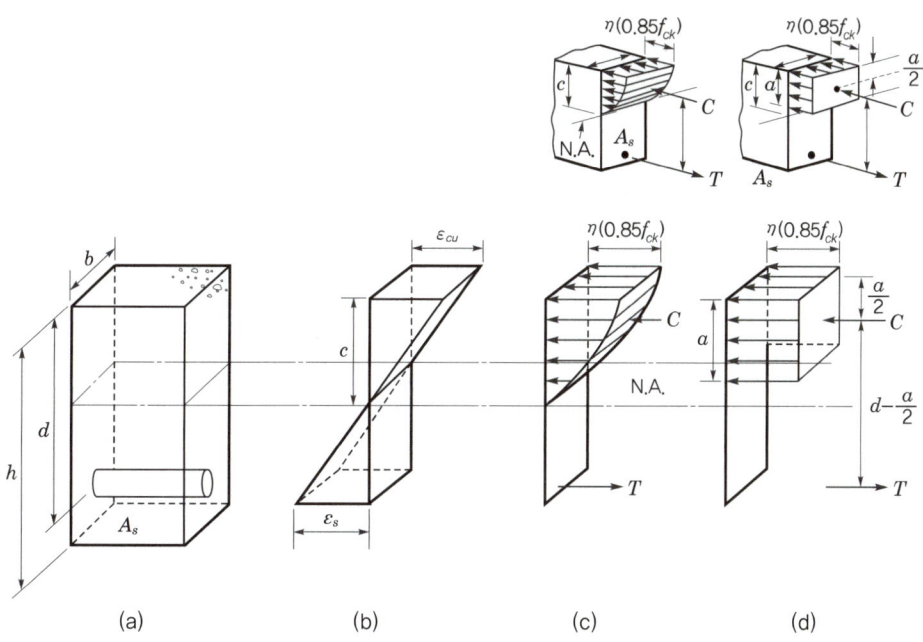

$$a = \beta_1 \cdot c$$

여기서, c : 중립축으로부터 압축측 콘크리트 상단까지의 거리
β_1 : 설계기준 압축강도에 따라 콘크리트 등가직사각형 압축응력 블록의 깊이를 나타내는 계수

> **참고**
>
> 등가직사각형 응력분포 변수값
>
> | f_{ck} | ≤ 40 | 50 | 60 | 70 | 80 | 90 |
> |---|---|---|---|---|---|---|
> | ε_{cu} | 0.0033 | 0.0032 | 0.0031 | 0.003 | 0.0029 | 0.0028 |
> | η | 1.00 | 0.97 | 0.95 | 0.91 | 0.87 | 0.84 |
> | β_1 | 0.80 | 0.80 | 0.76 | 0.74 | 0.72 | 0.70 |

Section 3.3 단철근 직사각형 보의 해석

1) 단철근 직사각형 보의 개념

단철근 직사각형 보라고 하는 것은 보에서 중립축 위의 압축응력은 전적으로 콘크리트가 부담하고, 중립축 아래의 인장응력을 받는 부분에만 철근을 배치하여 인장응력을 부담하도록 하는 직사각형 단면의 보이다.

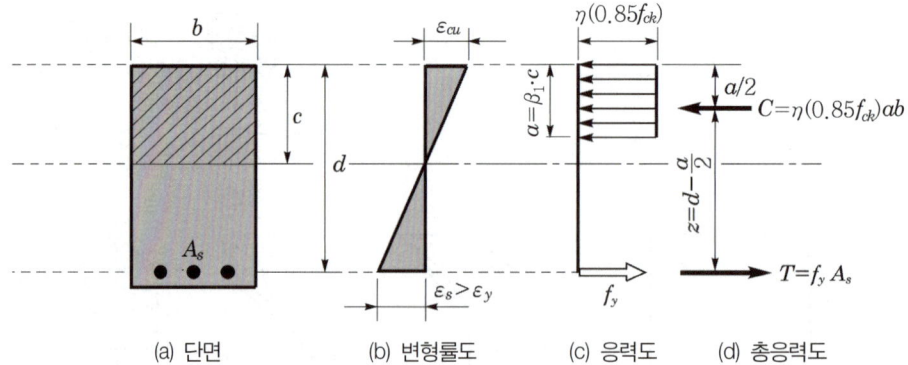

(a) 단면   (b) 변형률도   (c) 응력도   (d) 총응력도

① 강도설계법에 있어서 철근은 항복에 도달했을 때를 파괴로 보며, 콘크리트는 최대 압축변형률이 0.0033에 이르렀을 때를 파괴로 본다. 따라서 인장철근이 항복강도 f_y에 도달함과 동시에 콘크리트의 최대 압축변형률이 0.0033에 도달하도록 설계된 단면을 균형단면이라고 하고, 그러한 보를 균형보라고 한다. 또 콘크리트 면적에 대한 철근의 면적비율을 철근비라 하는데, 균형단면에서의 철근비를 균형철근비(ρ_b)라고 한다.

$$\rho_b = \eta(0.85f_{ck}) \cdot \frac{\beta_1}{f_y} \cdot \frac{660}{660+f_y}$$

② 실제 설계된 철근비(ρ)가 균형철근비보다 크면 콘크리트가 먼저 파괴되므로 취성파괴가 일어나고, 균형철근비보다 작으면 철근이 먼저 항복하므로 연성파괴가 일어난다.

> **참고**
>
> 철근비 $\rho = \dfrac{A_s}{bd}$

㉠ 취성파괴 : 철근비(ρ) > 균형철근비(ρ_b)

철근비가 커서 보의 파괴가 압축측 콘크리트의 파쇄로 시작될 경우에는 사전의 징조 없이 갑자기 일어난다. 이러한 파괴 형태를 취성파괴 또는 메짐파괴라고 한다.

㉡ 연성파괴 : 철근비(ρ) < 균형철근비(ρ_b)

철근의 항복으로 시작되는 보의 파괴는 철근의 항복 고원이 존재하므로, 사전에 붕괴의 징조를 보이면서 점진적으로 일어난다. 이와 같은 파괴 형태를 연성파괴라고 한다.

③ 최대 철근비와 최소 철근비

㉠ 최대 철근비 : 철근콘크리트 구조물의 연성파괴를 보장하기 위해서 철근비가 균형상태인 균형철근비(ρ_b)에 미치지 못하도록 최대 철근비를 규정해 놓는다.

㉡ 최소 철근비 : 취성파괴를 피하기 위해서는 어느 한도 이상의 철근량을 배치해야 한다. 철근량이 너무 적게 배근되면 무근콘크리트와 같이 취성파괴의 형상을 띠게 된다.

2) 휨강도의 계산

보의 설계에서는 하중계수를 사용하여 계산한 보의 극한휨모멘트(M_u)가 설계휨강도(M_d)보다 작아야만 설계된 보가 안전을 확보할 수 있다. 즉, 보의 안전은 다음 식으로 검사한다.

$$M_d(=\phi M_n) \geq M_u$$

여기서, M_n : 공칭휨강도, ϕ : 강도감소계수

> **참고**
>
> • 공칭강도
>   이론상 얻은 강도값
>
> • 강도감소계수
>   건설 등 재료의 공칭강도와 실제 강도 사이에 어쩔 수 없이 생기는 차이나 제작 및 시공상의 불확실성 등을 고려하여 부재를 보강하는 안전계수

❶ 등가직사각형의 깊이(a)

단면에서 작용하는 수평 방향의 내력은 평형을 이루어야 하므로 다음 식이 성립한다.

$$\text{콘크리트의 압축력}(C) = \text{철근의 인장력}(T)$$

$$\therefore \eta(0.85f_{ck})ab = A_s f_y$$

$$\therefore a = \frac{A_s f_y}{\eta(0.85f_{ck})b}$$

> **✓ 참고**
>
> • 중립축의 위치
>
> $$a = \beta_1 \cdot c \text{이므로 } c = \frac{a}{\beta_1} = \frac{A_s f_y}{\eta(0.85f_{ck})b\beta_1}$$
>
> • 균형단면에서의 중립축의 위치
>
> $$c = \left(\frac{660}{660+f_y}\right)d$$

❷ 공칭휨강도(공칭모멘트, M_n)

콘크리트의 압축력(C)과 인장철근의 인장력(T)에 의한 우력모멘트(M_n)

$$M_n = C \cdot z = \eta(0.85f_{ck})ab\left(d - \frac{a}{2}\right)$$

$$= T \cdot z = A_s f_y\left(d - \frac{a}{2}\right)$$

❸ 설계휨강도(M_d)

$$M_d = \phi M_n = \phi\eta(0.85f_{ck})ab\left(d - \frac{a}{2}\right) = \phi A_s f_y\left(d - \frac{a}{2}\right)$$

참고

T형 보

철근콘크리트 교량의 바닥판이나 건물 등의 마루는 하중이 기둥을 통하여 기초에 전달되도록 슬래브로 구성되어 있다. 이와 같은 구조가 곧 철근콘크리트보나 거더로 지지된 슬래브이다. 이 보나 거더는 일반적으로 슬래브와 일체로 되어 있으며, 기둥에 의하여 지지되고 있다.

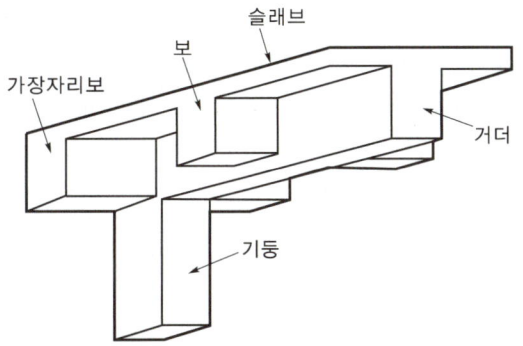

위의 그림에서 슬래브는 압축을 받는 플랜지(flange)가 되며, 이 슬래브를 지지하고 있는 보는 복부(web)가 된다.

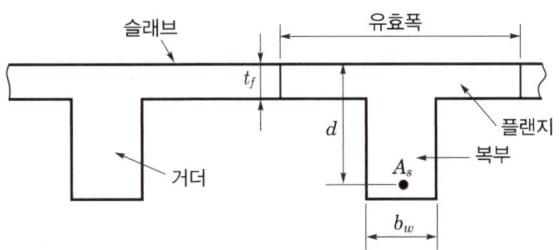

이와 같이, 서로 일체로서 작용하는 플랜지와 복부의 단면은 T형의 형상을 하고 있으므로, 이를 T형 보(T-beam)라고 한다. 또 T형 보에서 슬래브 자체의 설계는 복부와 복부 사이의 거리를 지간으로 하여, 단철근 또는 복철근 직사각형 보의 개념으로 설계한다.

대칭 T형 보의 플랜지 유효폭은 다음 세 값 중에서 가장 작은 값으로 한다.
- $16t_f + b_w$ (양쪽으로 각각 내민 플랜지 두께의 8배 + b_w)
- 양쪽 슬래브의 중심 간 거리
- 보 경간의 1/4

CHAPTER 03 적중 예상문제

제3장 **철근콘크리트 구조의 개요 및 설계**

01 구조물의 파괴 상태 또는 파괴에 가까운 상태를 기준으로 하여 그 구조물의 사용 기간 중에 예상되는 최대하중에 대하여 구조물의 안전을 적절한 수준으로 확보하려는 설계방법으로 하중계수와 강도감소계수를 적용하는 설계법은?

① 강도설계법
② 허용응력 설계법
③ 한계상태 설계법
④ 안전율 설계법

해설 강도설계법 : 구조물의 파괴 상태 또는 파괴에 가까운 상태를 기준으로 하여 그 구조물의 사용 기간 중에 예상되는 최대하중에 대하여 구조물의 안전을 적절한 수준으로 확보하려는 설계방법이다.

02 단철근 직사각형 보에서 등가직사각형에서 등가직사각형 응력의 깊이(a)는 중립축으로부터 압축측 콘크리트 상단까지의 거리(c)에 콘크리트의 압축강도에 따라 변하는 계수(β_1)를 곱한 값으로 구한다. 즉, $a = \beta_1 c$의 관계식이 성립될 때 콘크리트 강도가 25 MPa이라면 계수(β_1)는?

① 0.75
② 0.80
③ 0.85
④ 0.90

해설 등가직사각형 응력분포 변수값

f_{ck}	ε_{cu}	η	β_1
≤40	0.0033	1.00	0.80
50	0.0032	0.97	0.80
60	0.0031	0.95	0.76
70	0.0030	0.91	0.74
80	0.0029	0.87	0.72
90	0.0028	0.84	0.70

03 휨부재에 대하여 강도설계법으로 설계할 경우 잘못된 가정은?

① 철근과 콘크리트 사이의 부착은 완전하다.
② 보가 파괴를 일으키는 콘크리트의 최대 변형률은 0.0033이다(단, $f_{ck} \leq 40$ MPa인 경우).
③ 콘크리트 및 철근의 변형률은 중립축으로부터의 거리에 비례한다.
④ 보의 극한 상태에서의 휨모멘트를 계산할 때에는 콘크리트의 압축과 인장강도를 모두 고려한다.

해설 보의 극한 상태에서의 휨모멘트를 계산할 때에는 콘크리트의 인장강도는 무시한다.

04 그림과 같은 단면을 가지는 단순보에 대한 중립축 위치 c는? (단, $b = 300$ mm, $d = 420$ mm, $f_{ck} = 28$ MPa, $f_y = 420$ MPa, $A_s = 2{,}580$ mm^2)

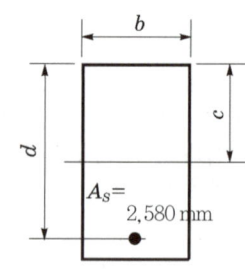

① 247 mm
② 252 mm
③ 257 mm
④ 259 mm

해설 중립축
$$c = \frac{660}{660 + f_y} d = \frac{660}{660 + 420} \times 420 = 257 \text{ mm}$$

정답 1.① 2.② 3.④ 4.③

05 철근콘크리트 강도설계법에서 압축측 콘크리트의 응력 분포는 주로 어떤 모양으로 가정하는가?

① 타원형   ② 삼각형
③ 직사각형 ④ 사다리꼴

해설 콘크리트가 큰 휨모멘트를 받아 파괴 상태 또는 파괴에 가까운 상태에 있게 되면, 압축측 콘크리트의 응력 분포는 비선형적인 모양으로 되지만, 계산을 간편하게 하기 위하여 직사각형으로 바꾸어 놓는다. 이 직사각형을 콘크리트의 등가직사각형 응력 분포라고 한다.

06 강도설계법의 단철근 직사각형 보에서 압축연단에 발생되는 등가직사각형 응력의 깊이(a)에 관한 설명으로 옳은 것은?

① 철근의 단면적(A_s)에 비례한다.
② 철근의 항복강도(f_y)에 반비례한다.
③ 콘크리트 설계기준강도(f_{ck})에 비례한다.
④ 사각형 보의 폭(b)에 비례한다.

해설 콘크리트 압축력(C) = 철근의 인장력(T)
$A_s f_y = \eta(0.85 f_{ck})ab$
$\therefore a = \dfrac{A_s f_y}{\eta(0.85 f_{ck})b}$

07 그림과 같이 $b=300$ mm, $d=400$ mm, $A_s=2,580$ mm²인 단철근 직사각형 보의 중립축 위치 c는? (단, $f_{ck}=28$ MPa, $f_y=400$ MPa이다.)

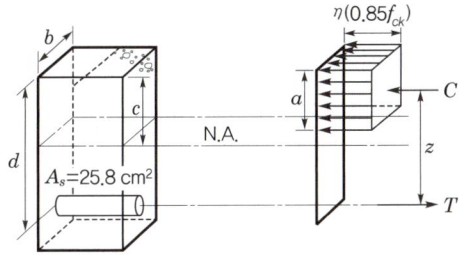

① 145 mm   ② 181 mm
③ 215 mm   ④ 240 mm

해설 ㉠ 등가직사각형 깊이
$f_{ck} \leq 40$ MPa인 경우 $\varepsilon_{cu}=0.0033$, $\beta_1=0.80$, $\eta=1.0$
$a = \dfrac{A_s f_y}{\eta(0.85 f_{ck})b} = \dfrac{2,850 \times 400}{1 \times 0.85 \times 28 \times 300}$
$= 144.5$ mm
㉡ 중립축의 위치 $c = \dfrac{a}{\beta_1} = \dfrac{144.5}{0.80} = 180.6$ mm

08 폭 $b=300$ mm이고, 유효깊이 $d=50$ mm인 단면을 가진 단철근 직사각형 보를 설계하고자 할 때, 이 보의 철근비는?(단, 철근의 단면적 $A_s=3,000$ mm²)

① 0.01   ② 0.02
③ 0.03   ④ 0.04

해설 철근비 $\rho = \dfrac{A_s}{bd} = \dfrac{3,000}{300 \times 500} = 0.02$

09 그림과 같은 단철근 직사각형 보에서 (인장) 철근비는? (단, $A_s=1,520$ mm², $f_{ck}=24$ MPa)

① 0.0432
② 0.0332
③ 0.0232
④ 0.0132

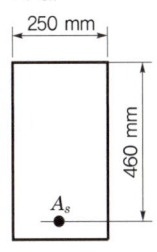

해설 철근비
$\rho = \dfrac{A_s}{bd} = \dfrac{1,520}{250 \times 460} = 0.0132$

10 단철근 직사각형 보에서 $f_{ck}=24$ MPa, $f_y=300$ MPa일 때 균형철근비는?

① 0.020   ② 0.035
③ 0.037   ④ 0.041

해설 균형철근비
$f_{ck} \leq 40$ MPa인 경우 $\beta_1=0.80$, $\eta=1.0$
$\rho_b = \dfrac{\eta(0.85 f_{ck})\beta_1}{f_y} \times \dfrac{660}{660+f_y}$
$= \dfrac{1 \times 0.85 \times 24 \times 0.80}{300} \times \dfrac{660}{660+300} = 0.0374$

정답 5. ③ 6. ① 7. ② 8. ② 9. ④ 10. ③

11 단철근 직사각형 보에서 $b=300$ mm, $a=150$ mm, $f_{ck}=28$ MPa일 때 콘크리트의 전 압축력은? (단, 강도설계법임)

① 1,080 kN   ② 1,071 kN
③ 1,134 kN   ④ 1,197 kN

해설 콘크리트의 압축력 $C = \eta(0.85f_{ck})ab$
$= 1 \times 0.85 \times 28 \times 150 \times 300$
$= 1,071,000 \text{ N} = 1,071 \text{ kN}$

12 단면적이 10,000 mm²인 원기둥이 하중 300 kN의 압축을 받아 파괴가 되었다면 이 원기둥의 파괴 시 응력은?

① 15 MPa   ② 20 MPa
③ 30 MPa   ④ 33 MPa

해설 $f = \dfrac{P}{A_s} = \dfrac{300 \times 10^3}{10,000} = 30 \text{ N/mm}^2 = 30 \text{ MPa}$

13 철근비가 커서 보의 파괴가 압축측 콘크리트의 파쇄로 시작될 경우 사전의 징조 없이 갑자기 일어난다. 이러한 파괴 형태를 무엇이라 하는가?

① 연성파괴   ② 취성파괴
③ 항복파괴   ④ 피로파괴

해설 취성파괴 : 보의 취성파괴는 사고에 대한 안전대책을 세울 시간이 없이 갑자기 일어나므로 바람직하지 못하다[철근비(ρ) > 균형철근비(ρ_b)].
연성파괴 : 철근의 항복으로 시작되는 보의 파괴는 철근의 항복 고원이 존재하므로, 사전에 붕괴의 징조를 보이면서 점진적으로 일어난다. 이와 같은 파괴 형태를 연성파괴라고 한다[철근비(ρ) < 균형철근비(ρ_b)].

14 철근의 항복으로 시작되는 보의 파괴는 사전에 붕괴의 징조를 알리며 점진적으로 일어난다. 이러한 파괴 형태를 무엇이라 하는가?

① 연성파괴   ② 항복파괴
③ 취성파괴   ④ 피로파괴

해설 연성파괴
철근이 항복한 후에 상당한 연성을 나타내기 때문에 파괴가 갑작스럽게 일어나지 않고 단계적으로 서서히 일어난다[철근비(ρ) < 균형철근비(ρ_b)].

15 보의 전단응력에 의한 균열에 대비해 보강된 철근이 아닌 것은?

① 굽힘철근   ③ 수직 스터럽
② 경사 스터럽   ④ 조립철근

해설 철근콘크리트 부재에 사용되는 전단철근
㉠ 주인장철근에 45° 이상의 각도로 설치되는 스터럽
㉡ 주인장철근에 30° 이상의 각도로 구부린 굽힘철근
㉢ 스터럽과 절곡철근의 조합

16 강도설계법에서 강도감소계수에 대한 설명으로 옳은 것은?

① 공칭강도에 1보다 작은 계수를 곱하여 감소시킨다.
② 허용강도에 1보다 작은 계수를 곱하여 감소시킨다.
③ 한 강도에 1보다 작은 계수를 곱하여 감소시킨다.
④ 파괴강도에 1보다 작은 계수를 곱하여 감소시킨다.

해설 강도감소계수(ϕ)
부재의 안전을 위하여 공칭강도에 1보다 작은 계수를 곱하여 감소시키는 계수이다.

17 단철근 직사각형 보의 공칭휨강도가 32 kN·m로 계산되었다. 이 보는 얼마의 극한휨모멘트에 대하여 저항할 수 있는가?

① 28.4 kN·m   ② 32.0 kN·m
③ 27.2 kN·m   ④ 25.6 kN·m

해설 설계휨강도 $M_d = \phi M_n = 0.85 \times 32 = 27.2$

정답 11. ② 12. ③ 13. ② 14. ① 15. ④ 16. ① 17. ③

PART 실기

- **CHAPTER 01** | 화면 구성요소에 대한 이해
- **CHAPTER 02** | 도면 작성을 위한 Auto CAD 환경설정
- **CHAPTER 03** | 도면 양식 및 표제란 그리기
- **CHAPTER 04** | 옹벽 구조도 그리기
- **CHAPTER 05** | 도로 토공 도면 그리기

Chapter 01 화면 구성요소에 대한 이해
(Auto CAD 2018 한글 버전)

CAD 화면은 크게 풀다운 메뉴, 도면 영역, 명령창, 상태막대, 스크롤바, 각종 도구막대로 나누어진다. CAD 작업 전에 기본적인 화면의 구성과 주로 사용되는 도구막대를 알아두면 도면작업을 더욱 쉽게 할 수 있다. 도구막대는 사용자 정의에 따라 원하는 아이콘으로 별도로 구성할 수 있고, 사용자가 간단한 조작만으로 도구막대의 구성을 변경하고 작업하기 편리한 곳으로 이동할 수 있게 한다.

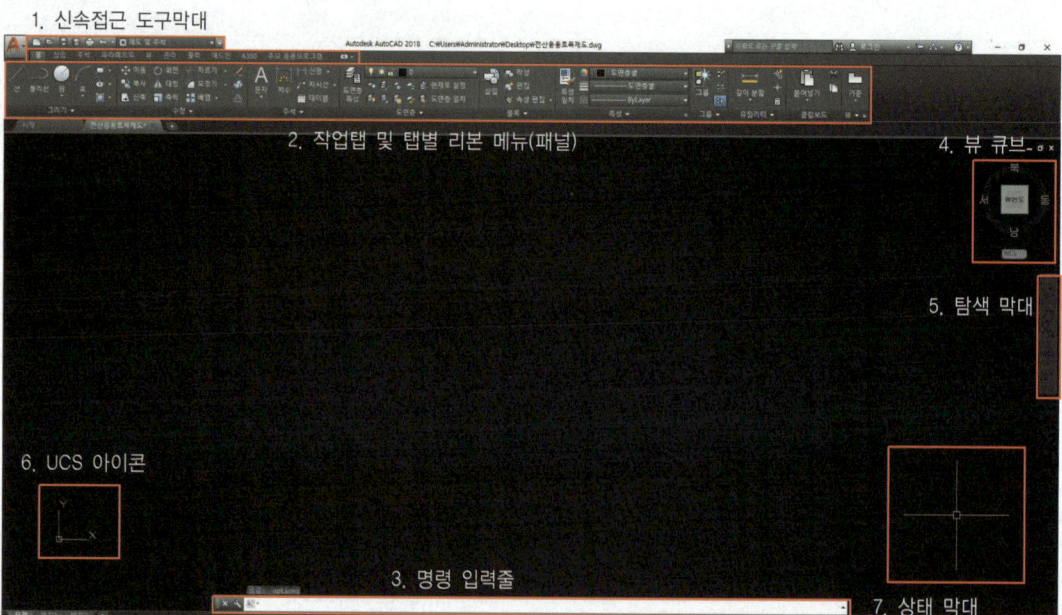

Section 01 신속접근 도구막대

① : 새 도면 열기　　② : 기존 도면 열기　　③ : 저장
④ : 다른 이름으로 저장　　⑤ : 출력　　⑥ : 명령 취소
⑦ : 명령 복구

Section 02 작업탭 및 탭별 리본 메뉴(패널)

도면작업을 할 때 필요한 명령 아이콘과 도구로 구성된 패널이다. 사용할 아이콘에 마우스 포인터를 위치시키면 해당 기능에 대한 설명과 간단한 사용방법이 표시되며, 아이콘을 클릭하면 명령이 실행된다.

(1) [홈]탭 리본

그리기, 수정, 주석, 도면층, 블록, 특성, 그룹, 유틸리티, 클립보드, 뷰 등 도면작성에 주로 사용되는 명령으로 구성된다.

(2) [삽입]탭 리본

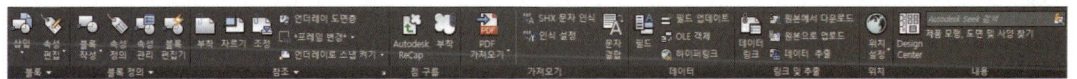

블록, 블록 정의, 참조, 점 구름, 가져오기, 데이터, 링크 및 추출, 위치, 내용으로 구성된다.

(3) [주석]탭 리본

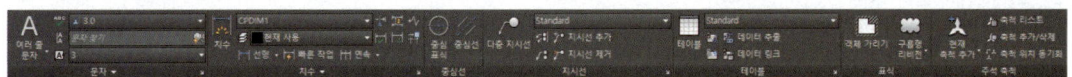

문자, 치수, 중심선, 지시선, 테이블, 표식, 주석 축척 등 문자, 치수 및 지시선을 기입하기 위한 명령으로 구성된다.

(4) [뷰]탭 리본

뷰포트 도구, 모형 뷰포트, 팔레트, 인터페이스 등 작업화면 전환, 레이아웃 및 각종 팔레트 도구 명령으로 구성된다. 뷰포트 도구에서 화면상의 UCS 아이콘, 뷰큐브, 탐색막대를 ON/OFF 할 수 있다.

(5) [관리]탭 리본

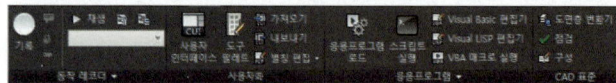

동작 레코더, 사용자화, 응용프로그램, CAD 표준 설정을 위한 명령으로 구성된다.

(6) [출력]탭 리본

플롯, DWF/PDF로 내보내기 등 여러 가지 형태의 도면 출력을 위한 명령으로 구성된다.

Section 03 명령 입력줄

패널의 도구별 아이콘을 선택하지 않고 키보드를 이용하여 명령을 입력하는 줄로서 명령 실행 과정이나 다음 명령 수행에 관련된 지시 사항이 표시된다. 또한 명령의 수행을 위한 후속 명령이나 옵션을 입력한다.

Section 04 뷰 큐브

뷰 큐브를 조절하여 객체의 방위를 회전할 수 있다. 3D로 작업된 경우, 평면도로 설정되어 있는 뷰를 정면도, 배면도, 밑면도, 좌측면도, 우측면도로 변경할 수 있다.

Section 05 탐색막대

전체 탐색 휠, 초점이동, 줌 범위, 궤도, ShowMotion을 설정할 수 있다.

Section 06 UCS 아이콘

현재 뷰 방향에 대한 사용자 좌표계의 현재 방향을 시각화한다.

Section 07 상태막대

그리드 모드, 스냅 모드, 직교 모드, 객체 스냅 등 작업이 이루어지고 있는 상태를 표시하며 선택하여 ON/OFF할 수 있다.

좌표	현재의 좌표를 표시	F6
SNAP(스냅)	커서의 움직이는 간격	F9
GRID(모눈)	격자의 간격	F7
ORTHO(직교)	커서의 수직, 수평	F8
POLAR(극좌표)	커서가 지정 각도로 움직임	F10
OSNAP	물체에 대한 특정점	F3
OTRACK	물체 추적점	F11
LWT	지정선 선 두께	

Chapter 02 도면 작성을 위한 Auto CAD 환경설정 (Auto CAD 2018 한글 버전)

Section 01 Option 설정

- Option(또는 OP) ⏎Enter 또는 마우스 우클릭 후 [옵션] 선택

(1) 화면 표시

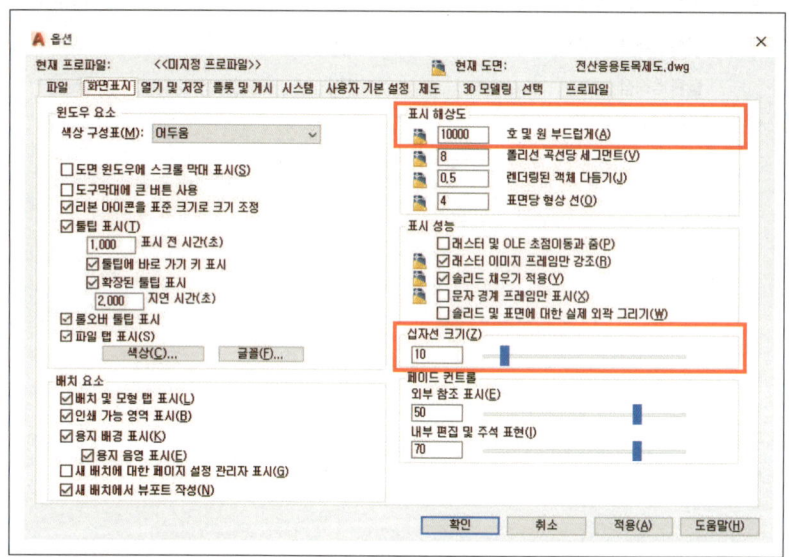

- 표시 해상도 – 호 및 원 부드럽게(A) : 10000

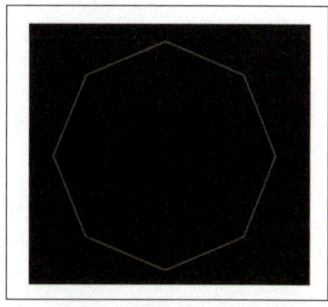
[표시 해상도가 낮은 경우]

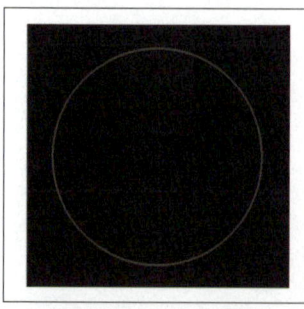
[표시 해상도가 높은 경우]

- 십자선 크기(Z) : 10

  십자선의 크기는 화면 크기의 백분율로 표기된다. 크기를 100으로 조절하면 화면 전체에 꽉 채워서 사용할 수 있다.

(2) 열기 및 저장

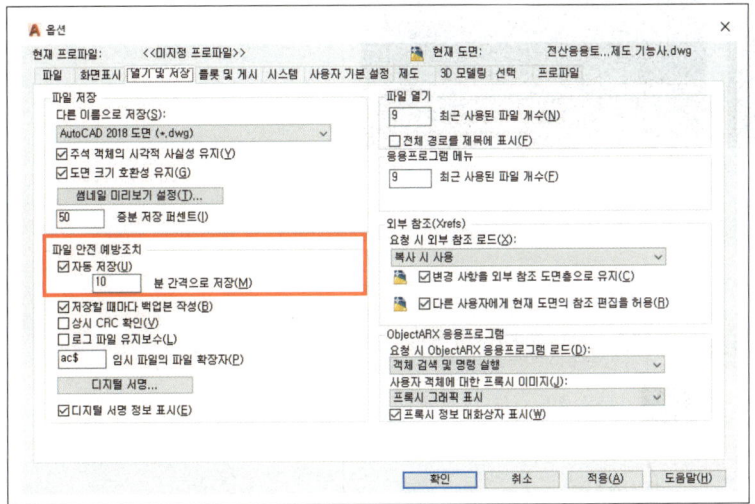

적절한 시간으로 자동 저장을 설정해 파일의 안전 예방조치를 한다.

(3) 제도

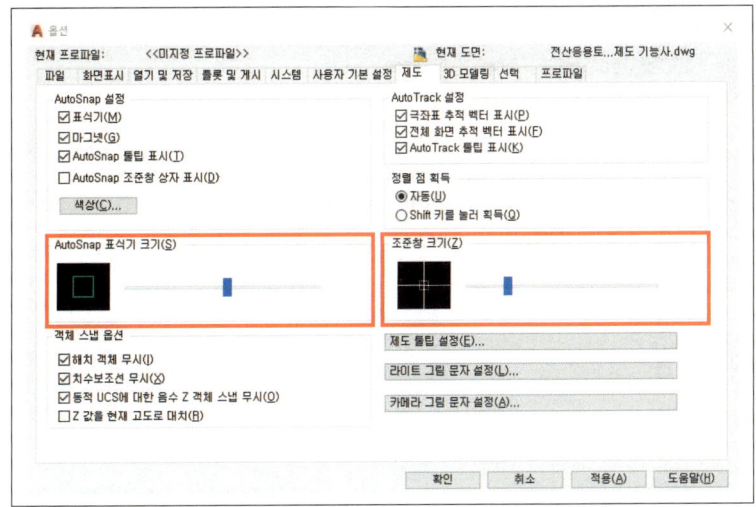

AutoSnap 표식기 크기(S)를 설정한다.

조준창 크기(Z)를 조정하여 십자선 안에 객체를 선택하는 표적의 픽셀 크기를 설정한다.

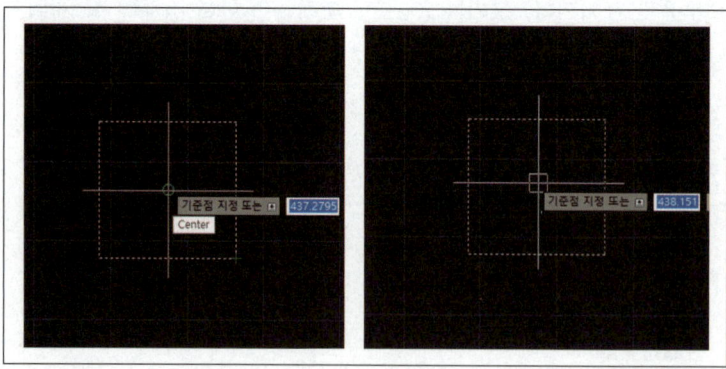

(4) 선택

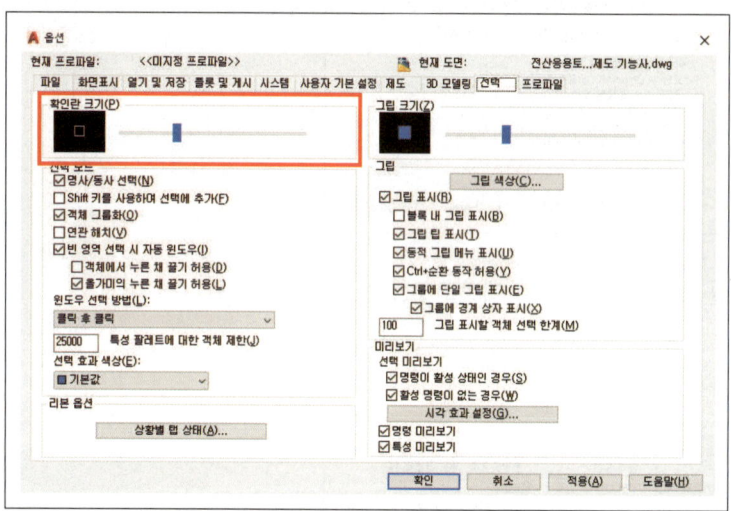

- 확인란 크기(P) 조정

  객체를 선택하는 확인란의 크기를 설정한다. 확인란의 크기가 작으면 신속성이 떨어질 수 있고, 확인란의 크기가 크면 세밀한 작업을 하기 어렵다.

Section 02 Osnap 설정

- Osnap(또는 OS) ←Enter

  [객체 스냅 켜기(O)(F3)] → 필요한 [객체 스냅 모드] 체크 → [확인]

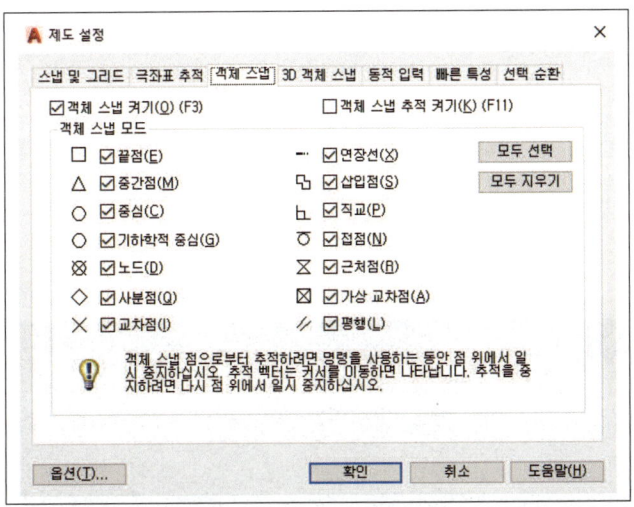

객체 스냅은 도형의 끝점, 중간점, 원의 중심 등 객체의 특정 부위의 선택을 쉽게 도와주는 기능이다. 객체 스냅 모드가 켜져 있는 경우 포인터가 특정 부위로 접근하면 표시되는 [객체 스냅] 지점으로 클릭되기 때문에 객체의 정확한 끝점, 중간점 등을 선택할 수 있다.

Section 03 문자 스타일 설정

- Style(또는 ST) ↵Enter

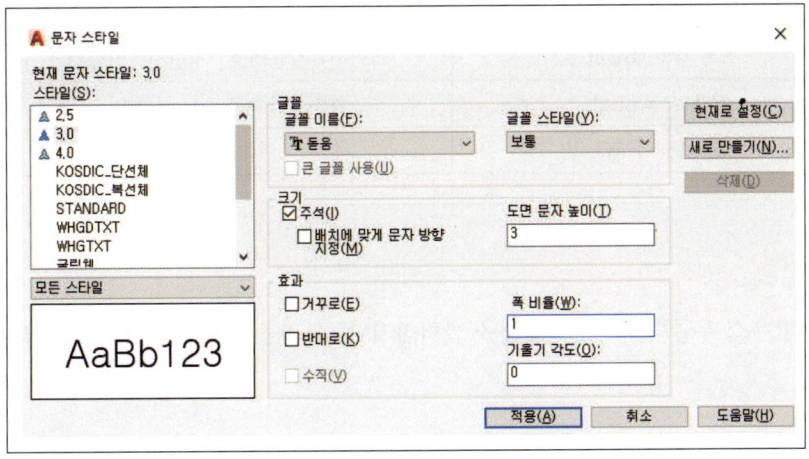

문자 스타일에서는 글꼴, 크기, 기울기 각도, 방향 및 기타 문자 특성을 설정할 수 있다. [새로 만들기]로 스타일을 추가하여 도면에 사용되는 여러 가지 문자 스타일을 설정할 수 있다.

Section 04 도면층(Layer) 구성

도면층은 투명한 여러 장의 트레이싱지를 겹쳐서 도면 객체를 보는 것과 같은 원리이다. 작업 도면에 새로운 도면층을 추가한 후 각 도면층에는 색상, 선종류, 선가중치 등을 설정할 수 있다.

- Layer(또는 LA) ←Enter

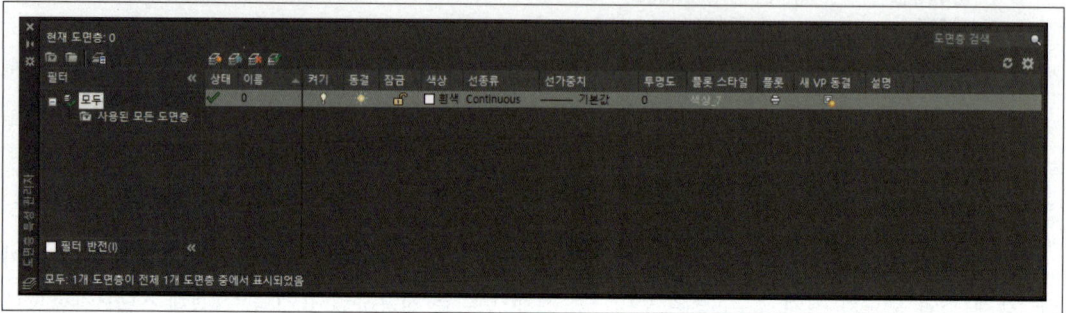

도면의 요구사항에 맞게 Layer를 생성한다.

선 굵기	색상(color)	용도
0.7mm	파란색(5-Blue)	윤곽선
0.4mm	빨간색(1-Red)	철근선
0.3mm	하늘색(4-Cyan)	계획선, 측구, 포장층
0.2mm	선홍색(6-Magenta)	중심선, 파단선
0.2mm	초록색(3-Green)	외벽선, 철근기호, 지반선, 인출선
0.15mm	흰색(7-White)	치수, 치수선, 표, 스케일
0.15mm	회색(8-Gray)	원지반선

(1) 새 도면층 추가

아이콘 클릭(또는 마우스 우클릭 후 새 도면층을 클릭하거나 도면층 이름[0]이 클릭된 상태에서 ←Enter)

(2) 요구사항에 맞게 색상 및 선가중치 변경

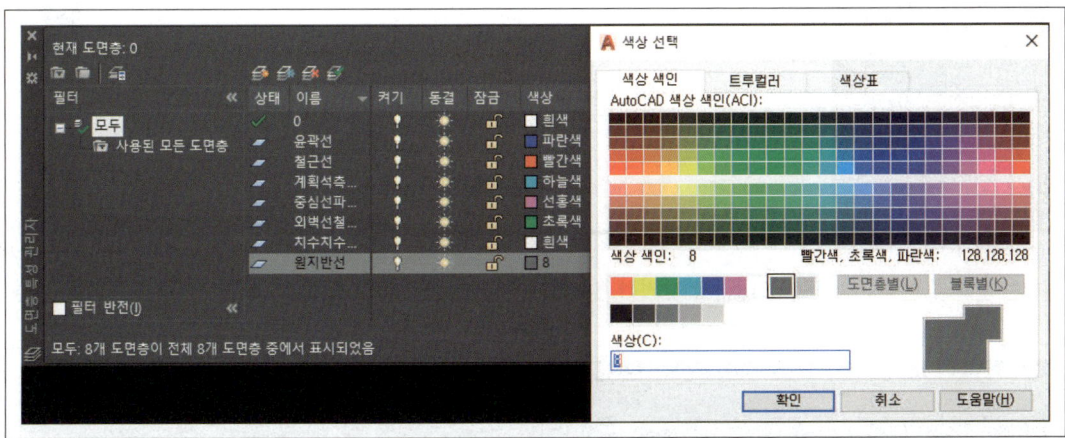

색상과 선가중치 부분을 직접 클릭하여 요구사항에 맞게 설정을 변경한다.

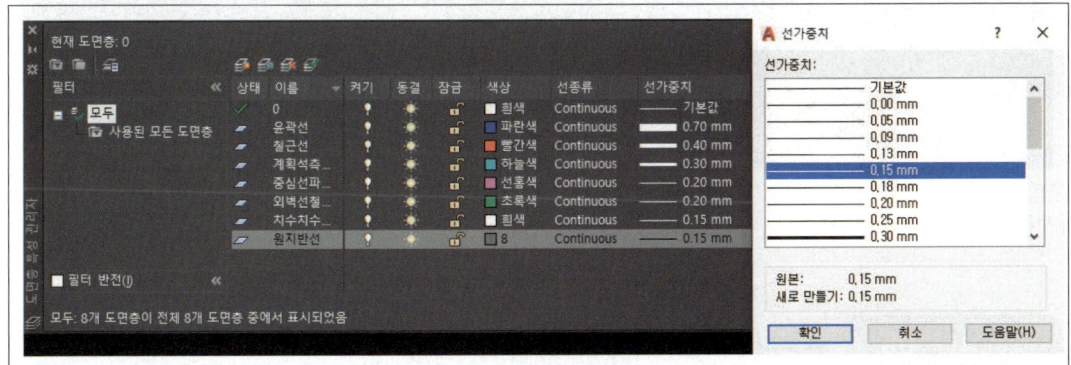

(3) 선종류 변경

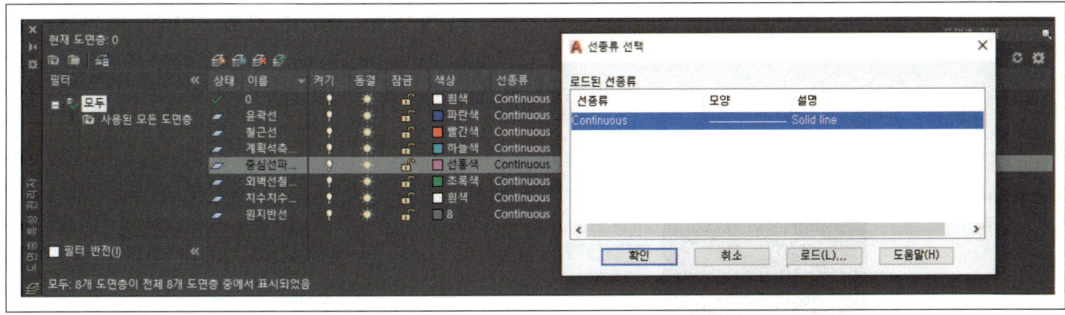

해당 레이어의 선종류를 클릭한다.

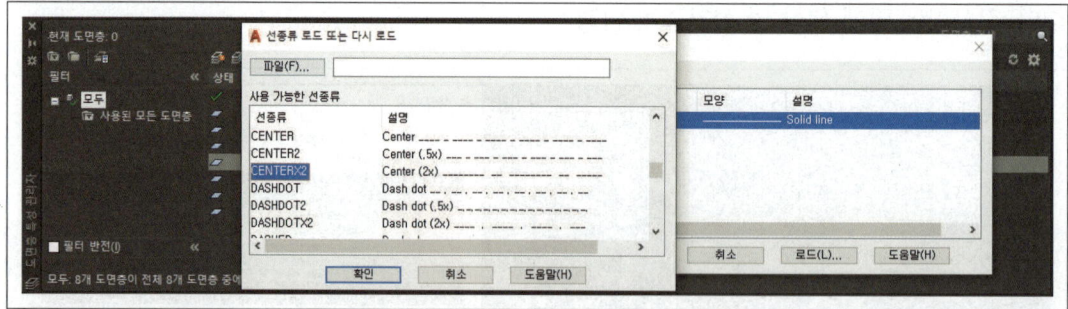

원하는 선종류 선택 : 스크롤을 내려서 찾거나 임의의 선을 클릭한 후 로드하고자 하는 선종류를 입력한다.

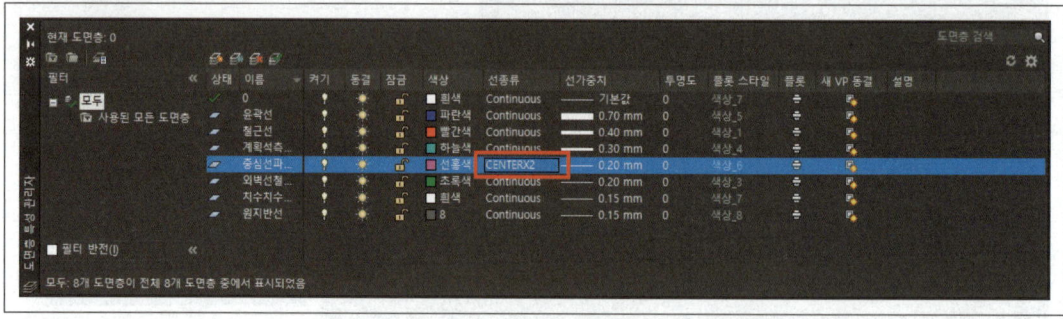

[선종류 선택] 상자에서 로드된 선을 선택한 후 [확인]을 클릭한다.

Section 05 치수(Dimension) 설정

- Dimstyle(또는 D) ↵Enter

치수 스타일 메뉴를 실행하면 치수 스타일을 작성, 수정 또는 지정할 수 있는 스타일 대화상자가 표시된다. 현재 치수 스타일을 지정하여 모든 새 치수의 모양을 결정할 수 있으며, 치수 스타일에서는 화살촉, 치수문자, 치수선, 치수보조선, 맞춤, 1차 단위 등의 특성을 설정할 수 있다.

– 치수 관리자창에서 Standard 선택 또는 [새로 만들기]

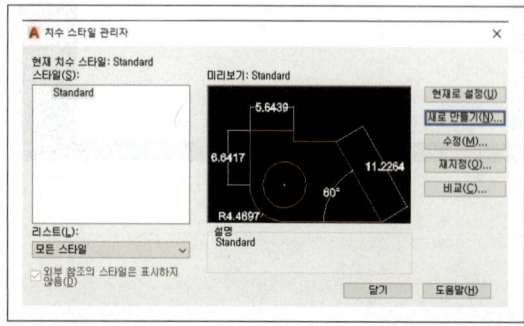 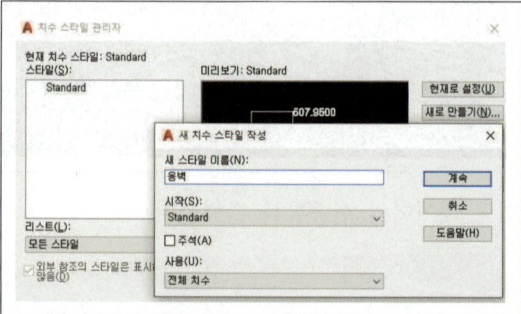

치수 수정과 재지정의 차이

- [수정(M)]으로 설정을 변경할 경우, 해당 스타일로 작성된 치수가 모두 수정되고, 이후의 치수에도 변경된 설정이 적용된다.
- [재지정(O)]으로 설정을 변경할 경우, 변경 이후에 생성되는 치수에만 변경된 설정이 적용된다. 기존의 내용을 변경하고자 할 때는 치수 업데이트 기능으로 수정해야 한다.

- 치수 스타일 수정 또는 재지정

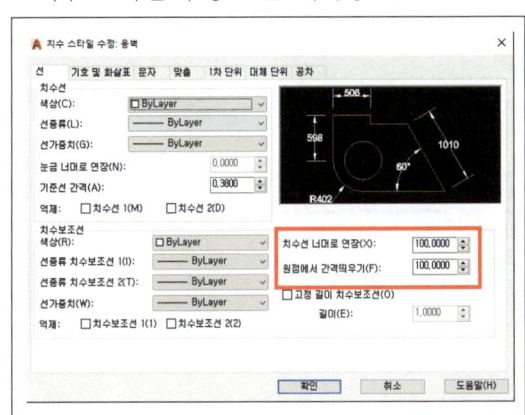

[선]
- 치수선 너머로 연장(X) : 100(축척의 2~3배)
- 원점에서 간격 띄우기(F) : 100(축척의 2~3배)

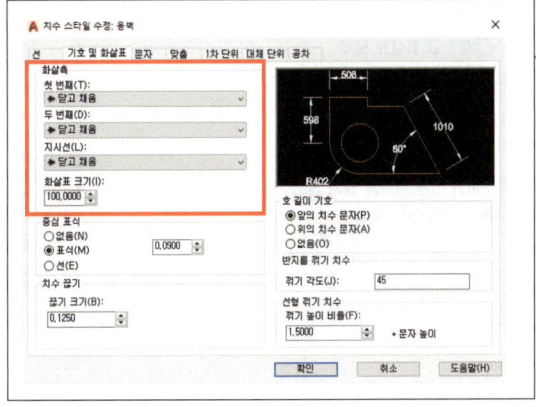

[기호 및 화살표]
- 화살촉 : 문제 도면과 같은 화살촉을 선택
- 화살표 크기(I) : 화살촉에 따라 50~150의 적절한 크기 입력

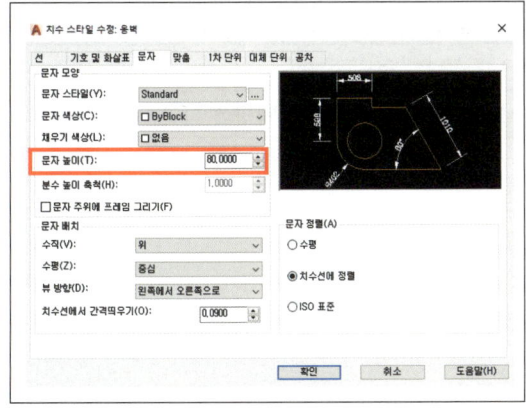

[문자]
- 문자 높이(T) : 80(축척의 2배)
- 문자 정렬(A) : 치수선에 정렬

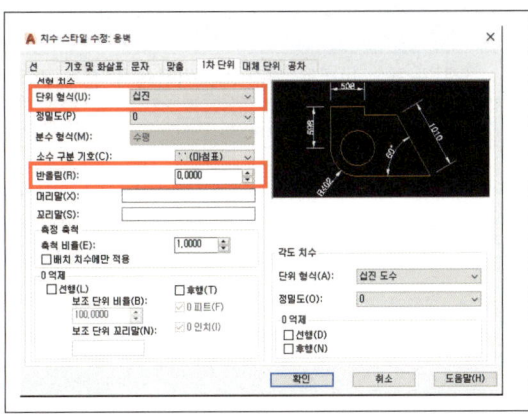

[1차 단위]
- 단위 형식(U) : 십진
- 정밀도(P) : 0

- [맞춤] - [전체 축척 사용] 시

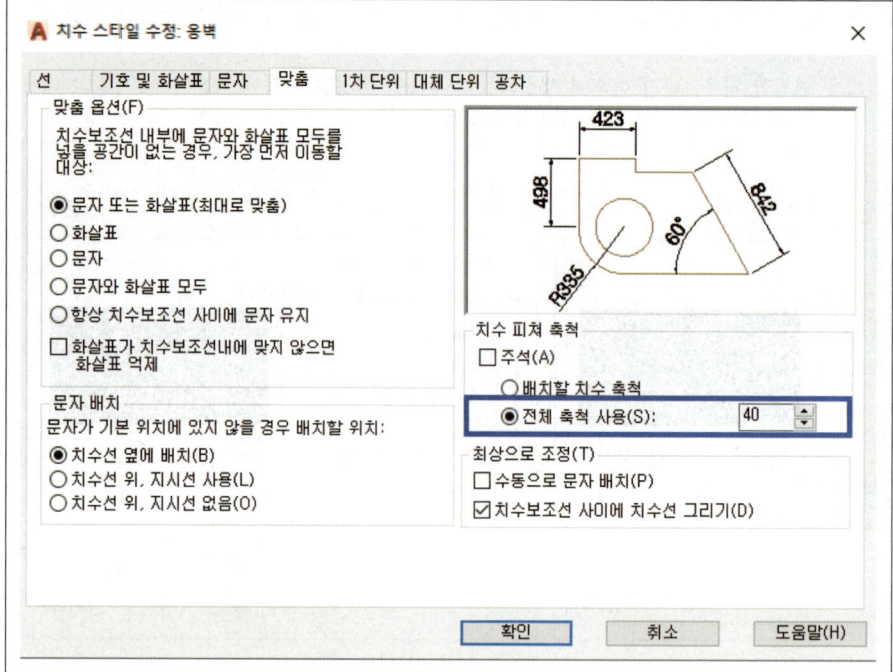

[맞춤] - [치수 피쳐 축척] - [전체 축척 사용(S)]으로 설정하고 도면의 축척(40)으로 지정하여 사용할 경우, 치수 스타일 설정을 다음과 같이 한다.

설정	크기
[선] - 치수 너머로 연장(X), 원점에서 간격 띄우기(F)	2~3
[기호 및 화살표] - 화살표 크기	화살촉의 모양에 따라 0.5~1.5
[문자] - 문자 높이(T)	2

Chapter 03 도면 양식 및 표제란 그리기

Section 01 용지 크기 설정 및 윤곽선 그리기

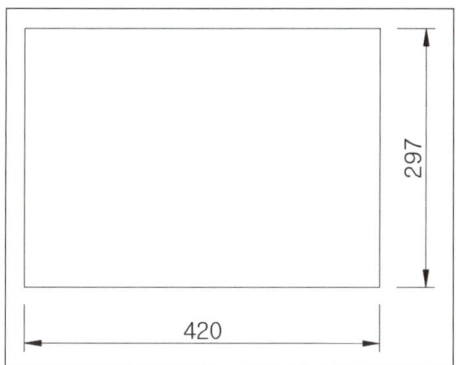

A3용지 설정 : 가로×세로 = 420×297
※ 문제의 요구사항에서 용지의 설정이 가로인지, 세로인지 확인한다.

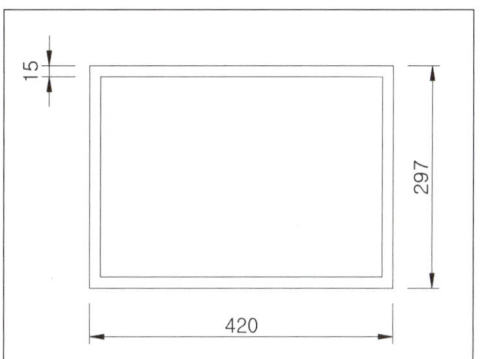

윤곽선 작도 : 도면의 크기에서 15만큼 Offset하여 윤곽선을 작도한다.
※ 문제의 요구사항에서 윤곽선의 폭을 확인한다.

Section 02 표제란 그리기

문제의 요구사항에 주어진 대로 표제란을 작도한다.

Section 03 도면 Scale 조정

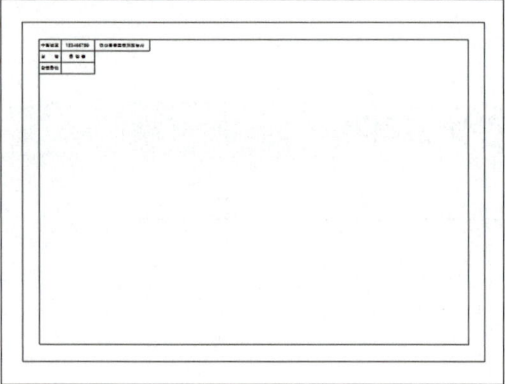
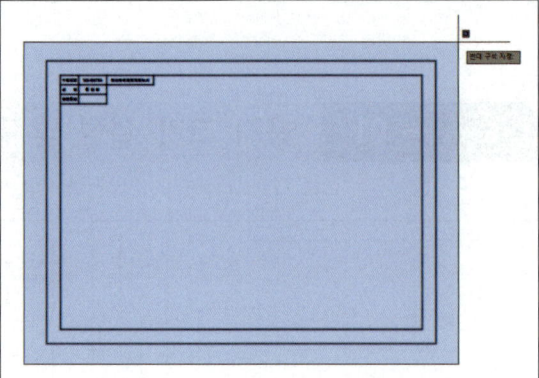

❶ Scale(또는 SC) ←Enter
❷ 도면 영역 전체 선택

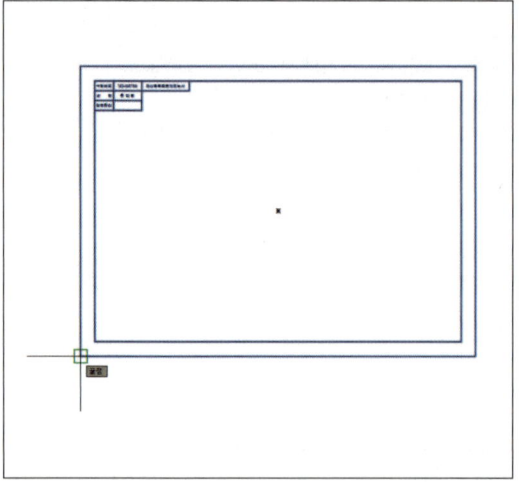
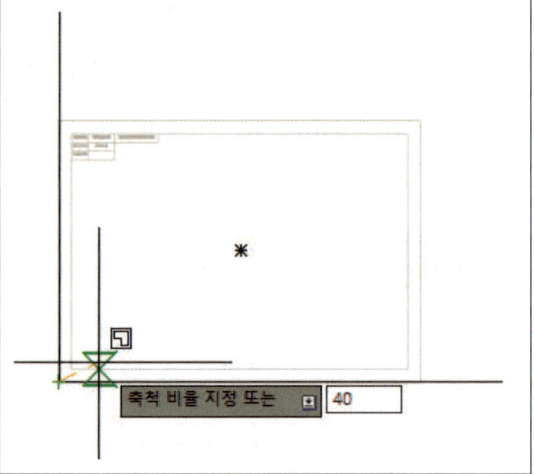

❶ 기준점 지정
❷ 문제의 요구사항에 맞도록 축척 지정(1:40의 도면일 경우, 40배 확대)

Chapter 04 옹벽 구조도 그리기

Section 01 도면 배치

표준단면도는 도면의 좌측에, 일반도는 우측에 배치한다. 또한 도면 상단에 과제명과 축척을 도면의 크기에 어울리게 작도해서 아래 그림과 같은 배치가 되도록 한다.

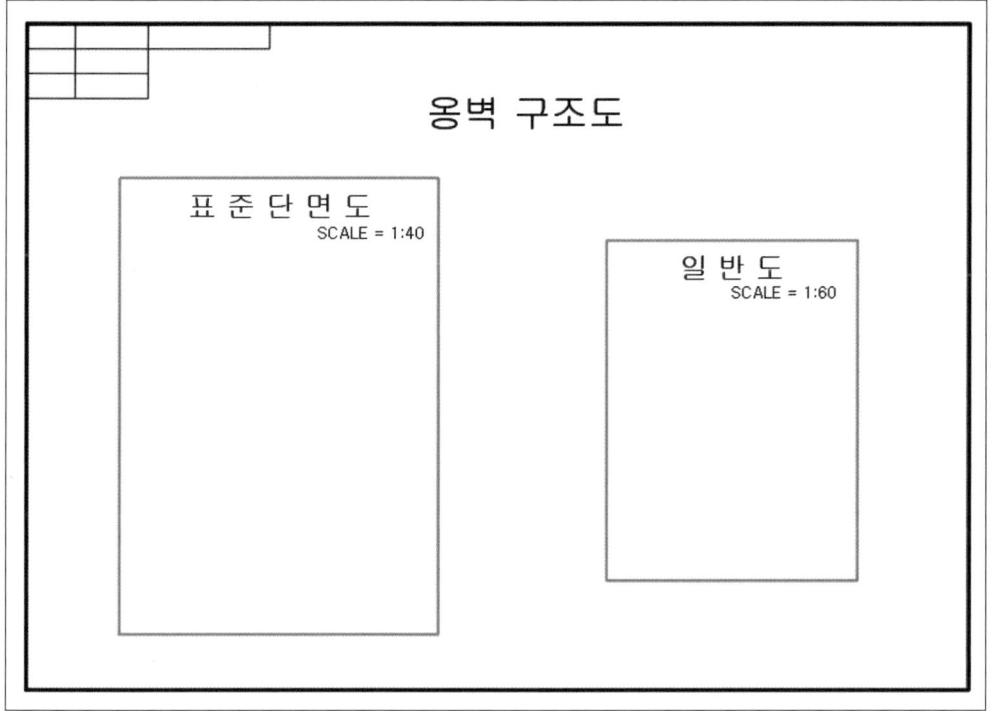

Section 02 옹벽 표준 단면도 그리기

주어진 문제 도면을 참고하여 표준단면도와 일반도를 작도한다.

자격종목	전산응용토목제도기능사	과제명	옹벽 구조도	척도	N.S

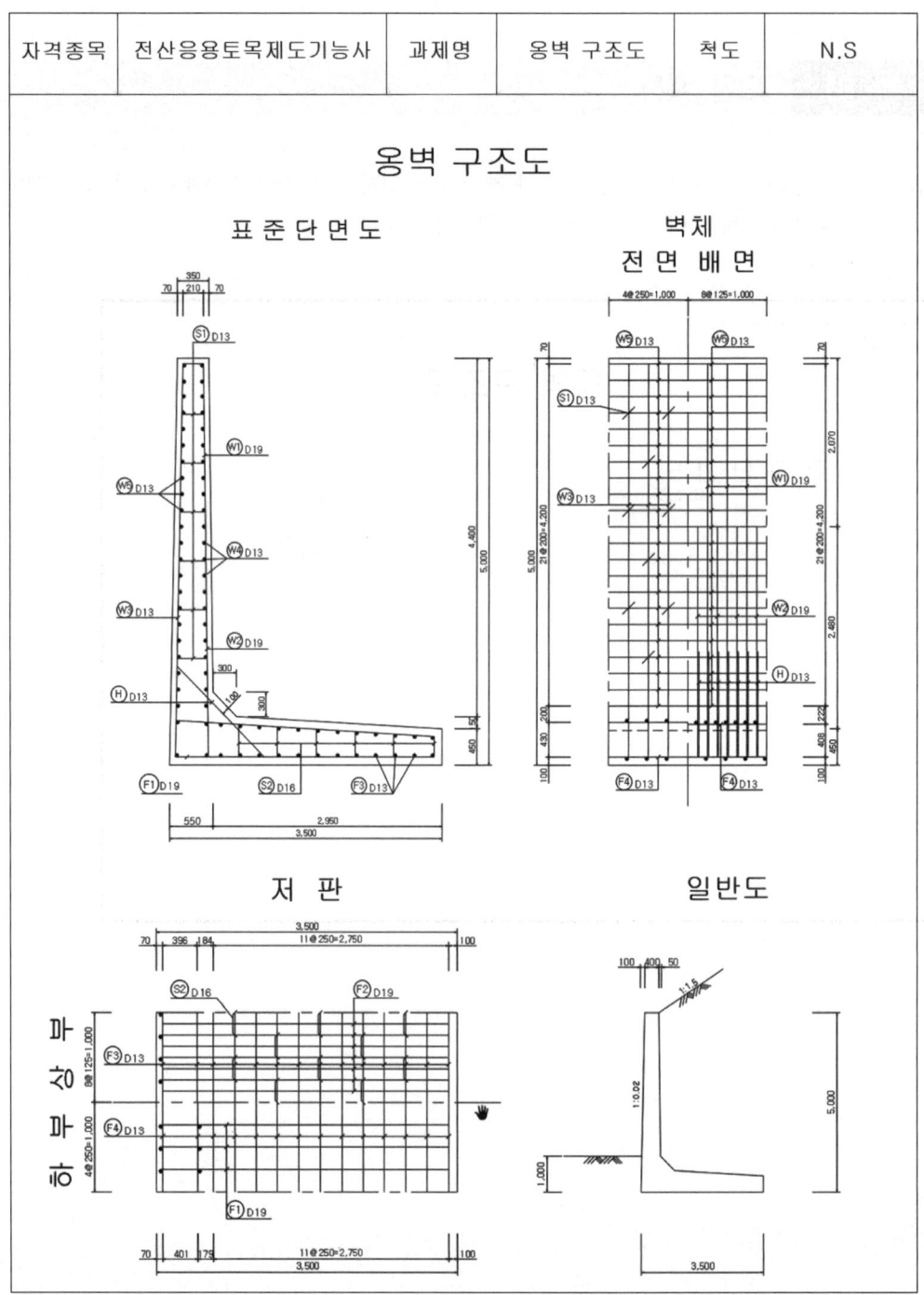

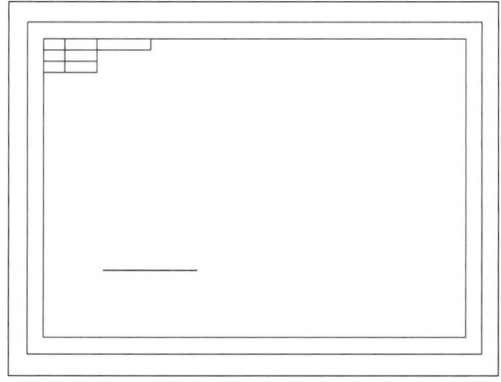 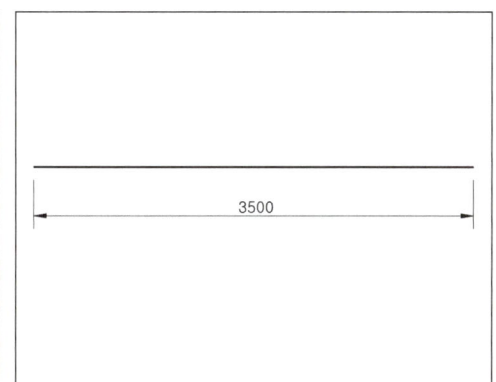

❶ 옹벽 저판부 하단선 : 도면 왼쪽 하단 임의의 점을 선택하여 옹벽 폭만큼 선을 그린다.

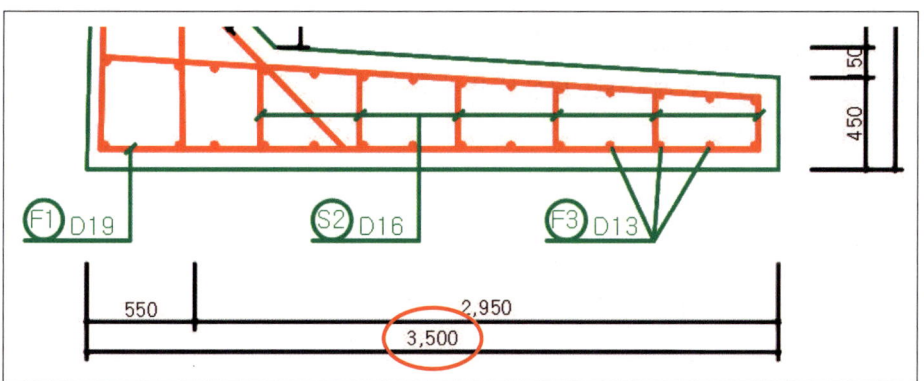

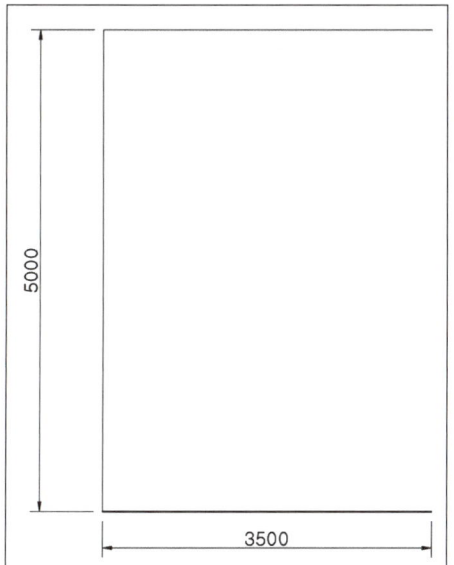

❷ 옹벽의 높이를 확인하고, ①선을 옹벽의 높이만큼 위쪽으로 Offset한다.
❸ 두 선을 연결하는 선을 그린다.

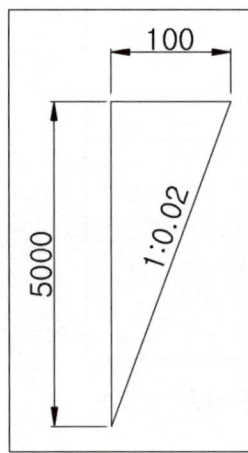

❹ 문제 도면의 일반도에서 옹벽 벽체 전면의 기울기를 확인한다.
❺ 세로로 옹벽의 길이만큼 올라갈 때, 가로 방향의 변위를 계산한다.
- 5000 mm × 0.02 = 100 mm

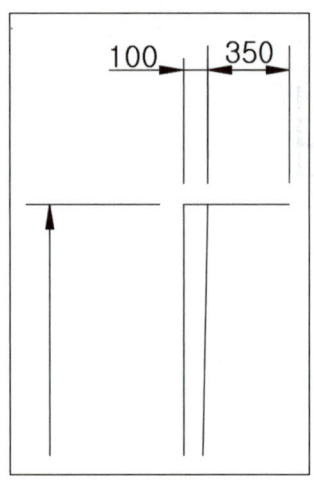 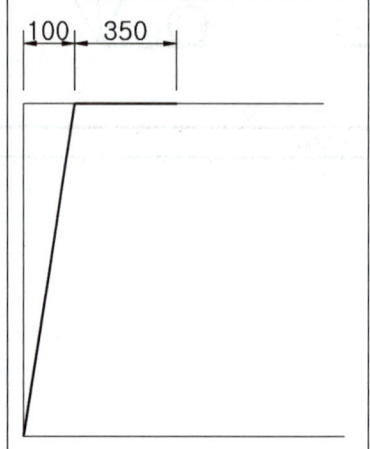

❻ 옹벽 전면부 외벽선을 그린다.
❼ 옹벽 벽체의 상부 폭(350)을 확인하고 선을 그린다.

❽ 옹벽 벽체의 하부 폭(500)을 확인하고 ③선을 오른쪽으로 Offset한다.
❾ ⑧선을 헌치 폭(300)만큼 오른쪽으로 Offset한다.
❿ ①선을 옹벽의 저판부 두께(450), 저판부 경사면의 두께(150), 헌치 높이(300)만큼 순서대로 위쪽으로 Offset한다.

⓫ 헌치 부분을 파악하고 선을 그린다.

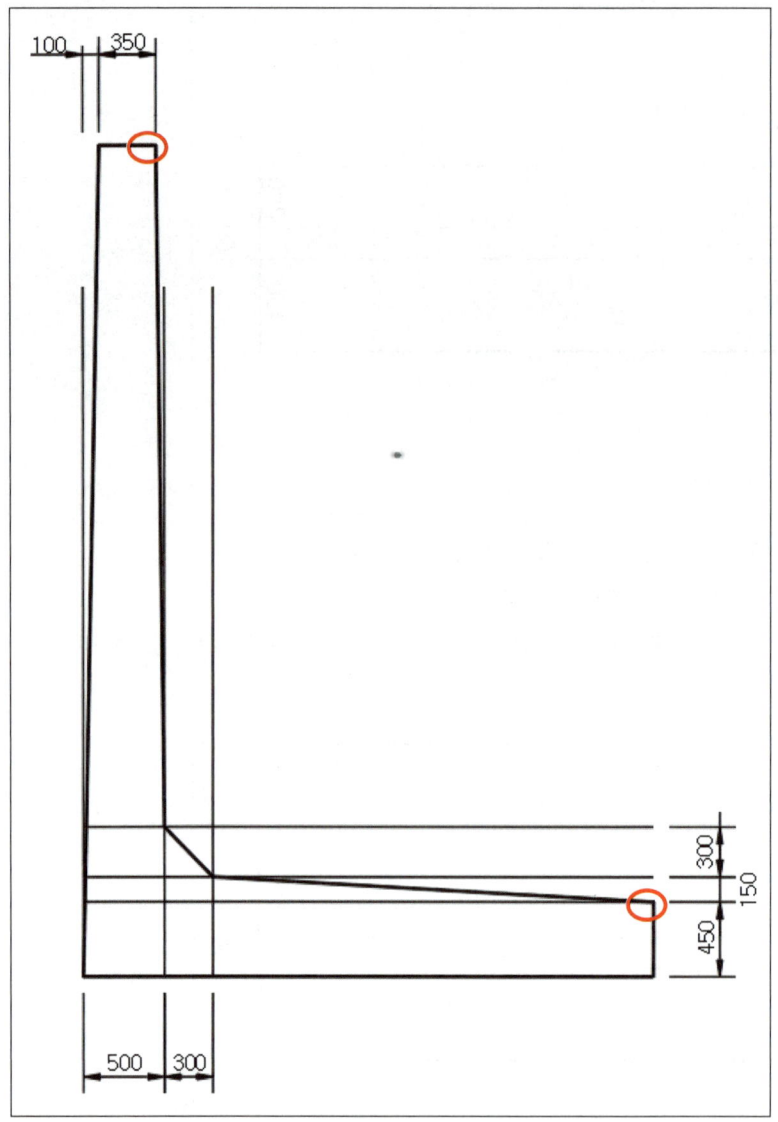

⑫ 헌치 부분에서 벽체의 오른쪽 상단부와 저판 상면의 오른쪽 점을 연결시킨다.
⑬ 저판부 오른쪽선(450)을 그린다.

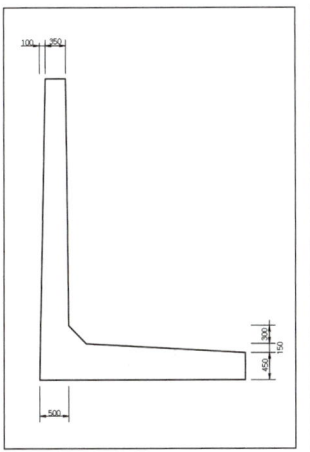
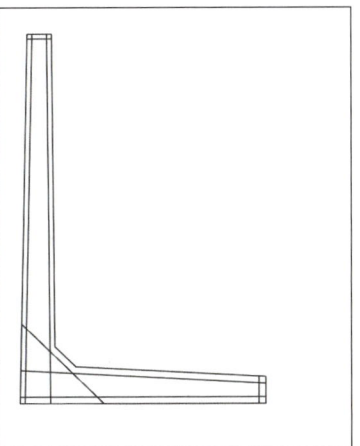
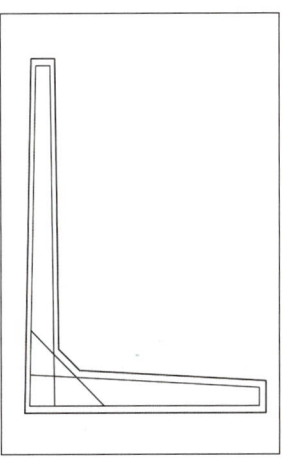
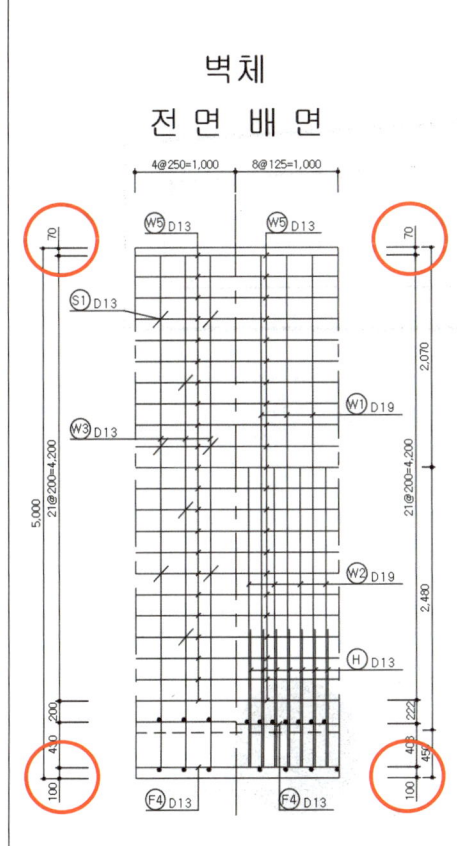
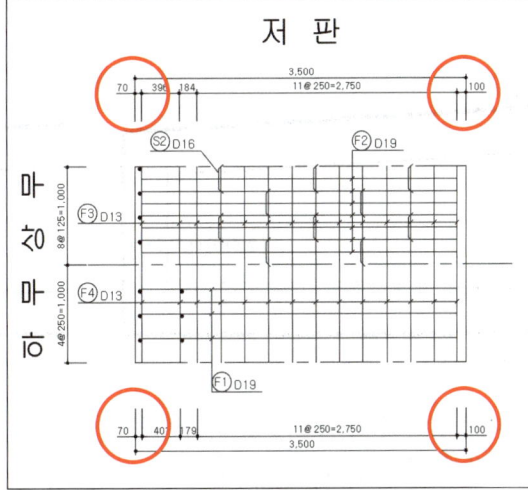
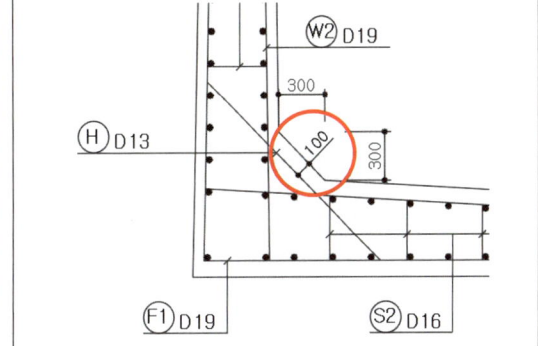

⑭ 외벽선을 기준으로 피복두께를 확인하고 외벽선을 Offset하여 철근선을 그린다.
⑮ Trim을 이용하여 피복부분의 철근을 정리한다.

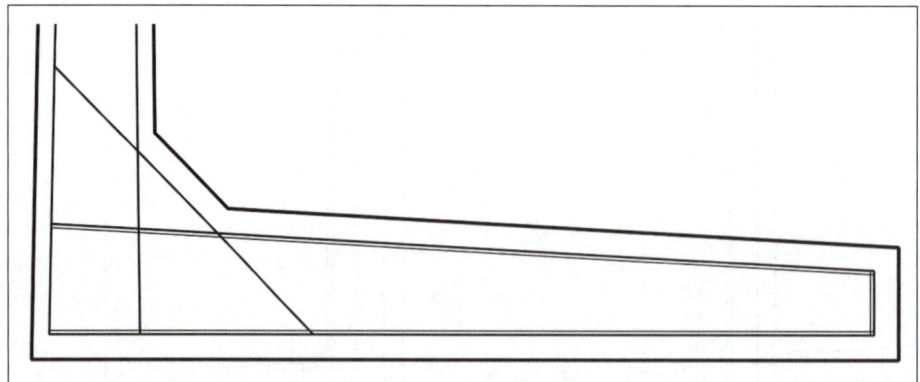

⑯ 저판부 철근 단면 표시를 위하여 철근선을 안쪽으로 20(축척의 1/2)만큼 Offset한다(출력했을 때, 철근의 단면이 1mm가 되는 축척의 크기로 작도한다.).

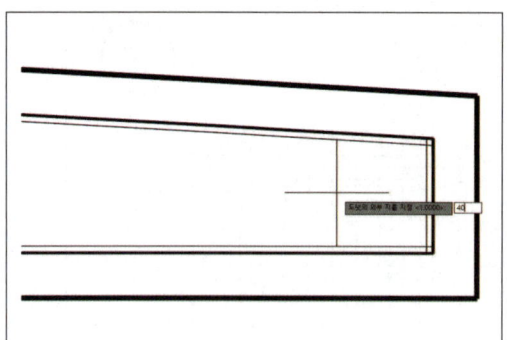 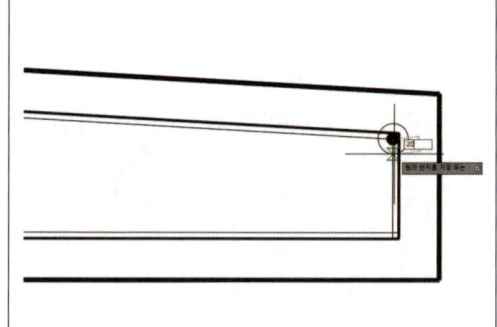

⑰ Donut 명령을 이용하여 내부지름 0, 외부지름 40(축척)인 점을 그린다.
⑱ Donut을 ⑯선이 겹치는 곳에 붙인다.
⑲ Donut을 둘러싸는 반지름 20의 원을 그린다.

• 철근의 단면 표시

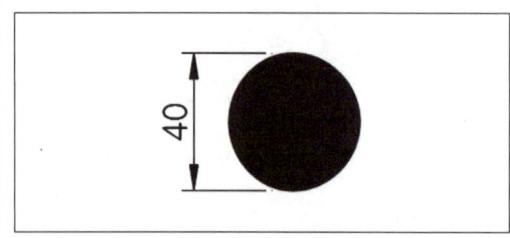 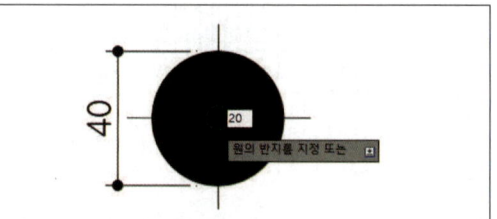

• Donut ↵Enter
• 내부지름 : 0 ↵Enter
• 외부지름 : 40(축척 크기) ↵Enter
• 철근 단면의 지름은 출력했을 때 1mm로 표현되도록 도면의 축척(40) 크기로 한다.

• Circle ↵Enter
• Donut의 중심점 클릭
• 반지름 : 20 ↵Enter
• Donut의 외부에 Circle을 그려 넣으면 원의 사분점이 표시되므로 이동, 복사 등의 작업이 편리하다.

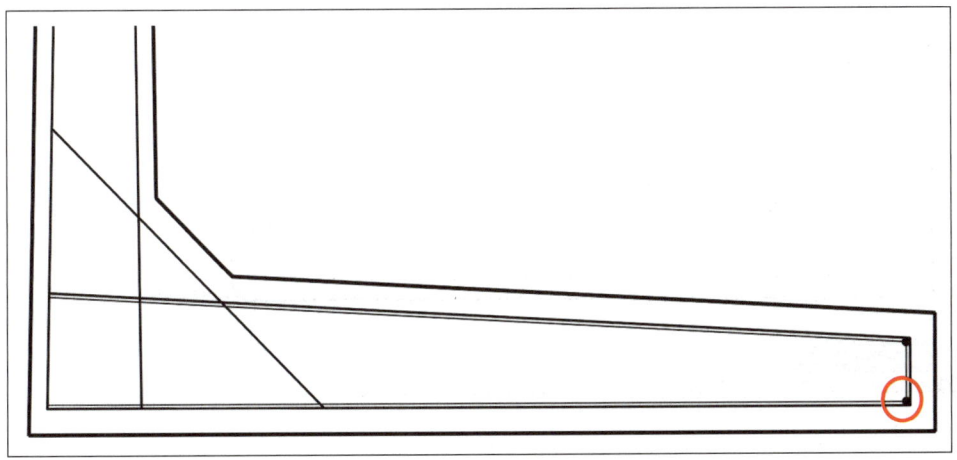

⑳ ⑰~⑲로 그린 철근의 단면을 저판 하부로 Copy한다.

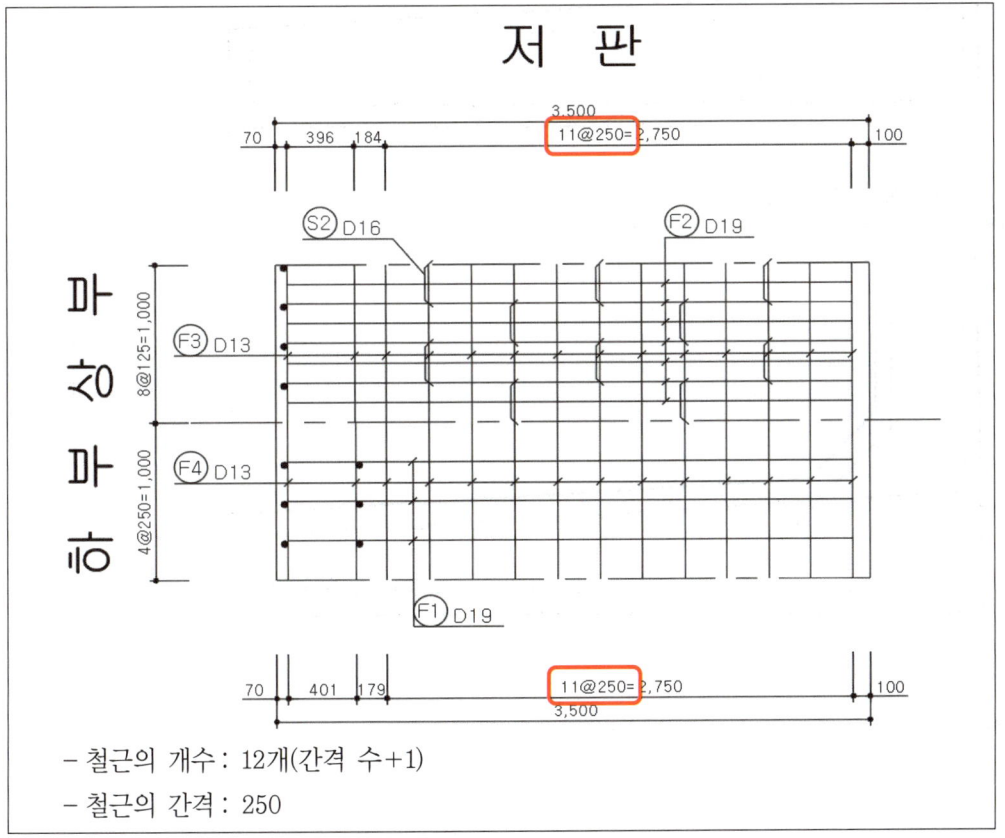

- 철근의 개수 : 12개(간격 수+1)
- 철근의 간격 : 250

㉑ 저판부의 철근 배근 개수와 간격을 확인한다.

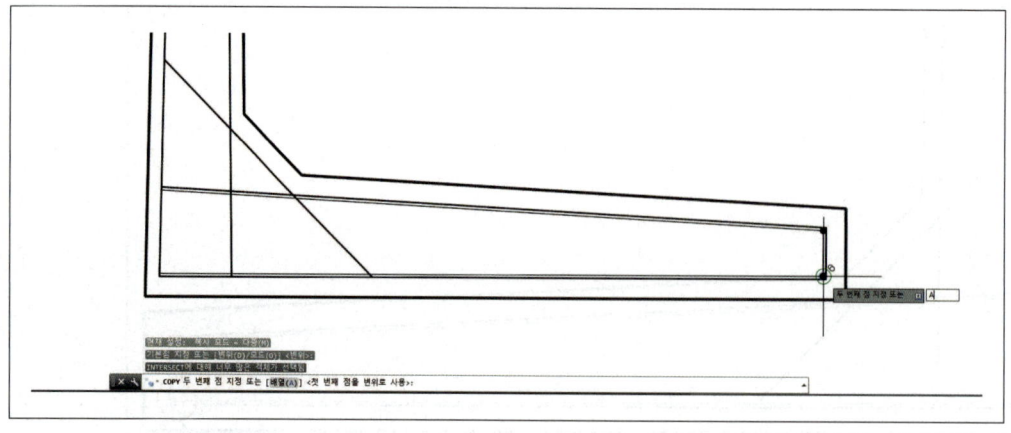

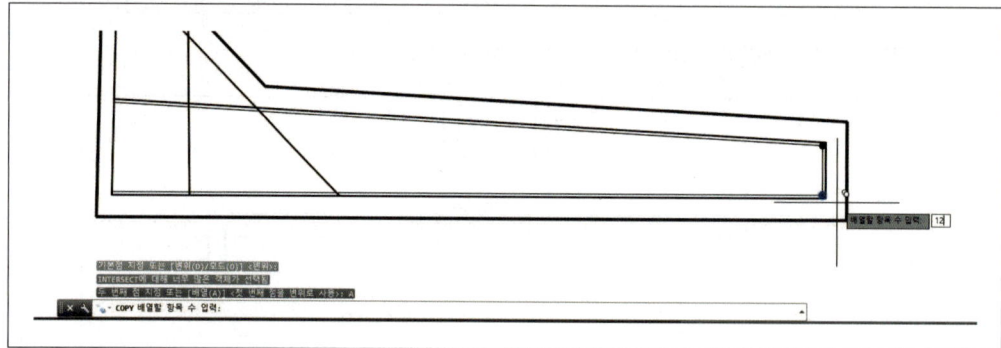

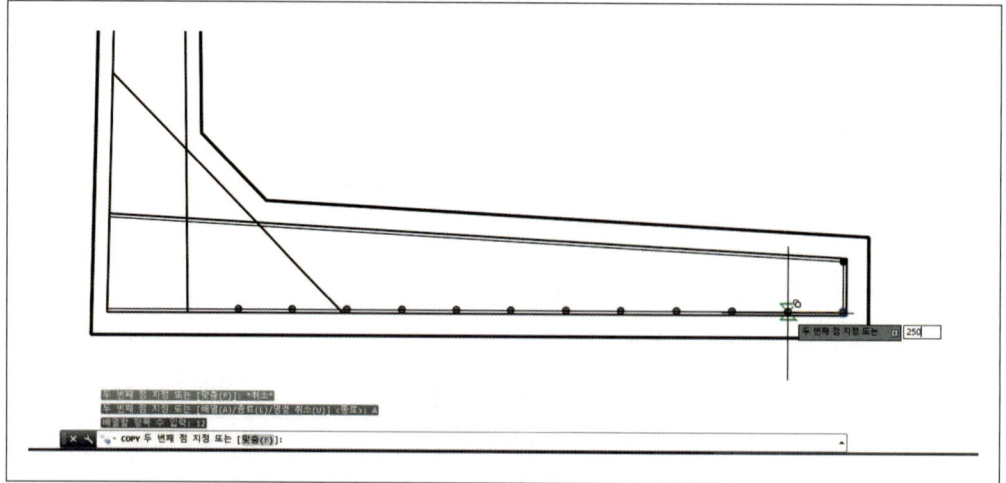

㉒ ⑳의 철근을 Copy한다.

Copy → 선택 → 원의 중심으로 기본점 지정 → [배열] A → Copy 배열할 항목 수 입력(12) → 마우스로 배열할 방향(왼쪽)으로 이동 → 간격 입력(250)

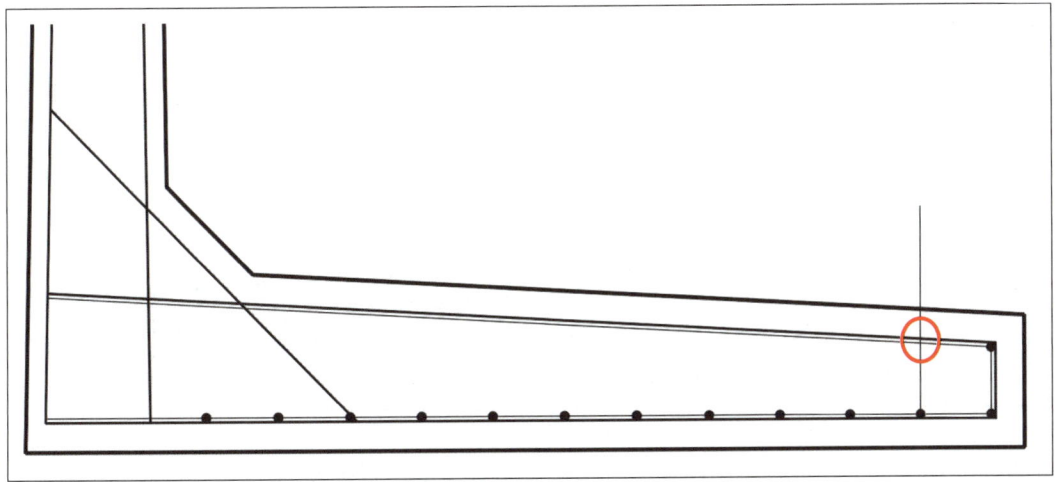

㉓ 수직선을 그려 저판 상부에 배근될 위치를 찾는다.

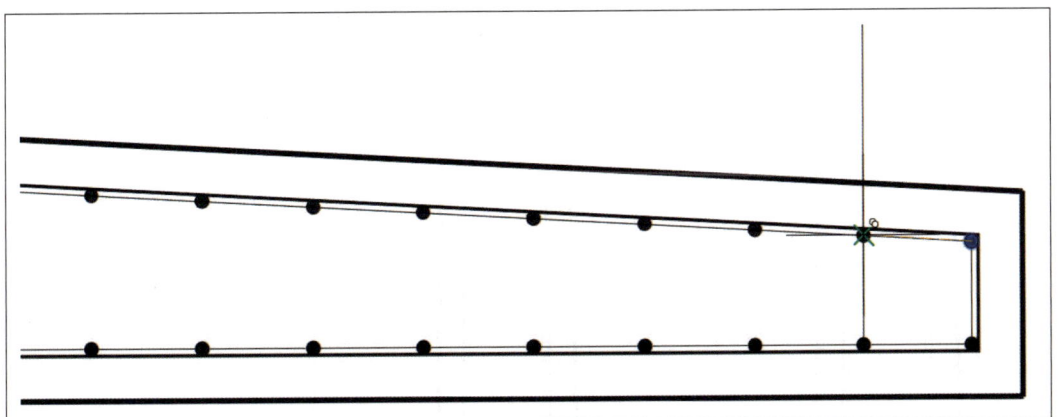

㉔ ㉑과 같은 방법으로 철근을 Copy한다(이때, 저판 상부가 경사져 있으므로 직교를 끄고 작업하는 것이 좋다).

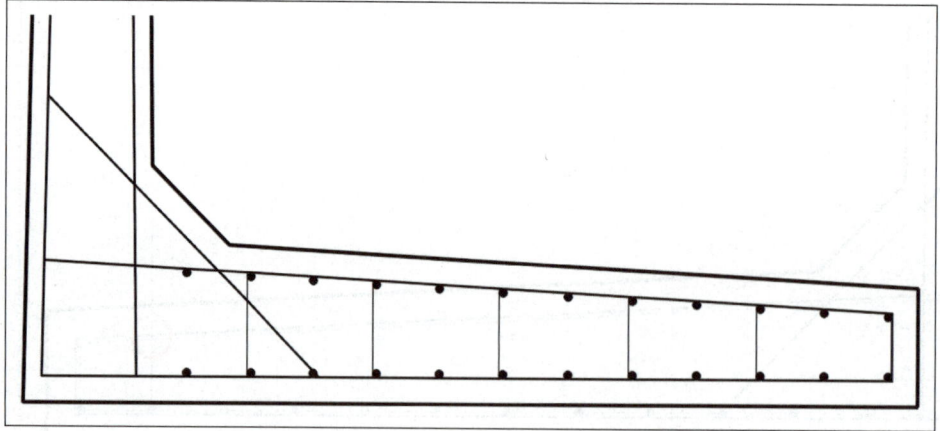

㉕ 저판에 배근되는 스터럽 철근을 그린다(이때, 스터럽이 철근 단면의 왼쪽, 오른쪽, 중간 중 어느 위치에 그려져 있는지 유의한다).

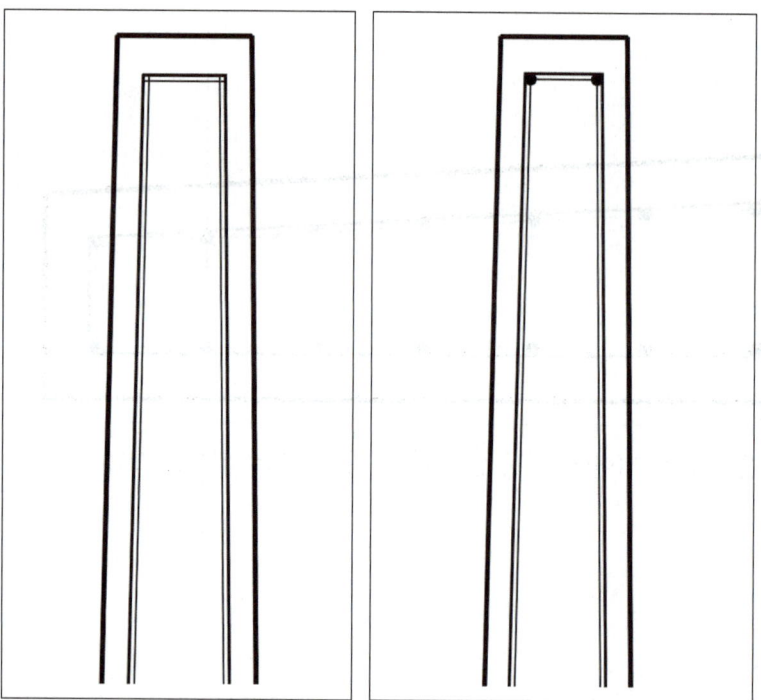

㉖ 벽체 철근의 단면 표시를 위하여 철근선을 안쪽으로 20(축척의 1/2)만큼 Offset한다.
㉗ 저판에 그려 놓은 철근 단면을 Copy하여 벽체 상단부의 철근을 그린다.

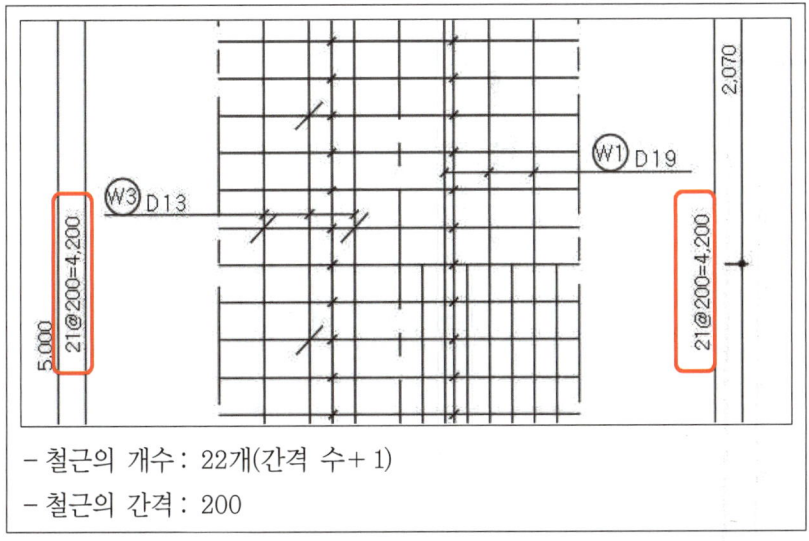

- 철근의 개수 : 22개(간격 수+1)
- 철근의 간격 : 200

㉘ 벽체의 철근 배근 개수와 간격을 확인한다.

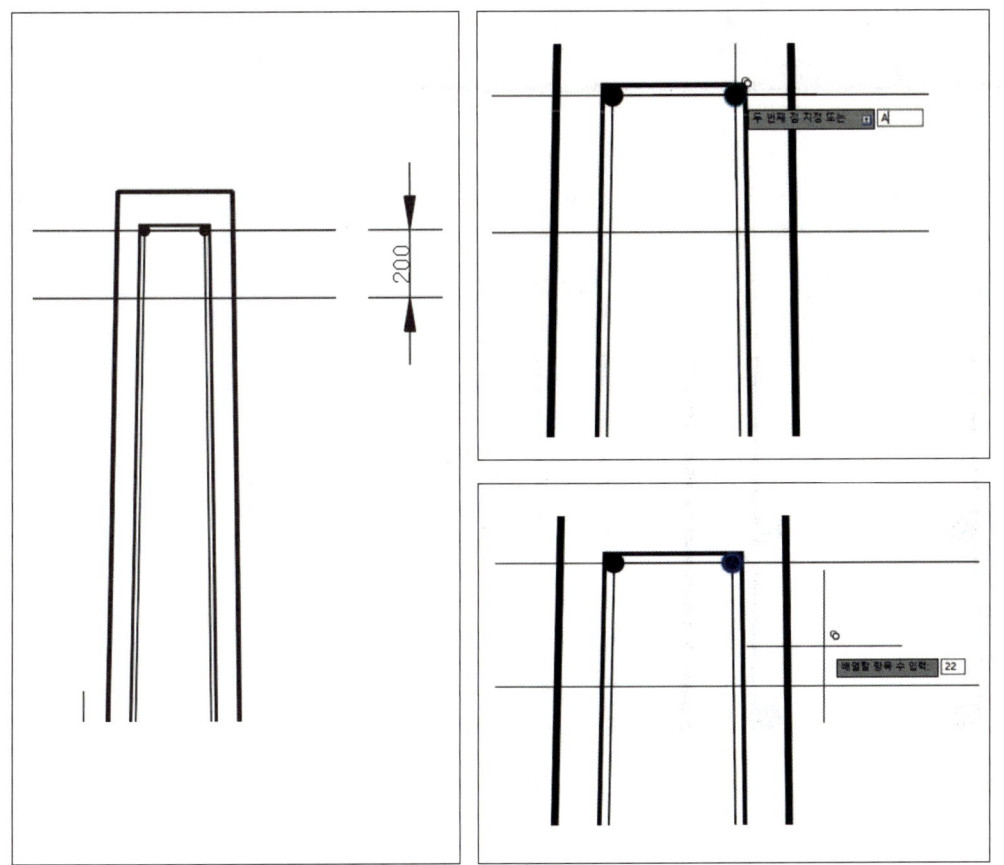

㉙ 철근의 간격(200)만큼 Offset하여 다음 철근이 들어갈 위치를 찾는다.

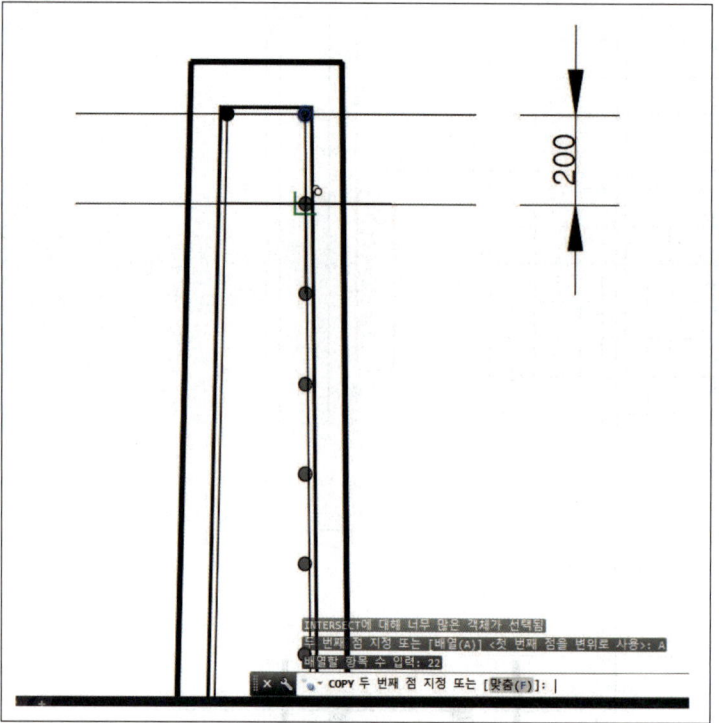

㉚ 벽체의 철근 단면 ㉗을 Copy한다.

Copy → 선택 → 원의 중심으로 기본점 지정 → [배열] A → Copy해서 배열할 항목 수 입력(22) → 마우스로 배열할 방향(아래쪽)으로 이동 → 간격 입력(200)

㉛ 같은 방법으로 벽체의 전면, 배면을 두 번 반복한다.

 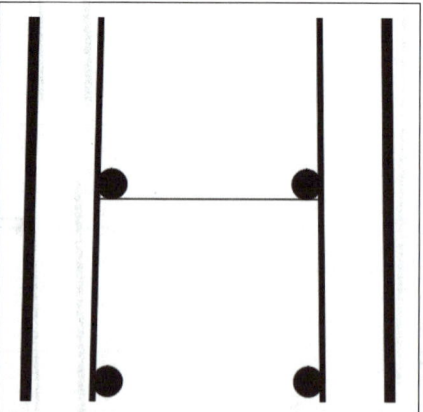

㉜ 벽체에 배근되는 스터럽 철근을 그린다(이때, 스터럽이 철근 단면의 위쪽, 아래쪽, 중간 중 어느 위치에 그려져 있는지 유의한다.).

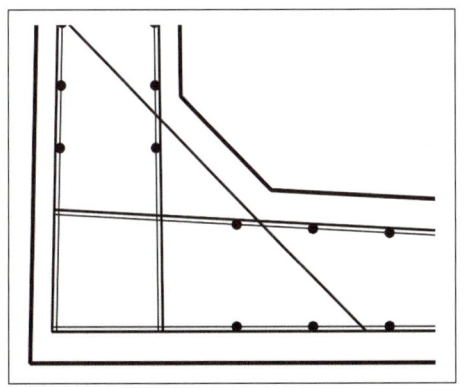 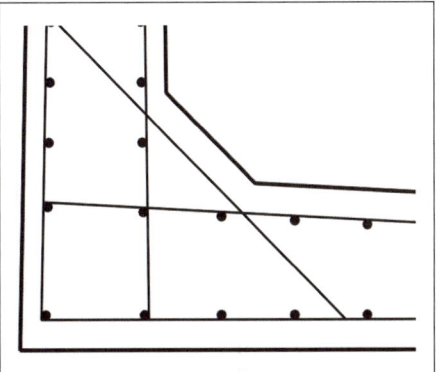

㉝ 저판과 벽체가 만나는 지점의 철근 단면을 ㉖ ~ ㉗과 같은 방법으로 그린다.

Section 03 일반도 그리기

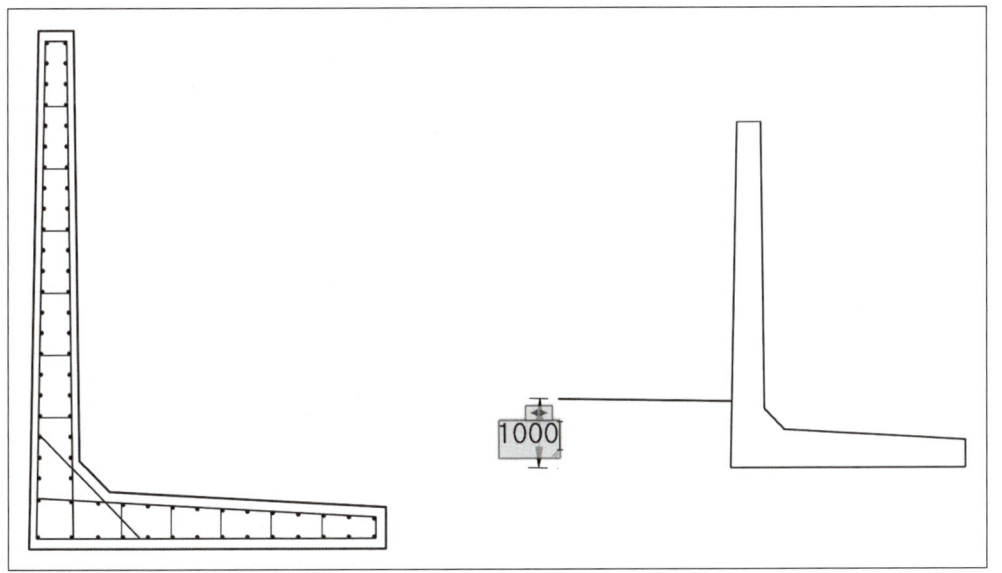

❶ 외벽선과 지반선을 Copy하여 오른쪽에 붙이고 Scale을 조정한다.

이때, Scale은 $\dfrac{\text{표준단면도의 축척}}{\text{일반도의 축척}} = \dfrac{40}{60}$ 으로 한다.

❷ 일반도의 묻힘깊이를 주어진 도면과 같이(1000) 수정한다.

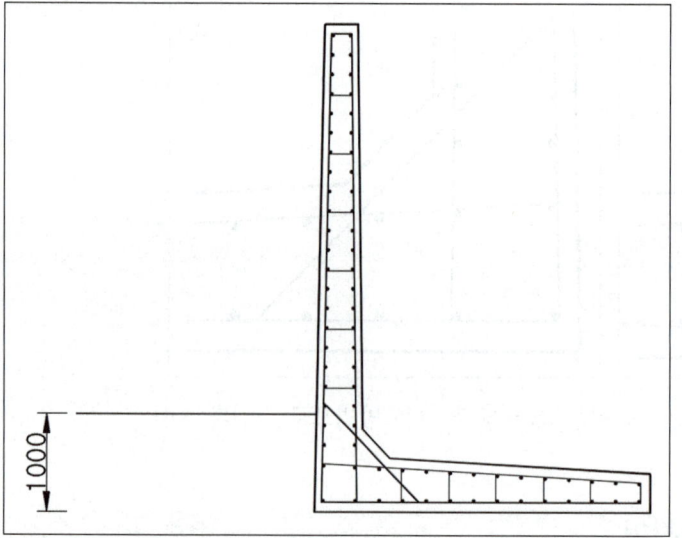

❸ 옹벽 전면의 묻힘깊이(1000)를 확인하고 지반선을 그린다. 지반선의 길이는 옹벽 높이의 1/2 정도가 되게 한다.

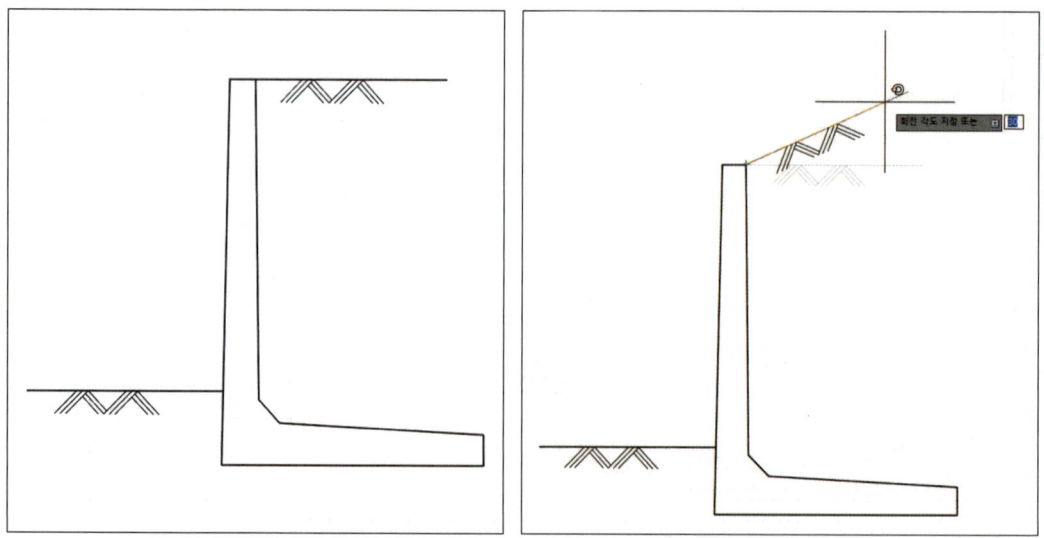

❹ 지반선과 지반 표시를 배면 부분에 Copy하고 주어진 도면과 같이 Rotate시킨다.

• 지반선 그리는 방법

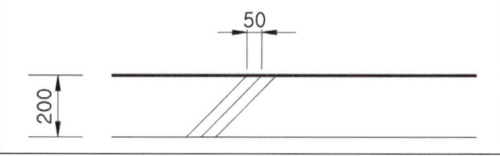
지반선을 Offset하여 200 아래로 내린다.

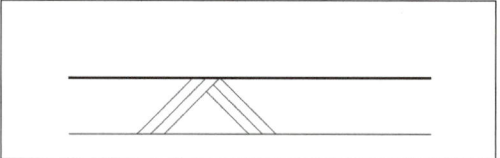
45° 경사선을 그린다.

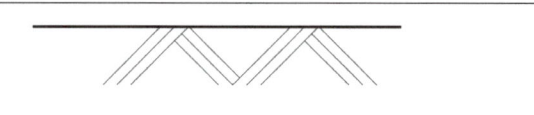
오른쪽으로 간격 50씩 2번 Copy한다.

Mirror하여 반대쪽 경사선을 그리고 Trim으로 선을 정리한다.

Copy하여 같은 모양을 두 번 그리고 Trim으로 선을 정리한다.
지반선을 Offset한 수평선을 지운다.

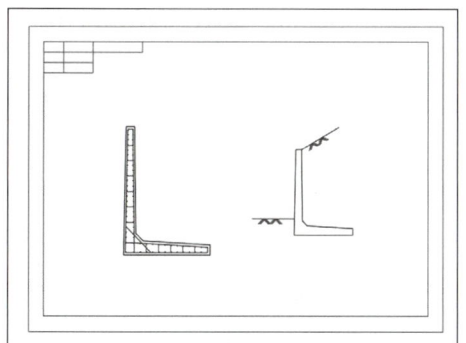

> 📌 **참고**
> L형 옹벽, 역T형 옹벽 등 다양한 옹벽 도면에 대한 연습이 필요하다.

Section 04 인출선 및 철근기호

(1) 철근기호의 크기

〈예시〉

문자 종류	문자 높이
F	100(축척의 2.5배)
1	100(축척의 2.5배) 또는 80(축척의 2배)
D19	100(축척의 2.5배)

종류	크기
원의 반지름	120(축척의 3배)
지시선의 화살촉 크기	40(축척 크기)

※ 위에 명시된 문자 높이 및 크기는 축척 1:40의 도면을 기준으로 작성된 것이며, 축척이 이와 다를 경우에는 괄호와 같은 크기로 표시한다. 단, 이 크기는 제도 규정에 정해져 있는 것이 아니므로 표의 크기를 기준으로 적절하게 가감할 수 있다.

(2) 인출선

❶ Qleader(LE) 신속지시선
- 신속지시선은 치수스타일(D)의 설정값을 따른다.
- 형상에 대한 크기나 위치를 기입할 때 사용한다.

❷ Mleader(MLD) 다중지시선
- 다중지시선은 다중지시선 스타일(MLS)의 설정값을 따른다.
- 스타일을 별도로 지정하기 때문에 치수와 스타일이 다른 지시선을 표시할 때 사용한다.
- 다중지시선 스타일 관리자[Mleaderstyle(MLS)]를 열어 스타일을 지정한다.

❸ MLS 엔터

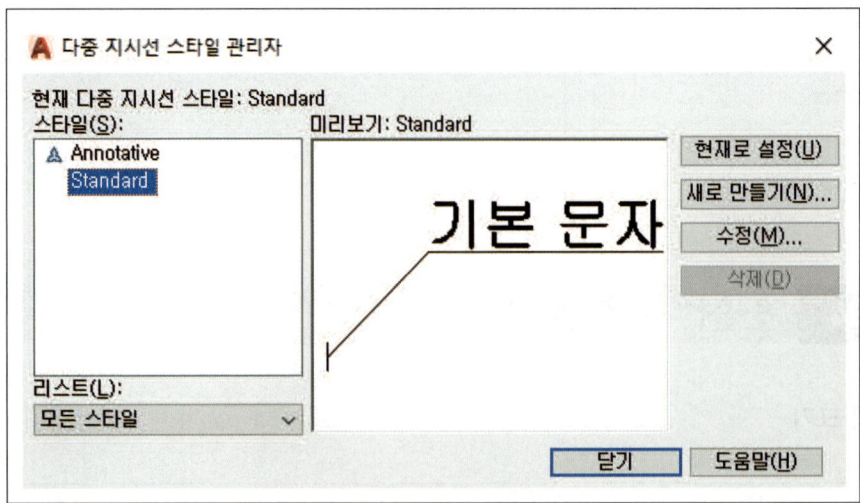

❹ 수정 또는 새로 만들기 후 수정
- 지시선 형식 수정

  도면과 같은 화살촉 기호를 선택(기울기)하고 화살촉의 크기는 도면의 축척(40)과 같게 한다.

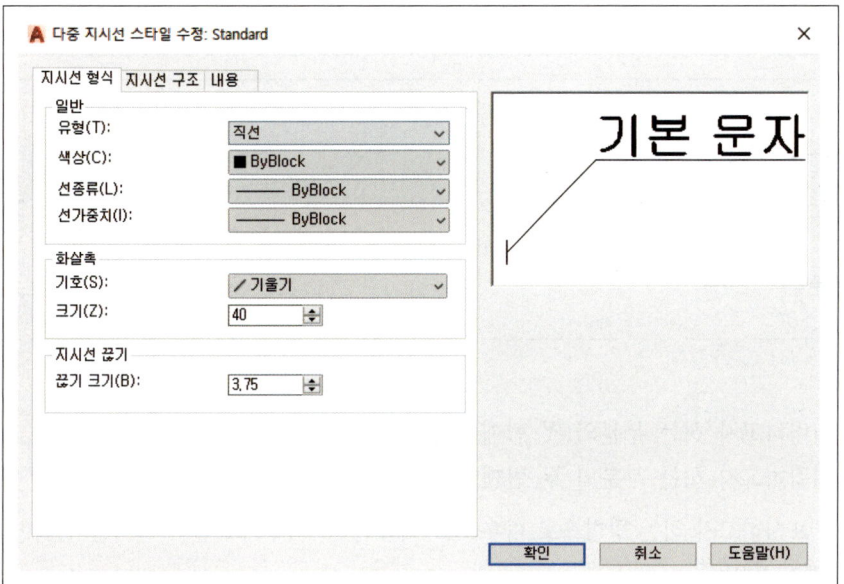

Section 05 문자 및 치수 입력

(1) 문자 입력

- 문자 높이

문자 종류	문자 높이
옹벽 구조도	320(축척의 8배)
표준단면도, 일반도	240(축척의 6배)
일반도에서 벽체의 기울기(1:0.02)	80(축척의 2배)

(2) 치수 입력

- 도면과 같이 치수선을 그린다.

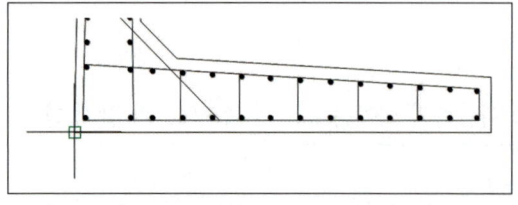
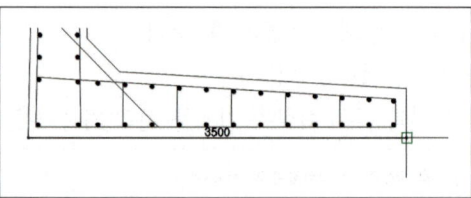
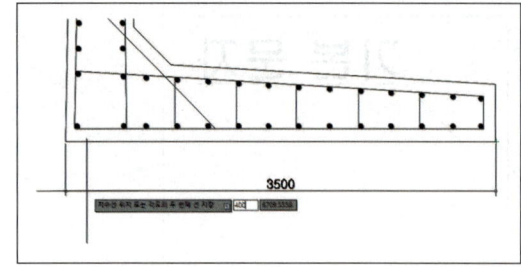
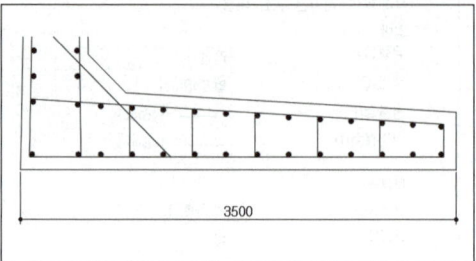

- DIM ↵Enter
  - 치수를 입력하고자 하는 부분의 첫 번째 점을 선택한다.
  - 치수를 입력하고자 하는 부분의 두 번째 점을 선택한다.
  - 치수선을 표시하고자 하는 방향으로 마우스를 이동한 후 치수보조선의 길이를 입력한다(약 축척의 10배 = 400).

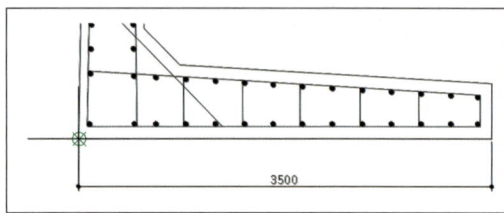
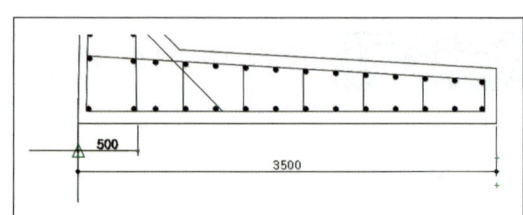
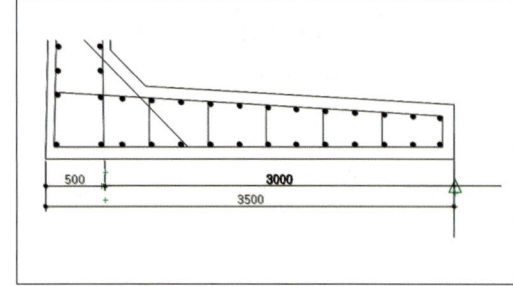
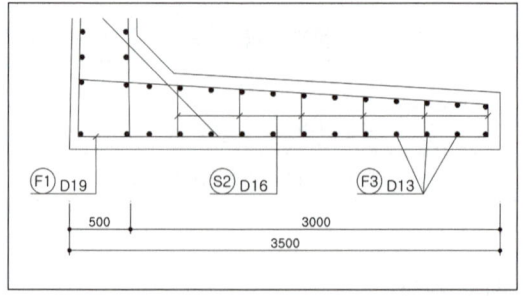

- DIM ↵Enter
  - 치수를 입력하고자 하는 부분의 첫 번째 점을 선택한다.
  - 치수를 입력하고자 하는 부분의 두 번째 점을 선택한다(저판 하단에는 벽체의 두께 500이 표시되어야 하므로 첫 번째 점을 클릭하고 마우스를 오른쪽으로 이동한 후 500 입력).

- 치수선을 표시하고자 하는 방향으로 마우스를 이동한 후 치수보조선의 길이 $\left(\frac{400}{2}=200\right)$를 입력하거나 이전 치수보조선(길이 400)의 중간점을 클릭한다.
- 철근기호 등 도면의 표시사항과 겹치지 않도록 적절한 위치로 이동시킨다.
- 위와 같은 방법으로 도면에 표시된 치수를 모두 기입한다.

Section 06 출 력

(1) 플롯 창업창을 연다.

❶ Plot ⏎Enter

❷ [Ctrl]+P

❸ 신속 접근 도구막대에서 🖨 아이콘 클릭

(2) 출력장치 프린터/플로터를 선택한다.

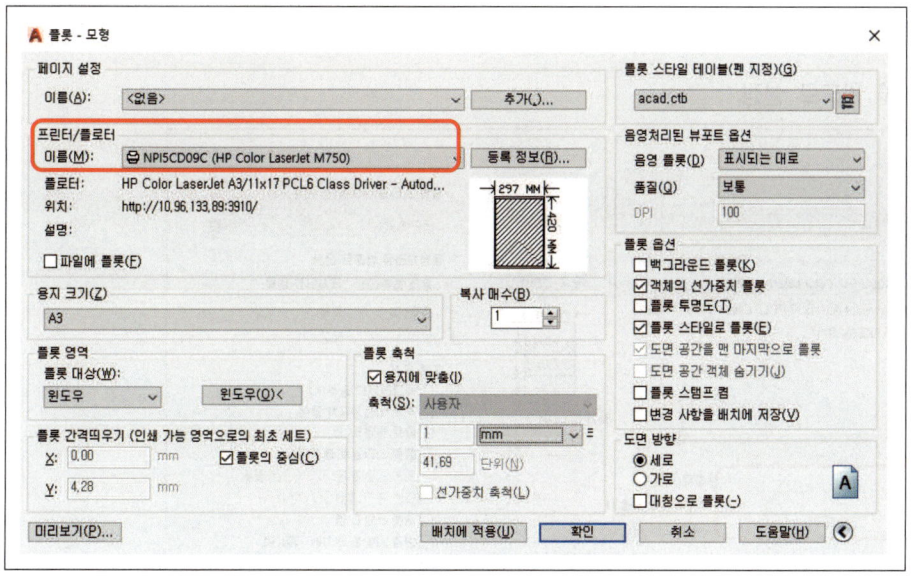

(3) 용지크기를 A3 사이즈로 설정한다.

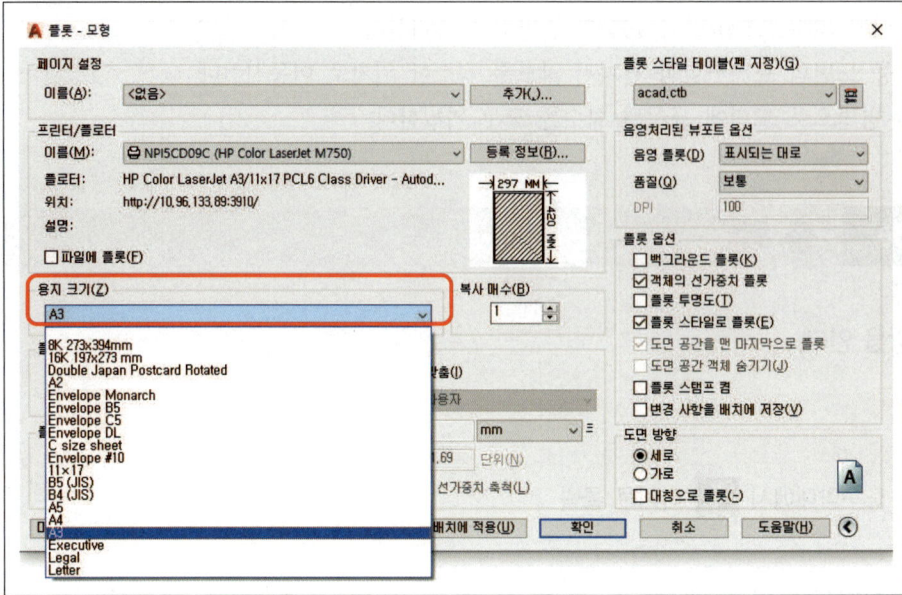

(4) 플롯 영역을 설정한다.

❶ 플롯 대상을 윈도로 설정

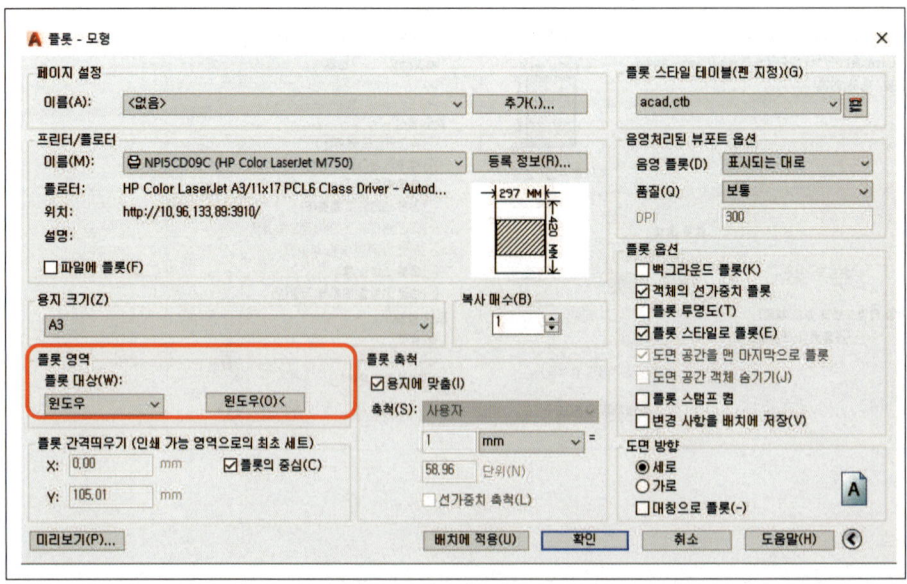

❷ 윈도 클릭 후 출력할 부분을 선택

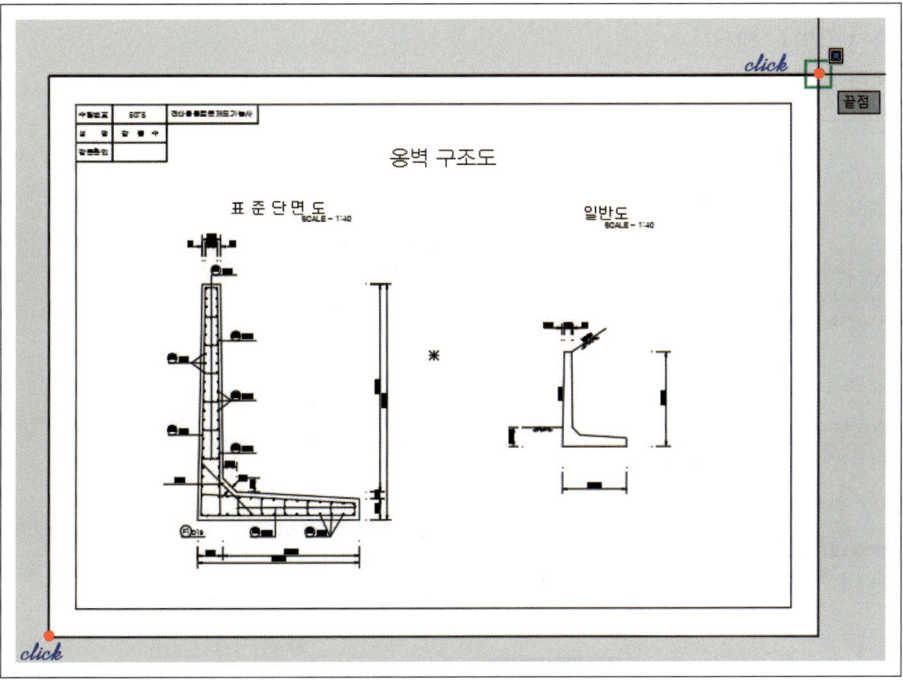

(5) 플롯의 중심 선택

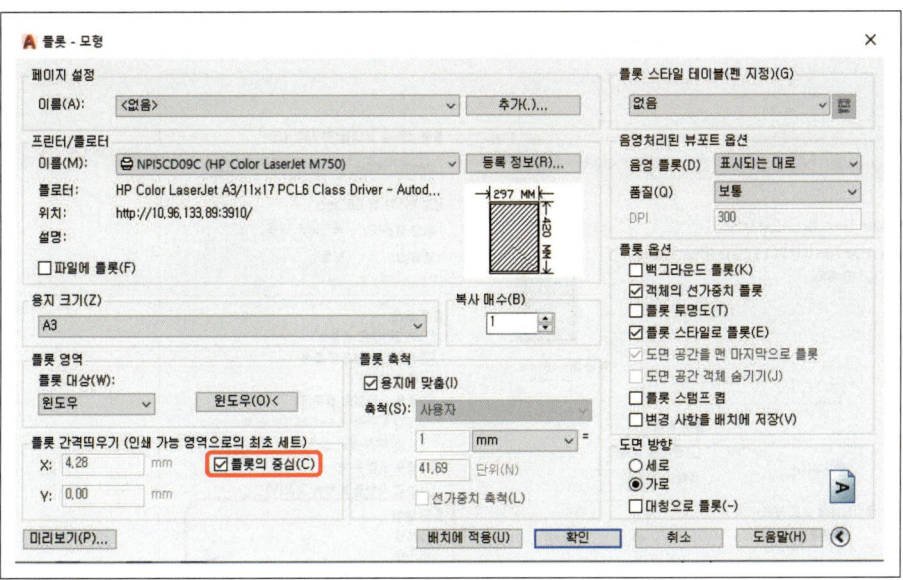

(6) 플롯 축척 설정

❶ 용지에 맞춘 체크박스 해제
❷ 주어진 도면의 축척 입력(1:40)

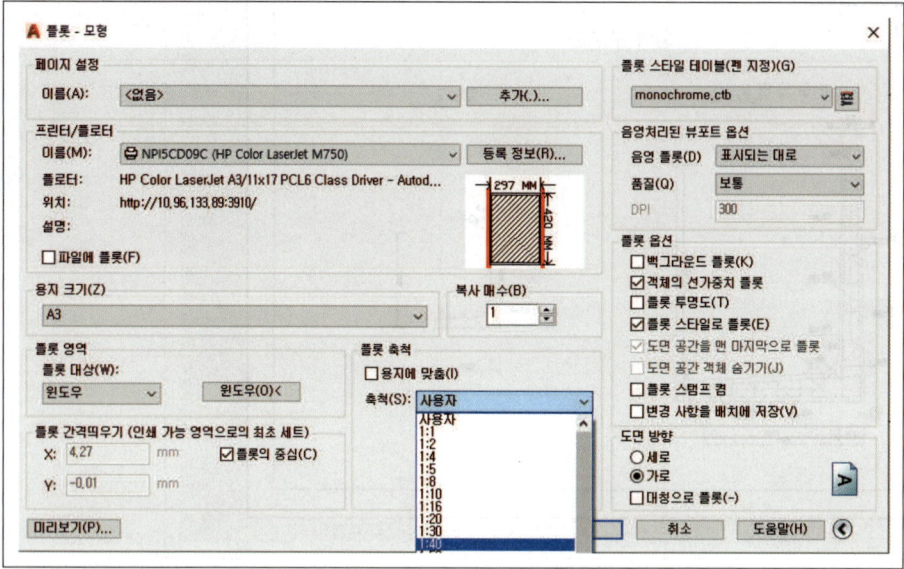

(7) 도면의 방향 선택

❶ 문제의 조건에 따라 가로 또는 세로 선택

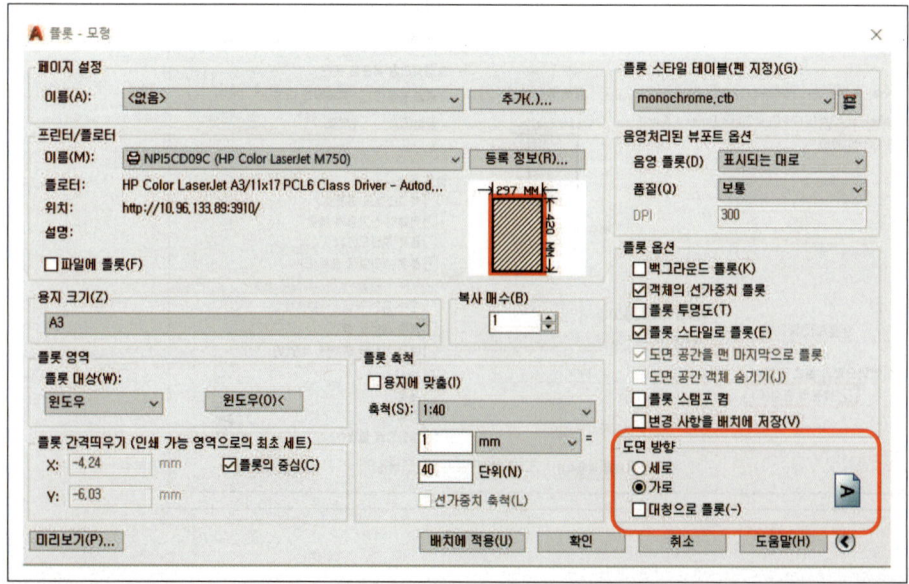

(8) 플롯 스타일 테이블(펜 지정)

❶ monochrome.ctb 선택

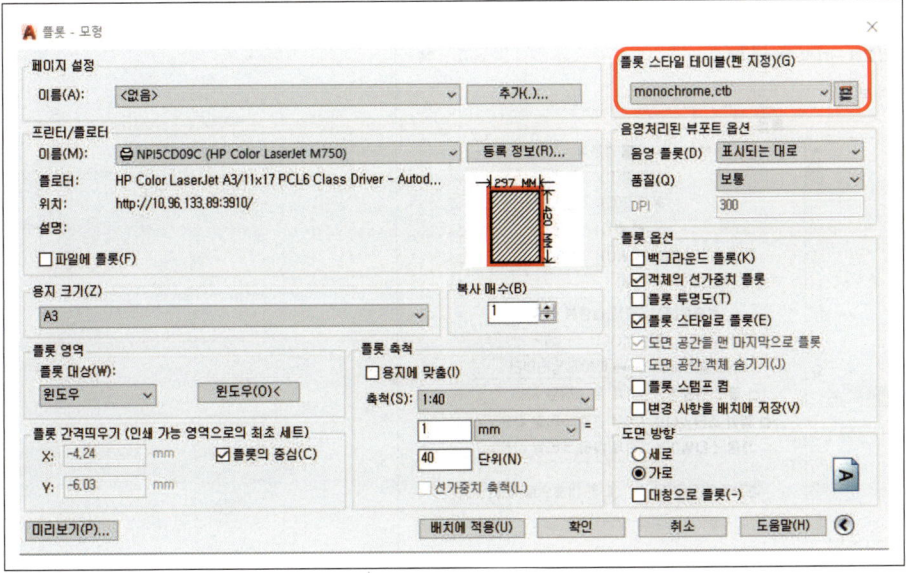

(9) 플롯 스타일 테이블(펜 지정) 편집

❶ 편집 아이콘

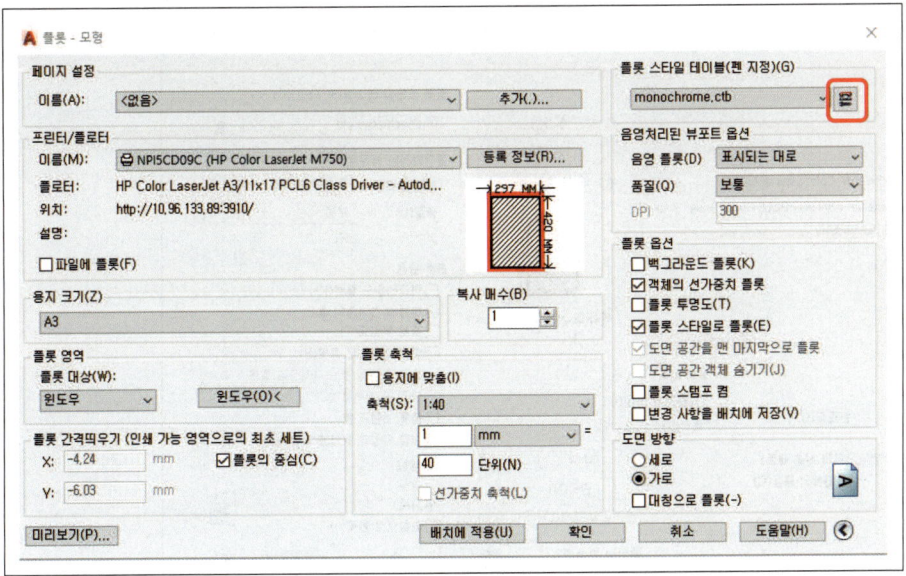

❷ 선가중치 설정
- 문제 조건에 맞게 선가중치 변경(단, Layer 설정 시 지정된 두께로 출력하려는 경우, [객체 선가중치 사용] 선택

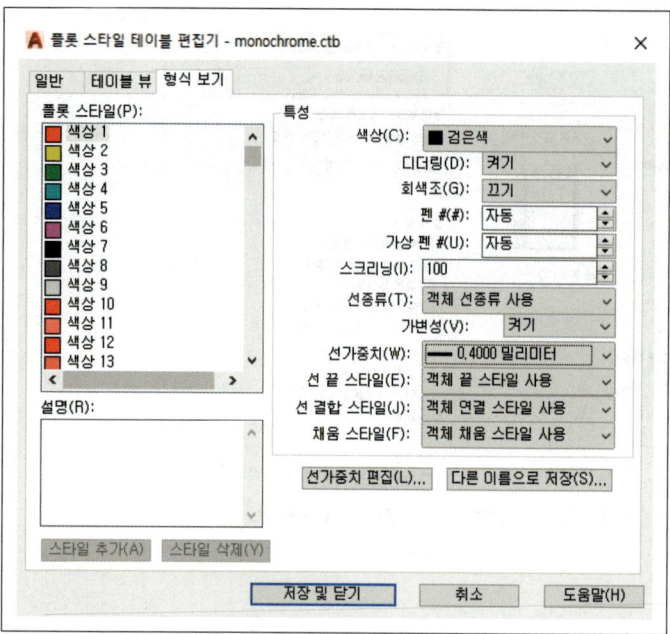

(10) 미리보기 후 출력

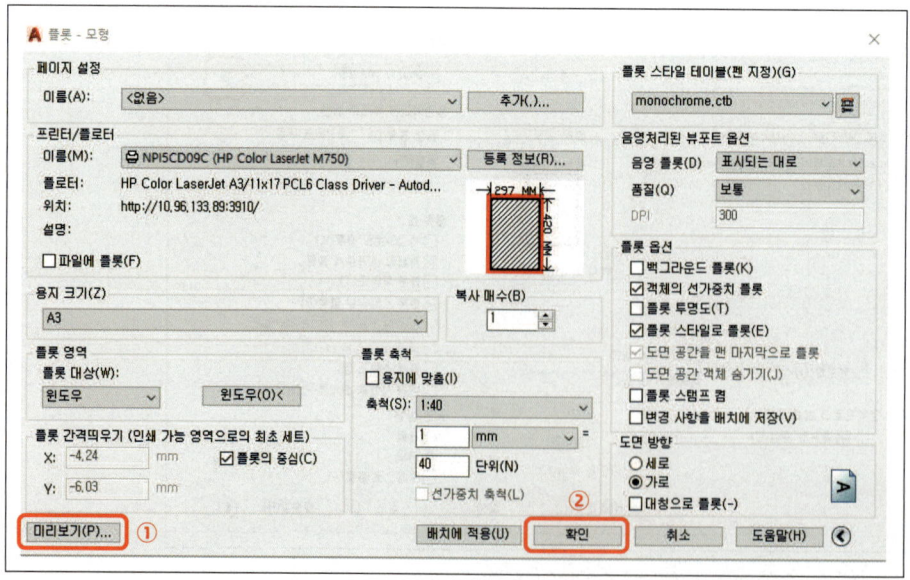

Chapter 05 도로 토공 도면 그리기

Section 01 도로 토공 횡단면도 그리기

• 도면 작도

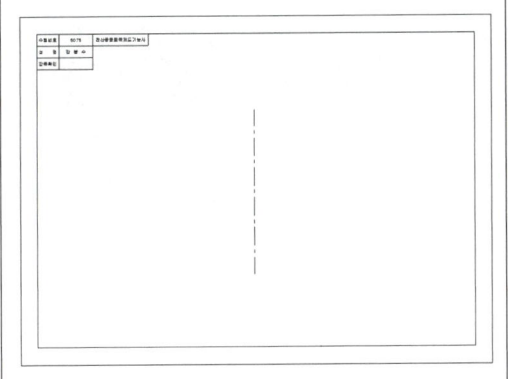
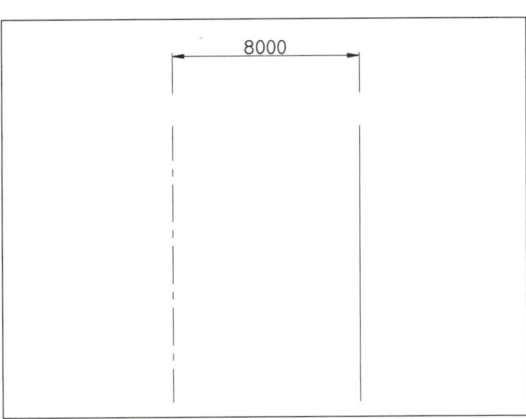

❶ 스케일에 맞게 도면을 확대한 후 도면의 중간 부분에 도로 중심선을 그린다.

❷ 도로 횡단 길이를 확인하고 중심선을 좌우로 Offset 한 후 두 선의 Layer를 변경한다. 이때 양쪽의 길이와 모양이 같다면 한쪽만 작도하고 반대쪽은 Mirror한다 [계획선, 측구, 포장층에는 하늘색(4-Cyan), 0.3mm 가 사용된다].

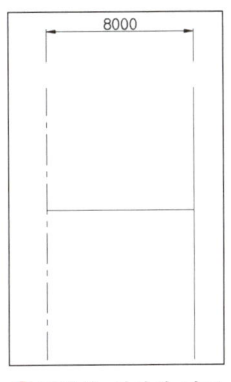
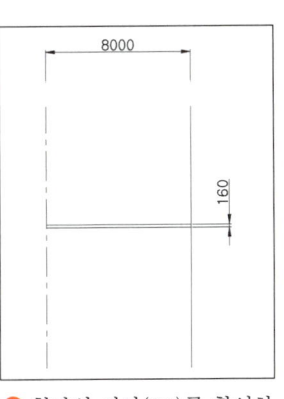
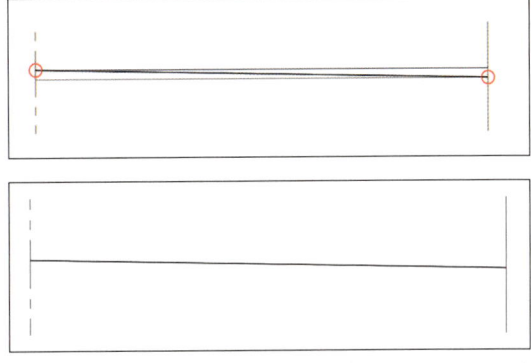

❸ 적당한 위치에 가로선(포장층 상단선)을 그린다.

❹ 횡단의 경사(2%)를 확인하고 도로 중앙부와 단부의 높이차를 계산한다.
$(8,000 \times 0.02 = 160)$

❺ ❹에서 계산한 치수만큼 ❸선을 아래쪽으로 Offset한다.

❻ 도로 중앙부 상단과 단부 하단을 연결하고 ❸선과 ❺선을 지운다.

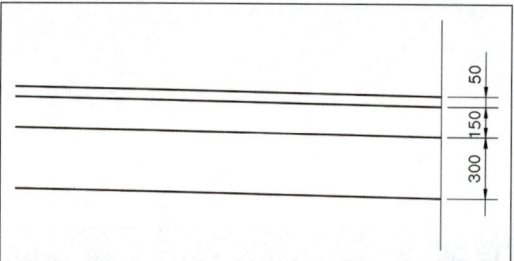
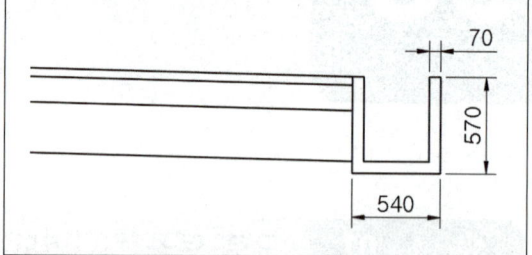

❼ 표층(50), 기층(150), 보조기층(300)의 두께를 확인하고 ⑥선을 아래쪽으로 Copy한다.

❽ 도로 끝에 문제에 주어진 치수대로 측구를 그린다.

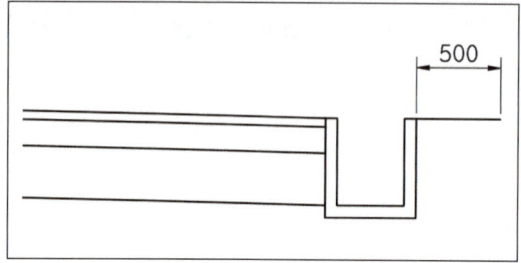

❾ 측구 모서리에서 주어진 치수대로 비탈어깨를 그린다.

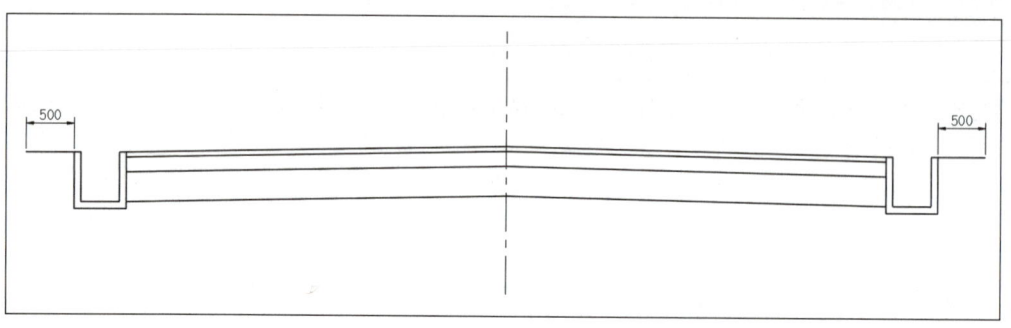

❿ 중심선을 기준으로 반대쪽으로 Mirror한다.

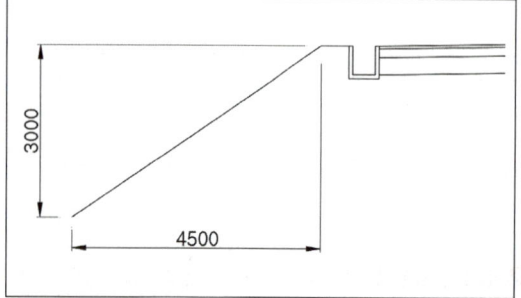
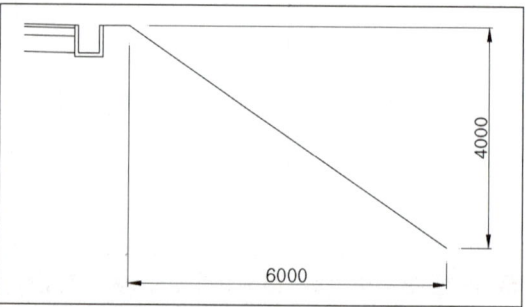

⓫ 도로 왼쪽 흙쌓기 높이(3,000)와 경사면 기울기 (1:1.5)를 확인하고 비탈어깨 끝에서 내려오는 경사선을 그린다.

⓬ 도로 오른쪽 흙쌓기 높이(4,000)와 경사면 기울기 (1:1.5)를 확인하고 비탈어깨 끝에서 내려오는 경사선을 그린다.

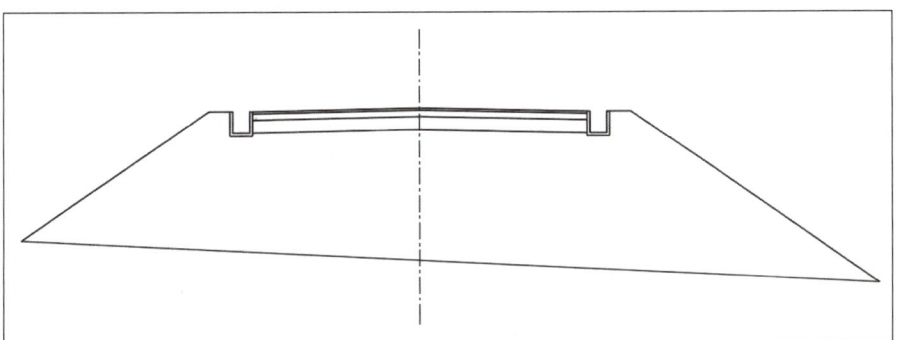

⑬ 원지반 : 경사면(11)선, 경사선(12)의 하단선을 연결한다.

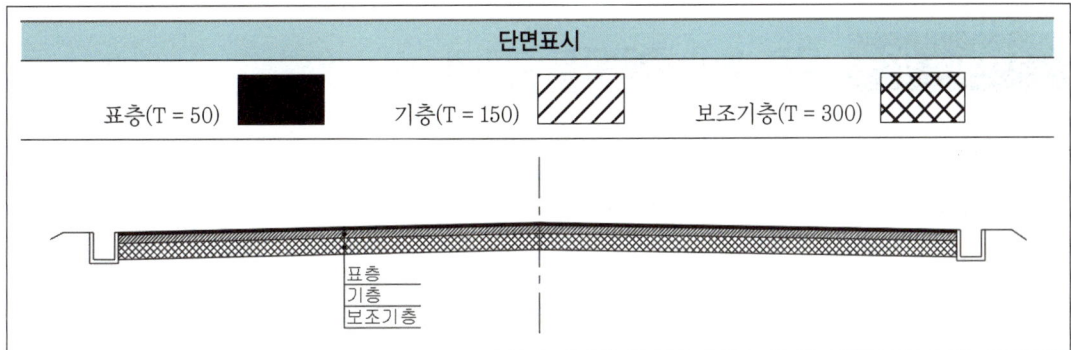

⑭ 문제에 주어진 단면표시 해칭을 보고 도면에 표시한다.

• 문자 입력

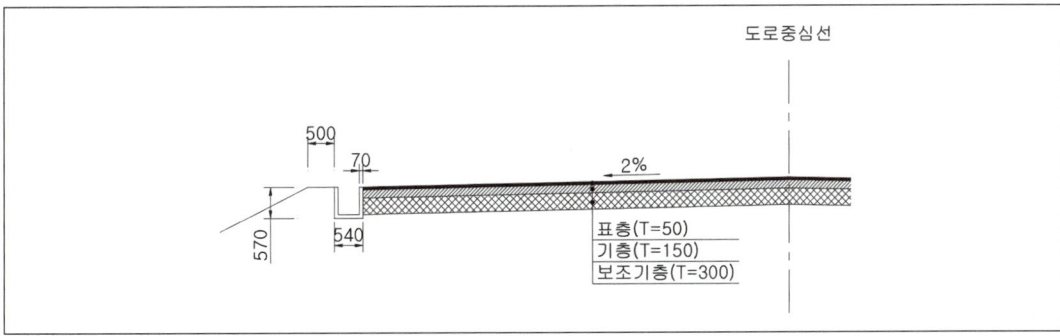

문제에 주어진 문자, 지시선, 경사 표시 등을 입력한다.

문자 종류	문자 높이
도면명(도로 토공 횡단면도)	800(축척의 8배)
스케일	600(축척의 6배)
도면명과 스케일 이외의 모든 문자 [포장층, 표층, 기층, 보조기층, 노상, 원지반, 도로중심선, 비탈어깨, 도로 기울기(2%), 노상 흙쌓기 부분의 기울기(1:1.5) 등]	250(축척의 2.5배)

Chapter 05 도로 토공 도면 그리기

- 치수 입력

  치수를 설정한다.

내용	크기	
	배치할 치수 축척 사용	전체 축척(S):100 사용
[선] – 치수 너머로 연장(X), 원점에서 간격 띄우기(F)	250	2.5
[기호 및 화살표] – 화살표 크기	50~150	화살촉의 모양에 따라 0.5~1.5
[문자] – 문자 높이(T)	200	2

Section 02 도로 토공 종단면도 그리기

- 도면 작도

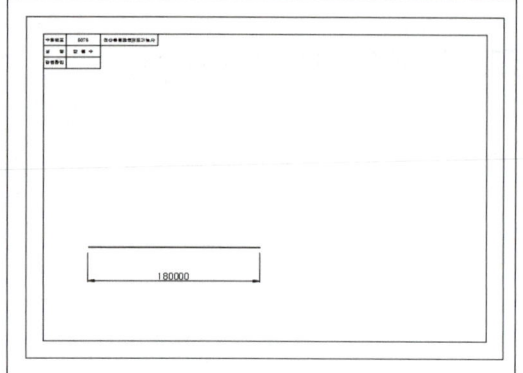

❶ 스케일에 맞게 도면을 확대한다. 이때 문제에 주어진 가로축척(H = 1,200)과 세로축척(V = 200) 중 가로축척(H = 1,200)에 맞게 스케일을 조정한다.

❷ 적절한 위치에 수평 기준선을 그린다. 선의 길이는 종방향의 총길이로 한다(주어진 도면에서는 No. 0에서부터 No. 9까지 20 m씩 9번 이동하므로 20 m×9 = 180 m이다).

❸ ②선 왼쪽에 수직선을 그린다. 수직선의 길이는 스케일바 길이로 한다. 주어진 도면에서는 70.00 m-50.00 m = 20.00 m이다. 그러므로 Line의 총길이는 20,000 mm이다.

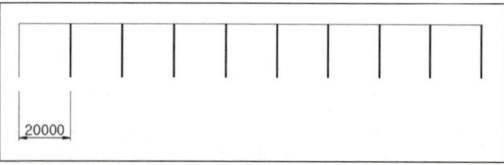

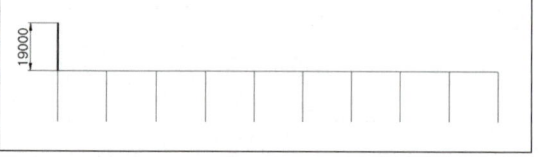

❹ 측점의 간격만큼 Offset하여 측점의 위치를 표시한다. ③선 아래쪽으로 표시되도록 그린다.

❺ No. 0점에서 지반고의 높이를 표시한다. 지반고의 높이가 69.00 m이고 50.00 m부터 표시가 되므로 선의 길이는 69 m-50 m = 19 m이다. 그러므로 Line의 총 길이는 19,000 mm이다.

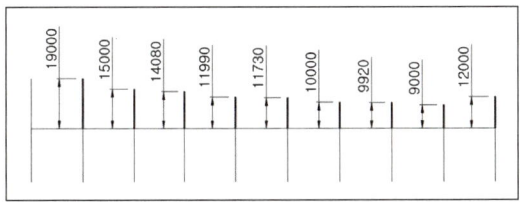
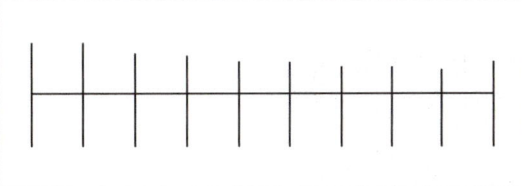

❻ ⑤와 같은 방법으로 No. 1 측점부터 No. 9 측점까지 지반고 Line을 그린다.

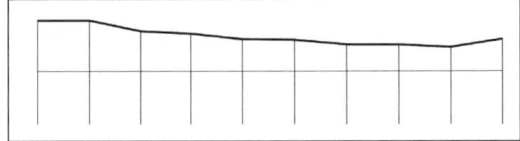
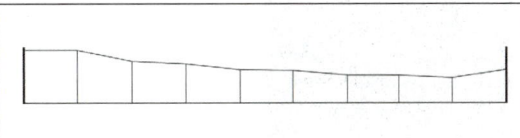

❼ 각 측점의 지반고 Line의 상단선을 Pline으로 연결한다.

❽ ③, ④선 중에 바깥쪽 두 선은 ①선을 기준으로 Mirror 하고, 나머지 선은 삭제한다.

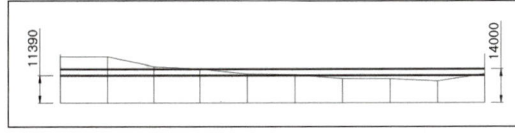
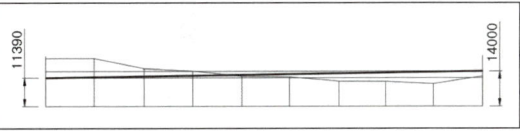

❾ No. 0 측점과 No. 9 측점에서의 계획고를 표시한다. ①선을 Offset하여 계획고의 위치를 찾는다.

❿ ⑨에서 찾은 두 점을 연결하여 계획고 Line을 그리고 ⑨선을 삭제한다.

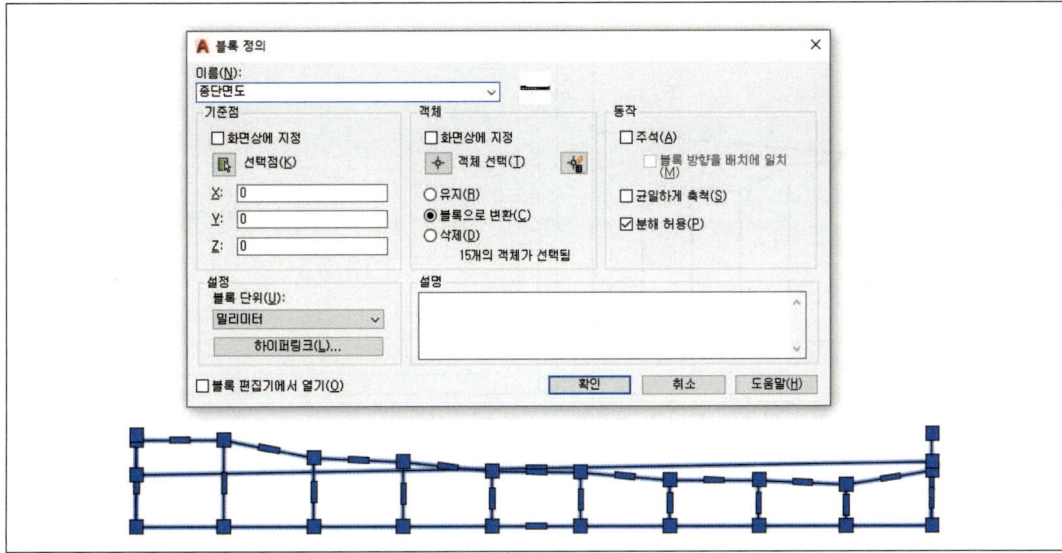

⓫ 모든 선을 선택하고 블록으로 지정한다.
  - 전체 선 선택
  - Block ↵Enter
  - 블록 이름 지정

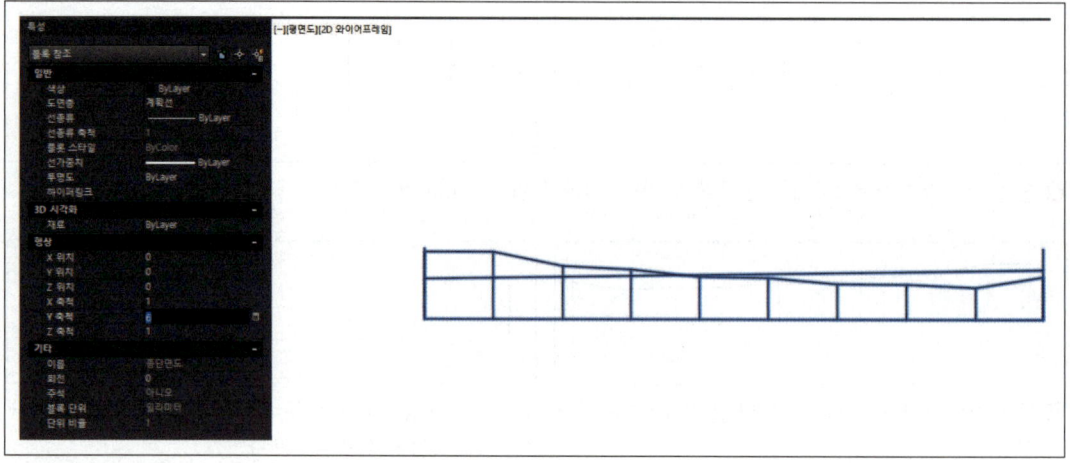

⓬ Y축척 변경

- 특성창을 연다(Ctrl+1 또는 → 특성).
- 형상의 Y축척을 변경한다. 주어진 도면에서 X축척(H = 1,200)과 Y축척(V = 200)이 달랐으나 X축척에 맞게 도면을 설정(Scale 1,200배)하였으므로 세로축척을 비율에 맞게 조정한다.

$$\left(\frac{가로축척}{세로축척} = \frac{1200}{200} = 6\right)$$

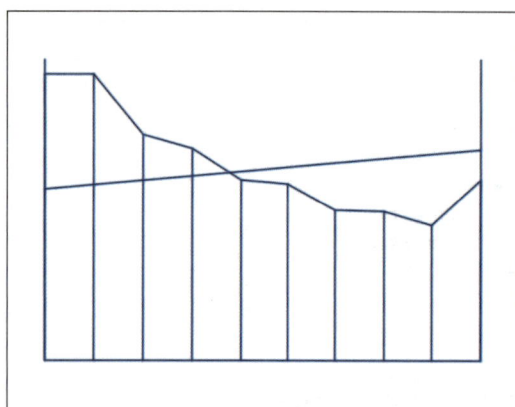 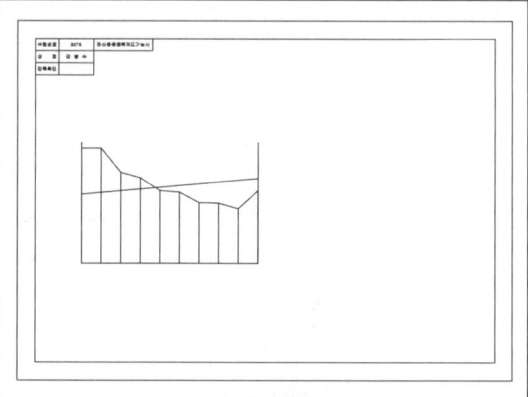

⓭ 축척이 변경되면서 위치가 이동된 도면을 적절한 위치로 이동시킨다.

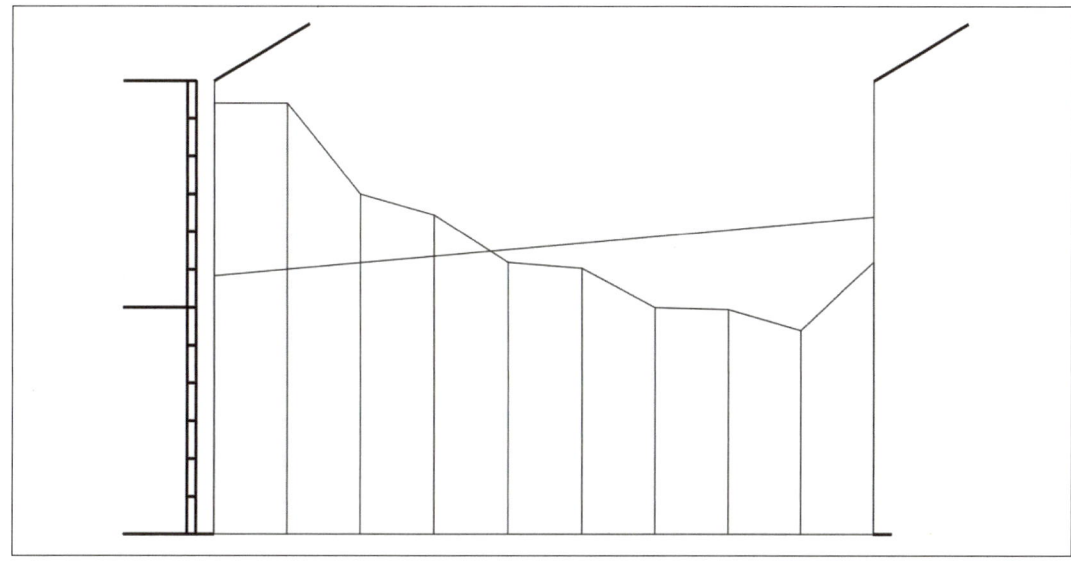

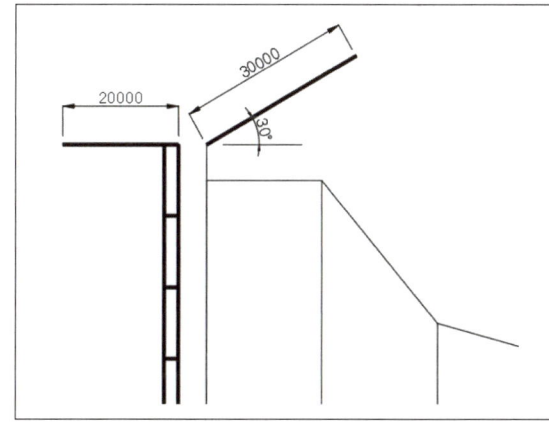

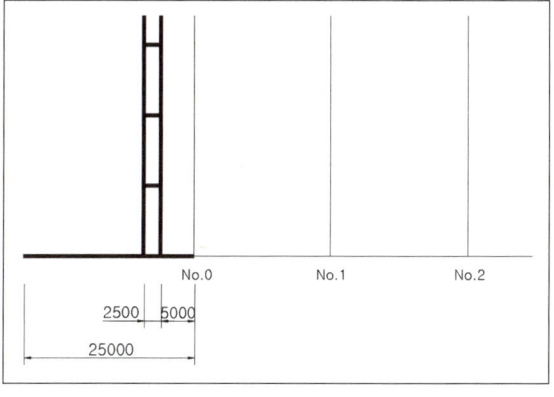

⑭ 그림과 같이 도면 표현에 필요한 부분을 추가 작도한다(해당 치수들은 규정에 의해 정해져 있는 것이 아니므로 제시된 치수를 참고하여 적절하게 작도한다).

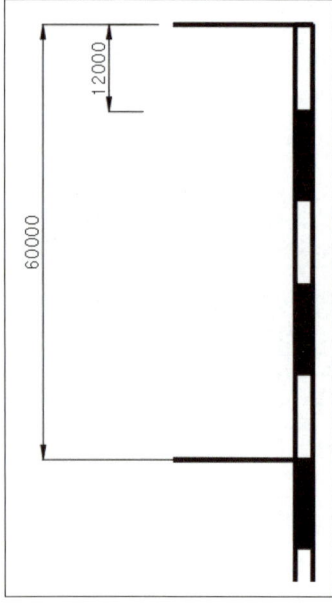

⑮ 스케일바의 간격에 맞게 Line을 그리고 패턴을 채워 넣는다.
- 스케일바에서 60.00 m에서 70.00 m까지의 길이는 10 m이고, Y축척이 6배 확대되어 있으므로 10×6×1,000 = 60,000 mm가 된다. 이것을 5등분하고 있으므로 스케일바 한 칸의 간격은 12,000 mm이다.

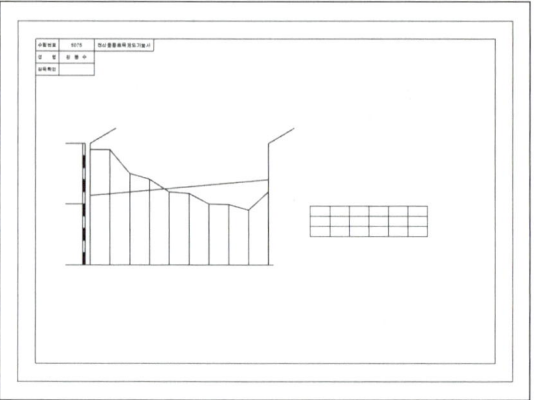

⑯ 절토고 및 성토고표를 만들어 종단면도의 우측에 배치한다(절토고 및 성토고표는 주어진 문제의 조건에 따라 지점 전체 또는 일부를 표시한다).

• 문자 입력

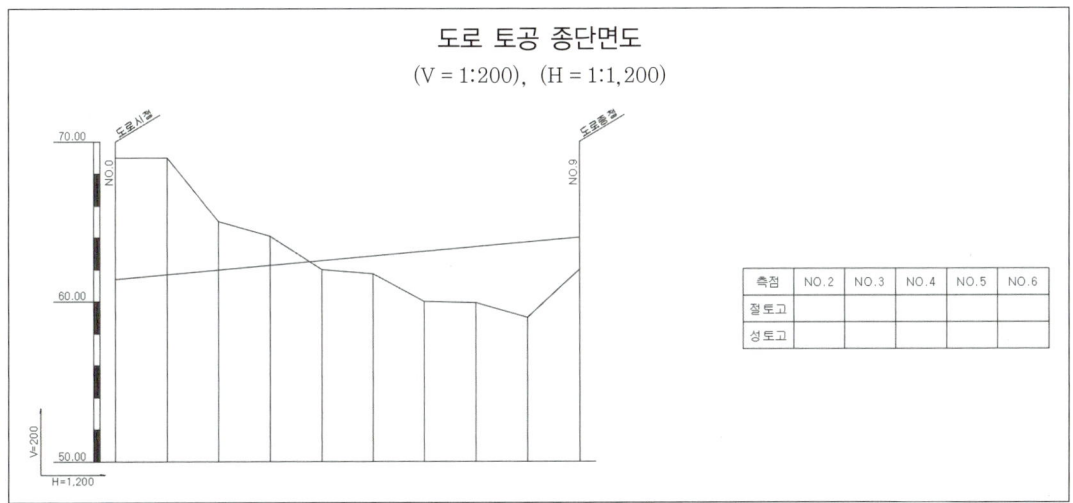

문제에 주어진 문자를 입력한다.

문자 종류	문자 높이
도면명(도로 토공 종단면도)	9,600(축척의 8배)
스케일(도면명 아래 표시)	7,200(축척의 6배)
도면명과 스케일 이외의 문자 레벨(50.00,60.00,70.00), 측점번호(No. 0, No. 9), 도로시점, 도로종점, 스케일 표시(V = 200, H = 1,200)	3,000(축척의 2.5배)
절토고 및 성토고표	3,600(축척의 3배)

주어진 측점의 절토고와 성토고를 계산해서 입력한다. 계획고보다 지반고가 높을 경우에는 절토(땅깎기)를 하고 계획고보다 지반고가 낮을 경우에는 성토(흙쌓기)를 한다(계획고 - 지반고 < 0이면 절토, 계획고 - 지반고 > 0이면 성토).

No. 2 : 61.97−65.00 = −3.03(절토고 3.03)

No. 3 : 62.26−64.08 = −1.82(절토고 1.82)

No. 4 : 62.55−61.99 = 0.56(성토고 0.56)

No. 5 : 62.84−61.73 = 1.11(성토고 1.11)

No. 6 : 63.13−60.00 = 3.13(성토고 3.13)

측점	No. 2	No. 3	No. 4	No. 5	No. 6
절토고	3.03	1.82			
성토고			0.56	1.11	3.13

CRAFTSMAN-COMPUTER AIDED DRAWING IN CIVIL ENGINEERING

APPENDIX

부록

I. 과년도 출제문제

II. CBT 실전 모의고사

2010 제1회 과년도 출제문제

전산응용토목제도기능사

2010년 1월 31일 시행

해설

1.
골재 : 연하고 가느다란 석편을 함유하지 않고, 모양이 정육면체에 가깝게 둥글어야 한다. 연하고 가느다란 석편을 함유하면 낱알을 방해하므로 워커빌리티가 좋지 않다.

2.
지연제
㉠ 콘크리트의 응결이나 초기경화를 지연시키기 위해 사용한다.
㉡ 서중콘크리트 시공이나 레디믹스트 콘크리트 운반 중 응결을 방지하기 위해 사용한다.
㉢ 대형 구조물 등 콘크리트의 연속 타설을 할 때 콘크리트 구조에 작업이음(cold and work joint)이 생기지 않도록 하기 위해 사용한다.

3.
철근콘크리트 부재에 사용되는 전단철근
㉠ 주인장철근에 45° 이상의 각도로 설치되는 스터럽
㉡ 주인장철근에 30° 이상의 각도로 구부린 굽힘철근
㉢ 스터럽과 굽힘철근의 조합

4.
철근콘크리트에서 철근의 최소 피복두께는 콘크리트를 타설하는 조건, 사용 철근의 공칭지름, 구조물이 받는 환경 조건에 따라 결정한다.

---

01 콘크리트용 골재가 갖추어야 할 성질에 대한 설명으로 옳지 않은 것은?
① 알맞은 입도를 가질 것
② 깨끗하고 강하며 내구적일 것
③ 연하고 가느다란 석편을 함유할 것
④ 먼지, 흙, 유기불순물 등의 유해물이 허용 한도 이내일 것

02 콘크리트를 연속으로 칠 경우 콜드 조인트가 생기지 않도록 하기 위하여 사용할 수 있는 혼화제는?
① 지연제   ② 급결제
③ 발포제   ④ 촉진제

03 철근콘크리트보에서 사용하는 전단철근에 해당되지 않는 것은?
① 주인장철근에 45°의 각도로 설치된 스터럽
② 주인장철근에 60°의 각도로 설치된 스터럽
③ 주인장철근에 30°의 각도로 구부린 굽힘철근
④ 스터럽과 굽힘철근의 조합

04 철근구조물에서 철근의 최소 피복두께를 결정하는 요소로 가장 거리가 먼 것은?
① 콘크리트를 타설하는 조건에 따라
② 거푸집의 종류에 따라
③ 사용 철근의 공칭지름에 따라
④ 구조물이 받는 환경 조건에 따라

정답 1. ③ 2. ① 3. ② 4. ②

05 철근의 항복으로 시작되는 보의 파괴는 사전에 붕괴의 징조를 알리며 점진적으로 일어난다. 이러한 파괴 형태를 무엇이라 하는가?

① 연성파괴 ② 항복파괴
③ 취성파괴 ④ 피로파괴

06 철근 크기에 따른 180° 표준갈고리의 구부림 최소 반지름으로 옳지 않은 것은? (단, d_b는 철근의 공칭지름)

① D10 : $2d_b$ ② D25 : $3d_b$
③ D35 : $4d_b$ ④ D38 : $5d_b$

07 두께 140 mm의 슬래브를 설계하고자 한다. 최대 정모멘트가 발생하는 위험단면에서 주철근의 중심 간격은 얼마 이하이어야 하는가?

① 280 mm 이하 ② 320 mm 이하
③ 360 mm 이하 ④ 400 mm 이하

08 콘크리트 구조물의 이음에 관한 설명으로 옳지 않은 것은?

① 설계에 정해진 이음의 위치와 구조는 지켜야 한다.
② 신축 이음은 양쪽의 구조물 혹은 부재가 구속되지 않는 구조이어야 한다.
③ 시공 이음은 될 수 있는 대로 전단력이 큰 위치에 설치한다.
④ 신축 이음에서는 필요에 따라 이음재, 지수판 등을 설치할 수 있다.

09 콘크리트 속에 일부가 매립된 철근은 책임기술자의 승인하에 구부림 작업을 해야 한다. 현장에서 철근을 구부리기 위한 작업방법으로 옳지 않은 것은?

① 가급적 상온에서 실시한다.
② 구부리기 위한 철근의 가열은 콘크리트에 손상이 가지 않도록 한다.
③ 구부림 작업 중 균열이 발생하면 가열하여 나머지 철근에서 이러한 현상이 발생하지 않도록 한다.
④ 800℃ 정도까지 가열된 철근은 냉각수 등을 사용하여 급속히 냉각하도록 한다.

해설

5.
㉠ 연성파괴 : 철근이 항복한 후에 상당한 연성을 나타내기 때문에 파괴가 갑작스럽게 일어나지 않고 단계적으로 서서히 일어난다.
㉡ 취성파괴 : 보의 취성파괴는 사고에 대한 안전대책을 세울 시간이 없이 갑자기 일어나므로 바람직하지 못하다.

6.
180° 표준갈고리와 90° 표준갈고리의 구부림 내면 반지름

철근 지름	최소 반지름(r)
D10~D25	$3d_b$
D29~D35	$4d_b$
D38 이상	$5d_b$

7.
정철근과 부철근의 중심 간 간격은 최대 휨모멘트가 일어나는 단면에서 슬래브 두께의 2배 이하, 300 mm 이하로 하고, 기타의 단면에서는 슬래브 두께의 3배 이하, 450 mm 이하로 한다.

8.
콘크리트의 시공 이음은 전단력이 작은 위치에 설치하고, 부재의 압축력이 작용하는 방향과 직각이 되도록 하는 것이 원칙이다.

9.
가열된 철근은 300℃로 온도가 하강할 때까지 인위적으로 냉각시켜서는 안 된다.

정답 5. ① 6. ① 7. ① 8. ③ 9. ④

해설

10.
$$\rho_b = \frac{\eta(0.85f_{ck})\beta_1}{f_y} \times \frac{660}{660+f_y}$$
$$= \frac{1 \times 0.85 \times 24 \times 0.80}{300}$$
$$\times \frac{660}{660 \times 300} = 0.037$$

11.
물-결합재비는 소요 강도의 내구성을 고려하여 정한다. 수밀성을 요하는 구조물에서는 콘크리트의 수밀성에 대해서도 고려하여야 한다. 물-결합재비를 결정하는 방법으로는 압축강도를 기준으로 하여 정하는 방법, 내동해성을 기준으로 하여 정하는 방법, 수밀성을 기준으로 하여 정하는 방법이 있다.

12.
철근의 겹침이음 길이는 철근의 종류, 철근의 공칭지름, 철근의 설계기준 항복강도에 의해 결정된다.

13.
콘크리트는 압축력에 매우 강하나 인장력에는 약하고, 철근은 인장력에 매우 강하나 압축력에 의해 구부러지기 쉽다. 이에 따라 콘크리트 구조체의 인장력이 일어나는 곳에 철근을 배근하여 인장력을 부담하도록 한다.

14.
폴리머 콘크리트 : 시멘트 대신 폴리머를 결합재로 사용한 콘크리트로, 플라스틱콘크리트 또는 레진콘크리트(resin concrete)라고도 한다. 압축강도가 우수하고, 방수성과 수밀성이 좋으며, 각종 산이나 알칼리, 염류에 강하고 내마모성이 우수하여 바닥재·포장재로 적합하다.

---

10 단철근 직사각형 보에서 $f_{ck}=24$MPa, $f_y=300$MPa일 때 균형철근비는?

① 0.020
② 0.035
③ 0.037
④ 0.041

11 콘크리트를 배합설계할 때 물-시멘트비를 결정할 때의 고려사항으로 거리가 먼 것은?

① 압축강도
② 단위시멘트량
③ 내구성
④ 수밀성

12 철근의 겹침이음 길이를 결정하기 위한 요소 중 옳지 않은 것은?

① 철근의 종류
② 철근의 재질
③ 철근의 공칭지름
④ 철근의 설계기준 항복강도

13 철근콘크리트 구조에 대한 설명으로 옳지 않은 것은?

① 콘크리트의 압축강도가 인장강도에 비해 약한 결점을 철근을 배치하여 보강한 것이다.
② 콘크리트 속에 묻힌 철근은 녹이 슬지 않아 널리 사용된다.
③ 이형철근은 표면적이 넓을 뿐 아니라 마디가 있어 부착력이 크다.
④ 각 부재를 일체로 만들 수 있어 전체적으로 강성이 큰 구조가 된다.

14 폴리머 콘크리트(폴리머-시멘트 콘크리트)의 성질로 옳지 않은 것은?

① 강도가 크다.
② 건조수축이 작다.
③ 내충격성이 좋다.
④ 내마모성이 낮다.

정답 10. ③ 11. ② 12. ② 13. ① 14. ④

15 압축부재에 사용되는 나선철근의 정착은 나선철근의 끝에서 추가로 몇 회전만큼 더 확보하여야 하는가?

① 1.0회전　　② 1.5회전
③ 2.0회전　　④ 2.5회전

16 트러스의 종류 중 주 트러스로서는 잘 쓰이지 않으나, 가로 브레이싱에 주로 사용되는 형식은?

① K트러스　　② 프랫(pratt) 트러스
③ 하우(howe) 트러스　　④ 워런(warren) 트러스

17 토목구조물의 특징이 아닌 것은?

① 일반적으로 대규모이다.
② 다량 생산 구조물이다.
③ 구조물의 수명, 즉 공용 기간이 길다.
④ 대부분이 공공의 목적으로 건설된다.

18 콘크리트 속에 철근을 배치하여 양자가 일체가 되어 외력을 받게 한 구조는?

① 철근콘크리트 구조
② 무근콘크리트 구조
③ 프리스트레스트 구조
④ 합성구조

19 압축부재의 철근량 제한사항으로 옳지 않은 것은?

① 철근비의 범위는 10~18%이어야 한다.
② 나선철근은 수직 간격재를 사용하여 단단하고 곧게 조립한다.
③ 축방향 주철근이 겹침이음되는 경우의 철근비는 0.04%를 초과하지 않도록 한다.
④ 압축부재에서는 철근을 사각형 또는 원형 띠철근으로 둘러쌀 때에는 최소한 4개의 주철근이 요구된다.

해설

15.
나선철근 정착은 철근 끝에서 추가로 1.5회전하여야 한다.

16.
㉠ K트러스 : 가로 브레이싱으로 주로 사용되는 형식이다.
㉡ 프랫(pratt) 트러스 : 강교에 널리 사용되는 형식이다.
㉢ 하우(howe) 트러스 : 사재의 방향이 프랫 트러스와 반대 방향이다.
㉣ 워런(warren) 트러스 : 상현재의 장주로서의 길이를 절반으로 줄이는 이점이 있으므로 많이 쓰이고 있다.

17.
어떠한 조건에서 설계 및 시공된 토목구조물은 유일한 구조물이다. 동일한 조건을 갖는 환경은 없고, 동일한 구조물을 두 번 이상 건설하는 일이 없다.

18.
㉠ 프리스트레스트 콘크리트 구조 : 콘크리트에 인장응력이 발생할 수 있는 부분에 고강도 강재(PS 강재)를 긴장시켜 미리 계획적으로 압축력을 주어 인장력이 상쇄될 수 있도록 한 콘크리트
㉡ 합성구조 : 강재와 콘크리트 등 다른 종류의 재료를 합성하여 구조적으로 하나로 작용하도록 만든 구조

19.
기둥의 축방향 철근비(압축부재의 종방향 철근의 단면적/총단면적)는 1~8%이다.

정답　15. ②　16. ①　17. ②　18. ①　19. ①

해설

20.
정철근과 부철근의 중심 간 간격은 최대 휨모멘트가 일어나는 단면에서 슬래브 두께의 2배 이하, 300 mm 이하로 한다.

21.
한강철교(1900년)-원효대교(1981년)-영종대교(2000년)-인천대교(2009년)

22.
㉠ 아치교: 호 형태로 아치에 가해지는 외력을 아치의 축선을 따라 압축력으로 저항하는 구조이다.
㉡ 현수교: 주탑을 양쪽에 세워 주 케이블을 걸고, 이 케이블에 수직 케이블(행어)을 걸어 보강형을 매달아 지지하는 교량형식으로 초장대교에 적합하다.
㉢ 연속교: 주형 또는 주 트러스를 3개 이상의 지점으로 지지하여 2경간 이상에 걸쳐 연속시킨 교량이다.
㉣ 라멘교: 상부구조와 하부구조를 강결로 연결함으로써 전체 구조의 강성을 높이고 상부구조에 휨모멘트를 하부구조가 함께 부담하게 한다.

23.
프리스트레스의 손실 원인

도입 시 손실(즉시 손실)
• 정착장치의 활동
• PS 강재와 덕트(시스) 사이의 마찰
• 콘크리트의 탄성변형(탄성수축)

도입 후 손실
• 콘크리트의 크리프
• 콘크리트의 건조수축
• PS 강재의 릴랙세이션

---

20 1방향 슬래브에서 정모멘트 철근 및 부모멘트 철근의 중심 간격에 대한 위험단면에서의 기준으로 옳은 것은?
① 슬래브 두께의 2배 이하, 300 mm 이하
② 슬래브 두께의 2배 이하, 400 mm 이하
③ 슬래브 두께의 3배 이하, 300 mm 이하
④ 슬래브 두께의 3배 이하, 400 mm 이하

21 다음 교량 중 건설 시기가 가장 빠른 것은? (단, 개·보수 및 복구 등을 제외한 최초의 완공을 기준으로 한다.)
① 인천대교
② 원효대교
③ 한강철교
④ 영종대교

22 양안에 주탑을 세우고 그 사이에 케이블을 걸어, 여기에 보강형 또는 보강 트러스를 매단 형식의 교량은?
① 아치교   ② 현수교
③ 연속교   ④ 라멘교

23 프리스트레스의 손실 원인 중 프리스트레스를 도입할 때의 손실에 해당하는 것은?
① 콘크리트의 크리프
② 콘크리트의 건조수축
③ PS 강재의 릴랙세이션
④ 마찰에 의한 손실

정답 20. ① 21. ③ 22. ② 23. ④

24 자동차가 교량 위를 달리다가 갑자기 정지했을 때의 손실에 해당하는 것은?

① 풍하중 ② 제동하중
③ 충격하중 ④ 고정하중

해설

24.
제동하중 : 차량이 급정거할 때의 제동하중은 DB 하중의 10%를 적용하며, 교면상 1.8 m의 높이에서 작용하는 것으로 한다.

25 교량을 강도설계법으로 설계하고자 할 때 설계 계산에 앞서 결정하여야 할 사항이 아닌 것은?

① 사용성 검토 ② 응력의 결정
③ 재료의 선정 ④ 하중의 결정

25.
토목구조물의 설계 절차
㉠ 구조물 건설의 필요성 검토
㉡ 구조물의 형식 검토
㉢ 사용 재료 선정, 응력의 결정, 하중의 결정
㉣ 구조 해석에 의한 단면 계산 및 구조 세목 결정
㉤ 사용성 검토

26 옹벽의 활동에 대한 저항력은 옹벽에 작용하는 수평력의 최소 몇 배 이상이 되도록 하여야 하는가?

① 1.0배 ② 1.5배
③ 2.0배 ④ 2.5배

26.
$$F_s = \frac{\text{저판의 밑면과 지반 사이의 마찰력}}{\text{옹벽에 작용하는 수평력의 합력}} = \frac{\Sigma V \cdot \mu}{H} \geq 1.5$$

27 철근콘크리트기둥 중 그림과 같은 형식은 어떤 기둥의 단면을 표시한 것인가?

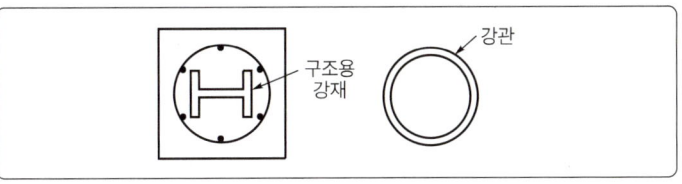

① 합성기둥 ② 띠철근기둥
③ 콘크리트기둥 ④ 나선철근기둥

27.
합성기둥

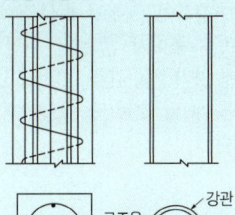
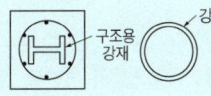

28 다음 그림은 어느 형식의 확대기초를 표시한 것인가?

① 독립확대기초
② 경사확대기초
③ 연결확대기초
④ 말뚝확대기초

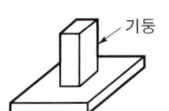

28.
독립확대기초 : 하나의 기둥을 하나의 기초가 지지한다.

정답 24.② 25.① 26.② 27.① 28.①

해설

29.
철근콘크리트 구조의 성립 이유
㉠ 철근과 콘크리트는 온도에 의한 열팽창계수가 비슷하다.
㉡ 굳은 콘크리트 속에 있는 철근은 힘을 받아도 그 주변 콘크리트와의 큰 부착력 때문에 잘 빠져나오지 않는다.
㉢ 콘크리트 속에 묻혀 있는 철근은 콘크리트의 알칼리성분에 의해서 녹이 슬지 않는다.

30.
㉠ 외적 부정정 아치 : 힌지 없는 아치교, 2활절 아치교
㉡ 정정 아치 : 3활절 아치, 3활절 스팬드럴 브레이스트 아치교
㉢ 내적 부정정 아치 : 타이드 아치교, 로제교, 랭거교, 랭거 트러스교

31.
중심선으로 대칭물의 한쪽을 표시하는 도면의 치수선은 그 중심을 지나 연장하며, 치수선 중심 끝의 화살표를 붙이지 않는다. 다만, 경우에 따라 치수선을 위의 규정보다 짧게 할 수 있다.

32.
㉠ 일반도 : 구조물의 평면도, 입면도, 단면도 등에 의해서 그 형식과 일반 구조를 나타내는 도면
㉡ 구조 일반도 : 구조물의 모양, 치수를 모두 표시한 도면
㉢ 배근도 : 철근의 치수와 배치를 나타낸 그림 또는 도면
㉣ 외관도 : 대상물의 외형과 최소한의 필요한 치수를 나타낸 도면

---

29 철근콘크리트가 건설재료로 널리 이용되는 이유가 아닌 것은?
① 균열이 생기지 않는다.
② 철근과 콘크리트의 온도에 대한 열팽창계수가 거의 같다.
③ 철근과 콘크리트의 부착이 매우 잘된다.
④ 콘크리트 속에 묻힌 철근은 녹이 슬지 않는다.

30 내적 부정정 아치(arch)에 해당되지 않는 것은?
① 랭거교
② 로제교
③ 타이드 아치교
④ 3활절 아치교

31 치수선에 대한 설명으로 옳지 않은 것은?
① 치수선은 표시할 치수의 방향에 평행하게 긋는다.
② 일반적으로 불가피한 경우가 아닐 때에는 치수선은 다른 치수선과 서로 교차하지 않도록 한다.
③ 대칭인 물체의 치수선은 중심선에서 약간 연장하여 긋고, 연장선의 끝에는 화살표를 붙여 표시한다.
④ 협소하여 화살표를 붙일 여백이 없을 때에는 치수선을 치수보조선 바깥쪽에 긋고 내측을 향하여 화살표를 붙인다.

32 철근의 치수와 배치를 나타낸 도면은?
① 일반도
② 구조 일반도
③ 배근도
④ 외관도

정답 29.① 30.④ 31.③ 32.③

33 투상선이 모든 투상면에 대하여 수직으로 투상되는 것은?

① 정투상법　　② 투시투상도법
③ 사투상법　　④ 축측투상도법

34 출제기준 변경에 따라 관련 문항 삭제함.

35 도면에 대한 설명으로 옳지 않은 것은?

① 큰 도면을 접을 때에는 A4의 크기로 접는다.
② A3 도면의 크기는 A2 도면의 절반 크기이다.
③ A계열에서 가장 큰 도면의 호칭은 A0이다.
④ A4의 크기는 B4보다 크다.

36 단면의 경계면 표시 중 지반면(흙)을 나타내는 것은?

① 　　②
③ 　　④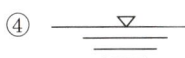

37 치수에 대한 설명으로 옳지 않은 것은?

① 치수는 계산하지 않고서도 알 수 있게 표기한다.
② 치수는 모양 및 위치를 가장 명확하게 표시하며 중복은 피한다.
③ 치수의 단위는 mm를 원칙으로 하며, 단위 기호는 쓰지 않는다.
④ 부분 치수의 합계 또는 전체의 치수는 각각의 부분 치수 안쪽에 기입한다.

38 치수 표기에서 특별한 명시가 없으면 무엇으로 표시하는가?

① 가상 치수　　② 재료 치수
③ 재단 치수　　④ 마무리 치수

해설

33.
㉠ 투시투상도법: 물체와 시점 간의 거리감(원근감)을 느낄 수 있도록 실제로 우리 눈에 보이는 대로 대상물을 그리는 방법
㉡ 사투상법: 물체의 앞면의 2개의 주축을 입체의 3개 주축(X축, Y축, Z축) 중에서 2개와 일치하게 놓고 정면도로 하며, 옆면 모서리 축을 수평선과 임의의 각으로 그리는 방법
㉢ 축측투상도법: 3면이 한 평면상에 투상되도록 입체를 경사지게 해서 투상하는 방법

35.
㉠ A4 : 210 mm × 297 mm
㉡ B4 : 257 mm × 364 mm

36.
① 지반면(흙)　② 모래
③ 잡석　　　　④ 수준면(물)

37.
부분 치수의 합계는 부분 치수의 바깥쪽에 기입하고, 전체 치수는 가장 바깥쪽에 기입한다.

38.
치수는 특별히 명시하지 않으면 마무리 치수(완성 치수)로 표시한다.

정답 33. ① 34. 35. ④ 36. ① 37. ④ 38. ④

해설

39.
㉠ 철근의 용접이음
━━━━━●━━━━━

㉡ 철근의 기계적 이음
━━━━┥▭┝━━━━

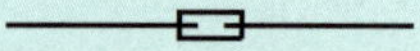

40.

표준 명칭	기호
국제표준화기구(International Organization for Standardization)	ISO
영국 규격(British Standards)	BS
프랑스 규격(Norm Francaise)	NF
일본 규격(Japanese Industrial Standards)	JIS

41.
해칭선
㉠ 가는 실선으로 규칙적으로 빗금을 그은 선
㉡ 단면도의 절단면을 나타내는 선

42.
강구조물은 너무 길고 넓어 많은 공간을 차지하므로 몇 개의 단면으로 절단하여 표현한다.

---

39 그림과 같은 철근 이음방법은?

① 철근의 용접이음
② 철근의 갈고리 이음
③ 철근의 평면 이음
④ 철근의 기계적 이음

━━━━━●━━━━━

40 국제 및 국가별 표준규격의 명칭과 기호 연결이 옳지 않은 것은?

① 국제표준화기구 – ISO
② 영국 규격 – DIN
③ 프랑스 규격 – NF
④ 일본 규격 – JIS

41 단면도의 절단면을 해칭할 때 사용되는 선의 종류는?

① 가는 파선
② 가는 실선
③ 가는 1점쇄선
④ 가는 2점쇄선

42 강구조물의 도면 배치에 대한 주의사항으로 옳지 않은 것은?

① 강구조물은 길더라도 몇 가지의 단면으로 절단하여 표현하여서는 안 된다.
② 제작, 가설을 고려하여 부분적으로 제작 단위마다 상세도를 작성한다.
③ 소재나 부재가 잘 나타나도록 각각 독립하여 도면을 그려도 된다.
④ 도면이 잘 보이도록 하기 위해 절단선과 지시선의 방향을 표시하는 것이 좋다.

43 출제기준 변경에 따라 관련 문항 삭제함.

정답 39. ① 40. ② 41. ② 42. ① 43.

44 다음 중 구조도에서 표시하기 어려운 특정한 부분을 상세하게 나타낸 도면은?

① 일반도 ② 투시도
③ 상세도 ④ 설명도

45 다음 단면의 표시방법 중 모래를 나타낸 것은?

 ① 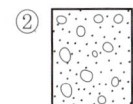 ②

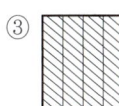 ③ 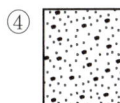 ④

46 도면의 종류에서 복사도가 아닌 것은?

① 기본도 ② 청사진
③ 백사진 ④ 마이크로 사진

47 도면을 철하지 않을 경우 A3 도면 윤곽선의 여백 치수의 최솟값은 얼마로 하는 것이 좋은가?

① 25 mm ② 20 mm
③ 10 mm ④ 5 mm

48 정투상도에 의한 제3각법으로 도면을 그릴 때 도면의 위치는?

① 정면도를 중심으로 평면도가 위에, 우측면도는 평면도의 왼쪽에 위치한다.
② 정면도를 중심으로 평면도가 위에, 우측면도는 정면도의 오른쪽에 위치한다.
③ 정면도를 중심으로 평면도가 아래에, 우측면도는 정면도의 오른쪽에 위치한다.
④ 정면도를 중심으로 평면도가 아래에, 우측면도는 정면도의 왼쪽에 위치한다.

해설

44.
㉠ 일반도: 구조물의 평면도, 입면도, 단면도 등에 의해서 그 형식과 일반 구조를 나타내는 도면
㉡ 상세도: 구조도에서 표시하는 것이 곤란한 부분의 형상, 치수, 기구 등을 상세하게 표시하는 도면
㉢ 설명도: 구조, 기능의 설명을 목적으로 한 도면으로, 필요한 부분을 굵게 표시하기도 하고, 절단이나 투시 등을 표시하여 잘 알 수 있도록 한 도면

45.
① 인조석 ② 콘크리트
③ 벽돌   ④ 모래

46.
복사도의 종류
㉠ 청사진
㉡ 백사진
㉢ 전자복사도(마이크로 사진)

47.
도면의 윤곽선

구분		A0	A1	A2	A3	A4
도면의 크기 ($a \times b$)		841×1,189	594×841	420×594	297×420	210×297
c (최소)		20	20	10	10	10
d (최소)	철하지 않을 때	20	20	10	10	10
	철할 때	25	25	25	25	25

48.
제3각법

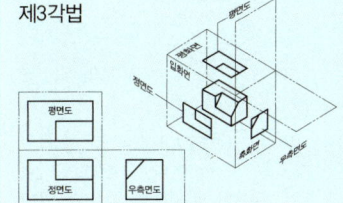

정답 44. ③ 45. ④ 46. ① 47. ③ 48. ②

해설

49.
콘크리트 구조물 도면의 축척

종류	축척
일반도	1/100, 1/200, 1/300, 1/400, 1/500, 1/600
구조 일반도	1/50, 1/100, 1/200
구조도	1/20, 1/30, 1/40, 1/50
상세도	1/1, 1/2, 1/5, 1/10, 1/20

50.
① 아스팔트　② 강철
③ 놋쇠　　　④ 구리

51.
도로의 평면도에는 노선 중심선 좌우 약 100 m와 지형 및 교량, 옹벽, 용지 경계 등의 지물을 표시한다. 단, 특별한 지물이 없는 평탄한 전답 지역은 노선 좌우 30~40 m 정도를 표시한다.

52.
글자의 크기는 높이로 표현한다.

53.
절대좌표 : 도면의 원점 (0, 0, 0)으로부터의 거리를 나타내는 방법으로, 2차원인 경우 X, Y값의 순서로 좌표를 입력하고, 3차원일 경우에는 X, Y, Z값의 순서로 좌표를 입력한다.

54.
㉠ 연직 거리 : 수평 거리 = 1 : n
　　= 1 : 0.02
㉡ 연직 거리 1 m일 때 수평 거리는 20 mm이다. 그러므로 연직 거리가 4 m일 때는 수평 거리가 80 mm이다.

---

49 콘크리트 구조물 도면에서 구조도의 표준 축척으로 가장 적합하지 않은 것은?

① 1 : 30　② 1 : 40　③ 1 : 50　④ 1 : 150

50 다음 중 강(鋼)재료의 단면표시로 옳은 것은?

① 　②

③ 　④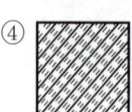

51 도로설계 제도에서 평면도를 그릴 때 평탄한 전답으로 별다른 지물이 없을 경우에 일반적으로 노선 중심선 좌우를 중심으로 표시하는 거리 범위로 가장 적당한 것은?

① 1~5 m　② 10~20 m
③ 30~40 m　④ 100~200 m

52 문자 크기에 대한 설명으로 옳은 것은?

① 문자의 높이로 나타낸다.
② 제도통칙에서는 규정하지 않는다.
③ 축척에 따라 반드시 같은 크기로 한다.
④ 일반 치수 문자는 9~18 mm를 사용한다.

53 CAD 작업에서 좌표의 원점으로부터 좌표값 x, y의 값을 입력하는 좌표는?

① 절대좌표　② 상대좌표
③ 극좌표　　④ 원좌표

54 경사가 있는 L형 옹벽 벽체에서 도면에 1 : 0.02로 표시할 수 있는 경우는?

① 연직 거리 1 m일 때 수평 거리 2 mm인 경사
② 연직 거리 4 m일 때 수평 거리 2 mm인 경사
③ 연직 거리 1 m일 때 수평 거리 40 mm인 경사
④ 연직 거리 4 m일 때 수평 거리 80 mm인 경사

정답　49. ④　50. ②　51. ③　52. ①　53. ①　54. ④

55 KS의 부문별 기호 중 건설을 나타내는 분류 기호는?

① KS A ② KS B ③ KS D ④ KS F

56 나무의 절단면을 바르게 표시한 것은?

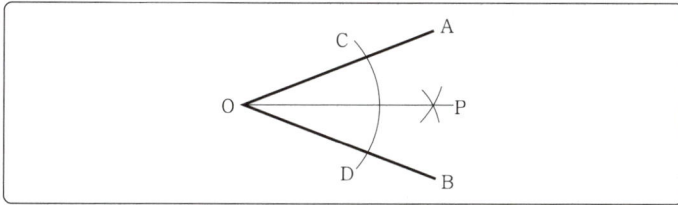

57 주어진 각(∠AOB)을 2등분할 때 가장 먼저 해야 할 일은?

① A와 P를 연결한다.
② O점과 P점을 연결한다.
③ O점에서 임의의 원을 그려 C와 D점을 구한다.
④ C, D점에서 임의의 반지름으로 원호를 그려 P점을 찾는다.

58 입면도를 쓰지 않고 수평면으로부터 높이의 수치를 평면도에 기호로 주기하여 나타내는 투상법은?

① 정투상법 ② 사투상법
③ 축측투상법 ④ 표고투상법

59 다음 중 그림과 같은 강관의 치수 표시방법으로 옳은 것은?
(단, B : 내측 지름, t : 축방향 길이)

① $\phi A - L$
② $\phi A \times t - L$
③ ▭ $B \times t - L$
④ ∟ $A \times B \times t - L$

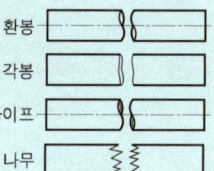

60 도로의 제도에서 종단 측량의 결과 No. 0의 지반고가 105.35 m이고 오름 경사가 1.0%일 때 수평 거리 40 m 지점의 계획고는?

① 105.35 m ② 105.51 m
③ 105.67 m ④ 105.75 m

해설

55.
① 기본 ② 기계
③ 금속 ④ 건설

56.
단면의 형태에 따른 절단면 표시

환봉	
각봉	
파이프	
나무	

57.
㉠ 점 O를 중심으로 임의의 반지름으로 원호를 그린다. 이때 선 A, B와 만나는 점을 C, D라 한다.
㉡ 점 C, D를 각각 중심으로 하고 임의의 반지름으로 원을 그려 만나는 점을 P라 한다.
㉢ 점 O와 점 P를 직선으로 연결한다. 직선 OP는 ∠AOB의 2등분선이 된다.

58.
표고투상법 : 2투상을 가지고 표시하지만 입면도를 쓰지 않고 수평면으로부터 높이의 수치를 평면도에 기호로 주기하여 나타낸다.

59.
치수 표시방법
㉠ 환강 : $\phi A - L$
㉡ 강관 : $\phi A \times t - L$
㉢ 평강 : ▭ $B \times t - L$
㉣ 등변(부등변)ㄱ형강 :
  ∟ $A \times B \times t - L$

60.
㉠ $100 : 1.0 = 40 : x$
  ∴ $x = 0.40$ m
㉡ 수평 거리 40 m 지점의 계획고
  $= 105.35 + 0.40 = 105.75$ m

정답 55. ④ 56. ④ 57. ③ 58. ④ 59. ② 60. ④

2010 제4회 과년도 출제문제

전산응용토목제도기능사

2010년 7월 11일 시행

해설

1.
기둥 : 축방향 압축을 받는 부재로서 높이가 단면의 최소치수의 3배 이상인 것

2.
수밀콘크리트 : 물이 새지 않도록 치밀하게 만들어 수밀성을 크게 만든 콘크리트로, AE제·감수제 등을 사용한다.

3.
콘크리트의 휨강도
㉠ 콘크리트 압축강도의 1/5~1/8 정도이다.
㉡ 도로 포장용 콘크리트의 품질 결정에 사용된다.

4.
콘크리트에 사용되는 골재 중 잔골재는 2.3~3.1, 굵은골재는 6~8 범위가 적절하다.

01 기둥에 대한 정의로 옳은 것은?
① 높이가 단면 최소치수의 1배 이상인 압축재
② 높이가 단면 최소치수의 2배 이상인 압축재
③ 높이가 단면 최소치수의 3배 이상인 압축재
④ 높이가 단면 최소치수의 4배 이상인 압축재

02 수밀콘크리트를 만드는 데 적합하지 않은 것은?
① 단위수량을 되도록 적게 한다.
② 물-결합재비를 되도록 적게 한다.
③ 단위 굵은골재량을 되도록 크게 한다.
④ AE제를 사용하지 않음을 원칙으로 한다.

03 콘크리트의 강도에 대한 설명으로 옳지 않은 것은?
① 재령 28일의 콘크리트의 압축강도를 설계기준강도로 한다.
② 콘크리트의 인장강도는 압축강도의 약 1/10~1/13 정도이다.
③ 콘크리트의 휨강도는 압축강도의 약 1/5~1/8 정도이다.
④ 인장강도는 도로 포장용 콘크리트의 품질 결정에 이용된다.

04 콘크리트용 잔골재의 입도에 관한 사항으로 옳지 않은 것은?
① 잔골재는 크고 작은 알이 알맞게 혼합되어 있는 것으로서 입도가 표준 범위 내인가를 확인한다.
② 입도가 잔골재의 표준 입도의 범위를 벗어나는 경우에는 두 종류 이상의 잔골재를 혼합하여 입도를 조정하여 사용한다.
③ 일반적으로 콘크리트용 잔골재의 조립률의 범위는 5.0 이상인 것이 좋다.
④ 조립률은 골재의 입도를 수량적으로 나타내는 한 방법이다.

정답 1. ③ 2. ④ 3. ④ 4. ③

05 철근을 소요 두께의 콘크리트로 덮는 이유에 대한 설명으로 가장 거리가 먼 것은?

① 철근의 산화를 방지하기 위하여
② 시공의 편의를 위하여
③ 부착 응력을 확보하기 위하여
④ 내화적으로 만들기 위하여

06 스터럽과 띠철근에서 90° 표준갈고리에 대한 설명으로 옳은 것은?

① D16 철근은 구부린 끝에서 철근 지름의 6배 이상 연장하여야 한다.
② D19 철근은 구부린 끝에서 철근 지름의 3배 이상 연장하여야 한다.
③ D22 철근은 구부린 끝에서 철근 지름의 6배 이상 연장하여야 한다.
④ D25 철근은 구부린 끝에서 철근 지름의 3배 이상 연장하여야 한다.

07 철근콘크리트보를 강도설계법으로 설계할 경우 필요한 가정으로 옳지 않은 것은?

① 보가 파괴를 일으킬 때 압축측 콘크리트 표면에서의 최대 변형률은 0.0033이다(단, $f_{ck} \leq 40$ MPa인 경우).
② 철근과 콘크리트 사이의 부착은 완전하며 그 경계면에서 상대활동은 일어나지 않는다.
③ 보의 극한 상태에서 휨모멘트를 계산할 때 콘크리트의 인장강도를 고려한다.
④ 보에서 임의의 단면이 휨을 받기 전에 평면이었다면 휨변형을 일으킨 뒤에도 평면을 유지한다.

08 압축을 받는 이형철근의 정착길이에서 지름이 6 mm 이상이고, 나선 간격이 100 mm 이하인 나선철근으로 둘러싸인 압축이형철근의 기본정착길이에 대한 감소량은?

① 20%   ② 25%
③ 27%   ④ 33%

해설

5.
철근을 소요 두께의 콘크리트로 덮는 이유
㉠ 콘크리트 속에 묻혀 있는 철근이 부식되지 않도록 한다.
㉡ 철근은 불에 약하다. 그러므로 충분한 콘크리트의 피복두께로 철근을 보호하여 내화성을 증진시킨다.
㉢ 콘크리트와 철근의 충분한 부착강도를 얻기 위해서는 충분한 피복두께의 확보가 필요하다.

6.
스터럽과 띠철근의 표준갈고리 (D25 이하의 철근에만 적용)
㉠ 90° 표준갈고리
 • D16 이하인 철근은 90° 구부린 끝에서 $6d_b$ 이상 더 연장하여야 한다.
 • D19, D22 및 D25 철근은 90° 구부린 끝에서 $12d_b$ 이상 더 연장하여야 한다.
㉡ 135° 표준갈고리 : D25 이하의 철근은 135° 구부린 끝에서 $6d_b$ 이상 더 연장하여야 한다.

7.
보의 극한 상태에서의 휨모멘트를 계산할 때에는 콘크리트의 인장강도를 무시한다.

8.
지름 6 mm 이상, 나선 간격 100 mm 이하인 나선철근 또는 지름 13 mm, 중심 간격 100 mm 이하인 띠철근으로 둘러싸인 압축이형철근의 기본정착길이에 대한 보정계수가 0.75이므로 감소량은 (1−0.75)×100=25%이다.

정답 5.② 6.① 7.③ 8.②

해설

9.
$f_{ck} \leq 35$ MPa일 때 배합강도
㉠ $f_{cr} = f_{ck} + 1.34s$ [MPa]
㉡ $f_{cr} = (f_{ck} - 3.5) + 2.33s$ [MPa]
위의 값 중 큰 값

10.
압축력
$C = \eta(0.85f_{ck}) \cdot a \cdot b$
$= 0.85 \times 25 \times 100 \times 400$
$= 850,000$ N $= 850$ kN

11.
지름이 35 mm를 초과하는 철근은 겹침이음을 할 수 없고 용접에 의한 맞댐이음을 해야 한다.

12.
동일 평면에서 평행하는 철근의 수평 순간격은 25mm 이상, 굵은골재 최대치수의 4/3배 이상, 철근의 공칭지름 이상으로 하여야 한다.

13.
철근콘크리트 부재에 사용되는 전단철근
㉠ 주인장철근에 45° 이상의 각도로 설치되는 스터럽
㉡ 주인장철근에 30° 이상의 각도로 구부린 굽힘철근
㉢ 스터럽과 굽힘철근의 조합
㉣ 나선철근

---

09 콘크리트의 배합 설계에서 실제 시험에 의한 설계기준강도(f_{ck})와 압축강도의 표준편차(s)를 구했을 때 배합강도(f_{cr})를 구하는 방법으로 옳은 것은? (단, $f_{ck} \leq 35$ MPa인 경우)

① $f_{cr} = f_{ck} + 1.34s$ [MPa], $f_{cr} = (f_{ck} - 3.5) + 2.33s$ [MPa]의 두 식으로 구한 값 중 작은 값
② $f_{cr} = f_{ck} + 1.34s$ [MPa], $f_{cr} = (f_{ck} - 3.5) + 2.33s$ [MPa]의 두 식으로 구한 값 중 큰 값
③ $f_{cr} = f_{ck} + 1.64s$ [MPa], $f_{cr} = 0.85f_{ck} + 3s$ [MPa]의 두 식으로 구한 값 중 작은 값
④ $f_{cr} = f_{ck} + 1.64s$ [MPa], $f_{cr} = 0.85f_{ck} + 3s$ [MPa]의 두 식으로 구한 값 중 큰 값

10 $b = 400$ mm, $a = 100$ mm인 단철근 직사각형 보에서 $f_{ck} = 25$ MPa일 때 콘크리트의 전 압축력을 강도설계법으로 구한 값은? (단, b : 부재의 폭(mm), f_{ck} : 콘크리트 설계기준강도, a : 콘크리트의 등가직사각형 응력 분포의 깊이(mm))

① 700 kN ② 800 kN ③ 850 kN ④ 1,000 kN

11 원칙적으로 겹침이음을 하여서는 안 되는 철근은?

① D19 미만의 철근
② D25 이상의 철근
③ D32 이하의 철근
④ D35 초과의 철근

12 주철근을 2단 이상으로 배치할 경우에는 그 연직 순간격은 최소 얼마 이상으로 하여야 하는가?

① 15 mm
② 20 mm
③ 25 mm
④ 30 mm

13 철근콘크리트 부재의 경우 사용할 수 있는 전단철근의 형태로 옳지 않은 것은?

① 스터럽과 굽힘철근의 조합
② 주철근에 15° 이하의 각도로 설치되는 스터럽
③ 주인장철근에 30° 이상의 각도로 구부린 굽힘철근
④ 주인장철근에 45° 이상의 각도로 설치되는 스터럽

정답 9. ② 10. ③ 11. ④ 12. ③ 13. ②

14 철근 구부리기에 대한 설명으로 옳지 않은 것은?
① 철근은 상온에서 구부리는 것을 원칙으로 한다.
② 콘크리트 속에 일부가 묻혀 있는 철근은 현장에서 임의로 구부리지 않도록 한다.
③ 구부린 철근을 큰 응력을 받는 곳에 배치하는 경우에는 구부림 내면 반지름을 더 작게 하여야 한다.
④ D16 이하의 스터럽과 띠철근으로 사용하는 표준갈고리의 구부림 내면 반지름은 철근 공칭지름의 2배 이상으로 하여야 한다.

15 토목재료로서의 콘크리트 특징으로 옳지 않은 것은?
① 부재나 구조물의 크기를 마음대로 만들 수 있다.
② 압축강도와 내구성이 크다.
③ 재료의 운반과 시공이 쉽다.
④ 압축강도에 비해 인장강도가 크다.

16 폭 $b=400$ mm, 유효깊이 $d=500$ mm인 단철근 직사각형 보에서 인장철근비는? (단, 철근의 단면적 $A_s=5,000$ mm²)
① 0.015 ② 0.025
③ 0.035 ④ 0.045

17 슬래브는 주철근 방향과 90° 방향으로 배근철근을 설치한다. 그 이유로 옳지 않은 것은?
① 균열을 집중시켜 유지 보수를 쉽게 하기 위하여
② 응력을 고르게 분포시키기 위하여
③ 주철근의 간격을 유지시키기 위하여
④ 온도 변화에 의한 수축을 감소시키기 위하여

18 주탑과 경사로 배치되어 있는 인장 케이블 및 바닥판으로 구성되어 있으며, 바닥판은 주탑에 연결되어 있는 와이어 케이블로 지지되어 있는 형태의 교량은?
① 사장교 ② 라멘교
③ 아치교 ④ 현수교

해설

14.
큰 응력을 받는 부분의 철근은 구부림 내면 반지름을 더 크게 하여야 한다.

15.
콘크리트의 압축강도는 인장강도의 10~13배이다.

16.
$$\rho = \frac{A_s}{bd} = \frac{5,000}{400 \times 500} = 0.025$$

17.
배력철근: 하중을 분포시키거나 콘크리트의 건조수축에 의한 균열을 제어할 목적으로 주철근과 직각 또는 직각에 가까운 방향으로 배치한 보조철근

18.
사장교: 교각 위에 세운 주탑으로부터 비스듬히 케이블을 걸어 교량 상판을 매단 형태의 교량

정답 14.③ 15.④ 16.② 17.① 18.①

해설

19. 압축부재에서 나선철근비(ρ_s) 계산 시 설계기준 항복강도(f_{yt})는 700 MPa 이하로 하여야 하며, 400 MPa을 초과하는 경우에는 겹침이음을 할 수 없다.

20. 세계 토목구조물의 역사
㉠ 21세기 신소재 신장비의 개발 - 영국 세븐교
㉡ 9~20세기 초 재료 및 신기술의 발전 - 미국의 금문교

21.

재료	단위질량(kg/m³)
강재	7,850
역청재	1,100
콘크리트	2,350
철근콘크리트	2,500

22. 토목구조물의 설계 절차
㉠ 구조물 건설의 필요성 검토
㉡ 구조물의 형식 검토
㉢ 사용 재료 선정, 응력의 결정, 하중의 결정
㉣ 구조 해석에 의한 단면 계산 및 구조 세목 결정
㉤ 사용성 검토

23. $P = A \cdot q = 2 \times 3 \times 20 = 120$ kN

---

19 압축부재에서 나선철근비(ρ_s) 계산 시 설계기준 항복강도(f_{yt})의 최대 허용값은?
① 300 MPa   ② 500 MPa
③ 700 MPa   ④ 900 MPa

20 세계 토목구조물의 역사에 대한 설명 중 틀린 것은?
① 기원전 1~2세기경 아치교의 발달 – 프랑스의 가르교
② 9~10세기경 미적·구조적 변화 – 영국의 런던교
③ 15세기 조선 시대 건설 – 청계천의 수표교
④ 21세기 신소재 신장비의 개발 – 미국의 금문교

21 다음 재료 중 단위질량이 가장 큰 것은?
① 강재   ② 역청재
③ 콘크리트   ④ 철근콘크리트

22 다음 보기에 대한 토목구조물의 설계순서로 가장 적합한 것은?

㉠ 설계도 및 공사시방서 작성
㉡ 단면치수의 가정
㉢ 구조물의 형식 검토
㉣ 구조 해석에 의한 단면 계산 및 구조 세목
㉤ 구조물 건설의 필요성 검토

① ㉤-㉡-㉢-㉣-㉠
② ㉤-㉢-㉡-㉣-㉠
③ ㉤-㉠-㉢-㉡-㉣
④ ㉤-㉡-㉢-㉠-㉣

23 독립확대기초의 크기가 2 m×3 m이고 허용지지력이 20 kN/m²일 때, 이 기초가 받을 수 있는 하중의 크기는?
① 60 kN   ② 80 kN
③ 120 kN   ④ 150 kN

정답 19.③ 20.④ 21.① 22.② 23.③

24 설계하중에서 특수하중에 속하지 않는 것은?
① 설하중
② 충돌하중
③ 제동하중
④ 온도 변화의 영향

25 옹벽 설계 시 앞부벽은 무슨 보로 설계하는가?
① T형 보
② L형 보
③ 직사각형 보
④ 정사각형 보

26 프리스트레스트 콘크리트의 포스트텐션 방식에서 정착방법의 종류가 아닌 것은?
① 쐐기작용을 이용하는 방법
② 너트를 사용하는 방법
③ 리벳머리에 의한 방법
④ 소일 네일링에 의한 방법

27 토목구조물 건설에 대한 특징이 아닌 것은?
① 주로 국가가 주관하여 건설한다.
② 주로 자연을 대상으로 건설한다.
③ 주로 개인의 주체로 건설한다.
④ 주로 국민의 이익을 목적으로 건설한다.

28 토목구조물에서 콘크리트 구조, 강구조, 콘크리트와 강재의 합성구조로 나누는 것은 무엇에 따른 분류인가?
① 사용목적에 따른 분류
② 사용재료에 따른 분류
③ 시공방법에 따른 분류
④ 시공비용에 따른 분류

29 강구조의 특징에 대한 설명으로 옳지 않은 것은?
① 내구성이 우수하다.
② 재료의 균질성을 가지고 있다.
③ 차량 통행에 의하여 소음이 발생되지 않는다.
④ 다양한 형상과 치수를 가진 구조로 만들 수 있다.

해설

24.
하중의 종류

구분	종류
주하중	고정하중, 활하중, 충격하중
부하중	풍하중, 온도 변화의 영향, 지진하중
특수하중	설하중, 원심하중, 제동하중, 지점 이동의 영향, 가설하중, 충돌하중

25.
뒷부벽 옹벽은 T형 보로, 앞부벽은 직사각형 보로 설계하여야 한다.

26.
포스트텐션 방식에서 정착방법의 종류
㉠ 쐐기작용을 이용하는 방법
㉡ 너트와 지압판을 사용하는 방법
㉢ 리벳머리에 의한 방법

27.
토목구조물은 대부분 공공의 목적으로 건설된다. 따라서 공공의 비용으로 건설된다.

28.
토목구조물의 사용재료에 따른 분류
㉠ 콘크리트 구조
㉡ 강구조
㉢ 합성구조

29.
강구조로 만들어진 교량은 차량 통행에 의하여 소음이 발생하기 쉽다.

정답 24.④ 25.③ 26.④ 27.③ 28.② 29.③

해설

30.
㉠ 복부보강근 : 전단력을 받는 부재의 복부에 배치되어 사인장 응력에 저항하는 철근
㉡ 이형철근 : 표면에 리브와 마디 등의 돌기가 있는 봉강
㉢ 원형철근 : 표면에 리브 또는 마디 등의 돌기가 없는 원형 단면의 봉강
㉣ 나선철근 : 기둥에서 종방향 철근을 나선형으로 둘러싼 철근 또는 철선

31.
복사도의 종류
㉠ 청사진
㉡ 백사진
㉢ 전자복사도(마이크로 사진)

32.
㉠ 일반도 : 구조물의 측면도, 평면도, 단면도에 의해 그 형식, 일반 구조를 표시하는 도면
㉡ 설계도 : 계획도를 기준으로 하여 주요한 치수, 기능, 사용되는 재료 등을 나타내는 도면
㉢ 상세도 : 구조도에 표시하는 것이 곤란한 부분의 형상, 치수, 철근 종류 등을 상세하게 표시하는 도면

33.
① R : 반지름
② ϕ : 지름
③ t : 판의 두께
④ C : 45° 모따기

34.
㉠ SR : Sphere(구) Radius(반지름), 구의 반지름 치수의 수치 옆에 붙인다.
㉡ SR40 : 반지름이 40 mm인 구

35.
리벳이 다른 선과 만나는 곳에 있는 리벳은 규정된 기호(○)로 표시한다.

---

30 기둥에서 종방향 철근의 위치를 확보하고 전단력에 저항하도록 정해진 간격으로 배치된 횡방향의 보강철근은 무엇인가?
① 복부철근
② 이형철근
③ 원형철근
④ 띠철근

31 도면의 복사도 종류가 아닌 것은?
① 청사진
② 홍사진
③ 백사진
④ 마이크로 사진

32 철근, PC 강재 등 설계상 필요한 여러 가지 재료의 모양, 품질 등을 표시한 도면으로 현장에서 철근의 가공, 배치 등을 행하는 데 중요한 도면은?
① 구조도
② 일반도
③ 설계도
④ 상세도

33 치수 기호에서 지름을 나타내는 것은?
① R
② ϕ
③ t
④ C

34 치수 기입 중 SR40이 의미하는 것은?
① 반지름 40 mm인 원
② 반지름 40 mm인 구
③ 한 변이 40 mm인 정사각형
④ 한 변이 40 mm인 정삼각형

35 다음 중 보통의 공장 리벳 표시로 알맞은 것은?
① ●
② ×
③ ○
④ ◎

정답 30.④ 31.② 32.① 33.② 34.② 35.③

36 그림은 무엇을 작도하기 위한 것인가?

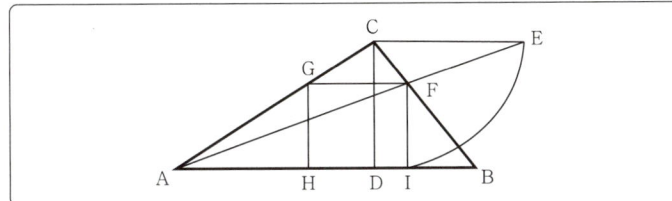

① 사각형에 외접하는 최소 삼각형
② 사각형에 외접하는 최대 삼각형
③ 삼각형에 내접하는 최대 정사각형
④ 삼각형에 내접하는 최소 직사각형

37 직선의 길이를 측정하지 않고 선분 AB를 5등분하는 그림이다. 두 번째에 해당하는 작업은?

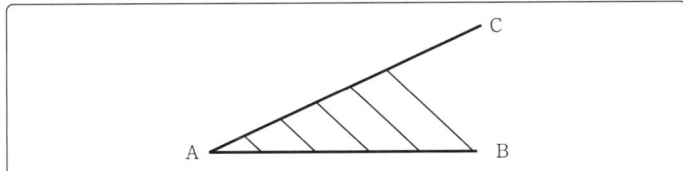

① 평행선 긋기
② 임의의 선분(AC) 긋기
③ 선분 AC를 임의의 길이로 5등분
④ 선분 AB를 임의의 길이로 5개 나누기

38 하나의 시점과 물체의 각 점을 방사선으로 이어서 그리는 도법은?
① 투시도법　　　　　② 구조투상도법
③ 부등각투상법　　　④ 축측투상도법

39 제도통칙에서 제도용지의 세로와 가로의 비로 옳은 것은?
① $1 : \sqrt{2}$　　　　　② $1 : 1.5$
③ $1 : \sqrt{3}$　　　　　④ $1 : 2$

40 하천의 측량제도에 포함되지 않는 것은?
① 평면도　　　　　② 구조도
③ 종단면도　　　　④ 횡단면도

해설

36.
삼각형에 내접하는 최대 정사각형
㉠ 삼각형 ABC의 꼭짓점 C에서 변 AB에 그은 수선과의 교점을 D라 한다.
㉡ 점 C에서 반지름 CD로 그은 원호와 점 C를 지나고 변 AB에 평행한 선과의 교점 E를 구한다.
㉢ 점 A와 E를 이은 선과 변 BC의 교점 F를 구한다.
㉣ 점 F에서 변 AB에 내린 수선의 발 I, F를 지나면서 변 AB에 평행한 선과 AC의 교점 G, 점 G에서 변 AB에 내린 수선의 발을 H라 한다.
㉤ 점 F, G, H, I를 이으면 최대 정사각형이 된다.

37.
선분 AB의 5등분
㉠ 선분 AB의 한 끝 A에서 임의의 방향으로 선분 AC를 긋는다.
㉡ 선분 AC를 임의의 길이로 5등분하여 점 1, 2, 3, 4, 5를 잡는다.
㉢ 끝점 5와 B를 잇고 선분 AC상의 각 점에서 선분 5B에 평행선을 그어 선분 AB와 만나는 점 1′, 2′, 3′, 4′은 선분 AB를 5등분하는 점이다.

38.
투시도법 : 하나의 시점과 물체의 각 점을 방사선으로 이어서 그리는 방법

39.
제도용지의 세로와 가로의 비는 $1 : \sqrt{2}$ 이다.

40.
하천의 측량제도에는 평면도, 종단면도, 횡단면도가 있다.

정답　36. ③　37. ③　38. ①　39. ①　40. ②

해설

41.
일반도
㉠ 구조물 전체의 개략적인 모양을 표시한다.
㉡ 구조물 주위의 지형지물을 표시하여 지형과 구조물과의 연관성을 명확하게 표시해야 한다.

42.
치수를 기입할 때는 치수가 치수선을 자르거나 치수와 치수선이 겹치지 않게 치수선의 위쪽 중앙에 기입하는 것을 원칙으로 한다.

43.
① 콘크리트
② 자연석(석재)
③ 강철
④ 목재

44.
CAD 작업은 도면의 크기 설정, 축척 변경이 편리하다.

---

41 다음은 콘크리트 구조물의 어떤 도면에 대한 설명인가?

> 구조물 전체의 개략적인 모양을 표시한 도면

① 일반도 ② 상세도
③ 구조도 ④ 배근도

42 치수 기입에 대한 설명 중 옳지 않은 것은?
① 치수는 도면상에서 다른 선에 의해 겹치거나 교차되거나 분리되지 않게 기입한다.
② 가로 치수는 치수선의 아래쪽에, 세로 치수는 치수선의 오른쪽에 쓴다.
③ 협소한 구간이 연속될 때에는 치수선의 위쪽과 아래쪽에 번갈아 치수를 기입할 수 있다.
④ 경사는 백분율 또는 천분율로 표시할 수 있으며, 경사방향 표시는 하향경사 쪽으로 표시한다.

43 다음 중 콘크리트를 표시하는 기호는?

44 CAD 작업의 특징으로 옳지 않은 것은?
① 도면의 수정, 보완이 편리하다.
② 도면의 관리, 보관이 편리하다.
③ 도면의 분석, 제작이 정확하다.
④ 도면의 크기 설정, 축척 변경이 어렵다.

45 출제기준 변경에 따라 관련 문항 삭제함.

정답 41. ① 42. ② 43. ① 44. ④ 45.

46 선의 종류 중 보이지 않는 부분의 모양을 표시할 때 사용하는 선은?
① 1점쇄선 ② 파선
③ 2점쇄선 ④ 실선

47 긴 부재의 절단면 표시 중 파이프의 절단면 표시로 옳은 것은?
① 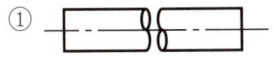 ②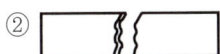
③ 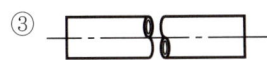 ④

48 CAD 시스템에서 입력장치에 포함되지 않는 것은?
① 태블릿 ② 키보드
③ 디지타이저 ④ 플로터

49 도면 작도에서 중심선을 나타내는 기호(약자)는?
① C.L. ② C.I.
③ M.L. ④ M.I.

50 철근의 물량 산출방법에 대한 설명으로 옳지 않은 것은?
① 철근 상세도에 의해 철근 종류별로 산출한다.
② 총중량에 대한 할증을 원형철근은 15%를 가산해서 계산한다.
③ 배근도와 상세도에서 C.T.C와 철근 숫자로 철근의 수량을 계산한다.
④ 철근의 지름에 따라 총길이와 철근의 단위중량을 곱해서 총중량을 계산한다.

51 물체를 눈-투상면-물체의 순서로 놓는 정투상법은?
① 제1각법 ② 제2각법
③ 제3각법 ④ 제4각법

52 토목제도에서 가는 1점쇄선을 사용해야 하는 선은?
① 외형선 ② 치수선
③ 중심선 ④ 치수보조선

해설

46.
파선(숨은선): 대상물의 보이지 않는 부분의 모양을 표시할 때 사용하는 선

47.
단면의 형태에 따른 절단면 표시

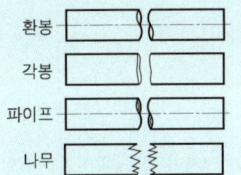

48.
CAD 시스템의 입출력장치
㉠ 입력장치: 키보드, 마우스, 라이트 펜, 디지타이저, 태블릿
㉡ 출력장치: 모니터, 프린터, 플로터

49.
중심선: C.L.(Center Line)

50.
물량 산출 시 재료의 할증률
㉠ 이형철근: 3%
㉡ 원형철근: 5%

51.
정투상법
㉠ 제3각법: 눈→투상면→물체
㉡ 제1각법: 눈→물체→투상면

52.
㉠ 1점쇄선: 중심선, 기준선, 피치선
㉡ 2점쇄선: 가상선, 무게 중심선

정답 46.② 47.③ 48.④ 49.① 50.② 51.③ 52.③

해설

53.
구조선도, 조립도, 배치도 등의 그림에서 치수를 읽을 필요가 없는 것은 척도를 표시할 필요가 없다.

54.
도면의 크기가 클 때에는 A4 크기로 접어 보관한다.

55.
리벳기호는 리벳선을 가는 실선으로 그리고 리벳선 위에 기입하는 것을 원칙으로 한다.

56.
건설재료 중 호박돌의 경계를 나타낸 것이다.

57.
도면을 철하기 위한 구멍 뚫기의 여유를 설치할 때 최소 너비는 20 mm이다.

---

53 척도에 대한 설명으로 옳지 않은 것은?
① 현척은 1 : 1을 의미한다.
② 척도의 종류는 축척, 현척, 배척이 있다.
③ 척도는 대상물의 실제 치수에 대한 도면에 표시한 대상물의 비로 나타낸다.
④ 구조선도, 조립도, 배치도 등의 치수를 읽을 필요가 없는 것의 척도도 반드시 표시하여야 한다.

54 큰 도면을 접을 때 기준이 되는 도면의 크기는?
① A0 ② A1
③ A3 ④ A4

55 리벳의 이음에 대한 설명으로 옳지 않은 것은?
① 리벳기호는 리벳선 옆에 기입한다.
② 현장리벳은 그 기호를 생략하지 않는다.
③ 축이 투상면에 나란한 리벳은 그리지 않음을 원칙으로 한다.
④ 도면에 다른 리벳을 사용할 경우 리벳마다 그 지름을 기입한다.

56 다음 그림의 재료 단면의 경계표시가 나타내는 것은?

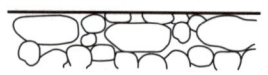

① 흙   ② 호박돌
③ 석재   ④ 잡석

57 도면을 철하기 위한 구멍 뚫기의 여유를 설치할 때 최소 너비는?
① 5 mm   ② 10 mm
③ 15 mm   ④ 20 mm

정답 53. ④ 54. ④ 55. ① 56. ② 57. ④

58 제도에 대한 일반적인 설명으로 옳지 않은 것은?

① 그림은 간단히 하고 중복을 피한다.
② 대칭적인 것은 중심선의 한쪽을 외형도, 반대쪽을 단면도로 표시하는 것을 원칙으로 한다.
③ 경사면을 가진 구조물에서 그 경사면의 모양을 표시하기 위하여 경사면 부분의 보조도를 넣을 수 있다.
④ 보이는 부분은 파선으로 표시하고, 숨겨진 부분은 실선으로 표시한다.

59 투상법은 보이는 방법과 그리는 방법에 따라 여러 가지 종류가 있는데, 투상법의 종류가 아닌 것은?

① 정투상법
② 사투상법
③ 등각투상법
④ 구조투상법

60 철근의 표기법 중 24@200 = 4800의 의미를 바르게 설명한 것은?

① 전장 4,800 mm를 200 mm로 24등분
② 반지름 24 mm의 원형철근을 200개 배치
③ 지름 24 mm의 원형철근을 200개 배치
④ 반지름 200 mm 원형철근을 24개 배치

해설

58.
파선 : 대상물의 보이지 않는 부분의 모양을 표시할 때 사용하는 선

59.
투상법의 종류
㉠ 정투상법(제3각법, 제1각법)
㉡ 축측투상법(등각투상법, 부등각투상법)
㉢ 사투상법
㉣ 투시투상법(투시도법)
㉤ 표고투상도

60.
'24@200=4800'은 전장 4,800 mm를 200 mm로 24등분한다는 의미이다.

2010 제5회 과년도 출제문제

전산응용토목제도기능사

2010년 10월 3일 시행

해설

1.
프리스트레스트 콘크리트는 휨강성이 작아 진동이 생기기 쉽다.

2.
$$\rho_b = \frac{\eta(0.85f_{ck})\beta_1}{f_y} \times \frac{660}{660+f_y}$$
$$= \frac{1 \times 0.85 \times 21 \times 0.80}{300}$$
$$\times \frac{660}{660 \times 300}$$
$$= 0.0327$$

3.
구조물에 자중 등의 하중이 오랜 시간 지속적으로 작용하면 더 이상 응력이 증가하지 않더라도 시간이 지나면서 구조물에 변형이 발생하는데, 이러한 변형을 크리프라고 한다.

4.
철근은 상온에서 구부리는 것을 원칙으로 한다.

5.
용접이음과 기계적 연결이음은 맞댐이음으로서, 이음 시 이음부가 철근의 설계기준 항복강도의 125% 이상의 인장력을 발휘해야 한다.

---

01 프리스트레스트 콘크리트의 특징으로 옳지 않은 것은?
① 균열이 생기지 않는다. ② 처짐이 적다.
③ 지간을 길게 할 수 있다. ④ 강성이 커서 변형이 적다.

02 직사각형 단면의 철근콘크리트보에서 콘크리트의 설계기준 압축강도(f_{ck})가 21 MPa, 철근의 설계기준 항복강도(f_y)가 300MPa일 때 균형철근비(ρ_b)는?
① 0.0327 ② 0.0396
③ 0.0466 ④ 0.0549

03 콘크리트에 일정하게 하중을 주면 응력의 변화는 없는데도 변형이 시간이 경과함에 따라 커지는 현상은?
① 건조수축 ② 크리프
③ 틱소트로피 ④ 릴랙세이션

04 철근의 구부리기에 관한 설명으로 옳지 않은 것은?
① 모든 철근은 가열해서 구부리는 것을 원칙으로 한다.
② D38 이상의 철근은 구부림 내면 반지름을 철근 지름의 5배 이상으로 하여야 한다.
③ 콘크리트 속에 일부가 묻혀 있는 철근은 현장에서 구부리지 않는 것이 원칙이다.
④ 큰 응력을 받는 곳에서 철근을 구부릴 때는 구부림 내면 반지름을 더욱 크게 하는 것이 좋다.

05 철근의 용접이음을 할 때 철근의 설계기준 항복강도(f_y)의 몇 % 이상의 인장력을 발휘할 수 있는 완전 용접이어야 하는가?
① 90% ② 100%
③ 125% ④ 150%

정답 1.④ 2.① 3.② 4.① 5.③

06 콘크리트용으로 사용하는 부순 굵은골재의 특징으로 틀린 것은?
① 시멘트와 부착이 좋다.
② 단위수량이 많이 요구된다.
③ 휨강도가 커서 포장 콘크리트에 사용하면 좋다.
④ 수밀성, 내구성이 현저히 좋아진다.

07 콘크리트의 시방배합에서 잔골재 및 굵은골재는 어느 상태를 기준으로 하는가?
① 노건조 상태
② 공기 중 건조 상태
③ 표면 건조 포화 상태
④ 습윤 상태

08 압축부재에 사용되는 나선철근의 순간격 범위로 옳은 것은?
① 25 mm 이상, 55 mm 이하
② 25 mm 이상, 75 mm 이하
③ 55 mm 이상, 55 mm 이하
④ 55 mm 이상, 90 mm 이하

09 철근의 피복두께에 관한 설명으로 옳지 않은 것은?
① 철근 중심으로부터 콘크리트 표면까지의 최장거리이다.
② 철근의 부식을 방지할 수 있도록 충분한 두께가 필요하다.
③ 내화적인 구조로 만들기 위하여 피복두께를 설치한다.
④ 철근과 콘크리트의 부착력을 확보한다.

10 인장이형철근의 정착길이는 항상 얼마 이상이어야 하는가?
① 150 mm 이상
② 200 mm 이상
③ 300 mm 이상
④ 400 mm 이상

11 현장치기 콘크리트 공사의 압축부재에서 사용되는 나선철근의 지름은 최소 얼마 이상이어야 하는가?
① 5 mm
② 10 mm
③ 15 mm
④ 20 mm

해설

6.
콘크리트용으로 사용하는 부순 골재의 특징
㉠ 시멘트와의 부착력이 좋다.
㉡ 휨강도가 커서 포장 콘크리트에 사용하면 좋다.
㉢ 단위수량이 많이 요구된다.
㉣ 수밀성, 내구성이 약간 저하된다.

7.
시방배합: 시방서 또는 책임 감리원에서 지시한 배합이다. 골재의 함수 상태가 표면 건조 포화 상태이면서, 잔골재는 5 mm 체를 전부 통과하고, 굵은골재는 5 mm 체에 다 남는 상태를 기준으로 한다.

8.
기둥 등의 압축부재에 사용되는 나선철근의 순간격은 25 mm 이상, 75 mm 이하여야 한다.

9.
피복두께: 철근 표면으로부터 콘크리트 표면까지의 최단거리

10.
인장이형철근의 정착길이는 표준갈고리를 사용하지 않는 경우 300 mm 이상, 표준갈고리를 사용하는 경우 150 mm 이상이어야 하고, 압축이형철근의 정착길이는 200 mm 이상이어야 한다.

11.
현장치기 콘크리트 공사에서 나선철근의 지름은 10 mm 이상이어야 한다.

정답 6.④ 7.③ 8.② 9.① 10.③ 11.②

해설

12.
공기실 압력법 : 워싱턴형 공기량 측정기를 사용하며, 공기실에 일정한 압력을 콘크리트에 주입한 후 공기량으로 인하여 압력이 저하되는 정도로부터 공기량을 구하는 방법이다.

13.
보의 극한 상태에서의 휨모멘트를 계산할 때에는 콘크리트의 인장강도를 무시한다.

14.
㉠ 정철근 : 보 또는 슬래브에서 정(+)의 휨모멘트로 일어나는 인장응력을 받도록 배치한 주철근
㉡ 부철근 : 보 또는 슬래브에서 부(-)의 휨모멘트로 일어나는 인장응력을 받도록 배치한 주철근
㉢ 스터럽(늑근) : 철근콘크리트 구조의 보에서 전단력 및 비틀림모멘트에 저항하도록 보의 주근을 둘러싸고, 이에 직각 또는 경사지게 배치한 보강철근
㉣ 배력철근 : 하중을 분포시키거나 콘크리트의 건조수축에 의한 균열을 제어할 목적으로 주철근과 직각 또는 직각에 가까운 방향으로 배치한 보조철근

15.
등가직사각형 응력분포 변수값

f_{ck}	ε_{cu}	η	β_1
≤40	0.0033	1.00	0.80
50	0.0032	0.97	0.80
60	0.0031	0.95	0.76
70	0.0030	0.91	0.74
80	0.0029	0.87	0.72
90	0.0028	0.84	0.70

$c = \dfrac{a}{\beta_1} = \dfrac{209}{0.80} = 261.25$

16.
영종대교 : 현수교, 트러스교, 강상형교가 복합된 복합교량 형식

---

12 워싱턴형 공기량 측정기를 사용하여 공기실의 일정한 압력을 콘크리트에 주었을 때 공기량으로 인하여 공기실의 압력이 떨어지는 것으로부터 공기량을 구하는 방법은 어느 것인가?
① 무게법
② 부피법
③ 공기실 압력법
④ 진공법

13 철근콘크리트 휨부재의 강도설계법에 대한 기본 가정으로 옳지 않은 것은?
① 콘크리트와 철근의 변형률은 중립축으로부터 거리에 비례한다고 가정한다.
② 항복강도 f_y 이하에서 철근의 응력은 그 변형률의 E_s 배로 본다.
③ 콘크리트의 압축강도를 무시한다.
④ 철근과 콘크리트의 부착이 완벽한 것으로 가정한다.

14 하중을 분포시키거나 균열을 제어할 목적으로 주철근과 직각에 가까운 방향으로 배치한 보조철근은?
① 정철근
② 부철근
③ 스터럽
④ 배력철근

15 휨모멘트를 받는 부재에서 $f_{ck}=30$ MPa, 등가직사각형 응력 블록의 깊이 $a=209$ mm일 때 압축연단에서 중립축까지의 거리 c는?
① 231mm
② 241mm
③ 251mm
④ 261mm

16 현대식 교량형식 중 사장교가 아닌 것은?
① 영종대교
② 서해대교
③ 인천대교
④ 올림픽대교

정답 12. ③ 13. ③ 14. ④ 15. ④ 16. ①

17 교량을 중심으로 세계 토목구조물의 역사를 보면 재료 및 신기술의 발전과 사회 환경의 변화로 장대교량이 출현한 시기는?

① 기원전 1~2세기　　② 9~10세기
③ 11~18세기　　　　④ 19~20세기 초

18 토목구조물의 특징을 잘못 나타낸 것은?

① 대량 생산이다.
② 일반적으로 규모가 크다.
③ 구조물의 수명이 길다.
④ 대부분이 공공의 목적으로 건설된다.

19 복철근 직사각형 보로 설계하는 경우를 잘못 나타낸 것은?

① 구조상 높이에 제한을 받지 않는 경우
② 처짐을 극소화시켜야 하는 경우
③ 양(+) 및 음(-)의 모멘트를 반복해서 받는 교각 및 교대의 경우
④ 주동 토압과 수동 토압이 반복적으로 작용하는 옹벽의 경우

20 자중을 포함하여 $P=1,000$ kN인 수직하중을 받는 독립확대기초에서 허용지지력 $P_a=250$ kN/m^{2}일 때 경제적인 기초의 한 변의 길이는? (단, 기초는 정사각형임)

① 2 m　　② 3 m
③ 4 m　　④ 5 m

21 용접이음에 대한 장점이 아닌 것은?

① 리벳 접합방식에 비하여 강재를 절약할 수 있다.
② 인장측에 리벳 구멍에 의한 단면 손실이 없다.
③ 시공 중에 소음이 없다.
④ 접합부의 강성이 작다.

22 자동차의 원심하중 설계 시 원심하중은 노면의 얼마의 높이에서 작용하는 것으로 계산하는가?

① 500 mm　　② 800 mm
③ 1,500 mm　　④ 1,800 mm

해설

17.
① 기원전 1~2세기 : 로마문명 중심으로 아치교가 발달
② 9~10세기 : 르네상스와 기술 발전에 따른 미적·구조적 변화
③ 11~18세기 : 주철의 사용과 산업혁명
④ 19~20세기 초 : 재료 및 신기술의 발전과 사회 환경의 변화로 장대교 출현

18.
어떠한 조건에서 설계 및 시공된 토목구조물은 유일한 구조물이다. 동일한 조건을 갖는 환경은 없고, 동일한 구조물을 두 번 이상 건설하는 일이 없다.

19.
복철근 직사각형 보 : 구조상 높이에 제한을 받는 경우 사용하여 압축측의 콘크리트 치수를 줄이고 압축측에 배근된 철근이 일부 압축력을 받게 한다.

20.
$q = \dfrac{P}{A}$ 에서
$A = \dfrac{1,000}{250} = 4\,\text{m}^2$
$\therefore\ b = 2\,\text{m}$

21.
용접이음은 접합부의 강성이 크다.

22.
원심하중 : 차량이 곡선상을 달리는 경우에 원심력에 의한 하중으로 교면상 1.8 m의 높이에서 가로방향으로 작용하는 것으로 본다.

정답　17. ④　18. ①　19. ①　20. ①　21. ④　22. ④

해설

23.
유효길이
㉠ 양단 고정: $0.5L$
㉡ 1단 힌지 타단 고정: $0.7L$
㉢ 양단 힌지: $1L$
㉣ 1단 고정 타단 자유: $2L$

24.
PS 강재에 요구되는 성질
㉠ 인장강도가 커야 한다.
㉡ 릴랙세이션이 작아야 한다.
㉢ 적당한 연성과 인성이 있어야 한다.
㉣ 응력 부식에 대한 저항성이 커야 한다.

25.
㉠ 플랜지의 두께
㉡ 플랜지의 유효폭
㉢ 유효높이
㉣ 복부폭

26.
㉠ 중력식 옹벽: 통상 무근콘크리트로 만들어지며, 일반적으로 3 m 이하일 때 사용한다.
㉡ 부벽식 옹벽(앞부벽식 옹벽, 뒷부벽식 옹벽): 일반적으로 7.5 m 이상일 때 사용한다.

27.
㉠ 표준 트럭 하중을 DB 하중이라고도 한다.
㉡ DB : D(Doro)+B(Ban Truck, Semi-Truck)

---

23 도로교 설계기준으로 양끝이 고정되어 있는 기둥에서 기둥의 길이가 L인 경우 유효길이는?
① $0.5L$ ② $0.7L$
③ $1.0L$ ④ $2.0L$

24 프리스트레스(PS) 강재에 필요한 성질이 아닌 것은?
① 인장강도가 커야 한다.
② 릴랙세이션(relaxation)이 커야 한다.
③ 적당한 연성과 인성이 있어야 한다.
④ 응력 부식에 대한 저항성이 커야 한다.

25 그림은 T형 보를 나타내고 있다. 유효폭을 나타내고 있는 것은?

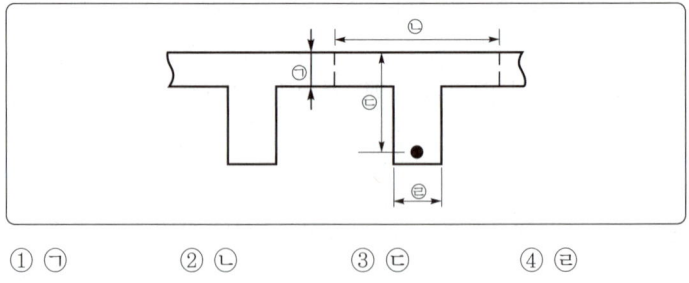

① ㉠ ② ㉡ ③ ㉢ ④ ㉣

26 옹벽의 종류와 설명이 바르게 연결된 것은?
① 뒷부벽식 옹벽 – 통상 무근콘크리트로 만든다.
② 캔틸레버 옹벽 – 철근콘크리트로 만들어지며 역T형 옹벽이라 한다.
③ 중력식 옹벽 – 통상 높이가 6 m 이상의 옹벽에 주로 쓰인다.
④ 앞부벽식 옹벽 – 옹벽 높이가 7.5 m를 넘는 경우는 비경제적이다.

27 도로교 설계기준에서 표시되는 DB는 어떤 하중인가?
① 표준 고정하중
② 표준 차선 하중
③ 표준 트럭 하중
④ 표준 이동 하중

정답 23.① 24.② 25.② 26.② 27.③

28 두께에 비하여 폭이 넓은 판 모양의 구조물을 무엇이라 하는가?
① 옹벽　　　　　　② 기둥
③ 슬래브　　　　　④ 확대기초

29 교량의 설계하중에 있어서 주하중에 대한 설명으로 옳은 것은?
① 항상 장기적으로 작용하는 하중
② 때에 따라 작용하는 하중
③ 설계에 있어서 고려하지 않아도 되는 하중
④ 온도의 변화에 따른 하중

30 계곡이나 저지대 등의 물이 없는 곳에 가설된 교량 또는 철도나 도로를 넘어가기 위하여 가설된 도보용 교량은?
① 육교　　　　　　② 고가교
③ 철도교　　　　　④ 수로교

31 국제표준화기구를 나타내는 표준 규격 기호는?
① ANSI　　　　　　② JIS
③ ISO　　　　　　 ④ DIN

32 정투상법에서 제3각법의 순서로 옳은 것은?
① 눈 → 물체 → 투상면
② 눈 → 투상면 → 물체
③ 물체 → 눈 → 투상면
④ 투상면 → 물체 → 눈

33 도로설계에서 종단면도를 작성할 때에 기입할 사항에 대한 설명으로 옳지 않은 것은?
① 지반고는 야장의 각 중심 말뚝에 대한 표고를 기재한다.
② 기준선은 반드시 지반고와 계획고 이상이 되도록 한다.
③ 추가 거리는 각 측점의 기점(No. 0)에서부터 합산한 거리를 기입한다.
④ 측점은 20 m마다 박은 중심 말뚝의 위치를 왼쪽에서 오른쪽으로 No. 0, No. 1, …의 순으로 기입한다.

해설

28.
슬래브: 두께에 비하여 폭이나 길이가 매우 큰 판 모양의 부재로, 교량이나 건축물의 상판이 그 예이다.

29.
㉠ 주하중: 구조물에 장기적으로 작용하는 하중. 설계 시 반드시 고려해야 할 하중으로, 고정하중·활하중·충격하중 등이 있다.
㉡ 부하중: 때에 따라 작용하는 2차적인 하중. 하중의 조합에 반드시 고려해야 할 하중으로 풍하중, 온도 변화의 영향, 지진하중 등이 있다.

30.
육교: 도로나 철로 위를 사람들이 횡단할 수 있도록 공중으로 건너질러 놓은 교량

31.
ANSI : 미국 규격
JIS : 일본 규격
ISO : 국제표준화기구
DIN : 독일 규격

32.
정투상법
㉠ 제3각법: 눈 → 투상면 → 물체
㉡ 제1각법: 눈 → 물체 → 투상면

33.
기준선은 반드시 지반고와 계획고 이하가 되도록 한다.

정답 28. ③　29. ①　30. ①　31. ③　32. ②　33. ②

해설

34.
사투상도 중 기본 사투상도에는 45°를 사용하고, 특수 사투상도에는 30°, 60°를 사용한다.

35.
평면도, 측면도, 단면도 등은 소재나 부재가 잘 나타나도록 각각 독립하여 그릴 수 있다.

36.
치수보조선 : 가는 실선으로 치수를 기입하기 위하여 도형에서 인출한 선

37.
중심선 : 가는 1점쇄선으로 도형의 중심을 나타내는 용도로 사용하는 선

38.
도면의 모든 치수에 동일한 치수 단위를 사용하고, 단위 기호(mm)는 생략한다. 단, 도면 명세의 일부로서 다른 단위를 사용해야 하는 곳에는 해당 단위 기호를 수치와 함께 표시한다.

---

34 사투상도에서 물체를 입체적으로 나타내기 위해 수평선에 대하여 주는 경사각으로 주로 사용되지 않는 각은?
① 30° ② 45°
③ 60° ④ 75°

35 강구조물의 도면의 배치방법으로 옳지 않은 것은?
① 강구조물은 너무 길고 넓어 많은 공간을 차지하므로 몇 가지의 단면으로 절단하여 표현한다.
② 강구조물의 도면은 제작이나 가설을 고려하여 부분적으로 제작 단위마다 상세도를 작성한다.
③ 평면도, 측면도, 단면도 등을 소재나 부재가 잘 나타나도록 하되 각각 독립하여 그리지 않도록 한다.
④ 도면을 잘 보이도록 하기 위해서 절단선과 지시선의 방향을 표시하는 것이 좋다.

36 토목제도에서 치수를 나타내기 위하여 치수선과 더불어 사용하는 선으로 가는 실선으로 나타내는 것은?
① 외각선 ② 치수보조선
③ 중심선 ④ 피치선

37 토목제도에서 모든 대칭인 물체나 원형인 물체의 중심선으로 사용되는 선은?
① 파선 ② 1점쇄선
③ 2점쇄선 ④ 나선형 실선

38 치수 기입에 대한 설명으로 옳지 않은 것은?
① 치수의 단위는 m를 사용하나 단위를 기입하지 않는다.
② 치수 수치는 치수선에 평행하게 기입하고, 치수선의 중앙의 위쪽에 기입한다.
③ 경사를 표시할 때는 백분율(%) 또는 천분율(‰)로 표시할 수 있다.
④ 치수는 치수선이 교차하는 곳에는 가급적 기입하지 않는다.

 34. ④ 35. ③ 36. ② 37. ② 38. ①

39 도로설계 제도에서 굴곡부 노선의 제도에 사용되는 기호 중 교점을 나타내는 것은?

① I.P. ② I
③ T.L. ④ B.C.

40 골재의 단면표시 중 잡석을 나타내는 것은?

① 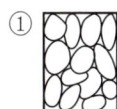 ②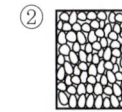
③ 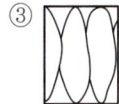 ④

41 철근의 갈고리 측면도의 종류에 해당되지 않는 것은?

① 반원형 갈고리 ② 직각 갈고리
③ 예각 갈고리 ④ 경사 갈고리

42 원 또는 호의 반지름을 나타낼 치수에서 치수 숫자 앞에 붙이는 기호(또는 문자)는?

① R ② ϕ
③ S ④ D

43 공업 각 분야에서 사용되고 있는 다음과 같은 기본 부문을 규정하고 있는 한국산업표준의 영역은?

- 도면의 크기 및 방식
- 제도에 사용하는 선과 문자
- 제도에 사용하는 투상법

① KS A ② KS B
③ KS C ④ KS D

44 정투상도에서 표시되지 않는 도면은?

① 측면도 ② 단면도
③ 평면도 ④ 정면도

해설

39.
㉠ I.P. : 교점(Intersection Point)
㉡ T.L. : 교점에서의 접선 길이 (Tangent Length)
㉢ B.C. : 시곡점(Beginning of Curve)

40.
① 호박돌
② 자갈
③ 잡석
④ 깬돌

41.
철근의 갈고리 : 반원형(180°) 갈고리, 직각(90°) 갈고리, 예각(135°) 갈고리

42.
㉠ R : 반지름
㉡ ϕ : 지름
㉢ S : 구

43.
KS의 부문별 기호

부문	분류기호
기본	KS A
기계	KS B
전기전자	KS C
금속	KS D
건설	KS F

44.
정투상법 : 물체의 표면으로부터 평행한 투시선으로 입체를 투상하는 방법으로, 대상물을 각 면의 수직 방향에서 바라본 모양을 그려 정면도, 평면도, 측면도로 물체를 나타내는 방법

정답 39.① 40.③ 41.④ 42.① 43.① 44.②

해설

45.
㉠ 2-H : H형강 2본
㉡ 300×200×9×12×1000 : 높이 300, 폭 200, 복부판 두께 9, 플랜지 두께 12, 길이 1000

47.
용지의 크기

호칭	크기(mm)
A4	210×297
A3	297×420
A2	420×594
A1	594×841
A0	841×1,189

48.
① 블록
② 모래
③ 강철
④ 자연석(석재)

49.
컴퓨터를 사용하여 제도작업을 하면 신속성, 정확성 및 응용성을 얻을 수 있다.

---

45 어떤 재료의 치수가 2-H 300×200×9×12×1000으로 표시되었을 때 설명으로 옳은 것은? (단, 단위는 mm이다.)
① H형강 2본, 높이 300, 폭 200, 복부판 두께 9, 플랜지 두께 12, 길이 1000
② H형강 2본, 폭 300, 높이 200, 복부판 두께 9, 플랜지 두께 12, 길이 1000
③ H형강 2본, 높이 300, 폭 200, 플랜지 두께 9, 복부판 두께 12, 길이 1000
④ H형강 2본, 폭 300, 높이 200, 플랜지 두께 9, 복부판 두께 12, 길이 1000

46 출제기준 변경에 따라 관련 문항 삭제함.

47 제도에 사용되는 A1 도면의 크기로 옳은 것은?
① 420 mm×594 mm
② 594 mm×841 mm
③ 841 mm×1,189 mm
④ 1,189 mm×1,680 mm

48 재료의 단면표시 중 강철을 표시하는 기호는?

① 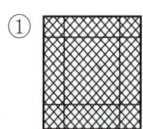 ②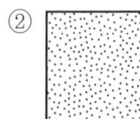

③ 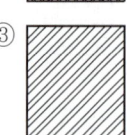 ④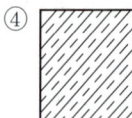

49 컴퓨터를 사용하여 제도작업을 할 때의 특징과 가장 거리가 먼 것은?
① 신속성   ② 정확성
③ 응용성   ④ 인간성

정답 45. ① 46. 47. ② 48. ③ 49. ④

50 콘크리트 구조물 제도에서 구조물의 모양, 치수를 모두 표현하고 거푸집을 제작할 수 있는 도면은 무엇인가?

① 일반도
② 구조 일반도
③ 구조도
④ 상세도

51 배근도의 치수가 7@250 = 1750으로 표시되었을 때 이에 따른 설명으로 옳은 것은?

① 철근의 길이가 1,750 mm이다.
② 배열된 철근의 개수가 250개이다.
③ 철근과 다음 철근의 간격이 1,750 mm이다.
④ 철근을 250 mm 간격으로 7등분하여 배열하였다.

52 KS 제도통칙에서 건설의 분류기호는?

① KS F
② KS A
③ KS B
④ KS C

53 도면 작성에서 가는 선 : 굵은 선 : 아주 굵은 선의 굵기 비율로 바른 것은?

① 1 : 2 : 3
② 1 : 2 : 4
③ 1 : 3 : 5
④ 1 : 3 : 6

54 재료 단면의 경계표시 중 암반면을 나타내는 것은?

①
②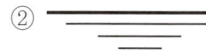
③
④

55 제도 도면에 사용되는 문자의 크기를 나타내는 방법은?

① 간격
② 높이
③ 폭
④ 길이

56 출제기준 변경에 따라 관련 문항 삭제함.

해설

50.
① 일반도 : 구조물 전체의 개략적인 모양을 표시한 도면
③ 구조도 : 콘크리트 내부의 구조체를 표시한 도면으로, 배근도라고도 함.
④ 상세도 : 구조도의 일부를 큰 축척으로 확대하여 표시한 도면

51.
'7@250=1750'은 전장 1,750 mm를 250 mm로 7등분한다는 의미이다.

52.
KS의 부문별 기호

부문	분류기호
기본	KS A
기계	KS B
전기전자	KS C
금속	KS D
건설	KS F

53.
굵기에 따른 선의 종류

종류	굵기 비율
가는 선	1
보통 선(굵은 선)	2
굵은 선(아주 굵은 선)	4

54.
① 지반면(흙) ② 수준면(물)
③ 암반면(바위) ④ 잡석

55.
글자의 크기는 높이로 표현한다.

정답 50.② 51.④ 52.① 53.② 54.③ 55.② 56.

해설

57.
㉠ 성토면 ㉡ 절토면
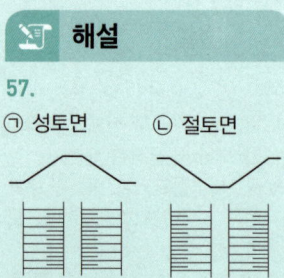

58.
치수를 기입할 때는 치수가 치수선을 자르거나 치수와 치수선이 겹치지 않게 치수선의 위쪽 중앙에 기입하는 것을 원칙으로 한다.

59.
① 우측면도
② 정면도
③ 평면도

60.
윤곽선은 도면의 크기에 따라 0.5 mm 이상의 굵은 실선으로 나타낸다.

---

57 다음 그림과 같은 성토면의 경사 표시가 바르게 된 것은?

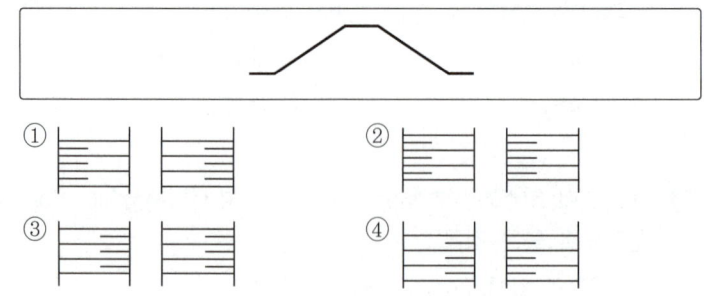

58 치수 기입에 대한 설명으로 옳지 않은 것은?
① 치수선에는 분명한 단말 기호(화살표)를 표시한다.
② 한 장의 도면에는 같은 종류의 화살표 단말 기호를 사용한다.
③ 치수 수치는 도면의 위쪽이나 오른쪽으로부터 읽을 수 있도록 나타낸다.
④ 일반적으로 치수보조선과 치수선이 다른 선과 교차하지 않도록 한다.

59 그림에서와 같이 주사위를 바라보았을 때 평면도를 바르게 표현한 것은? (단, 물체의 모서리 부분의 표현은 무시한다.)

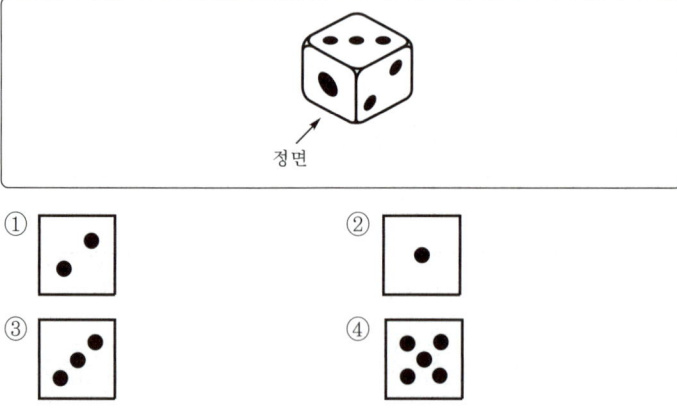

60 도면과 축척에 대한 설명으로 옳은 것은?
① 도면의 크기는 종이 재단 치수의 A1~A8에 따른다.
② 도면의 짧은 변 방향을 좌우 방향으로 놓는 것을 원칙으로 한다.
③ 윤곽선은 최소 0.5 mm 이상 두께의 실선으로 그리는 것이 좋다.
④ 축척은 도면마다 기입하지 않는다.

정답 57. ④ 58. ③ 59. ③ 60. ③

2011 제1회 과년도 출제문제

전산응용토목제도기능사

2011년 2월 13일 시행

---

01 표준갈고리를 갖는 인장이형철근의 정착길이를 계산할 때 전체 f_y를 발휘하도록 정착을 특별히 요구하지 않는 단면에서 휨철근이 소요 철근량 이상 배치된 경우에 적용되는 보정계수값(산출식)은?

① $\dfrac{\text{소요 } A_s}{\text{배근 } A_s}$
② $\dfrac{f_y}{400}$
③ $\dfrac{320 d_b}{\sqrt{f_{ck}}}$
④ 0.8

02 KDS 규정 변경으로 관련 문항 삭제함.

03 혼화재료 중 사용량이 비교적 많아 그 자체의 부피가 콘크리트의 배합 계산에 영향을 끼치는 것은?

① 플라이애시
② AE제
③ 감수제
④ 유동화제

04 현장치기 콘크리트의 최소 피복두께가 가장 큰 경우는?
① 흙에 접하거나 옥외의 공기에 직접 노출되는 콘크리트
② 흙에 접하여 콘크리트를 친 후 영구히 흙에 묻혀 있는 콘크리트
③ 옥외의 공기나 흙에 직접 접하지 않는 콘크리트
④ 수중에서 치는 콘크리트

해설

1.
전체 f_y를 발휘하도록 정착을 특별히 요구하지 않는 단면에서 휨철근이 소요 철근량 이상 배치된 경우 $\dfrac{\text{소요} A_s}{\text{배근} A_s}$

3.
㉠ 혼화재 : 첨가량이 비교적 많아 배합 계산에 그 양을 무시할 수 없는 것. 플라이애시, 고로 슬래그 미분말, 팽창재
㉡ 혼화제 : 첨가량이 소량으로서 배합 계산에서 그 양을 무시할 수 있는 것. AE제, 감수제, 고성능 감수제, 촉진제, 급결제, 지연제, 발포제, 기포제, 유동화제

4.
최소 피복두께

구분	최소 피복두께
수중에서 타설하는 콘크리트	100 mm
흙에 접하여 콘크리트를 친 후에 영구히 흙에 묻혀 있는 콘크리트	75 mm
흙에 접하거나 옥외의 공기에 직접 노출되는 콘크리트(D19 이상의 철근)	50 mm
옥외의 공기나 흙에 직접 접하지 않는 콘크리트(보, 기둥)	40 mm

정답 1. ① 2. 3. ① 4. ④

해설

5.
표준갈고리의 구부리는 각도
㉠ 반원형(180°) 갈고리
㉡ 직각(90°) 갈고리
㉢ 예각(135°) 갈고리

6.
지름이 35 mm를 초과하는 철근은 겹침이음을 할 수 없고 용접에 의한 맞댐이음을 해야 한다.

7.
전단철근의 설계기준 항복강도는 500 MPa을 초과하여 취할 수 없다.

8.
콘크리트는 재료 구입 및 운반이 쉽고, 시공 시에 특별한 숙련공이 필요하지 않으며 시공이 쉽다.

9.
철근콘크리트 구조물의 설계는 강도설계법을 주로 사용한다.

10.
철근이 2단 이상으로 배치되는 경우 상하 철근은 동일 연직면 내에 배치되어야 하고, 상하 철근의 연직 순간격은 25 mm 이상으로 해야 한다.

---

05 스터럽과 띠철근, 주철근에 대한 표준갈고리로 사용되지 않는 것은?

① 180° 표준갈고리
② 135° 표준갈고리
③ 90° 표준갈고리
④ 45° 표준갈고리

06 원칙적으로 철근을 겹침이음으로 사용할 수 없는 것은?

① D19
② D25
③ D30
④ D38

07 일반적인 경우에 전단철근의 설계기준 항복강도는 얼마 이상 초과할 수 없는가?

① 300 MPa
② 350 MPa
③ 400 MPa
④ 500 MPa

08 토목재료로서의 콘크리트 특징으로 옳지 않은 것은?

① 콘크리트는 자체의 무게가 무겁다.
② 재료의 운반과 시공이 비교적 어렵다.
③ 건조수축에 의해 균열이 생기기 쉽다.
④ 압축강도에 비해 인장강도가 작다.

09 콘크리트 구조물의 설계는 일반적으로 어떤 설계방법을 적용하는 것을 원칙으로 하는가?

① 강도설계법
② 인장설계법
③ 압축설계법
④ 하중-저항계수 설계법

10 철근 배치에 있어서 철근을 상단과 하단에 2단 이상으로 배치할 경우에 대한 설명으로 옳은 것은?

① 상하 철근의 간격은 최소 45 mm 이상으로 해야 한다.
② 상하 철근의 간격은 최대 25 mm 이하로 해야 한다.
③ 상하 철근을 동일 연직면 내에 두어야 한다.
④ 상하 철근을 연직면상에서 엇갈리게 두어야 한다.

정답 5.④ 6.④ 7.④ 8.② 9.① 10.③

11 시방배합을 현장배합으로 고칠 경우에 고려하여야 할 사항으로 옳지 않은 것은?

① 단위시멘트량
② 잔골재 중 5 mm 체에 남는 굵은골재량
③ 굵은골재 중에서 5 mm 체를 통과하는 잔골재량
④ 골재의 함수 상태

12 압축이형철근의 기본정착길이를 구하는 식은? (단, f_y : 철근의 설계기준 항복강도, d_b : 철근의 공칭지름, f_{ck} : 콘크리트의 설계기준 압축강도)

① $\dfrac{0.15 d_b f_y}{\lambda \sqrt{f_{ck}}}$
② $\dfrac{0.25 d_b f_y}{\lambda \sqrt{f_{ck}}}$
③ $\dfrac{0.35 d_b f_y}{\lambda \sqrt{f_{ck}}}$
④ $\dfrac{0.45 d_b f_y}{\lambda \sqrt{f_{ck}}}$

13 물-시멘트비가 55%이고, 단위수량이 176 kg이면 단위시멘트량은?

① 79 kg
② 97 kg
③ 320 kg
④ 391 kg

14 AE 콘크리트의 특징으로 옳지 않은 것은?

① 공기량에 비례하여 압축강도가 커진다.
② 워커빌리티가 좋다.
③ 수밀성이 좋다.
④ 동결융해에 대한 저항성이 크다.

15 폭이 b, 높이가 h인 콘크리트 직사각형 단면보의 단면계수는?

① $bh^3/6$
② $bh^2/6$
③ $bh^3/12$
④ $bh^2/12$

해설

11.
㉠ 시방배합 : 시방서 또는 책임감리원에서 지시한 배합이다. 골재의 함수 상태가 표면 건조 포화 상태이면서 잔골재는 5 mm 체를 전부 통과하고, 굵은골재는 5 mm 체에 다 남는 상태를 기준으로 한다.
㉡ 현장배합 : 현장에서 사용하는 골재의 함수 상태와 잔골재 속의 5 mm 체에 남는 양, 굵은골재 속의 5 mm 체를 통과하는 양을 고려하여 시방배합을 수정한 것이다.

12.
압축이형철근의 기본정착길이
$l_{db} = \dfrac{0.25 d_b f_y}{\lambda \sqrt{f_{ck}}} \geq 0.043 d_b f_y$

13.
단위시멘트량
$= \dfrac{\text{단위수량}}{\text{물-시멘트비}} = \dfrac{176}{0.55} = 320 \text{ kg}$

14.
AE 콘크리트는 공기량 1% 증가에 대해 압축강도가 4~6% 정도 작아진다.

15.
$Z = \dfrac{I}{y} = \dfrac{\dfrac{bh^3}{12}}{\dfrac{h}{2}} = \dfrac{bh^2}{6}$

정답 11.① 12.② 13.③ 14.① 15.②

해설

16.
중립축의 위치
$$c = \frac{660}{660+f_y}d$$
$$= \frac{660}{660+420} \times 400 = 244.4 \text{ mm}$$

17.
보의 극한 상태에서의 휨모멘트를 계산할 때에는 콘크리트의 인장강도는 무시한다.

18.
180° 표준갈고리와 90° 표준갈고리의 구부림 내면 반지름

철근 지름	최소 반지름(r)
D10~D25	$3d_b$
D29~D35	$4d_b$
D38 이상	$5d_b$

19.
공기연행제(AE제) : 콘크리트 속의 작은 기포(연행공기)를 고르게 분포시키는 계면활성제의 일종이다.

20.
콘크리트의 전단강도는 압축강도보다 작다.

---

16 철근의 항복강도 $f_y = 4,200$ kg/cm²(= 420 MPa), 유효깊이(d)= 400 mm인 단철근 직사각형 보에서 중립축의 위치를 강도설계법으로 구한 값은? [단, 균형 파괴되며, $E_s = 2.0 \times 10^6$ kg/cm²(= 2×10^5 MPa)]

① 224.4 mm ② 234.4 mm
③ 244.4 mm ④ 254.4 mm

17 휨 부재에 대하여 강도설계법으로 설계할 경우 잘못된 가정은?
① 철근과 콘크리트 사이의 부착은 완전하다.
② 보가 파괴를 일으키는 콘크리트의 최대 변형률은 0.0033이다.
③ 콘크리트 및 철근의 변형률은 중립축으로부터의 거리에 비례한다.
④ 보의 극한 상태에서의 휨모멘트를 계산할 때에는 콘크리트의 압축과 인장강도를 모두 고려한다.

18 철근 크기에 대한 주철근 표준갈고리의 최소 반지름으로 옳은 것은?
① D10=철근 지름의 3배 ② D16=철근 지름의 4배
③ D25=철근 지름의 5배 ④ D32=철근 지름의 6배

19 콘크리트에 AE제를 혼합하는 주목적은?
① 미세한 기포를 발생시키기 위하여
② 부피를 증대하기 위하여
③ 강도의 증대를 위하여
④ 시멘트 절약을 위하여

20 콘크리트의 압축강도에 대한 각종 강도의 크기에 관한 설명으로 옳지 않은 것은? (단, 콘크리트는 보통 강도의 콘크리트에 한한다.)
① 콘크리트의 부착강도는 압축강도보다 작다.
② 콘크리트의 휨강도는 압축강도보다 작다.
③ 콘크리트의 인장강도는 압축강도보다 작다.
④ 콘크리트의 전단강도는 압축강도와 거의 같다.

정답 16. ③ 17. ④ 18. ① 19. ① 20. ④

21 강재에서 볼트 구멍을 뺀 폭에 판 두께를 곱한 것을 무엇이라 하는가?

① 너트의 단면적
② 인장재의 총단면적
③ 인장재의 순단면적
④ 고장력 볼트의 단면적

22 하중을 분포시키거나 균열을 제어할 목적으로 주철근과 직각에 가까운 방향으로 배치한 보조철근은?

① 띠철근
② 원형철근
③ 배력철근
④ 나선철근

23 설계하중에서 교량에 작용하는 충격하중에 대한 설명으로 옳은 것은?

① 바람에 의한 압력을 말한다.
② 충격은 교량의 지간이 길수록 그 영향이 크다.
③ 충격은 교량의 자중이 작을수록 그 영향이 크다.
④ 자동차가 정지하고 있을 때 하중의 영향이 달릴 때보다 더 크다.

24 슬래브의 종류에는 1방향 슬래브와 2방향 슬래브가 있다. 이를 구분하는 기준과 가장 관계가 깊은 것은?

① 설치 위치(높이)
② 슬래브의 두께
③ 부철근의 구조
④ 지지하는 경계조건

25 강구조의 특징에 대한 설명으로 옳지 않은 것은?

① 구조의 내구성이 작다.
② 부재를 개수하거나 보강하기 쉽다.
③ 단위면적에 대한 강도가 크고 자중이 작다.
④ 반복하중에 의한 피로가 발생하기 쉽다.

26 교량의 건설 시기와 교량이 잘못 짝지어진 것은?

① 고려 시대 – 선죽교(개성)
② 고구려 시대 – 농교(진천)
③ 조선 시대 – 수표교(서울)
④ 20세기 – 광진교(서울)

해설

21.
인장재의 순단면적: 강재에서 볼트 구멍을 뺀 폭에 판 두께를 곱한 것

22.
배력철근: 하중을 분포시키거나 콘크리트의 건조수축에 의한 균열을 제어할 목적으로 주철근과 직각 또는 직각에 가까운 방향으로 배치한 보조철근

23.
충격하중: 자동차와 같이 활하중은 교량 위를 달릴 때 교량이 진동하게 되는데, 이것을 충격 또는 충격하중이라고 한다.
㉠ 자동차가 정지하여 있을 때보다 그 하중의 영향이 훨씬 커진다.
㉡ 충격은 지간이 짧고, 자중이 작을수록 그 영향이 크다.
㉢ 설계할 때에는 정지 상태에 있는 트럭하중에 의한 단면력에 충격계수를 곱하여 충격의 영향으로 본다.
㉣ 보도에는 충격의 영향을 고려하지 않는다.

24.
㉠ 1방향 슬래브: 두 변에 의해서만 지지된 경우이거나 네 변이 지지된 슬래브 중에서 $\frac{장변\ 방향\ 길이}{단변\ 방향\ 길이} \geq 2$일 경우 1방향 슬래브로 설계
㉡ 2방향 슬래브: 네 변으로 지지된 슬래브로서 $\frac{장변\ 방향\ 길이}{단변\ 방향\ 길이} < 2$일 경우 2방향 슬래브로 설계

25.
강구조는 내구성이 우수하다. 다만, 반복하중에 따른 피로에 의해 강도 저하가 발생할 수 있다.

26.
고려 시대: 전라남도 함평의 고막천 석교, 충청북도 진천의 농교

정답 21.③ 22.③ 23.③ 24.④ 25.① 26.②

해설

27.
확대기초의 종류
⊙ 독립확대기초 : 하나의 기둥을 하나의 기초가 지지한다.
⊙ 복합확대기초 : 하나의 확대기초를 사용하여 2개 이상의 기둥을 지지하도록 만든 것으로, 연결확대기초라고도 한다.
⊙ 벽의 확대기초 : 벽을 지지하는 확대기초로 줄기초, 연속확대기초라고도 한다.
⊙ 전면확대기초 : 지반이 약할 때 구조물 또는 건축물의 밑바닥 전부를 기초판으로 만들어 모든 기둥을 지지하도록 만든 것으로 온통기초, 매트기초라고도 한다.
⊙ 캔틸레버 확대기초 : 2개의 독립확대기초를 하나의 보로 연결한 기초이다. 연결된 보로 인해서 부등침하를 줄일 수 있다.
⊙ 말뚝기초 : 지반 강화를 위해 지반에 말뚝을 설치하고 그 위에 기초판을 만들어 상부구조를 지지한다.

28.
교량의 통로 위치에 따른 분류 : 상로교, 중로교, 하로교, 2층교

29.
$q = \dfrac{P}{A}$
$\therefore A = \dfrac{P}{q} = \dfrac{200}{40} = 5 \, m^2$

30.
합성기둥 : 구조용 강재, 강관 등을 종방향으로 배치한 기둥

31.
프리스트레스트 콘크리트는 콘크리트의 전단면을 유효하게 이용할 수 있어 부재 단면을 줄이고 자중을 경감시킬 수 있다.

---

27 한 개의 기둥에 전달되는 하중을 한 개의 기초가 단독으로 받도록 되어 있는 확대기초는?
① 말뚝기초
② 벽확대기초
③ 군말뚝기초
④ 독립확대기초

28 교량의 분류 중 통로의 위치에 따른 분류가 아닌 것은?
① 사장교　　　　② 상로교
③ 중로교　　　　④ 하로교

29 자중을 포함한 수직하중 200 kN을 받는 독립확대기초에서 허용지지력이 40 kN/m²일 때, 확대기초의 필요한 최소 면적은?
① $2 \, m^2$　　　　② $3 \, m^2$
③ $5 \, m^2$　　　　④ $6 \, m^2$

30 철근콘크리트 기둥을 분류할 때 구조용 강재나 강관을 축방향으로 보강한 기둥은?
① 복합기둥
② 합성기둥
③ 띠철근기둥
④ 나선철근기둥

31 철근콘크리트 구조물과 비교할 때, 프리스트레스트 콘크리트 구조물의 특징이 아닌 것은?
① 내화성에 대하여 불리하다.
② 단면이 커진다.
③ 강성이 작아서 변형이 크고 진동하기 쉽다.
④ 고강도의 콘크리트와 강재를 사용한다.

정답 27. ④　28. ①　29. ③　30. ②　31. ②

32 교량의 종류별 구조 형식을 설명한 것으로 틀린 것은?

① 아치교는 상부구조의 주체가 곡선으로 된 교량으로 계곡이나 지간이 긴 곳에 적당하다.
② 라멘교는 보와 기둥의 접합부를 일체가 되도록 결합한 것을 주형으로 이용한 교량이다.
③ 연속교는 주형 또는 주트러스를 3개 이상의 지점으로 지지하여 2경간 이상에 걸친 교량이다.
④ 사장교는 주형 또는 주트러스와 양끝이 단순 지지된 교량으로 한쪽은 힌지, 다른 쪽은 이동 지점으로 지지되어 있다.

33 철근콘크리트의 기본 개념에 대한 설명으로 옳지 않은 것은?

① 철근콘크리트는 콘크리트를 주재료로 하고 철근을 보강재료로 하여 만든 재료다.
② 콘크리트에 일어날 수 있는 인장응력을 상쇄하기 위하여 미리 계획적으로 압축응력을 준 콘크리트를 철근콘크리트라 한다.
③ 콘크리트는 압축력에는 강하지만 인장력에는 매우 취약하므로, 인장력이 작용하는 부분에 철근을 묻어 넣어서 철근이 인장력의 대부분을 저항하도록 한 구조를 철근콘크리트 구조라 한다.
④ 철근콘크리트 구조물 중 교각 또는 기둥과 같이 콘크리트의 압축에 대한 성능을 개선하기 위하여 압축력을 받는 부분에도 철근을 묻어 넣어 사용하기도 한다.

34 강도설계법에 대한 설명으로 옳지 않은 것은?

① "설계강도 < 소요강도"로 단면을 결정하는 설계방법이다.
② 공칭강도에 강도감소계수를 곱하여 설계강도를 나타낸다.
③ 하중계수는 계산상 구한 값보다 큰 값을 취하여 불확실한 위험에 대처한다.
④ 파괴 상태 또는 파괴에 가까운 상태에 있는 구조물의 계산상 강도를 공칭강도라 한다.

35 높은 응력을 받는 강재는 급속하게 녹스는 일이 있고, 표면에 녹이 보이지 않더라도 조직이 취약해지는 현상은?

① 취성
② 응력 부식
③ 틱소트로피
④ 릴랙세이션

해설

32.
㉠ 사장교 : 교각 위에 세운 주탑으로부터 비스듬히 케이블을 걸어 교량 상판을 매단 형태의 교량이다.
㉡ 단순교 : 주형 또는 주트러스와 양끝이 단순 지지된 교량으로 한쪽은 힌지, 다른 쪽은 이동 지점으로 지지되어 있다. 교량의 지지형식에 따른 분류의 한 종류이다.

33.
㉠ 철근콘크리트 : 콘크리트는 압축력에 매우 강하나 인장력에는 약하고, 철근은 인장력에 매우 강하나 압축력에 의해 구부러지기 쉽다. 이에 따라 콘크리트 구조체의 인장력이 일어나는 곳에 철근을 배근하여 인장력을 부담하도록 한다.
㉡ 프리스트레스트 콘크리트 : 콘크리트에 인장응력이 발생할 수 있는 부분에 고강도 강재(PS 강재)를 긴장시켜 미리 계획적으로 압축력을 주어 인장력이 상쇄될 수 있도록 한 콘크리트이다.

34.
설계강도(ϕS_n)가 소요강도(U)보다 크게 되도록 단면을 결정하는 설계방법을 강도설계법이라고 한다.

35.
응력 부식
㉠ 응력의 존재하에서 부식이 심하게 진행하여 이에 의해 균열이 생기는 현상을 말한다.
㉡ 높은 응력을 받는 강재는 급속하게 녹이 슬거나, 표면에 녹이 보이지 않더라도 조직이 취약해지는 현상이 발생할 수 있다.

정답 32.④ 33.② 34.① 35.②

해설

36.
㉠ A0 : 1,189 mm × 841 mm
㉡ B0 : 1,456 mm × 1,030 mm

37.
CAD의 이용효과 : 심벌 및 표준화 축척으로 자료실을 구축하고, 설계기법의 표준화로 제품을 표준화하여 업무를 표준화한다.

38.
① 1점쇄선 : 기준선(중심선)
② 굵은 실선 : 외형선
③ 2점쇄선 : 가상선
④ 파선 : 숨은선

39.
건설재료의 단면표시방법 중 자연석(석재)을 표시한 것이다.

40.
'13@100=1300'은 전장 1,300 mm를 100 mm로 13등분한다는 의미이다.

41.
㉠ 축척 : 실물보다 축소하여 나타낸 비율 [예] 1 : 2
㉡ 현척 : 실물과 같은 크기로 나타낸 비율 [예] 1 : 1
㉢ 배척 : 실물보다 확대하여 나타낸 비율 [예] 2 : 1

---

36 제도용지 A0와 B0의 넓이는 약 얼마인가?
① A0 = 1 m², B0 = 1.5 m²
② A0 = 1.5 m², B0 = 1 m²
③ A0 = 1 m², B0 = 2 m²
④ A0 = 2 m², B0 = 1 m²

37 토목제도에서 캐드(CAD) 작업으로 할 때의 특징으로 볼 수 없는 것은?
① 도면의 수정, 재활용이 용이하다.
② 제품 및 설계 기법의 표준화가 어렵다.
③ 다중작업(multi-tasking)이 가능하다.
④ 설계 및 제도작업이 간편하고 정확하다.

38 도면에서 물체의 보이지 않는 부분을 나타낼 때 주로 사용되는 선은?
① ─··─··─··─
② ──────
③ ─·─·─·─
④ ------

39 그림은 어떤 건설재료의 단면표시인가?
① 석재
② 목재
③ 강재
④ 콘크리트

40 철근의 표시 및 치수 기입에 대한 설명 중 틀린 것은?
① φ18은 지름 18 mm의 원형철근을 의미한다.
② D13은 공칭지름 13 mm인 이형철근을 의미한다.
③ 13@100 = 1300은 전체 길이가 1,300 mm에 대하여 철근 100개를 배치한 것이다.
④ @300 C.T.C는 철근 간의 중심 간격이 300 mm를 의미한다.

41 척도의 종류로 옳지 않은 것은?
① 배척
② 축척
③ 현척
④ 외척

정답 36. ① 37. ② 38. ④ 39. ① 40. ③ 41. ④

42 정투상도에 의한 제1각법으로 도면을 그릴 때 도면 위치는?
① 정면도를 중심으로 평면도가 위에, 우측면도는 정면도의 왼쪽에 위치한다.
② 정면도를 중심으로 평면도가 위에, 우측면도는 정면도의 오른쪽에 위치한다.
③ 정면도를 중심으로 평면도가 아래에, 우측면도는 정면도의 오른쪽에 위치한다.
④ 정면도를 중심으로 평면도가 아래에, 우측면도는 정면도의 왼쪽에 위치한다.

43 제도용지의 큰 도면을 접을 때 기준이 되는 것은?
① A1 ② A2
③ A3 ④ A4

44 치수의 기입방법에 대한 설명으로 옳지 않은 것은?
① 치수선이 세로일 때에는 치수선의 왼쪽에 쓴다.
② 치수는 선과 교차하는 곳에는 될 수 있는 대로 쓰지 않는다.
③ 각도를 기입하는 치수선은 양변 또는 그 연장선 사이의 호로 표시한다.
④ 경사의 방향을 표시할 필요가 있을 때에는 상향 경사 쪽으로 화살표를 붙인다.

45 표제란에 기입할 사항과 거리가 먼 것은?
① 도면번호 ② 도면명칭
③ 작성일자 ④ 공사물량

46 "리벳기호는 리벳선을 ( )으로 표시하고 리벳선 위에 기입하는 것을 원칙으로 한다."에서 ( )에 알맞은 선의 종류는?
① 1점쇄선 ② 2점쇄선
③ 가는 점선 ④ 가는 실선

47 국제표준화기구의 표준 규격 기호는?
① ISO ② JIS
③ NASA ④ DIN

해설

42.
제1각법 : 정면도 아래쪽에 평면도가 놓이게 그리고, 정면도의 왼쪽에 우측면도가 놓이게 그린다.

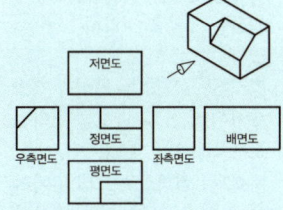

43.
도면의 크기가 클 때에는 A4 크기로 접어서 보관한다.

44.
경사의 방향을 표시할 필요가 있을 때에는 하향 경사 쪽으로 화살표를 붙인다.

45.
표제란에는 도면번호, 도면명칭, 기업명, 책임자 서명, 도면 작성 연월일, 축척 등을 기입한다.

46.
리벳기호는 리벳선을 가는 실선으로 그리고 리벳선 위에 기입하는 것을 원칙으로 한다.

47.
국제표준화기구 : ISO(International Organization for Standardization)

정답 42. ④ 43. ④ 44. ④ 45. ④ 46. ④ 47. ①

해설

48.
㉠ 형판 : 투명이나 반투명 플라스틱의 얇은 판에 여러 가지 크기의 원, 타원 등의 기본 도형이나, 문자, 숫자 등을 뚫어 놓아 원하는 모양을 정확히 그릴 수 있다.
㉡ 컴퍼스 : 그리려는 원이나 호의 크기에 맞춰 두 다리를 벌리고 오므릴 수 있는 제도용 기구이다.
㉢ 운형자 : 컴퍼스로 그리기 어려운 원호나 곡선을 그릴 때 쓰이는 제도용구이다.
㉣ 디바이더 : 치수를 옮기거나 선과 원주를 같은 길이로 나눌 때 사용된다.

49.
㉠ $R25$: 반지름이 25 mm인 원
㉡ $\phi 25$: 지름이 25 mm인 원
㉢ □25 : 한 변이 25 mm인 정사각형
㉣ ⌒25 : 호의 길이가 25 mm

50.
㉠ 정면도
㉢ 우측면도

51.
윤곽선은 도면의 크기에 따라 0.5 mm 이상의 굵은 실선으로 나타낸다.

---

48 선이나 원주 등을 같은 길이로 분할할 수 있는 제도용구는?
① 형판　　② 컴퍼스
③ 운형자　　④ 디바이더

49 치수 기입방법 중 "R25"가 의미하는 것은?
① 반지름이 25 mm이다.
② 지름이 25 mm이다.
③ 호의 길이가 25 mm이다.
④ 한 변이 25 mm인 정사각형이다.

50 그림의 정면도와 우측면도를 보고 추측할 수 있는 물체의 모양으로 짝지어진 것은?

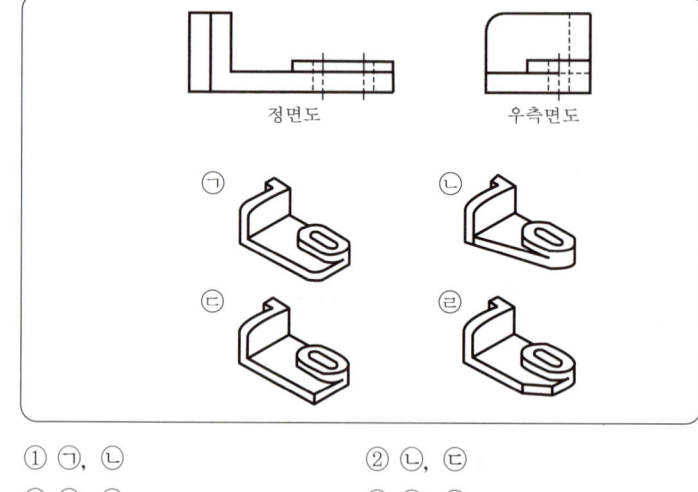

① ㉠, ㉡
② ㉡, ㉢
③ ㉢, ㉣
④ ㉠, ㉢

51 도면에서 윤곽선은 최소 몇 mm 이상 두께의 실선으로 그리는 것이 좋은가?
① 0.1 mm　　② 0.2 mm
③ 0.5 mm　　④ 1.0 mm

정답 48. ④　49. ①　50. ④　51. ③

52 그림과 같은 구조용 재료의 단면표시에 해당되는 것은?

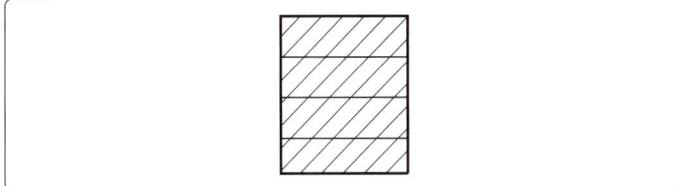

① 아스팔트 ② 모르타르
③ 콘크리트 ④ 벽돌

53 제3각법에서 정면도의 위에 위치하는 것은?
① 평면도
② 저면도
③ 배면도
④ 좌측면도

54 출제기준 변경에 따라 관련 문항 삭제함.

55 그림과 같은 강관의 치수 표시방법으로 옳은 것은? (단, B : 내측 지름, L : 축방향 길이)

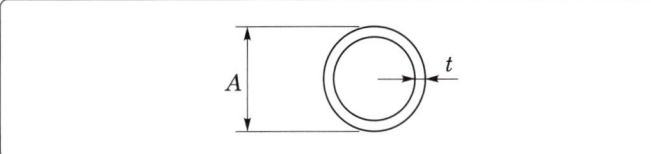

① $\phi A - L$ ② $\phi A \times t - L$
③ ▭$B \times t - L$ ④ $A \times B \times t - L$

56 선과 문자에 대한 설명으로 옳지 않은 것은?
① 숫자는 아라비아 숫자를 원칙으로 한다.
② 문자의 크기는 원칙적으로 높이를 표준으로 한다.
③ 한글 서체는 수직 또는 오른쪽 25° 경사지게 쓰는 것이 원칙이다.
④ 문자는 명확하게 써야 하며, 문자의 크기가 같은 경우 그 선의 굵기도 같아야 한다.

해설

52.
건설재료 중 벽돌의 단면을 나타낸 것이다.

53.
제3각법 : 정면도 위쪽에 평면도가 놓이게 그리고, 정면도의 오른쪽에 우측면도가 놓이게 그린다.

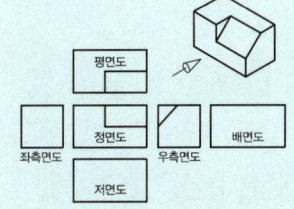

55.
치수 표시방법
㉠ 환강: $\phi A - L$
㉡ 강관: $\phi A \times t - L$
㉢ 평강: ▭ $B \times t - L$
㉣ 등변(부등변)ㄱ형강:
  L $A \times B \times t - L$

56.
한글 서체는 고딕체로 하고, 수직 또는 오른쪽으로 15° 경사지게 쓰는 것이 원칙이다.

정답 52.④ 53.① 54. 55.② 56.③

Craftsman-Computer Aided Drawing in Civil Engineering

해설

57.
① 지반면(흙) ② 잡석
③ 모래 ④ 일반면

59.
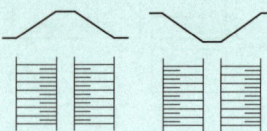
㉠ 성토면 ㉡ 절토면

60.
㉠ 산악이나 구릉부의 지형은 등고선을 기입하여 표시한다.
㉡ 등고선은 축척이 1/2,000인 경우에는 10 m마다, 1/1,000에서는 5 m마다 기입한다.

57 재료단면의 경계표시 중 잡석을 나타낸 그림은?

58 출제기준 변경에 따라 관련 문항 삭제함.

59 그림과 같은 절토면의 경사 표시가 바르게 된 것은?

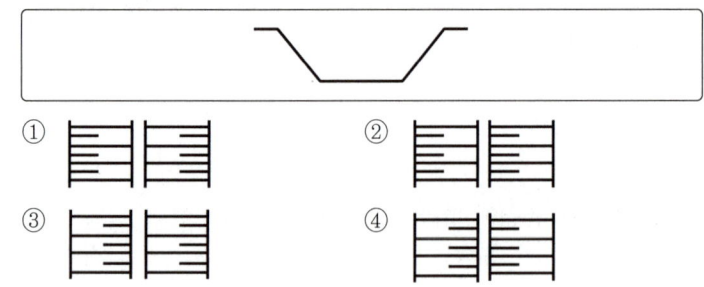

60 도로설계를 할 때 평면도에 대한 설명으로 옳지 않은 것은?
① 평면도의 기점은 일반적으로 왼쪽에 둔다.
② 축척이 1/1,000인 경우 등고선은 5 m마다 기입한다.
③ 노선 중심선 좌우 약 100 m 정도의 지형 및 지물을 표시한다.
④ 산악이나 구릉부의 지형은 등고선을 기입하지 않는다.

정답 57. ② 58. 59. ① 60. ④

2011 제4회 과년도 출제문제

전산응용토목제도기능사

2011년 7월 31일 시행

01 압축부재의 철근 배치 및 철근 상세에 관한 설명으로 옳지 않은 것은?

① 축방향 주철근 단면적은 전체 단면적의 1~8%로 하여야 한다.
② 띠철근의 수직 간격은 축방향 철근 지름의 16배 이하, 띠철근 지름의 48배 이하, 또한 기둥 단면의 최소치수 이하로 하여야 한다.
③ 띠철근기둥에서 축방향 철근의 순간격은 40 mm 이상, 또한 철근 공칭지름의 1.5배 이상으로 하여야 한다.
④ 압축부재의 축방향 주철근의 최소 개수는 삼각형으로 둘러싸인 경우 4개로 하여야 한다.

02 수밀콘크리트를 만드는 데 적합하지 않은 것은?

① 단위수량을 되도록 크게 한다.
② 물-결합재비를 되도록 적게 한다.
③ 단위 굵은골재량을 되도록 크게 한다.
④ AE제를 사용함을 원칙으로 한다.

03 설계전단강도는 전단력의 강도감소계수 ϕ를 곱하여 구한다. 이때 인장지배단면에서의 전단력에 대한 강도감소계수 ϕ값은?

① 0.70　　② 0.75
③ 0.80　　④ 0.85

04 공장제품용 콘크리트의 촉진 양생방법에 속하는 것은?

① 오토클레이브 양생
② 수중 양생
③ 살수 양생
④ 매트 양생

해설

1. 기둥의 축방향 철근은 직사각형, 원형 띠철근으로 둘러싸인 경우 4개, 삼각형 띠철근으로 둘러싸인 경우 3개, 나선철근으로 둘러싸인 경우 6개 이상 배근한다.

2. 수밀콘크리트는 단위수량을 되도록 적게 한다. AE제, 감수제 등을 사용하여 단위수량을 줄이고, 물-결합재비를 50% 이하로 한다. 단위수량이 많아질수록 건조수축에 의한 균열이 많이 발생하여 수밀성이 떨어질 수 있기 때문이다.

3. 지배단면에 따른 강도감소계수(ϕ)

구분		강도감소계수
인장지배단면		0.85
변화구간단면	나선철근 부재	0.70~0.85
	그 외의 부재	0.65~0.85
압축지배단면	나선철근 부재	0.70
	그 외의 부재	0.65

4. 촉진 양생법 : 증기 양생, 오토클레이브 양생, 온수 양생, 전기 양생, 적외선 양생, 고주파 양생

정답 1. ④　2. ①　3. ④　4. ①

해설

5.
$$a = \frac{A_s f_y}{\eta(0.85 f_{ck})b}$$
$$= \frac{2,580 \times 400}{1 \times 0.85 \times 28 \times 300}$$
$$= 144.5 \text{ mm}$$
$$c = \frac{a}{\beta_1} = \frac{144.5}{0.80} = 181 \text{ mm}$$

6.
블리딩 : 콘크리트를 친 뒤에 시멘트와 골재알이 가라앉으면서 물이 콘크리트 표면으로 떠오르는 현상

7.
철근비 $\rho = \dfrac{A_s}{bd} = \dfrac{A_s}{20 \times 40} = 0.02$
이다.
∴ $A_s = 0.02 \times 20 \times 40 = 16 \text{ cm}^2$

8.
AE제를 사용하면 콘크리트 안에 적당량의 연행공기를 만들어 동결융해 저항성을 향상시킬 수 있다. 연행공기(공극) 부분에서 물이 동결융해되면서 콘크리트 자체에 균열을 발생시키지 않는다.

---

05 그림과 같이 $b = 300$ mm, $d = 400$ mm, $A_s = 2,580$ mm² 인 단철근 직사각형 보의 중립축 위치 c는? (단, $f_{ck} = 28$ MPa, $f_y = 400$ MPa이다.)

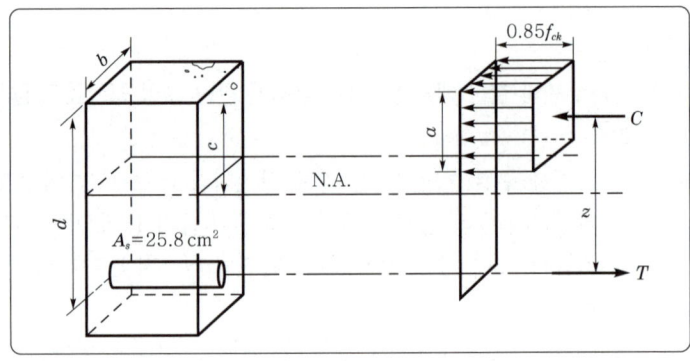

① 145 mm ② 181 mm ③ 215 mm ④ 240 mm

06 콘크리트를 친 후 시멘트와 골재알이 가라앉으면서 물이 떠오르는 현상을 무엇이라 하는가?

① 풍화 ② 레이턴스
③ 블리딩 ④ 경화

07 그림과 같은 단철근 직사각형 보의 철근비가 0.02일 때, 철근량 A_s는 얼마인가?

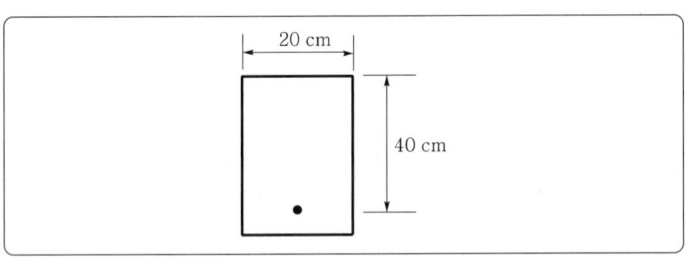

① 10 cm² ② 16 cm²
③ 20 cm² ④ 26 cm²

08 콘크리트의 동해 방지를 위한 대책으로 가장 효과적인 것은?

① 밀도가 작은 경량 골재 콘크리트로 시공한다.
② 물-시멘트비를 크게 하여 시공한다.
③ AE 콘크리트로 시공한다.
④ 흡수율이 큰 골재를 사용하여 시공한다.

정답 5. ② 6. ③ 7. ② 8. ③

09 콘크리트의 시방배합에서 잔골재는 어느 상태를 기준으로 하는가?

① 5 mm 체를 전부 통과하고 표면 건조 포화 상태인 골재
② 5 mm 체에 전부 남고 표면 건조 포화 상태인 골재
③ 5 mm 체를 전부 통과하고 공기 중 건조 상태인 골재
④ 5 mm 체에 전부 남고 공기 중 건조 상태인 골재

10 현장치기 콘크리트의 최소 피복두께에 관한 설명으로 옳은 것은?

① 수중에서 치는 콘크리트의 최소 피복두께는 50 mm이다.
② 흙에 접하여 콘크리트를 친 후 영구히 흙에 묻혀 있는 콘크리트의 최소 피복두께는 75 mm이다.
③ 옥외의 공기나 흙에 직접 접하지 않는 콘크리트로 슬래브에서는 D35를 초과하는 철근의 경우 D35 이하의 철근에 비해 피복두께가 더 작다.
④ 흙에 접하거나 옥외의 공기에 직접 노출되는 콘크리트의 D19 이상 철근에 대한 최소 피복두께는 40 mm이다.

11 지름 150 mm의 원주형 공시체를 사용한 콘크리트의 압축강도시험에서 최대 압축하중이 225 kN이었다. 압축강도는 약 얼마인가?

① 10.0 MPa
② 100 MPa
③ 12.7 MPa
④ 127 MPa

12 정모멘트 철근이 정착된 연속 부재에서 정모멘트 철근이 12개일 때 부재의 같은 면을 따라 받침부까지 연장해야 할 철근의 개수는?

① 6개 이상
② 5개 이상
③ 4개 이상
④ 3개 이상

13 조립률을 구하는 데 사용되는 체가 아닌 것은?

① 40 mm   ② 10 mm
③ 1.2 mm   ④ 0.5 mm

해설

9.
시방배합 : 시방서 또는 책임 감리원에서 지시한 배합이다. 골재의 함수 상태가 표면 건조 포화 상태이면서 잔골재는 5 mm 체를 전부 통과하고, 굵은골재는 5 mm 체에 다 남는 상태를 기준으로 한다.

10.
최소 피복두께 규정

철근의 외부 조건		최소 피복두께
수중에서 타설하는 콘크리트		100 mm
흙에 접하여 콘크리트를 친 후에 영구히 흙에 묻혀 있는 콘크리트		75 mm
흙에 접하거나 옥외의 공기에 직접 노출되는 콘크리트(D19 이상의 철근)		50 mm
옥외의 공기나 흙에 직접 접하지 않는 콘크리트(슬래브, 벽체, 장선 구조)	D35 초과 철근	40 mm
	D35 이하 철근	20 mm

11.
압축강도

$$f_c = \frac{P}{A} = \frac{225 \times 1{,}000}{\dfrac{\pi \times 150^2}{4}} = 12.7 \text{ MPa}$$

12.
정모멘트 철근의 정착
단순 부재에서는 정모멘트 철근의 1/3 이상, 연속 부재에서는 정모멘트 철근의 1/4 이상을 부재의 같은 면을 따라 받침부까지 연장하여야 한다.

$\therefore 12 \times \dfrac{1}{4} = 3$개

13.
조립률을 구할 때 사용하는 체의 종류 : 80 mm, 40 mm, 20 mm, 10 mm, 5 mm, 2.5 mm, 1.2 mm, 0.6 mm, 0.3 mm, 0.15 mm

---

정답   9. ①   10. ②   11. ③   12. ④   13. ④

해설

14.
㉠ 배력철근 : 하중을 분포시키거나 콘크리트의 건조수축에 의한 균열을 제어할 목적으로 주철근과 직각 또는 직각에 가까운 방향으로 배치한 보조철근
㉡ 스터럽(늑근) : 철근콘크리트 구조의 보에서 전단력 및 비틀림모멘트에 저항하도록 보의 주근을 둘러싸고, 이에 직각 또는 경사지게 배치한 보강철근
㉢ 부철근 : 보 또는 슬래브에서 부(−)의 휨모멘트로 일어나는 인장응력을 받도록 배치한 주철근
㉣ 정철근 : 보 또는 슬래브에서 정(+)의 휨모멘트로 일어나는 인장응력을 받도록 배치한 주철근

15.
보가 파괴를 일으킬 때 압축측의 표면에 나타나는 콘크리트의 극한 변형률은 0.0033으로 가정한다.

16.
180° 표준갈고리와 90° 표준갈고리의 구부림 내면 반지름

철근 지름	최소반지름(r)
D10~D25	$3d_b$
D29~D35	$4d_b$
D38 이상	$5d_b$

∴ $3d_b = 3 \times 10 = 30$ mm

17.
성형성 : 거푸집에 쉽게 다져 넣을 수 있고, 거푸집을 제거하면 천천히 형상이 변하기는 하지만 허물어지거나 재료가 분리되지 않는 성질

18.
철근이 2단 이상으로 배치되는 경우 상하 철근은 동일 연직면 내에 배치되어야 하고, 상하 철근의 연직 순간격은 25 mm 이상으로 해야 한다.

---

14 슬래브에서 응력을 분포시킬 목적으로 주철근에 직각 또는 직각에 가까운 방향으로 배치하는 보조철근은?

① 배력철근　　② 스터럽
③ 부철근　　　④ 정철근

15 휨부재에 대하여 강도설계법으로 설계할 경우에 기본 가정으로서 옳지 않은 것은?

① 보에 휨을 받기 전에 생각한 임의의 단면은 휨을 받아 변형을 일으킨 뒤에도 그대로 평면을 유지한다.
② 보가 파괴를 일으킬 때의 압축측의 표면에 나타나는 콘크리트의 극한 변형률은 0.005로 가정한다.
③ 항복강도 f_y 이하에서 철근의 응력은 그 변형률의 E_s 배로 본다.
④ 보의 극한 상태에서의 휨모멘트를 계산할 때에는 콘크리트의 인장강도를 무시한다.

16 D10 철근의 180° 표준갈고리에서 구부림의 최소 내면 반지름은 약 얼마인가?

① 20 mm　　② 30 mm
③ 40 mm　　④ 50 mm

17 굳지 않은 콘크리트의 성질 중 거푸집에 쉽게 다져 넣을 수 있고, 거푸집을 제거하면 천천히 형상이 변하기는 하지만 허물어지거나 재료가 분리되지 않는 성질은?

① 워커빌리티　　② 성형성
③ 피니셔빌리티　④ 반죽질기

18 철근이 상단과 하단에 2단 이상으로 배치된 경우, 상하 철근의 순간격은 얼마 이상으로 하여야 하는가?

① 10 mm 이상
② 15 mm 이상
③ 20 mm 이상
④ 25 mm 이상

정답 14. ①　15. ②　16. ②　17. ②　18. ④

19 휨부재에서 서로 접촉되지 않게 겹침이음된 철근은 횡방향으로 소요 겹침이음 길이의 얼마 또는 150 mm 중 작은 값 이상 떨어지지 않아야 하는가?

① 1/4
② 1/5
③ 1/6
④ 1/10

20 지간 10 m인 철근콘크리트보에 등분포하중이 작용할 때, 최대 허용 하중은? (단, 보의 설계 모멘트가 25 kN·m이고, 하중계수와 강도감소계수는 고려하지 않는다.)

① 1.0 kN/m
② 1.7 kN/m
③ 2.0 kN/m
④ 2.4 kN/m

21 프리스트레스트 콘크리트에 사용하는 콘크리트의 성질과 거리가 먼 것은?

① 압축강도가 커야 한다.
② 건조수축이 작아야 한다.
③ 물-시멘트비가 커야 한다.
④ 크리프가 작아야 한다.

22 강재로 이루어지는 구조를 강구조라 하는데, 이 구조에 대한 설명으로 옳지 않은 것은?

① 부재의 치수를 작게 할 수 있다.
② 공사 기간이 긴 것이 단점이다.
③ 콘크리트에 비하여 균질성을 가지고 있다.
④ 지간이 긴 교량을 축조하는 데에 유리하다.

23 도로교 설계기준에 의하면 표준 트럭 하중 DB-18로 설계되는 교량을 몇 등급 교량으로 분류하는가?

① 1등교
② 2등교
③ 3등교
④ 4등교

24 확대기초의 크기가 3 m×2 m이고, 허용지지력이 300 kN/m²일 때 이 기초가 받을 수 있는 최대하중은?

① 1,000 kN
② 1,200 kN
③ 1,800 kN
④ 2,400 kN

해설

19.
휨부재에서 서로 직접 접촉되지 않게 겹침이음된 철근은 횡방향으로 소요 겹침이음 길이의 1/5, 또는 150 mm 중 작은 값 이상 떨어지지 않아야 한다.

20.
$M_u = \dfrac{w_u l^2}{8}$ 에서 $25 = \dfrac{w_u \times 10^2}{8}$
∴ 최대하중 $w_u = 2.0$ kN/m

21.
프리스트레스트 콘크리트에 사용되는 콘크리트의 물-결합재비는 일반적으로 45% 이하로 해야 한다.

22.
부재를 공장에서 제작하고 현장에서 조립하여 현장작업이 간편하고 공사 기간이 단축된다.

23.
㉠ 1등교 : 표준 트럭 하중 DB-24(DL-24)
㉡ 2등교 : 표준 트럭 하중 DB-18(DL-18)
㉢ 3등교 : 표준 트럭 하중 DB-13.5(DL-13.5)

24.
$P = A \cdot q$
$= 3 \times 2 \times 300 = 1,800$ kN

정답 19.② 20.③ 21.③ 22.② 23.② 24.③

해설

25.
PS 강재에 필요한 성질
㉠ 인장강도가 커야 한다.
㉡ 릴랙세이션이 작아야 한다.
㉢ 적당한 연성과 인성이 있어야 한다.
㉣ 응력 부식에 대한 저항성이 커야 한다.

26.
토목구조물은 대부분 공공의 목적으로 건설된다. 따라서 공공의 비용으로 건설된다.

27.
콘크리트는 압축력에 매우 강하나 인장력에는 약하고, 철근은 인장력에 매우 강하나 압축력에 의해 구부러지기 쉽다. 이에 따라 콘크리트 구조체의 인장력이 일어나는 곳에 철근을 배근하여 인장력을 부담하도록 한다.

28.
단변($A_1 - A_2$ 방향)에 의해서 지지되는 1방향 슬래브이다.

---

25 PS 강재에 필요한 성질에 대한 설명으로 틀린 것은?
① 인장강도가 커야 한다.
② 릴랙세이션이 커야 한다.
③ 적당한 연성과 인성이 있어야 한다.
④ 응력 부식에 대한 저항성이 커야 한다.

26 토목구조물의 특징이 아닌 것은?
① 다량 생산이 아니다.
② 구조물의 수명이 길다.
③ 대부분이 개인의 목적으로 건설된다.
④ 건설에 많은 비용과 시간이 소요된다.

27 철근콘크리트의 특징에 대한 설명으로 옳지 않은 것은?
① 구조물의 파괴, 해체가 어렵다.
② 구조물에 균열이 생기기 쉽다.
③ 구조물의 검사 및 개조가 어렵다.
④ 압축력에 약해 철근으로 압축력을 보완하여야 한다.

28 그림과 같이 슬래브에 놓이는 하중이 지간이 긴 A_1 보와 A_2 보에 의해 지지되는 구조는?

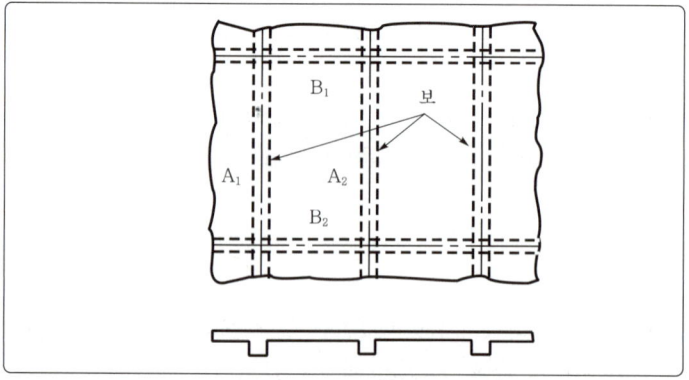

① 1방향 슬래브 ② 2방향 슬래브
③ 3방향 슬래브 ④ 4방향 슬래브

정답 25.② 26.③ 27.④ 28.①

29 철근콘크리트보와 일체로 된 연속 슬래브에서 활하중에 의한 경간 중앙의 부모멘트값은 산정된 값의 얼마만을 취할 수 있는가?

① $\dfrac{1}{2}$ ② $\dfrac{1}{3}$
③ $\dfrac{1}{4}$ ④ $\dfrac{1}{5}$

30 콘크리트 구조물에 일정한 힘을 가한 상태에서 힘은 변화하지 않는데 시간이 지나면서 점차 변형이 증가되는 성질을 무엇이라 하는가?

① 탄성   ② 크랙
③ 소성   ④ 크리프

31 기둥과 같이 압축력을 받는 부재가 압축력에 의해 부재의 축방향에 대해 직각 방향으로 휘어져 파괴되는 현상은?

① 휨   ② 비틀림
③ 틀어짐   ④ 좌굴

32 철근과 콘크리트가 그 경계면에서 미끄러지지 않도록 저항하는 것을 무엇이라 하는가?

① 부착   ② 정착
③ 철근 이음   ④ 스터럽

33 일반구조용 압연강재에 해당하는 것은?

① SS400   ② SM400A
③ SM490YA   ④ SMA41

34 콘크리트 속에 철근을 배치하여 양자가 일체가 되어 외력을 받게 한 구조는?

① 합성구조
② 플라스틱 구조
③ 철근콘크리트 구조
④ 프리스트레스트 콘크리트 구조

해설

29. 활하중에 의한 경간 중앙의 부모멘트는 산정된 값의 1/2만 취할 수 있다.

30. 구조물에 자중 등의 하중이 오랜 시간 지속적으로 작용하면 더 이상 응력이 증가하지 않더라도 시간이 지나면서 구조물에 변형이 발생하는데, 이러한 변형을 크리프라고 한다.

31. 좌굴 : 세장한 기둥, 판 등의 부재가 일정한 힘 이상의 압축하중을 받을 때 길이의 수직 방향으로 급격히 휘는 현상이다. 일반적으로 세장비가 클수록 잘 발생한다.

32. 부착 : 철근과 콘크리트가 경계면에서 미끄러지지 않도록 저항하는 것

33. 금속재료의 기호 표시 : SS400
㉠ S : 재질[강(Steel)]
㉡ S : 형상 종류[일반구조용 압연강재(용접구조용 압연강재는 M으로 표시)]
㉢ 400 : 최저 인장강도 (400 N/mm^2)

34. 철근콘크리트 구조 : 콘크리트는 압축에는 강하나 인장에서 약하므로 콘크리트 속에 철근을 넣어 인장강도를 보강한 것

정답 29.① 30.④ 31.④ 32.① 33.① 34.③

해설

35.
확대기초의 종류
㉠ 독립확대기초 : 하나의 기둥을 하나의 기초가 지지한다.
㉡ 복합확대기초 : 하나의 확대기초를 사용하여 2개 이상의 기둥을 지지하도록 만든 것으로, 연결확대기초라고도 한다.
㉢ 벽의 확대기초 : 벽을 지지하는 확대기초로 줄기초, 연속확대기초라고도 한다.
㉣ 전면확대기초 : 지반이 약할 때 구조물 또는 건축물의 밑바닥 전부를 기초판으로 만들어 모든 기둥을 지지하도록 만든 것으로 온통기초, 매트기초라고도 한다.
㉤ 캔틸레버 확대기초 : 2개의 독립확대기초를 하나의 보로 연결한 기초이다. 연결된 보로 인해서 부등침하를 줄일 수 있다.
㉥ 말뚝기초 : 지반 강화를 위해 지반에 말뚝을 설치하고 그 위에 기초판을 만들어 상부구조를 지지한다.

36.
정투상법 : 물체의 표면으로부터 평행한 투시선으로 입체를 투상하는 방법으로, 대상물을 각 면의 수직 방향에서 바라본 모양을 그려 정면도, 평면도, 측면도로 물체를 나타내는 방법이다. 물체의 길이와 내부 구조를 충분히 표현할 수 있다.

37.
윤곽선은 도면의 크기에 따라 0.5 mm 이상의 굵은 실선으로 나타낸다.

38.
건설재료의 단면표시방법 중 지반면(흙)을 표시한 것이다.

35 벽으로부터 전달되는 하중을 분포시키기 위하여 연속적으로 만들어진 확대기초는?
① 말뚝기초
② 벽확대기초
③ 연결확대기초
④ 독립확대기초

36 투상선이 모든 투상면에 대하여 수직으로 투상되는 것은?
① 정투상법
② 투시투상법
③ 사투상법
④ 축측투상법

37 윤곽선은 최소 몇 mm 이상 두께의 실선으로 그리는 것이 좋은가?
① 0.1 mm
② 0.3 mm
③ 0.4 mm
④ 0.5 mm

38 재료 단면의 경계표시는 무엇을 나타내는가?

① 암반면 ② 지반면
③ 일반면 ④ 수면

정답 35. ② 36. ① 37. ④ 38. ②

39 치수 기호에서 두께를 나타내는 것은?
① R
② ϕ
③ t
④ C

40 다음 중 형강의 일반적인 치수 표시방법으로 옳은 것은?
① 단면 모양, 높이 × 너비 × 두께 − 길이
② 단면 모양, 너비 × 높이 × 두께 − 길이
③ 단면 모양, 두께 × 너비 × 높이 − 길이
④ 단면 모양, 길이 × 너비 × 높이 − 두께

41 출제기준 변경에 따라 관련 문항 삭제함.

42 도로설계의 종단면도에 일반적으로 기입되는 사항이 아닌 것은?
① 계획고
② 횡단면적
③ 지반고
④ 측점

43 인출선에 관한 설명으로 옳은 것은?
① 치수선을 그리기 위해 보조적 역할을 한다.
② 치수, 가공법, 주의사항 등을 기입하기 위하여 사용한다.
③ 1점쇄선으로 표기하는 것이 일반적이다.
④ 원이나 호의 치수는 인출선으로 한다.

44 암거 도면의 작도법에 대한 설명으로 옳은 것은?
① 단면도는 실선으로 치수에 관계없이 임의로 작도한다.
② 단면도에 배근된 철근 수량과 간격은 대략적으로 작도한다.
③ 단면도에는 철근 기호, 철근 치수 등을 생략한다.
④ 측면도는 단면도에서 표시된 철근 간격이 정확하게 표시되어야 한다.

해설

39.
① R : 반지름
② ϕ : 지름
③ t : 판의 두께
④ C : 45° 모따기

40.
판형재(형강, 강관 등)의 표시는 단면 모양, 높이(H)×너비(B)×두께(t)−길이(L)의 순으로 기입하고, 필요에 따라 재질을 기입할 수 있다.

42.
종단면도를 작성할 때에는 곡선, 측점, 거리, 추가거리, 지반고, 계획고, 절토고, 성토고, 경사 등을 측량 또는 계산하여 기입한다.

43.
인출선 : 치수, 가공법, 주의사항 등을 쓰기 위해 사용하는 선으로, 가로에 대해 직각 또는 45°의 직선을 긋고, 인출되는 쪽에 화살표를 붙여 인출한 쪽의 끝에 가로선을 그어 가로선 위에 치수 또는 정보를 쓴다.

44.
① 단면도는 실선으로 주어진 치수대로 정확히 작도한다.
② 단면도에 배근될 철근 수량이 정확하고 철근 간격이 벗어나지 않도록 주의해야 한다.
③ 단면도에는 철근 기호, 철근 치수를 표시하고 누락되지 않도록 주의한다.

정답 39. ③ 40. ① 41. 42. ② 43. ② 44. ④

해설

45.
KS의 부문별 기호

부문	분류 기호
기본	KS A
기계	KS B
전기전자	KS C
금속	KS D
건설	KS F

46.
CAD 시스템에서의 치수값은 정확하고 간결한 표현이 가능하다.

47.
화살표는 도면마다 같은 모양으로 표시한다.

48.
① 모르타르
② 콘크리트
③ 벽돌
④ 자연석(석재)

49.
숫자는 아라비아 숫자를 사용하고, 영자는 로마자 대문자를 사용한다.

50.
도면의 크기가 클 때에는 A4 크기로 접어 보관한다.

---

45 한국산업규격에서 토목제도통칙의 분류기호는?
① KS A
② KS C
③ KS E
④ KS F

46 CAD 시스템을 이용한 설계의 특징으로 볼 수 없는 것은?
① 다중 작업으로 업무가 효율적이다.
② 도면 작성 시간을 단축시킬 수 있다.
③ CAD 시스템에서의 치수값은 부정확하나 간결한 표현이 가능하다.
④ 설계제도의 표준화와 규격화로 경쟁력을 향상시킬 수 있다.

47 다음 중 도면 작도 시 유의할 사항으로 틀린 것은?
① 구조물의 외형선, 철근 표시선 등 선의 구분을 명확히 한다.
② 화살 표시는 도면마다 다른 모양으로 한다.
③ 도면은 가능한 한 간단하게 그리며 중복을 피한다.
④ 도면에는 오류가 없도록 한다.

48 건설재료 중 콘크리트의 단면표시로 옳은 것은?

① ②
③ ④

49 도면의 문자 제도방법으로 옳지 않은 것은?
① 문자의 크기는 원칙적으로 높이에 의한 호칭에 따라 표시한다.
② 영자는 주로 로마자의 소문자를 사용한다.
③ 숫자는 주로 아라비아 숫자를 사용한다.
④ 한글자의 서체는 활자체에 준하는 것이 좋다.

50 토목제도에서 도면을 접을 때 표준이 되는 크기는?
① A1
② A2
③ A3
④ A4

정답 45.④ 46.③ 47.② 48.② 49.② 50.④

51 철근에 대한 표시방법에 대한 설명으로 옳지 않은 것은?

① R13 : 반지름 13 mm인 이형철근
② φ13 : 지름 13 mm인 원형철근
③ D13 : 지름 13 mm인 이형(일반)철근
④ H13 : 지름 13 mm인 이형(고강도)철근

52 투상도법에서 원근감이 나타나는 것은?

① 정투상법　　② 투시도법
③ 사투상법　　④ 표고투상법

53 내부의 보이지 않는 부분을 나타낼 때 물체를 절단하여 내부 모양을 나타낸 도면은?

① 단면도　　② 전개도
③ 투상도　　④ 입체도

54 A열의 제도용지 중 A3의 규격으로 옳은 것은?

① 210×297　　② 297×420
③ 420×594　　④ 594×841

55 선의 종류와 주요 용도가 바르게 짝지어진 것은?

① 굵은 실선-중심선
② 가는 1점쇄선-외형선
③ 파선-보이지 않는 외형선
④ 가는 실선-가상 외형선

56 물체를 다음 그림과 같이 나타냈을 때 투상법으로 맞는 것은?

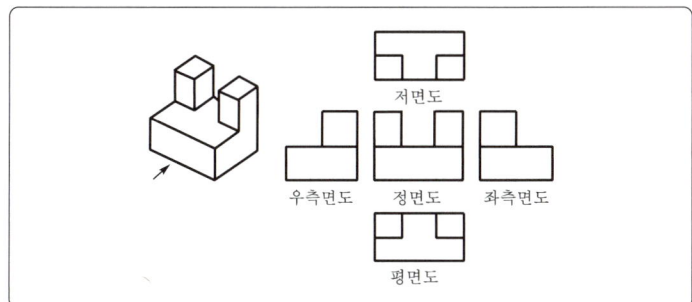

① 제1각법　　② 제3각법
③ 사투상도　　④ 등각투상도

해설

51.
R13 : 반지름이 13 mm인 원

52.
투시투상법(투시도법) : 물체와 시점 간의 거리감(원근감)을 느낄 수 있도록 실제로 우리 눈에 보이는 대로 대상물을 그리는 방법. 원근법이라고도 한다.

53.
단면도 : 물체 내부의 보이지 않는 부분을 나타낼 때 물체를 절단하여 내부의 모양을 그리는 것

54.
용지의 크기

호칭	크기(mm)
A4	210×297
A3	297×420
A2	420×594
A1	594×841
A0	841×1,189

55.
① 굵은 실선-외형선
② 가는 1점쇄선-중심선
③ 파선-보이지 않는 외형선(숨은선)
④ 가는 실선-치수선 및 치수보조선

56.
㉠ 제1각법 : 정면도 아래쪽에 평면도가 놓이게 그리고, 정면도의 왼쪽에 우측면도가 놓이게 그린다.
㉡ 제3각법 : 정면도 위쪽에 평면도가 놓이게 그리고, 정면도의 오른쪽에 우측면도가 놓이게 그린다.

정답 51.① 52.② 53.① 54.② 55.③ 56.①

해설

57.
㉠ 성토면 ㉡ 절토면
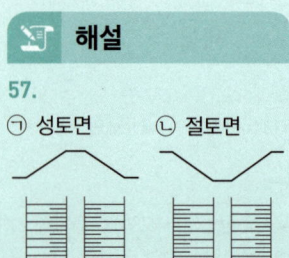

58.
도면은 될 수 있는 대로 실선으로 표시하고, 파선으로 표시하는 것을 피한다. 또한 도면은 될 수 있는 대로 간단하게 그리며 중복을 피한다.

59.
건설재료의 단면표시방법 중 벽돌을 표시한 것이다.

60.
상대극좌표: 현재 설정되어 있는 점을 기준으로 지정하려는 점 사이의 거리와 X축과 그 선이 이루는 각도를 입력하여 한 점을 정의한다(입력방법: @거리<각도).

---

57 그림은 평면도상에서 어떤 지형의 절단면 상태를 나타낸 것인가?

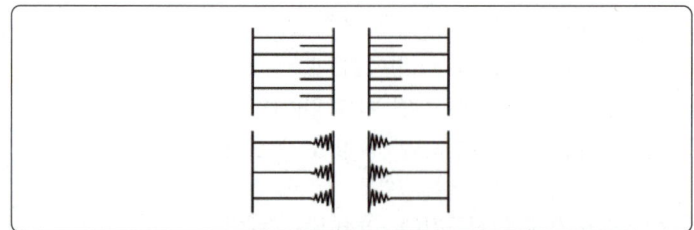

① 절토면 ② 성토면
③ 수준면 ④ 물매면

58 제도에 대한 일반적인 설명으로 옳지 않은 것은?
① 그림은 간단히 하고 중복을 피한다.
② 대칭적인 것은 중심선의 한쪽을 외형도, 반대쪽을 단면도로 표시하는 것을 원칙으로 한다.
③ 경사면을 가진 구조물에서 그 경사면의 모양을 표시하기 위하여 경사면 부분의 보조도를 넣을 수 있다.
④ 도면은 될 수 있는 대로 파선으로 표시하고, 다양한 종류의 선을 이용하여 단조로움을 피한다.

59 건설재료의 단면 중 어떤 단면표시인가?
① 강철
② 유리
③ 잡석
④ 벽돌

60 CAD로 아래의 정삼각형(△ABC)을 그리기 위하여 명령어를 입력하고자 한다. ( ) 안에 알맞은 명령은? (단, 그리는 순서는 A → B → C → A이다.)

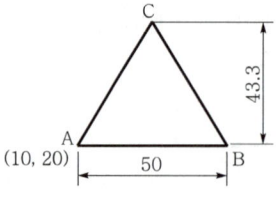

command : LINE [enter]
시작점 : 10, 20 [enter]
다음점 : (   ) [enter]
다음점 : @-25, 43.3 [enter]
다음점 : C [enter]

① 50, 20   ② @50, 20
③ @60, 0   ④ @50 < 0

정답 57. ② 58. ④ 59. ④ 60. ④

2011 제5회 과년도 출제문제

전산응용토목제도기능사

✎ 2011년 10월 9일 시행

01 철근의 재질을 손상시키지 않는 한도 내에서 D38 철근을 구부릴 수 있는 최소 내면 반지름은?

① 철근 공칭지름의 3배
② 철근 공칭지름의 4배
③ 철근 공칭지름의 5배
④ 철근 공칭지름의 6배

02 지름 150 mm의 원주형 공시체를 사용한 콘크리트의 압축강도시험에서 압축하중이 225 kN에서 파괴가 진행되었다면 압축강도는 얼마인가?

① 2.5 MPa
② 12.7 MPa
③ 27.1 MPa
④ 40.0 MPa

03 보의 주철근을 둘러싸고, 이에 직각 되게 또는 경사지게 배치한 복부 보강근으로서 전단력 및 비틀림모멘트에 저항하도록 배치한 보강철근을 무엇이라 하는가?

① 덕트
② 띠철근
③ 앵커
④ 스터럽

04 다발철근을 사용하기 위한 규정으로 옳지 않은 것은?

① 보에서 D35를 초과하는 철근은 다발로 사용할 수 없다.
② 이형철근을 4개 이하로 사용하여야 한다.
③ 다발철근은 스터럽이나 띠철근으로 둘러싸여져야 한다.
④ 정착길이는 다발철근이 아닌 경우보다 감소시킨다.

해설

1.
180° 표준갈고리와 90° 표준갈고리의 구부림 내면 반지름

철근 지름	최소 반지름(r)
D10~D25	$3d_b$
D29~D35	$4d_b$
D38 이상	$5d_b$

2.
압축강도
$$f_c = \frac{P}{A} = \frac{225 \times 1000}{\frac{\pi \times 150^2}{4}}$$
$= 12.7 \text{ MPa}$

3.
스터럽 : 철근콘크리트 구조의 보에서 전단력 및 비틀림모멘트에 저항하도록 보의 주근을 둘러싸고, 이에 직각 또는 경사지게 배치한 보강철근

4.
다발철근의 정착길이
인장 또는 압축을 받는 철근 다발 중 각각의 철근 정착길이는 낱개 철근 정착길이에 비해 다음과 같은 정착길이가 요구된다.
㉠ 3개 철근으로 구성된 다발철근은 20% 증가
㉡ 4개 철근으로 구성된 다발철근은 33% 증가

정답 1.③ 2.② 3.④ 4.④

해설

5. 최소 피복두께 규정

철근의 외부 조건	최소 피복두께
수중에서 타설하는 콘크리트	100 mm
흙에 접하여 콘크리트를 친 후에 영구히 흙에 묻혀 있는 콘크리트	75 mm
흙에 접하거나 옥외의 공기에 직접 노출되는 콘크리트(D19 이상의 철근)	50 mm
옥외의 공기나 흙에 직접 접하지 않는 콘크리트(보, 기둥)	40 mm

6. 등가직사각형 응력분포 변수값

f_{ck}	ε_{cu}	η	β_1
≤40	0.0033	1.00	0.80
50	0.0032	0.97	0.80
60	0.0031	0.95	0.76
70	0.0030	0.91	0.74
80	0.0029	0.87	0.72
90	0.0028	0.84	0.70

7. 지름이 35 mm를 초과하는 철근은 겹침이음을 할 수 없고 용접에 의한 맞댐이음을 해야 한다.

8. 띠철근의 수직 간격은 축방향 철근 지름의 16배 이하, 띠철근 지름의 48배 이하, 기둥 단면의 최소치수 이하이어야 한다.

9. 응력은 중립축에서 0이며 중립축으로부터의 거리에 비례한다.

---

05 옥외의 공기나 흙에 직접 접하지 않는 콘크리트보, 기둥에서 철근의 최소 피복두께는?

① 20 mm ② 40 mm
③ 60 mm ④ 80 mm

06 콘크리트의 강도가 30 MPa인 보에서 등가직사각형 응력 블록의 깊이($\alpha = \beta_1 c$)를 구하기 위한 계수 β_1은?

① 0.864 ② 0.85
③ 0.80   ④ 0.65

07 다음 철근 중 원칙적으로 겹침이음을 하여서는 안 되는 철근은?

① D10 철근 ② D16 철근
③ D32 철근 ④ D38 철근

08 압축부재에 사용되는 띠철근의 수직 간격을 결정하기 위하여 고려하여야 할 사항으로 옳지 않은 것은?

① 축방향 철근 지름의 16배 이하
② 띠철근 지름의 48배 이하
③ 기둥 단면의 최소치수 이하
④ 축방향 철근 간격의 5배 이하

09 그림은 비교적 지간이 긴 직사각형의 단면 형상을 가지는 콘크리트보의 단면 휨응력 분포를 나타낸 것이다. 이에 대한 설명으로 옳지 않은 것은?

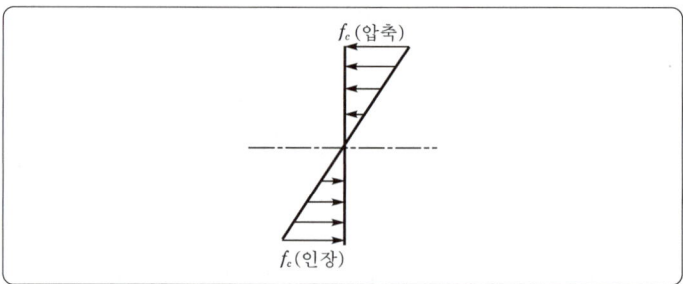

① 응력은 중립축에서 0이며 거리에 반비례한다.
② 변형률은 중립축으로부터 거리에 비례한다.
③ 보에 작용하고 있는 하중이 작은 경우이다.
④ 인장응력이 콘크리트의 인장파괴의 한도를 넘지 않을 때 발생한다.

정답 5. ② 6. ③ 7. ④ 8. ④ 9. ①

10 시방배합에서 사용되는 골재의 밀도는 어떤 상태를 기준으로 하는가?

① 절대 건조 포화 상태
② 공기 중 건조 상태
③ 표면 건조 포화 상태
④ 습윤 상태

11 콘크리트의 건조수축에 미치는 영향으로 틀린 것은?

① 단위수량이 클수록 건조수축이 크다.
② 흡수량이 많은 골재를 사용하면 건조수축은 감소한다.
③ 습도가 낮을수록 건조수축은 크다.
④ 온도가 높을수록 건조수축은 크다.

12 조기강도가 커서 긴급 공사나 한중콘크리트에 알맞은 시멘트는?

① 알루미나 시멘트
② 팽창 시멘트
③ 플라이애시 시멘트
④ 고로 슬래그 시멘트

13 정착길이에 대한 설명으로 옳지 않은 것은?

① 정착길이는 철근의 공칭지름과 관계 있다.
② 피복두께가 크면 정착길이도 길어진다.
③ 인장이형철근의 정착길이는 300 mm 이상이어야 한다.
④ 압축이형철근의 정착길이는 200 mm 이상이어야 한다.

14 일반 콘크리트 휨부재의 크리프와 건조수축에 의한 추가 장기 처짐을 근사식으로 계산할 경우 재하 기간 5년 이상에 대한 시간경과계수(ξ)는?

① 1.0
② 1.2
③ 1.4
④ 2.0

15 유효깊이가 600 mm인 철근콘크리트 부재에서 부재축에 직각으로 배치된 전단철근의 간격으로 옳은 것은?

① 300 mm
② 600 mm
③ 750 mm
④ 900 mm

해설

10.
시방배합 : 시방서 또는 책임 감리원에서 지시한 배합이다. 골재의 함수 상태가 표면 건조 포화 상태이면서 잔골재는 5 mm 체를 전부 통과하고, 굵은골재는 5 mm 체에 다 남는 상태를 기준으로 한다.

11.
흡수량이 많은 골재일수록 콘크리트의 건조수축이 크다.

12.
알루미나 시멘트는 조기강도가 커서 긴급 공사에 사용된다.

13.
철근에 대한 콘크리트 덮개가 크고, 또 철근의 간격이 크면 정착길이는 짧아진다.

14.
지속하중에 대한 시간경과계수(ξ)
㉠ 5년 이상 : 2.0
㉡ 12개월 : 1.4
㉢ 6개월 : 1.2
㉣ 3개월 : 1.0

15.
부재축에 직각으로 배치된 전단철근의 간격
㉠ 철근콘크리트 부재 : $d/2$ 이하
㉡ 프리스트레스트 콘크리트 부재 : $0.75h$
㉢ 600 mm 이하

정답 10. ③ 11. ② 12. ① 13. ② 14. ④ 15. ②

해설

16.
헌치(haunch) : 지지하는 부재와의 접합부에서 응력 집중의 완화와 지지부의 보강을 목적으로 단면을 크게 한 부분

17.
$U = 1.2D + 1.6L$
$\quad = 1.2 \times 40 + 1.6 \times 60$
$\quad = 144 \text{ kN/m}$

18.
① 숏크리트
② 프리플레이스트 콘크리트
③ 팽창콘크리트
④ 매스콘크리트

19.
고강도 콘크리트를 만들기 위해서는 내구성이 큰 골재를 사용해야 하며, 입도분포가 양호하여 공극률을 줄임으로써 시멘트 페이스트가 최소가 되도록 하는 것이 좋다.

20.
콘크리트의 압축강도는 인장강도의 10~13배이다.

---

16 보의 받침부와 기둥의 접합부나 라멘의 접합부 모서리 내에서 응력 전달이 원활하도록 단면을 크게 한 부분을 무엇이라 하는가?
① 덮개
② 플랜지
③ 복부
④ 헌치

17 지간 12 m인 단순보에 고정하중이 40 kN/m, 활하중이 60 kN/m 작용할 때 극한설계하중은? (단, 다른 하중은 무시하며, $1.2D + 1.6L$을 사용한다.)
① 134 kN/m
② 144 kN/m
③ 154 kN/m
④ 164 kN/m

18 숏크리트에 대한 설명으로 옳은 것은?
① 컴프레서 혹은 펌프를 이용하여 노즐 위치까지 호스 속으로 운반한 콘크리트를 압축 공기에 의해 시공기면에 뿜어서 만든 콘크리트
② 미리 거푸집 속에 특정한 입도를 가지는 굵은골재를 채워 놓고 그 간극에 모르타르를 주입하여 제조한 콘크리트
③ 팽창재 또는 팽창 시멘트의 사용에 의해 팽창성이 부여된 콘크리트
④ 부재 혹은 구조물의 치수가 커서 시멘트의 수화열에 의한 온도 상승 및 강하를 고려하여 설계·시공해야 하는 콘크리트

19 보통 강도 콘크리트와 비교하여 고강도 콘크리트용 재료에 대한 설명으로 옳은 것은?
① 단위시멘트량을 낮게 하여 배합한다.
② 물-시멘트비를 높게 하여 시공한다.
③ 고성능 감수제를 사용하지 않는다.
④ 골재는 내구성이 큰 골재를 사용한다.

20 토목재료로서의 콘크리트 특징으로 옳지 않은 것은?
① 콘크리트 자체의 무게가 무겁다.
② 압축강도와 내구성이 크다.
③ 재료의 운반과 시공이 쉽다.
④ 압축강도에 비해 인장강도가 크다.

정답 16. ④ 17. ② 18. ① 19. ④ 20. ④

21 기둥, 교대, 교각, 벽 등에 작용하는 상부구조물의 하중을 지반에 안전하게 전달하기 위하여 설치하는 구조물은?

① 노상　　　　　　② 암거
③ 노반　　　　　　④ 확대기초

22 기둥에 대한 설명으로 옳은 것은?

① 축방향 압축을 받는 부재로서 높이가 단면 최소치수의 1배 이상인 것을 말한다.
② 축방향 압축을 받는 부재로서 높이가 단면 최소치수의 2배 이상인 것을 말한다.
③ 축방향 압축을 받는 부재로서 높이가 단면 최소치수의 3배 이상인 것을 말한다.
④ 축방향 압축을 받는 부재로서 높이가 단면 최소치수의 4배 이상인 것을 말한다.

23 크리프에 영향을 미치는 요인 중 옳지 않은 것은?

① 재하 하중이 클수록 커진다.
② 콘크리트 온도가 높을수록 크리프값이 커진다.
③ 고강도 콘크리트일수록 크리프값이 크다.
④ 하중 재하 시 콘크리트 재령이 짧고 하중 재하 기간이 길면 커진다.

24 슬래브에서 배력철근을 설치하는 이유로 옳지 않은 것은?

① 균열을 집중시켜 유지 보수를 쉽게 하기 위하여
② 응력을 고르게 분포시키기 위하여
③ 주철근의 간격을 유지시키기 위하여
④ 온도 변화에 의한 수축을 감소시키기 위하여

25 철근콘크리트에서 철근의 용도에 대한 설명으로 옳은 것은?

① 콘크리트의 인장력을 보강한다.
② 콘크리트의 균열을 유도한다.
③ 검사와 개조를 쉽게 할 수 있다.
④ 콘크리트의 모양을 다양하게 제작할 수 있다.

해설

21.
확대기초 : 상부구조물의 하중을 넓은 면적에 분포시켜 구조물의 하중을 안전하게 지반에 전달하기 위하여 설치되는 구조물

22.
기둥
㉠ 부재의 종방향으로 작용하는 압축하중을 받는 압축부재이다. 지붕, 바닥 등의 상부 하중을 받아서 토대 및 기초에 전달하고 벽체의 골격을 이루는 구조체이다.
㉡ 높이가 단면 최소치수의 3배 이상이다(세장비에 의해서 단주와 장주로 구분된다).
㉢ 수직 또는 수직에 가까울 정도로 서 있다.

23.
고강도 콘크리트일수록 크리프가 작게 일어난다.

24.
배력철근 : 슬래브에서 주철근과 직각 방향으로 배근하는 철근
㉠ 응력을 고르게 분포
㉡ 콘크리트 수축 억제 및 균열 제어
㉢ 주철근의 간격 유지
㉣ 균열 발생 시 균열 분포

25.
철근콘크리트 구조 : 콘크리트는 압축에는 강하나 인장에서 약하므로 콘크리트 속에 철근을 넣어 인장강도를 보강한 것이다.

정답 21. ④　22. ③　23. ③　24. ①　25. ①

해설

26.
하중의 종류

구분	종류
주하중	고정하중, 활하중, 충격하중
부하중	풍하중, 온도 변화의 영향, 지진하중
특수 하중	설하중, 원심하중, 제동하중, 지점 이동의 영향, 가설하중, 충돌하중

27.
필릿 용접에 대한 설명이다.

28.
콘크리트 강도라 하면 보통 압축강도를 말한다. 이는 압축강도가 다른 강도에 비해서 현저하게 크기 때문이다.

29.
① 독립확대기초
② 경사확대기초
③ 계단식 확대기초
④ 연속확대기초(벽확대기초)

30.
트러스교에 대한 설명이다.

---

26 교량에 작용하는 주하중에 속하는 것은? (단, 도로교설계기준에 따른다.)
① 활하중
② 풍하중
③ 지진의 영향
④ 온도 변화의 영향

27 겹치기 이음 또는 T이음에 주로 사용되는 용접으로 용접할 모재를 겹쳐서 그 둘레를 용접하거나 2개의 모재를 T형으로 하여 모재 구석에 용착금속을 채우는 용접은?
① 홈 용접(groove welding)
② 필릿 용접(fillet welding)
③ 슬롯 용접(slot welding)
④ 플러그 용접(plug welding)

28 철근콘크리트에 사용하는 굳은 콘크리트의 성질 가운데 가장 중요한 것으로 일반적인 콘크리트의 강도를 의미하는 것은?
① 휨강도
② 인장강도
③ 압축강도
④ 전단강도

29 그림 중 경사확대기초는 어느 것인가?

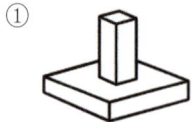 

 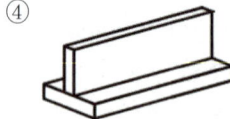

30 다음 〈보기〉의 특징이 설명하고 있는 교량 형식은?

> ㉠ 부재를 삼각형의 뼈대로 만든 것으로 보의 작용을 한다.
> ㉡ 수직 또는 수평 브레이싱을 설치하여 횡압에 저항토록 한다.
> ㉢ 부재와 부재의 연결점을 격점이라 한다.

① 단순교
② 아치교
③ 트러스교
④ 판형교

정답 26.① 27.② 28.③ 29.② 30.③

31 1방향 슬래브의 최소 두께는 얼마 이상으로 하여야 하는가? (단, 콘크리트 구조 설계기준에 따른다.)

① 100 mm
② 200 mm
③ 300 mm
④ 400 mm

32 긴장재에 준 인장응력은 여러 가지 원인에 의하여 감소하는데, 다음 중 프리스트레스를 도입한 후의 손실 원인에 해당하는 것은?

① 콘크리트의 크리프
② 콘크리트의 탄성변형
③ 마찰에 의한 손실
④ PS 강재의 활동 또는 정착장치의 변형

33 사용 재료에 따른 토목구조물의 분류방법이 아닌 것은?

① 강구조
② 연속구조
③ 콘크리트 구조
④ 합성구조

34 토목구조물의 종류에 대한 설명 중 틀린 것은?

① 철근콘크리트 구조물이란 콘크리트 속에 철근을 배치하여 양자가 일체가 되도록 한 RC 구조로 된 구조물을 말한다.
② 프리스트레스트 콘크리트 구조물이란 외력에 의한 응력을 상쇄할 수 있도록 미리 인위적으로 내력을 준 PSC 구조로 된 구조물을 말한다.
③ 강구조물은 강재로 이루어져 콘크리트보다 강도가 크고, 부재의 치수를 작게 할 수 있어 긴 지간의 교량을 축조하는 데 유리하다.
④ 무근콘크리트 구조란 철근이 없이 강재의 보 위에 콘크리트 슬래브를 이어 쳐서 양자가 일체로 작용하도록 한 것을 말한다.

35 철근콘크리트(RC)와 비교한 프리스트레스트 콘크리트(PSC)의 특징으로 옳지 않은 것은?

① PSC는 단면을 작게 할 수 있어 지간이 긴 교량에 적당하다.
② PSC는 변형이 크고 진동하기 쉽다.
③ PSC는 RC보다 내화성에 대하여 유리하다.
④ PSC는 설계하중이 작용하더라도 균열이 발생하지 않는다.

해설

31.
1방향 슬래브의 두께는 최소 100 mm 이상으로 해야 한다.

32.
프리스트레스의 손실 원인

도입 시 손실(즉시 손실)
• 정착장치의 활동
• PS 강재와 덕트(시스) 사이의 마찰
• 콘크리트의 탄성변형(탄성수축)

도입 후 손실
• 콘크리트의 크리프
• 콘크리트의 건조수축
• PS 강재의 릴랙세이션

33.
토목구조물의 재료에 따른 분류 : 콘크리트 구조, 강구조, 합성구조 등

34.
합성구조 : 강재의 보 위에 철근콘크리트 슬래브를 이어 쳐서 일체화시킨 구조

35.
고강도 강재는 높은 온도에 접하면 갑자기 강도가 감소하므로 내화성에 대하여 불리하다. 그러므로 5 cm 이상의 내화피복이 요구된다.

정답 31. ① 32. ① 33. ② 34. ④ 35. ③

해설

36.
① 일반도 : 구조물의 평면도, 입면도, 단면도 등에 의해서 그 형식과 일반 구조를 나타내는 도면
② 구조 일반도 : 구조물의 모양, 치수를 모두 표시한 도면
③ 배근도 : 철근의 치수와 배치를 나타낸 그림 또는 도면
④ 외관도 : 대상물의 외형과 최소한의 필요한 치수를 나타낸 도면

37.
작도통칙에 의해서 대칭이 되는 도면은 중심선의 한쪽을 외형도, 반대쪽을 단면도로 표시하는 것이 원칙이다.

39.
$1 : 0.02 = 4,500 \text{ mm} : x$
$\therefore x = 90 \text{ mm}$

40.
@ : 간격을 의미한다.
C.T.C : Center To Center의 약자로, 중심 사이의 간격을 의미한다.
@125 C.T.C : 철근과 철근 중심 사이의 간격이 125 mm임을 나타낸다.

41.
건설재료의 단면표시방법 중 지반면(흙)을 표시한 것이다.

42.
CAD에서 도면층이란 투명한 여러 장의 도면을 종이에 겹쳐 놓은 것과 같은 효과를 나타낸다.

---

36 철근의 치수와 배치를 나타낸 도면은?
① 일반도
② 구조 일반도
③ 배근도
④ 외관도

37 대칭인 도형은 중심선에서 한쪽은 외형도를 그리고 그 반대쪽은 무엇을 표시하는가?
① 정면도
② 평면도
③ 측면도
④ 단면도

38 출제기준 변경에 따라 관련 문항 삭제함.

39 도면에서 옹벽 벽체의 기울기가 1 : 0.02이었다면 수직 거리 4,500 mm에 대한 수평 거리는?
① 22.5 mm
② 45 mm
③ 90 mm
④ 180 mm

40 다음 철근 표시법에 대한 설명으로 옳은 것은?

@125 C.T.C

① 철근의 개수가 125개
② 철근의 굵기가 125 mm
③ 철근의 길이가 125 mm
④ 철근의 간격이 125 mm

41 그림은 어떤 재료의 단면을 표시하는가?

① 수면
② 암반면
③ 지반면
④ 콘크리트면

42 CAD 작업에서 도면층(layer)에 대한 설명으로 옳은 것은?
① 도면의 크기를 설정해 놓은 것이다.
② 축척에 따른 도면의 모습을 보여주는 자료이다.
③ 도면의 위치를 설정해 놓은 것이다.
④ 투명한 여러 장의 도면을 겹쳐 놓은 효과를 준다.

정답 36. ③ 37. ④ 38. 39. ③ 40. ④ 41. ③ 42. ④

43 제도통칙에서 제도용지의 세로와 가로의 비로 옳은 것은?

① $1 : \sqrt{2}$ ② $1 : 1.5$
③ $1 : \sqrt{3}$ ④ $1 : 2$

44 다양한 응용 분야에서 정밀하고 능률적인 설계제도 작업을 할 수 있도록 지원하는 소프트웨어는?

① CAD ② CAI
③ Excel ④ Access

45 긴 부재의 절단면 표시 중 환봉의 절단면 표시로 옳은 것은?

① 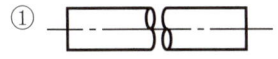 ②
③  ④

46 도로설계 제도에 있어서 굴곡부에 표시되는 기호 중 곡선 종점에 대한 표시로 옳은 것은?

① R ② B.C
③ I.P ④ E.C

47 치수 수치의 기입방법으로 옳지 않은 것은?

① 치수 수치는 충분한 크기의 글자로 도면에 기입한다.
② 치수 수치는 도면상에서 다른 선에 의해 겹치거나 교차되거나 분리되도록 한다.
③ 치수 수치는 치수선에 평행하게 기입한다.
④ 치수 수치는 되도록 치수선의 중앙의 위쪽에 치수선으로부터 조금 띄워 기입한다.

48 KS 제도통칙에서 치수와 치수선에 대한 설명으로 틀린 것은?

① 치수선은 표시할 치수의 방향에 평행하게 긋는다.
② 치수의 단위는 mm를 원칙으로 하고 단위 기호는 쓰지 않는다.
③ 치수는 모양 및 위치를 가장 명확하게 표시하며 중복을 피한다.
④ 치수선은 될 수 있는 대로 물체를 표시하는 도면의 내부에 긋는다.

해설

43. 제도용지의 세로와 가로의 비는 $1 : \sqrt{2}$ 이다.

44. CAD는 도면 설계 및 제도의 작도, 분석, 편집, 수정 등 일련의 작업 처리에 컴퓨터를 이용하여 신속하게 수행할 수 있게 한다.

45.
① 환봉 ② 파이프
③ 각봉 ④ 나무

46. 굴곡부를 그리려면 먼저 교점(I.P)을 각도기로 정하고 방향선을 긋고, 그 선 위의 교점에서 접선 길이와 동등한 시곡점(B.C) 및 종곡점(E.C)을 취한다.

47. 치수 수치는 도면상에서 다른 선에 의해 겹치거나 교차되거나 분리되지 않게 기입한다.

48. 치수선은 될 수 있는 대로 물체를 표시하는 도면의 외부에 긋는다.

정답 43. ① 44. ① 45. ① 46. ④ 47. ② 48. ④

해설

49.
정투상법: 물체의 표면으로부터 평행한 투시선으로 입체를 투상하는 방법으로, 대상물을 각 면의 수직 방향에서 바라본 모양을 그려 정면도, 평면도, 측면도로 물체를 나타내는 방법

50.
① 석재(자연석) ② 모르타르
③ 벽돌 ④ 블록

51.
표제란: 도면번호, 도면명칭, 기업명, 책임자 서명, 도면작성 연월일, 축척 등을 기입한다. 주로 도면의 오른쪽 아래에 설치한다.

52.
㉠ ϕ16: 지름 16 mm의 원형철근
㉡ D16: 지름 16 mm의 이형철근

53.
도면은 기술의 국제 교류의 입장에서 국제성을 가져야 한다.

54.
㉠ 일반도: 구조물의 평면도, 입면도, 단면도 등에 의해서 그 형식과 일반 구조를 나타내는 도면
㉡ 상세도: 구조도에서 표시하는 것이 곤란한 부분의 형상, 치수, 기구 등을 상세하게 표시하는 도면
㉢ 설명도: 구조, 기능의 설명을 목적으로 한 도면으로 필요한 부분을 굵게 표시하기도 하고, 절단이나 투시 등을 표시하여 잘 알 수 있도록 한 도면
㉣ 구조 일반도: 구조물의 모양, 치수를 모두 표시한 도면

---

49 물체의 투상방법 중 투상면에 대하여 투상선이 수직으로 물체를 투상하는 방법은?

① 정투상법 ② 등각투상법
③ 사투상법 ④ 전개도법

50 재료 단면표시 중 모르타르를 표시하는 기호는?

51 도면 관리상 필요한 사항과 도면의 내용에 관한 사항을 모아서 기입하기 위해 주로 오른쪽 아래 구석의 안쪽에 설치하는 것은?

① 외곽선 ② 부품표
③ 표제란 ④ 설명도

52 지름 16 mm인 이형철근의 표시방법으로 옳은 것은?

① A16 ② D16
③ ϕ16 ④ @16

53 도면이 구비하여야 할 일반적인 기본 요건으로 옳은 것은?

① 분야별 각기 독자적인 표현 체계를 가져야 한다.
② 기술의 국제 교류의 입장에서 국제성을 가져야 한다.
③ 기호의 다양성과 제작자의 특성을 잘 반영하여야 한다.
④ 대상물의 임의성을 부여하여야 한다.

54 콘크리트 구조물 제도에서 구조물 전체의 개략적인 모양을 표시한 도면은?

① 일반도 ② 구조도
③ 상세도 ④ 구조 일반도

정답 49. ① 50. ② 51. ③ 52. ② 53. ② 54. ①

55 도면을 접을 때에 기준이 되는 크기는?

① A3 ② A4
③ A5 ④ A6

56 한 도면에서 두 종류 이상의 선이 같은 장소에 겹치게 될 때 우선 순위로 옳은 것은?

㉠ 숨은선	㉡ 중심선
㉢ 외형선	㉣ 절단선

① ㉣-㉠-㉢-㉡
② ㉢-㉠-㉣-㉡
③ ㉠-㉡-㉢-㉣
④ ㉢-㉠-㉡-㉣

57 주어진 각(∠AOB)을 2등분할 때 다음 중 두 번째로 해야 할 작업은?

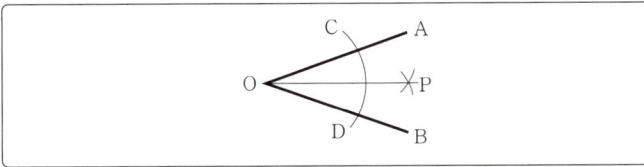

① A와 P를 연결한다.
② O점과 P점을 연결한다.
③ O점에서 임의의 원을 그려 C와 D점을 구한다.
④ C, D점에서 임의의 반지름으로 원호를 그려 P점을 찾는다.

58 각 모서리가 직각으로 만나는 물체의 모서리를 세 축으로 하여 투상도를 그려 입체의 모양을 투상도 하나로 나타낼 수 있는 투상법은?

① 정투상법 ② 표고투상법
③ 투시투상법 ④ 축측투상법

59 주로 중심선이나 물체 또는 도형의 대칭선으로 사용되는 선은?

① 가는 실선 ② 파선
③ 가는 2점쇄선 ④ 가는 1점쇄선

해설

55.
도면의 크기가 클 때에는 A4 크기로 접어 보관한다.

56.
한 도면에서 두 종류 이상의 선이 겹칠 때의 우선순위
외형선 → 숨은선 → 절단선 → 중심선 → 무게 중심선

57.
㉠ 점 O를 중심으로 임의의 반지름으로 원호를 그린다. 이때 선 OA, OB와 만나는 점을 C, D라 한다.
㉡ 점 C, D를 각각 중심으로 하고 임의의 반지름으로 원호를 그려 만나는 점을 P라 한다.
㉢ 점 O와 점 P를 직선으로 연결한다. 직선 OP는 ∠AOB의 2등분선이 된다.

58.
축측투상법 : 정육면체를 경사대 위에서 적당한 방향으로 두고, 투상면에 수직투상하여 정육면체 3개의 인접면을 1개의 도형으로 표현하는 방법

59.
가는 1점쇄선은 중심선, 물체 또는 도형의 대칭선을 나타낸다.

정답 55. ② 56. ② 57. ④ 58. ④ 59. ④

해설

60.
① 우측면도
② 정면도
③ 평면도

60 그림에서와 같이 주사위를 바라보았을 때 우측면도를 바르게 표현한 것은? (단, 투상법은 제3각법이며, 물체의 모서리 부분의 표현은 무시한다.)

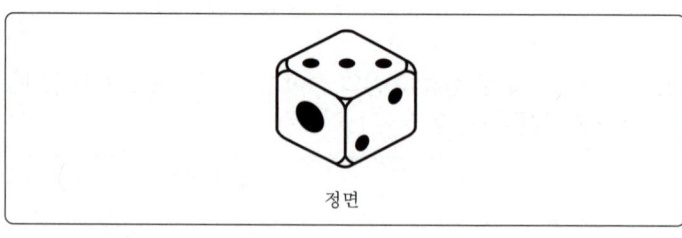
정면

① 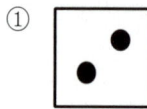   ②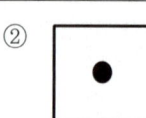

③ 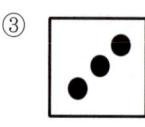   ④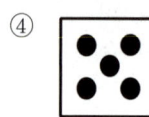

정답 **60.** ①

2012 제1회 과년도 출제문제

전산응용토목제도기능사

2012년 2월 12일 시행

01 철근을 용접에 의한 이음을 하는 경우, 이때 이음부가 철근의 설계기준 항복강도의 얼마 이상을 발휘할 수 있는 완전 용접이어야 하는가?
① 85%　　② 95%
③ 115%　　④ 125%

02 콘크리트용 잔골재의 입도에 관한 사항으로 옳지 않은 것은?
① 잔골재는 크고 작은 알이 알맞게 혼합되어 있는 것으로서 입도가 표준 범위 내인가를 확인한다.
② 입도가 잔골재의 표준 입도의 범위를 벗어나는 경우에는 두 종류 이상의 잔골재를 혼합하여 입도를 조정하여 사용한다.
③ 일반적으로 콘크리트용 잔골재의 조립률의 범위는 5.0 이상인 것이 좋다.
④ 조립률은 골재의 입도를 수량적으로 나타내는 한 방법이다.

03 콘크리트용 골재가 갖추어야 할 성질에 대한 설명으로 옳지 않은 것은?
① 알맞은 입도를 가질 것
② 깨끗하고 강하며 내구적일 것
③ 연하고 가느다란 석편을 다량 함유하고 있을 것
④ 먼지, 흙, 유기불순물 등의 유해물이 허용 한도 이내일 것

04 철근콘크리트보의 휨부재에 대한 강도설계법의 기본 가정이 아닌 것은?
① 콘크리트의 변형률은 중립축으로부터의 거리에 비례한다.
② 철근의 변형률과 같은 위치의 콘크리트 변형률은 같다.
③ 콘크리트 압축연단의 극한 변형률은 0.0033으로 가정한다(단, $f_{ck} \leq 40$ MPa인 경우).
④ 모든 철근의 탄성계수는 $E_s = 1.0 \times 10^5$ MPa이다.

해설

1.
용접이음과 기계적 연결이음은 맞댐이음으로서, 이음 시 이음부가 철근의 설계기준 항복강도의 125% 이상의 인장력을 발휘해야 한다.

2.
콘크리트에 사용되는 골재 중 잔골재는 2.3~3.1, 굵은골재는 6~8 범위가 적절하다.

3.
콘크리트용 골재 : 연하고 가느다란 석편을 함유하지 않고, 모양이 정육면체에 가깝게 둥글어야 한다. 연하고 가느다란 석편을 함유하면 낱알을 방해하므로 워커빌리티가 좋지 않다.

4.
철근의 탄성계수
$E = 2.0 \times 10^5$ MPa

정답 1. ④　2. ③　3. ③　4. ④

해설

5.
균형철근비보다 작은 철근을 배치하면 보는 연성파괴를 일으키게 된다.

6.
크리프 : 구조물에 자중 등의 하중이 오랜 시간 지속적으로 작용하면 더 이상 응력이 증가하지 않더라도 시간이 지나면서 구조물에 변형이 발생하는데, 이러한 변형을 크리프라고 한다.

7.
경량 골재 콘크리트 : 경량 골재를 써서 만든 콘크리트로서 일반적으로 단위 질량이 1,400~2,000 kg/m³인 콘크리트

8.
표준갈고리를 갖는 인장이형철근의 정착길이
l_d = 기본정착길이(l_{db}) × 보정계수
= $8d_b$ 이상 또는 150 mm 이상

9.
혼합조립률
$$f_a = \frac{m}{m+n}f_s + \frac{n}{m+n}f_g$$
$$= \frac{1}{1+1.5} \times 2.3 + \frac{1.5}{1+1.5} \times 6.7$$
$$= 4.94$$

---

05 균형철근보에 관한 설명으로 옳지 않은 것은?
① 취성파괴 방지를 위해 철근 사용량을 규제하는 것이다.
② 균형철근비보다 철근을 많이 넣은 과다 철근보는 연성파괴가 일어나도록 한다.
③ 균형철근비를 사용한 보를 균형보(평형보)라고 하며, 이 보의 단면을 균형단면(평형단면), 이때의 철근량을 균형철근량(평형철근량)이라고 한다.
④ 균형철근비는 철근이 항복함과 동시에 콘크리트의 압축 변형률이 0.0033에 도달할 때의 철근비를 뜻한다.

06 콘크리트에 일정하게 하중을 주면 응력의 변화는 없는데도 변형이 시간이 경과함에 따라 커지는 현상은?
① 건조수축　　　　　② 크리프
③ 틱소트로피　　　　④ 릴랙세이션

07 경량 골재 콘크리트에 대한 설명으로 옳지 않은 것은?
① 경량 골재는 일반적으로 입경이 작을수록 밀도가 커진다.
② 경량 골재를 써서 만든 콘크리트로서 일반적으로 단위 질량이 2,500~2,700 kg/m³인 콘크리트를 말한다.
③ 경량 골재의 굵은골재 최대치수는 공사시방서에서 정한 바가 없을 때에는 20 mm 이하로 한다.
④ 골재 씻기 시험에 의하여 손실되는 양은 10% 이하로 한다.

08 표준갈고리를 갖는 인장이형철근의 정착길이는 항상 얼마 이상이어야 하는가?
① 150 mm 이상　　　② 250 mm 이상
③ 350 mm 이상　　　④ 450 mm 이상

09 잔골재의 조립률 2.3, 굵은골재의 조립률 6.7을 사용하여 잔골재와 굵은골재를 질량비 1 : 1.5로 혼합하면 이때 혼합된 골재의 조립률은?
① 3.67　　　　　　　② 4.94
③ 5.27　　　　　　　④ 6.12

정답 5. ②　6. ②　7. ②　8. ①　9. ②

10 D16 이하의 철근을 사용하여 현장 타설한 콘크리트의 경우 흙에 접하거나 옥외 공기에 직접 노출되는 콘크리트 부재의 최소 피복두께는?

① 20 mm ② 40 mm
③ 50 mm ④ 60 mm

11 강도설계법에서 단철근 직사각형의 등가직사각형의 응력 분포의 깊이(a)를 구하는 공식은? (단, A_s : 인장철근량, f_y : 철근의 설계 기준 항복강도, f_{ck} : 콘크리트의 설계기준강도, b : 단면의 폭)

① $a = \dfrac{A_s f_y b}{\eta(0.85 f_{ck})}$ ② $a = \dfrac{\eta(0.85 f_{ck})b}{A_s f_y}$

③ $a = \dfrac{A_s f_y}{\eta(0.85 f_{ck})b}$ ④ $a = \dfrac{\eta(0.85 f_{ck})b}{A_s}$

12 D16 이하의 스터럽이나 띠철근에서 철근을 구부리는 내면 반지름은 철근 공칭지름(d_b)의 몇 배 이상으로 하여야 하는가?

① 1배 ② 2배
③ 3배 ④ 4배

13 콘크리트를 배합 설계할 때 물-결합재비를 결정할 때의 고려사항으로 거리가 먼 것은?

① 소요의 강도 ② 내구성
③ 수밀성 ④ 철근의 종류

14 6 kN/m의 등분포하중을 받는 지간 4 m의 철근콘크리트 캔틸레버보가 있다. 이 보의 작용 모멘트는? (단, 하중계수는 작용하지 않는다.)

① 12 kN·m ② 24 kN·m
③ 36 kN·m ④ 48 kN·m

해설

10. 최소 피복두께 규정

철근의 외부 조건		최소 피복두께
수중에서 타설하는 콘크리트		100 mm
흙에 접하여 콘크리트를 친 후에 영구히 흙에 묻혀 있는 콘크리트		75 mm
흙에 접하거나 옥외의 공기에 직접 노출되는 콘크리트	D19 이상 철근	50 mm
	D16 이하 철근	40 mm
옥외의 공기나 흙에 직접 접하지 않는 콘크리트(보, 기둥)		40 mm

11.
$A_s f_y = \eta(0.85 f_{ck})ab$
$\therefore a = \dfrac{A_s f_y}{\eta(0.85 f_{ck})b}$

12. D16 이하의 철근을 스터럽과 띠철근으로 사용할 때, 표준갈고리의 구부림 내면 반지름은 $2d_b$ 이상으로 하여야 한다.

13. 물-결합재비는 소요 강도의 내구성을 고려하여 정한다. 수밀성을 요하는 구조물에서는 콘크리트의 수밀성에 대해서도 고려하여야 한다. 물-결합재를 결정하는 방법으로는 압축강도를 기준으로 하여 정하는 경우, 내동해성을 기준으로 하여 정하는 경우, 수밀성을 기준으로 하여 정하는 경우가 있다.

14.
$M_u = \dfrac{wl^2}{2} = \dfrac{6 \times 4^2}{2} = 48 \text{ kN·m}$

정답 10. ② 11. ③ 12. ② 13. ④ 14. ④

해설

15.
AE 콘크리트
㉠ 동결융해에 대한 저항성이 커진다.
㉡ 워커빌리티가 개선된다.
㉢ 콘크리트의 블리딩이 감소하며 수밀성이 커진다.
㉣ 공기량에 비례하여 압축강도가 작아지고 철근과의 부착강도가 떨어진다.

16.
등가직사각형 응력분포 변수값

f_{ck}	ε_{cu}	η	β_1
≤40	0.0033	1.00	0.80
50	0.0032	0.97	0.80
60	0.0031	0.95	0.76
70	0.0030	0.91	0.74
80	0.0029	0.87	0.72
90	0.0028	0.84	0.70

17.
$$\rho = \frac{A_s}{bd} = \frac{15.20}{28 \times 50} = 0.01$$

18.
압축부재에 사용되는 띠철근의 수직 간격
㉠ 띠철근 지름의 48배 이하
㉡ 기둥 단면의 최소 치수 이하

19.
동일 평면에서 평행한 철근 사이의 수평 순간격은 25 mm 이상으로 해야 한다.

---

15 AE 콘크리트의 특징에 대한 설명으로 틀린 것은?
① 내구성 및 수밀성이 감소한다.
② 워커빌리티가 개선된다.
③ 동결융해에 대한 저항성이 개선된다.
④ 철근과의 부착강도가 감소한다.

16 콘크리트의 등가직사각형 응력 분포식에서 β_1은 콘크리트의 압축강도의 크기에 따라 달라지는 값이다. 콘크리트의 압축강도가 35 MPa 일 경우 β_1의 값은?
① 0.80   ② 0.76
③ 0.74   ④ 0.72

17 그림과 같이 $b=28$ cm, $d=50$ cm, $A_s = 3-D25 = 15.20$ cm² 인 단철근 직사각형 보의 철근비는? (단, $f_{ck}=28$ MPa, $f_y=420$ MPa이다.)

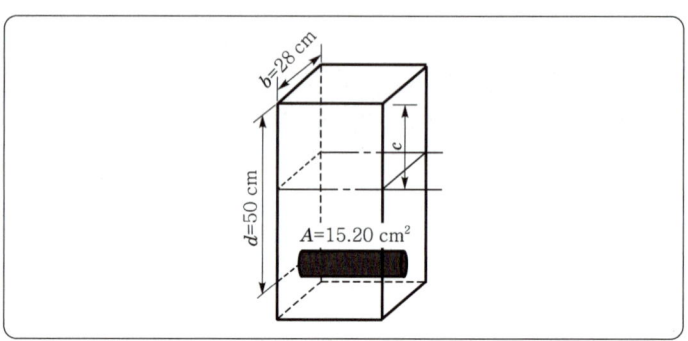

① 0.01   ② 0.14   ③ 0.92   ④ 1.42

18 압축을 받는 부재의 모든 축방향 철근은 띠철근으로 둘러싸야 하는데 띠철근의 수직 간격은 띠철근이나 철선 지름의 몇 배 이하로 하여야 하는가?
① 16배   ② 32배   ③ 48배   ④ 64배

19 동일 평면에서 평행한 철근 사이의 수평 순간격은 최소 몇 mm 이상이어야 하는가?
① 15 mm 이상   ② 20 mm 이상
③ 25 mm 이상   ④ 30 mm 이상

정답 15. ① 16. ① 17. ① 18. ③ 19. ③

20 철근콘크리트 강도설계법에서 단철근 직사각형 보에 대한 균형철근비(ρ_b)를 구하는 식은? (단, f_{ck} : 콘크리트 설계기준강도(MPa), f_y : 철근의 설계기준강도(MPa), β_1 : 계수)

① $\eta\, 0.75\, \beta_1 \cdot \dfrac{f_{ck}}{f_y} \cdot \dfrac{660}{660+f_y}$ ② $\eta\, 0.80\, \beta_1 \cdot \dfrac{f_{ck}}{f_y} \cdot \dfrac{660}{660+f_y}$

③ $\eta\, 0.85\, \beta_1 \cdot \dfrac{f_{ck}}{f_y} \cdot \dfrac{660}{660+f_y}$ ④ $\eta\, 0.90\, \beta_1 \cdot \dfrac{f_{ck}}{f_y} \cdot \dfrac{660}{660+f_y}$

21 강재의 보 위에 철근콘크리트 슬래브를 이어 쳐서 양자가 일체가 되도록 만든 구조는?

① 철근콘크리트 구조
② 콘크리트 구조
③ 강구조
④ 합성구조

22 축방향 압축을 받는 부재로서 높이가 단면 최소치수의 몇 배 이상이 되어야 기둥이라 하는가?

① 2배   ② 3배
③ 4배   ④ 5배

23 띠철근 기둥의 축방향 철근 단면적에 최소 한도를 두는 이유로 옳지 않은 것은?

① 예상 외의 휨에 대비할 필요가 있다.
② 콘크리트의 크리프를 감소시키는 데 효과가 있다.
③ 콘크리트의 건조수축의 영향을 증가시키는 데 효과가 있다.
④ 콘크리트의 부분적 결함을 철근으로 보충하기 위해서이다.

24 다음에서 설명하는 구조물은?

- 두께에 비하여 폭이 넓은 판 모양의 구조물
- 도로교에서 직접 하중을 받는 바닥판
- 건물의 각 층마다의 바닥판

① 보   ② 기둥
③ 슬래브   ④ 확대기초

해설

20.
균형철근비
$$\rho_b = \dfrac{\eta(0.85 f_{ck})\beta_1}{f_y} \times \dfrac{660}{660+f_y}$$

21.
합성구조 : 강재와 콘크리트 등 다른 종류의 재료를 합성하여 구조적으로 하나로 작용하도록 만든 구조

22.
축방향 압축을 받는 부재로서 높이가 단면의 최소치수의 3배 이상인 것을 기둥이라고 한다.

23.
축방향 철근의 단면적에 한도를 두는 이유
㉠ 최소 한도를 두는 이유
 • 예상 밖으로 작용하는 휨모멘트에 대비
 • 콘크리트의 크리프 및 건조수축의 영향 감소
 • 콘크리트에 발생할 수 있는 결함에 대비
㉡ 최대 한도를 두는 이유
 • 경제성
 • 콘크리트 타설작업의 편의성

24.
슬래브에 대한 설명이다.

정답 20. ③ 21. ④ 22. ② 23. ③ 24. ③

해설

25.
프리스트레스의 손실 원인

| 도입 시 손실(즉시 손실) |
- 정착장치의 활동
- PS 강재와 덕트(시스) 사이의 마찰
- 콘크리트의 탄성변형(탄성수축)

| 도입 후 손실 |
- 콘크리트의 크리프
- 콘크리트의 건조수축
- PS 강재의 릴랙세이션

26.
토목구조물의 특징
㉠ 건설에 많은 비용과 시간이 소요된다.
㉡ 대부분 공공의 목적으로 건설된다.
㉢ 한 번 건설해 놓으면 오랜 기간 사용한다.
㉣ 대부분 자연환경 속에 건설된다.
㉤ 유일한 구조물이다.

27.
$P = A \cdot q$
$= 2 \times 3 \times 250 = 1,500 \text{ kN}$

28.
용접법
㉠ 아크 용접법
㉡ 가스 용접법
㉢ 특수 용접법

29.
강재의 장단점
㉠ 재료의 균질성을 가지고 있다.
㉡ 부재를 개수하거나 보강하기 쉽다.
㉢ 차량 통행에 의하여 소음이 발생하기 쉽다.
㉣ 강구조물은 공장에서 사전 조립이 가능하다.

---

25 프리스트레스를 도입한 후의 손실 원인이 아닌 것은?
① 콘크리트의 크리프
② 콘크리트의 건조수축
③ 콘크리트의 블리딩
④ PS 강재의 릴랙세이션

26 토목구조물의 특징으로 옳은 것은?
① 대량생산을 할 수 있다.
② 대부분은 개인적인 목적으로 건설된다.
③ 건설에 비용과 시간이 적게 소요된다.
④ 구조물의 수명, 즉 공용 기간이 길다.

27 직사각형 독립확대기초의 크기가 2 m×3 m이고, 허용지지력이 250 kN/m²일 때 이 기초가 받을 수 있는 최대하중의 크기는 얼마인가?
① 500 kN   ② 1,000 kN
③ 1,500 kN   ④ 100 kN

28 강재의 용접이음방법이 아닌 것은?
① 아크 용접법
② 리벳 용접법
③ 가스 용접법
④ 특수 용접법

29 구조재료로서 강재의 단점으로 옳은 것은?
① 재료의 균질성이 떨어진다.
② 부재를 개수하거나 보강하기 어렵다.
③ 차량 통행에 의하여 소음이 발생하기 쉽다.
④ 강구조물을 사전 제작하여 조립하기 어렵다.

정답 25. ③   26. ④   27. ③   28. ②   29. ③

30. 벽으로부터 전달되는 하중을 분포시키기 위하여 연속적으로 만들어진 확대기초는?
   ① 독립확대기초
   ② 벽확대기초
   ③ 연결확대기초
   ④ 말뚝기초

31. 다음 중 역사적인 토목구조물로서 가장 오래된 교량은?
   ① 미국의 금문교
   ② 영국의 런던교
   ③ 프랑스의 아비뇽교
   ④ 프랑스의 가르교

32. 프리스트레스트 콘크리트(PS)에 사용되는 강재의 종류가 아닌 것은?
   ① PS 형강
   ② PS 강선
   ③ PS 강봉
   ④ PS 강연선

33. 철근콘크리트(RC)의 특징이 아닌 것은?
   ① 내구성이 우수하다.
   ② 개조, 파괴가 쉽다.
   ③ 유지 관리비가 적게 든다.
   ④ 여러 가지 모양과 크기의 구조물을 만들기 쉽다.

해설

30.
확대기초의 종류
① 독립확대기초 : 하나의 기둥을 하나의 기초가 지지한다.
② 복합확대기초 : 하나의 확대기초를 사용하여 2개 이상의 기둥을 지지하도록 만든 것으로, 연결확대기초라고도 한다.
③ 벽의 확대기초 : 벽을 지지하는 확대기초로 줄기초, 연속확대기초라고도 한다.
④ 전면확대기초 : 지반이 약할 때 구조물 또는 건축물의 밑바닥 전부를 기초판으로 만들어 모든 기둥을 지지하도록 만든 것으로 온통기초, 매트기초라고도 한다.
⑤ 캔틸레버 확대기초 : 2개의 독립확대기초를 하나의 보로 연결한 기초이다. 연결된 보로 인해서 부등침하를 줄일 수 있다.
⑥ 말뚝기초 : 지반 강화를 위해 지반에 말뚝을 설치하고 그 위에 기초판을 만들어 상부구조를 지지한다.

31.
① 미국의 금문교 : 19~20세기
② 영국의 런던교 : 9~10세기
③ 프랑스의 아비뇽교 : 9~10세기
④ 프랑스의 가르교 : 기원전 1~2세기

32.
PS 강재의 종류
① PS 강선
② PS 강연선
③ PS 강봉

33.
철근콘크리트 구조의 단점
① 자체 중량이 크다.
② 습식 공사로 공사 기간이 길다.
③ 균열이 발생하기 쉽고 부분적으로 파손되기 쉽다.
④ 파괴나 철거가 쉽지 않다.

정답 30. ② 31. ④ 32. ① 33. ②

해설

34.
하중의 종류

구분	종류
주하중	고정하중, 활하중, 충격하중
부하중	풍하중, 온도 변화의 영향, 지진하중
특수 하중	설하중, 원심하중, 제동하중, 지점 이동의 영향, 가설하중, 충돌하중

35.
1방향 슬래브의 두께는 최소 100 mm 이상으로 해야 한다.

36.
도면을 철하고자 할 때에는 왼쪽을 철함을 원칙으로 하고 25 mm 이상 여백을 둔다.

37.
사투상도 중 기본사투상도에는 45°를 사용하고, 특수 사투상도에는 30°, 60°를 사용한다.

39.
삼각형에 내접하는 최대 정사각형
㉠ 삼각형 ABC의 꼭짓점 C에서 변 AB에 그은 수선과의 교점을 D라 한다.
㉡ 점 C에서 반지름 CD로 그은 원호와 점 C를 지나고 변 AB에 평행한 선과의 교점 E를 구한다.
㉢ 점 A와 E를 이은 선과 변 BC의 교점 F를 구한다.
㉣ 점 F에서 변 AB에 내린 수선의 발 I, F를 지나면서 변 AB에 평행한 선과 AC의 교점 G, 점 G에서 변 AB에 내린 수선의 발을 H라 한다.
㉤ 점 F, G, H, I를 이으면 최대 정사각형이 된다.

---

34 교량의 설계하중에서 주하중이 아닌 것은?
① 설하중 ② 활하중
③ 고정하중 ④ 충격하중

35 1방향 슬래브에서의 최소 두께는 최소 몇 mm 이상으로 하여야 하는가?
① 70 mm ② 80 mm
③ 90 mm ④ 100 mm

36 도면을 철하고자 할 때 어떤 쪽을 우선으로 철하는가?
① 위쪽 ② 아래쪽
③ 왼쪽 ④ 오른쪽

37 사투상도에서 물체를 입체적으로 나타내기 위해 수평선에 대하여 주는 경사각이 아닌 것은?
① 30° ② 45°
③ 60° ④ 90°

38 출제기준 변경에 따라 관련 문항 삭제함.

39 그림은 무엇을 작도하기 위한 것인가?

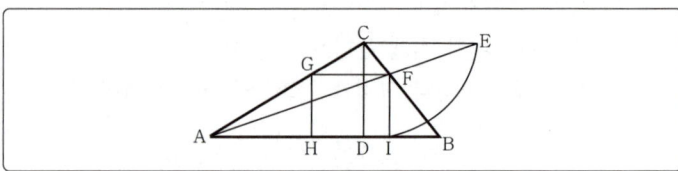

① 사각형에 외접하는 최소 삼각형
② 사각형에 외접하는 최대 정삼각형
③ 삼각형에 내접하는 최대 정사각형
④ 삼각형에 내접하는 최소 직사각형

정답 34. ① 35. ④ 36. ③ 37. ④ 38. 39. ③

40 치수 표기에서 특별한 명시가 없으면 무엇으로 표시하는가?
① 가상 치수
② 재료 치수
③ 재단 치수
④ 마무리 치수

41 치수선에 대한 설명으로 옳은 것은?
① 치수선은 표시할 치수의 방향에 평행하게 그린다.
② 치수선은 물체를 표시하는 도면의 내부에 그린다.
③ 여러 개의 치수선을 평행하게 그을 때 간격은 가급적 다양하게 한다.
④ 치수선은 가급적 서로 교차하게 그린다.

42 정투상법에서 제3각법에 대한 설명으로 옳지 않은 것은?
① 평면도는 정면도 아래에 그린다.
② 우측면도는 정면도 우측에 그린다.
③ 제3면각 안에 물체를 놓고 투상하는 방법이다.
④ 각 면에 보이는 물체는 보이는 면과 같은 면에 나타낸다.

43 철근의 표시방법에 대한 설명으로 옳은 것은?

24@200＝4800

① 전장 4,800 m를 24 mm 간격으로 200등분
② 전장 4,800 mm를 200 mm 간격으로 24등분
③ 전장 4,800 m를 200 m 간격으로 24등분
④ 전장 4,800 m를 24 m 간격으로 200등분

44 콘크리트 구조물 제도에서 지름 16 mm 일반 이형철근의 표시법으로 옳은 것은?
① $R16$
② $\phi16$
③ $D16$
④ $H16$

45 삼각 스케일에 표시된 축척이 아닌 것은?
① 1：10
② 1：200
③ 1：300
④ 1：600

해설

40.
치수는 특별히 명시하지 않으면 마무리 치수(완성 치수)로 표시한다.

41.
② 치수선은 물체를 표시하는 도면의 외부에 그린다.
③ 여러 개의 치수선을 평행하게 그을 때 간격은 동일하게 그린다.
④ 치수선은 가급적 서로 교차하지 않도록 그린다.

42.
㉠ 제3각법 : 정면도 위쪽에 평면도가 놓이게 그리고, 정면도의 오른쪽에 우측면도가 놓이게 그린다.
㉡ 제1각법 : 정면도 아래쪽에 평면도가 놓이게 그리고, 정면도의 왼쪽에 우측면도가 놓이게 그린다.

43.
'24@200＝4800'은 전장 4,800 mm를 200 mm 간격으로 24등분 한다는 의미이다.

44.
① $R16$: 반지름이 16 mm인 원
② $\phi16$: 지름 16 mm의 원형철근
③ $D16$: 지름 16 mm의 이형철근 (일반 철근)
④ $H16$: 지름 16 mm의 이형철근 (고강도 철근)

45.
삼각 스케일 : 1면에 1 m의 1/100, 1/200, 1/300, 1/400, 1/500, 1/600에 해당하는 여섯 가지의 축척 눈금이 새겨져 있다.

정답 40. ④　41. ①　42. ①　43. ②　44. ③　45. ①

해설

46.
① I.P : 교점
② E.C : 종곡점
③ T.L : 교점에서의 접선길이
④ B.C : 시곡점

47.
윤곽선은 도면의 크기에 따라 0.5 mm 이상의 굵은 실선으로 나타낸다.

48.
① 지반면(흙)
② 수준면(물)
③ 암반면(바위)
④ 자갈

49.
한 도면에서 두 종류 이상의 선이 겹칠 때의 우선순위
외형선 → 숨은선 → 절단선 → 중심선 → 무게 중심선

50.
1 : 2는 1/2로 작게 그려지는 척도이다.

51.
호박돌 표시이다.

---

46 도로설계 제도에서 굴곡부 노선의 제도에 사용되는 기호 중 곡선 시점을 나타내는 것은?
① I.P
② E.C
③ T.L
④ B.C

47 다음 선의 종류 중 가장 굵게 그려져야 하는 선은?
① 중심선
② 윤곽선
③ 파단선
④ 치수선

48 자갈을 나타내는 재료 단면의 경계표시는?
①
②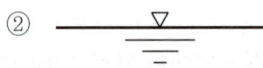
③
④

49 한 도면에서 두 종류 이상의 선이 같은 장소에 겹치게 될 때 순서로 옳은 것은?
① 숨은선 → 외형선 → 절단선 → 중심선
② 외형선 → 숨은선 → 절단선 → 중심선
③ 중심선 → 외형선 → 절단선 → 숨은선
④ 숨은선 → 중심선 → 절단선 → 외형선

50 척도에 대한 설명으로 옳지 않은 것은?
① 현척은 1 : 1을 의미한다.
② 척도의 종류는 축척, 현척, 배척이 있다.
③ 척도는 물체의 실제 크기와 도면에서의 크기 비율을 말한다.
④ 1 : 2는 2배로 크게 그린 배척을 의미한다.

51 그림과 같은 재료 단면의 경계표시가 나타내는 것은?

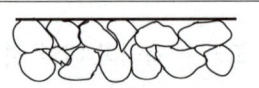

① 흙
② 호박돌
③ 바위
④ 잡석

정답 46. ④ 47. ② 48. ④ 49. ② 50. ④ 51. ②

52 CAD 작업 파일의 확장자로 옳은 것은?
① TXT
② DWG
③ HWP
④ JPG

53 치수의 기입 방법에 대한 설명으로 틀린 것은?
① 협소한 구간에서의 치수 기입은 필요에 따라 생략해도 된다.
② 경사의 방향을 표시할 필요가 있을 때에는 하향 경사 쪽으로 화살표를 붙인다.
③ 원의 지름을 표시하는 치수선은 기준선 또는 중심선에 일치하지 않게 한다.
④ 작은 원의 지름은 인출선을 써서 표시할 수 있다.

54 도면 작도 시 유의사항으로 틀린 설명은?
① 도면은 KS 토목제도통칙에 따라 정확하게 그려야 한다.
② 도면의 안정감을 위해 치수선의 간격을 도면마다 다르게 하며, 화살표의 표시도 다양하게 한다.
③ 도면에는 불필요한 사항은 기입하지 않는다.
④ 글씨는 명확하고 띄어쓰기에 맞게 쓴다.

55 출제기준 변경에 따라 관련 문항 삭제함.

56 KS의 부문별 기호 중 건설 부문의 기호는?
① KS C
② KS D
③ KS E
④ KS F

57 도면을 표현 형식에 따라 분류할 때 구조물의 구조 계산에 사용되는 선도로 교량의 골조를 나타내는 도면은?
① 일반도
② 배근도
③ 구조선도
④ 상세도

해설

52.
CAD 시스템의 파일 형식은 기본적으로 dwg라는 파일 형식을 사용한다.

53.
구간이 협소하더라도 치수 기입을 생략해서는 안 되며, 협소한 구간에서 연속되게 치수를 기입할 경우 치수선의 위쪽과 아래쪽에 번갈아 치수를 기입한다.

54.
치수선의 간격은 도면마다 동일하게 그리며, 화살표의 표시도 동일하게 한다.

56.
KS의 부문별 기호

부문	분류 기호
기본	KS A
기계	KS B
전기전자	KS C
금속	KS D
건설	KS F

57.
① 일반도 : 구조물의 평면도, 입면도, 단면도 등에 의해서 그 형식과 일반 구조를 나타내는 도면
② 배근도 : 철근의 치수와 배치를 나타낸 그림 또는 도면
③ 구조선도 : 도면을 표현 형식에 따라 분류할 때 구조물의 구조 계산에 사용되는 선도로, 교량의 골조 등을 나타내는 도면
④ 상세도 : 구조도에 표시하는 것이 곤란한 부분의 형상, 치수, 철근 종류 등을 상세하게 표시하는 도면

정답 52.② 53.① 54.② 55. 56.④ 57.③

해설

58.
① 블록
② 자연석(석재)
③ 콘크리트
④ 벽돌

59.
㉠ 2-H : H형강 2본
㉡ 300×200×9×12×1000 : 높이 300, 폭 200, 복부판 두께 9, 플랜지 두께 12, 길이 1,000

60.
사투상법 : 물체 앞면의 2개의 주축을 입체의 3개 주축(X축, Y축, Z축) 중에서 2개와 일치하게 놓고 정면도로 하며, 옆면 모서리축을 수평선과 임의의 각으로 그리는 방법

58 다음 중 자연석의 단면표시로 옳은 것은?

① ② ③ ④

59 어떤 재료의 치수가 2-H 300×200×9×12×1000으로 표시되었을 때 플랜지 두께는?

① 2 mm ② 9 mm
③ 12 mm ④ 200 mm

60 물체를 투상면에 대하여 한쪽으로 경사지게 투상하여 입체적으로 나타낸 것은?

① 투시투상도 ② 사투상도
③ 등각투상도 ④ 축측투상도

정답 58. ② 59. ③ 60. ②

2012

전산응용토목제도기능사

제4회 과년도 출제문제

2012년 7월 22일 시행

01 단철근 직사각형 보에서 철근의 항복강도 f_y =300 MPa, d = 600 mm일 때 중립축의 깊이(c)를 강도설계법으로 구한 값은?

① 212.5 mm ② 312.5 mm
③ 412.5 mm ④ 512.5 mm

02 단철근 직사각형 보에서 단면이 평형 단면일 경우 중립축의 위치 결정에서 사용하는 철근의 탄성계수는?

① 2000 MPa ② 20,000 MPa
③ 200,000 MPa ④ 2,000,000 MPa

03 철근 D29~D35의 경우에 180° 표준갈고리의 구부림 최소 내면 반지름은? (단, d_b : 철근의 공칭지름)

① $2d_b$ ② $3d_b$
③ $4d_b$ ④ $5d_b$

04 시방배합과 현장배합에 대한 설명으로 옳지 않은 것은?

① 시방배합에서 골재의 함수 상태는 표면 건조 포화 상태를 기준으로 한다.
② 시방배합에서 굵은골재와 잔골재를 구분하는 기준은 5 mm 체이다.
③ 시방배합을 현장배합으로 고치는 경우 골재의 표면수량과 입도는 제외한다.
④ 시방배합을 현장배합으로 고치는 경우 혼화제를 희석시킨 희석 수량 등을 고려하여야 한다.

05 굳지 않은 콘크리트에 AE제를 사용하여 연행공기를 발생시켰다. 이 AE 공기의 특징으로 옳은 것은?

① 콘크리트의 유동성을 저하시킨다.
② 콘크리트의 온도가 낮을수록 AE 공기가 잘 소실된다.
③ 경화 후 동결융해에 대한 저항성이 증대된다.
④ 기포의 지름이 클수록 잘 소실되지 않는다.

해설

1.
중립축의 위치
$$c = \frac{660}{660+f_y}d$$
$$= \frac{660}{660+300} \times 600 = 412.5 \text{ mm}$$

2.
철근의 탄성계수
$E = 2.0 \times 10^5$ MPa

3.
180° 표준갈고리와 90° 표준갈고리의 구부림 내면 반지름

철근 지름	최소 반지름(r)
D10~D25	$3d_b$
D29~D35	$4d_b$
D38 이상	$5d_b$

4.
현장배합은 현장에서 사용하는 골재의 함수 상태와 잔골재 속의 5 mm 체에 남는 양, 굵은골재 속의 5 mm 체를 통과하는 양을 고려하여 시방배합을 수정한 것이다.

5.
AE 콘크리트의 특징
㉠ 동결융해에 대한 저항성이 커진다.
㉡ 워커빌리티가 개선된다.
㉢ 콘크리트의 블리딩이 감소하며 수밀성이 커진다.
㉣ 공기량에 비례하여 압축강도가 작아지고 철근과의 부착강도가 떨어진다.

정답 1. ③ 2. ③ 3. ③ 4. ③ 5. ③

해설

6.
㉠ 지름이 35 mm를 초과하는 철근은 겹침이음을 할 수 없고 용접에 의한 맞댐이음을 해야 한다.
㉡ 용접이음과 기계적 연결이음은 맞댐이음으로서, 이음 시 이음부가 철근의 설계기준 항복강도의 125% 이상의 인장력을 발휘해야 한다.

7.
경량 콘크리트의 특징
㉠ 자중이 가볍고 내화성이 크다.
㉡ 열전도율이 작다.
㉢ 강도와 탄성계수가 작다.
㉣ 건조수축과 팽창이 크다.

8.
피복두께 : 철근 표면부터 콘크리트 표면까지의 최단 거리

9.
서중콘크리트 : 하루 평균 기온이 약 25℃를 초과하는 기상 조건에서 사용하는 콘크리트

10.
철근이 2단 이상으로 배치되는 경우 상하 철근은 동일 연직면 내에 배치되어야 하고, 상하 철근의 연직 순간격은 25 mm 이상으로 해야 한다.

11.
㉠ 브리넬 시험 : 금속 재료의 경도시험
㉡ 로스앤젤레스 시험 : 굵은골재의 닳음 측정용 시험
㉢ 비비 시험 : 보통 슬럼프 시험으로 불가능한 된비빔 콘크리트의 반죽질기 측정시험

---

06 D35를 초과하는 철근의 이음에 대한 설명 중 옳은 것은?
① 겹침이음을 해야 한다.
② 일반적으로 갈고리를 하여 이음한다.
③ 용접이음을 해서는 안 된다.
④ 이음부가 철근의 설계기준 항복강도의 125% 이상을 발휘할 수 있어야 한다.

07 경량 골재 콘크리트의 특징으로 옳지 않은 것은?
① 자중이 크다.
② 내화성이 크다.
③ 열전도율이 작다.
④ 탄성계수가 작다.

08 콘크리트 표면과 그에 가장 가까이 배치된 철근 표면 사이에 최단 거리를 무엇이라 하는가?
① 피복두께
② 철근의 간격
③ 콘크리트 여유
④ 철근의 두께

09 하루 평균기온이 몇 ℃를 초과할 경우에 서중콘크리트로서 시공하는가?
① 20℃
② 25℃
③ 30℃
④ 35℃

10 상단과 하단에 2단 이상으로 배치된 철근에 대한 설명으로 옳은 것은?
① 순간격을 25 mm 이상으로 하고 상하 철근을 동일 연직면 내에 두어야 한다.
② 순간격은 20 mm 이상으로 하고 상하 철근을 서로 엇갈리게 배치한다.
③ 순간격은 25 mm 이상으로 하고 상하 철근을 서로 엇갈리게 배치한다.
④ 순간격은 20 mm 이상으로 하고 상하 철근을 동일 연직면 내에 두어야 한다.

11 굳지 않은 콘크리트의 반죽질기를 측정하는 데 사용되는 시험은?
① 자르 시험
② 브리넬 시험
③ 비비 시험
④ 로스앤젤레스 시험

정답 6. ④ 7. ① 8. ① 9. ② 10. ① 11. ③

12 괄호에 들어갈 말이 순서대로 연결된 것은?

> 강도설계법에서는 인장철근이 설계기준 항복강도에 도달함과 동시에 콘크리트의 극한변형률이 (㉠)에 도달할 때, 그 단면이 (㉡) 상태에 있다고 본다.

① ㉠ 0.002 – ㉡ 최대변형률
② ㉠ 0.002 – ㉡ 균형변형률
③ ㉠ 0.0033 – ㉡ 최대변형률
④ ㉠ 0.0033 – ㉡ 균형변형률

13 지간이 l인 단순보에서 등분포하중 w를 받고 있을 때 최대 휨모멘트는?

① $\dfrac{wl^2}{2}$ ② $\dfrac{wl^2}{4}$
③ $\dfrac{wl^2}{8}$ ④ $\dfrac{wl^2}{16}$

14 콘크리트의 크리프에 대한 설명으로 틀린 것은?

① 물-시멘트비가 적을수록 크리프는 감소한다.
② 단위시멘트량이 적을수록 크리프는 감소한다.
③ 주위의 습도가 높을수록 크리프는 감소한다.
④ 주위의 온도가 높을수록 크리프는 감소한다.

15 인장철근 1개의 지름이 30 mm이고, 표준갈고리를 가지는 인장철근의 기본정착길이가 300 mm라면 표준갈고리를 가지는 이형인장철근의 정착길이는? (단, 보정계수는 0.8이다.)

① 150 mm ② 180 mm
③ 210 mm ④ 240 mm

16 b=250 mm, d=460 mm인 직사각형 보에서 균형철근비는? (단, 철근의 항복강도는 420 MPa, 콘크리트의 설계기준강도는 28 MPa이다.)

① 0.028 ② 0.025
③ 0.021 ④ 0.017

해설

12.
강도설계법에서는 인장철근이 설계기준 항복강도에 도달함과 동시에 콘크리트의 극한변형률이 0.0033에 도달할 때, 그 단면이 균형변형률 상태에 있다고 본다.

13.
분포하중을 받는 경우,
최대휨모멘트 $M_{\max} = \dfrac{wl^2}{8}$

14.
주위의 온도가 높을수록 크리프는 증가한다.

15.
정착길이(l_d) = 기본정착길이(l_{db})
× 보정계수 ≥ $8d_b$ ≥ 150 mm
= 300 × 0.8
= 240 mm ≥ 8 × 30
= 240 mm ≥ 150 mm

16.
$\rho_b = \dfrac{\eta(0.85 f_{ck})\beta_1}{f_y} \times \dfrac{660}{660+f_y}$
$= \dfrac{1 \times 0.85 \times 28 \times 0.80}{420}$
$\times \dfrac{660}{660 \times 420} = 0.0277$

정답 12. ④ 13. ③ 14. ④ 15. ④ 16. ①

해설

17.
띠철근의 수직 간격은 축방향 철근 지름의 16배 이하, 띠철근 지름의 48배 이하, 기둥 단면의 최소 치수 이하여야 한다.

18.
블리딩 현상을 줄이기 위해서는 분말도가 높은 시멘트, AE제나 포졸란 등을 사용하고, 단위수량을 줄인다.

19.
압축이형철근의 정착길이(l_d)
=기본정착길이(l_{db})×보정계수
≥ 200 mm

20.
응력은 중립축에서 0이며 중립축으로부터의 거리에 비례한다.

21.
하중의 종류

구분	종류
주하중	고정하중, 활하중, 충격하중
부하중	풍하중, 온도 변화의 영향, 지진하중
특수하중	설하중, 원심하중, 제동하중, 지점 이동의 영향, 가설하중, 충돌하중

---

17 압축부재의 띠철근 수직 간격 결정 시 검토하여야 할 조건으로 옳은 것은?

① 300 mm 이하
② 축방향 철근 지름의 16배 이하
③ 띠철근 지름의 32배 이하
④ 기둥 단면 최소치수의 1/2 이하

18 블리딩을 적게 하는 방법으로 옳지 않은 것은?

① 분말도가 높은 시멘트를 사용한다.
② 단위수량을 크게 한다.
③ AE제를 사용한다.
④ 감수제를 사용한다.

19 압축이형철근의 정착길이 l_d는 기본정착길이에 적용 가능한 모든 보정계수를 곱하여 구하여야 한다. 이때 구한 정착길이 l_d는 항상 얼마 이상이어야 하는가?

① 150 mm   ② 200 mm
③ 250 mm   ④ 300 mm

20 경간이 긴 단철근 직사각형 콘크리트보에 크기가 작은 하중이 작용할 경우 균열이 발생하지 않았다면 이에 대한 설명으로 옳지 않은 것은?

① 압축응력은 압축측 콘크리트가 부담한다.
② 휘기 전에 평면인 단면은 변형 후에도 평면을 유지한다.
③ 응력은 중립축에서 최대이며 거리에 반비례한다.
④ 변형률은 중립축으로부터의 거리에 비례한다.

21 도로교 설계에서 하중을 주하중, 부하중, 주하중에 상당하는 특수하중, 부하중에 상당하는 특수하중으로 구분할 때, 부하중에 해당하는 것은?

① 활하중   ② 풍하중
③ 고정하중   ④ 충격하중

 17. ② 18. ② 19. ② 20. ③ 21. ②

22 재료의 강도가 크고, 콘크리트에 비하여 부재의 치수를 작게 할 수 있어 지간이 긴 교량을 축조하는 데 유리한 토목구조물의 구조는?
① 강구조
② 석구조
③ 목구조
④ 흙구조

23 프리스트레스 도입 직후 및 설계하중이 작용할 때의 단면 응력에 대한 가정 사항이 아닌 것은?
① 콘크리트는 전단면이 유효하게 작용한다.
② 콘크리트와 PS 강재는 탄성재료로 가정한다.
③ 부재의 길이 방향의 변형률은 중립축으로부터의 거리에 비례한다.
④ PS 강재 및 철근은 각각 그 위치의 콘크리트 변형률은 다르다.

24 1방향 슬래브에서 배력철근을 배치하는 이유가 아닌 것은?
① 주철근의 간격 유지
② 균열을 특정한 위치로 집중
③ 온도 변화에 의한 수축 감소
④ 고른 응력의 분포

25 독립확대기초의 크기가 2 m×3 m이고 허용지지력이 20 kN/m²일 때, 이 기초가 받을 수 있는 하중의 크기는?
① 90 kN
② 120 kN
③ 150 kN
④ 180 kN

26 구조물 재료에서 강재의 특징으로 옳지 않은 것은?
① 균질성을 가지고 있다.
② 부재를 개수하거나 보강하기 쉽다.
③ 차량 통행 등에 의한 소음이 거의 없다.
④ 시공이 간편하여 공사 기간을 줄일 수 있다.

해설

22.
강구조의 특징

장점	단점
• 단위면적당 강도가 크다.	• 내화성이 낮다.
• 자중이 작기 때문에 긴 지간의 교량이나 고층 건물 시공에 쓰인다.	• 좌굴의 영향이 크다.
• 인성이 커서 변형에 유리하고 내구성이 크다.	• 접합부의 신중한 설계와 용접부의 검사가 필요하다.
• 재료가 균질하다.	• 처짐 및 진동을 고려해야 한다.
• 부재를 공장에서 제작하고 현장에서 조립하여 현장 작업이 간편하고 공사 기간이 단축된다.	• 유지 관리가 필요하다.
• 세장한 부재가 가능하다.	• 반복하중에 따른 피로에 의해 강도 저하가 심하다.
• 기존 건축물의 증축, 보수가 용이하다.	• 소음이 발생하기 쉽다.
• 환경친화적인 재료이다.	

23.
부착되어 있는 PS 강재 및 철근은 각각 그 위치의 콘크리트 변형률과 같은 변형률을 일으킨다.

24.
배력철근
슬래브에서 주철근과 직각 방향으로 배근하는 철근이다.
㉠ 응력을 고르게 분포
㉡ 콘크리트 수축 억제 및 균열 제어
㉢ 주철근의 간격 유지
㉣ 균열 발생 시 균열 분포

25.
$P = A \times q = 2 \times 3 \times 20 = 120$ kN

26.
강구조로 만들어진 교량은 차량 통행에 의하여 소음이 발생하기 쉽다.

정답 22. ① 23. ④ 24. ② 25. ② 26. ③

해설

27.
① 서해대교 : 2000년
② 양화대교 : 1982년
③ 한강철교 : 1900년
④ 남해대교 : 1973년

28.
기둥의 종류
㉠ 띠철근기둥 : 축방향 철근을 적당한 간격의 띠철근으로 둘러 감은 기둥
㉡ 나선철근기둥 : 축방향 철근을 나선철근으로 촘촘히 둘러 감은 기둥
㉢ 합성기둥 : 구조용 강재나 강관을 축방향으로 보강한 기둥

29.
압출공법(ILM)에 대한 설명이다.

30.
프리스트레스의 손실 원인

도입 시 손실(즉시 손실)
• 정착장치의 활동
• PS 강재와 덕트(시스) 사이의 마찰
• 콘크리트의 탄성변형(탄성수축)

도입 후 손실
• 콘크리트의 크리프
• 콘크리트의 건조수축
• PS 강재의 릴랙세이션

31.
피로파괴에 대한 설명으로, 강구조는 반복하중에 따른 피로에 의해 강도 저하가 심하다.

32.
독립확대기초에 대한 설명이다. 독립확대기초에는 경사확대기초와 계단식 확대기초가 있다.

---

27 다음 중 가장 최근에 건설된 국내 교량은?
① 서해대교　　② 양화대교
③ 한강철교　　④ 남해대교

28 철근콘크리트기둥의 형식이 아닌 것은?
① 띠철근기둥
② 나선철근기둥
③ 합성기둥
④ 곡선기둥

29 프리스트레스트 콘크리트 교량의 가설방법으로 교대 후방의 작업장에서 교량 상부구조를 세그먼트로 제작하고 교축 방향으로 밀어내어 연속적으로 제작하는 방법은?
① PSM(Precast Segmental Method)
② MSS(Movable Scaffolding System)
③ FSM(Full Staging Method)
④ ILM(Incremental Launching Method)

30 프리스트레스의 손실 원인 중 도입할 때의 손실 원인으로 옳은 것은?
① 마찰에 의한 손실
② 콘크리트의 크리프
③ 콘크리트의 건조수축
④ PS 강재의 릴랙세이션

31 강구조물에서 강재에 반복하중이 지속적으로 작용하는 경우에 허용응력 이하의 작은 하중에서도 파괴되는 현상을 무엇이라 하는가?
① 취성파괴　　② 피로파괴
③ 연성파괴　　④ 극한파괴

32 다음 중 한 개의 기둥에 전달되는 하중을 한 개의 기초가 단독으로 받도록 되어 있는 기초는?
① 경사확대기초　　② 벽확대기초
③ 연결확대기초　　④ 전면기초

정답 27.①　28.④　29.④　30.①　31.②　32.①

33. 콘크리트 속에 묻혀 있는 철근과 콘크리트의 경계면에서 미끄러지지 않도록 저항하는 것을 부착이라 한다. 이러한 부착 작용의 세 가지 원리에 해당하지 않는 것은?

① 시멘트풀과 철근 표면의 점착 작용
② 콘크리트와 철근 표면의 마찰 작용
③ 이형철근 표면의 요철에 의한 기계적 작용
④ 원형철근 표면의 요철에 의한 기계적 작용

34. 토목구조물의 공통적인 특징이 아닌 것은?

① 건설에 많은 비용과 시간이 소요된다.
② 대부분 자연환경 속에 놓인다.
③ 공공의 목적으로 건설된다.
④ 다량 생산을 전제로 한다.

35. 두께에 비하여 폭이 넓은 판 모양의 구조물로 지지 조건에 의한 주철근 구조에 따라 두 가지로 구분되는 것은?

① 옹벽　　　　② 기둥
③ 슬래브　　　④ 확대기초

36. 문자의 크기를 나타낼 때 무엇을 기준으로 하는가?

① 모양　　　　② 굵기
③ 높이　　　　④ 서체

37. 테두리선, 표제란 등 도면 설정값을 미리 저장하고 있는 파일과 그 확장자가 옳은 것은?

① CAD 파일－DXF
② 템플릿 파일－DWT
③ 문자 파일－HWP
④ 그림 파일－DWG

38. 도면의 분류에서 구조도에 표시하는 것이 곤란한 특정 부분의 형상, 치수, 기구 등을 자세하게 표시하는 도면은?

① 일반도　　　② 구조도
③ 상세도　　　④ 제작도

해설

33.
부착의 원리
㉠ 시멘트풀과 철근 표면의 점착 작용
㉡ 콘크리트와 철근 표면의 마찰 작용
㉢ 이형철근 표면의 요철에 의한 기계적 작용

34.
어떠한 조건에서 설계 및 시공된 토목구조물은 유일한 구조물이다. 동일한 조건을 갖는 환경은 없고, 동일한 구조물을 두 번 이상 건설하는 일이 없다.

35.
슬래브 : 두께에 비하여 폭이나 길이가 매우 큰 판 모양의 부재로, 교량이나 건축물의 상판이 그 예이다. 지지하는 형식에 따라 1방향 슬래브와 2방향 슬래브가 있다.

36.
문자의 크기는 높이로 표현한다.

37.
DWT : 템플릿 파일의 확장자로 회사에서 지정한 규칙에 맞도록 일정한 도면들을 설정한 파일

38.
㉠ 일반도 : 구조물의 평면도, 입면도, 단면도 등에 의해서 그 형식과 일반 구조를 나타내는 도면
㉡ 상세도 : 구조도에서 표시하는 것이 곤란한 부분의 형상, 치수, 기구 등을 상세하게 표시하는 도면

정답　33. ④　34. ④　35. ③　36. ③　37. ②　38. ③

해설

39.
① 지반면(흙)
② 모래
③ 잡석
④ 수준면(물)

40.
정투상법
㉠ 제3각법 : 눈 → 투상면 → 물체
㉡ 제1각법 : 눈 → 물체 → 투상면

42.
① 자연석(석재)
② 콘크리트
③ 모르타르
④ 블록

43.
① 철근의 용접이음
③ 갈고리가 없을 때 겹침이음
④ 갈고리가 있을 때 겹침이음

44.
판형재(형강, 강관 등)의 표시는 단면모양, 높이(H)×너비(B)×두께(t)-길이(L)의 순으로 기입하고, 필요에 따라 재질을 기입할 수 있다.

39 단면의 경계표시 중 지반면(흙)을 나타내는 것은?

① 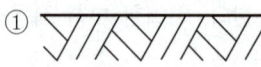   ②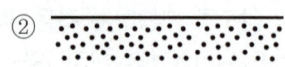

③    ④

40 정투상법에서 제1각법의 순서로 옳은 것은?
① 눈 → 물체 → 투상면
② 눈 → 투상면 → 물체
③ 물체 → 눈 → 투상면
④ 물체 → 투상면 → 눈

41 출제기준 변경에 따라 관련 문항 삭제함.

42 건설재료의 단면표시 중 모르타르를 나타내는 것은?

① 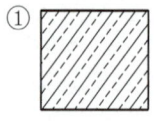   ②

③ 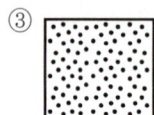   ④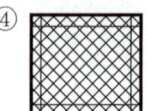

43 철근의 기계적 이음을 표시하는 기호는?

① ——•——   ②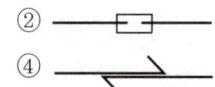

③ ————   ④ ————

44 그림과 같이 길이가 L인 I형강의 치수 표시로 가장 적합한 것은?

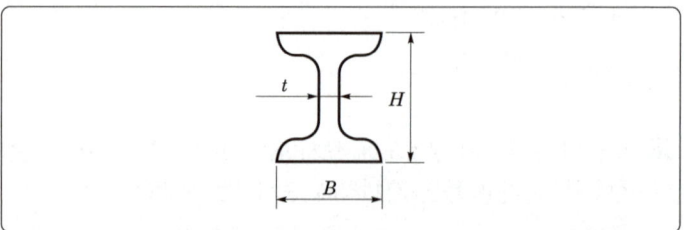

① I $H-B×L×t$ ② I $L-B×H×t$
③ I $B×L×H×t$ ④ I $H×B×t-L$

정답 39.① 40.① 41. 42.③ 43.② 44.④

45 도형의 중심을 나타내는 중심선, 위치 결정의 근거임을 나타내는 기준선 등에 사용되는 선의 종류는?
① 1점쇄선
② 2점쇄선
③ 파선
④ 가는 실선

46 국제 및 국가 규격 명칭 중 한국산업규격은?
① NF
② ISO
③ DIN
④ KS

47 문자의 선 굵기는 한글, 숫자 및 영자는 문자 크기의 호칭에 대하여 얼마로 하는 것이 좋은가?
① 1/2
② 1/5
③ 1/7
④ 1/9

48 그림과 같은 재료 단면의 경계표시로 옳은 것은?

① 지반면(흙)
② 호박돌
③ 잡석
④ 모래(사질토)

49 정투상도에서 표시되지 않는 도면은?
① 측면도
② 저면도
③ 상세도
④ 정면도

50 도로 종단면도의 기재 사항이 아닌 것은?
① 지반고
② 계획고
③ 추가 거리
④ 도로의 폭

해설

45.
① 1점쇄선 : 중심선, 기준선, 피치선
② 2점쇄선 : 가상선, 무게 중심선
③ 파선 : 숨은선
④ 가는 실선 : 치수선, 치수보조선, 지시선, 회전단면선, 수준면선

46.
국가 규격

표준 명칭	기호
국제표준화기구(International Organization for Standardization)	ISO
한국산업표준(Korean Industrial Standards)	KS
영국 규격(British Standards)	BS
독일 규격(Deutsche Industrie für Normung)	DIN
미국 규격(American National Standards Institute)	ANSI
스위스 규격(Schweizerish Normen-Vereinigung)	SNV
프랑스 규격(Norm Francaise)	NF
일본 규격(Japanese Industrial Standards)	JIS

47.
문자의 선 굵기는 한글, 숫자, 영문자에 해당하는 문자 크기의 호칭에 대하여 1/9로 하는 것이 바람직하다.

48.
모래(사질토)의 경계표시이다.

49.
정투상법 : 물체의 표면으로부터 평행한 투시선으로 입체를 투상하는 방법으로 대상물을 각 면의 수직 방향에서 바라본 모양을 그려 정면도, 평면도, 측면도를 기본으로 물체를 나타내는 방법이다. 배면도와 저면도가 추가될 수 있다.

50.
종단면도를 작성할 때에는 곡선, 측점, 거리, 추가 거리, 지반고, 계획고, 절토고, 성토고, 경사 등을 측량 또는 계산하여 기재한다.

정답 45. ① 46. ④ 47. ④ 48. ④ 49. ③ 50. ④

해설

51.
용지의 크기

호칭	크기(mm)
A4	210×297
A3	297×420
A2	420×594
A1	594×841
A0	841×1,189

52.
정면도의 선정
㉠ 정면도는 그 물체의 모양과 특징을 가장 잘 나타낼 수 있는 면으로 선정한다.
㉡ 동물, 자동차, 비행기는 그 모양의 측면을 정면도로 선정하여야 특징이 잘 나타난다.

53.
CAD 명령어를 실행하는 방법
㉠ 마우스 포인트로 아이콘을 클릭하는 방법
㉡ 명령(Command)창에 직접 명령어를 입력하는 방법
㉢ 풀다운 명령어에서 해당 명령어를 찾아 클릭하는 방법

54.
㉠ 축척 : 실물보다 축소하여 그린 축척. 예 1:2
㉡ 현척 : 실물과 같은 크기로 나타낸 비율. 예 1:1
㉢ 배척 : 실물보다 확대하여 나타낸 비율. 예 2:1

55.
① 환봉 ② 각봉
③ 파이프 ④ 나무

56.
축측투상법 : 정육면체를 경사대 위에서 적당한 방향으로 두고, 투상면에 수직투상하여 정육면체 3개의 인접면을 1개의 도형으로 표현하는 방법

---

51 도면의 크기 중 A4 크기의 2배가 되는 도면은?
① A5 ② A3
③ B4 ④ B3

52 투상도에서 물체 모양과 특징을 가장 잘 나타낼 수 있는 면은 어느 도면으로 선정하는 것이 좋은가?
① 정면도 ② 평면도
③ 배면도 ④ 측면도

53 CAD 명령어를 실행하는 방법이 아닌 것은?
① 마우스 포인트로 아이콘을 클릭한다.
② 명령(Command)창에 직접 명령어를 입력한다.
③ 풀다운 명령어에서 해당 명령어를 찾아 클릭한다.
④ 검색창에 명령어를 직접 입력한다.

54 KS 토목제도통칙에서 척도의 비가 1:1보다 작은 척도를 무엇이라 하는가?
① 현척 ② 배척
③ 축척 ④ 소척

55 각봉의 절단면을 바르게 표시한 것은?
①  ②
③ 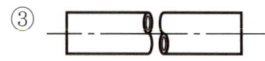 ④

56 각 모서리가 직각으로 만나는 물체는 모서리를 세 축으로 하여 투상도를 그리면 입체의 모양을 하나로 나타낼 수 있는데, 이러한 투상법은?
① 정투상법
② 사투상법
③ 축측투상법
④ 표고투상법

정답 51.② 52.① 53.④ 54.③ 55.② 56.③

57 도면의 치수 표기방법에 대한 설명으로 옳은 것은?

① 치수 단위는 cm를 원칙으로 하며, 단위 기호는 표기하지 않는다.
② 치수선이 세로일 때 치수를 치수선 오른쪽에 표시한다.
③ 좁은 공간에서는 인출선을 사용하여 치수를 표시할 수 있다.
④ 치수는 선이 교차하는 곳에 표기한다.

58 "치수나 각종 기호 및 지시사항을 기입하기 위하여 도형에서 수평선으로부터 60° 경사지게 빼낸 선"과 같은 종류의 선을 보기에서 골라 알맞게 짝지어진 것은?

㉠ 외형선　㉡ 숨은선　㉢ 해칭선　㉣ 치수선　㉤ 파선

① ㉠, ㉡　　　　　　② ㉡, ㉢
③ ㉢, ㉣　　　　　　④ ㉣, ㉤

59 철근의 표시법에서 철근과 철근 사이의 간격이 400 mm임을 바르게 나타낸 것은?

① D400　　　　　　② φ400
③ @400 C.T.C　　　④ 5@80＝400

60 치수와 치수선에 대한 설명으로 틀린 것은?

① 치수는 특별히 표시하지 않으면 마무리 치수로 표시한다.
② 치수선의 단말 기호(화살표)를 치수보조선의 안쪽에 그릴 수 없는 경우에는 생략한다.
③ 치수선은 표시할 치수의 방향에 평행하게 긋는다.
④ 치수선은 물체를 표시하는 도면의 외부에 긋는다.

해설

57.
① 치수 단위는 mm를 원칙으로 하며, 단위 기호는 생략한다.
② 치수선이 세로일 때 치수를 치수선 왼쪽에 표시한다.
④ 치수는 치수선이 교차하는 곳에는 가급적 기입하지 않는다.

58.
"치수나 각종 기호 및 지시사항을 기입하기 위하여 도형에서 수평선으로부터 60° 경사지게 빼낸 선"은 지시선을 의미하며, 지시선은 가는 실선으로 그려진다. 보기 중 가는 실선으로 그려지는 것은 해칭선과 치수선이다.

59.
㉠ @ : 간격을 의미한다.
㉡ C.T.C : Center To Center의 약자로, 중심 사이의 간격을 의미한다.
㉢ @400 C.T.C : 철근과 철근 중심 사이의 간격이 400 mm임을 나타낸다.

60.
치수선 끝 화살표를 붙일 공간이 부족할 때는 치수선을 치수보조선 바깥에 긋고, 안쪽을 향하게 화살표를 붙인다.

정답　57. ③　58. ③　59. ③　60. ②

2012

전산응용토목제도기능사
제5회 과년도 출제문제

2012년 10월 20일 시행

해설

1.
철근 여러 개를 이음해야 할 경우, 철근의 이음을 한 단면에 집중시키지 말고 서로 엇갈리게 한다.

2.
등가직사각형 응력분포 변수값

f_{ck}	ε_{cu}	η	β_1
≤40	0.0033	1.00	0.80
50	0.0032	0.97	0.80
60	0.0031	0.95	0.76
70	0.0030	0.91	0.74
80	0.0029	0.87	0.72
90	0.0028	0.84	0.70

3.
$$M_n = f_y \cdot A_s \cdot \left(d - \frac{a}{2}\right)$$
$$= 400 \times 1,500 \times \left(550 - \frac{100}{2}\right)$$
$$= 300,000,000 \, N \cdot mm$$
$$= 300 \, kN \cdot m$$

4.
보가 파괴를 일으킬 때 압축측의 표면에서 나타나는 콘크리트의 최대 변형률은 0.0033으로 가정한다.

5.
섬유보강 콘크리트 : 콘크리트 속에 짧은 섬유를 고르게 분산시켜 인장강도, 휨강도, 내충격성, 균열에 대한 저항성 등을 좋게 한 콘크리트

---

01 철근의 이음에 대한 설명으로 옳지 않은 것은?
① 철근은 잇지 않는 것을 원칙으로 한다.
② 부득이 이어야 할 경우 최대 인장응력이 작용하는 곳에서는 이음을 하지 않는 것이 좋다.
③ 이음부를 한 단면에 집중시켜 같은 부분에서만 잇는 것이 좋다.
④ 철근의 이음방법에는 겹침이음법, 용접이음법, 기계적인 이음법 등이 있다.

02 휨모멘트를 받는 부재에서 f_{ck} = 30 MPa일 때, 등가직사각형 응력 블록의 깊이 a를 구하기 위한 계수 β_1의 크기는?
① 0.81
② 0.83
③ 0.80
④ 0.85

03 유효깊이 d = 550 mm, 등가직사각형 깊이 a = 100 mm, 철근의 단면적은 1,500 mm²인 단철근 철근콘크리트보의 공칭모멘트는? (단, 철근의 항복강도는 400 MPa이다.)
① 300 kN·m
② 330 kN·m
③ 300,000,000 kN·m
④ 330,000,000 kN·m

04 철근콘크리트보를 설계할 때 극한강도에서 압축 최대 변형률은 얼마로 가정하는가?
① 0.001
② 0.0015
③ 0.002
④ 0.0033

05 보강용 섬유를 혼입하여 주로 인성, 균열 억제, 내충격성 및 내마모성 등을 높인 콘크리트는?
① 고강도 콘크리트
② 섬유보강 콘크리트
③ 폴리머 시멘트 콘크리트
④ 프리플레이스트 콘크리트

정답 1.③ 2.③ 3.① 4.④ 5.②

06 하중을 분포시키거나 균열을 제어할 목적으로 주철근과 직각에 가까운 방향으로 배치한 보조철근은?

① 배력철근 ② 굽힘철근
③ 비틀림철근 ④ 조립용철근

07 철근을 일정한 간격으로 배근하는 이유로 옳은 것은?

① 철근이 부식되지 않게 하기 위하여
② 철근과 콘크리트가 부착력을 잘 발휘하도록 하기 위하여
③ 철근의 응력이 다른 철근으로 잘 전달되도록 하기 위하여
④ 철근의 양쪽 끝이 콘크리트 속에서 미끄러지거나 빠져나오지 않도록 하기 위하여

08 유효높이 d = 450 mm인 단철근 직사각형 보에 압축을 받는 이형철근의 기본정착길이가 400 mm라면 압축이형철근의 정착길이는? (단, 보정계수는 0.75이다.)

① 250 mm ② 300 mm
③ 350 mm ④ 400 mm

09 콘크리트의 시방배합을 현장배합으로 수정할 때 고려(보정)하여야 하는 것으로 짝지어진 것은?

① 골재의 비중 및 잔골재율
② 골재의 비중 및 표면수량
③ 골재의 입도 및 잔골재율
④ 골재의 입도 및 표면수량

10 1방향 철근콘크리트 슬래브에 휨철근이 직각 방향으로 배근되는 수축·온도철근에 관한 설명으로 옳지 않은 것은?

① 수축·온도철근으로 배치되는 이형철근의 최소 철근비는 0.0014이다.
② 수축·온도철근의 간격은 슬래브 두께의 5배 이하로 하여야 한다.
③ 수축·온도철근의 최대 간격은 500 mm 이하로 하여야 한다.
④ 수축·온도철근은 설계기준 항복강도를 발휘할 수 있도록 정착되어야 한다.

해설

6.
배력철근 : 하중을 분포시키거나 콘크리트의 건조수축에 의한 균열을 제어할 목적으로 주철근과 직각 또는 직각에 가까운 방향으로 배치한 보조철근

7.
철근과 콘크리트가 부착력을 잘 발휘하도록 하기 위하여 철근을 일정한 간격으로 배근한다.

8.
압축이형철근의 정착길이(l_d)
= 기본정착길이(l_{db})×보정계수
= 400×0.75 = 300 mm

9.
현장배합은 현장에서 사용하는 골재의 함수 상태와 잔골재 속의 5 mm 체에 남는 양, 굵은골재 속의 5 mm 체를 통과하는 양을 고려하여 시방배합을 수정한 것이다.

10.
수축·온도철근의 간격은 슬래브 두께의 5배 이하, 또한 450 mm 이하로 하여야 한다.

정답 6. ① 7. ② 8. ② 9. ④ 10. ③

해설

11.
$$\rho = \frac{A_s}{bd} = \frac{4,000}{400 \times 500} = 0.02$$

12.
릴랙세이션 : 재료에 응력을 준 상태에서 변형을 일정하게 유지하면 시간이 지남에 따라 응력이 감소하는 현상

13.
㉠ 블리딩 : 콘크리트를 친 뒤에 시멘트와 골재알이 가라앉으면서 물이 콘크리트 표면으로 떠오르는 현상
㉡ 레이턴스 : 블리딩 현상에 의하여 콘크리트의 표면에 떠올라 가라앉는 미세한 물질

14.
수중에 타설하는 콘크리트의 최소 피복두께는 100 mm이다.

15.
콘크리트는 압축에는 강하나 인장에서 약하므로 콘크리트 속에 철근을 넣어 인장강도를 보강한 것이다.

16.
㉠ $U = 1.2D + 1.6L$
  $= 1.2 \times 200 + 1.6 \times 150$
  $= 480$ kN/m
㉡ $U = 1.4D$
  $= 1.4 \times 200 = 280$ kN/m
∴ 위의 값 중 큰 값인 480kN/m

---

11 폭 $b = 400$ mm, 유효깊이 $d = 500$ mm인 단철근 직사각형 보에서 인장철근비는? (단, 철근의 단면적 $A_s = 4,000$ mm²)

① 0.02　　② 0.03
③ 0.04　　④ 0.05

12 재료의 강도란 물체에 하중이 작용할 때 그 하중에 저항하는 능력을 말하는데, 이때 강도 중 하중 속도 및 작용에 따라 분류되는 강도가 아닌 것은?

① 정적 강도　　② 충격 강도
③ 피로 강도　　④ 릴랙세이션 강도

13 굳지 않은 콘크리트의 작업 후 재료 분리 현상으로 시멘트와 골재가 가라앉으면서 물이 올라와 콘크리트 표면에 떠오르는 현상은?

① 블리딩　　② 크리프
③ 레이턴스　　④ 워커빌리티

14 현장치기 콘크리트에서 수중에서 타설하는 콘크리트의 최소 피복두께는?

① 120 mm　　② 100 mm
③ 80 mm　　④ 60 mm

15 휨을 받는 철근콘크리트보에 대한 설명으로 틀린 것은?

① 콘크리트는 인장강도에는 강하나 압축강도에는 약하다.
② 철근의 탄성계수는 2.0×10^5 MPa을 표준으로 한다.
③ 철근과 콘크리트의 변형률은 중립축으로부터 거리에 비례한다.
④ 철근은 압축력보다는 주로 인장력에 저항한다.

16 지간 25 m인 단순보에 고정하중 200 kN/m, 활하중 150 kN/m가 작용하고 있다. 강도설계법으로 설계할 때 보에 작용하는 극한하중은?

① 400 kN/m　　② 480 kN/m
③ 560 kN/m　　④ 640 kN/m

정답　11. ①　12. ④　13. ①　14. ②　15. ①　16. ②

17 시멘트의 응결을 빠르게 하기 위한 것으로서 숏크리트, 그라우트에 의한 지수 공법 등에 사용되는 혼화제는?

① 급결제　　　② 촉진제
③ 지연제　　　④ 발포제

18 스터럽과 띠철근의 135° 표준갈고리는 구부린 끝에서 최소 얼마 이상 연장되어야 하는가? (단, D25 이하의 철근이고, d_b는 철근의 공칭지름이다.)

① $2d_b$ 이상　　　② $4d_b$ 이상
③ $6d_b$ 이상　　　④ $8d_b$ 이상

19 콘크리트용으로 사용하는 부순돌(쇄석)의 특징으로 옳지 않은 것은?

① 시멘트와 부착이 좋다.
② 수밀성, 내구성 등은 약간 저하된다.
③ 보통 콘크리트보다 단위수량이 10% 정도 많이 요구된다.
④ 부순돌은 강자갈과 달리 거친 표면 조직과 풍화암이 섞여 있지 않다.

20 골재알이 공기 중 건조 상태에서 표면 건조 포화 상태로 되기까지 흡수하는 물의 양을 무엇이라 하는가?

① 함수량　　　② 흡수량
③ 유효 흡수량　　　④ 표면수량

21 토목구조물의 종류에서 합성구조에 대한 설명으로 옳은 것은?

① 외력에 의한 불리한 응력을 상쇄할 수 있도록 미리 인위적인 내력을 준 콘크리트 구조
② 강재로 이루어진 구조로 부재의 치수를 작게 할 수 있으며 공사기간이 단축되는 등의 장점이 있는 구조
③ 강재의 보 위에 철근콘크리트 슬래브를 이어 쳐서 양자가 일체로 작용하도록 하는 구조
④ 콘크리트 속에 철근을 배치하여 양자가 일체가 되어 외력을 받게 한 구조

해설

17.
급결제 : 시멘트의 응결을 촉진하여 단시간에 굳게 하기 위해 사용한다. 뿜어붙이기 공법(shotcrete), 그라우트에 의한 누수방지 공법 등 급속공사에 이용된다.

18.
스터럽과 띠철근의 표준갈고리 (D25 이하의 철근에만 적용)
㉠ 90° 표준갈고리
 • D16 이하인 철근은 90° 구부린 끝에서 $6d_b$ 이상 더 연장하여야 한다.
 • D19, D22, D25 철근은 90° 구부린 끝에서 $12d_b$ 이상 더 연장하여야 한다.
㉡ 135° 표준갈고리 : D25 이하의 철근은 135° 구부린 끝에서 $6d_b$ 이상 더 연장하여야 한다.

19.
부순돌은 강자갈과 달리 거친 표면 조직과 풍화암이 섞여 있다.

20.
㉠ 유효 흡수량=표면 건조 포화 상태－공기 중 건조 상태
㉡ 흡수량=표면 건조 포화 상태－절대 건조 상태
㉢ 함수량=습윤 상태－절대 건조 상태
㉣ 표면수량=습윤 상태－표면 건조 포화 상태

21.
합성구조 : 강재와 콘크리트 등 다른 종류의 재료를 합성하여 구조적으로 하나로 작용하도록 만든 구조

정답　17.①　18.③　19.④　20.③　21.③

해설

22. 하중의 종류

구분	종류
주하중	고정하중, 활하중, 충격하중
부하중	풍하중, 온도 변화의 영향, 지진하중
특수하중	설하중, 원심하중, 제동하중, 지점 이동의 영향, 가설하중, 충돌하중

23.
1방향 슬래브의 정철근과 부철근의 중심 간 간격은 최대 휨모멘트가 일어나는 위험 단면에서 슬래브 두께의 2배 이하, 300 mm 이하로 하고, 기타의 단면에서는 슬래브 두께의 3배 이하, 450 mm 이하로 한다.

24.
연결확대기초 : 2개 이상의 기둥을 1개의 확대기초로 받치도록 만든 기초이며, 지반이 매우 연약한 경우에는 말뚝기초 위에 확대기초를 설치하는 경우도 있다.

25.
철근콘크리트 구조의 성립 이유
㉠ 철근과 콘크리트는 온도에 의한 열팽창계수가 비슷하다.
㉡ 굳은 콘크리트 속에 있는 철근은 힘을 받아도 그 주변 콘크리트와의 큰 부착력 때문에 잘 빠져나오지 않는다.
㉢ 콘크리트 속에 묻혀 있는 철근은 콘크리트의 알칼리 성분에 의해서 녹이 슬지 않는다.
㉣ 철근의 항복강도가 콘크리트의 항복강도보다 크다.

26.
콘크리트와 PS 강재는 탄성재료로 가정한다.

22 교량 설계에서 하중을 주하중, 부하중, 주하중에 상당하는 특수하중, 부하중에 상당하는 특수하중으로 구분할 때 주하중이 아닌 것은?
① 풍하중
② 활하중
③ 고정하중
④ 충격하중

23 위험단면에서 1방향 슬래브의 정모멘트 철근 및 부모멘트 철근의 중심 간격은?
① 슬래브 두께의 2배 이하, 또는 200 mm 이하
② 슬래브 두께의 2배 이하, 또는 300 mm 이하
③ 슬래브 두께의 4배 이하, 또는 400 mm 이하
④ 슬래브 두께의 4배 이하, 또는 500 mm 이하

24 2개 이상의 기둥을 1개의 확대기초로 지지하도록 만든 기초는?
① 경사확대기초
② 독립확대기초
③ 연결확대기초
④ 계단식 확대기초

25 철근콘크리트가 건설재료로서 널리 사용되는 이유가 아닌 것은?
① 철근과 콘크리트는 부착이 매우 잘된다.
② 철근과 콘크리트의 항복응력이 거의 같다.
③ 콘크리트 속에 묻힌 철근은 녹이 슬지 않는다.
④ 철근과 콘크리트는 온도에 대한 열팽창계수가 거의 같다.

26 프리스트레스트 콘크리트보의 설계를 위한 가정 사항이 아닌 것은?
① 콘크리트는 전단면이 유효하게 작용한다.
② 부재의 길이 방향의 변형률은 중립축으로부터 거리에 비례한다.
③ 콘크리트는 소성재료로, PS 강재는 탄성재료로 가정한다.
④ 부착되어 있는 PS 강재 및 철근은 각각 그 위치의 콘크리트의 변형률과 같은 변형률을 일으킨다.

정답 22. ① 23. ② 24. ③ 25. ② 26. ③

27 프리스트레스트 콘크리트의 포스트텐션 공법에 대한 설명으로 옳지 않은 것은?

① PS 강재를 긴장한 후에 콘크리트를 타설한다.
② 콘크리트가 경화한 후에 PS 강재를 긴장한다.
③ 그라우트를 주입시켜 PS 강재를 콘크리트와 부착시킨다.
④ 정착방법에는 쐐기식과 지압식이 있다.

28 교량을 중심으로 세계 토목구조물의 역사를 보면 재료 및 신기술의 발전과 사회 환경의 변화로 장대교량이 출현한 시기는?

① 기원전 1~2세기 ② 9~10세기
③ 11~18세기 ④ 19~20세기

29 상부 수직하중을 하부 지반에 분산시키기 위해 저면을 확대시킨 철근콘크리트판은?

① 확대기초판 ② 플랫 플레이트
③ 슬래브판 ④ 비내력벽

30 강구조의 판형교에 대한 설명으로 옳은 것은?

① 전단력은 주로 복부판으로 저항한다.
② 일반적으로 주형의 단면은 휨모멘트에 대하여 고려하지 않아도 된다.
③ 풍하중이나 지진하중 등의 수평력에 저항하기 위하여 주형의 하부에 수직 브레이싱을 설치한다.
④ 주형의 횡단면에 대한 비틀림을 방지하기 위해 경사 방향으로 교차하여 사용하는 부재를 스터럽이라 한다.

31 슬래브에 대한 설명으로 옳지 않은 것은?

① 슬래브는 두께에 비하여 폭이 넓은 판모양의 구조물이다.
② 2방향 슬래브는 주철근의 배치가 서로 직각으로 만나도록 되어 있다.
③ 주철근의 구조에 따라 크게 1방향 슬래브, 2방향 슬래브로 구별할 수 있다.
④ 4변에 의해 지지되는 슬래브 중에서 단면에 대한 장변의 비가 4배를 넘으면 2방향 슬래브로 해석한다.

해설

27.
포스트텐션 방식: 인장측에 시스관을 묻어 놓고 시스 내에 PS 강재를 배치한 후 콘크리트를 타설한다. 콘크리트가 경화한 후 시스관 속의 PS 강재를 양단에서 긴장 및 정착시킨다. 이때 발생하는 강재의 상향력으로 인장력을 상쇄한다. 보기 ①은 프리텐션 방식에 대한 설명이다.

28.
① 기원전 1~2세기 : 로마 문명 중심으로 아치교가 발달
② 9~10세기 : 르네상스와 기술발전에 따른 미적, 구조적 변화
③ 11~18세기 : 주철의 사용과 산업혁명
④ 19~20세기 초 : 재료 및 신기술의 발전과 사회환경의 변화로 장대교 출현

29.
확대기초판 : 상부 수직하중을 하부 지반에 분산시키기 위해 저면을 확대시킨 철근콘크리트판

30.
② 일반적으로 주형의 단면은 휨모멘트에 대하여 안전하도록 설계한다.
③ 풍하중이나 지진하중 등의 수평력에 저항하기 위하여 주형의 하부에 수평 브레이싱을 설치한다.
④ 주형의 횡단면에 대한 비틀림을 방지하기 위해 경사 방향으로 교차하여 사용하는 부재를 수직 브레이싱이라 한다.

31.
두 변에 의해서만 지지된 경우이거나, 네 변이 지지된 슬래브 중에서 $\dfrac{\text{장변 방향 길이}}{\text{단변 방향 길이}} \geq 2$일 경우 1방향 슬래브로 설계한다.

정답 27.① 28.④ 29.① 30.① 31.④

해설

32.
철근콘크리트의 장단점

장점	단점
• 내구성, 내진성, 내화성, 내풍성이 우수하다. • 다양한 치수와 형태로 건축이 가능하다. • 구조물을 경제적으로 만들 수 있고, 유지 관리비가 적게 든다. • 일체식 구조로 만듦으로써 강성이 큰 구조가 된다.	• 자체 중량이 크다. • 습식 공사로 공사 기간이 길다. • 균열이 발생하기 쉽고 부분적으로 파손되기 쉽다. • 파괴나 철거가 쉽지 않다.

33.
띠철근 : 철근콘크리트 구조의 기둥에서 가로 방향의 변형을 방지하고 압축응력을 증가시키기 위해 축방향 철근을 소정의 간격마다 둘러싼 가로 방향의 보강철근

34.
교량의 구성
㉠ 상부구조 : 교통물의 하중을 직접 받는 부분으로 바닥판, 바닥틀, 주형 등으로 구성되어 있다.
㉡ 하부구조 : 상부구조의 하중을 지반으로 전달해 주는 부분으로 교각, 교대, 기초 등으로 구성되어 있다.

35.
강재 : 자중이 작기 때문에 긴 지간의 교량이나 고층 건물 시공에 많이 쓰인다.

36.
문자의 선 굵기는 한글, 숫자, 영문자에 해당하는 문자 크기의 호칭에 대하여 1/9로 하는 것이 바람직하다.

---

32 철근콘크리트의 특징에 대한 설명으로 옳지 않은 것은?
① 내구성, 내화성, 내진성이 우수하다.
② 균열 발생이 없고, 검사 및 개조, 해체 등이 쉽다.
③ 여러 가지 모양과 치수의 구조물을 만들기 쉽다.
④ 다른 구조물에 비하여 유지 관리비가 적게 든다.

33 기둥에서 종방향 철근의 위치를 확보하고 전단력에 저항하도록 정해진 간격으로 배치된 횡방향의 보강철근을 무엇이라 하는가?
① 주철근
② 절곡철근
③ 인장철근
④ 띠철근

34 교량을 상부구조와 하부구조로 구분할 때 하부구조에 해당하는 것은?
① 바닥판
② 바닥틀
③ 주트러스
④ 교각

35 구조재료로서 강재의 단점이 아닌 것은?
① 정기적인 도장이 필요하다.
② 지간이 짧은 곳에서만 사용이 가능하다.
③ 반복하중에 의한 피로가 발생되기 쉽다.
④ 연결 부위로 인한 구조 해석이 복잡할 수 있다.

36 문자의 선 굵기는 한글, 숫자 및 영자일 때 문자 크기의 호칭에 대하여 얼마로 하는 것이 바람직한가?
① 1/3
② 1/6
③ 1/9
④ 1/12

정답 32.② 33.④ 34.④ 35.② 36.③

37 도로설계에 대한 순서가 옳은 것은?

> ㉠ 그 지방의 지형도에 의해 도면에서 가장 경제적인 노선을 계획한다.
> ㉡ 평면 측량을 하여 노선의 종단면도, 횡단면도 및 평면도를 작성한다.
> ㉢ 노선의 중심선을 따라 종단 측량 및 횡단 측량을 한다.
> ㉣ 도로 공사에 필요한 토공의 수량이나 도로부지 등을 구한다.

① ㉠-㉡-㉢-㉣ ② ㉠-㉢-㉡-㉣
③ ㉡-㉠-㉢-㉣ ④ ㉡-㉢-㉠-㉣

해설

37.
㉠-㉢-㉡-㉣

38 제도용지의 세로와 가로의 비로 옳은 것은?
① 1:1 ② 1:2
③ $1:\sqrt{2}$ ④ $1:\sqrt{3}$

38.
제도용지의 세로와 가로의 비는 $1:\sqrt{2}$ 이다.

39 컴퓨터를 사용하여 제도작업을 할 때의 특징과 가장 거리가 먼 것은?
① 신속성 ② 정확성
③ 응용성 ④ 도덕성

39.
컴퓨터를 사용하여 제도작업을 하면 신속성, 정확성, 응용성이 있다.

40 재료 단면의 경계표시 중 지반면(흙)을 나타낸 것은?

40.
① 지반면(흙)
② 모래
③ 자갈
④ 수준면(물)

41 그림이 나타내고 있는 것은?

① 목재 ② 석재
③ 강재 ④ 콘크리트

41.
건설재료의 단면표시방법 중 목재를 표시한 것이다.

42 물체를 평행으로 투상하여 표현하는 투상도가 아닌 것은?
① 정투상도 ② 사투상도
③ 투시투상도 ④ 표고투상도

42.
입체투상도의 종류: 정투상도, 축측투상도, 사투상도, 투시투상도

정답 37.② 38.③ 39.④ 40.① 41.① 42.④

해설

43.
협소한 구간에서 치수선의 위쪽에 치수보조선이 있을 때에는 치수선의 아래쪽에 치수를 기입할 수 있고, 필요에 따라 인출선을 사용하여 치수를 표시해도 좋다.

44.
'7@250=1750'은 전장 1,750 mm를 250 mm 간격으로 7등분한다는 의미이다.

45. 투시투상도의 작도
㉠ 평행투시도: 인접한 두 면이 각각 화면과 기면에 평행한 때의 투시도
㉡ 유각투시도: 인접한 두 면 가운데 밑면은 기면에 평행하고 다른 면은 화면에 경사진 투시도
㉢ 경사투시도: 인접한 두 면이 모두 기면과 화면에 기울어진 투시도

46.
① 자연석(석재) ② 아스팔트
③ 강철 ④ 벽돌

47. 국제 및 국가별 표준규격

표준 명칭	기호
국제표준화기구(International Organization for Standardization)	ISO
한국산업표준(Korean Industrial Standards)	KS
영국 규격(British Standards)	BS
독일 규격(Deutsche Industrie für Normung)	DIN
미국 규격(American National Standards Institute)	ANSI
스위스 규격(Schweitzerish Normen-Vereinigung)	SNV
프랑스 규격(Norm Francaise)	NF
일본 규격(Japanese Industrial Standards)	JIS

48.
윤곽선은 도면의 크기에 따라 0.5 mm 이상의 굵은 실선으로 나타낸다.

---

43 협소한 부분의 치수를 기입하기 위하여 사용하는 것은?
① 인출선 ② 기준선
③ 중심선 ④ 외형선

44 배근도의 치수가 7@250=1750으로 표시되었을 때, 이에 따른 설명으로 옳은 것은?
① 철근의 길이가 250 mm이다.
② 배열된 철근의 개수는 알 수 없다.
③ 철근과 다음 철근의 간격이 1,750 mm이다.
④ 철근을 250 mm 간격으로 7등분하여 배열하였다.

45 투시투상도의 종류 중 인접한 두 면이 각각 화면과 기면에 평행한 때의 것은?
① 평행투시도 ② 유각투시도
③ 경사투시도 ④ 정사투시도

46 그림과 같은 재료의 단면 중 벽돌에 대한 표시로 옳은 것은?

47 국제 및 국가별 표준규격 명칭과 기호 연결이 옳지 않은 것은?
① 국제표준화기구 - ISO ② 영국 규격 - DIN
③ 프랑스 규격 - NF ④ 일본 규격 - JIS

48 선의 종류와 용도에 대한 설명으로 옳지 않은 것은?
① 외형선은 굵은 실선으로 긋는다.
② 치수선은 가는 실선으로 긋는다.
③ 숨은선은 파선으로 긋는다.
④ 윤곽선은 1점쇄선으로 긋는다.

정답 43. ① 44. ④ 45. ① 46. ④ 47. ② 48. ②

49 도면에 그려야 할 내용의 영역을 명확하게 하고, 제도용지의 가장자리에 생기는 손상으로 기재 사항을 해치지 않도록 하기 위하여 표시하는 것은?
① 비교눈금   ② 윤곽선
③ 중심마크   ④ 중심선

50 도면의 치수 기입 원칙이 아닌 것은?
① 치수는 계산할 필요가 없도록 기입해야 한다.
② 치수는 될 수 있는 대로 주투상도에 기입해야 한다.
③ 정확성을 위하여 반복적으로 중복해서 치수기입을 해야 한다.
④ 길이와 크기, 자세 및 위치를 명확하게 표시해야 한다.

51 출제기준 변경에 따라 관련 문항 삭제함.

52 출제기준 변경에 따라 관련 문항 삭제함.

53 토목제도에 통용되는 일반적인 설명으로 옳은 것은?
① 축척은 도면마다 기입할 필요가 없다.
② 글자는 명확하게 써야 하며, 문장은 세로로 위쪽부터 쓰는 것이 원칙이다.
③ 도면은 될 수 있는 대로 실선으로 표시하고, 파선으로 표시함을 피한다.
④ 대칭이 되는 도면은 중심선의 양쪽 모두를 단면도로 표시한다.

54 KS에서 원칙으로 하는 정투상도 그리기 방법은?
① 제1각법   ② 제3각법
③ 제5각법   ④ 다각법

55 토목제도를 목적과 내용에 따라 분류한 것으로 옳은 것은?
① 설계도 – 중요한 치수, 기능, 사용되는 재료를 표시한 도면
② 계획도 – 설계도를 기준으로 작업 제작에 이용되는 도면
③ 구조도 – 구조물과 관련 있는 지형 및 지질을 표시한 도면
④ 일반도 – 구조도에 표시하기 곤란한 부분의 형상, 치수를 표시한 도면

해설

49.
윤곽선에 대한 설명이다. 윤곽선이 있는 도면은 윤곽선이 없는 도면에 비하여 안정되어 보인다.

50.
도면은 될 수 있는 대로 간단하게 그리며 중복을 피한다.

53.
① 축척은 도면마다 기입한다.
② 글자는 명확하게 써야 하며, 문장은 가로로 왼쪽부터 쓰는 것이 원칙이다.
④ 대칭이 되는 도면은 중심선의 한쪽을 외형도, 반대쪽을 단면도로 표시한다.

54.
KS에서 정투상법은 제3각법에 따라 도면을 작성하는 것을 원칙으로 한다.

55.
㉠ 계획도 : 구체적인 설계를 하기 전에 계획자의 의도를 명시하기 위해서 그리는 도면
㉡ 구조도 : 구조물의 구조 주체를 나타내는 도면
㉢ 일반도 : 구조물의 측면도, 평면도, 단면도에 의해 그 형식, 일반 구조를 표시하는 도면

정답 49. ② 50. ③ 51. 52. 53. ③ 54. ② 55. ①

해설
56. ② 평면도 ③ 정면도
57. ㉠ 성토면　㉡ 절토면 
58. 도면을 철하기 위한 구멍 뚫기의 여유를 설치할 때 최소 너비는 20 mm이다.
59. 콘크리트 구조물 도면의 축척 	도면의 종류	축척
---	---
일반도	1/100, 1/200, 1/300, 1/400, 1/500, 1/600
구조 일반도	1/50, 1/100, 1/200
구조도	1/20, 1/30, 1/40, 1/50
상세도	1/1, 1/2, 1/5, 1/10, 1/20	
60. 단면의 형태에 따른 절단면 표시 

56 다음 보기의 입체도에서 화살표 방향을 정면으로 할 때 평면도를 바르게 표현한 것은?

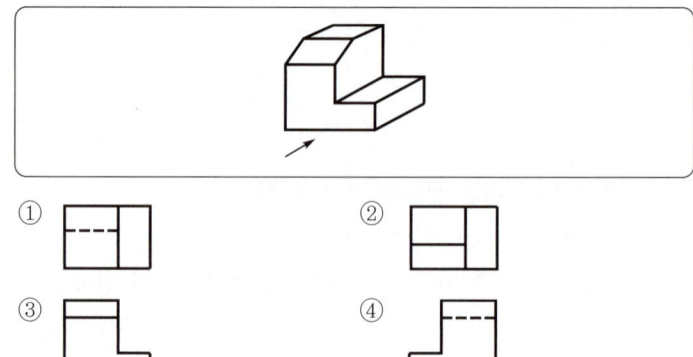

57 그림과 같은 축도기호가 나타내고 있는 것으로 옳은 것은?

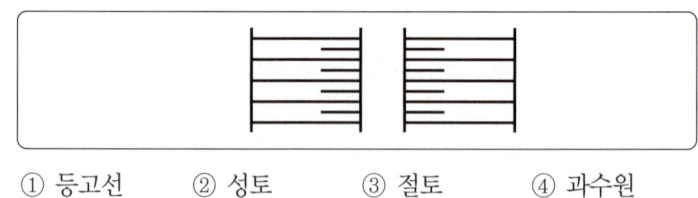

① 등고선　② 성토　③ 절토　④ 과수원

58 도면을 철하기 위해 표제란에서 가장 떨어진 왼쪽 끝에 두는 구멍 뚫기의 여유를 설치할 때 최소 너비는?

① 5 mm　② 10 mm
③ 15 mm　④ 20 mm

59 다음 중 콘크리트 구조물에 대한 상세도 축척의 표준으로 가장 적당한 것은?

① 1 : 5　② 1 : 50
③ 1 : 100　④ 1 : 200

60 단면 형상에 따른 절단면 표시에 관한 내용으로 파이프를 나타내는 그림은?

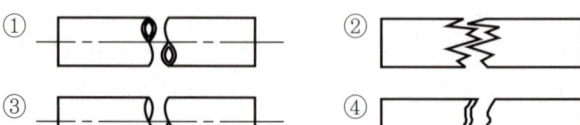

정답　56. ②　57. ②　58. ④　59. ①　60. ①

2013

제1회 과년도 출제문제

전산응용토목제도기능사

✏️ 2013년 1월 27일 시행

---

01 한중콘크리트에 관한 설명으로 옳지 않은 것은?

① 한중콘크리트를 시공하여야 하는 기상조건의 기준은 하루의 평균 기온 0℃ 이하가 예상되는 조건이다.
② 타설할 때의 콘크리트 온도는 5℃~20℃의 범위에서 정한다.
③ 재료를 가열할 경우, 물 또는 골재를 가열하는 것으로 하며, 시멘트는 어떠한 경우라도 직접 가열할 수 없다.
④ 시공 시 특히 응결경화 초기에 동결시키지 않도록 주의하여야 한다.

02 D22 이형철근으로 스터럽의 90° 표준갈고리를 제작할 때, 90° 구부린 끝에서 최소 얼마 이상 더 연장하여야 하는가? (단, d_b는 철근의 지름이다.)

① $6d_b$
② $9d_b$
③ $12d_b$
④ $15d_b$

03 잔골재의 조립률이 시방배합의 기준표보다 0.1만큼 크다면 잔골재율(S/a)을 어떻게 보정하는가?

① 1% 작게 한다.
② 1% 크게 한다.
③ 0.5% 작게 한다.
④ 0.5% 크게 한다.

04 지름 100 mm의 원주형 공시체를 사용한 콘크리트의 압축강도시험에서 압축하중이 200 kN에서 파괴가 진행되었다면 압축강도는?

① 2.5 MPa
② 10.2 MPa
③ 20.0 MPa
④ 25.5 MPa

해설

1.
한중콘크리트 : 하루 평균 기온이 약 4℃ 이하가 되는 기상조건에서 사용하는 콘크리트이다.

2.
스터럽과 띠철근의 표준갈고리
(D25 이하의 철근에만 적용)
㉠ 90° 표준갈고리
 • D16 이하인 철근은 90° 구부린 끝에서 $6d_b$ 이상 더 연장하여야 한다.
 • D19, D22, D25 철근은 90° 구부린 끝에서 $12d_b$ 이상 더 연장하여야 한다.
㉡ 135° 표준갈고리 : D25 이하의 철근은 135° 구부린 끝에서 $6d_b$ 이상 더 연장하여야 한다.

3.
배합수 및 잔골재율 보정

구분	잔골재율(S/a)
잔골재의 조립률이 0.1만큼 클(작을) 때마다	0.5만큼 크게(작게) 한다.
물-결합재비가 0.05만큼 클(작을) 때마다	1만큼 크게(작게) 한다.

4.
압축강도
$$f_c = \frac{P}{A} = \frac{200 \times 10^3}{\frac{\pi \times 100^2}{4}} = 25.5 \text{ MPa}$$

정답 1.① 2.③ 3.④ 4.④

해설

5.

$A_s f_y = \eta(0.85 f_{ck})ab$

$\therefore a = \dfrac{A_s f_y}{\eta(0.85 f_{ck})b}$

$= \dfrac{2,850 \times 400}{1 \times 0.85 \times 28 \times 400}$

$= 108.4 \text{ mm}$

($\because f_{ck} \leq 40$ MPa인 경우 $\eta = 1$)

$c = \dfrac{a}{\beta_1} = \dfrac{108.4}{0.80} = 135.5 \text{ mm}$

($\because f_{ck} \leq 50$ MPa인 경우 $\beta_1 = 0.8$)

6.

$A_s = \rho \times A$

$= 0.025 \times (20 \times 40)$

$= 20 \text{ cm}^2$

7.
표준갈고리 정착길이

보정항목	보정값	설 명
철근 항복강도	$f_y/400$	f_y가 400 MPa이 아닌 경우
콘크리트 피복두께	0.7	90° 표준갈고리가 사용된 D35 이하의 철근으로, 갈고리면에 수직인 피복두께가 70 mm 이상이고, 갈고리에서 뻗은 자유단 철근의 피복두께가 50 mm 이상인 경우
띠철근 (스터럽)	0.8	D35 이하의 90° 또는 180° 표준갈고리 철근에서 정착길이 구간을 $3d_b$ 이하의 간격으로 띠철근 또는 스터럽이 정착되는 철근을 수직으로 둘러싼 경우
과다 철근	소요/ 배근	f_y에 대한 정착이 특별히 요구되지 않고 배근된 철근이 소요량 이상인 경우

8.
콘크리트의 압축강도는 인장강도의 10~13배이다.

05 그림과 같이 $b = 400$ mm, $d = 400$ mm, $A_s = 2,580$ mm²인 단철근 직사각형 보의 중립축 위치 c는? (단, $f_{ck} = 28$ MPa, $f_y = 400$ MPa이다.)

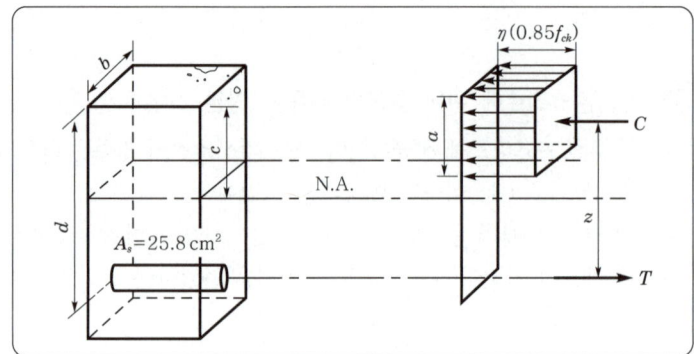

① 108.5 mm ② 135.5 mm ③ 215.5 mm ④ 240.5 mm

06 그림과 같은 단철근 직사각형 보의 철근비가 0.025일 때, 철근량 A_s는?

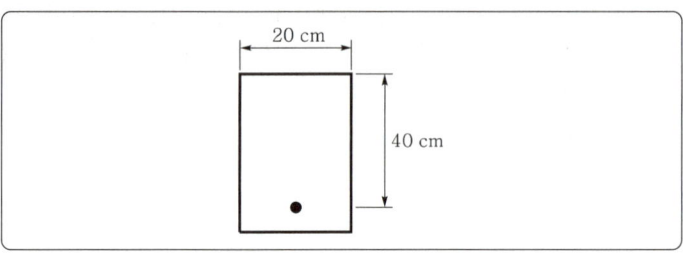

① 10 cm² ② 15 cm² ③ 20 cm² ④ 25 cm²

07 표준갈고리를 갖는 인장이형철근의 정착에서 아래와 같은 경우에 기본정착길이 l_{hb}에 대한 보정계수는?

> D35 이하의 90° 또는 180° 갈고리 철근에서 정착길이 구간을 $3d_b$ 이하 간격으로 띠철근 또는 스터럽이 정착되는 철근을 수직으로 둘러싼 경우

① 0.70 ② 0.75 ③ 0.80 ④ 0.85

08 토목재료로서 콘크리트의 일반적인 특징으로 옳지 않은 것은?
① 콘크리트 자체가 무겁다.
② 건조수축에 의한 균열이 생기기 쉽다.
③ 압축강도와 인장강도가 동일하다.
④ 내구성과 내화성이 모두 크다.

정답 5. ② 6. ③ 7. ③ 8. ③

09 콘크리트 압축응력의 분포와 콘크리트 변형률 사이의 관계에서 등가직사각형의 응력 블록에 대한 설명으로 옳지 않은 것은?

① 압축응력의 분포와 변형률 사이의 관계를 직사각형으로 가정한다.
② 콘크리트의 평균 응력으로 $\eta(0.85f_{ck})$를 사용한다.
③ 응력은 너비 b와 깊이 a에 의해 만들어지는 보의 단면에 작용하는 것으로 가정한다.
④ 응력의 식 $a = \beta_1 c$에서 c는 인장철근에서부터 압축측 콘크리트 상단까지의 거리이다.

10 주철근의 표준갈고리로 옳게 짝지어진 것은?

① 45° 표준갈고리와 90° 표준갈고리
② 60° 표준갈고리와 120° 표준갈고리
③ 90° 표준갈고리와 180° 표준갈고리
④ 90° 표준갈고리와 135° 표준갈고리

11 콘크리트의 내구성에 영향을 끼치는 요인으로 가장 거리가 먼 것은?

① 동결과 융해
② 거푸집의 종류
③ 물 흐름에 의한 침식
④ 철근의 녹에 의한 균열

12 철근콘크리트 구조물에서 보가 극한 상태에 이르게 되면 구조물 자체는 파괴되거나 파괴에 가까운 상태가 된다. 실제의 구조물에서 이와 같은 파괴가 일어나지 않게 하기 위해 공칭강도에 무엇을 곱하여 사용하는가?

① 강도감소계수
② 응력
③ 변형률
④ 온도보정계수

13 숏크리트 시공 및 그라우팅에 의한 지수공법에 주로 사용되는 혼화제는?

① 발포제
② 급결제
③ 공기연행제
④ 고성능 유동화제

해설

9.
응력의 식 $a = \beta_1 c$에서 c는 중립축으로부터 압축측 콘크리트 상단까지의 거리이다.
인장철근에서 압축측 콘크리트 상단까지의 거리는 유효깊이(d)이다.

10.
주철근의 표준 갈고리
㉠ 180°(반원형) 갈고리 : 180° 구부린 반원 끝에서 $4d_b$ 이상, 또는 60 mm 이상 더 연장되어야 한다.
㉡ 90°(직각) 갈고리 : 90° 구부린 끝에서 $12d_b$ 이상 더 연장해야 한다.

11.
내구성: 재료의 건습, 동결과 융해, 철근의 녹에 의한 균열, 마모 등의 물리적 작용이나 산, 알칼리 등의 화학적 작용에 견디는 성질

12.
설계강도(S_d)는 공칭강도(S_n)에 혹시 있을지 모르는 강도의 결함 등을 고려하여 1보다 작은 강도감소계수(ϕ)를 곱해 준다.

13.
급결제 : 시멘트의 응결을 촉진하여 단시간에 굳게 하기 위해 사용한다. 뿜어붙이기 공법(shotcrete), 그라우트에 의한 누수방지공법 등 급속공사에 이용된다.

정답 9. ④ 10. ③ 11. ② 12. ① 13. ②

해설

14.
콘크리트의 단위 무게
㉠ 일반 콘크리트(무근콘크리트) : 2,300~2,350 kg/m³
㉡ 철근콘크리트 : 2,400~2,500 kg/m³
㉢ 경량 콘크리트 : 1,400~2,000 kg/m³

15.
정철근과 부철근의 중심 간 간격은 최대 휨모멘트가 일어나는 단면에서 슬래브 두께의 2배 이하, 300 mm 이하가 되도록 해야 한다.
∴ 120×2 = 240 mm ≤ 300 mm

16.
기둥의 축방향 철근은 사각, 원형 띠철근으로 둘러싸인 경우 4개, 삼각형 띠철근으로 둘러싸인 경우 3개, 나선철근으로 둘러싸인 경우 6개 이상 배근한다.

17.
용접이음과 기계적 연결이음은 맞댐이음으로서, 이음 시 이음부가 철근의 설계기준 항복강도의 125% 이상의 인장력을 발휘해야 한다.

18.
$U = 1.2D + 1.6L$
$= 1.2 \times 20 + 1.6 \times 30$
$= 72 \text{ kN} \cdot \text{m}$
$\therefore M_u = \dfrac{U \cdot l^2}{8} = \dfrac{72 \times 4^2}{8}$
$= 144 \text{ kN} \cdot \text{m}$
∴ 최대 공칭모멘트
$= \dfrac{144}{0.85} = 169 \text{ kN} \cdot \text{m}$

---

14 잔골재, 자갈 또는 부순 모래, 부순 자갈, 여러 가지 슬래그 골재 등을 사용하여 만든 단위질량이 2,300 kg/m³ 전후의 콘크리트를 무엇이라 하는가?

① 일반 콘크리트
② 수밀콘크리트
③ 경량 골재 콘크리트
④ 폴리머 시멘트 콘크리트

15 두께 120 mm의 슬래브를 설계하고자 한다. 최대 정모멘트가 발생하는 위험단면에서 주철근의 중심 간격은 얼마 이하이어야 하는가?

① 140 mm 이하
② 240 mm 이하
③ 340 mm 이하
④ 440 mm 이하

16 압축부재에서 사각형 띠철근으로 둘러싸인 주철근의 최소 개수는?

① 4개
② 9개
③ 16개
④ 25개

17 용접이음은 철근의 설계기준 항복강도 f_y의 몇 % 이상을 발휘할 수 있는 완전 용접이어야 하는가?

① 85%
② 100%
③ 125%
④ 150%

18 지간 4 m의 단순보가 고정하중 20 kN/m와 활하중 30 kN/m를 받고 있다. 이 보를 설계하는 데 필요한 최대 공칭모멘트는? (단, 고정하중과 활하중에 대한 하중계수는 각각 1.2와 1.6이며, 이 보는 인장지배단면으로 본다.)

① 72 kN·m
② 122 kN·m
③ 144 kN·m
④ 169 kN·m

정답 14. ① 15. ② 16. ① 17. ③ 18. ④

19 프리스트레스하지 않은 부재의 현장치기 콘크리트에서 흙에 접하거나 외부의 공기에 노출되는 콘크리트로서 D19 이상의 철근인 경우 최소 피복두께는?

① 40 mm ② 50 mm ③ 60 mm ④ 80 mm

20 철근콘크리트 구조물의 설계방법이 아닌 것은?

① 강도설계법 ② 허용응력설계법
③ 한계상태설계법 ④ 하중강도설계법

21 기둥에 관한 설명으로 옳지 않은 것은?

① 지붕, 바닥 등의 상부 하중을 받아서 토대 및 기초에 전달하고 벽체의 골격을 이루는 수직 구조체이다.
② 단주인가, 장주인가에 따라 동일한 단면이라도 그 강도가 달라진다.
③ 순수한 축방향 압축력만을 받는 일은 거의 없다.
④ 기둥의 강도는 단면의 모양과 밀접한 연관이 있고, 기둥 길이와는 무관하다.

22 콘크리트를 주재료로 하고 철근을 보강재료로 하여 만든 구조를 무엇이라 하는가?

① 합성콘크리트 구조
② 무근콘크리트 구조
③ 철근콘크리트 구조
④ 프리스트레스트 콘크리트 구조

23 2방향 슬래브의 위험단면에서 철근 간격은 슬래브 두께의 2배 이하, 또한 몇 mm 이하이어야 하는가?

① 100 mm ② 200 mm
③ 300 mm ④ 400 mm

24 철근콘크리트가 성립하는 이유(조건)로 옳지 않은 것은?

① 콘크리트 속에 묻힌 철근은 녹이 슬지 않는다.
② 철근과 콘크리트는 부착이 매우 잘된다.
③ 철근과 콘크리트는 온도에 대한 열팽창계수가 거의 같다.
④ 철근과 콘크리트는 인장강도가 거의 같다.

해설

19.
최소 피복두께 규정

철근의 외부 조건		최소 피복두께
수중에서 타설하는 콘크리트		100 mm
흙에 접하여 콘크리트를 친 후에 영구히 흙에 묻혀 있는 콘크리트		75 mm
흙에 접하거나 옥외의 공기에 직접 노출되는 콘크리트	D19 이상 철근	50 mm
	D16 이하 철근	40 mm
옥외의 공기나 흙에 직접 접하지 않는 콘크리트(보, 기둥)		40 mm

20.
철근콘크리트 구조의 설계방법에는 강도설계법, 허용응력설계법, 한계상태설계법이 있다.

21.
기둥의 길이가 길어짐에 따라 변위에 의한 모멘트가 큰 비율로 증가하기 때문에 압축부재인 기둥의 강도는 길이의 영향을 매우 크게 받는다.

22.
철근콘크리트 구조 : 콘크리트는 압축강도는 강하나 인장강도가 약하므로 콘크리트 속에 철근을 넣어 인장강도를 보강한 것이다.

23.
2방향 슬래브의 정철근과 부철근의 중심 간 간격은 최대 휨모멘트가 일어나는 위험단면에서 슬래브 두께의 2배 이하, 300 mm 이하가 되도록 해야 한다.

24.
철근은 인장강도가 크고, 콘크리트는 압축강도가 크다.

정답 19. ② 20. ④ 21. ④ 22. ③ 23. ③ 24. ④

해설

25.
$M_r = \Sigma V \cdot x = 40 \times 3 = 120 \text{ kN}$
$M_o = \Sigma H \cdot y = 20 \times 2 = 40 \text{ kN}$
$\therefore F_s = \dfrac{M_r}{M_o} = \dfrac{120}{40} = 3$

26.
PSC 구조는 안전성이 높지만 철근콘크리트 구조에 비해 강성이 작아서 변형이 크고 진동하기가 쉽다.

27.
마찰 감소재 : PS 강재와 시스 등의 마찰을 줄이기 위하여 PS 강재에 바르는 재료로, 그리스, 파라핀, 왁스 등이 사용된다.

28.
사장교 : 교각 위에 세운 주탑으로부터 비스듬히 케이블을 걸어 교량 상판을 매단 형태의 교량

29.
설하중 : 시간이 지남에 따라 변동하는 하중

---

25 그림과 같은 옹벽에 수평력 20 kN, 수직력 40 kN이 작용하고 있다. 전도에 대한 안전율은? [단, 기초 좌측 하단(0점)을 기준으로 한다.]

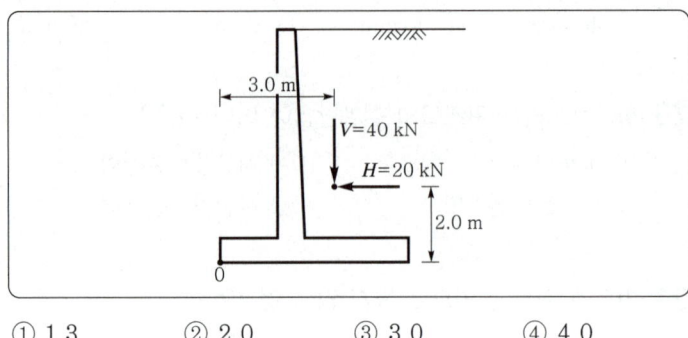

① 1.3   ② 2.0   ③ 3.0   ④ 4.0

26 프리스트레스트 콘크리트(PSC)의 특징이 아닌 것은? (단, 철근콘크리트와 비교)
① 고강도의 콘크리트와 강재를 사용한다.
② 안전성이 낮고 강성이 커서 변형이 작다.
③ 단면을 작게 할 수 있어 지간이 긴 구조물에 적당하다.
④ 설계하중이 작용하더라도 인장측 콘크리트에 균열이 발생하지 않는다.

27 PS 강재나 시스 등의 마찰을 줄이기 위해 사용되는 마찰 감소재가 아닌 것은?
① 왁스   ② 모래
③ 파라핀   ④ 그리스

28 주탑과 경사로 배치되어 있는 인장 케이블 및 바닥판으로 구성되어 있으며, 바닥판은 주탑에 연결되어 있는 와이어 케이블로 지지되어 있는 형태의 교량은?
① 사장교   ② 라멘교
③ 아치교   ④ 현수교

29 설계에 있어 고려하는 하중의 종류 중 변동하는 하중에 해당되는 것은?
① 고정하중   ② 설하중
③ 수평토압   ④ 수직토압

정답 25. ③ 26. ② 27. ② 28. ① 29. ②

30 외력에 대한 옹벽의 안정조건이 아닌 것은?
① 활동에 대한 안정
② 침하에 대한 안정
③ 전도에 대한 안정
④ 전단력에 대한 안정

31 강도설계법에서 인장지배단면을 받는 부재의 강도감소계수값은?
① 0.65
② 0.75
③ 0.85
④ 0.95

32 터널 설계 시 고려사항으로 옳지 않은 것은?
① 통풍이 양호한 곳
② 지반 조건이 양호한 곳
③ 터널 내 곡선의 반지름은 짧을 것
④ 시공할 때나 완성 후의 배수를 고려할 것

33 용접이음의 특징에 대한 설명으로 옳지 않은 것은?
① 접합부의 강성이 작다.
② 시공 중에 소음이 없다.
③ 인장측에 리벳 구멍에 의한 단면 손실이 없다.
④ 리벳 접합방식에 비하여 강재를 절약할 수 있다.

34 보통 무근콘크리트로 만들어지며 자중에 의하여 안정을 유지하는 옹벽의 형태를 무엇이라 하는가?
① 중력식 옹벽
② L형 옹벽
③ 캔틸레버 옹벽
④ 뒷부벽식 옹벽

35 구조재료로서 강재의 특징에 대한 설명으로 옳지 않은 것은?
① 균질성을 가지고 있다.
② 관리가 잘된 강재는 내구성이 우수하다.
③ 다양한 형상과 치수를 가진 구조로 만들 수 있다.
④ 다른 재료에 비해 단위면적에 대한 강도가 작다.

36 한국산업표준 중에서 건설 부문의 기호는?
① KS A
② KS C
③ KS F
④ KS M

해설

30.
옹벽의 안정조건
㉠ 전도에 대한 안정
㉡ 활동에 대한 안정
㉢ 침하에 대한 안정

31.
지배단면에 따른 강도감소계수(ϕ)

구분		강도감소계수
인장지배단면		0.85
변화구간단면	나선철근 부재	0.70~0.85
	그 외의 부재	0.65~0.85
압축지배단면	나선철근 부재	0.70
	그 외의 부재	0.65

32.
터널 내 곡선의 반지름은 큰 곡선으로 한다.

33.
용접이음과 기계적 연결이음은 맞댐이음으로서, 이음 시 이음부가 철근의 설계기준 항복강도의 125% 이상의 인장력을 발휘해야 한다.

34.
중력식 옹벽 : 무근콘크리트나 석재, 벽돌 등으로 만들어지며 자중에 의하여 안정을 유지한다. 일반적으로 3m 이하일 때 사용한다.

35.
강재는 다른 재료에 비해 단위면적에 대한 강도가 매우 크다.

36.
KS의 부문별 기호

부문	분류 기호
기본	KS A
전기전자	KS C
건설	KS F
화학	KS M

정답 30. ④ 31. ③ 32. ③ 33. ① 34. ① 35. ④ 36. ③

해설

37.
① 모르타르　② 블록
④ 벽돌

38.
① 인조석　② 콘크리트
③ 강철　④ 벽돌

39.

41.
㉠ 굵기에 따른 종류: 가는 선, 굵은 선, 아주 굵은 선
㉡ 용도에 따른 분류: 외형선, 치수선, 치수보조선, 중심선 등

42.
한글 서체는 고딕체로 하고, 수직 또는 오른쪽으로 15° 경사지게 쓰는 것이 원칙이다.

---

37 재료의 단면표시 중 벽돌을 나타내는 것은?

① 　②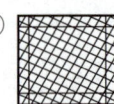

③ 　④

38 구조용 재료의 단면표시 그림 중에서 인조석을 표시한 것은?

① 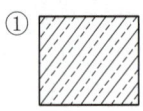　②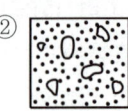

③ 　④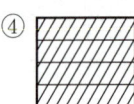

39 그림과 같은 양면 접시머리 공장리벳의 바른 표시는?

① ⊗　② ⊗
③ ○　④ ⊗

40 출제기준 변경에 따라 관련 문항 삭제함.

41 용도에 따른 선의 명칭으로 옳은 것은?
① 가는 선　② 굵은 선
③ 중심선　④ 아주 굵은 선

42 토목제도에서 한글 서체는 수직 또는 오른쪽으로 어느 정도 경사지게 쓰는 것이 원칙인가?
① 10°　② 15°
③ 20°　④ 30°

정답　37. ④　38. ①　39. ④　40.　41. ③　42. ②

43 컴퓨터 입력장치에서 문서, 그림, 사진 등을 이미지 형태로 입력하는 장치는?

① 광펜　　　　　② 스캐너
③ 태블릿　　　　④ 조이스틱

44 일반적인 제도 규격용지의 폭과 길이의 비로 옳은 것은?

① 1 : 1　　　　　② 1 : $\sqrt{2}$
③ 1 : $\sqrt{3}$　　　　④ 1 : 4

45 투상법에서 제3각법에 대한 설명으로 옳지 않은 것은?

① 정면도 아래에 배면도가 있다.
② 정면도 위에 평면도가 있다.
③ 정면도 좌측에 좌측면도가 있다.
④ 제3면각 안에 물체를 놓고 투상하는 방법이다.

46 구조물 설계제도에서 도면의 작도 순서로 가장 알맞은 것은?

ⓐ 일반도	ⓑ 단면도	ⓒ 주철근 조립도
ⓓ 철근 상세도	ⓔ 각부 배근도	

① ⓑ→ⓒ→ⓓ→ⓔ→ⓐ
② ⓑ→ⓔ→ⓐ→ⓒ→ⓓ
③ ⓐ→ⓔ→ⓓ→ⓑ→ⓒ
④ ⓐ→ⓒ→ⓑ→ⓔ→ⓓ

47 제도에 일반적으로 사용되는 축척으로 가장 거리가 먼 것은?

① $\dfrac{1}{2}$　　　　② $\dfrac{1}{3}$
③ $\dfrac{1}{5}$　　　　④ $\dfrac{1}{10}$

48 구조물 전체의 개략적인 모양을 표시하는 도면으로 구조물 주위의 지형지물을 표시하여 지형과 구조물과의 연관성을 명확하게 표현하는 도면은?

① 일반도　　　　② 구조도
③ 측량도　　　　④ 설명도

해설

43.
㉠ 스캐너 : 사진이나 그림 등을 컴퓨터 메모리에 디지털화하여 입력한다.
㉡ 태블릿 : 디지타이저와 유사한 입력장치로, 탁상에서의 활용성이 향상된 소형 기종이다.

44.
제도용지의 세로와 가로의 비는 1 : $\sqrt{2}$ 이다.

45.
제3각법

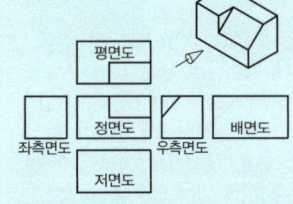

46.
구조물 작도 순서
단면도 → 각부 배근도 → 일반도 → 주철근 조립도 → 철근 상세도

47.
도면의 축척은 1/1, 1/2, 1/5, 1/10, 1/15, 1/20, 1/25, 1/30, 1/40, 1/50, 1/100, 1/200, 1/250, 1/300, 1/400, 1/500, 1/600, 1/1000, 1/1200, 1/2500, 1/3000, 1/5000 등 22종을 기본으로 한다.

48.
일반도 : 구조물 전체의 개략적인 모양을 표시하는 도면

정답　43. ②　44. ②　45. ①　46. ②　47. ②　48. ①

해설

49.
지반고가 계획고보다 클 때에는 흙깎기(절토)가 된다.

50.
치수의 단위는 mm를 원칙으로 하고, 단위 기호는 쓰지 않는다.

51.
등각투상도 : 정면, 평면, 측면을 하나의 투상도에서 동시에 볼 수 있으며, 직각으로 만나는 3개의 모서리가 각각 120°를 이루게 그리는 도법

52.
표제란 기입사항 : 도면번호, 도면명칭, 기업체명, 책임자 서명, 도면작성 연월일, 축척 등

53.
그림의 크기가 치수와 비례하지 않으면 NS(Non Scale)를 기입한다.

54.

종류	단면 모양	표시방법
환강		$\phi A-L$
각강관		$\square A \times B \times t - L$
각강		$\square A - L$
평강		$\square B \times t - L$

---

49 측량제도에서 종단면도 작성에 관한 설명으로 옳지 않은 것은?
① 지반고가 계획고보다 클 때에는 흙쌓기가 된다.
② 기준선은 지반고와 계획고 이하가 되도록 한다.
③ No. 4+9.8은 No. 4에서 9.8 m 지점의 +말뚝을 표시한 것이다.
④ 지반고란에는 야장에서 각 중심말뚝의 표고를 기재한다.

50 치수와 치수선에 대한 설명으로 옳지 않은 것은?
① 치수는 특별히 명시하지 않으면 마무리 치수(완성 치수)로 표시한다.
② 치수선은 표시할 치수의 방향에 평행하게 긋는다.
③ 치수는 계산하지 않고서도 알 수 있게 표기한다.
④ 치수의 단위는 mm를 원칙으로 하고, 치수 뒤에 단위를 써서 표시한다.

51 직육면체의 직각으로 만나는 3개의 모서리가 모두 120°를 이루는 투상도는?
① 정투상도   ② 등각투상도
③ 부등각투상도   ④ 사투상도

52 표제란에 기입할 사항이 아닌 것은?
① 도면번호   ② 도면명칭
③ 도면치수   ④ 기업체명

53 척도에 관한 설명으로 옳지 않은 것은?
① 현척은 실제 크기를 의미한다.
② 배척은 실제보다 큰 크기를 의미한다.
③ 축척은 실제보다 작은 크기를 의미한다.
④ 그림의 크기가 치수와 비례하지 않으면 NP를 기입한다.

54 판형재 중 각강(鋼)의 치수 표시방법은?
① $\phi A - L$ ② $\square A - L$
③ $\square B \times t - L$ ④ $\square A \times B \times t - L$

정답 49. ① 50. ④ 51. ② 52. ③ 53. ④ 54. ②

55 그림은 어떠한 재료 단면의 경계를 나타낸 것인가?

① 지반면 ② 자갈면
③ 암반면 ④ 모래면

56 구조물 제도에서 물체의 절단면을 표현하는 것으로 중심선에 대하여 45° 경사지게 일정한 간격으로 긋는 것은?

① 파선 ② 스머징
③ 해칭 ④ 스프릿

57 CAD 작업의 특징으로 옳지 않은 것은?

① 설계 기간의 단축으로 생산성을 향상시킨다.
② 도면분석, 수정, 제작이 수작업에 비하여 더 정확하고 빠르다.
③ 컴퓨터 화면을 통하여 대화방식으로 도면을 입·출력할 수 있다.
④ 설계 도면을 여러 사람이 동시 작업이 불가능하여 표준화 작업에 어려움이 있다.

58 국가 규격 명칭과 규격기호가 바르게 표시된 것은?

① 일본 규격 – JKS ② 미국 규격 – USTM
③ 스위스 규격 – JIS ④ 국제표준화기구 – ISO

59 치수 기입에서 치수 보조 기호에 대한 설명으로 옳지 않은 것은?

① 정사각형의 변 : □ ② 반지름 : R
③ 지름 : D ④ 판의 두께 : t

60 도형의 표시방법에서 투상도에 대한 설명으로 옳지 않은 것은?

① 물체의 오른쪽과 왼쪽이 같을 때에는 우측면도만 그린다.
② 정면도와 평면도만 보아도 그 물체를 알 수 있을 때에는 측면도를 생략해도 된다.
③ 물체의 길이가 길 때, 정면도와 평면도만으로 표시할 수 있을 경우에는 측면도를 생략한다.
④ 물체에 따라 정면도 하나로 그 형태의 모든 것을 나타낼 수 있을 때에도 다른 투상도를 모두 그려야 한다.

해설

55. 지반면(흙)을 나타낸 것이다.

56. 해칭(해칭선)에 대한 설명이다.

57. CAD는 여러 사람이 동시에 작업을 해도 표준화를 이룰 수 있어서 설계 시간의 단축에 의한 일의 생산성을 향상시킨다.

58. 국가 규격

표준 명칭	기호
일본 규격(Japanese Industrial Standards)	JIS
미국 규격(American National Standards Institute)	ANSI
스위스 규격(Schweitzerish Normen-Vereinigung)	SNV
국제표준화기구(International Organization for Standardization)	ISO

59. 지름 : ϕ

60. 각 모서리가 직각으로 만나는 물체는 모서리를 세 축으로 하여 투상도를 그리면 입체의 모양을 투상도 하나로 나타낼 수 있다.

정답 55.① 56.③ 57.④ 58.④ 59.③ 60.④

2013

전산응용토목제도기능사
제4회 과년도 출제문제

✏ 2013년 7월 21일 시행

📑 **해설**

1.
$$a = \frac{A_s f_y}{\eta(0.85 f_{ck})b}$$
$$= \frac{2,295 \times 400}{1 \times 0.85 \times 27 \times 500}$$
$$= 80 \text{ mm}$$

2.
하중의 종류

구분	종류
주하중	고정하중, 활하중, 충격하중
부하중	풍하중, 온도 변화의 영향, 지진하중
특수하중	설하중, 원심하중, 제동하중, 지점 이동의 영향, 가설하중, 충돌하중

3.
철근이 2단 이상으로 배치되는 경우 상하 철근은 동일 연직면 내에 배치되어야 하고, 상하 철근의 연직 순간격은 25 mm 이상으로 해야 한다.

4.
$C = \eta(0.85 f_{ck})ab$
$= 1 \times 0.85 \times 28 \times 150 \times 300$
$= 1,071,000 \text{ N} = 1,071 \text{ kN}$

5.
$M_{\max} = \dfrac{wl^2}{8}$
$= \dfrac{6 \times 4^2}{8} = 12 \text{ kN} \cdot \text{m}$

---

01 폭이 500 mm인 철근콘크리트보가 있다. 콘크리트의 압축강도가 27 MPa, 철근의 항복강도가 400 MPa, 사용된 철근량이 2,295 mm² 일 때, 이 보의 등가 응력사각형의 깊이(a)는?
① 20 mm
② 40 mm
③ 60 mm
④ 80 mm

02 토목구조물 설계에서 일반적으로 주하중으로 분류되지 않는 것은?
① 토압
② 수압
③ 지진
④ 자중

03 단면의 폭 $b = 400$ mm, 유효깊이 $d = 600$ mm인 단철근 직사각형 보에 D22의 정철근을 2단으로 배치할 경우 그 연직 순간격은 얼마 이상으로 하여야 하는가?
① 25 mm 이상
② 35 mm 이상
③ 40 mm 이상
④ 50 mm 이상

04 단철근 직사각형 보에서 $b = 300$ mm, $a = 150$ mm, $f_{ck} = 28$ MPa 일 때 콘크리트의 전압축력은? (단, 강도설계법)
① 1,080 kN
② 1,071 kN
③ 1,134 kN
④ 1,197 kN

05 6 kN/m의 등분포하중을 받는 지간 4 m의 철근콘크리트 단순보가 있다. 이 보의 최대 휨모멘트는? (단, 하중계수는 적용하지 않는다.)
① 12 kN · m
② 24 kN · m
③ 36 kN · m
④ 48 kN · m

정답 1. ④ 2. ③ 3. ① 4. ② 5. ①

06 철근 D29~D35의 경우에 180° 표준갈고리의 구부림 최소 내면 반지름은? (단, d_b : 철근의 공칭지름)

① $2d_b$ ② $3d_b$
③ $4d_b$ ④ $6d_b$

07 프리스트레스하지 않는 부재의 현장치기 콘크리트 중 수중에서 치는 콘크리트의 최소 피복두께는?

① 40 mm ② 60 mm
③ 80 mm ④ 100 mm

08 인장력을 받는 이형철근의 A급 겹침이음 길이로 옳은 것은? (단, l_d : 정착길이)

① $1.0l_d$ 이상 ② $1.3l_d$ 이상
③ $1.5l_d$ 이상 ④ $2.0l_d$ 이상

09 컴프레서 혹은 펌프를 이용하여 노즐 위치까지 호스 속으로 만든 콘크리트는?

① 진공 콘크리트 ② 유동화 콘크리트
③ 펌프 콘크리트 ④ 숏크리트

10 콘크리트의 워커빌리티에 영향을 미치는 요소에 대한 설명으로 옳지 않은 것은?

① 시멘트의 분말도가 높을수록 워커빌리티가 좋아진다.
② AE제, 감수제 등의 혼화제를 사용하면 워커빌리티가 좋아진다.
③ 시멘트량에 비해 골재의 양이 많을수록 워커빌리티가 좋아진다.
④ 단위수량이 적으면 유동성이 적어 워커빌리티가 나빠진다.

11 다음 ( )에 알맞은 수치는?

> 동일 평면에서 평행한 철근 사이의 수평 순간격은 ( )mm 이상, 철근의 공칭지름 이상으로 하여야 한다.

① 25 ② 35
③ 45 ④ 55

해설

6. 180° 표준갈고리와 90° 표준갈고리의 구부림 내면 반지름

철근 지름	최소 반지름(r)
D10~D25	$3d_b$
D29~D35	$4d_b$
D38 이상	$5d_b$

7. 최소 피복두께 규정

철근의 외부 조건	최소 피복두께
수중에서 타설하는 콘크리트	100 mm
흙에 접하여 콘크리트를 친 후에 영구히 흙에 묻혀 있는 콘크리트	75 mm
흙에 접하거나 옥외의 공기에 직접 노출되는 콘크리트(D19 이상의 철근)	50 mm
옥외의 공기나 흙에 직접 접하지 않는 콘크리트(보, 기둥)	40 mm

8.
㉠ A급 겹침이음 : $1.0l_d$ 이상, 또는 300 mm
㉡ B급 겹침이음 : $1.3l_d$ 이상, 또는 300 mm

9. 뿜어붙이기 콘크리트 : 압축공기를 이용하여 시공면에 모르타르나 콘크리트를 뿜어붙이는 것으로, 숏크리트(shotcrete)라고도 한다.

10. 단위시멘트량이 많아질수록 워커빌리티가 좋아진다.

11. 보의 주철근의 수평 순간격
㉠ 25 mm 이상
㉡ 굵은골재 최대치수의 4/3배 이상
㉢ 철근의 공칭지름 이상

정답 6. ③ 7. ④ 8. ① 9. ④ 10. ③ 11. ①

해설

12.
㉠ α : 철근 배치 위치 계수
㉡ β : 에폭시 도막 계수
㉢ λ : 경량 콘크리트 계수

13.
㉠ $f_{ck} \leq 35$ MPa일 때
$f_{cr} = f_{ck} + 1.34s$ [MPa]
$f_{cr} = (f_{ck} - 3.5) + 2.33s$ [MPa]
중 큰 값
㉡ $f_{ck} > 35$ MPa일 때
$f_{cr} = f_{ck} + 1.34s$ [MPa]
$f_{cr} = 0.9f_{ck} + 2.33s$ [MPa]
중 큰 값
여기서, f_{cr} : 콘크리트의 배합강도(MPa)
f_{ck} : 콘크리트의 설계기준강도(MPa)
s : 콘크리트의 압축강도의 표준편차(MPa)

14.
감수제, AE감수제
㉠ 시멘트 입자를 흐트러지게 하여 소정의 반죽질기를 얻음으로써 단위수량을 줄일 수 있다.
㉡ 감수제에 AE 공기도 함께 생기도록 한 것을 AE감수제라고 한다.
㉢ 시멘트 분산작용으로 워커빌리티가 개선된다.
㉣ 소요 슬럼프 강도 확보를 위해 단위수량 및 단위시멘트를 감소시킬 목적으로 사용한다.
㉤ 단위수량을 줄임으로써 재료분리가 적어진다.
㉥ 동결융해 저항성을 향상시킨다.

15.
콘크리트의 압축강도는 인장강도의 10~13배이다.

16.
굵은골재 최대치수 : 질량비로 90% 이상을 통과시키는 체 중에서 최소치수의 체눈을 호칭치수로 나타낸다.

---

12 인장이형철근 및 이형철선의 정착길이는 기본정착길이에 보정계수(α, β, λ)를 곱하여 구할 수 있다. 이때 보정계수에 영향을 주는 인자가 아닌 것은?
① 철근의 겹침이음
② 철근 배치 위치
③ 철근 도막 여부
④ 콘크리트의 종류

13 콘크리트의 배합설계에서 실제 시험에 의한 설계기준강도(f_{ck})와 압축강도의 표준편차(s)를 구했을 때 배합강도(f_{cr})를 구하는 방법으로 옳은 것은? (단, $f_{ck} \leq 35$ MPa인 경우)

① $f_{cr} = f_{ck} + 1.34s$ [MPa], $f_{cr} = (f_{ck} - 3.5) + 2.33s$ [MPa]의 두 식으로 구한 값 중 큰 값
② $f_{cr} = f_{ck} + 1.34s$ [MPa], $f_{cr} = (f_{ck} - 3.5) + 2.33s$ [MPa]의 두 식으로 구한 값 중 작은 값
③ $f_{cr} = f_{ck} + 1.34s$ [MPa], $f_{cr} = 0.9f_{ck} + 2.33s$ [MPa]의 두 식으로 구한 값 중 큰 값
④ $f_{cr} = f_{ck} + 1.34s$ [MPa], $f_{cr} = 0.9f_{ck} + 2.33s$ [MPa]의 두 식으로 구한 값 중 작은 값

14 혼화제의 일종으로, 시멘트 분말을 분산시켜서 콘크리트의 워커빌리티를 얻기에 필요한 단위수량을 감소시키는 것을 주목적으로 한 재료는?
① 급결제
② 감수제
③ 촉진제
④ 보수제

15 토목재료로서 콘크리트의 일반적인 특징으로 옳지 않은 것은?
① 경화하는 데 시간이 걸리기 때문에 시공일수가 길어진다.
② 내구성, 내화성, 내진성이 우수하다.
③ 경화 시에 건조, 수축에 의한 균열이 발생하기 쉽다.
④ 인장강도에 비해 압축강도가 매우 작다.

16 굵은골재의 최대치수는 질량비로 몇 % 이상을 통과시키는 체 가운데에서 가장 작은 치수의 체눈을 체의 호칭치수로 나타낸 것인가?
① 80%
② 85%
③ 90%
④ 95%

 12. ① 13. ① 14. ② 15. ④ 16. ③

17 콘크리트를 친 후 시멘트와 골재알이 가라앉으면서 물이 올라와 콘크리트의 표면에 떠오르는 현상은?

① 슬럼프 ② 워커빌리티
③ 레이턴스 ④ 블리딩

18 휨 또는 휨과 압축을 동시에 받는 부재의 콘크리트 압축연단의 극한변형률은 얼마로 가정하는가?

① 0.0023 ② 0.0033
③ 0.0043 ④ 0.0053

19 수밀콘크리트의 배합에서 물-결합재(시멘트)비는 얼마 이하를 표준으로 하는가?

① 40% ② 50%
③ 60% ④ 70%

20 폭 $b=300$ mm, 유효깊이 $d=400$ mm, 철근의 단면적 $A_s=3,000$ mm^{2}인 단철근 직사각형 보의 철근비는?

① 0.005 ② 0.015
③ 0.025 ④ 0.035

21 그림과 같은 기초를 무엇이라 하는가?

① 독립확대기초
② 경사확대기초
③ 벽확대기초
④ 연결확대기초

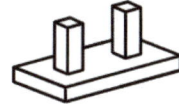

22 도로교의 표준트럭하중 DB-24 하중에서 후륜하중은?

① 24 kN ② 54 kN
③ 72 kN ④ 96 kN

23 부재의 길이에 비하여 단면이 작은 부재를 삼각형으로 이어서 만든 뼈대로서, 보의 작용을 하도록 한 구조로 된 교량형식은?

① 판형교 ② 트러스교
③ 사장교 ④ 거버교

해설

17.
㉠ 블리딩 : 콘크리트를 친 뒤에 시멘트와 골재알이 가라앉으면서 물이 콘크리트 표면으로 떠오르는 현상
㉡ 레이턴스 : 블리딩 현상에 의하여 콘크리트의 표면에 떠올라 가라앉는 미세한 물질

18.
보가 파괴를 일으킬 때 압축측의 표면에 나타나는 콘크리트의 극한변형률은 $f_{ck} \leq 40$ MPa인 경우 0.0033으로 가정한다.

19.
수밀콘크리트는 물이 새지 않도록 치밀하게 만들어 수밀성이 큰 콘크리트이다. AE제, 감수제 등을 사용하며, 물-결합재비를 50% 이하로 한다.

20.
$$\rho = \frac{A_s}{bd} = \frac{3,000}{300 \times 400} = 0.025$$

21.
연결확대기초(복합기초) : 하나의 확대기초를 사용하여 2개 이상의 기둥을 지지하도록 만든 기초

22.
표준트럭하중

교량의 등급	하중	총중량 W (kN)	전륜하중 0.1W (kN)	후륜하중 0.4W (kN)
1등급	DB-24	432	24	96
2등급	DB-18	324	18	72
3등급	DB-13.5	243	13.5	54

23.
트러스교 : 비교적 계산이 간단하고, 구조적으로 상당히 긴 지간에 유리하게 쓰이며, 재료도 절약된다.

정답 17.④ 18.② 19.② 20.③ 21.④ 22.④ 23.②

해설

24.
토목구조물은 사용 재료에 따라 콘크리트 구조, 강구조, 합성구조로 나뉜다.

25.
강도설계법에 대한 설명이다.

26.
장주의 좌굴하중 $P_c = \dfrac{\pi^2 EI}{(kl_u)^2}$

27.
교량 건설 연도
① 인천대교 : 2009년
② 원효대교 : 1981년
③ 한강철교 : 1900년
④ 영종대교 : 2000년

28.
릴랙세이션 : PS 강재를 어떤 인장력으로 긴장한 채 그 길이를 일정하게 유지해 주면 시간이 지남에 따라 PS 강재의 인장응력이 감소하는 현상

29.
토목구조물은 한 번 건설해 놓으면 오랜 기간 사용하므로 장래를 예측하여 설계하고 건설해야 한다.

---

24 사용 재료에 따른 토목구조물의 종류가 아닌 것은?
① 콘크리트 구조
② 판상형 구조
③ 합성구조
④ 강구조

25 구조물의 파괴 상태 또는 파괴에 가까운 상태를 기준으로 하여 그 구조물의 사용 기간 중에 예상되는 최대하중에 대하여 구조물의 안전을 적절한 수준으로 확보하려는 설계방법으로 하중계수와 강도감소계수를 적용하는 설계법은?
① 강도설계법
② 허용응력설계법
③ 한계상태설계법
④ 안전율설계법

26 중심 축하중을 받는 장주의 좌굴하중(P_c)은? (단, EI : 압축부재의 휨강성, kl_u : 유효길이)
① $P_c = \dfrac{\pi^2 EI}{(kl_u)^2}$
② $P_c = \dfrac{(EI)^2}{\pi^2 (kl_u)}$
③ $P_c = \dfrac{\pi^2 kl_u}{(EI)^2}$
④ $P_c = \dfrac{kl_u}{\pi^2 (EI)^2}$

27 다음 교량 중 건설 시기가 가장 최근의 것은? (단, 개·보수 및 복구 등을 제외한 최초의 준공을 기준으로 한다.)
① 인천대교
② 원효대교
③ 한강철교
④ 영종대교

28 PS 강재를 어떤 인장력으로 긴장한 채 그 길이를 일정하게 유지해 주면 시간이 지남에 따라 PS 강재의 인장응력이 감소하는 현상은?
① 프리플렉스
② 응력 부식
③ 릴랙세이션
④ 그라우팅

29 토목구조물의 특징이 아닌 것은?
① 대부분 공공의 목적으로 건설된다.
② 구조물의 수명이 짧다.
③ 대부분 자연환경 속에 놓인다.
④ 다량 생산이 아니다.

정답 24. ② 25. ① 26. ① 27. ① 28. ③ 29. ②

30 기둥, 교각에 작용하는 상부구조물의 하중을 지반에 안전하게 전달하기 위하여 설치하는 구조물은?
① 기둥
② 옹벽
③ 슬래브
④ 확대기초

31 교량을 설계할 경우 슬래브교의 최소 두께는 얼마 이상인가? (단, 도로교설계기준에 따른다.)
① 150 mm
② 200 mm
③ 250 mm
④ 300 mm

32 콘크리트에 철근을 보강하는 가장 큰 이유는?
① 압축력 보강
② 인장력 보강
③ 전단력 보강
④ 비틀림 보강

33 일반적인 강구조의 특징이 아닌 것은?
① 반복하중에 의한 피로가 발생하기 쉽다.
② 균질성이 우수하다.
③ 차량 통행으로 인한 소음이 적다.
④ 부재를 개수하거나 보강하기 쉽다.

34 프리스트레스트 콘크리트보를 설명한 것으로 옳지 않은 것은?
① 고강도의 PC 강선이 사용된다.
② 긴 지간의 교량에는 적당하지 않다.
③ 프리스트레스트 콘크리트보 밑면의 균열을 방지할 수 있다.
④ 프리스트레싱에 의해 보가 위로 솟아오르기 때문에 고정하중을 받을 때의 처짐도 작다.

35 보의 해석에서 회전이 자유롭고 1방향으로만 이동되는 이동 지점에 나타나는 반력 수는?
① 1개
② 2개
③ 3개
④ 4개

해설

30.
확대기초 : 상부구조물의 하중을 넓은 면적에 분포시켜 구조물의 하중을 안전하게 지반에 전달하기 위하여 설치하는 구조물

31.
슬래브교의 최소 두께는 250 mm 이다.

32.
콘크리트는 압축력에 매우 강하나 인장력에는 약하고, 철근은 인장력에 매우 강하나 압축력에 의해 구부러지기 쉽다. 이에 따라 콘크리트 구조체의 인장력이 일어나는 곳에 철근을 배근하여 인장력을 부담하도록 한다.

33.
강구조로 만들어진 교량은 차량 통행에 의하여 소음이 발생하기 쉽다.

34.
강재는 자중이 작기 때문에 긴 지간의 교량이나 고층 건물 시공에 많이 쓰인다.

35.
㉠ 이동 지점 : 이동과 회전만이 가능한 지점으로 반력 수는 1개이다.
㉡ 회전 지점 : 회전만 가능한 지점으로 반력 수는 2개이다.
㉢ 고정 지점 : 이동과 회전이 불가능한 지점으로 반력 수는 3개이다.

정답 30. ④ 31. ③ 32. ② 33. ③ 34. ② 35. ①

해설

36.
ㄱ. 정면도
ㄷ. 우측면도

37.
정투상법 : 물체의 표면으로부터 평행한 투시선으로, 입체를 투상하는 방법으로, 대상물을 각 면의 수직 방향에서 바라본 모양을 그려 정면도, 평면도, 측면도로 물체를 나타내는 방법

38.
한글 서체는 고딕체로 하고, 수직 또는 오른쪽으로 15° 경사지게 쓰는 것이 원칙이다.

39.
그림은 원형 강관을 의미하며, ϕ 뒤에 지름×두께-길이로 나타낸다.

40.
㉠ 일반도 : 구조물의 평면도, 입면도, 단면도 등에 의해서 그 형식과 일반 구조를 나타내는 도면
㉡ 구조 일반도 : 구조물의 모양, 치수를 모두 표시한 도면
㉢ 구조도 : 구조물의 구조 주체를 나타내는 도면

36 그림의 정면도와 우측면도를 보고 추측할 수 있는 물체의 모양으로 짝지어진 것은?

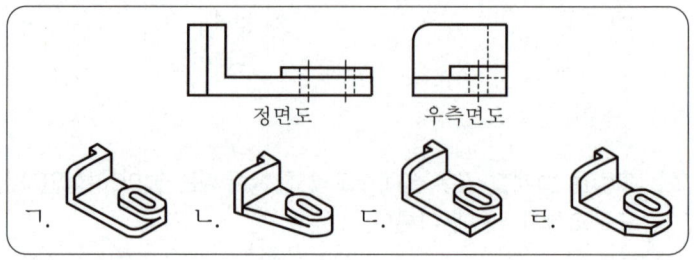

① ㄱ, ㄴ　② ㄴ, ㄷ
③ ㄷ, ㄹ　④ ㄱ, ㄷ

37 투상선이 투상면에 대하여 수직으로 투상되는 투영법은?
① 사투상법　② 정투상법
③ 중심투상법　④ 평행투사법

38 도면에 사용되는 글자에 대한 설명 중 옳지 않은 것은?
① 글자의 크기는 높이로 나타낸다.
② 숫자는 아라비아 숫자를 원칙으로 한다.
③ 문장은 가로 왼쪽부터 쓰는 것을 원칙으로 한다.
④ 일반적으로 글자는 수직 또는 수직에서 35° 오른쪽으로 경사지게 쓴다.

39 판형재의 치수표시에서 강관의 표시방법으로 옳은 것은?
① $\phi A \times t$
② $D \times t$
③ $\phi D \times t$
④ $A \times t$

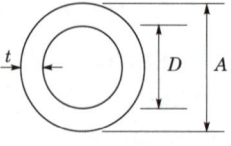

40 콘크리트 구조물 제도에서 구조물의 모양, 치수가 모두 표현되어 있고 거푸집을 제작할 수 있는 도면은?
① 일반도　② 구조 일반도
③ 구조도　④ 외관도

정답 36. ④　37. ②　38. ④　39. ①　40. ②

41. 표제란에 대한 설명으로 옳은 것은?
① 도면 제작에 필요한 지침을 기록한다.
② 범례는 표제란 안에 반드시 기입해야 한다.
③ 도면명은 표제란에 기입하지 않는다.
④ 도면번호, 작성자명, 작성일자 등에 관한 사항을 기입한다.

42. 치수, 가공법, 주의사항 등을 넣기 위하여 가로에 대하여 45°의 직선을 긋고 문자 또는 숫자를 기입하는 선은?
① 중심선   ② 치수선
③ 인출선   ④ 치수보조선

43. 그림과 같은 절토면의 경사 표시가 바르게 된 것은?

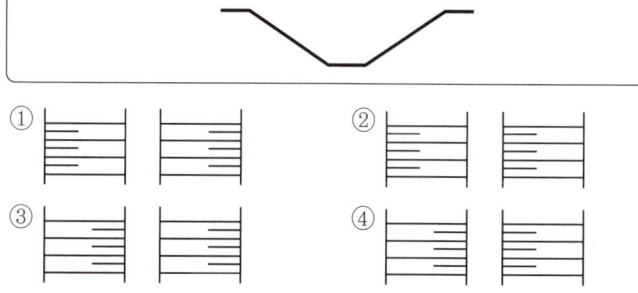

44. 제도에 사용하는 정투상법은 몇 각법에 따라 도면을 작성하는 것을 원칙으로 하는가?
① 다각법   ② 제2각법   ③ 제3각법   ④ 제4각법

45. 물체의 앞이나 뒤에 화면을 놓은 것으로 생각하고, 시점에서 물체를 본 시선과 그 화면이 만나는 각 점을 연결하여 물체를 그리는 투상법은?
① 투시도법   ② 사투상법
③ 정투상법   ④ 표고투상법

46. 그림은 어떤 구조물 재료의 단면을 나타낸 것인가?
① 점토
② 석재
③ 콘크리트
④ 주철

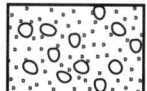

해설

41.
표제란 : 도면번호, 도면명칭, 기업명, 책임자 서명, 도면작성 연월일, 축척 등을 기입한다.

42.
인출선 : 치수, 가공법, 주의사항 등을 쓰기 위해 사용하는 선으로, 가로에 대해 직각 또는 45°의 직선을 긋고 인출되는 쪽에 화살표를 붙여 인출한 쪽의 끝에 가로선을 그어 가로선 위에 치수 또는 정보를 쓴다.

43.

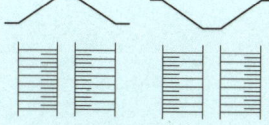

44.
KS에서 정투상법은 제3각법에 따라 도면을 작성하는 것을 원칙으로 한다.

45.
투시도법 : 물체와 시점 간의 거리감(원근감)을 느낄 수 있도록 실제로 우리 눈에 보이는 대로 대상물을 그리는 방법으로, 원근법이라고도 한다.

46.
건설재료의 단면표시방법 중 콘크리트를 표시한 것이다.

정답 41. ④ 42. ③ 43. ① 44. ③ 45. ① 46. ③

해설

47.
㉠ □ : 정사각형
㉡ φ : 지름
㉢ R : 반지름

48.
$1 : 0.02 = 4,500 : x$
$\therefore x = 4,500 \times 0.02 = 90 \text{ mm}$

49.
도면은 될 수 있는 대로 실선으로 표시하고, 파선으로 표시함을 피한다.

50.
① 놋쇠
② 강철
③ 사질토
④ 블록

51.
축척 $1 : n =$ 도면에서의 크기 : 물체의 실제 크기이다. 그러므로 n 값이 클수록 작게 그려지는 척도이다.

---

47 단면이 정사각형임을 표시할 때에 그 한 변의 길이를 표시하는 숫자 앞에 붙이는 기호는?

① □
② φ
③ D
④ R

48 옹벽의 벽체 높이가 4,500 mm, 벽체의 기울기가 1 : 0.02일 때, 수평거리는 몇 mm인가?

① 20
② 45
③ 90
④ 180

49 도면의 작도방법으로 옳지 않은 것은?

① 도면은 간단히 하고 중복을 피한다.
② 도면은 될 수 있는 대로 파선으로 표시한다.
③ 대칭되는 도면은 중심선의 한쪽은 외형도를, 반대쪽은 단면도로 표시하는 것을 원칙으로 한다.
④ 경사면을 가진 구조물에서 그 경사면의 모양을 표시하기 위하여 경사면 부분만 보조도를 넣는다.

50 강(鋼)재료의 단면표시로 옳은 것은?

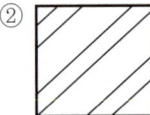

51 다음 중 같은 크기의 물체를 도면에 그릴 때 가장 작게 그려지는 척도는?

① 1 : 2
② 1 : 3
③ 2 : 1
④ 3 : 1

정답 47. ① 48. ③ 49. ② 50. ② 51. ②

52 출제기준 변경에 따라 관련 문항 삭제함.

53 국제표준화기구를 나타내는 표준 규격 기호는?
① ANSI ② JIS
③ ISO ④ DIN

54 KS의 부문별 분류기호 중 KS F에 수록된 내용은?
① 기본 ② 기계
③ 요업 ④ 건설

55 도로설계를 할 때 평면도에 대한 설명으로 옳지 않은 것은?
① 평면도의 기점은 일반적으로 왼쪽에 둔다.
② 축척이 1/1,000인 경우 등고선은 5 m마다 기입한다.
③ 노선 중심선 좌우 약 100 m 정도의 지형 및 지물을 표시한다.
④ 산악이나 구릉부의 지형은 등고선을 기입하지 않는다.

56 치수에 대한 설명으로 옳지 않은 것은?
① 치수는 될 수 있는 대로 주투상도에 기입해야 한다.
② 치수는 모양 및 위치를 가장 명확하게 표시하며 중복은 피한다.
③ 치수의 단위는 mm를 원칙으로 하며 단위 기호는 쓰지 않는다.
④ 부분 치수의 합계 또는 전체의 치수는 개개의 부분 치수 안쪽에 기입한다.

57 큰 도면을 접을 때 기준이 되는 크기는?
① A0 ② A1
③ A3 ④ A4

58 구조물 작도에서 중심선으로 사용하는 선의 종류는?
① 나선형 실선
② 지그재그 파선
③ 가는 1점쇄선
④ 굵은 파선

해설

53.
국가별 표준 규격 기호

표준 명칭	기호
국제표준화기구 (International Organization for Standardization)	ISO
미국 규격 (American National Standards Institute)	ANSI
독일 규격 (Deutsche Industrie für Normung)	DIN
일본 규격 (Japanese Industrial Standards)	JIS

54.
KS의 부문별 기호

부문	분류 기호
기본	KS A
기계	KS B
건설	KS F
요업	KS L

55.
산악이나 구릉부의 지형은 등고선을 기입하여 표시한다. 등고선은 축척이 1/2,000인 경우에는 10 m마다, 1/1,000에서는 5 m마다 기입한다.

56.
부분 치수의 합계는 부분 치수의 바깥쪽에 기입하고, 전체 치수는 가장 바깥쪽에 기입한다.

57.
도면의 크기가 클 때에는 A4 크기로 접어 보관한다.

58.
중심선: 가는 1점쇄선으로 도형의 중심을 나타내는 용도로 사용하는 선

정답 52. 53.③ 54.④ 55.④ 56.④ 57.④ 58.③

해설

59.
CAD 시스템의 파일 형식은 기본적으로 dwg라는 파일 형식을 사용한다.

60.
① offset : 간격 띄우기
② trim : 자르기
③ extend : 연장하기
④ rotate : 회전

59 다음 중 CAD 프로그램으로 그려진 도면이 컴퓨터에 "파일명.확장자" 형식으로 저장될 때, 확장자로 옳은 것은?

① dwg
② doc
③ jpg
④ hwp

60 다음 중 토목 캐드작업에서 간격 띄우기 명령은?

① offset
② trim
③ extend
④ rotate

2013

제5회 과년도 출제문제

전산응용토목제도기능사

✏️ 2013년 10월 12일 시행

01 토목재료로서 갖는 콘크리트의 특징에 대한 설명으로 옳지 않은 것은?

① 재료의 운반과 시공이 비교적 쉽다.
② 인장강도에 비해 압축강도가 작다.
③ 콘크리트 자체의 무게가 무겁다.
④ 건조 수축에 의해 균열이 생기기 쉽다.

02 골재의 표면수는 없고 골재알 속의 빈틈이 물로 차 있는 골재의 함수 상태를 무엇이라 하는가?

① 절대 건조 포화 상태
② 공기 중 건조 상태
③ 표면 건조 포화 상태
④ 습윤 상태

03 프리스트레스트 콘크리트의 특징으로 옳지 않은 것은?

① 내화성에 대하여 불리하다.
② 변형이 작아 진동하지 않는다.
③ 고강도의 콘크리트와 강재를 사용한다.
④ 지간을 길게 할 수 있다.

04 휨모멘트를 받는 부재에서 $f_{ck} = 29$ MPa이고, 압축연단에서 중립축까지의 거리 c는 100 mm일 때, 등가직사각형 응력 블록의 깊이 a의 크기는?

① 73 mm
② 78 mm
③ 80 mm
④ 85 mm

05 표준갈고리를 가지는 인장이형철근의 보정계수가 0.8이고 기본정착길이가 600 mm이었다면 이 철근의 정착길이는?

① 360 mm
② 420 mm
③ 480 mm
④ 540 mm

해설

1.
콘크리트의 압축강도는 인장강도의 10~13배이다.

2.
① 절대 건조 상태(노건조 상태, 절건 상태) : 건조기를 사용하여 골재 내부의 공극에 포함된 물을 전부 제거한 상태
② 공기 중 건조 상태(기건 상태) : 골재를 침수시켰다가 실내에서 자연 건조시켜 골재의 내부 공극의 일부에 물이 차 있는 상태
③ 표면 건조 포화 상태(표건 상태) : 골재를 침수시켰다가 표면의 물기만 제거해 표면에는 물기가 없고, 내부 공극은 물로 가득 차 있는 상태
④ 습윤 상태 : 골재 표면에 표면수가 있고, 내부 공극도 물로 가득 차 있는 상태

3.
PSC 구조는 안전성이 높지만 철근콘크리트 구조에 비해 강성이 작아서 변형이 크고 진동하기가 쉽다.

4.
등가직사각형 응력분포 변수값

f_{ck}	ε_{cu}	η	β_1
≤40	0.0033	1.00	0.80
50	0.0032	0.97	0.80
60	0.0031	0.95	0.76
70	0.0030	0.91	0.74
80	0.0029	0.87	0.72
90	0.0028	0.84	0.70

∴ $a = \beta_1 c = 0.80 \times 100 = 80$ mm

5.
표준갈고리를 가지는 인장이형철근의 정착길이(l_d)
= 기본정착길이(l_{db}) × 보정계수
= 600 × 0.8 = 480 mm

정답 1.② 2.③ 3.② 4.③ 5.③

해설

6.
보의 주철근의 수평 순간격
㉠ 25 mm 이상
㉡ 굵은골재 최대치수의 4/3배 이상
㉢ 철근의 공칭지름 이상

7.
이형철근을 인장철근으로 사용하는 겹침이음 길이는 A급 이음 $1.0l_d$, B급 이음 $1.3l_d$, 또는 300 mm 이상이어야 한다.

8.
$C = \eta(0.85f_{ck})ab$
$= 1 \times 0.85 \times 30 \times 100 \times 400$
$= 1,020,000 \text{ N} = 1,020 \text{ kN}$

9.
$\rho = \dfrac{A_s}{bd} = \dfrac{1520}{300 \times 450} = 0.011$

10.
스터럽과 띠철근의 표준갈고리 (D25 이하의 철근에만 적용)
㉠ 90° 표준갈고리
 • D16 이하인 철근은 90° 구부린 끝에서 $6d_b$ 이상 더 연장하여야 한다.
 • D19, D22, D25 철근은 90° 구부린 끝에서 $12d_b$ 이상 더 연장하여야 한다.
㉡ 135° 표준갈고리: D25 이하의 철근은 135° 구부린 끝에서 $6d_b$ 이상 더 연장하여야 한다.

---

06 철근콘크리트보의 동일 평면에서 평행한 주철근의 수평 순간격 기준은?
① 25 mm 이상, 또한 철근의 공칭지름 이상
② 35 mm 이상, 또한 철근의 공칭지름 이상
③ 45 mm 이상, 또한 철근의 공칭지름 이상
④ 55 mm 이상, 또한 철근의 공칭지름 이상

07 인장철근의 겹침이음 길이는 최소 얼마 이상으로 하여야 하는가?
① 200 mm ② 250 mm
③ 300 mm ④ 350 mm

08 $b=400$ mm, $a=100$ mm인 단철근 직사각형 보에서 $f_{ck}=30$ MPa일 때 콘크리트의 전압축력을 강도설계법으로 구한 값은? (단, b: 부재의 폭, f_{ck}: 콘크리트 설계기준강도, a: 콘크리트의 등가직사각형 응력 분포의 깊이)
① 1,020 kN ② 920 kN
③ 950 kN   ④ 850 kN

09 $b=300$ mm, $d=450$ mm, $A_s=1,520$ mm²인 단철근 직사각형 보의 철근비는?
① 0.023 ② 0.019
③ 0.015 ④ 0.011

10 철근콘크리트용 표준갈고리에 대한 설명으로 옳지 않은 것은?
① 주철근 표준갈고리는 180° 표준갈고리와 90° 표준갈고리로 분류된다.
② 스터럽과 띠철근의 표준갈고리는 90° 표준갈고리와 180° 표준갈고리로 분류된다.
③ 주철근의 180° 표준갈고리는 180° 구부린 반원 끝에서 $4d_b$ 이상, 또한 60 mm 이상 더 연장되어야 한다.
④ 주철근의 90° 표준갈고리는 90° 구부린 끝에서 $12d_b$ 이상 더 연장되어야 한다.

 6. ① 7. ③ 8. ① 9. ④ 10. ②

11 콘크리트 구조물의 이음에 관한 설명으로 옳지 않은 것은?
① 설계에 정해진 이음의 위치와 구조는 지켜야 한다.
② 시공이음은 될 수 있는 대로 전단력이 큰 위치에 설치한다.
③ 신축이음에서는 필요에 따라 이음재, 지수판 등을 설치할 수 있다.
④ 신축이음은 양쪽의 구조물 혹은 부재가 구속되지 않는 구조이어야 한다.

12 다음 현장치기 콘크리트 중 피복두께를 가장 크게 해야 하는 것은?
① 흙에 접하여 콘크리트를 친 후 영구히 흙에 묻혀 있는 콘크리트
② 옥외의 공기나 흙에 직접 접하지 않는 콘크리트
③ 옥외의 공기에 직접 노출되는 콘크리트
④ 수중에 치는 콘크리트

13 한중콘크리트 시공과 서중콘크리트 시공의 기준이 되는 하루 평균 기온으로 알맞게 짝지어진 것은?
① 한중 0℃ – 서중 30℃
② 한중 0℃ – 서중 25℃
③ 한중 4℃ – 서중 30℃
④ 한중 4℃ – 서중 25℃

14 철근콘크리트 구조물에서 최소 철근 간격의 제한 규정이 필요한 이유와 가장 거리가 먼 것은?
① 콘크리트 타설을 용이하게 하기 위하여
② 철근의 부식을 방지하기 위하여
③ 철근과 철근 사이의 공극을 방지하기 위하여
④ 전단 및 수축 균열을 방지하기 위하여

15 철근콘크리트 휨부재의 강도설계법에 대한 기본 가정으로 옳지 않은 것은?
① 콘크리트와 철근의 변형률은 중립축으로부터 거리에 비례한다고 가정한다.
② 항복강도 f_y 이하에서 철근의 응력은 그 변형률의 E_s 배로 본다.
③ 콘크리트 인장연단의 변형률은 0.03으로 가정한다.
④ 철근과 콘크리트의 부착이 완벽한 것으로 가정한다.

해설

11.
시공이음은 구조적인 결함이 될 수 있으므로 전단력이 작은 위치에 설치되도록 한다.

12.
최소 피복두께 규정

철근의 외부 조건	최소 피복두께
수중에서 타설하는 콘크리트	100 mm
흙에 접하여 콘크리트를 친 후에 영구히 흙에 묻혀 있는 콘크리트	75 mm
흙에 접하거나 옥외의 공기에 직접 노출되는 콘크리트 (D19 이상의 철근)	50 mm
옥외의 공기나 흙에 직접 접하지 않는 콘크리트(보, 기둥)	40 mm

13.
㉠ 한중콘크리트 : 하루 평균 기온이 약 4℃ 이하가 되는 기상 조건에서 사용하는 콘크리트
㉡ 서중콘크리트 : 하루 평균 기온이 약 25℃를 초과하는 기상 조건에서 사용하는 콘크리트

14.
철근을 배치할 때는 철근 사이로 골재가 끼거나 걸리지 않고 잘 통과할 수 있도록 콘크리트의 충전성을 확보하고, 철근이 한 위치에 집중됨으로써 발생할 수 있는 전단 또는 수축 균열을 방지한다. 또한 철근과 콘크리트와의 부착력을 확보하기 위하여 설계도 및 시공도에 따라 정확하게 배근하여야 한다.

15.
보가 파괴를 일으킬 때 압축측의 표면에 나타나는 콘크리트의 극한 변형률은 $f_{ck} \leq 40$ MPa인 경우 0.0033으로 가정한다.

정답 11. ② 12. ④ 13. ④ 14. ② 15. ③

해설

16.
공기량 시험법의 종류
㉠ 공기실 압력법 : 워싱턴형 공기량 측정기를 사용하며, 공기실에 일정한 압력을 콘크리트에 주입한 후 공기량으로 인하여 압력이 저하되는 정도로부터 공기량을 구하는 방법
㉡ 무게법 : 공기량이 전혀 없는 것으로 하여 시방배합에서 계산한 콘크리트의 단위 무게와 실제로 측정한 단위 무게와의 차이로 공기량을 구하는 것
㉢ 부피법 : 콘크리트 속의 공기량을 물로 치환하여 치환한 물의 부피로부터 공기량을 구하는 것

17.
철근비가 균형철근비보다 크면 콘크리트가 먼저 파괴되므로 취성파괴가 일어나고, 균형철근비보다 작으면 철근이 먼저 항복하므로 연성파괴가 일어난다.

18.
② 시멘트의 분말도가 높으면 수화작용이 빨라서 조기강도가 커진다.
③ 시멘트의 분말도가 높으면 풍화하기 쉽고 건조수축이 커진다.
④ 시멘트의 오토클레이브 시험방법은 시멘트의 팽창도 시험이다.

19.
스터럽 : 철근콘크리트 구조의 보에서 전단력 및 비틀림모멘트에 저항하도록 보의 주근을 둘러싸고 이에 직각 또는 경사지게 배치한 보강철근

---

16 워싱턴형 공기량 측정기를 사용하여 공기실의 일정한 압력을 콘크리트에 주었을 때 공기량으로 인하여 공기실의 압력이 떨어지는 것으로부터 공기량을 구하는 방법은?

① 무게법
② 부피법
③ 공기실 압력법
④ 진공법

17 단철근 직사각형 보에서 철근비가 커서 보의 파괴가 압축측 콘크리트의 파쇄로 시작될 경우는 사전 징조 없이 갑자기 파괴가 된다. 이러한 파괴를 무엇이라 하는가?

① 피로파괴
② 전단파괴
③ 취성파괴
④ 연성파괴

18 시멘트의 분말도에 대한 설명으로 옳은 것은?

① 시멘트 입자의 가는 정도를 나타내는 것을 분말도라 한다.
② 시멘트의 분말도가 높으면 수화작용이 빨라서 조기강도가 작아진다.
③ 시멘트의 분말도가 높으면 풍화하기 쉽고 건조수축이 작아진다.
④ 시멘트의 오토클레이브 시험방법에 의하여 분말도를 구한다.

19 보의 주철근을 둘러싸고 이에 직각이 되게 또는 경사지게 배치한 복부 보강근으로서 전단력 및 비틀림 모멘트에 저항하도록 배치한 보강철근은?

① 정철근
② 스터럽
③ 부철근
④ 배력철근

정답 16. ③ 17. ③ 18. ① 19. ②

20 콘크리트의 물-시멘트비의 설명으로 옳은 것은?

① 물-시멘트비가 크면 압축강도가 작다.
② 물-시멘트비가 크면 수밀성이 크다.
③ 물-시멘트비가 크면 워커빌리티가 나빠진다.
④ 물-시멘트비가 크면 내구성이 크다.

21 옹벽의 종류가 아닌 것은?

① 중력식 옹벽
② 전도식 옹벽
③ 캔틸레버 옹벽
④ 뒷부벽식 옹벽

22 프리스트레스트 콘크리트 부재에서 긴장재를 수용하기 위하여 미리 콘크리트 속에 넣어 두는 구멍을 형성하기 위하여 사용하는 관은?

① 시스(sheath)   ② 정착장치
③ 덕트(duct)   ④ 암거

23 철근콘크리트 단순보의 지간 중앙 단면에서 철근을 배치할 때 가장 적당한 위치는?

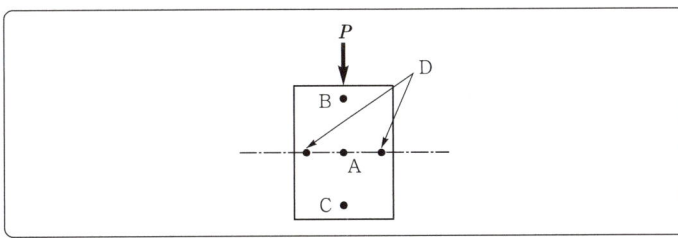

① A
② B
③ C
④ D

24 독립확대기초의 크기가 2 m×3 m이고 허용지지력이 100 kN/m²일 때, 이 기초가 받을 수 있는 하중의 크기는?

① 100 kN   ② 250 kN
③ 500 kN   ④ 600 kN

해설

20.
② 물-시멘트비가 크면 수밀성이 낮다.
③ 물-시멘트비가 크면 워커빌리티가 좋아진다.
  ※ 워커빌리티란 시공성이 좋고 재료의 분리에 저항하는 정도를 의미한다. 물-시멘트비가 너무 크면 재료분리가 많이 일어나므로 물-시멘트비가 클수록 워커빌리티가 좋아지는 것은 아니다.
④ 물-시멘트비가 크면 내구성이 낮다.

21.
옹벽의 종류
㉠ 중력식 옹벽
㉡ 캔틸레버 옹벽(L형 옹벽, 역L형 옹벽, T형 옹벽, 역T형 옹벽 등)
㉢ 부벽식 옹벽(뒷부벽식 옹벽, 앞부벽식 옹벽)
㉣ 반중력식 옹벽

22.
시스관 : 포스트텐션 방식의 PSC 부재에서 긴장재를 수용하기 위하여 미리 콘크리트 속에 묻어 두는 구멍을 덕트(duct)라 한다. 덕트를 형성하기 위하여 쓰는 관을 시스관이라 한다.

23.
철근콘크리트 단순보의 지간 중앙에서는 부재의 아래쪽 인장의 힘을 받게 된다. 그러므로 인장측인 하단(C)에 철근을 배근한다.

24.
$P = A \times q = 2 \times 3 \times 100 = 600\,\text{kN}$

정답 20.① 21.② 22.① 23.③ 24.④

해설

25.
배력철근 : 슬래브에서 주철근과 직각 방향으로 배근하는 철근이다.
㉠ 응력을 고르게 분포
㉡ 콘크리트 수축 억제 및 균열 제어
㉢ 주철근의 간격 유지
㉣ 균열 발생 시 균열 분포

26.
PS 강재의 필요한 성질
㉠ 인장강도가 커야 한다.
㉡ 릴랙세이션이 작아야 한다.
㉢ 적당한 연성과 인성이 있어야 한다.
㉣ 응력 부식에 대한 저항성이 커야 한다.

27.
활하중 : 교량을 통행하는 사람이나 자동차 등의 이동하중

28.
확대기초의 종류 : 독립확대기초, 경사확대기초, 계단식 확대기초, 연속확대기초(벽확대기초), 연결확대기초, 말뚝기초

29.
국가 산업의 발전을 위하여 다량 생산의 토목구조물을 만든 것은 최근 토목구조물의 특징이다.

---

25 슬래브의 배력철근에 관한 사항으로 옳지 않은 것은?
① 배력철근을 배치하는 이유는 가해지는 응력을 고르게 분포시키기 위해서이다.
② 정철근 또는 부철근으로 힘을 받는 주철근이다.
③ 배력철근은 주철근의 간격을 유지시켜 준다.
④ 배력철근은 콘크리트의 건조수축이나 온도 변화에 의한 수축을 감소시켜 준다.

26 PS 강재의 필요한 성질이 아닌 것은?
① 인장강도가 커야 한다.
② 릴랙세이션이 커야 한다.
③ 적당한 연성과 인성이 있어야 한다.
④ 응력 부식에 대한 저항성이 커야 한다.

27 교량을 통행하는 자동차와 같은 이동하중을 무슨 하중이라 하는가?
① 충격하중　　　② 설하중
③ 활하중　　　　④ 고정하중

28 확대기초의 종류가 아닌 것은?
① 독립확대기초
② 경사확대기초
③ 계단식 확대기초
④ 우물통 확대기초

29 고대 토목구조물의 특징과 가장 거리가 먼 것은?
① 흙과 나무로 토목구조물을 만들었다.
② 국가 산업을 발전시키기 위하여 다량 생산의 토목구조물을 만들었다.
③ 농경지를 보호하기 위하여 토목구조물을 만들었다.
④ 치산치수를 하기 위하여 토목구조물을 만들었다.

정답 25. ②　26. ②　27. ③　28. ④　29. ②

30. 서해대교와 같이 교각 위에 주탑을 세우고 주탑과 경사로 배치된 케이블로 주형을 고정시키는 형식의 교량은?
① 현수교　　　　② 라멘교
③ 연속교　　　　④ 사장교

31. 철근콘크리트가 구조재료로 널리 이용되는 이유로 틀린 것은?
① 철근과 콘크리트의 부착력이 좋다.
② 콘크리트 속의 철근은 녹이 슬지 않는다.
③ 철근과 콘크리트의 탄성계수가 거의 같다.
④ 철근과 콘크리트의 온도에 대한 열팽창계수가 거의 같다.

32. 아치교에 대한 설명으로 옳지 않은 것은?
① 미관이 아름답다.
② 계곡이나 지간이 긴 곳에도 적당하다.
③ 상부구조의 주체가 아치(arch)로 된 교량을 말한다.
④ 우리나라의 대표적인 아치교는 거가대교이다.

33. 압축부재의 횡철근에서 나선철근의 정착은 나선철근의 끝에서 얼마만큼을 더 추가로 확보하여야 하는가?
① 1.5회전　　　　② 2.0회전
③ 2.5회전　　　　④ 3.0회전

34. 강구조의 판형교에 용접 판형이 주로 사용되는데, 용접 판형의 특징으로 옳지 않은 것은?
① 용접시공에 대한 철저한 검사가 필요하다.
② 인장측에 단면 손실이 발생한다.
③ 시공 중에 비교적 소음이 적다.
④ 접합부의 강성이 크다.

35. 구조재료로서의 강재의 장점이 아닌 것은?
① 내식성이 우수하다.
② 균질성을 가지고 있다.
③ 내구성이 우수하다.
④ 강도가 크고 자중이 작다.

해설

30.
사장교 : 교각 위에 세운 주탑으로부터 비스듬히 케이블을 걸어 교량 상판을 매단 형태의 교량

31.
철근과 콘크리트는 온도에 의한 열팽창계수가 비슷하나, 탄성물질이 응력을 받았을 때 일어나는 변형률의 정도를 나타내는 탄성계수의 값은 서로 다르다. 철근의 탄성계수는 $E = 2.0 \times 10^5$ MPa이나, 콘크리트의 탄성계수는 압축강도(f_{ck})에 따라 달라진다.

32.
• 거가대교는 사장교, 침매터널, 육상터널로 이루어져 있다.
• 우리나라의 대표적인 아치교로는 서강대교, 암사대교가 있다.

33.
압축부재의 나선철근의 정착을 위해서는 철근 끝에서 추가로 1.5회전만큼 더 연장해야 한다.

34.
용접에 의한 접합은 인장측에 단면 손실이 없다. 반면 리벳 접합은 인장측에 리벳 구멍에 의한 단면 손실이 발생한다.

35.
대부분의 강재는 부식되기 쉽다는 단점이 있다.

정답　30. ④　31. ③　32. ④　33. ①　34. ②　35. ①

해설

36.
정투상법 : 물체의 표면으로부터 평행한 투시선으로 입체를 투상하는 방법으로, 대상물을 각 면의 수직 방향에서 바라본 모양을 그려 정면도, 평면도, 측면도로 물체를 나타내는 방법

37.
용지의 크기

호칭	크기(mm)
A4	210×297
A3	297×420
A2	420×594
A1	594×841
A0	841×1,189

38.
㉠ 일반도 : 구조물의 전체의 계획이나 형식 및 구조의 대략을 표시하는 도면
㉡ 구조도 : 부재의 치수, 부재를 구성하는 소재의 치수와 그 제작 및 조립 과정 등을 표시한 도면
㉢ 상세도 : 구조도에 표시하는 것이 곤란한 부분의 형상, 치수, 철근 종류 등을 상세하게 표시하는 도면

39.
① 각봉 ② 환봉 ④ 나무

40.
외형선 : 굵은 실선으로 대상물의 보이는 부분의 겉모양을 표시하는 선

41.
척도 : 길이에 대한 도면에서의 크기와 물체의 실제 크기의 비율을 말하는 것으로, 실물보다 축소하여 도면을 그리는 경우 축척, 실물과 같은 크기로 도면을 그리는 경우 현척, 실물보다 확대하여 도면을 그리는 경우 배척이라고 한다.

---

36 투상선이 모든 투상면에 대하여 수직으로 투상되는 것은?
① 정투상법 ② 투시투상도법
③ 사투상법 ④ 축측투상도법

37 제도용지 A2의 규격으로 옳은 것은? (단, 단위는 mm이다.)
① 841×1,189 ② 515×728
③ 420×594   ④ 210×297

38 강구조물의 도면 종류 중 강구조물 전체의 계획이나 형식 및 구조의 대략을 표시하는 도면은?
① 구조도 ② 일반도
③ 상세도 ④ 재료도

39 부재의 형상 중 환봉을 나타낸 것은?

40 다음 중 도면에서 가장 굵은 선이 사용되는 것은?
① 중심선 ② 절단선
③ 해칭선 ④ 외형선

41 "물체의 실제 치수"에 대한 "도면에 표시한 대상물"의 비를 의미하는 용어는?
① 척도   ② 도면
③ 연각선 ④ 표제란

정답 36.① 37.③ 38.② 39.② 40.④ 41.①

42 캐드의 이용 효과로 거리가 먼 것은?

① 품질이 향상된다.
② 표현력이 증대된다.
③ 제품이 표준화된다.
④ 경영이 둔화된다.

43 다음 재료 단면의 경계표시는 무엇을 나타내는가?

① 암반면
② 지반면
③ 일반면
④ 수면

44 하나의 그림으로 정육면체 세 면 중의 한 면만을 중점적으로 엄밀, 정확하게 표시할 수 있는 특징을 갖는 투상법은?

① 제1각법
② 투시법
③ 사투상법
④ 정투상법

45 출제기준 변경에 따라 관련 문항 삭제함.

46 도면작업에서 원의 반지름을 표시할 때 숫자 앞에 사용하는 기호는?

① ϕ
② D
③ R
④ $\triangle$

47 전체 길이 5,000 mm를 200 mm 간격으로 25등분하여 철근을 배치할 때 표시법으로 옳은 것은?

① 200@25 = 5000
② @200 C.T.C
③ L = 5000 N = 25
④ 25@200 = 5000

해설

42.
CAD의 이용 효과
㉠ 생산성 효과
㉡ 품질 향상
㉢ 표현력 증대
㉣ 표준화 달성
㉤ 정보화 구축
㉥ 경영의 효율화와 합리화

43.
지반면(흙)을 나타낸다.

44.
사투상법 : 물체 앞면의 2개의 주축을 입체의 3개 주축(X축, Y축, Z축) 중에서 2개와 일치하게 놓고 정면도로 하며, 옆면 모서리축을 수평선과 임의의 각으로 그리는 방법

46.
㉠ R : 반지름
㉡ ϕ : 지름

47.
'25@200'은 200 mm 간격으로 25개가 배열된다는 것을 의미한다.

정답 42. ④ 43. ② 44. ③ 45. 46. ③ 47. ④

해설

48.
치수선은 될 수 있는 대로 물체를 표시하는 도면의 외부에 긋는다.

49.
도면을 철하고자 할 때에는 왼쪽을 철함을 원칙으로 하고 25 mm 이상 여백을 둔다.

50.

표준 명칭	기호
국제표준화기구(International Organization for Standardization)	ISO
일본 규격(Japanese Industrial Standards)	JIS
독일 규격(Deutsche Industrie für Normung)	DIN

51.
인출선 : 치수, 가공법, 주의사항 등을 쓰기 위해 사용하는 선으로 가로에 대해 직각 또는 45°의 직선을 긋고, 인출되는 쪽에 화살표를 붙여 인출한 쪽의 끝에 가로선을 그어 가로선 위에 치수 또는 정보를 쓴다.

52.

분류 기준	좌표계	설명
기준점에 따른 분류	절대좌표	원점으로부터 시작되는 좌표
	상대좌표	이전 점 또는 지정된 임의의 점으로부터 시작되는 좌표
후속점 입력방식에 따른 분류	직교좌표	원점 또는 이전 점에서의 X, Y축 이동거리로 표시
	극좌표	원점 또는 이전 점부터의 길이와 각도로 표시

53.
벽돌의 단면표시이다.

---

48 치수와 치수선의 기입방법에 대한 설명 중 옳지 않은 것은?
① 치수는 특별히 명시하지 않으면 마무리 치수로 표시한다.
② 치수선은 표시할 치수의 방향에 평행하게 긋는다.
③ 치수선은 될 수 있는 대로 물체를 표시하는 도면의 내부에 긋는다.
④ 치수선에는 분명한 단말 기호(화살표 또는 사선)를 표시한다.

49 도면의 윤곽 및 윤곽선에 대한 설명으로 옳지 않은 것은?
① 도면을 철하기 위한 여유는 윤곽을 포함하여 최소 30 mm로 한다.
② 도면이 A0, A1일 때 윤곽의 너비는 최소 20 mm로 한다.
③ 도면이 A3, A4일 때 윤곽의 너비는 최소 10 mm로 한다.
④ 윤곽선은 최소 0.5 mm 이상 두께의 실선으로 그린다.

50 국제표준화기구의 표준 규격 기호는?
① ISO   ② JIS   ③ NASA   ④ DIN

51 인출선을 사용하여 기입하는 내용과 거리가 먼 것은?
① 치수   ② 가공법
③ 주의사항   ④ 도면번호

52 CAD 작업에서 가장 최근에 입력한 점을 기준으로 하여 위치를 결정하는 좌표계는?
① 절대좌표계   ② 상대좌표계
③ 표준좌표계   ④ 사용자좌표계

53 그림과 같은 구조용 재료의 단면표시에 해당되는 것은?

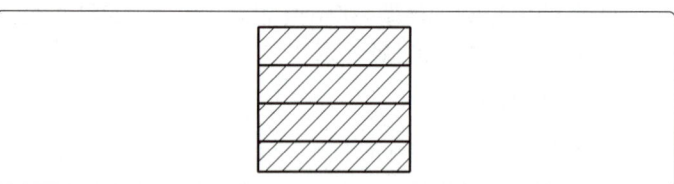

① 아스팔트   ② 모르타르
③ 콘크리트   ④ 벽돌

정답 48. ③ 49. ① 50. ① 51. ④ 52. ② 53. ④

54 선이나 원주 등을 같은 길이로 분할할 수 있는 제도용구는?
① 형판 ② 컴퍼스
③ 운형자 ④ 디바이더

55 도로설계 제도의 평면도에서 도로 기점의 일반적인 위치는?
① 왼쪽 ② 오른쪽
③ 위쪽 ④ 아래쪽

56 도면 작성에서 가는 선 : 굵은 선의 굵기 비율로 옳은 것은?
① 1 : 1.5 ② 1 : 2
③ 1 : 2.5 ④ 1 : 3

57 도면 작성에서 보이지 않는 부분을 표시하는 선은?
① 파선 ② 가는 실선
③ 굵은 실선 ④ 1점쇄선

58 그림과 같이 수평면으로부터 높이 수치를 주기하는 투상법은?

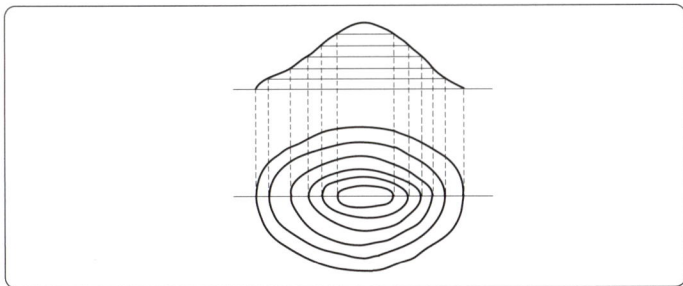

① 정투상법 ② 사투상법
③ 축측투상법 ④ 표고투상법

59 구조용 재료의 단면 중 강(鋼)을 나타내는 것은?

① 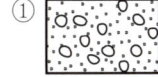 ②
③  ④

해설

54.
① 형판 : 투명이나 반투명 플라스틱의 얇은 판에 여러 가지 크기의 원, 타원 등의 기본 도형이나 문자, 숫자 등을 뚫어 놓아 원하는 모양을 정확히 그릴 수 있다.
② 컴퍼스 : 그리려는 원이나 호의 크기에 맞춰 두 다리를 벌리고 오므릴 수 있는 제도용 기구
③ 운형자 : 컴퍼스로 그리기 어려운 원호나 곡선을 그릴 때 쓰이는 제도용구
④ 디바이더 : 치수를 옮기거나 선과 원주를 같은 길이로 나눌 때 사용

55.
평면도의 축척은 1/500~1/2000로 하고, 기점은 왼쪽에 둔다.

56.
굵기에 따른 선의 종류

굵기에 따른 선의 종류	굵기 비율	예시
가는 선	1	0.2 mm
보통 선(굵은 선)	2	0.4 mm
굵은 선 (아주 굵은 선)	4	0.8 mm

57.
보이는 부분은 실선으로, 숨겨진 부분은 파선으로 표시한다.

58.
표고투상법 : 2투상을 가지고 표시하지만 입면도를 쓰지 않고 수평면으로부터 높이의 수치를 평면도에 기호로 주기하여 나타낸다.

59.
① 콘크리트 ② 자연석
③ 강철 ④ 목재

정답 54.④ 55.① 56.② 57.① 58.④ 59.③

해설

60.
㉠ 성토면　㉡ 절토면

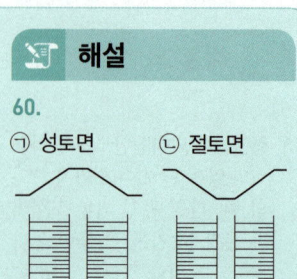

60 그림은 평면도상에서 어떤 지형의 절단면 상태를 나타낸 것인가?

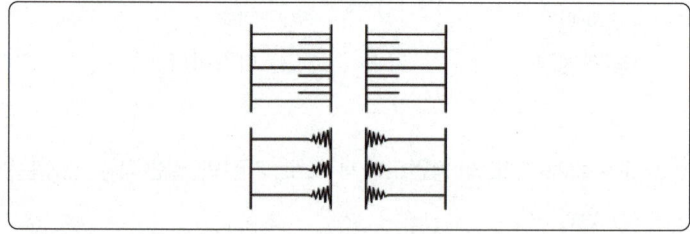

① 절토면　② 성토면
③ 수준면　④ 물매면

정답　60. ②

2014 제1회 과년도 출제문제

전산응용토목제도기능사

2014년 1월 26일 시행

01 골재의 전부 또는 일부를 인공경량골재를 써서 만든 콘크리트로서 기건 단위질량이 1,400~2,000 kg/m³인 콘크리트는?
① 유동화 콘크리트
② 경량골재 콘크리트
③ 폴리머 콘크리트
④ 프리플레이스 콘크리트

02 90° 표준갈고리를 가지는 주철근은 구부린 끝에서 얼마 더 연장되어야 하는가? (단, d_b는 철근의 공칭지름이다.)
① $4d_b$
② $6d_b$
③ $9d_b$
④ $12d_b$

03 시방배합을 현장배합으로 고칠 경우에 고려하여야 할 사항으로 옳지 않은 것은?
① 굵은골재 중에서 5 mm 체를 통과하는 잔골재량
② 잔골재 중 5 mm 체에 남는 굵은골재량
③ 골재의 함수 상태
④ 단위시멘트량

04 철근콘크리트보의 배근에 있어서 주철근의 이음 장소로 옳은 것은? (단, d : 보의 연단에서 철근까지의 깊이)
① 보의 중앙
② 지점에서 $d/4$인 곳
③ 이음하기에 가장 편리한 곳
④ 인장력이 가장 작게 발생하는 곳

해설

1.
㉠ 경량골재 콘크리트 : 경량골재를 써서 만든 콘크리트로서 일반적으로 단위질량이 1,400~2,000 kg/m³인 콘크리트
㉡ 콘크리트의 단위 무게
• 일반 콘크리트(무근콘크리트) : 2,300~2,350 kg/m³
• 철근콘크리트 : 2,400~2,500 kg/m³

2.
주철근의 표준갈고리
㉠ 180°(반원형) 표준갈고리 : 180° 구부린 반원 끝에서 $4d_b$ 이상, 또는 60 mm 이상 더 연장해야 한다.
㉡ 90°(직각) 표준갈고리 : 90° 구부린 끝에서 $12d_b$ 이상 더 연장해야 한다.

3.
현장배합은 현장에서 사용하는 골재의 함수 상태와 잔골재 속의 5 mm 체에 남는 양, 굵은골재 속의 5 mm 체를 통과하는 양을 고려하여 시방배합을 수정한 것이다.

4.
주철근의 이음은 인장력이 작은 곳에서 한다.

정답 1. ② 2. ④ 3. ④ 4. ④

Craftsman-Computer Aided Drawing in Civil Engineering

해설

5.
기본정착길이
㉠ 인장이형철근의 정착길이
- 갈고리 없이 묻힘 길이만으로 정착하는 경우: l_d = 기본정착길이(l_{db})×보정계수 ≥ 300 mm
- 표준갈고리를 사용하는 경우: l_d = 기본정착길이(l_{hb})×보정계수 ≥ $8d_b$ ≥ 150 mm

㉡ 압축이형철근의 정착길이
l_d = 기본정착길이(l_{db})×보정계수 ≥ 200 mm

6.
인장철근을 매우 적게 배근한 철근콘크리트 단면의 휨강도는 콘크리트 휨인장강도를 이용하여 계산한 무근콘크리트 단면의 휨강도보다 낮을 수 있기 때문에 그 부재에는 급작스러운 파괴(취성파괴)가 일어날 수 있어 이를 방지하기 위해서 규정하고 있다.

7.
최소 피복두께 규정

철근의 외부 조건		최소 피복두께
수중에서 타설하는 콘크리트		100 mm
흙에 접하여 콘크리트를 친 후에 영구히 흙에 묻혀 있는 콘크리트		75 mm
흙에 접하거나 옥외의 공기에 직접 노출되는 콘크리트(D19 이상 철근)		50 mm
옥외의 공기나 흙에 직접 접하지 않는 콘크리트(슬래브, 벽체, 장선구조)	D35 초과 철근	40 mm
	D35 이하 철근	20 mm

8.
$f = \dfrac{P}{A} = \dfrac{300 \times 1{,}000 \text{ N}}{\dfrac{\pi \times 100^2}{4} \text{ mm}}$
= 38.2 MPa

---

05 다음 ( )에 알맞은 것은?

단부에 표준갈고리가 있는 인장이형철근의 정착길이 l_{dh}는 기본정착길이 l_{hb}에 적용 가능한 모든 보정계수를 곱하여 구하여야 한다. 다만, 이렇게 구한 정착길이 l_{hb}는 항상 $8d_b$ 이상, 또한 ( ) mm 이상이어야 한다.

① 150   ② 200
③ 250   ④ 300

06 단철근 직사각형 보에서 철근콘크리트 휨부재의 최소 철근량을 규정하고 있는 이유는?

① 부재의 부착강도를 높이기 위하여
② 부재의 경제적인 단면 설계를 위하여
③ 부재의 급작스러운 파괴를 방지하기 위하여
④ 부재의 재료를 절약하기 위하여

07 옥외의 공기나 흙에 직접 접하지 않는 철근콘크리트 슬래브의 경우 D35 이하의 철근을 사용하였다면 최소 피복두께는?

① 20 mm   ② 30 mm
③ 40 mm   ④ 50 mm

08 지름 100 mm의 원주형 공시체를 사용한 콘크리트의 압축강도시험에서 압축하중이 300 kN에서 파괴가 진행되었다면 압축강도는?

① 18.8 MPa
② 25.0 MPa
③ 32.5 MPa
④ 38.2 MPa

정답 5. ① 6. ③ 7. ① 8. ④

09 강도설계법에서 $a = \beta_1 c$ 식 중 콘크리트의 설계기준강도(f_{ck})가 30 MPa일 때 β_1 값은? (단, a = 등가직사각형 응력 분포의 깊이, c = 압축연단에서 중립축까지의 거리)

① 0.850
② 0.80
③ 0.756
④ 0.736

10 띠철근기둥에서 축방향 철근의 순간격은 최소 몇 mm 이상이어야 하는가?

① 40 mm
② 60 mm
③ 80 mm
④ 100 mm

11 마주 보는 두 변으로만 지지되는 슬래브를 무엇이라 하는가?

① 1방향 슬래브
② 2방향 슬래브
③ 3방향 슬래브
④ 4방향 슬래브

12 정지된 보의 설계에서 정역학적 균형 방정식의 조건으로 옳은 것은? (단, 수평력 H, 수직력 V, 모멘트 M이다.)

① $\Sigma H = 0$, $\Sigma V = 0$, $\Sigma M = 0$
② $\Sigma H = 0$, $\Sigma V = 1$, $\Sigma M = 1$
③ $\Sigma H = 1$, $\Sigma V = 1$, $\Sigma M = 0$
④ $\Sigma H = 1$, $\Sigma V = 1$, $\Sigma M = 1$

13 폭 $b = 400$ mm, 유효깊이 $d = 500$ mm인 단철근 직사각형 보에서 인장철근의 비는? (단, 철근의 단면적 $A_s = 4,000$ mm²이다.)

① 0.02
② 0.03
③ 0.04
④ 0.05

해설

9.
등가직사각형 응력분포 변수값

f_{ck}	ε_{cu}	η	β_1
≤40	0.0033	1.00	0.80
50	0.0032	0.97	0.80
60	0.0031	0.95	0.76
70	0.0030	0.91	0.74
80	0.0029	0.87	0.72
90	0.0028	0.84	0.70

10.
띠철근과 나선철근기둥에서 축방향 철근의 순간격은 40 mm 이상, 철근의 공칭지름에 1.5배 이상, 굵은골재 최대치수의 4/3배 이상이어야 한다.

11.
㉠ 1방향 슬래브 : 두 변에 의해서만 지지된 경우이거나, 네 변이 지지된 슬래브 중에서 $\dfrac{장변\ 방향\ 길이}{단변\ 방향\ 길이} \geq 2$일 경우 1방향 슬래브로 설계한다.

㉡ 2방향 슬래브 : 네 변으로 지지된 슬래브로서 $\dfrac{장변\ 방향\ 길이}{단변\ 방향\ 길이} < 2$ 일 경우 2방향 슬래브로 설계한다.

12.
힘의 평형조건
$\Sigma H = 0$, $\Sigma V = 0$, $\Sigma M = 0$

13.
$\rho = \dfrac{A_s}{bd} = \dfrac{4,000}{400 \times 500} = 0.02$

해설

14.
① 함수량=습윤 상태−절대 건조 상태
② 흡수량=표면 건조 포화 상태−절대 건조 상태
③ 유효 흡수량=표면 건조 포화 상태−공기 중 건조 상태
④ 표면수량=습윤 상태−표면 건조 포화 상태

15.
물-시멘트비가 작을수록 콘크리트의 강도가 커진다.

16.
철근콘크리트에서 다발로 사용하는 철근은 반드시 이형철근이어야 하며, 묶는 개수는 최대 4개 이하이어야 한다.

17.
콘크리트는 재료 구입 및 운반이 쉽고, 시공이 쉬워 시공 시에 특별한 숙련공이 필요하지 않다.

18.
철근의 이음방법 : 겹침이음(겹이음), 용접이음, 기계적 이음

19.
탄성한도 : 영구 변형이 생기지 않는 최대 한도의 응력

---

14 골재알이 공기 중 건조 상태에서 표면 건조 포화 상태로 되기까지 흡수하는 물의 양을 무엇이라고 하는가?
① 함수량 ② 흡수량
③ 유효 흡수량 ④ 표면수량

15 콘크리트의 압축강도에 영향을 미치는 요인에 대한 설명으로 틀린 것은?
① 적당한 온도와 수분으로 양생하면 강도가 높아진다.
② 물-시멘트비가 높을수록 강도가 높다.
③ 좋은 재료를 사용할수록 강도가 높아진다.
④ 재령기간이 길수록 강도가 높아진다.

16 철근콘크리트 휨부재에 철근을 배치할 때 철근을 묶어서 다발로 사용하는 경우에 대한 설명으로 틀린 것은?
① 휨부재의 경간 내에서 끝나는 한 다발철근 내 개개의 철근은 $40d_b$ 이상 서로 엇갈리게 끝나야 한다.
② 반드시 이형철근이라야 하며, 묶는 개수는 최대 5개 이하이어야 한다.
③ D35를 초과하는 철근은 보에서 다발로 사용할 수 없다.
④ 다발철근은 스터럽이나 띠철근으로 둘러싸여져야 한다.

17 토목재료로서 콘크리트의 특징으로 옳지 않은 것은?
① 콘크리트는 자체의 무게가 무겁다.
② 재료의 운반과 시공이 비교적 어렵다.
③ 건조수축에 의해 균열이 생기기 쉽다.
④ 압축강도에 비해 인장강도가 작다.

18 철근의 이음방법이 아닌 것은?
① 용접이음 ② 겹침이음
③ 신축이음 ④ 기계적 이음

19 비례한도 이상의 응력에서도 하중을 제거하면 변형이 거의 처음 상태로 돌아가는데, 이때의 한도를 칭하는 용어는?
① 상항복점 ② 극한강도
③ 탄성한도 ④ 소성한도

 정답 14. ③ 15. ② 16. ② 17. ② 18. ③ 19. ③

20 단철근 직사각형 보의 공칭휨강도가 320 kN·m로 계산되었다. 강도설계 시 이 보에 대한 설계강도는?

① 256 kN·m
② 272 kN·m
③ 320 kN·m
④ 384 kN·m

21 PS 강재에서 필요한 성질로만 짝지어진 것은?

> ㄱ. 인장강도가 커야 한다.
> ㄴ. 릴랙세이션이 커야 한다.
> ㄷ. 적당한 연성과 인성이 있어야 한다.
> ㄹ. 응력 부식에 대한 저항성이 커야 한다.

① ㄱ, ㄴ, ㄷ
② ㄱ, ㄴ, ㄹ
③ ㄴ, ㄷ, ㄹ
④ ㄱ, ㄷ, ㄹ

22 포스트텐션 방식에서 PS 강재가 녹스는 것을 방지하고, 콘크리트에 부착시키기 위해 시스 안에 시멘트풀 또는 모르타르를 주입하는 작업을 무엇이라고 하는가?

① 그라우팅
② 덕트
③ 프레시네
④ 디비다그

23 자중을 포함하여 $P = 2,700$ kN인 수직하중을 받는 독립확대기초에서 허용지지력 $q_a = 300$ kN/m²일 때, 경제적인 기초의 한 변의 길이는? (단, 기초는 정사각형이다.)

① 2 m
② 3 m
③ 4 m
④ 5 m

24 하천, 계곡, 해협 등에 가설하여 교통 소통을 위한 통로를 지지하도록 한 구조물을 무엇이라 하는가?

① 교량
② 옹벽
③ 기둥
④ 슬래브

25 콘크리트 구조물에 일정한 힘을 가한 상태에서 힘은 변화하지 않는데 시간이 지나면서 점차 변형이 증가되는 성질을 무엇이라 하는가?

① 탄성
② 크랙
③ 소성
④ 크리프

해설

20.
$M_d = \phi M_n$
$= 0.85 \times 320 = 272$ kN·m

21.
PS 강재에 필요한 성질
㉠ 인장강도가 커야 한다.
㉡ 릴랙세이션이 작아야 한다.
㉢ 적당한 연성과 인성이 있어야 한다.
㉣ 응력 부식에 대한 저항성이 커야 한다.

22.
그라우팅에 대한 설명이다. 시스관 안을 그라우팅하여 철근과 콘크리트가 일체로 거동되게 한다.

23.
$q_a = \dfrac{P}{A}$
$\therefore A = \dfrac{P}{q_a} = \dfrac{2,700}{300} = 9$ m²
$\therefore b = 3$ m

24.
교량 : 강, 하천, 해협, 계곡 등에 가로질러 설치함으로써 교통을 위해 사용하는 구조물

25.
크리프 : 구조물에 자중 등의 같은 하중이 오랜 시간 지속적으로 작용하면 더 이상 응력이 증가하지 않더라도 시간이 지나면서 구조물에 변형이 발생하는 현상

정답 20.② 21.④ 22.① 23.② 24.① 25.④

26 한 개의 기둥에 전달되는 하중을 한 개의 기초가 단독으로 받도록 되어 있는 확대기초는?

① 말뚝기초
② 벽확대기초
③ 군말뚝기초
④ 독립확대기초

27 철근콘크리트의 장점이 아닌 것은?

① 내구성, 내화성, 내진성이 크다.
② 다른 구조에 비하여 유지 관리비가 많이 든다.
③ 여러 가지 모양과 치수의 구조물을 만들 수 있다.
④ 각 부재를 일체로 만들 수 있으므로, 전체적으로 강성이 큰 구조가 된다.

28 강구조에 사용하는 강재의 종류에 있어서 녹슬기 쉬운 강재의 단점을 개선한 강재는?

① 일반구조용 압연강재
② 내후성 열간 압연강재
③ 용접구조용 압연강재
④ 이음용 강재

29 하중을 분포시키거나 균열을 제어할 목적으로 주철근과 직각에 가까운 방향으로 배치한 보조 철근은?

① 띠철근
② 원형철근
③ 배력철근
④ 나선철근

해설

26.
확대기초의 종류
㉠ 독립확대기초 : 하나의 기둥을 하나의 기초가 지지한다.
㉡ 복합확대기초 : 하나의 확대기초를 사용하여 2개 이상의 기둥을 지지하도록 만든 것으로, 연결확대기초라고도 한다.
㉢ 벽의 확대기초 : 벽을 지지하는 확대기초로 줄기초, 연속확대기초라고도 한다.
㉣ 전면확대기초 : 지반이 약할 때, 구조물 또는 건축물의 밑바닥 전부를 기초판으로 만들어 모든 기둥을 지지하도록 만든 것으로 온통기초, 매트기초라고도 한다.
㉤ 캔틸레버 확대기초 : 2개의 독립확대기초를 하나의 보로 연결한 기초이다. 연결된 보로 인해서 부등침하를 줄일 수 있다.
㉥ 말뚝기초 : 지반 강화를 위해 지반에 말뚝을 설치하고 그 위에 기초판을 만들어 상부구조를 지지한다.

27.
철근콘크리트 구조는 경제적으로 만들 수 있고, 유지 관리비가 적게 든다.

28.
구조용 강재의 종류
㉠ 일반구조용 압연강재 : 압연강재의 대부분을 차지
㉡ 용접구조용 압연강재 : 용접성이 좋도록 만든 강재
㉢ 내후성 열간 압연강재 : 녹슬기 쉬운 단점을 개선한 강재

29.
배력철근 : 슬래브에서 주철근과 직각 방향으로 배근하는 철근이다.
㉠ 응력을 고르게 분포
㉡ 콘크리트 수축 억제 및 균열 제어
㉢ 주철근의 간격 유지
㉣ 균열 발생 시 균열 분포

정답 26. ④ 27. ② 28. ② 29. ③

30 토목구조물의 특징이 아닌 것은?
① 공용기간이 짧다.
② 다량 생산이 아니다.
③ 일반적으로 규모가 크다.
④ 대부분 자연환경 속에 놓인다.

31 콘크리트 구조기준의 기둥에 대한 정의로 옳은 것은?
① 벽체에 널말뚝이나 부벽이 연결되어 있지 않고 저판 및 벽체만으로 토압을 받도록 설계된 구조체
② 외력에 의하여 발생하는 응력을 소정의 한도까지 상쇄할 수 있도록 미리 압축력을 작용시킨 구조체
③ 지붕, 바닥 등의 상부 하중을 받아서 토대 및 기초에 전달하고 벽체의 골격을 이루는 수직 구조체
④ 축력을 받지 않거나 축력의 영향을 무시할 수 있을 정도의 축력을 받는 구조체

32 철근의 기호 표시가 SD500이라고 할 때, '500'이 의미하는 것은?
① 인장강도
② 압축강도
③ 항복강도
④ 파괴강도

33 캔틸레버식 역T형 옹벽의 주철근을 가장 잘 배근한 것은?

①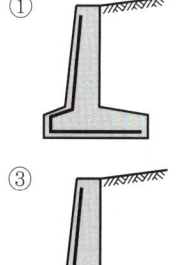
②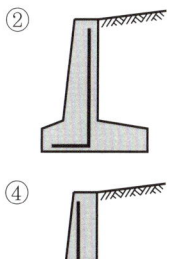
③
④

해설

30.
토목구조물은 한 번 건설해 놓으면 오랜 기간 사용하므로 장래를 예측하여 설계하고 건설해야 한다.

31.
기둥
㉠ 부재의 종방향으로 작용하는 압축하중을 받는 압축부재이다.
㉡ 지붕, 바닥 등의 상부 하중을 받아서 토대 및 기초에 전달하고 벽체의 골격을 이루는 수직 구조체이다.

32.
SD(Steel Deformed bar)는 이형철근을 의미하고, SD 뒤에 붙는 숫자는 이형철근의 항복강도를 의미한다.

33.
역T형 옹벽은 인장의 힘이 작용하는 벽체의 윗면, 저판부 앞판의 하면, 뒤판의 상면에 주철근을 배근해야 한다.

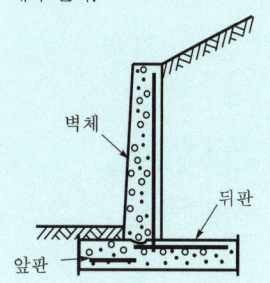

정답 30.① 31.③ 32.③ 33.②

해설

34.
강재는 반복하중에 의한 피로가 발생하기 쉬우며, 그에 따라 강도의 감소 또는 파괴가 일어날 수 있는 단점이 있다.

35.
하중의 종류

구분	종류
주하중	고정하중, 활하중, 충격하중
부하중	풍하중, 온도 변화의 영향, 지진하중
특수 하중	설하중, 원심하중, 제동하중, 지점 이동의 영향, 가설하중, 충돌하중

36.

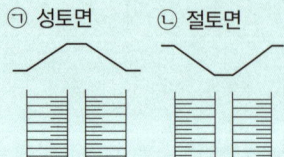

㉠ 성토면   ㉡ 절토면

38.
① 지반면(흙)
② 잡석
③ 암반면(바위)
④ 모래

---

34 강구조의 특징 중 구조재료로서의 강재의 장점이 아닌 것은?
① 강구조물은 공장에서 사전 조립이 가능하다.
② 다양한 형상과 치수를 가진 구조로 만들 수 있다.
③ 내구성이 우수하여 관리가 잘된 강재는 거의 무한히 사용할 수 있다.
④ 반복하중에 대하여 피로가 발생하기 쉬우며, 그에 따라 강도 감소가 일어날 수 있다.

35 교량에 작용하는 주하중은?
① 활하중　　　② 풍하중
③ 원심하중　　④ 충돌하중

36 그림은 어떤 상태의 지면을 나타낸 것인가?

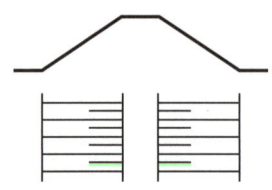

① 수준면　　　② 지반면
③ 흙깎기면　　④ 흙쌓기면

37 출제기준 변경에 따라 관련 문항 삭제함.

38 건설재료 단면의 표시방법 중 모래를 나타낸 것은?

정답 34. ④　35. ①　36. ④　37.　38. ④

39 치수 기입방법에 대한 설명으로 옳은 것은?
① 치수보조선과 치수선은 서로 교차하도록 한다.
② 치수보조선은 각각의 치수선보다 약간 길게 끌어내어 그린다.
③ 원의 지름을 표시하는 치수는 숫자 앞에 R을 붙여서 지름을 나타낸다.
④ 치수보조선은 치수를 기입하는 형상에 대해 평행하게 그린다.

40 선의 종류 중에서 치수선, 해칭선, 지시선 등으로 사용되는 선은?
① 가는 실선   ② 파선
③ 1점쇄선   ④ 2점쇄선

41 골재의 단면표시 중 그림은 어떤 단면을 나타낸 것인가?
① 호박돌
② 사질토
③ 모래
④ 자갈

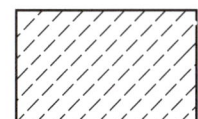

42 굵은 실선의 용도로 알맞은 것은?
① 외형선   ② 치수선
③ 대칭선   ④ 중심선

43 그림과 같은 종단면도에서 측점 간의 거리는 20 m, 측점의 지반고는 No. 0에서 100 m, No. 1에서 106 m이고, 계획선의 경사가 3%일 때 No. 1의 계획고는? (단, No. 0의 계획고는 100 m이다.)

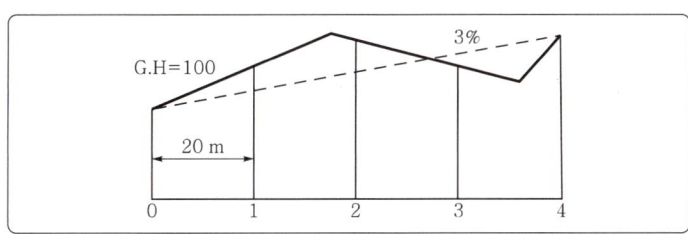

① 100.6 m   ② 101.3 m
③ 103.5 m   ④ 105.6 m

해설

39.
① 치수보조선과 치수선은 서로 교차하지 않도록 한다.
③ 원의 지름을 표시하는 치수는 숫자 앞에 φ를 붙여서 지름을 나타낸다.
④ 치수보조선은 치수를 기입하는 형상에 대해 직각이 되게 그린다.

40.
㉠ 굵은 실선(0.35~1 mm) : 외형선
㉡ 가는 실선(0.18~0.3 mm) : 치수선, 지시선, 해칭선
㉢ 가는 1점쇄선(0.18~0.3 mm) : 중심선, 기준선, 피치선

41.
건설재료의 단면표시방법 중 사질토를 표시한 것이다.

42.
㉠ 굵은 실선(0.35~1 mm) : 외형선
㉡ 가는 실선(0.18~0.3 mm) : 치수선, 지시선, 해칭선
㉢ 가는 1점쇄선(0.18~0.3 mm) : 중심선, 기준선, 피치선

43.
No. 1의 계획고
$= 100 + \dfrac{3}{100} \times 20 = 100.6$ m

정답 39. ② 40. ① 41. ② 42. ① 43. ①

해설

44.
도면의 사용목적에 따른 분류 :
계획도, 설계도, 제작도, 시공도

45.
치수 단위는 mm를 원칙으로 하며, 단위기호는 생략한다.

46.
건설재료의 단면 경계표시방법 중 수준면(물)을 표시한 것이다.

47.
CAD는 기존의 도면을 손쉽게 입·출력하므로 단면 분석, 수집, 제작이 정확하고 빠르다.

49.
투상법의 종류 : 정투상법, 축측투상법(등각투상도, 부등각투상법), 표고투상법, 사투상법, 투시투상법(투시도법)

50.
도면의 크기가 클 때에는 A4 크기로 접어 보관한다.

---

44 도면을 사용목적, 내용, 작성방법 등에 따라 분류할 때 사용목적에 따른 분류에 속하는 것은?
① 부품도
② 계획도
③ 공정도
④ 스케치도

45 토목제도작업에서 도면 치수의 단위는?
① mm ② cm
③ m ④ km

46 그림은 어느 재료 단면의 경계를 표시한 것인가?

① 흙 ② 물
③ 암반 ④ 잡석

47 CAD 작업의 특징으로 옳지 않은 것은?
① 도면의 출력과 시간 단축이 어렵다.
② 도면의 관리, 보관이 편리하다.
③ 도면의 분석, 제작이 정확하다.
④ 도면의 수정, 보완이 편리하다.

48 출제기준 변경에 따라 관련 문항 삭제함.

49 투상법은 보는 방법과 그리는 방법에 따라 여러 가지 종류가 있는데, 투상법의 종류가 아닌 것은?
① 정투상법 ② 등변투상법
③ 등각투상법 ④ 사투상법

50 도면을 접어서 보관할 때 기본적인 도면의 크기는?
① A1 ② A2
③ A3 ④ A4

정답 44. ② 45. ① 46. ② 47. ① 48. 49. ② 50. ④

51 철근 표시법에 따른 설명으로 옳은 것은?

① ⓐφ13 : 철근기호(분류번호) ⓐ의 지름 13 mm의 이형철근(일반 철근)
② ⓑD16 : 철근기호(분류번호) ⓑ의 지름 16 mm의 원형철근
③ ⓒH16 : 철근기호(분류번호) ⓒ의 지름 16 mm의 이형철근(고강도 철근)
④ 24@150＝3600 : 전장 3,600 mm를 24 mm로 150등분

해설

51.
① φ : 원형철근
② D : 이형철근
③ H : 고강도 철근
④ 24@150＝3600 : 전장 3,600 mm를 150 mm로 24등분

52 도면에 그려야 할 내용의 영역을 명확하게 하고, 제도용지의 가장자리에 생기는 손상으로 기재 사항을 해치지 않도록 하기 위하여 그리는 선은?

① 윤곽선 ② 외형선
③ 치수선 ④ 중심선

52.
윤곽선은 도면의 크기에 따라 0.5 mm 이상의 굵은 실선으로 나타낸다.

53 제도통칙에서 그림의 모양이 치수에 비례하지 않아 착각될 우려가 있을 때 사용되는 문자 기입방법은?

① AS ② NS
③ KS ④ PS

53.
그림의 모양이 치수에 비례하지 않아 착오의 우려가 있을 때는 NS(None Scale)로 명시한다.

54 구조물 설계를 위한 일반적인 도면의 작도 순서로 옳은 것은?

① 단면도 – 일반도 – 철근 상세도 – 주철근 조립도 – 배근도
② 단면도 – 일반도 – 배근도 – 철근 상세도 – 주철근 조립도
③ 단면도 – 배근도 – 일반도 – 주철근 조립도 – 철근 상세도
④ 단면도 – 배근도 – 철근 상세도 – 주철근 조립도 – 일반도

54.
구조물 작도 순서
단면도 → 각부 배근도 → 일반도 → 주철근 조립도 → 철근 상세도

55 건설재료에서 콘크리트를 나타내는 단면표시는?

① 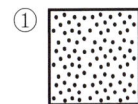   ②
③ 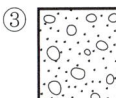   ④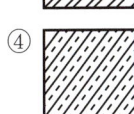

55.
① 모르타르
② 강재
③ 콘크리트
④ 자연석(석재)

정답 51. ③ 52. ① 53. ② 54. ③ 55. ③

해설

56.
KS에서 정투상법은 제3각법에 따라 도면을 작성하는 것을 원칙으로 한다.

57.
㉠ 점 A에서 60°보다 작게 경사선을 긋는다.
㉡ 디바이더로 적당한 간격을 잡아 선분 AC를 5등분한다.
㉢ 선분 AC에 등분해 놓은 5번째 점과 선분 AB의 끝을 연결하는 선을 긋는다.
㉣ 선분 AC의 등분점에서 ㉢에서 그린 선과 평행하도록 선분 AB까지 선을 긋는다.(4회 반복)

58.
㉠ 축척 : 실물보다 축소하여 그린 축척. 예 1 : 2
㉡ 현척 : 실물과 같은 크기로 나타낸 비율. 예 1 : 1
㉢ 배척 : 실물보다 확대하여 나타낸 비율. 예 2 : 1

59.
도면의 치수 및 윤곽 치수

크기와 호칭		A0	A1	A2	A3	A4
도면의 크기($a \times b$)		841×1,189	594×841	420×594	297×420	210×297
c (최소)		20	20	10	10	10
d (최소)	철하지 않을 때	20	20	10	10	10
	철할 때	25	25	25	25	25

60.
한글 서체는 고딕체로 하고, 수직 또는 오른쪽으로 15° 경사지게 쓰는 것이 원칙이다.

---

56 정투상도는 어떠한 방법으로 그리는 것을 원칙으로 하는가?
① 제1각법　　② 제2각법
③ 제3각법　　④ 제4각법

57 직선의 길이를 측정하지 않고 선분 AB를 5등분 하는 그림이다. 두 번째에 해당하는 작업은?

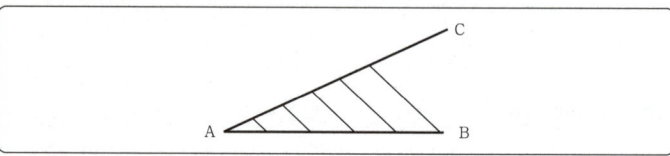

① 평행선 긋기
② 임의의 선분(AC) 긋기
③ 선분 AC를 임의의 길이로 5등분
④ 선분 AB를 임의의 길이로 다섯 개 나누기

58 척도에서 물체의 실제 크기보다 확대하여 그리는 것은?
① 축척　　② 현척
③ 배척　　④ 실척

59 도면을 철하지 않을 경우 A3 도면 윤곽선의 최소 여백 치수로 알맞은 것은?
① 25 mm　　② 20 mm
③ 10 mm　　④ 5 mm

60 제도에 사용하는 문자에 대한 설명으로 옳지 않은 것은?
① 영자는 주로 로마자 대문자를 쓴다.
② 숫자는 아라비아 숫자를 쓴다.
③ 서체는 한 가지를 사용하며 혼용하지 않는다.
④ 글자는 수직 또는 25° 정도 오른쪽으로 경사지게 쓴다.

정답 56. ③　57. ③　58. ③　59. ③　60. ④

2014 제4회 과년도 출제문제

전산응용토목제도기능사

2014년 7월 20일 시행

01 D25(공칭지름 25.4 mm)의 철근을 180° 표준갈고리로 제작할 때 구부린 반원 끝에서 얼마 이상 더 연장하여야 하는가?

① 25.4 mm ② 60.0 mm
③ 76.2 mm ④ 101.6 mm

02 철근 배치에서 간격 제한에 대한 설명으로 옳은 것은?
① 동일 평면에서 평행한 철근 사이의 수평 순간격은 20 mm 이하로 하여야 한다.
② 벽체 또는 슬래브에서 휨 주철근의 간격은 벽체나 슬래브 두께의 4배 이상으로 하여야 한다.
③ 상단과 하단에 2단 이상으로 배치된 경우 상하 철근은 동일 단면 내에서 서로 지그재그로 배치하여야 한다.
④ 나선철근 또는 띠철근이 배근된 압축부재에서 축방향 철근의 순간격은 40 mm 이상으로 하여야 한다.

03 단철근 직사각형 보에서 철근의 항복강도 $f_y = 350$ MPa, 단면의 유효깊이 $d = 600$ mm일 때 균형 단면에 대한 중립축의 깊이(c)를 강도설계법으로 구한 값은 약 얼마인가?

① 292 mm ② 362 mm ③ 392 mm ④ 402 mm

04 철근의 겹침이음 길이를 결정하기 위한 요소와 거리가 먼 것은?
① 철근의 길이 ② 철근의 종류
③ 철근의 공칭지름 ④ 철근의 설계기준 항복강도

05 압축부재에 사용되는 나선철근의 순간격 기준으로 옳은 것은?
① 25 mm 이상, 55 mm 이하
② 25 mm 이상, 75 mm 이하
③ 55 mm 이상, 75 mm 이하
④ 55 mm 이상, 90 mm 이하

해설

1.
180°(반원형) 갈고리 : 180° 구부린 반원 끝에서 $4d_b$ 이상, 또는 60 mm 이상 더 연장되어야 한다.
∴ $4d_b = 4 \times 25.4$
$= 101.6$ mm ≥ 60 mm

2.
① 동일 평면에서 평행한 철근 사이의 수평 순간격은 25 mm 이상으로 하여야 한다.
② 벽체 또는 슬래브에서 휨 주철근의 간격은 벽체나 슬래브 두께의 3배 이하로 하여야 한다.
③ 상단과 하단에 2단 이상으로 배치된 경우 상하 철근은 동일 연직면 내에서 배치되어야 한다.

3.
중립축의 위치
$c = \dfrac{660}{660 + f_y} d$
$= \dfrac{660}{660 + 350} \times 600 = 392$ mm

4.
철근의 겹침이음 길이의 결정요소
㉠ 철근의 설계기준 항복강도(f_y)
㉡ 철근의 공칭지름(d_b)
㉢ 철근의 종류

5.
기둥 등의 압축부재에 사용되는 나선철근의 순간격은 25 mm 이상, 75 mm 이하여야 한다.

정답 1. ④ 2. ④ 3. ③ 4. ① 5. ②

해설

6.
블리딩 현상을 줄이기 위해서는 분말도가 높은 시멘트, AE제나 포졸란 등을 사용하고, 단위수량을 줄인다.

7.
강도설계법 : 구조물의 파괴 상태 또는 파괴에 가까운 상태를 기준으로 하여 그 구조물의 사용 기간 중에 예상되는 최대하중에 대하여 구조물의 안전을 적절한 수준으로 확보하려는 설계방법

8.
콘크리트와 철근이 동시에 파괴되는 상태를 균형상태라고 하며, 이 때의 철근비를 균형철근비(ρ_b)라고 한다. 실제 설계된 철근비(ρ)가 균형철근비보다 크면 콘크리트가 먼저 파괴되므로 취성파괴가 일어나고, 균형철근비보다 작으면 철근이 먼저 항복하므로 연성파괴가 일어난다.
㉠ 취성파괴 : 철근비(ρ) > 균형철근비(ρ_b)
㉡ 연성파괴 : 철근비(ρ) < 균형철근비(ρ_b)

9.
철근콘크리트 부재에 사용되는 전단철근
㉠ 주인장철근에 30° 이상의 각도로 구부린 굽힘철근
㉡ 주인장철근에 45° 이상의 각도로 설치되는 스터럽
㉢ 스터럽과 굽힘철근의 조합

10.
철근콘크리트의 단면 설계 시 콘크리트의 인장강도는 무시한다.

---

06 시멘트의 분말도에 관한 설명으로 옳지 않은 것은?
① 시멘트의 분말도란 단위질량(g)당 표면적을 말한다.
② 분말도가 클수록 블리딩이 증가한다.
③ 분말도가 클수록 건조수축이 크다.
④ 분말도가 크면 풍화하기 쉽다.

07 구조물의 파괴 상태 기준으로 예상되는 최대하중에 대하여 구조물의 안전을 확보하려는 설계방법은?
① 강도설계법
② 허용응력 설계법
③ 한계상태 설계법
④ 전단응력 설계법

08 철근비가 균형철근비보다 클 때, 보의 파괴가 압축측 콘크리트의 파쇄로 시작하는 파괴 형태는?
① 취성파괴 ② 연성파괴
③ 경성파괴 ④ 강성파괴

09 철근콘크리트 부재의 경우에 사용할 수 있는 전단철근의 형태가 아닌 것은?
① 주인장철근에 30° 이상의 각도로 구부린 굽힘철근
② 주인장철근에 45° 이상의 각도로 설치되는 스터럽
③ 스터럽과 굽힘철근의 조합
④ 주인장철근과 나란한 용접철망

10 철근콘크리트보의 휨부재에 대한 강도설계법의 기본 가정이 아닌 것은?
① 콘크리트의 변형률은 중립축으로부터 거리에 비례한다.
② 철근의 변형률은 중립축으로부터 거리에 비례한다.
③ 단면 설계 시 콘크리트의 응력은 등가직사각형 분포로 가정한다.
④ 단면 설계 시 콘크리트의 인장강도를 고려한다.

정답 6. ② 7. ① 8. ① 9. ④ 10. ④

11 철근콘크리트 강도설계법에서 단철근 직사각형 보에 대한 균형철근비(ρ_b)를 구하는 식은? [단, f_{ck} : 콘크리트의 설계기준강도(MPa), f_y : 철근의 설계기준 항복강도(MPa), β_1 : 계수]

① $0.75\beta_1 \cdot \dfrac{f_{ck}}{f_y} \cdot \dfrac{660}{660+f_y}$

② $0.80\beta_1 \cdot \dfrac{f_{ck}}{f_y} \cdot \dfrac{660}{660+f_y}$

③ $0.85\beta_1 \cdot \dfrac{f_{ck}}{f_y} \cdot \dfrac{660}{660+f_y}$

④ $0.95\beta_1 \cdot \dfrac{f_{ck}}{f_y} \cdot \dfrac{660}{660+f_y}$

12 시멘트, 잔골재, 물 및 필요에 따라 첨가하는 혼화재료를 구성재료로 하여, 이들을 비벼서 만든 것, 또는 경화된 것을 무엇이라 하는가?

① 시멘트풀
② 모르타르
③ 무근콘크리트
④ 철근콘크리트

13 압축이형철근의 기본정착길이를 구하는 식은? (단, f_y : 철근의 설계기준 항복강도, d_b : 철근의 공칭지름, f_{ck} : 콘크리트의 설계기준 압축강도, λ : 경량콘크리트계수)

① $\dfrac{0.15\,d_b f_y}{\lambda\sqrt{f_{ck}}}$

② $\dfrac{0.25\,d_b f_y}{\lambda\sqrt{f_{ck}}}$

③ $\dfrac{0.30\,d_b f_y}{\lambda\sqrt{f_{ck}}}$

④ $\dfrac{0.45\,d_b f_y}{\lambda\sqrt{f_{ck}}}$

14 콘크리트를 친 후 시멘트와 골재알이 가라앉으면서 물이 떠오르는 현상을 무엇이라 하는가?

① 풍화
② 레이턴스
③ 블리딩
④ 경화

15 포틀랜드 시멘트의 종류로 옳지 않은 것은?

① 포틀랜드 플라이애시 시멘트
② 중용열 포틀랜드 시멘트
③ 조강 포틀랜드 시멘트
④ 저열 포틀랜드 시멘트

해설

11.
균형철근비
$$\rho_b = \dfrac{\eta(0.85f_{ck})\beta_1}{f_y} \times \dfrac{660}{660+f_y}$$

12.
㉠ 시멘트풀 : 시멘트에 물만 넣어 반죽한 것
㉡ 모르타르 : 시멘트풀에 잔골재를 배합한 것으로, 시멘트와 잔골재에 혼화재료를 혼합한 경우 물로 반죽한 것
㉢ 콘크리트 : 모르타르에 굵은골재를 배합한 것으로, 시멘트와 잔골재, 굵은골재를 물로 반죽한 것

13.
압축이형철근의 기본정착길이
$$l_{db} = \dfrac{0.25 d_b f_y}{\lambda\sqrt{f_{ck}}} \geq 0.043 d_b f_y$$

14.
㉠ 블리딩 : 콘크리트를 친 뒤에 시멘트와 골재알이 가라앉으면서 물이 콘크리트 표면으로 떠오르는 현상
㉡ 레이턴스 : 블리딩 현상에 의하여 콘크리트의 표면에 떠올라 가라앉는 미세한 물질

15.
포틀랜드 시멘트의 종류
㉠ 보통 포틀랜드 시멘트
㉡ 중용열 포틀랜드 시멘트
㉢ 조강 포틀랜드 시멘트
㉣ 저열 포틀랜드 시멘트
㉤ 내황산염 포틀랜드 시멘트
㉥ 백색 포틀랜드 시멘트

정답 11. ③ 12. ② 13. ② 14. ③ 15. ①

해설

16.
콘크리트의 강도는 일반적으로 표준양생을 한 재령 28일의 압축강도를 기준으로 한다.

17.
혼합조립률
$$f_a = \frac{m}{m+n}f_s + \frac{n}{m+n}f_g$$
$$= \frac{1}{1+1.5} \times 2.3 + \frac{1.5}{1+1.5} \times 6.4$$
$$= 4.76$$

18.
최소 피복두께 규정

철근의 외부 조건	최소 피복두께
수중에서 타설하는 콘크리트	100 mm
흙에 접하여 콘크리트를 친 후에 영구히 흙에 묻혀 있는 콘크리트	75 mm
흙에 접하거나 옥외의 공기에 직접 노출되는 콘크리트(D19 이상의 철근)	50 mm
옥외의 공기나 흙에 직접 접하지 않는 콘크리트(보, 기둥)	40 mm

19.
배합설계는 작업이 가능한 범위에서 굵은골재 최대치수가 크고 입도가 양호하도록 한다.

20.
콘크리트의 동해방지 대책
㉠ 밀도가 큰 중량골재 콘크리트로 시공한다.
㉡ 물-시멘트비를 작게 하여 시공한다.
㉢ 흡수율이 작은 골재를 사용하여 시공한다.

21.
확대기초: 기둥, 교대, 교각, 벽 등에 작용하는 상부구조물의 하중을 지반에 안전하게 전달하기 위하여 설치하는 구조물

---

16 콘크리트 강도는 일반적으로 표준양생을 실시한 콘크리트 공시체의 재령 며칠의 시험값을 기준으로 하는가?
① 10일　　② 14일
③ 20일　　④ 28일

17 잔골재의 조립률 2.3, 굵은골재의 조립률 6.4를 사용하여 잔골재와 굵은골재를 질량비 1:1.5로 혼합하면 이때 혼합된 골재의 조립률은?
① 3.67　　② 4.76
③ 5.27　　④ 6.12

18 프리스트레스하지 않는 부재의 현장치기 콘크리트 중에서 외부의 공기나 흙에 접하지 않는 콘크리트의 보나 기둥의 최소 피복두께는 얼마 이상이어야 하는가?
① 20 mm　　② 40 mm
③ 50 mm　　④ 60 mm

19 배합설계의 기본원칙으로 옳지 않은 것은?
① 단위량은 질량배합을 원칙으로 한다.
② 작업이 가능한 범위에서 단위수량이 최소가 되도록 한다.
③ 작업이 가능한 범위에서 굵은골재 최대치수가 작게 한다.
④ 강도와 내구성이 확보되도록 한다.

20 콘크리트의 동해방지를 위한 대책으로 가장 효과적인 것은?
① 밀도가 작은 경량골재 콘크리트로 시공한다.
② 물-시멘트비를 크게 하여 시공한다.
③ AE 콘크리트로 시공한다.
④ 흡수율이 큰 골재를 사용하여 시공한다.

21 기둥, 교대, 교각, 벽 등에 작용하는 상부구조물의 하중을 지반에 안전하게 전달하기 위하여 설치하는 구조물은?
① 노상　　② 암거
③ 노반　　④ 확대기초

정답 16. ④　17. ②　18. ②　19. ③　20. ③　21. ④

22 강구조 부재 연결에 대한 설명으로 옳지 않은 것은?
  ① 부재의 견결은 경제적이고 시공이 쉬워야 한다.
  ② 해로운 응력집중이 생기지 않도록 한다.
  ③ 주요 부재의 연결 강도는 모재의 전강도의 60% 이상이어야 한다.
  ④ 응력의 전달이 확실하고 가능한 한 편심이 생기지 않도록 연결한다.

23 다음에서 설명하는 구조물은?

  • 두께에 비하여 폭이 넓은 판 모양의 구조물
  • 도로교에서 직접 하중을 받는 바닥판
  • 건물의 각 층마다의 바닥판

  ① 보 ② 기둥
  ③ 슬래브 ④ 확대기초

24 단철근 직사각형 보에서 단면폭 300 mm, 유효깊이가 500 mm이고, 철근량(A_s)은 4,100 mm²일 때의 철근비는?
  ① 0.027 ② 0.035
  ③ 0.053 ④ 0.062

25 2방향 슬래브의 해석 및 설계방법으로 옳지 않은 것은?
  ① 횡하중을 받는 구조물의 해석에 있어서 휨모멘트 크기는 실제 횡변형 크기에 반비례한다.
  ② 슬래브 시스템이 횡하중을 받는 경우 그 해석 결과는 연직하중의 결과와 조합하여야 한다.
  ③ 슬래브 시스템은 평형 조건과 기하학적 적합 조건을 만족시킬 수 있으면 어떠한 방법으로도 설계할 수 있다.
  ④ 횡방향 변위가 발생하는 골조의 횡방향력 해석을 위해 골조 부재의 강성을 계산할 때 철근과 균열의 영향을 고려한다.

26 일반적인 기둥의 종류가 아닌 것은?
  ① 띠철근기둥 ② 나선철근기둥
  ③ 강도기둥 ④ 합성기둥

해설

22.
강구조 주요 부재의 연결 강도는 부재의 전강도의 75% 이상이어야 한다.

23.
슬래브
㉠ 두께에 비하여 폭이나 길이가 매우 큰 판 모양의 구조물
㉡ 교량이나 건축물의 상판

24.
$$\rho = \frac{A_s}{bd} = \frac{4100}{300 \times 500} = 0.027$$

25.
횡하중을 받는 구조물의 해석에 있어서 휨모멘트 크기는 실제 횡변형 크기에 비례한다.

26.
기둥의 종류 : 띠철근기둥, 나선철근기둥, 합성기둥

정답 22. ③ 23. ③ 24. ① 25. ① 26. ③

해설

27.
콘크리트 구조: 무근콘크리트 구조, 철근콘크리트 구조, 프리스트레스트 콘크리트 구조

28.
콘크리트는 압축력에 매우 강하나 인장력에는 약하고, 철근은 인장력에 매우 강하나 압축력에 의해 구부러지기 쉽다.

29.
프리스트레스트 콘크리트에는 고강도의 콘크리트, 고강도의 강선, 고강도의 강봉이 사용된다.

30.
강구조로 만들어진 교량은 차량 통행에 의하여 소음이 발생하기 쉽다.

31.
한강 철교: 1900년에 건설된 우리나라 근대식 교량의 시초

32.
하중의 종류

구분	종류
주하중	고정하중, 활하중, 충격하중
부하중	풍하중, 온도 변화의 영향, 지진하중
특수하중	설하중, 원심하중, 제동하중, 지점 이동의 영향, 가설하중, 충돌하중

---

27 콘크리트를 주재료로 한 콘크리트 구조에 속하지 않는 것은?
① 강구조
② 무근콘크리트 구조
③ 철근콘크리트 구조
④ 프리스트레스트 콘크리트 구조

28 철근콘크리트(RC) 구조물의 특징이 아닌 것은?
① 철근과 콘크리트는 부착력이 매우 크다.
② 콘크리트 속에 묻힌 철근은 부식되지 않는다.
③ 철근과 콘크리트는 온도 변화에 대한 열팽창계수가 비슷하다.
④ 철근은 압축응력이 크고, 콘크리트는 인장응력이 크다.

29 프리스트레스트 콘크리트의 사용 재료로 볼 수 없는 것은?
① 고강도 콘크리트
② 고강도 강봉
③ 고강도 강선
④ 고압축 철근

30 강구조의 장점이 아닌 것은?
① 강도가 매우 크다.
② 균질성을 가지고 있다.
③ 부재를 개수하거나 보강하기 쉽다.
④ 차량 통행으로 인한 소음 발생이 적다.

31 1900년에 건설된 우리나라 근대식 교량의 시초로 볼 수 있는 것은?
① 진천 농교   ② 한강 철교
③ 부산 영도교   ④ 서울 광진교

32 토목구조물 설계에 사용하는 특수하중에 속하지 않는 것은?
① 설하중
② 풍하중
③ 충돌하중
④ 원심하중

정답 27.① 28.④ 29.④ 30.④ 31.② 32.②

33 보의 배근도에서 주철근과 연결하여 스터럽 철근을 배근하는 이유는?

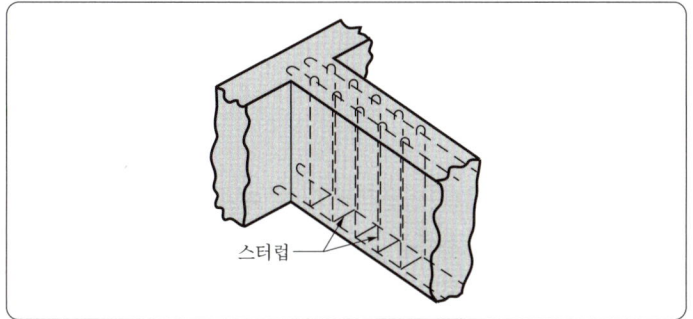

① 압축응력을 크게 작용하기 위하여
② 철근의 이동을 자유롭게 하기 위하여
③ 보의 철근량 균형을 맞추기 위하여
④ 보의 전단 균열을 방지하기 위하여

34 그림 중 경사확대기초를 나타내고 있는 것은?

①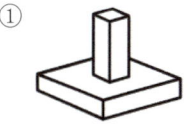
②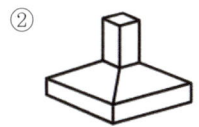
③
④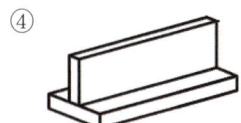

35 프리스트레스(PS) 강재에 필요한 성질이 아닌 것은?

① 인장강도가 커야 한다.
② 릴랙세이션(relaxation)이 커야 한다.
③ 적당한 연성과 인성이 있어야 한다.
④ 응력 부식에 대한 저항성이 커야 한다.

36 치수 기입 중 SR40이 의미하는 것은?

① 반지름이 40 mm인 원
② 반지름이 40 mm인 구
③ 한 변이 40 mm인 정사각형
④ 한 변이 40 mm인 정삼각형

해설

33.
스터럽(늑근)은 철근콘크리트 구조의 보에서 전단력 및 비틀림모멘트에 저항하도록 보의 주근을 둘러싸고, 이에 직각 또는 경사지게 배치하여 보의 전단 균열을 방지할 수 있다.

34.
① 독립확대기초
② 경사확대기초
③ 계단식 확대기초
④ 연속확대기초(벽확대기초)

35.
PS 강재에 필요한 성질
㉠ 인장강도가 커야 한다.
㉡ 릴랙세이션이 작아야 한다.
㉢ 적당한 연성과 인성이 있어야 한다.
㉣ 응력 부식에 대한 저항성이 커야 한다.

36.
㉠ SR : Sphere(구) Radius(반지름), 구의 반지름 치수의 수치 옆에 붙인다.
㉡ SR40 : 반지름이 40 mm인 구

정답 33. ④ 34. ② 35. ② 36. ②

해설

37.
㉠ D16 : 지름 16 mm의 이형철근
㉡ φ16 : 지름 16 mm의 원형철근

38.
영문자는 로마자 대문자를 사용한다.

39.
㉠ 점 O를 중심으로 임의의 반지름으로 원호를 그린다. 이때 선 A, B와 만나는 점을 C, D라 한다.
㉡ 점 C, D를 각각 중심으로 하고 임의의 반지름으로 원호를 그려 만나는 점을 P라 한다.
㉢ 점 O와 점 P를 직선으로 연결한다. 직선 OP는 ∠AOB의 2등분선이 된다.

40.
철근의 갈고리 형태 : 원형 갈고리, 반원형(180°) 갈고리, 직각(90°) 갈고리, 예각(135°) 갈고리

41.
② 철근의 기계적 이음
③ 갈고리가 없을 때 겹침이음
④ 갈고리가 있을 때 겹침이음

---

37 지름 16 mm인 이형철근의 표시방법으로 옳은 것은?
① A16
② D16
③ φ16
④ @16

38 토목제도에 사용하는 문자에 대한 설명으로 옳지 않은 것은?
① 같은 크기의 문자는 그 선의 굵기를 되도록 균일하게 한다.
② 영자는 주로 로마자의 소문자를 사용한다.
③ 숫자는 주로 아라비아 숫자를 사용한다.
④ 한글자의 서체는 활자체에 준하는 것이 좋다.

39 주어진 각(∠AOB)을 2등분할 때 작업순서로 알맞은 것은?

ㄱ. O점과 P점을 연결한다.
ㄴ. O점에서 임의의 원을 그려 C와 D점을 구한다.
ㄷ. D점에서 임의의 반지름으로 원호를 그려 P점을 찾는다.

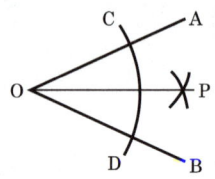

① ㄱ-ㄴ-ㄷ
② ㄱ-ㄷ-ㄴ
③ ㄴ-ㄱ-ㄷ
④ ㄴ-ㄷ-ㄱ

40 철근의 갈고리 형태가 아닌 것은?
① 반원형 갈고리
② 직각 갈고리
③ 예각 갈고리
④ 둔각 갈고리

41 철근의 용접이음을 표시하는 기호는?

① ──●──
② ──▭──
③ ─────
④ ──⇁──

정답 37.② 38.② 39.④ 40.④ 41.①

42 다음의 도면에 대한 설명 중 옳은 것으로 짝지어진 것은?

ㄱ. 물체의 실제 크기와 도면에서의 크기가 같은 경우 "NS"로 표기한다.
ㄴ. 도면에서 실물보다 축소하여 그린 것을 배척이라 한다.
ㄷ. 도면번호, 도면이름, 척도, 투상법 등을 기입하는 곳을 표제란이라 한다.
ㄹ. 척도 표시는 표제란에 기입하는 것을 원칙으로 하나, 표제란이 없는 경우 도명이나 품번의 가까운 곳에 기입한다.

① ㄱ, ㄴ   ② ㄱ, ㄷ   ③ ㄴ, ㄷ   ④ ㄷ, ㄹ

해설

42.
㉠ 그림의 모양이 치수에 비례하지 않아 착오의 우려가 있을 때는 NS(None Scale)로 명시한다.
㉡ 실물보다 축소하여 도면을 그리는 경우 축척, 실물과 같은 크기로 도면을 그리는 경우 현척, 실물보다 확대하여 도면을 그리는 경우 배척이라고 한다.

43 재료 단면의 경계표시 중 암반면을 나타내는 것은?

①    ②
③    ④

43.
① 지반면(흙)
② 수준면(물)
③ 암반면(바위)
④ 잡석

44 도로설계의 종단면도에 일반적으로 기입되는 사항이 아닌 것은?
① 계획고   ② 횡단면적
③ 지반고   ④ 측점

44.
도로의 종단면도를 작성할 때에는 곡선, 측점, 거리, 추가 거리, 지반고, 계획고, 절토고, 성토고, 경사 등을 측량 또는 계산하여 기입한다.

45 출제기준 변경에 따라 관련 문항 삭제함.

46 멀고 가까운 거리감을 느낄 수 있도록 하나의 시점과 물체의 각 점을 방사선으로 이어서 그리는 투상도법은?
① 투시도법   ② 사투상도
③ 등각투상도   ④ 부등각투상도

46.
투시도법 : 하나의 시점과 물체의 각 점을 방사선으로 이어서 그리는 방법

47 선의 접속 및 교차에 대한 제도방법으로 옳지 않은 것은?

①    ②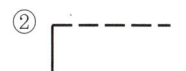
③ 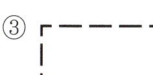   ④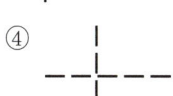

47.
파선끼리 교차할 때에는 아래 그림과 같이 작도한다.

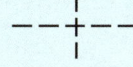

정답 42. ④ 43. ③ 44. ② 45. 46. ① 47. ④

해설

48.
화살표는 도면마다 균일성 있게 표시한다.

49.
벽돌의 단면표시

50.
㉠ 제3각법

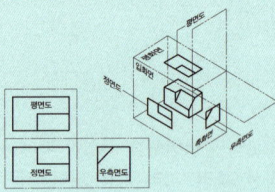

㉡ 제1각법

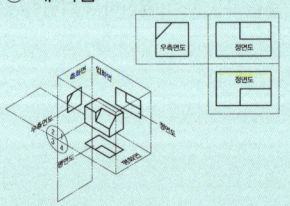

51.
단면도 : 내부의 보이지 않는 부분을 나타낼 때 물체를 절단하여 내부 모양을 나타낸 도면

52.
① 모르타르
② 콘크리트
③ 벽돌
④ 자연석

---

48 다음 중 도면 작도 시 유의사항으로 틀린 것은?
① 구조물의 외형선, 철근 표시선 등 선의 구분을 명확히 한다.
② 화살표는 도면 내에서 다양한 모양을 선택하여 사용한다.
③ 도면은 가능한 한 간단하게 그리며 중복을 피한다.
④ 도면에는 오류가 없도록 한다.

49 그림은 어떤 재료의 단면표시인가?

① 블록
② 아스팔트
③ 벽돌
④ 사질토

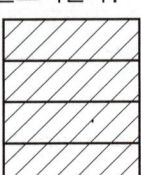

50 그림과 같이 나타내는 정투상법은?

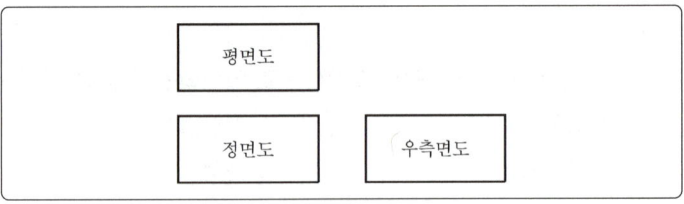

① 제1각법   ② 제2각법
③ 제3각법   ④ 제4각법

51 내부의 보이지 않는 부분을 나타낼 때 물체를 절단하여 내부 모양을 나타낸 도면은?
① 단면도   ② 전개도
③ 투상도   ④ 입체도

52 건설재료 중 콘크리트의 단면표시로 옳은 것은?

① 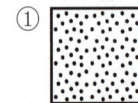   ②

③ 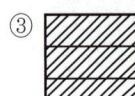   ④

정답 48. ② 49. ③ 50. ③ 51. ① 52. ②

53 본 설계에 필요한 도면에 대한 설명으로 옳은 것은?

① 일반도 : 주요 구조 부분의 단면 치수, 그것에 작용하는 외력 및 단면의 응력도 등을 나타낸 도면으로서, 필요에 따라 작성한다.
② 응력도 : 상세한 설계에 따라 확정된 모든 요소의 치수를 기입한 도면이다.
③ 구조 상세도 : 제작이나 시공을 할 수 있도록 구조를 상세하게 나타낸 도면이다.
④ 가설 계획도 : 투시도법 등에 의하여 그려진 구조물의 도면이므로 미관을 고려하여 형식을 결정할 경우에 이용된다.

54 제도통칙에서 제도용지의 세로와 가로의 비로 옳은 것은?

① $1 : \sqrt{2}$
② $1 : 1.5$
③ $1 : \sqrt{3}$
④ $1 : 2$

55 한 도면에서 두 종류 이상의 선이 같은 장소에 겹칠 때 가장 우선이 되는 선은?

① 중심선
② 절단선
③ 외형선
④ 숨은선

56 토목제도에서 도면치수의 기본적인 단위는?

① mm
② cm
③ m
④ km

57 척도를 나타내는 방법으로 옳은 것은?

① (제도용지의 치수) : (실제의 치수)
② (도면에서의 치수) : (실제의 치수)
③ (실제의 치수) : (제도용지의 치수)
④ (실제의 치수) : (도면에서의 치수)

58 철근 상세도에 표시된 기호 중 'C.T.C'가 의미하는 것은?

① center to center
② count to count
③ control to control
④ close to close

해설

53.
① 일반도 : 상세한 설계에 따라 확정된 모든 요소의 치수를 기입한 도면
② 응력도 : 주요 구조 부분의 단면 치수, 그것에 작용하는 외력 및 단면의 응력도 등을 나타낸 도면
④ 가설 계획도 : 구조물을 설계할 때에 산정된 가설 및 시공법의 계획도로서, 요점을 필요에 따라 그린 도면

54.
제도용지의 세로와 가로의 비는 $1 : \sqrt{2}$ 이다.

55.
한 도면에서 두 종류 이상의 선이 겹칠 때의 우선순위
외형선 → 숨은선 → 절단선 → 중심선 → 무게 중심선

56.
치수 단위는 mm를 원칙으로 하며, 단위기호는 생략한다.

57.
축척 $1 : n =$ 도면에서의 크기 : 물체의 실제 크기

58.
C.T.C : Center To Center의 약자로, 중심 사이의 간격을 의미한다.

정답 53.③ 54.① 55.③ 56.① 57.② 58.①

해설

60.
CAD 시스템 도입 시 제품의 표준화로 원가를 절감할 수 있다.

CAD의 이용 효과
㉠ 생산성 효과
㉡ 품질 향상
㉢ 표현력 증대
㉣ 표준화 달성
㉤ 정보화 구축
㉥ 경영의 효율화와 합리화

59 출제기준 변경에 따라 관련 문항 삭제함.

60 CAD 시스템을 도입하였을 때 얻어지는 효과가 아닌 것은?
① 도면의 표준화
② 작업의 효율화
③ 표현력 증대
④ 제품 원가의 증대

정답 59. 60. ④

2014 제5회 과년도 출제문제

전산응용토목제도기능사

2014년 10월 25일 시행

01 압축부재의 철근 배치 및 철근 상세에 관한 설명으로 옳지 않은 것은?
① 축방향 주철근 단면적은 전체 단면적의 1~8%로 하여야 한다.
② 띠철근의 수직 간격은 축방향 철근 지름의 16배 이하, 띠철근 지름의 48배 이하, 또한 기둥 단면의 최소치수 이하로 하여야 한다.
③ 띠철근기둥에서 축방향 철근의 순간격은 40 mm 이상, 또한 철근 공칭지름의 1.5배 이상으로 하여야 한다.
④ 압축부재의 축방향 주철근의 최소 개수는 삼각형으로 둘러싸인 경우 4개로 하여야 한다.

02 현장치기 콘크리트의 최소 피복두께에 관한 설명으로 옳은 것은?
① 수중에서 치는 콘크리트의 최소 피복두께는 50 mm이다.
② 흙에 접하여 콘크리트를 친 후 영구히 흙에 묻혀 있는 콘크리트의 최소 피복두께는 75 mm이다.
③ 옥외의 공기나 흙에 직접 접하지 않는 콘크리트로 슬래브에서는 D35를 초과하는 철근의 경우 D35 이하의 철근에 비해 피복두께가 더 작다.
④ 흙에 접하거나 옥외의 공기에 직접 노출되는 콘크리트의 D19 이상 철근에 대한 최소 피복두께는 40 mm이다.

03 지간 10 m인 철근콘크리트보에 등분포하중이 작용할 때 최대 허용하중은? (단, 보의 설계 모멘트가 25 kN·m이고, 하중계수와 강도감소계수는 고려하지 않는다.)
① 1.0 kN/m   ② 1.7 kN/m
③ 2.0 kN/m   ④ 2.4 kN/m

04 출제기준 변경에 따라 관련 문항 삭제함.

해설

1.
기둥의 축방향 철근은 사각형, 원형 띠철근으로 둘러싸인 경우 4개, 삼각형 띠철근으로 둘러싸인 경우 3개, 나선철근으로 둘러싸인 경우 6개 이상 배근한다.

2.
최소 피복두께 규정

철근의 외부 조건		최소 피복두께
수중에서 타설하는 콘크리트		100 mm
흙에 접하여 콘크리트를 친 후에 영구히 흙에 묻혀 있는 콘크리트		75 mm
흙에 접하거나 옥외의 공기에 직접 노출되는 콘크리트(D19 이상 철근)		50 mm
옥외의 공기나 흙에 직접 접하지 않는 콘크리트(슬래브, 벽체, 장선구조)	D35 초과 철근	40 mm
	D35 이하 철근	20 mm

3.
$$M_u = \frac{wl^2}{8}$$
$$\therefore w = \frac{8M_u}{l^2} = \frac{8 \times 25}{10^2} = 2.0 \text{ kN/m}$$

정답 1. ④ 2. ② 3. ③ 4.

해설

5.
크리프 : 구조물에 자중 등의 하중이 오랜 시간 지속적으로 작용하면 더 이상 응력이 증가하지 않더라도 시간이 지나면서 구조물에 발생하는 변형

6.
$$\rho_b = \frac{\eta(0.85f_{ck})\beta_1}{f_y} \times \frac{660}{660+f_y}$$
$$= \frac{1 \times 0.85 \times 28 \times 0.80}{420}$$
$$\times \frac{660}{660 \times 420} = 0.0277$$

7.
피로파괴 : 강재에 반복하중이 지속적으로 작용하는 경우에 허용응력 이하의 작은 하중에서도 파괴되는 현상

8.
① 자연석(석재)
② 콘크리트
③ 모르타르
④ 블록

9.
㉠ $U = 1.2D + 1.6L$
  $= 1.2 \times 200 + 1.6 \times 150$
  $= 480$ kN/m
㉡ $U = 1.4D$
  $= 1.4 \times 200$
  $= 280$ kN/m
∴ 위 값 중 큰 값인 480 kN/m 선택

---

05 콘크리트에 일정하게 하중을 주면 응력의 변화는 없는데도 변형이 시간이 경과함에 따라 커지는 현상은?
① 건조수축 ② 크리프
③ 틱소트로피 ④ 릴랙세이션

06 $b = 250$ mm, $d = 460$ mm인 직사각형 보에서 균형철근비는? (단, 철근의 항복강도는 420 MPa, 콘크리트의 설계기준 압축강도는 28 MPa이다.)
① 0.0277 ② 0.0250
③ 0.0214 ④ 0.0176

07 강구조물에서 강재에 반복하중이 지속적으로 작용하는 경우에 허용응력 이하의 작은 하중에서도 파괴되는 현상을 무엇이라 하는가?
① 취성파괴 ② 피로파괴
③ 연성파괴 ④ 극한파괴

08 건설재료의 단면표시 중 모르타르를 나타내는 것은?

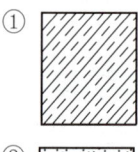

09 지간 25 m인 단순보에 고정하중 200 kN/m, 활하중 150 kN/m가 작용하고 있다. 강도설계법으로 설계할 때 보에 작용하는 극한하중은? (단, 하중계수는 콘크리트 구조설계기준에 따른다.)
① 400 kN/m ② 480 kN/m
③ 560 kN/m ④ 640 kN/m

정답 5.② 6.① 7.② 8.③ 9.②

10 몇 개의 직선 부재를 한 평면 내에서 연속된 삼각형의 뼈대 구조로 조립한 것을 거더 대신 사용하는 형식의 교량은?

① 단순교 ② 현수교
③ 트러스교 ④ 사장교

11 투상법에서 제3각법에 대한 설명으로 옳지 않은 것은?

① 정면도 아래에 배면도가 있다.
② 정면도 위에 평면도가 있다.
③ 정면도 좌측에 좌측면도가 있다.
④ 제3면각 안에 물체를 놓고 투상하는 방법이다.

12 그림은 평면도상에서 어떤 지형의 절단면 상태를 나타낸 것인가?

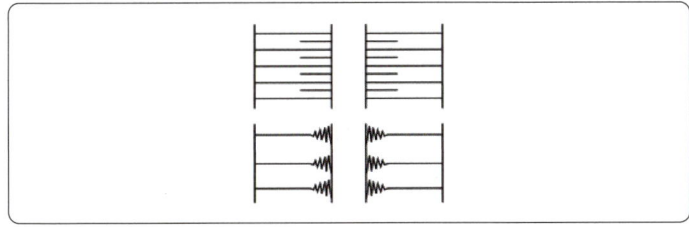

① 절토면 ② 성토면
③ 수준면 ④ 물매면

13 슬래브의 배력철근에 대한 설명에서 틀린 것은?

① 응력을 고르게 분포시킨다.
② 주철근 간격을 유지시켜 준다.
③ 콘크리트의 건조수축을 크게 해 준다.
④ 정철근이나 부철근에 직각으로 배치하는 철근이다.

14 다음 중 철근콘크리트가 건설재료로서 널리 사용되는 이유가 아닌 것은?

① 철근과 콘크리트는 부착이 매우 잘된다.
② 철근과 콘크리트의 항복응력이 거의 같다.
③ 콘크리트 속에 묻힌 철근은 녹이 슬지 않는다.
④ 철근과 콘크리트는 온도에 대한 열팽창계수가 거의 같다.

해설

10.
트러스교에 대한 설명으로 비교적 계산이 간단하고, 구조적으로 상당히 긴 지간에 유리하게 쓰이며, 재료도 절약된다.

11.
제3각법

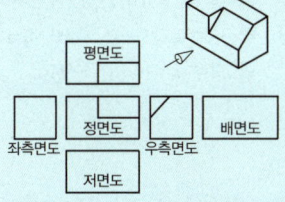

12.
㉠ 성토면 ㉡ 절토면

13.
배력철근을 적절하게 배근하면 콘크리트의 건조수축을 감소시킬 수 있다.

14.
철근콘크리트 구조의 성립 이유
㉠ 철근과 콘크리트는 온도에 의한 열팽창계수가 비슷하다.
㉡ 굳은 콘크리트 속에 있는 철근은 힘을 받아도 그 주변 콘크리트와의 큰 부착력 때문에 잘 빠져나오지 않는다.
㉢ 콘크리트 속에 묻혀 있는 철근은 콘크리트의 알칼리 성분에 의해서 녹이 슬지 않는다.
㉣ 철근의 항복강도가 콘크리트의 항복강도보다 크다.

정답 10. ③ 11. ① 12. ② 13. ③ 14. ②

해설

15.
CAD에서 도면층이란 투명한 여러 장의 도면을 종이에 겹쳐 놓은 것과 같은 효과를 나타낸다.

16.
㉠ 철근 항복강도 $f_y \leq 400$ MPa 인 경우 $l = 0.072 f_y d_b$
㉡ 철근 항복강도 $f_y > 400$ MPa 인 경우 $l = (0.13 f_y - 24) d_b$

17.
PSC 부재에 사용하는 PS 강재는 연강의 2~4배의 인장강도를 나타내고, 항복강도는 1.21~1.71 GPa 정도이다.

18.
철근 조립을 위해 교차되는 철근은 용접할 수 없다. 다만, 책임 기술자가 승인한 경우에는 용접할 수 있다.

---

15 CAD 작업에서 도면층(layer)이란?
① 투명한 여러 장의 도면을 겹쳐 놓은 효과를 얻는 것이다.
② 축척에 따라 도면을 보여주는 것이다.
③ 도면의 크기를 설정해 놓은 것이다.
④ 도면의 위치를 설정해 놓은 것이다.

16 철근의 설계기준 항복강도(f_y)가 400 MPa을 초과하는 경우 압축철근의 겹침이음 길이는?
① $0.072 f_y d_b$
② $(0.13 f_y - 24) d_b$
③ $(1.4 f_y - 52) d_y$
④ 200 mm 이상

17 PSC의 원리와 일반적 성질에 대한 설명으로 잘못된 것은?
① PSC는 외력에 의하여 발생하는 응력을 소정의 한도까지 상쇄할 수 있도록 미리 내력을 준 콘크리트이다.
② PSC 부재에 사용하는 PS 강재는 보통 연강이고, 콘크리트의 설계기준 항복강도는 24 MPa 정도이다.
③ PSC의 기본 개념은 응력 개념, 강도 개념 및 하중 평형 개념으로 분류할 수 있다.
④ PSC 부재는 초과 하중이 작용하여 균열이 발생하더라도 그 하중이 제거되면 균열이 폐합되는 복원성이 우수하다.

18 철근콘크리트 설계에서 철근 배치 원칙에 대한 설명 중 틀린 것은?
① 철근이 설계된 도면상의 배치 위치에서 d_b 이상 벗어나야 할 경우에는 책임구조기술자의 승인을 받아야 한다.
② 철근 조립을 위해 교차되는 철근은 용접해야 한다.
③ 철근, 긴장재 및 덕트는 콘크리트를 치기 전에 정확히 배치하여 시공이 편리하게 한다.
④ 철근, 긴장재 및 덕트는 허용 오차 이내에서 규정된 위치에 배치한다.

19 출제기준 변경에 따라 관련 문항 삭제함.

정답 15. ① 16. ② 17. ② 18. ② 19.

20. 다음의 토목재료에 대한 설명 중 옳지 않은 것은?
① 시멘트와 잔골재를 물로 비빈 것을 모르타르라 한다.
② 시멘트에 물만 넣고 반죽한 것을 시멘트풀이라고 한다.
③ 시멘트, 잔골재, 굵은골재, 혼화재료를 섞어 물로 비벼서 만든 것을 콘크리트라 한다.
④ 보통 콘크리트는 전체 부피의 약 70%가 시멘트풀이고, 30%는 골재로 되어 있다.

21. 콘크리트용 배합수로 바닷물을 사용할 때 철근의 부식과 밀접한 이온은?
① CO_3^{2-}
② Cl^-
③ Mg^{2+}
④ SO_4^{2-}

22. 다음 도면 중 작성방법에 의한 분류에 해당되지 않는 것은?
① 복사도
② 착색도
③ 먹물제도
④ 연필도

23. 사용 재료에 따른 교량의 분류가 아닌 것은?
① 철근콘크리트
② 강교
③ 목교
④ 거더교

24. 철근콘크리트 구조물의 장점이 아닌 것은?
① 내구성, 내화성, 내진성이 우수하다.
② 여러 가지 모양과 치수의 구조물을 만들기 쉽다.
③ 다른 구조물에 비하여 유지 관리비가 적게 든다.
④ 각 부재를 일체로 만들기가 어려워 구조물의 강성이 작다.

25. 그림은 어떤 재료의 단면표시인가?
① 석재
② 목재
③ 강재
④ 콘크리트

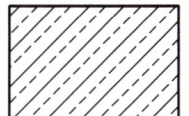

해설

20.
보통 콘크리트는 전체 부피의 약 70%가 골재이고, 나머지 30%가 물, 시멘트, 공기로 이루어져 있다.

21.
콘크리트용 배합수로 바닷물을 사용할 때 염소이온량(Cl^-)은 0.3 kg/m³ 이하이어야 한다.

22.
복사도의 종류
㉠ 청사진
㉡ 백사진
㉢ 전자복사도(마이크로 사진)

23.
㉠ 사용 재료에 따른 분류 : 철근콘크리트교, 강교, 목교, 석교
㉡ 상부구조 형식에 따른 분류 : 거더교, 슬래브교, 라멘교, 아치교, 사장교, 현수교 등

24.
철근콘크리트 구조는 콘크리트 속에 철근을 배치하여 양자가 일체가 되어 외력을 받게 한 구조물로 강성이 크다.

25.
석재(자연석)의 단면표시

정답 20. ④ 21. ② 22. ① 23. ④ 24. ④ 25. ①

해설

26.
표고투상법 : 2투상을 가지고 표시하지만 입면도를 쓰지 않고 수평면으로부터 높이의 수치를 평면도에 기호로 주기하여 나타낸다.

27.
호박돌의 경계표시이다.

28.
파선과 실선이 만나는 경우 아래와 같이 작도한다.

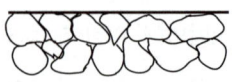

29.
스터럽 : 철근콘크리트 구조의 보에서 전단력 및 비틀림모멘트에 저항하도록 보의 주근을 둘러싸고 이에 직각 또는 경사지게 배치하여 보의 전단 균열을 방지할 수 있으며, 늑근이라고도 부른다.

---

26 그림과 같은 투상법을 무엇이라 하는가?

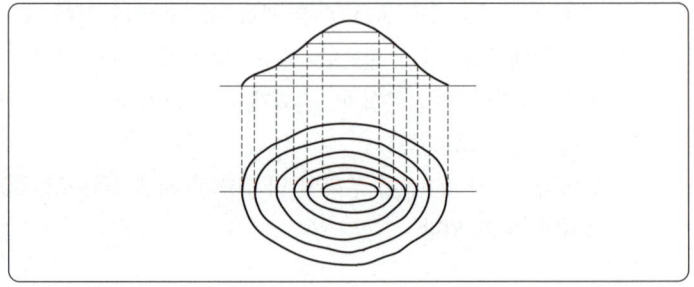

① 정투상법　　② 축측투상법
③ 표고투상법　　④ 사투상법

27 그림의 재료 경계표시는 무엇을 나타내는 것인가?

① 흙　　② 호박돌
③ 암반　　④ 콘크리트

28 다음 중 선이 교차할 때 표시법으로 옳지 않은 것은?

29 철근콘크리트보의 주철근을 둘러싸고 이에 직각이 되게 또는 경사지게 배치한 복부 보강근으로서 전단력 및 비틀림모멘트에 저항하도록 배치한 보강철근을 무엇이라 하는가?

① 스터럽　　② 배력철근
③ 절곡철근　　④ 띠철근

정답 26. ③　27. ②　28. ②　29. ①

30 다음 중 현의 길이를 바르게 나타낸 것은?

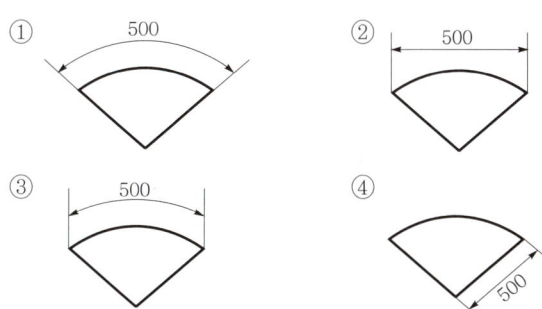

31 토목구조물 설계 시 하중을 주하중, 부하중, 특수하중으로 분류할 때 주하중에 속하는 것은?

① 제동하중 ② 풍하중
③ 활하중 ④ 원심하중

32 다음 중 도로의 평면도에서 선형 요소를 기입할 때 교점을 나타내는 기호는?

① B.C ② E.C
③ I.P ④ T.L

33 그림에서 치수 기입방법이 틀린 것은?

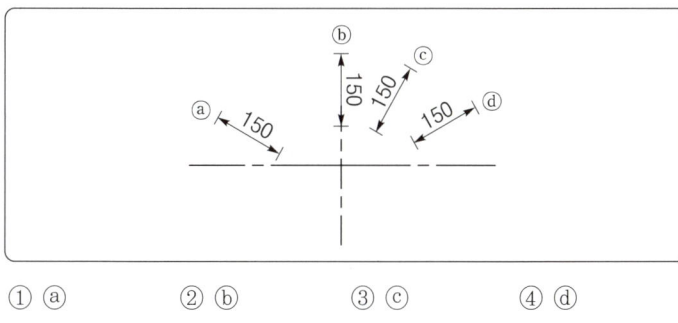

① ⓐ ② ⓑ ③ ⓒ ④ ⓓ

34 일반적인 토목구조물 제도에서 도면 배치에 대한 설명으로 바르지 않은 것은?

① 단면도를 중심으로 저판 배근도는 하부에 그린다.
② 단면도를 중심으로 우측에는 벽체 배근도를 그린다.
③ 도면 상단에는 도면 명칭을 도면 크기에 알맞게 기입한다.
④ 일반도는 단면도의 상단에 위치하도록 그린다.

해설

30.
① 호의 길이 표현
② 현의 길이 표현
③ 호의 길이 표현

31.
하중의 종류

구분	종류
주하중	고정하중, 활하중, 충격하중
부하중	풍하중, 온도 변화의 영향, 지진하중
특수하중	설하중, 원심하중, 제동하중, 지점 이동의 영향, 가설하중, 충돌하중

32.
① B.C : 곡선 시점
② E.C : 곡선 종점
③ I.P : 교점
④ T.L : 접선 길이

33.
치수선이 세로일 때는 치수선의 왼쪽에 치수를 기입한다.

34.
일반적인 도면 배치

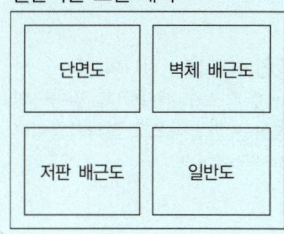

정답 30.② 31.③ 32.③ 33.② 34.④

해설

35.
2점쇄선 : 가상선, 무게 중심선

36.
도면의 치수 및 윤곽 치수

크기와 호칭	A0	A1	A2	A3	A4
도면의 크기($a \times b$)	841 × 1,189	594 × 841	420 × 594	297 × 420	210 × 297
c (최소)	20	20	10	10	10
d (최소) 철하지 않을 때	20	20	10	10	10
d (최소) 철할 때	25	25	25	25	25

37.
구조선도 : 도면을 표현 형식에 따라 분류할 때 구조물의 구조 계산에 사용되는 선도로 교량의 골조 등을 나타내는 도면

38.
한중콘크리트 타설 시 재료를 가열하여 사용하기도 하는데, 시멘트를 투입하기 전에 믹서 안의 재료 온도는 40℃를 넘지 않는 것이 좋다.

39.
1방향 슬래브에서 정철근과 부철근의 중심 간 간격은 최대 휨모멘트가 일어나는 위험 단면에서 슬래브 두께의 2배 이하, 300 mm 이하로 하고, 기타의 단면에서는 슬래브 두께의 3배 이하, 450 mm 이하로 한다.

40.
독립확대기초 : 하나의 기둥을 하나의 기초가 지지한다. 밑바닥의 형상은 일반적으로 정사각형이나 직사각형이다.

---

35 다음 중 실선으로 표시하지 않는 것은?
① 치수선　　② 지시선
③ 인출선　　④ 가상선

36 A1 용지에서 윤곽의 너비를 철하지 않을 때 최소 몇 mm 이상 여유를 두는 것이 바람직한가?
① 5　　② 10　　③ 15　　④ 20

37 도면을 표현 형식에 따라 분류할 때 구조물의 구조 계산에 사용되는 선도로 교량의 골조를 나타내는 도면은?
① 일반도　　② 배근도
③ 구조선도　　④ 상세도

38 한중콘크리트에 관한 설명으로 옳지 않은 것은?
① 하루의 평균 기온이 4℃ 이하가 되는 기상 조건에서는 한중콘크리트로서 시공한다.
② 타설할 때의 콘크리트 온도는 5~20℃의 범위에서 정한다.
③ 가열한 재료를 믹서에 투입할 경우 가열한 물과 굵은골재, 잔골재를 넣어서 믹서 안의 재료 온도가 60℃ 정도가 된 후 시멘트를 넣는 것이 좋다.
④ AE(공기연행) 콘크리트를 사용하는 것을 원칙으로 한다.

39 1방향 슬래브에서 정모멘트 철근 및 부모멘트 철근의 중심 간격에 대한 위험단면에서의 기준으로 옳은 것은?
① 슬래브 두께의 2배 이하, 300 mm 이하
② 슬래브 두께의 2배 이하, 400 mm 이하
③ 슬래브 두께의 3배 이하, 300 mm 이하
④ 슬래브 두께의 3배 이하, 400 mm 이하

40 그림은 어느 형식의 확대기초를 표시한 것인가?
① 독립확대기초
② 경사확대기초
③ 연결확대기초
④ 말뚝확대기초

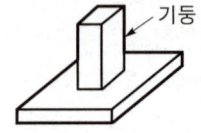

정답　35. ④　36. ④　37. ③　38. ③　39. ①　40. ①

41 도면에 대한 설명으로 옳지 않은 것은?

① 큰 도면을 접을 때에는 A4의 크기로 접는다.
② A3 도면의 크기는 A2 도면의 절반 크기이다.
③ A계열에서 가장 큰 도면의 호칭은 A0이다.
④ A4의 크기는 B4보다 크다.

42 철근의 구부리기에 관한 설명으로 옳지 않은 것은?

① 모든 철근은 가열해서 구부리는 것을 원칙으로 한다.
② D38 이상의 철근은 구부림 내면 반지름을 철근 지름의 5배 이상으로 하여야 한다.
③ 콘크리트 속에 일부가 묻혀 있는 철근은 현장에서 구부리지 않는 것이 원칙이다.
④ 큰 응력을 받는 곳에서 철근을 구부릴 때에는 구부림 내면 반지름을 더욱 크게 하는 것이 좋다.

43 그림은 무엇을 작도하기 위한 것인가?

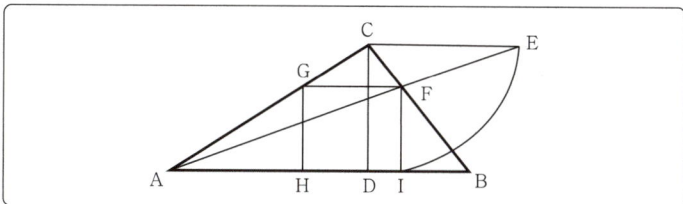

① 사각형에 외접하는 최소 삼각형
② 사각형에 외접하는 최대 삼각형
③ 삼각형에 내접하는 최대 정사각형
④ 삼각형에 내접하는 최소 직사각형

44 공업 각 분야에서 사용되고 있는 다음과 같은 기본 부문을 규정하고 있는 한국산업표준의 영역은?

- 도면의 크기 및 방식
- 제도에 사용하는 선과 문자
- 제도에 사용하는 투상법

① KS A   ② KS B
③ KS C   ④ KS D

해설

41.
㉠ A4 : 210 mm×297 mm
㉡ B4 : 257 mm×364 mm

42.
철근의 가열 여부는 철근 기술자가 결정하며 콘크리트에 손상이 가지 않아야 한다.

43.
삼각형에 내접하는 최대 정사각형 작도 방법
㉠ 삼각형 ABC의 꼭짓점 C에서 변 AB에 그은 수선과의 교점을 D라 한다.
㉡ 점 C에서 반지름 CD로 그은 원호와 점 C를 지나고 변 AB에 평행한 선과의 교점 E를 구한다.
㉢ 점 A와 E를 이은 선과 변 BC의 교점 F를 구한다.
㉣ 점 F에서 변 AB에 내린 수선의 발 I, F를 지나면서 변 AB에 평행한 선과 AC의 교점 G, 점 G에서 변 AB에 내린 수선의 발을 H라 한다.
㉤ 점 F, G, H, I를 이으면 최대 정사각형이 된다.

44.
KS의 부문별 기호

부문	분류기호
기본	KS A
기계	KS B
전기전자	KS C
금속	KS D
건설	KS F

정답 41. ④ 42. ① 43. ③ 44. ①

해설

45.
기둥의 유효길이
㉠ 양단 고정 : $0.5L$
㉡ 1단 힌지 타단 고정 : $0.7L$
㉢ 양단 힌지 : $1L$
㉣ 1단 고정 타단 자유 : $2L$

46.
㉠ 2-H : H형강 2본
㉡ 300×200×9×12×1000 :
높이(300)×폭(200)×복부판 두께(9)×플랜지 두께(12)×길이(1,000)

47.
강구조물의 도면 배치는 평면도, 측면도, 단면도 등은 소재나 부재가 잘 나타나도록 각각 독립하여 그릴 수 있다.

48.
물-시멘트비 = $\dfrac{\text{단위 수량}}{\text{단위시멘트량}}$

∴ 단위시멘트량
$= \dfrac{\text{단위 수량}}{\text{물} - \text{시멘트비}}$
$= \dfrac{176}{0.55} = 320$ kg

49.
① 흙
② 잡석
③ 모래
④ 일반면

---

45 도로교 설계기준으로 양끝이 고정되어 있는 기둥에서 기둥의 길이가 L인 경우 유효 길이는?
① $0.5L$
② $0.7L$
③ $1.0L$
④ $2.0L$

46 어떤 재료의 치수가 2-H 300×200×9×12×1000으로 표시되었을 때 설명으로 옳은 것은? (단, 단위는 mm이다.)
① H형강 2본, 높이 300, 폭 200, 복부판 두께 9, 플랜지 두께 12, 길이 1,000
② H형강 2본, 폭 300, 높이 200, 복부판 두께 9, 플랜지 두께 12, 길이 1,000
③ H형강 2본, 높이 300, 폭 200, 플랜지 두께 9, 복부판 두께 12, 길이 1,000
④ H형강 2본, 폭 300, 높이 200, 플랜지 두께 9, 복부판 두께 12, 길이 1,000

47 구조물의 도면의 배치방법으로 옳지 않은 것은?
① 강구조물은 너무 길고 넓어 많은 공간을 차지하므로 몇 가지의 단면으로 절단하여 표현한다.
② 강구조물의 도면은 제작이나 가설을 고려하여 부분적으로 제작, 단위마다 상세도를 작성한다.
③ 평면도, 측면도, 단면도 등을 소재나 부재가 잘 나타나도록 하되 각각 독립하여 그리지 않도록 한다.
④ 도면을 잘 보이도록 하기 위해서 절단선과 지시선의 방향을 표시하는 것이 좋다.

48 물-시멘트비가 55%이고, 단위수량이 176 kg이면 단위시멘트량은?
① 79 kg
② 97 kg
③ 320 kg
④ 391 kg

49 재료 단면의 경계표시 중 잡석을 나타낸 그림은?

정답 45. ① 46. ① 47. ③ 48. ③ 49. ②

50 정투상도에 의한 제1각법으로 도면을 그릴 때 도면 위치는?
① 정면도를 중심으로 평면도가 위에, 우측면도는 정면도의 왼쪽에 위치한다.
② 정면도를 중심으로 평면도가 위에, 우측면도는 정면도의 오른쪽에 위치한다.
③ 정면도를 중심으로 평면도가 아래에, 우측면도는 정면도의 오른쪽에 위치한다.
④ 정면도를 중심으로 평면도가 아래에, 우측면도는 정면도의 왼쪽에 위치한다.

51 직사각형 독립확대기초의 크기가 2 m×3 m이고 허용지지력이 250 kN/m²일 때 이 기초가 받을 수 있는 최대하중의 크기는 얼마인가?
① 500 kN
② 1,000 kN
③ 1,500 kN
④ 2,000 kN

52 프리스트레스를 도입한 후의 손실 원인이 아닌 것은?
① 콘크리트의 크리프
② 콘크리트의 건조수축
③ 콘크리트의 블리딩
④ PS강재의 릴랙세이션

53 단철근 직사각형 보에서 철근의 항복강도 $f_y = 300$ MPa, $d = 600$ mm일 때 중립축의 길이(c)를 강도설계법으로 구한 값은?
① 212.5 mm
② 312.5 mm
③ 412.5 mm
④ 512.5 mm

54 단철근 직사각형 보에서 단면이 평형 단면일 경우 중립축의 위치 결정에서 사용하는 철근의 탄성계수는?
① 2,000 MPa
② 20,000 MPa
③ 200,000 MPa
④ 2,000,000 MPa

해설

50.
㉠ 제3각법 : 정면도 위쪽에 평면도가 놓이게 그리고, 정면도의 오른쪽에 우측면도가 놓이게 그린다.
㉡ 제1각법 : 정면도 아래쪽에 평면도가 놓이게 그리고, 정면도의 왼쪽에 우측면도가 놓이게 그린다.

51.
$P = A \cdot q$
$= 2 \times 3 \times 250 = 1,500$ kN

52.
프리스트레스의 손실 원인

도입 시 손실(즉시 손실)
• 정착장치의 활동
• PS 강재와 덕트(시스) 사이의 마찰
• 콘크리트의 탄성변형(탄성수축)

도입 후 손실
• 콘크리트의 크리프
• 콘크리트의 건조수축
• PS강재의 릴랙세이션

53.
중립축의 위치
$c = \dfrac{660}{660 + f_y} d$
$= \dfrac{660}{660 + 300} \times 600 = 412.5$ mm

54.
철근의 탄성계수
$E = 2.0 \times 10^5$ MPa

정답 50.④ 51.③ 52.③ 53.③ 54.③

해설

55.
㉠ 브리넬 시험 : 금속재료의 경도 시험
㉡ 비비 시험 : 보통 슬럼프 시험으로 불가능한 된비빔 콘크리트의 반죽질기 측정 시험
㉢ 로스앤젤레스 시험 : 굵은골재의 닳음 측정용 시험

56.
D16 이하의 철근을 스터럽과 띠철근으로 사용할 때, 표준갈고리의 구부림 내면 반지름은 $2d_b$ 이상으로 하여야 한다.

57.
AE 콘크리트는 내구성과 수밀성이 향상된다.

58.
① 미국의 금문교 : 19~20세기
② 영국의 런던교 : 9~10세기
③ 프랑스의 아비뇽교 : 9~10세기
④ 프랑스의 가르교 : 기원전 1~2세기

59.
토목구조물의 특징
㉠ 건설에 많은 비용과 시간이 소요된다.
㉡ 대부분 공공의 목적으로 건설된다.
㉢ 한 번 건설해 놓으면 오랜 기간 사용한다.
㉣ 대부분 자연환경 속에 건설된다.
㉤ 유일한 구조물이다.

60.
① 강재는 재료가 균질하다는 장점이 있다.
② 부재를 개수하거나 보강하기 쉽다.
④ 부재를 공장에서 제작하고 현장에서 조립하여 현장작업이 간편하고 공사 기간이 단축된다.

---

55 굳지 않은 콘크리트의 반죽질기를 측정하는 데 사용되는 시험은?
① 자르 시험
② 브리넬 시험
③ 비비 시험
④ 로스앤젤레스 시험

56 D16 이하의 스터럽이나 띠철근에서 철근을 구부리는 내면 반지름은 철근 공칭지름(d_b)의 몇 배 이상으로 하여야 하는가?
① 1배   ② 2배
③ 3배   ④ 4배

57 공기연행(AE) 콘크리트의 특징에 대한 설명으로 틀린 것은?
① 내구성과 수밀성이 감소된다.
② 워커빌리티가 개선된다.
③ 동결융해에 대한 저항성이 개선된다.
④ 철근과의 부착 강도가 감소된다.

58 다음 중 역사적인 토목구조물로서 가장 오래된 교량은?
① 미국의 금문교
② 영국의 런던교
③ 프랑스의 아비뇽교
④ 프랑스의 가르교

59 토목구조물의 특징으로 옳은 것은?
① 다량 생산을 할 수 있다.
② 대부분은 개인적인 목적으로 건설된다.
③ 건설에 비용과 시간이 적게 소요된다.
④ 구조물의 수명, 즉 공용 기간이 길다.

60 구조재료로서 강재의 단점으로 옳은 것은?
① 재료의 균질성이 떨어진다.
② 부재를 개수하거나 보강하기 어렵다.
③ 차량 통행에 의하여 소음이 발생하기 쉽다.
④ 강구조물을 사전 제작하여 조립하기 어렵다.

정답 55. ③ 56. ② 57. ① 58. ④ 59. ④ 60. ③

2015 제1회 과년도 출제문제

전산응용토목제도기능사

2015년 1월 25일 시행

01 철근과 콘크리트 사이의 부착에 영향을 주는 주요 원리로 옳지 않은 것은?

① 콘크리트와 철근 표면의 마찰 작용
② 시멘트풀과 철근 표면의 점착 작용
③ 이형철근 표면의 요철에 의한 기계적 작용
④ 거푸집에 의한 압축 작용

02 공장제품용 콘크리트의 촉진 양생방법에 속하는 것은?

① 오토클레이브 양생   ② 수중 양생
③ 살수 양생   ④ 매트 양생

03 수축 및 온도철근의 간격은 1방향 철근콘크리트 슬래브 두께의 최대 몇 배 이하로 하여야 하는가?

① 2배   ② 3배
③ 4배   ④ 5배

04 슬래브와 보를 일체로 친 T형 보에서 유효폭 b의 결정과 관련이 없는 값은? (단, b_w = 복부의 폭)

① (양쪽으로 각각 내민 플랜지 두께의 8배씩)+b_w
② 양쪽 슬래브의 중심 간 거리
③ 보의 경간의 $\frac{1}{4}$
④ (보의 경간의 $\frac{1}{12}$)+b_w

05 강도설계법에 있어 강도감소계수 ϕ의 값으로 옳게 연결된 것은?

① 인장지배단면 : 0.75
② 압축지배단면으로 나선철근으로 보강된 철근콘크리트 부재 : 0.7
③ 전단력과 비틀림 모멘트 : 0.85
④ 포스트텐션 정착구역 : 0.65

해설

1.
철근과 콘크리트 사이의 부착에 영향을 주는 주요 원리
㉠ 시멘트풀과 철근 표면의 점착 작용
㉡ 콘크리트와 철근 표면의 마찰 작용
㉢ 이형철근 표면의 요철에 의한 기계적 작용

2.
촉진 양생법 : 증기 양생, 오토클레이브 양생, 온수 양생, 전기 양생, 적외선 양생, 고주파 양생

3.
수축 및 온도철근의 중심 간격은 1방향 슬래브 두께의 5배 이하, 450 mm 이하로 한다.

4.
대칭 T형 보의 유효폭은 다음 값 중 가장 작은 값으로 한다.
㉠ (양쪽으로 각각 내민 플랜지 두께의 8배씩)+b_w
㉡ 양쪽 슬래브의 중심 간 거리
㉢ 보의 경간(L)의 1/4

5.
지배단면에 따른 강도감소계수(ϕ)

구분		강도감소계수
인장지배단면		0.85
변화구간단면	나선철근 부재	0.70~0.85
	그 외의 부재	0.65~0.85
압축지배단면	나선철근 부재	0.70
	그 외의 부재	0.65

정답 1.④ 2.① 3.④ 4.④ 5.②

해설

6.
$A_s f_y = \eta(0.85 f_{ck})ab$
$\therefore a = \dfrac{A_s f_y}{\eta(0.85 f_{ck})b}$

7.
등가직사각형 응력분포 변수값

f_{ck}	ε_{cu}	η	β_1
≤40	0.0033	1.00	0.80
50	0.0032	0.97	0.80
60	0.0031	0.95	0.76
70	0.0030	0.91	0.74
80	0.0029	0.87	0.72
90	0.0028	0.84	0.70

8.
$M_{\max} = wl \times \dfrac{l}{2} = \dfrac{wl^2}{2}$

9.
공기연행제(AE제)
㉠ 콘크리트 속의 작은 기포(연행공기)를 고르게 분포시키는 계면활성제의 일종이다.
㉡ 콘크리트의 워커빌리티가 향상되고 블리딩이 감소한다.
㉢ 기상 작용에 대한 내구성과 수밀성이 향상된다.
㉣ 워커빌리티가 향상되므로 단위수량을 감소시킬 수 있다.
㉤ AE제가 너무 많이 들어갈 경우, 발생된 공기로 인하여 콘크리트와 철근이 닿는 표면적이 작아지므로 콘크리트 강도와 철근의 부착강도가 다소 작아진다.

10.
철근의 피복두께 : 철근 표면에서 콘크리트 표면까지의 최단거리

---

06 단철근 직사각형 보의 휨강도 계산 시 등가직사각형 응력 분포의 깊이를 구하는 식은? (단, f_y : 철근의 항복강도, f_{ck} : 콘크리트의 설계기준강도, A_s : 철근의 단면적, b : 단면의 폭, d : 유효깊이)

① $a = \dfrac{660}{660 + f_y} d$ ② $a = \dfrac{f_y A_s d}{\eta(0.85 f_{ck})}$

③ $a = \dfrac{A_s f_y}{\eta(0.85 f_{ck})b}$ ④ $a = \dfrac{\eta(0.85 f_{ck})b}{A_s}$

07 콘크리트의 강도가 35 MPa인 보에서 등가직사각형 응력 블록의 깊이($a = \beta_1 c$)를 구하기 위한 계수 β_1은?

① 0.65   ② 0.79
③ 0.80   ④ 0.85

08 지간이 l인 캔틸레버 보에서 등분포하중 w를 받고 있을 때 최대 휨모멘트는?

① $\dfrac{wl^2}{2}$ ② $\dfrac{wl^2}{4}$

③ $\dfrac{wl^2}{8}$ ④ $\dfrac{wl^2}{16}$

09 콘크리트에 AE제를 혼합하는 주목적은?
① 워커빌리티를 증대하기 위해서
② 부피를 증대하기 위해서
③ 부착력을 증대하기 위해서
④ 압축강도를 증대하기 위해서

10 철근의 피복두께에 관한 설명으로 옳지 않은 것은?
① 최외측 철근의 중심으로부터 콘크리트 표면까지의 최단거리이다.
② 철근의 부식을 방지할 수 있도록 충분한 두께가 필요하다.
③ 내화 구조로 만들기 위하여 소요 피복두께를 확보한다.
④ 철근과 콘크리트의 부착력을 확보한다.

정답 6. ③ 7. ③ 8. ① 9. ① 10. ①

11 철근의 표준갈고리로 옳지 않은 것은?

① 주철근의 90° 표준갈고리
② 주철근의 180° 표준갈고리
③ 스터럽과 띠철근의 135° 표준갈고리
④ 스터럽과 띠철근의 360° 표준갈고리

12 철근의 항복강도(f_y)가 420 MPa, 유효깊이(d)가 400 mm인 단철근 직사각형 보의 중립축 위치(c)는? (단, 강도설계법에 의하고, 균형파괴되며, $E_s = 2 \times 10^5$ MPa)

① 200.0 mm
② 230.0 mm
③ 244.4 mm
④ 255.3 mm

13 다음 중 인장을 받는 곳에 겹침이음을 할 수 있는 철근은?

① D25
② D38
③ D41
④ D51

14 슬래브에서 정모멘트 철근 및 부모멘트 철근의 중심 간격에 대한 기준과 관련이 없는 것은?

① 위험단면에서는 슬래브 두께의 2배 이하
② 위험단면에서는 200 mm 이하
③ 위험단면 외의 기타 단면에서는 슬래브 두께의 3배 이하
④ 위험단면 외의 기타 단면에서는 450 mm 이하

15 물-시멘트비가 55%이고, 단위수량이 176 kg이면 단위시멘트량은?

① 79 kg
② 97 kg
③ 320 kg
④ 391 kg

16 내화학약품성이 좋아 해수, 공장폐수, 하수 등에 접하는 콘크리트에 적합한 시멘트는?

① 중용열 포틀랜드 시멘트
② 조강 포틀랜드 시멘트
③ 고로 시멘트
④ 팽창 시멘트

해설

11.
표준갈고리의 구부리는 각도
㉠ 주철근 : 90°, 180°
㉡ 스터럽과 띠철근 : 90°, 135°

12.
$$c = \frac{660}{660 + f_y}d$$
$$= \frac{660}{660 + 420} \times 400 = 244.4 \text{ mm}$$

13.
지름이 35 mm를 초과하는 철근은 겹침이음을 할 수 없고 용접에 의한 맞댐이음을 해야 한다.

14.
정철근과 부철근의 중심 간격은 최대 휨모멘트가 일어나는 위험 단면에서 슬래브 두께의 2배 이하, 300 mm 이하로 하고, 기타의 단면에서는 슬래브 두께의 3배 이하, 450 mm 이하로 한다.

15.
$$\frac{W}{C} = 0.55$$
$$\therefore C = \frac{W}{0.55} = \frac{176}{0.55} = 320 \text{ kg}$$

16.
고로 슬래그 시멘트
㉠ 포틀랜드 시멘트 클링커에 고로 슬래그와 석고를 혼합한 것이다.
㉡ 수화열이 작고 수밀성이 크며 장기강도가 크다.
㉢ 황산염 등에 대한 화학적 저항성이 크다.
㉣ 알칼리 골재반응을 억제한다.
㉤ 주로 댐, 하천, 항만 등의 구조물에 쓰이며, 해수, 하수, 공장폐수와 닿는 콘크리트에 사용한다.

정답 11. ④ 12. ③ 13. ① 14. ② 15. ③ 16. ③

해설

17.
① 워커빌리티(workability) : 반죽질기의 정도에 따르는 운반, 타설, 다짐, 마무리 등 작업의 난이도 정도 및 재료의 분리에 저항하는 정도
② 성형성(plasticity) : 거푸집에 쉽게 다져 넣을 수 있고, 거푸집을 제거하면 천천히 형상이 변하기는 하지만 허물어지거나 재료가 분리되는 일이 없는 성질
③ 피니셔빌리티(finishability) : 굵은골재의 최대치수, 잔골재율, 잔골재의 입도, 반죽질기 등에 따라 표면을 마무리하기 쉬운 정도
④ 반죽질기(consistency) : 주로 수량의 많고 적음에 따르는 반죽의 되고 진 정도로서 변형 또는 유동에 대한 저항성의 정도

18.
콘크리트의 압축강도는 인장강도의 10~13배이다.

19.
구조물에 자중 등의 하중이 오랜 시간 지속적으로 작용하면 더 이상 응력이 증가하지 않더라도 시간이 지나면서 구조물에 변형이 발생하는데, 이러한 변형을 크리프라고 한다.

20.
① 숏크리트
② 프리플레이스트 콘크리트
③ 팽창 콘크리트
④ 매스 콘크리트

---

17 굳지 않은 콘크리트의 성질 중 거푸집에 쉽게 다져 넣을 수 있고 거푸집을 제거하면 천천히 형상이 변하기는 하지만 허물어지거나 재료가 분리되지 않는 성질은?
① 워커빌리티
② 성형성
③ 피니셔빌리티
④ 반죽질기

18 토목재료로서 콘크리트의 일반적인 특징으로 옳지 않은 것은?
① 콘크리트 자체가 무겁다.
② 압축강도와 인장강도가 거의 동일하다.
③ 건조수축에 의한 균열이 생기기 쉽다.
④ 내구성과 내화성이 모두 크다.

19 콘크리트에 일정하게 하중이 작용하면 응력의 변화가 없는데도 변형이 증가하는 성질은?
① 피로파괴
② 블리딩
③ 릴랙세이션
④ 크리프

20 숏크리트에 대한 설명으로 옳은 것은?
① 컴프레서 혹은 펌프를 이용하여 노즐 위치까지 호스 속으로 운반한 콘크리트를 압축공기에 의해 시공면에 뿜어서 만든 콘크리트
② 미리 거푸집 속에 특정한 입도를 가지는 굵은골재를 채워놓고 그 간극에 모르타르를 주입하여 제조한 콘크리트
③ 팽창재 또는 팽창 시멘트의 사용에 의해 팽창성이 부여된 콘크리트
④ 부재 혹은 구조물의 치수가 커서 시멘트의 수화열에 의한 온도 상승 및 강하를 고려하여 설계·시공해야 하는 콘크리트

정답 17.② 18.② 19.④ 20.①

21 차량이나 사람 등과 같은 활하중을 직접 받는 구조물로서 열화나 손상이 가장 빈번하게 발생할 수 있는 구조 요소는?

① 보   ② 기둥
③ 옹벽   ④ 슬래브

22 철근의 이음방법으로 옳지 않은 것은?

① 피복이음법   ② 겹침이음법
③ 용접이음법   ④ 기계적인 이음법

23 슬래브에서 배력철근을 설치하는 이유로 옳지 않은 것은?

① 균열을 집중시켜 유지 보수를 쉽게 하기 위하여
② 응력을 고르게 분포시키기 위하여
③ 주철근의 간격을 유지시키기 위하여
④ 온도 변화에 의한 수축을 감소시키기 위하여

24 프리스트레스를 도입한 후의 손실 원인이 아닌 것은?

① 콘크리트의 크리프
② 콘크리트의 건조수축
③ 콘크리트의 블리딩
④ PS강재의 릴랙세이션

25 교량 설계 시 고려하여야 할 사항 중 내구성에 대한 설명으로 옳은 것은?

① 주변 경관과 조화가 잘 이루어져야 한다.
② 건설이 용이하고 건설비와 유지 관리비가 최소화되어야 한다.
③ 구조상의 결함이나 손상을 발생시키지 않고 장기간 사용할 수 있어야 한다.
④ 구조물은 사용하기 편리하고 기능적이며 사용자에게 불안감을 주면 안 된다.

26 보통 골재를 사용한 콘크리트의 탄성계수(E_c)는? (단, 콘크리트의 설계기준강도 $f_{ck} = 21$ MPa, $E_c = 8,500 \sqrt[3]{f_{cm}}$ [MPa])

① 약 22,000 MPa   ② 약 25,000 MPa
③ 약 28,000 MPa   ④ 약 31,000 MPa

해설

21.
슬래브
㉠ 두께에 비하여 폭이나 길이가 매우 큰 판 모양의 부재로, 교량이나 건축물의 상판이 그 예이다.
㉡ 차량이나 사람 등과 같은 활하중을 직접 받는 구조물로서 열화나 손상이 가장 빈번하게 발생할 수 있는 구조이다.

22.
철근의 이음방법: 겹침이음(겹이음), 용접이음, 기계적 이음

23.
배력철근: 슬래브에서 주철근과 직각 방향으로 배근하는 철근이다.
㉠ 응력을 고르게 분포
㉡ 콘크리트 수축 억제 및 균열 제어
㉢ 주철근의 간격 유지
㉣ 균열 발생 시 균열 분포

24.
프리스트레스의 손실 원인

도입 시 손실(즉시 손실)
• 정착장치의 활동
• PS강재와 덕트(시스) 사이의 마찰
• 콘크리트의 탄성변형(탄성수축)

도입 후 손실
• 콘크리트의 크리프
• 콘크리트의 건조수축
• PS강재의 릴랙세이션

25.
교량은 구조상의 결함이나 손상을 발생시키지 않고 장기간 사용할 수 있어야 한다.

26.
보통 골재를 사용한 콘크리트의 탄성계수(E_c) = $8,500 \times \sqrt[3]{21+4}$ ≒ 25,000 MPa이다.

정답 21. ④ 22. ① 23. ① 24. ③ 25. ③ 26. ②

해설

27.
띠철근기둥

28.
옹벽
㉠ 토압에 저항하여 흙의 붕괴를 막거나 비탈면에서 흙이 무너져 내리는 것을 방지하기 위해 설치되는 구조물을 말한다.
㉡ 중력식 옹벽, 캔틸레버식 옹벽, 부벽식 옹벽, 반중력식 옹벽이 있다.

29.
고강도 강재는 높은 온도에 접하면 갑자기 강도가 감소하므로 내화성에 대하여 불리하다. 프리스트레스트 콘크리트를 설계할 때에는 내화피복두께의 확보가 요구된다.

30.
합성형 구조의 특징
㉠ 역학적으로 유리하다.
㉡ 상부 플랜지의 단면적이 감소된다.
㉢ 판형의 높이가 낮아져서 경제적인 구조이다.
㉣ 슬래브 콘크리트의 크리프 및 건조수축에 대해 검토해야 한다.

31.
$A = \dfrac{200}{5} = 40 \text{ m}^2$

---

27 그림과 같은 기둥의 종류는?

① 강재 합성기둥
② 띠철근기둥
③ 강관 합성기둥
④ 나선철근기둥

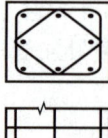

28 옹벽의 역할에 대한 설명으로 옳은 것은?

① 도로의 측구 역할을 한다.
② 교량의 받침대 역할을 한다.
③ 물이 흐르는 역할을 한다.
④ 비탈면에서 흙이 무너져 내리는 것을 방지하는 역할을 한다.

29 프리스트레스트 콘크리트를 철근콘크리트와 비교할 때 특징으로 옳지 않은 것은?

① 고정하중을 받을 때에 처짐이 작다.
② 고강도의 콘크리트 및 강재를 사용한다.
③ 단면을 작게 할 수 있어 긴 교량이나 큰 하중을 받는 구조물이 적당하다.
④ 프리스트레스트 콘크리트 구조물은 높은 온도에 강도의 변화가 없으므로 내화성에 대하여 유리하다.

30 합성형 구조의 특징이 아닌 것은?

① 역학적으로 유리하다.
② 상부 플랜지의 단면적이 감소된다.
③ 품질이 좋은 콘크리트를 사용한다.
④ 슬래브 콘크리트의 크리프 및 건조수축에 대한 검토가 불필요하다.

31 자중을 포함한 수직하중 200 kN을 받는 독립확대기초에서 허용지지력이 5 kN/m²일 때, 확대기초의 필요한 최소 면적은?

① 5 m² ② 20 m²
③ 30 m² ④ 40 m²

정답 27.② 28.④ 29.④ 30.④ 31.④

32 강구조의 특징에 대한 설명으로 옳은 것은?
① 콘크리트에 비해 균일성이 없다.
② 콘크리트에 비해 부재의 치수가 크게 된다.
③ 콘크리트에 비해 공사기간 단축이 용이하다.
④ 재료의 세기, 즉 강도가 콘크리트에 비해 월등히 작다.

33 로마 문명 중심으로 아치교가 발달한 시기는?
① 기원전 1~2세기 ② 9~10세기
③ 11~18세기 ④ 19~20세기

34 비합성 강형 교량과 비교하였을 때 교량에서 널리 쓰이는 합성구조인 강RC 합성형 교량의 특징이 아닌 것은?
① 판형의 높이가 높아진다.
② 상부 플랜지의 단면적이 감소된다.
③ 품질이 좋은 콘크리트를 사용하여야 한다.
④ 슬래브 콘크리트의 크리프 및 건조수축에 대한 검토가 필요하다.

35 강구조에 관한 설명으로 옳지 않은 것은?
① 구조용 강재의 재료는 균질성을 갖는다.
② 다양한 형상의 구조물을 만들 수 있으나 개보수 및 보강이 어렵다.
③ 강재의 이음에는 용접이음, 고장력 볼트 이음, 리벳 이음 등이 있다.
④ 강구조에 쓰이는 강은 탄소 함유량이 0.04~2.0%로 유연하고 연성이 풍부하다.

36 철근의 치수와 배치를 나타낸 도면은?
① 일반도 ② 구조 일반도
③ 배근도 ④ 외관도

해설

32. 강구조의 특징

장점	단점
• 단위면적당 강도가 크다.	• 내화성이 낮다.
• 자중이 작기 때문에 긴 지간의 교량이나 고층 건물 시공에 쓰인다.	• 좌굴의 영향이 크다.
• 인성이 커서 변형에 유리하고 내구성이 크다.	• 접합부의 신중한 설계와 용접부의 검사가 필요하다.
• 재료가 균질하다.	• 처짐 및 진동을 고려해야 한다.
• 부재를 공장에서 제작하고 현장에서 조립하여 현장 작업이 간편하고 공사 기간이 단축된다.	• 유지 관리가 필요하다.
• 세장한 부재가 가능하다.	• 반복하중에 따른 피로에 의해 강도 저하가 심하다.
• 기존 건축물의 증축, 보수가 용이하다.	• 소음이 발생하기 쉽다.
• 환경친화적인 재료이다.	

33. 기원전 1~2세기에 로마 문명 중심으로 아치교가 발달하였다.

34. 강RC 합성형 교량은 콘크리트와 강을 적절하게 합성해 콘크리트의 두께를 줄임으로써 판형의 높이가 낮아져 경제적이다.

35. 강구조는 부재를 개보수, 보강, 증축하기 쉽다.

36.
① 일반도 : 구조물의 평면도, 입면도, 단면도 등에 의해서 그 형식과 일반구조를 나타내는 도면
② 구조 일반도 : 구조물의 모양, 치수를 모두 표시한 도면
③ 배근도 : 철근의 치수와 배치를 나타낸 도면
④ 외관도 : 대상물의 외형과 최소한의 필요한 치수를 나타낸 도면

정답 32.③ 33.① 34.① 35.② 36.③

해설

37.
㉠ 1점쇄선: 중심선, 기준선, 피치선
㉡ 2점쇄선: 가상선, 무게 중심선

38.
등각투상법
㉠ 평면, 정면, 측면을 하나의 투상면에서 한 번에 볼 수 있도록 그리는 방법이다.
㉡ 밑면의 모서리선은 수평선과 좌우 각각 30°씩을 이루며, 물체의 각 모서리 3개의 축은 120°의 등각을 이룬다.

39.
치수보조선이 외형선과 접근하기 때문에 선의 구별이 어려울 때에는 치수선과 적당한 각도(60° 등)를 가지게 한다.

40.
① R : 반지름
② □ : 정사각형의 변
③ SR : 구의 반지름
④ ϕ : 지름

41.
건설재료의 단면표시방법 중 지반면(흙)을 표시한 것이다.

42.
투시투상법(투시도법)
㉠ 물체와 시점 간의 거리감(원근감)을 느낄 수 있도록 실제로 우리 눈에 보이는 대로 대상물을 그리는 방법으로, 원근법이라고도 한다.
㉡ 하나의 시점과 물체의 각 점을 방사선으로 이어서 그리는 방법이다.

---

37 제도에서 2점쇄선으로 표시하는 것은?
① 숨은선　　　② 기준선
③ 피치선　　　④ 가상선

38 하나의 그림으로 정육면체의 세 면을 같은 정도로 표시할 수 있는 투상법은?
① 유각투시도법
② 부등각투상도법
③ 등각투상도법
④ 경사투시도법

39 치수보조선에 대한 설명 중 옳지 않은 것은?
① 치수보조선은 치수선을 넘어서 약간 길게 끌어내어 그린다.
② 치수보조선은 치수선과 항상 직각이 되도록 그어야 한다.
③ 불가피한 경우가 아닐 때에는 치수보조선과 치수선이 다른 선과 교차하지 않게 한다.
④ 부품의 중심선이나 외형선은 치수선으로 사용해서는 안 되며 치수보조선으로는 사용할 수 없다.

40 치수 기입을 할 때 지름을 표시하는 기호로 옳은 것은?
① R　　　② □
③ SR　　　④ ϕ

41 그림은 어떤 재료의 단면을 표시하는가?

① 수면　　　② 암반면
③ 지반면(흙)　　　④ 콘크리트면

42 멀고 가까운 거리감을 느낄 수 있도록 하나의 시점과 물체의 각 점을 방사선으로 이어서 그리는 도법은?
① 투시도법　　　② 구조투상도법
③ 부등각투상법　　　④ 축측투상도법

정답　37.④　38.③　39.②　40.④　41.③　42.①

43 그림과 같은 모양의 I형강 2개에 대한 기입방법으로 옳은 것은? (단, 축방향 길이는 2,000이며, 단위는 mm이다.)

① 2-I 10×60×30-2000
② 2-I 60×30×10-2000
③ I-2 10×60×30-2000
④ I-2 10×30×60-2000

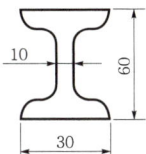

44 제도용지에서 A3의 크기는 몇 mm×mm인가?

① 254×385 ② 268×398
③ 274×412 ④ 297×420

45 다양한 응용분야에서 정밀하고 능률적인 설계제도 작업을 할 수 있도록 지원하는 소프트웨어는?

① CAD ② CAI
③ Excel ④ Access

46 긴 부재의 절단면 표시 중 환봉의 절단면 표시로 옳은 것은?

① 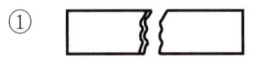 ②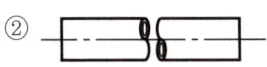
③ 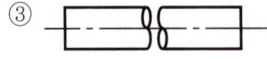 ④

47 삼각 스케일에 표시된 축척이 아닌 것은?

① 1 : 100 ② 1 : 300
③ 1 : 500 ④ 1 : 700

48 출제기준 변경에 따라 관련 문항 삭제함.

49 그림에서 헌치 철근을 나타낸 것은?

① A
② B
③ C
④ D

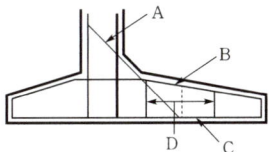

해설

43.
㉠ 2-I : I형강 2본
㉡ 60×30×10-2000 : 높이×폭 ×복부판두께-길이

44.
용지의 크기

호칭	크기(mm)
A4	210×297
A3	297×420
A2	420×594
A1	594×841
A0	841×1,189

45.
CAD : 다양한 응용분야에서 정밀하고 능률적인 설계제도 작업을 할 수 있도록 지원하는 소프트웨어

46.
① 각봉 ② 파이프
③ 환봉 ④ 나무

47.
삼각 스케일 : 1면에 1 m의 1/100, 1/200, 1/300, 1/400, 1/500, 1/600에 해당하는 6가지의 축척 눈금이 새겨져 있다.

49.
헌치(haunch) : 부재의 접합부에서 응력집중의 완화와 지지부의 보강을 목적으로 단면을 크게 한 부분으로, A가 헌치 철근이다.

정답 43. ② 44. ④ 45. ① 46. ③ 47. ④ 48. 49. ①

해설

50.
① 강철 ② 블록
③ 모르타르 ④ 콘크리트

51.
㉠ 제3각법 : 정면도를 중심으로 평면도가 위에, 우측면도는 정면도의 오른쪽에 위치한다.
㉡ 제1각법 : 정면도를 중심으로 평면도가 아래에, 우측면도는 정면도의 왼쪽에 위치한다.

52.
정투상법 : 물체의 표면으로부터 평행한 투시선으로 입체를 투상하는 방법으로 대상물을 각 면의 수직방향에서 바라본 모양을 그려 정면도, 평면도, 측면도로 물체를 나타내는 방법

54.
일반도 : 구조물의 평면도, 입면도, 단면도 등에 의해서 그 형식과 일반 구조를 나타내는 도면으로, 숨은선을 사용하지 않고 그리는 것이 보통이다.

---

50 다음 중 콘크리트를 표시하는 기호는?

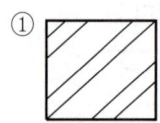 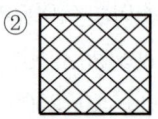

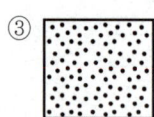

51 그림과 같이 투상하는 방법은?

① 제1각법 ② 제2각법
③ 제3각법 ④ 제4각법

52 정투상도에 대한 설명으로 옳은 것은?
① 어느 면을 정면도로 정하든 물체를 이해하는 데 별 차이가 없다.
② 측면도는 그 물체의 모양과 특징을 잘 나타낼 수 있는 면을 선정한다.
③ 정면도와 평면도만 보아도 그 물체를 알 수 있을 때에는 측면도를 생략할 수 있다.
④ 동물, 자동차, 비행기는 그 모양의 측면을 평면도로 설정하는 것이 좋다.

53 출제기준 변경에 따라 관련 문항 삭제함.

54 구조물의 평면도, 입면도, 단면도 등에 의해서 그 형식과 일반 구조를 나타내는 도면은?
① 정면도 ② 일반도
③ 조립도 ④ 공정도

정답 50. ④ 51. ① 52. ③ 53.   54. ②

55 문자에 대한 설명으로 옳지 않은 것은?

① 숫자에는 아라비아 숫자가 주로 쓰인다.
② 한글의 서체는 활자체에 준하는 것이 좋다.
③ 문자의 크기는 문자의 폭으로 나타낸다.
④ 도면에 사용되는 문자로는 한글, 숫자, 로마자 등이 있다.

56 그림과 같은 강관의 치수 표시방법으로 옳은 것은? (단, B : 내측 지름, L : 축방향길이)

① $\phi A - L$
② $\phi A \times t - L$
③ $\square B \times t - L$
④ $B \times A \times L - t$

57 도면에서 반드시 그려야 할 사항으로 도면의 번호, 도면 이름, 척도, 투상법 등을 기입하는 것은?

① 표제란
② 윤곽선
③ 중심마크
④ 재단마크

58 도면의 작도에 대한 설명으로 옳지 않은 것은?

① 도면은 간단히 하고 중복을 피한다.
② 대칭일 때는 중심선의 한쪽에 외형도, 반대쪽은 단면도를 표시한다.
③ 경사면을 가진 구조물의 표시는 경사면 부분만의 보조도를 넣는다.
④ 보이는 부분은 굵은 실선으로 하고, 숨겨진 부분은 가는 실선으로 하여 구분한다.

59 건설재료의 단면 중 어떤 단면표시인가?

① 강철
② 유리
③ 잡석
④ 벽돌

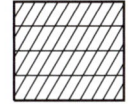

해설

55.
글자의 크기는 높이로 표현한다.

56.
치수 표시방법
㉠ 환강 : $\phi A - L$
㉡ 강관 : $\phi A \times t - L$
㉢ 평강 : $\square\ B \times t - L$
㉣ 등변(부등변)ㄱ형강 :
  L $A \times B \times t - L$

57.
표제란 : 도면번호, 도면명칭, 기업명, 책임자 서명, 도면작성 연월일, 축척 등을 기입한다.

58.
도면 작도 시 보이는 부분은 실선으로 하고, 숨겨진 부분은 파선으로 하여 구분한다.

59.
건설재료의 단면표시방법 중 벽돌을 표시한 것이다.

정답 55. ③ 56. ② 57. ① 58. ④ 59. ④

해설

60.
도로설계 제도 시 평면도의 축척은 1/500~1/2,000로 하고 기점은 왼쪽에 둔다.

---

60 도로설계 제도에 대한 설명으로 옳지 않은 것은?

① 평면도의 축척은 1/100~1/200로 하고 기점을 오른쪽에 둔다.
② 종단면도의 가로축척과 세로축척은 축척을 달리 하며 일반적으로 세로축척을 크게 한다.
③ 횡단면도는 기점을 정한 후에 각 중심 말뚝의 위치를 정하고, 횡단 측량의 결과를 중심 말뚝의 좌우에 취하여 지반선을 그린다.
④ 횡단면도의 계획선은 종단면도에서 각 측점의 땅깎기 높이 또는 흙쌓기 높이로 설정한다.

정답 60. ①

2015 제4회 과년도 출제문제

전산응용토목제도기능사

2015년 7월 18일 시행

01 주철근에서 90° 표준갈고리는 구부린 끝에서 철근 지름의 최소 몇 배 이상 연장되어야 하는가?
① 10배   ② 12배
③ 15배   ④ 20배

02 콘크리트의 등가직사각형 응력 블록과 관계된 계수 β_1은 콘크리트의 압축강도의 크기에 따라 달라지는 값이다. 콘크리트의 압축강도가 38 MPa일 경우 β_1의 값은?
① 0.65   ② 0.68
③ 0.80   ④ 0.85

03 콘크리트의 각종 강도 중 크기가 가장 큰 것은? (단, 콘크리트는 보통 강도의 콘크리트에 한한다.)
① 부착강도   ② 휨강도
③ 압축강도   ④ 인장강도

04 괄호에 들어갈 말이 순서대로 연결된 것은?

> 부재의 (㉠)에 강도감소계수를 곱하면 (㉡)이 되며, 이 (㉡)은 계수 하중에 의한 (㉢)보다 크거나 같아야 한다.

① 소요강도 – 설계강도 – 공칭강도
② 설계강도 – 소요강도 – 공칭강도
③ 공칭강도 – 설계강도 – 소요강도
④ 설계강도 – 공칭강도 – 소요강도

05 나선철근의 정착은 나선철근의 끝에서 추가로 최소 몇 회전만큼 더 확보하여야 하는가?
① 1.0회전   ② 1.5회전
③ 2.0회전   ④ 2.5회전

해설

1.
주철근용 표준갈고리
㉠ 90°(직각) 갈고리 : 90° 구부린 끝에서 $12d_b$ 이상 더 연장해야 한다.
㉡ 180°(반원형) 갈고리 : 180° 구부린 반원 끝에서 $4d_b$ 이상, 또는 60 mm 이상 더 연장해야 한다.

2.
등가직사각형 응력분포 변수값

f_{ck}	ε_{cu}	η	β_1
≤40	0.0033	1.00	0.80
50	0.0032	0.97	0.80
60	0.0031	0.95	0.76
70	0.0030	0.91	0.74
80	0.0029	0.87	0.72
90	0.0028	0.84	0.70

3.
콘크리트의 강도 중에서 크기가 가장 큰 것은 압축강도이다. 콘크리트의 압축강도는 인장강도의 10~13배, 휨강도의 5~8배이다.

4.
부재의 공칭강도에 강도감소계수를 곱하면 설계강도가 되며, 이 설계강도는 계수하중에 의한 소요강도보다 크거나 같아야 한다.

5.
압축부재의 나선철근 정착은 철근 끝에서 추가로 1.5회전해야 한다.

정답 1.② 2.③ 3.③ 4.③ 5.②

해설

6.
부재에서 휨응력의 값이 0이 되는 점을 연결해 놓은 것을 중립축이라고 한다.

7.
$A_s f_y = \eta(0.85 f_{ck})ab$
$\therefore a = \dfrac{A_s f_y}{\eta(0.85 f_{ck})b}$
$= \dfrac{1,275 \times 400}{1 \times 0.85 \times 20 \times 200}$
$= 108.4 \text{ mm}$

8.
㉠ 모르타르 : 시멘트풀에 잔골재를 배합한 것으로 시멘트와 잔골재를 물로 반죽한 것
㉡ 콘크리트 : 모르타르에 굵은골재를 배합한 것으로 시멘트와 잔골재, 굵은골재, 혼화재료를 물로 반죽한 것

9.
수밀콘크리트의 단위수량과 물-시멘트비는 되도록 작게 한다.

10.
콘크리트의 최대 변형률은 0.0033으로 가정한다.

---

06 철근콘크리트 구조물을 설계할 때 집중하중 P를 받는 길이 L인 직사각형 보의 중립축에서의 휨응력의 크기는 몇 MPa로 가정하는가?

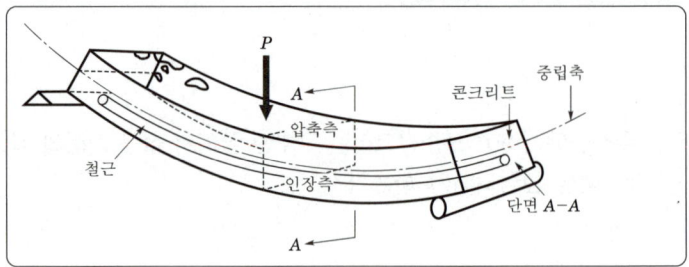

① 0
② PL
③ P
④ $-PL$

07 단철근 직사각형 보의 높이 $d = 300$ mm, 폭 $b = 200$ mm, 철근 단면적 $A_s = 1,275$ mm²일 때 등가직사각형 응력 블록의 깊이 a는? (단, $f_{ck} = 20$ MPa, $f_y = 400$ MPa이다.)

① 80.4 mm
② 84.2 mm
③ 90.6 mm
④ 108.4 mm

08 콘크리트에 대한 설명으로 옳은 것은?

① 시멘트, 잔골재, 굵은골재, 이 밖에 혼화재료를 섞어 물로 비벼서 만든 것이다.
② 시멘트에 물만 넣어 반죽한 것이다.
③ 시멘트와 잔골재를 물로 비벼서 만든 것이다.
④ 시멘트와 굵은골재를 섞어 물로 비벼서 만든 것이다.

09 수밀콘크리트를 만드는 데 적합하지 않은 것은?

① 단위수량을 되도록 크게 한다.
② 물-결합재비를 되도록 적게 한다.
③ 굵은골재량을 되도록 크게 한다.
④ AE제를 사용함을 원칙으로 한다.

10 균형변형률 상태에 있는 단철근 직사각형 보에서 균형철근비가 0.0251일 때 압축연단 콘크리트의 변형률은?

① 0.0022
② 0.0033
③ 0.0044
④ 0.0055

정답 6. ① 7. ④ 8. ① 9. ① 10. ②

11 조기강도가 커서 긴급공사나 한중콘크리트에 알맞은 시멘트는?

① 알루미나 시멘트
② 팽창 시멘트
③ 플라이애시 시멘트
④ 고로슬래그 시멘트

12 콘크리트의 시방배합에서 잔골재는 어느 상태를 기준으로 하는가?

① 5 mm 체를 전부 통과하고 표면 건조 포화 상태인 골재
② 5 mm 체를 전부 통과하고 공기 중 건조 상태인 골재
③ 5 mm 체에 전부 남고 표면 건조 포화 상태인 골재
④ 5 mm 체에 전부 남고 공기 중 건조 상태인 골재

13 450 mm×450 mm의 띠철근 압축부재에 축방향 철근으로 D25(공칭지름 25.4 mm)를 사용하고 굵은골재의 최대치수가 25 mm일 때 이 기둥에 대한 축방향 철근의 순간격은 최소 얼마 이상이어야 하는가?

① 25 mm 이상
② 30 mm 이상
③ 35 mm 이상
④ 40 mm 이상

14 지간 4 m의 캔틸레버보가 보 전체에 걸쳐 고정하중 20 kN/m, 활하중 30 kN/m의 등분포하중을 받고 있다. 이 보의 계수 휨모멘트(M_u)는? (단, 고정하중과 활하중에 대한 하중계수는 각각 1.2와 1.6이다.)

① 18 kN·m
② 72 kN·m
③ 100 kN·m
④ 144 kN·m

15 콘크리트의 피복두께에 대한 정의로 옳은 것은?

① 콘크리트 표면과 그에 가장 멀리 배근된 철근 중심 사이의 콘크리트 두께
② 콘크리트 표면과 그에 가장 가까이 배근된 철근 중심 사이의 콘크리트 두께
③ 콘크리트 표면과 그에 가장 멀리 배근된 철근 표면 사이의 콘크리트 두께
④ 콘크리트 표면과 그에 가장 가까이 배근된 철근 표면 사이의 콘크리트 두께

해설

11.
알루미나 시멘트는 조기강도가 커서 긴급공사에 사용되며, 수화열이 많이 발생하여 한중콘크리트에 알맞다.

12.
시방배합은 시방서 또는 책임감리원에서 지시한 배합으로, 골재의 함수 상태가 표면 건조 포화 상태이면서 잔골재는 5 mm 체를 전부 통과하고, 굵은골재는 5 mm 체에 다 남는 상태를 기준으로 한다.

13.
축방향 철근의 순간격은 40 mm, 철근 지름의 1.5배, 굵은골재 최대치수의 4/3배 중 큰 값 이상으로 하며, 150 mm 이하여야 한다. 축방향 철근의 순간격의 최소치수는 아래 값들 중 큰 값으로 한다.
㉠ 40 mm
㉡ 철근 지름의 1.5배 이상 : 25.4×1.5=38.1 mm
㉢ 굵은골재 최대치수의 4/3배 이상 : 4/3×25=33.4 mm

14.
$U = 1.2D + 1.6L$
$= 1.2 \times 20 + 1.6 \times 30$
$= 72 \text{ kN} \cdot \text{m}$
$\therefore M_u = \dfrac{Ul^2}{8} = \dfrac{72 \times 4^2}{8}$
$= 144 \text{ kN} \cdot \text{m}$

15.
피복두께 : 철근 표면으로부터 콘크리트 표면까지의 최단거리

정답 11.① 12.① 13.④ 14.④ 15.④

해설

16.
철근의 정착길이 결정 시 고려사항
㉠ 철근의 지름
㉡ 철근의 배근 위치
㉢ 콘크리트의 종류 등

17.
① 기성 철근의 길이는 한계가 있으므로 시공 시 필요할 경우 철근을 이음하여 사용한다.
② 최대 응력이 작용하는 곳에서의 철근 이음은 피한다.
③ 여러 개의 철근을 이음해야 할 경우 이음부를 한 단면에 집중시키지 않고 서로 엇갈리게 두는 것이 좋다.

18.
철근의 탄성계수
$E = 2.0 \times 10^5$ MPa

19.
AE 콘크리트
㉠ 동결융해에 대한 저항성이 커진다.
㉡ 워커빌리티가 개선된다.
㉢ 콘크리트의 블리딩이 감소하며 수밀성이 커진다.
㉣ 공기량에 비례하여 압축강도가 작아지고 철근과의 부착강도가 떨어진다.

20.
플라이애시 시멘트
㉠ 볼베어링 효과로 유동성이 커져서 워커빌리티가 개선되므로 단위수량을 줄일 수 있다. 단위수량이 줄어들어 수화열이 작아 건조수축이 적게 일어나므로 수밀성이 크며 장기강도가 크다.
㉡ 해수 등에 대한 화학적 저항성이 커서 댐, 방파제, 하수처리 시설 등에 사용된다.

---

16 철근의 정착길이를 결정하기 위하여 고려해야 할 조건이 아닌 것은?
① 철근의 지름
② 철근의 배근 위치
③ 콘크리트 종류
④ 굵은골재의 최대치수

17 철근의 이음에 대한 설명으로 옳은 것은?
① 철근은 항상 이어서 사용해야 한다.
② 철근의 이음부는 최대 인장력 발생 지점에 설치한다.
③ 철근의 이음은 한 단면에 집중시키는 것이 유리하다.
④ 철근의 이음에는 겹침이음, 용접이음 또는 기계적 이음 등이 있다.

18 강도설계법에서 일반적으로 사용되는 철근의 탄성계수(E_s) 표준값은?
① 150,000 MPa
② 200,000 MPa
③ 240,000 MPa
④ 280,000 MPa

19 공기연행(AE) 콘크리트의 특징으로 옳지 않은 것은?
① 내구성과 수밀성이 개선된다.
② 워커빌리티가 저하된다.
③ 동결융해에 대한 저항성이 개선된다.
④ 강도가 저하된다.

20 다음 시멘트 중에서 수화열이 적고 해수에 대한 저항성이 커서 댐이나 방파제 공사에 적합한 것은?
① 조강포틀랜드 시멘트
② 플라이애시 시멘트
③ 알루미나 시멘트
④ 팽창 시멘트

정답 16. ④ 17. ④ 18. ② 19. ② 20. ②

21 1방향 슬래브의 최대 휨모멘트가 일어나는 단면에서 정철근 및 부철근의 중심 간격으로 옳은 것은?

① 슬래브 두께의 2배 이하이어야 하고, 또한 200 mm 이하로 하여야 한다.
② 슬래브 두께의 2배 이하이어야 하고, 또한 300 mm 이하로 하여야 한다.
③ 슬래브 두께의 3배 이하이어야 하고, 또한 200 mm 이하로 하여야 한다.
④ 슬래브 두께의 3배 이하이어야 하고, 또한 300 mm 이하로 하여야 한다.

22 인장지배단면에 대한 강도감소계수는?

① 0.85　② 0.80　③ 0.75　④ 0.70

23 독립확대기초의 크기가 3 m×4 m이고 하중의 크기가 600 kN일 때 이 기초에 발생하는 지지력의 크기는?

① 30 kN/m²　② 50 kN/m²
③ 100 kN/m²　④ 150 kN/m²

24 토목구조물의 일반적인 특징이 아닌 것은?

① 다량으로 생산한다.
② 구조물의 수명이 길다.
③ 구조물의 규모가 크다.
④ 건설에 많은 시간과 비용이 든다.

25 콘크리트에 일어날 수 있는 인장응력을 상쇄하기 위하여 계획적으로 압축응력을 준 콘크리트를 무엇이라 하는가?

① 강구조물　② 합성구조물
③ 철근콘크리트　④ 프리스트레스트 콘크리트

26 1방향 슬래브의 최소 두께는 얼마 이상으로 하여야 하는가? (단, 콘크리트 구조기준에 따른다.)

① 100 mm　② 200 mm
③ 300 mm　④ 400 mm

해설

21. 1방향 슬래브의 주철근(정철근과 부철근의) 중심 간격은 최대 휨모멘트가 일어나는 위험단면에서 슬래브 두께의 2배 이하, 또한 300 mm 이하가 되도록 해야 한다.

22. 강도감소계수(ϕ)

구분		강도감소계수
인장지배단면		0.85
변화구간단면	나선철근 부재	0.70~0.85
	그 외의 부재	0.65~0.85
압축지배단면	나선철근 부재	0.70
	그 외의 부재	0.65

23.
$$q_a = \frac{P}{A} = \frac{600}{3\times 4} = 50 \text{ N/m}^2$$

24. 어떠한 조건에서 설계 및 시공된 토목구조물은 유일한 구조물이다. 동일한 조건을 갖는 환경은 없고, 동일한 구조물을 두 번 이상 건설하는 일이 없다.

25. 프리스트레스트 콘크리트 : 콘크리트에 인장응력이 발생할 수 있는 부분에 고강도 강재(PS 강재)를 긴장시켜 미리 계획적으로 압축력을 주어 인장력이 상쇄될 수 있도록 한 콘크리트

26. 1방향 슬래브의 두께는 최소 100 mm 이상으로 해야 한다.

정답 21.② 22.① 23.② 24.① 25.④ 26.①

해설

27.
옹벽의 활동에 대한 안정을 위한 최소 저항력은 옹벽에 작용하는 수평력의 1.5배 이상이어야 한다.
∴ 1,000×1.5 = 1,500 kN

28.
철근콘크리트는 검사, 개조, 보강이 어렵다.

29.
시멘트풀 또는 모르타르를 그라우트라 하고, 그라우트를 주입하는 작업을 그라우팅이라 한다.

30.
활하중 : 교량을 통행하는 사람이나 자동차 등의 이동 하중

31.
필릿 용접 : 겹치기 이음 또는 T이음에 주로 사용되는 용접으로 용접할 모재를 겹쳐서 그 둘레를 용접하거나 2개의 모재를 T형으로 하여 모재 구속에 용착금속을 채우는 용접

32.
띠철근 : 축방향 철근의 위치를 확보하고 좌굴을 방지하기 위하여 축방향 철근을 가로 방향으로 묶어주는 역할을 한다.

---

27 옹벽에 작용하는 수평력 1,000 kN에 대하여 옹벽의 활동에 대한 안정을 확보하기 위한 최소 저항력은?
① 500 kN ② 1,000 kN
③ 1,500 kN ④ 2,000 kN

28 철근콘크리트를 널리 이용하는 이유가 아닌 것은?
① 검사 및 개조, 해체가 매우 쉽다.
② 철근과 콘크리트는 부착이 매우 잘된다.
③ 콘크리트 속에 묻힌 철근은 녹이 슬지 않는다.
④ 철근과 콘크리트는 온도에 대한 열팽창계수가 거의 같다.

29 포스트텐션 방식에 있어서 PS 강재를 콘크리트와 부착하기 위하여 시스 안에 시멘트풀이나 모르타르를 주입하는 작업을 무엇이라 하는가?
① 앵커 ② 라이닝
③ 록볼트 ④ 그라우팅

30 활하중에 해당하는 것은?
① 자동차 하중 ② 구조물의 자중
③ 토압 ④ 수압

31 겹치기 이음 또는 T이음에 주로 사용되는 용접으로 용접할 모재를 겹쳐서 그 둘레를 용접하거나 2개의 모재를 T형으로 하여 모재 구속에 용착금속을 채우는 용접은?
① 홈용접(groove welding)
② 필릿 용접(fillet welding)
③ 슬롯 용접(slot welding)
④ 플러그 용접(plug welding)

32 축방향 철근에 직교하여 적당한 간격으로 철근을 감아 주근을 보장하고 좌굴을 방지하도록 하는 기둥은?
① 합성기둥 ② 띠철근기둥
③ 나선철근기둥 ④ 프리스트레스기둥

정답 27. ③ 28. ① 29. ④ 30. ① 31. ② 32. ②

33 토목구조물의 기능에 대한 설명으로 옳은 것은?

① 기초 : 슬래브를 지지하며 작용하는 하중을 기둥이나 교각에 전달한다.
② 슬래브 : 기둥, 교각 등에 작용하는 상부구조물의 하중을 지반에 전달한다.
③ 보 : 구조물에 작용하는 직접 하중을 받아 지지하는 슬래브에 하중을 전달한다.
④ 기둥 : 보를 지지하고, 보를 통하여 전달된 하중이나 고정하중을 기초에 전달한다.

34 교량의 분류방법과 교량의 연결이 옳은 것은?

① 사용 재료에 따른 분류 : 연속교
② 사용 용도에 따른 분류 : 콘크리트교
③ 통로의 위치에 따른 분류 : 중로교
④ 주형의 구조 형식에 따른 분류 : 고가교

35 다음의 특징이 설명하고 있는 교량 형식은?

> ㉠ 부재를 삼각형의 뼈대로 만든 것으로 보의 작용을 한다.
> ㉡ 수직 또는 수평 브레이싱을 설치하여 횡압에 저항토록 한다.
> ㉢ 부재와 부재의 연결점을 격점이라 한다.

① 단순교 ② 아치교
③ 트러스교 ④ 판형교

36 정투상법 중 제3각법에 대한 설명으로 옳지 않은 것은?

① 눈→투상면→물체 순서로 놓는다.
② 제3면각 안에 물체를 놓고 투상하는 방법이다.
③ 투상선이 투상면에 대하여 수직으로 투상한다.
④ 정면을 기준으로 하여 좌우, 상하에서 본 모양을 반대 위치에 그린다.

해설

33.
㉠ 슬래브 : 구조물에 작용하는 직접 하중을 받아 지지하는 보에 하중을 전달한다.
㉡ 보 : 슬래브를 지지하며 작용하는 하중을 기둥이나 교각에 전달한다.
㉢ 기둥 : 보를 지지하고, 보를 통하여 전달된 하중이나 고정하중을 기초에 전달한다.

34.
교량의 분류
㉠ 사용 재료에 따른 분류 : 강교, 철근콘크리트(RC)교, 프리스트레스트 콘크리트(PSC)교, 목교, 석교
㉡ 사용 용도에 따른 분류 : 도로교, 육교, 철도교, 수로교, 군용교, 혼용교 등
㉢ 통로의 위치에 따른 분류 : 상로교, 중로교, 하로교, 복층교
㉣ 상부구조 형식에 따른 분류 : 거더교, 슬래브교, 라멘교, 아치교, 사장교, 현수교 등

35.
트러스교에 대한 설명이다.

36.
제3각법
㉠ 정면도 위쪽에 평면도가 놓이게 그리고, 정면도의 오른쪽에 우측면도가 놓이게 그린다.
㉡ 물체를 제3면각 안에 놓고 투상하는 방법으로 눈 → 투상면 → 물체의 순으로 보는 것이다.

정답 33.④ 34.③ 35.③ 36.④

해설

37.
① 평면도
② 좌측면도
③ 우측면도
④ 배면도

38.
치수선은 0.2 mm 이하의 가는 실선으로 긋는다.

39.
치수는 될 수 있는 대로 주투상도에 기입해야 한다.

40.
① 모래
② 일반면
③ 호박돌
④ 지반면(흙)

---

37 다음 그림과 같은 물체를 제3각법으로 나타낼 때 평면도는?

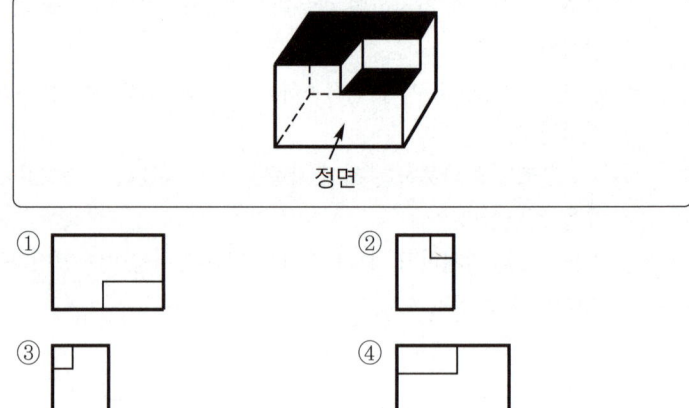

38 치수선에 대한 설명으로 옳지 않은 것은?
① 치수선은 표시할 치수의 방향에 평행하게 긋는다.
② 치수선은 가는 파선을 사용하여 긋는다.
③ 일반적으로 불가피한 경우가 아닐 때에는 치수선은 다른 치수선과 서로 교차하지 않도록 한다.
④ 협소하여 화살표를 붙일 여백이 없을 때에는 치수선을 치수보조선 바깥쪽에 긋고 내측을 향하여 화살표를 붙인다.

39 치수 기입의 원칙에 어긋나는 것은?
① 치수의 중복 기입은 피해야 한다.
② 치수는 계산할 필요가 없도록 기입해야 한다.
③ 주투상도에는 가능한 치수 기입을 생략하여야 한다.
④ 도면에 길이의 크기와 자세 및 위치를 명확하게 표시해야 한다.

40 다음 건설재료 단면의 경계표시 기호 중에서 지반면(흙)을 나타낸 것은?

정답 37. ① 38. ② 39. ③ 40. ④

41 건설재료의 단면표시 중 잡석을 나타낸 것은?

① 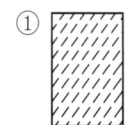   ②

③ 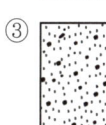   ④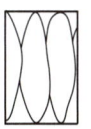

해설

41.
① 사질토
② 잡석
③ 모래
④ 깬돌

42 도로설계에서 종단 측량 결과로서 종단면도에 기입할 사항이 아닌 것은?

① 면적   ② 거리
③ 지반고 ④ 계획고

42.
종단면도를 작성할 때에는 곡선, 측점, 거리, 추가 거리, 지반고, 계획고, 절토고, 성토고, 경사 등을 측량 또는 계산하여 기입한다.

43 다음 중 블록의 단면표시로 옳은 것은?

① 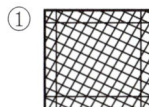   ②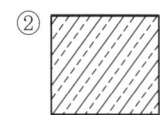

③ 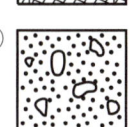   ④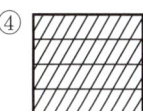

43.
① 블록
② 자연석(석재)
③ 콘크리트
④ 벽돌

44 투상도에서 물체 모양과 특징을 가장 잘 나타낼 수 있는 면은 어느 도면으로 선정하는 것이 좋은가?

① 정면도   ② 평면도
③ 배면도   ④ 측면도

44.
정면도의 선정
㉠ 정면도는 그 물체의 모양과 특징을 가장 잘 나타낼 수 있는 면으로 선정한다.
㉡ 동물, 자동차, 비행기는 그 모양의 측면을 정면도로 선정하여야 특징이 잘 나타난다.

45 각봉의 절단면을 바르게 표시한 것은?

① 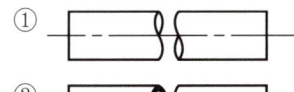   ②

③ 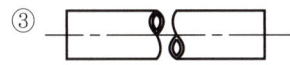   ④

45.
① 환봉
② 나무
③ 파이프
④ 각봉

정답 41. ② 42. ① 43. ① 44. ① 45. ④

해설

46.
CAD는 입체적 표현이 가능하며 표현방법이 다양하다.

47.
㉠ 입력장치 : 키보드, 마우스, 라이트 펜, 디지타이저, 태블릿, 마우스
㉡ 출력장치 : 모니터, 프린터, 플로터

48.
㉠ 치수는 치수선의 위쪽 중앙에 기입하는 것을 원칙으로 한다.
㉡ 치수선이 세로일 때는 치수선의 왼쪽에 기입한다.

49.
KS에서 정투상법은 제3각법에 따라 도면을 작성하는 것을 원칙으로 한다.

51.
단면도에 표시된 철근 단면은 원형으로 내부를 칠하는 것이 원칙이다.

---

46 토목 CAD의 이용 효과에 대한 설명으로 옳지 않은 것은?
① 모듈화된 표준 도면을 사용할 수 있다.
② 도면의 수정이 용의하다.
③ 입체적 표현이 불가능하나 표현방법이 다양하다.
④ 다중작업(multi-tasking)이 가능하다.

47 CAD 시스템의 입력장치가 아닌 것은?
① 마우스   ② 디지타이저
③ 키보드   ④ 플로터

48 치수 기입 등에 대한 설명으로 옳지 않은 것은?
① 치수선에는 분명한 단말기호(화살표)를 표시한다.
② 치수보조선은 대응하는 물리적 길이에 수직으로 그리는 것이 좋다.
③ 치수 수치는 도면의 위 또는 왼쪽으로 읽을 수 있도록 표시하여야 한다.
④ 일반적으로 치수보조선과 치수선이 다른 선과 교차하지 않도록 한다.

49 한국산업표준(KS)에서 원칙으로 하는 정투상도 그리기 방법은?
① 제1각법   ② 제3각법
③ 제5각법   ④ 다각법

50 출제기준 변경에 따라 관련 문항 삭제함.

51 도면의 작성방법에 대한 설명으로 틀린 것은?
① 단면도는 실선으로 주어진 치수대로 정확히 그린다.
② 단면도에 배근될 철근 수량을 정확히 하고 철근 간격이 벗어나지 않도록 한다.
③ 단면도에 표시된 철근 단면은 원형으로 내부를 칠하지 않는 것이 원칙이다.
④ 철근 치수 및 철근 기호를 표시하고 누락되지 않도록 한다.

정답 46. ③ 47. ④ 48. ③ 49. ② 50. 51. ③

52 한 도면에서 두 종류 이상의 선이 같은 장소에 겹치게 될 때 우선순위로 옳은 것은?

| ㉠ 숨은선　㉡ 중심선　㉢ 외형선　㉣ 절단선 |

① ㉣-㉠-㉢-㉡
② ㉢-㉠-㉣-㉡
③ ㉠-㉡-㉢-㉣
④ ㉢-㉠-㉡-㉣

53 척도의 종류에 해당되지 않는 것은?
① 배척
② 축척
③ 현척
④ 외척

54 다음의 철강재료 기호표시에서 재질을 나타내는 기호 등을 표시하는 부분은?

| KS D 3503　S　S　330 |
| ㉠　㉡ ㉢　㉣ |

① ㉠　② ㉡　③ ㉢　④ ㉣

55 어떤 재료의 치수가 2-H 300×200×9×12×1000로 표시되었을 때 플랜지 두께는?
① 300 mm
② 200 mm
③ 12 mm
④ 9 mm

56 도면이 구비하여야 할 일반적인 기본 요건으로 옳은 것은?
① 분야별 각기 독자적인 표현 체계를 가져야 한다.
② 기술의 국제 교류의 입장에서 국제성을 가져야 한다.
③ 기호의 다양성과 제작자의 특성을 잘 반영하여야 한다.
④ 대상물의 임의성을 부여하여야 한다.

57 다음 중 한국산업표준과 국제표준화기구의 기호가 순서대로 연결된 것은?
① ISO-ASTM
② KS-ISO
③ KS-ASTM
④ ISO-JIN

해설

52.
한 도면에서 두 종류 이상의 선이 겹칠 때의 우선순위
외형선 → 숨은선 → 절단선 → 중심선 → 무게 중심선

53.
㉠ 축척 : 실물보다 축소하여 그린 축척. [예] 1 : 2
㉡ 현척 : 실물과 같은 크기로 나타낸 비율. [예] 1 : 1
㉢ 배척 : 실물보다 확대하여 나타낸 비율. [예] 2 : 1

54.
㉠ KS D 3503 : KS 분류번호(일반구조용 압연강재)
㉡ S : 재질[강(steel)]
㉢ S : 형상 종류(일반구조용 압연강재)
㉣ 330 : 최저인장강도(330 N/m²)

55.
㉠ 2-H : H형강 2본
㉡ 300×200×9×12×1000 : 높이 300, 폭 200, 복부판 두께 9, 플랜지 두께 12, 길이 1,000

56.
도면은 기술의 국제 교류의 입장에서 국제성을 가져야 한다.

57.

표준 명칭	기호
한국산업표준(Korean Industrial Standards)	KS
국제표준화기구 (International Organization for Standardization)	ISO

정답 52.② 53.④ 54.② 55.③ 56.② 57.②

해설

58.
파선(숨은선) : 대상물의 보이지 않는 부분의 모양을 표시할 때 사용하는 선

59.
문자의 선 굵기는 한글, 숫자, 영문자에 해당하는 문자 크기의 호칭에 대하여 1/9로 하는 것이 바람직하다.

60.
표현 형식에 따른 도면의 분류
㉠ 일반도 : 구조물의 평면도, 입면도, 단면도 등에 의해서 그 형식과 일반 구조를 나타내는 도면으로 숨은선을 사용하지 않고 그리는 것이 보통이다.
㉡ 외관도 : 대상물의 외형과 최소한의 필요한 치수를 나타낸 도면을 말한다.
㉢ 구조선도 : 교량 등의 골조를 나타내고 구조 계산에 사용하는 선도로 교량의 골조를 나타내는 도면이다.

58 대상물의 보이지 않는 부분의 모양을 표시하는 선은?
① 굵은 실선
② 가는 실선
③ 1점쇄선
④ 파선

59 제도통칙에서 한글, 숫자 및 영자에 해당하는 문자의 선 굵기는 문자 크기의 호칭에 대하여 얼마로 하는 것이 바람직한가?
① 1/2
② 1/5
③ 1/9
④ 1/13

60 표현 형식에 따라 분류한 도면으로 볼 수 없는 것은?
① 일반도
② 외관도
③ 시공도
④ 구조선도

2015 제5회 과년도 출제문제

전산응용토목제도기능사

2015년 10월 10일 시행

01 단철근 직사각형 보에서 단면의 폭이 400 mm, 유효깊이가 500 mm 인장철근량이 1,500 mm² 일 때 인장철근의 철근비는?

① 0.0075 ② 0.08
③ 0.075   ④ 0.01

02 콘크리트에 대한 설명으로 옳지 않은 것은?
① 공기연행 콘크리트는 철근과의 부착강도가 저하되기 쉽다.
② 레디믹스트 콘크리트는 현장에서 워커빌리티 조절이 어렵다.
③ 한중 콘크리트는 시공 시 하루 평균 기온이 영하 4℃ 이하인 경우에 시공한다.
④ 서중 콘크리트는 시공 시 하루 평균 기온이 영상 25℃를 초과하는 경우에 시공한다.

03 보통 콘크리트와 비교되는 고강도 콘크리트용 재료에 대한 설명으로 옳은 것은?
① 단위시멘트량을 작게 하여 배합한다.
② 물-시멘트비를 크게 하여 시공한다.
③ 고성능 감수제는 사용하지 않는다.
④ 골재는 내구성이 큰 골재를 사용한다.

04 D25 철근을 사용한 90° 표준갈고리는 90° 구부린 끝에서 최소 얼마 이상 더 연장하여야 하는가? (단, d_b는 철근의 공칭지름)

① $6d_b$ ② $9d_b$
③ $12d_b$ ④ $15d_b$

05 압축부재의 축방향 주철근이 나선철근으로 둘러싸인 경우에 주철근의 최소 개수는?

① 6개 ② 8개
③ 9개 ④ 10개

해설

1.
$$\rho = \frac{A_s}{bd} = \frac{1,500}{400 \times 500} = 0.0075$$

2.
한중 콘크리트 : 하루 평균 기온이 약 영상 4℃ 이하가 되는 기상 조건에서 사용하는 콘크리트

3.
① 단위시멘트량을 많게 하여 배합한다.
② 물-시멘트비를 낮게 하여 시공한다.
③ 고성능 감수제를 사용하여 슬럼프값을 증가시킨다.

4.
㉠ 90° 표준갈고리
• D16 이하인 철근은 90° 구부린 끝에서 $6d_b$ 이상 더 연장하여야 한다.
• D19, D22, D25 철근은 90° 구부린 끝에서 $12d_b$ 이상 더 연장하여야 한다.
㉡ 135° 표준갈고리 : D25 이하의 철근은 135° 구부린 끝에서 $6d_b$ 이상 더 연장하여야 한다.

5.
기둥의 축방향 철근은 사각형, 원형 띠철근으로 둘러싸인 경우 4개, 삼각형 띠철근으로 둘러싸인 경우 3개, 나선철근으로 둘러싸인 경우 6개 이상 배근한다.

정답 1.① 2.③ 3.④ 4.③ 5.①

해설

7. 나선철근 또는 띠철근이 배근된 압축부재에서 축방향 철근의 순간격은 40 mm 이상, 철근 공칭지름의 1.5배 이상, 굵은골재 최대치수의 4/3배 이상 중 큰 값으로 하여야 한다.

8. 최소 피복두께 규정

철근의 외부 조건	최소 피복두께
수중에서 타설하는 콘크리트	100 mm
흙에 접하여 콘크리트를 친 후에 영구히 흙에 묻혀 있는 콘크리트	75 mm
흙에 접하거나 옥외의 공기에 직접 노출되는 콘크리트(D16 이하의 철근, 지름 16 mm 이하의 철선)	40 mm

9. 보의 극한 상태에서의 휨모멘트를 계산할 때에는 콘크리트의 인장강도를 무시한다.

10. 보에서 D35를 초과하는 철근은 다발로 사용할 수 없다.

---

06 KDS 규정 변경으로 관련 문항 삭제함.

07 철근의 배치에서 간격 제한에 대한 기준으로 빈칸에 알맞은 것은?

> 나선철근 또는 띠철근이 배근된 압축부재에서 축방향 철근의 순간격은 ( ) 이상, 또한 ( )의 1.5배 이상으로 하여야 한다.

① 25 mm, 철근 공칭지름
② 40 mm, 철근 공칭지름
③ 25 mm, 굵은골재의 최대 공칭치수
④ 40 mm, 굵은골재의 최대 공칭치수

08 현장치기 콘크리트에서 흙에 접하거나 옥외의 공기에 직접 노출되는 D16 이하의 철근의 최소 피복두께는?

① 40 mm
② 50 mm
③ 60 mm
④ 70 mm

09 휨 부재에 대하여 강도설계법으로 설계할 때의 가정으로 옳지 않은 것은?

① 철근과 콘크리트 사이의 부착은 완전하다.
② 콘크리트 압축연단의 극한 변형률은 0.0033이다.
③ 콘크리트 및 철근의 변형률은 중립축으로부터의 거리에 비례한다.
④ 휨 부재의 극한 상태에서 휨모멘트를 계산할 때에는 콘크리트의 압축과 인장강도를 모두 고려하여야 한다.

10 2개 이상의 철근을 묶어서 사용하는 다발철근의 사용방법으로 옳지 않은 것은?

① 다발철근의 지름은 등가단면적으로 환산된 한 개의 철근지름으로 보아야 한다.
② 다발철근으로 사용하는 철근의 개수는 4개 이하이어야 한다.
③ 스터럽이나 띠철근으로 둘러싸야 한다.
④ 보에서 D25를 초과하는 철근은 다발로 사용할 수 없다.

정답 6. 7.② 8.① 9.④ 10.④

11 일반 콘크리트 휨 부재의 크리프와 건조수축에 의한 추가 장기처짐을 근사식으로 계산할 경우 재하기간 10년에 대한 시간경과계수(ξ)는?

① 1.0　　② 1.2
③ 1.4　　④ 2.0

12 콘크리트의 워커빌리티에 영향을 끼치는 요소로 옳지 않은 것은?

① 시멘트의 분말도가 높을수록 워커빌리티가 좋아진다.
② AE제, 감수제 등의 혼화제를 사용하면 워커빌리티가 좋아진다.
③ 시멘트량에 비해 골재의 양이 많을수록 워커빌리티가 좋아진다.
④ 단위수량이 적으면 유동성이 적어 워커빌리티가 나빠진다.

13 굳지 않은 콘크리트의 반죽질기를 측정하는 데 사용되는 시험은?

① 자르 시험　　② 브리넬 시험
③ 비비 시험　　④ 로스앤젤레스 시험

14 강도설계법으로 단철근 직사각형 보를 설계할 때 콘크리트의 설계강도가 21 MPa, 철근의 항복강도가 240 MPa인 경우 균형철근비는? (단, 계수 β_1은 0.85이다)

① 0.041　　② 0.044
③ 0.052　　④ 0.056

15 철근 기호의 SD300에서 300의 의미는?

① 철근의 단면적
② 철근의 항복강도
③ 철근의 연신율
④ 철근의 공칭지름

16 시멘트의 분말도에 관한 설명으로 옳지 않은 것은?

① 시멘트의 입자가 가늘수록 분말도가 높다.
② 시멘트 입자의 가는 정도를 나타내는 것을 분말도라 한다.
③ 시멘트의 분말도가 높으면 조기강도가 커진다.
④ 시멘트의 분말도가 높으면 균열 및 풍화가 생기지 않는다.

해설

11.
지속하중에 대한 시간경과계수(ξ)
㉠ 5년 이상 : 2.0
㉡ 12개월 : 1.4
㉢ 6개월 : 1.2
㉣ 3개월 : 1.0

12.
단위시멘트가 많고 분말도가 높을수록 워커빌리티가 좋아진다.

13.
㉠ 브리넬 시험 : 금속재료의 경도 시험
㉡ 로스앤젤레스 시험 : 굵은골재의 닳음 측정용 시험
㉢ 비비 시험 : 보통 슬럼프 시험으로 불가능한 된비빔 콘크리트의 반죽질기 측정 시험

14.
$$\rho_b = \frac{\eta(0.85f_{ck})\beta_1}{f_y} \times \frac{660}{660+f_y}$$
$$= \frac{1 \times 0.85 \times 21 \times 0.8}{240}$$
$$\times \frac{660}{660 \times 240} = 0.044$$

15.
철근의 기호
㉠ S : 강(steel)
㉡ D : 이형(deformed)
㉢ 300 : 항복강도

16.
분말도가 높은 시멘트의 특징
㉠ 수화작용이 빨라 응결이 빠르고 발열량이 크며, 조기강도가 커진다.
㉡ 워커빌리티가 좋아진다.
㉢ 블리딩이 적고 비중이 가벼워진다.
㉣ 수화열이 많아져 건조수축이 커지며 균열이 발생하기 쉽다.
㉤ 풍화되기 쉽다.

정답　11. ④　12. ③　13. ③　14. ②　15. ②　16. ④

해설

17.
f_{sp}(쪼갬인장강도)가 주어지지 않은 경우 보정계수값
㉠ 전경량콘크리트 : $\lambda = 0.75$
㉡ 부분경량콘크리트 : $\lambda = 0.85$

18.
시방배합 : 시방서 또는 책임감리원에서 지시한 배합으로, 골재의 함수 상태가 표면 건조 포화 상태이면서 잔골재는 5 mm 체를 전부 통과하고, 굵은골재는 5 mm 체에 다 남는 상태를 기준으로 한다.

19.
인장철근을 매우 적게 배근한 철근콘크리트 단면의 휨강도는 콘크리트 휨인장강도를 이용하여 계산한 무근콘크리트 단면의 휨강도보다 낮을 수 있기 때문에 그 부재에는 급작스러운 파괴(취성파괴)가 일어날 수 있어 이를 방지하기 위해서 규정하고 있다.

20.
블리딩현상을 줄이기 위해서는 분말도가 높은 시멘트, AE제나 포졸란 등을 사용하고, 단위수량을 줄인다.

21.
토목구조물 설계 시 고려사항
㉠ 안전성
㉡ 사용성
㉢ 내구성
㉣ 경제성
㉤ 편리성

---

17 인장을 받는 이형철근 정착에서 전경량콘크리트의 f_{sp}(쪼갬인장강도)가 주어지지 않은 경우 보정계수값은?

① 0.75
② 0.8
③ 0.85
④ 1.2

18 시방배합과 현장배합에 대한 설명으로 옳지 않은 것은?

① 시방배합에서 골재의 함수 상태는 표면 건조 포화 상태를 기준으로 한다.
② 시방배합에서 굵은골재와 잔골재를 구분하는 기준은 10 mm 체이다.
③ 시방배합을 현장배합으로 고치는 경우 골재의 표면수량과 입도를 고려한다.
④ 시방배합을 현장배합으로 고치는 경우 혼화제를 희석시킨 희석수량 등을 고려하여야 한다.

19 단철근 직사각형 보를 강도설계법으로 해석할 때 최소 철근량 이상으로 인장철근을 배치하는 이유는?

① 처짐을 방지하기 위하여
② 전단파괴를 방지하기 위하여
③ 연성파괴를 방지하기 위하여
④ 취성파괴를 방지하기 위하여

20 블리딩을 작게 하는 방법으로 옳지 않은 것은?

① 분말도가 높은 시멘트를 사용한다.
② 단위수량을 크게 한다.
③ 감수제를 사용한다.
④ AE제를 사용한다.

21 토목구조물을 설계할 때 고려해야 할 사항과 거리가 먼 것은?

① 구조의 안전성
② 사용의 편리성
③ 건설의 경제성
④ 재료의 다양성

정답 17. ① 18. ② 19. ④ 20. ② 21. ④

22 트러스의 종류 중 주트러스로는 잘 쓰이지 않으나 가로 브레이싱에 주로 사용되는 형식은?

① K트러스
② 프랫(pratt) 트러스
③ 하우(howe) 트러스
④ 워런(warren) 트러스

23 프리스트레스트 콘크리트 부재 제작방법 중 콘크리트를 타설, 경화한 후에 긴장재를 넣고 긴장하는 방법은?

① 프리캐스트 방식
② 포스트텐션 방식
③ 프리텐션 방식
④ 롱라인 방식

24 도로교를 설계할 때 하중의 종류를 크게 지속하는 하중과 변동하는 하중으로 구분할 때 지속하는 하중에 해당되는 것은?

① 충격
② 풍하중
③ 제동하중
④ 프리스트레스힘

25 상부 수직 하중을 하부 지반에 분산시키기 위해 저면을 확대시킨 철근콘크리트판은?

① 비내력벽
② 슬래브판
③ 확대기초판
④ 플랫 플레이트

26 폭 $b = 300$ mm이고 유효높이 $d = 500$ mm를 가진 단철근 직사각형 보가 있다. 이 보의 철근비가 0.01일 때 인장철근량은?

① 1,000 mm²
② 1,500 mm²
③ 2,000 mm²
④ 3,000 mm²

27 교량의 구성을 바닥판, 바닥틀, 교각, 교대, 기초 등으로 구분할 때 바닥틀에 대한 설명으로 옳은 것은?

① 상부구조로서 사람이나 차량 등을 직접 받쳐주는 포장 및 슬래브 부분을 뜻한다.
② 상부구조로서 바닥판에 실리는 하중을 받쳐서 주형에 전달해주는 부분을 뜻한다.
③ 하부구조로서 상부구조에서 전달되는 하중을 기초로 전해주는 부분을 뜻한다.
④ 하부구조로서 상부구조에서 전달되는 하중을 지반으로 전해주는 부분을 뜻한다.

해설

22.
K트러스 : 미관상 좋지 않으므로 주트러스로는 잘 쓰이지 않고 가로 브레이싱으로 주로 쓰인다.

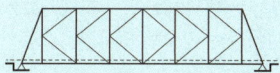

23.
㉠ 포스트텐션 방식 : 콘크리트가 경화한 후 부재의 한쪽 끝에서 PS 강재를 정착하고, 다른 쪽 끝에서 잭으로 PS 강재를 인장한다.
㉡ 프리텐션 방식 : PS 강재를 긴장한 채로 콘크리트를 친 다음 콘크리트가 충분히 경화한 후에 PS 강재의 긴장을 천천히 풀어준다.

24.
프리스트레스트에 의해 도입되는 힘과 고정하중은 지속하중에 해당된다.

25.
확대기초판(spread footing) : 상부 수직 하중을 하부 지반에 분산시키기 위해 저면을 확대시킨 철근콘크리트판

26.
$$\rho = \frac{A_s}{bd} = \frac{A_s}{300 \times 500} = 0.01$$
$$\therefore A_s = 300 \times 500 \times 0.01 = 1,500 \text{ mm}^2$$

27.
교량의 바닥틀 : 상부구조로서 바닥판으로부터 전해지는 하중을 받쳐서 주형에 전달하는 부분으로, 세로보와 가로보로 이루어진다.

정답 22.① 23.② 24.④ 25.③ 26.② 27.②

해설

28.
연결확대기초 : 2개 이상의 기둥을 1개의 확대기초로 받치도록 만든 기초로, 지반이 매우 연약한 경우에는 말뚝기초 위에 확대기초를 설치하는 경우도 있다.

29.
철근콘크리트 구조의 성립 이유
㉠ 철근과 콘크리트는 온도에 대한 열팽창계수가 거의 같다.
㉡ 굳은 콘크리트 속에 있는 철근은 힘을 받아도 그 주변 콘크리트와의 큰 부착력 때문에 잘 빠져나오지 않는다.
㉢ 콘크리트 속에 묻혀 있는 철근은 콘크리트의 알칼리성분에 의해서 녹이 슬지 않는다.

30.
좌굴 : 세장한 기둥, 판 등의 부재가 일정한 힘 이상의 압축하중을 받을 때 길이의 수직 방향으로 급격히 휘는 현상이다. 일반적으로 세장비가 클수록 잘 발생한다.

31.
프리스트레스트 콘크리트 : 콘크리트에 인장응력이 발생할 수 있는 부분에 고강도 강재(PS 강재)를 긴장시켜 미리 계획적으로 압축력을 주어 인장력이 상쇄될 수 있도록 한 콘크리트

32.
강재는 구조해석이 복잡하다는 단점이 있다.

33.
슬래브 : 두께에 비하여 폭이나 길이가 매우 큰 판 모양의 부재로, 교량이나 건축물의 상판이 그 예이다. 지지하는 형식에 따라 1방향 슬래브와 2방향 슬래브가 있다.

---

28 2개 이상의 기둥을 1개의 확대기초로 지지하도록 만든 기초는?
① 경사확대기초　② 연결확대기초
③ 독립확대기초　④ 계단식 확대기초

29 철근콘크리트를 널리 이용하는 이유가 아닌 것은?
① 자중이 크다.
② 철근과 콘크리트가 부착이 매우 잘된다.
③ 철근과 콘크리트는 온도에 대한 열팽창계수가 거의 같다.
④ 콘크리트 속에 묻힌 철근은 녹이 슬지 않는다.

30 기둥과 같이 압축력을 받는 부재가 압축력에 의해 휘거나 파괴되는 현상을 무엇이라 하는가?
① 피로　② 좌굴
③ 연화　④ 쇄굴

31 어떤 토목구조물에 대한 특성을 설명한 것인가?

- 보의 고정하중에 의한 처짐이 작다.
- 높은 온도에 접하면 강도가 감소한다.
- 고강도의 콘크리트와 강재를 사용한다.
- 인장측 콘크리트의 균열 발생을 억제할 수 있다.
- 단면을 작게 할 수 있어 지간이 긴 교량에 적당하다.

① H형강구조　② 무근콘크리트
③ 철근콘크리트　④ 프리스트레스트 콘크리트

32 구조재료로서 강재의 특징이 아닌 것은?
① 구조해석이 단순하다.
② 부재를 개수하거나 보강하기 쉽다.
③ 다양한 형상과 치수를 가진 구조로 만들 수 있다.
④ 긴 지간의 교량, 고층 건물에 유효하게 쓰인다.

33 두께에 비하여 폭이 넓은 판 모양의 구조물로 지지 조건에 의한 주철근 구조에 따라 2가지로 구분되는 것은?
① 확대기초　② 슬래브
③ 기둥　④ 옹벽

 정답　28.②　29.①　30.②　31.④　32.①　33.②

34 철근콘크리트에서 중립축에 대한 설명으로 옳은 것은?
① 응력이 "0"이다.
② 인장력이 압축력보다 크다.
③ 압축력이 인장력보다 크다.
④ 인장력, 압축력이 모두 최댓값을 갖는다.

35 축방향 철근을 나선철근으로 촘촘히 둘러 감은 기둥은?
① 합성기둥
② 띠철근기둥
③ 나선철근기둥
④ 프리스트레스기둥

36 문자에 대한 토목제도통칙으로 옳지 않은 것은?
① 문자의 크기는 높이에 따라 표시한다.
② 숫자는 주로 아라비아 숫자를 사용한다.
③ 글자는 필기체로 쓰고 수직 또는 30° 오른쪽으로 경사지게 쓴다.
④ 영자는 주로 로마자의 대문자를 사용하나, 기호, 그 밖에 특별히 필요한 경우에는 소문자를 사용해도 좋다.

37 도면의 표제란에 기입하지 않아도 되는 것은?
① 축척 ② 도면명 ③ 산출물량 ④ 도면번호

38 실제 거리가 120 m인 옹벽을 축척 1 : 1200의 도면에 그릴 때 도면 상의 길이는?
① 12 mm ② 100 mm ③ 10,000 mm ④ 120,000 mm

39 다음의 입체도에서 화살표 방향을 정면으로 할 때 평면도를 바르게 표현한 것은?

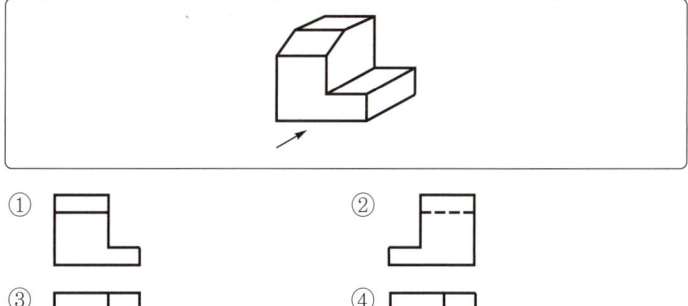

해설

34.
중립축 : 부재에서 휨응력의 값이 0이 되는 점을 연결해 놓은 것

35.
나선철근기둥 : 축방향 철근을 나선철근으로 둘러 감은 기둥

36.
한글 서체는 고딕체로 하고, 수직 또는 오른쪽으로 15° 경사지게 쓰는 것이 원칙이다.

37.
표제란에는 도면번호, 도면명칭, 기업명, 책임자 서명, 도면 작성 연월일, 축척 등을 기입한다.

38.
$1 : 1,200 = x : 120$
$\therefore x = 0.1\ m = 100\ mm$

39.
① 정면도
④ 평면도

정답 34. ① 35. ③ 36. ③ 37. ③ 38. ② 39. ④

해설

40.
- ㉠ 일반도 : 구조물 전체의 개략적인 모양을 표시하는 도면
- ㉡ 구조도 : 콘크리트 내부의 구조 주체를 도면에 표시한 것으로 배근도라고도 함.
- ㉢ 상세도 : 구조도의 일부를 취하여 큰 축척으로 표시한 도면

41.
용지의 크기

호칭	크기(mm)
A4	210×297
A3	297×420
A2	420×594
A1	594×841
A0	841×1,189

42.
파선(숨은선) : 대상물의 보이지 않는 부분의 모양을 표시할 때 사용하는 선

43.
강관의 치수 표시 : $\phi A \times t - L$

44.
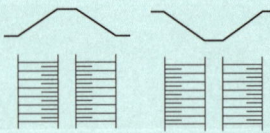
㉠ 성토면   ㉡ 절토면

45.
윤곽선은 도면의 크기에 따라 0.5 mm 이상의 굵은 실선으로 나타낸다.

---

40 콘크리트 구조물 제도에서 구조물 전체의 개략적인 모양을 표시한 도면은?

① 단면도   ② 구조도
③ 상세도   ④ 일반도

41 제도용지 중 A0 도면의 치수는 몇 mm인가?

① 841×1,189   ② 594×841
③ 420×594   ④ 297×420

42 파선(숨은선)의 사용방법으로 옳은 것은?

① 단면도의 절단면을 나타낸다.
② 물체의 보이지 않는 부분을 표시하는 선이다.
③ 대상물의 보이는 부분의 겉모양을 표시한다.
④ 부분 생략 또는 부분 단면의 경계를 표시한다.

43 판형재의 치수 표시에서 강관의 표시방법으로 옳은 것은?

① $\phi A \times t$
② $D \times t$
③ $\phi D \times t$
④ $A \times t$

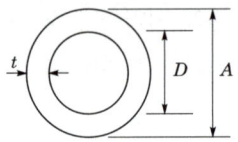

44 그림과 같은 절토면의 경사 표시가 바르게 된 것은?

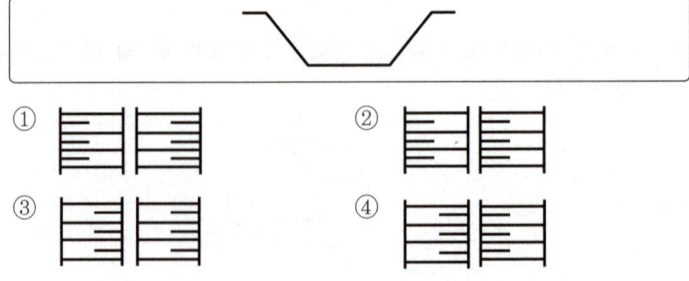

45 다음 중 그림을 그리는 영역을 한정하기 위한 윤곽선으로 알맞은 것은?

① 0.3 mm 굵기의 실선
② 0.5 mm 굵기의 파선
③ 0.7 mm 굵기의 실선
④ 0.9 mm 굵기의 파선

정답 40. ④ 41. ① 42. ② 43. ① 44. ① 45. ③

46 제도용지의 폭과 길이의 비는 얼마인가?
① $1 : \sqrt{5}$
② $1 : \sqrt{3}$
③ $1 : \sqrt{2}$
④ $1 : 1$

47 투시도에서 물체가 기면에 평행으로 무한히 멀리 있을 때 수평선 위의 한 점으로 모이게 되는 점은?
① 사점
② 소점
③ 정점
④ 대점

48 출제기준 변경에 따라 관련 문항 삭제함.

49 그림에서와 같이 주사위를 바라보았을 때 우측면도를 바르게 표현한 것은? (단, 투상법은 제3각법이며, 물체의 모서리 부분의 표현은 무시한다.)

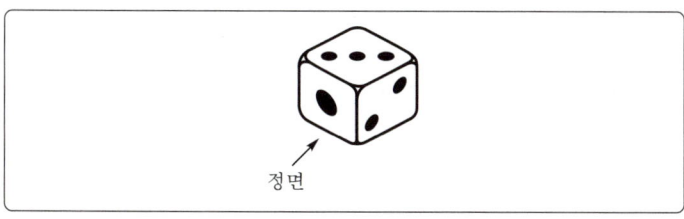

50 구조물 설계에서 도면 작도방법에 대한 기본사항으로 옳지 않은 것은?
① 단면도는 실선으로 주어진 치수대로 정확히 그린다.
② 철근 치수 및 기호를 표시하고 누락되지 않도록 주의한다.
③ 단면도에 배근될 철근 수량과 간격을 정확하게 그린다.
④ 일반적으로 일반도를 먼저 그리고 단면도를 가장 나중에 그리는 것이 편하다.

해설

46.
제도용지의 세로와 가로의 비는 $1 : \sqrt{2}$ 이다.

47.
투시도의 기호
㉠ 시점(E.P., Eye Point) : 보는 사람의 눈의 위치
㉡ 소점(V.P., Vanishing Point) : 시점이 화면 위에 투상되는 점. 즉 소점은 물체가 기면에 평행으로 무한히 멀리 있을 때 수평선 위의 한 점에 모이게 되는 점
㉢ 정점(S.P., Station Point) : 시점이 기면 위에 투상되는 점

49.
① 우측면도
② 정면도
③ 평면도

50.
구조물 작도 순서
단면도 → 각부 배근도 → 일반도 → 주철근 조립도 → 철근 상세도

정답 46. ③ 47. ② 48. 49. ① 50. ④

해설

51.
하천의 측량 제도에는 평면도, 종단면도, 횡단면도가 있다.

52.
① 지반면(흙)
② 모래
③ 호박돌
④ 수준면(물)

53.
상대직교좌표 : 현재 설정되어 있는 점을 기준으로 각각의 축방향으로 변위값을 입력하여 하나의 점을 정의한다(입력방법 : @X, Y). 즉, 이전 점에서부터 X축 방향으로 20, Y축 방향으로 30만큼 이동한다.

54.
제도 통칙에 의해서 대칭이 되는 도면은 중심선의 한쪽을 외형도로, 반대쪽을 단면도로 표시하는 것이 원칙이다.

55.
① 해칭선 : 단면도의 절단면에 가는 실선(0.18~0.3 mm)으로 규칙적으로 빗금을 그은 선
② 절단선 : 가는 1점쇄선
③ 피치 : 가는 1점쇄선
④ 파단선 : 불규칙한 파형의 가는 실선 또는 지그재그선

56.
㉠ 축척 : 실물보다 축소하여 그린 축척. 예 1 : 2
㉡ 현척 : 실물과 같은 크기로 나타낸 비율. 예 1 : 1
㉢ 배척 : 실물보다 확대하여 나타낸 비율. 예 2 : 1

---

51 하천 측량 제도에 포함되지 않는 것은?
① 평면도　② 상세도
③ 종단면도　④ 횡단면도

52 재료 단면의 경계표시 중 지반면(흙)을 나타낸 것은?
①　②
③　④

53 캐드 명령어 '@20, 30'의 의미는?
① 이전 점에서부터 Y축 방향으로 20, X축 방향으로 30만큼 이동된다는 의미
② 이전 점에서부터 X축 방향으로 20, Y축 방향으로 30만큼 이동된다는 의미
③ 원점에서부터 Y축 방향으로 20, X축 방향으로 30만큼 이동된다는 의미
④ 원점에서부터 X축 방향으로 20, Y축 방향으로 30만큼 이동된다는 의미

54 대칭인 도형은 중심선에서 한쪽은 외형도를 그리고, 그 반대쪽은 무엇을 표시하는가?
① 정면도　② 평면도
③ 측면도　④ 단면도

55 단면도의 절단면에 가는 실선으로 규칙적으로 나열한 선은?
① 해칭선　② 절단선
③ 피치선　④ 파단선

56 KS 토목제도 통칙에서 척도의 비가 1 : 1보다 작은 척도를 무엇이라 하는가?
① 현척　② 배척
③ 축척　④ 소척

정답 51. ②　52. ①　53. ②　54. ④　55. ①　56. ③

57 투상도법에서 원근감이 나타나는 것은?

① 표고투상법　　② 정투상법
③ 사투상법　　　④ 투시도법

58 골재의 단면표시 중 잡석을 나타내는 것은?

① 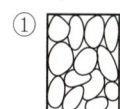　　②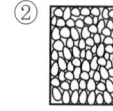

③ 　　④

59 국제 및 국가별 표준규격의 명칭과 기호 연결이 옳지 않은 것은?

① 국제표준화기구 - ISO　② 영국 규격 - DIN
③ 프랑스 규격 - NF　　　④ 일본 규격 - JIS

60 출제기준 변경에 따라 관련 문항 삭제함.

해설

57.
투시도법 : 물체와 시점 간의 거리감(원근감)을 느낄 수 있도록 실제로 우리 눈에 보이는 대로 대상물을 그리는 방법으로, 원근법이라고도 한다.

58.
① 호박돌　② 자갈
③ 잡석　　④ 깬돌

59.
국제 및 국가별 표준규격

표준 명칭	기호
국제표준화기구 (International Organization for Standardization)	ISO
영국 규격(British Standards)	BS
프랑스 규격(Norm Francaise)	NF
일본 규격(Japanese Industrial Standards)	JIS
독일 규격(Deutsche Industrie für Normung)	DIN

2016 제1회 과년도 출제문제

전산응용토목제도기능사

2016년 1월 24일 시행

해설

1.
조강 포틀랜드 시멘트 : 보통 포틀랜드 시멘트보다 조기강도가 크며, 재령 7일에서 보통 포틀랜드 시멘트의 재령 28일 강도를 낸다. 수화열이 높아 한중 콘크리트 시공에 적합하다.

2.
섬유보강 콘크리트 : 콘크리트 속에 짧은 섬유를 고르게 분산시켜 인장강도, 휨강도, 내충격성, 균열에 대한 저항성 등을 좋게 한 콘크리트

3.
일반 콘크리트용 골재는 연하고 가느다란 석편을 함유하면 낱알을 방해하므로 워커빌리티가 좋지 않다.

4.
180° 표준갈고리와 90° 표준갈고리의 구부림 내면 반지름

철근 지름	최소 반지름(r)
D10~D25	$3d_b$
D29~D35	$4d_b$
D38 이상	$5d_b$

∴ D29 철근을 사용하므로
$4d_b = 4 \times 29 = 116$ mm

5.
기초판 또는 슬래브의 윗면에 연결되는 압축부재의 첫 번째 띠철근 간격은 다른 띠철근 간격의 1/2 이하로 하여야 한다.

---

01 다음의 시멘트 중 상대적으로 수화열이 높은 것은?
① 중용열 포틀랜드 시멘트
② 조강 포틀랜드 시멘트
③ 플라이애시 시멘트
④ 고로 시멘트

02 보강용 섬유를 혼입하여 주로 인성, 균열 억제, 내충격성 및 내마모성 등을 높인 콘크리트는?
① 고강도 콘크리트
② 섬유보강 콘크리트
③ 폴리머 시멘트 콘크리트
④ 프리플레이스트 콘크리트

03 일반 콘크리트용 골재가 갖추어야 할 성질로 옳지 않은 것은?
① 알맞은 입도를 가질 것
② 깨끗하고 강하며 내구적일 것
③ 연하고 가느다란 석편을 함유할 것
④ 먼지, 흙, 염화물 등의 유해물질을 함유하지 않을 것

04 유효깊이 $d=450$ mm인 캔틸레버에서 D29의 인장철근이 배치되어 있을 경우 표준갈고리의 최소 내면 반지름은?
① 58 mm
② 87 mm
③ 116 mm
④ 145 mm

05 압축부재에 사용되는 띠철근에 관한 기준으로 ( )에 알맞은 것은?

> 기초판 또는 슬래브의 윗면에 연결되는 압축부재의 첫 번째 띠철근 간격은 다른 띠철근 간격의 ( ) 이하로 하여야 한다.

① 1/2
② 1/3
③ 1/4
④ 1/5

 정답 1.② 2.② 3.③ 4.③ 5.①

212 부록 I. 과년도 출제문제

06 현장치기 콘크리트 공사에서 압축부재에 사용되는 나선철근의 지름은 최소 얼마 이상이어야 하는가?
① 25 mm 이상   ② 20 mm 이상
③ 15 mm 이상   ④ 10 mm 이상

07 철근콘크리트에서 콘크리트의 피복두께에 대한 설명으로 옳은 것은?
① 철근의 가장 바깥면과 콘크리트의 표면까지의 최단거리
② 철근의 가장 바깥면과 콘크리트의 표면까지의 최장거리
③ 철근의 중심과 콘크리트 표면까지의 최단거리
④ 철근의 중심과 콘크리트 표면까지의 최장거리

08 굳지 않은 콘크리트의 작업 후 재료 분리 현상으로 시멘트와 골재가 가라앉으면서 물이 올라와 콘크리트 표면에 떠오르는 현상은?
① 크리프   ② 블리딩
③ 레이턴스   ④ 워커빌리티

09 콘크리트에 일정하게 하중을 계속 주면 응력의 변화는 없는데도 변형이 재령과 함께 커지는 현상은?
① 워커빌리티   ② 백태현상
③ 슬럼프   ④ 크리프

10 일반적으로 철근의 정착길이는 철근의 어떤 응력에 기초를 둔 것인가?
① 평균 부착응력   ② 평균 굽힘응력
③ 평균 전단응력   ④ 평균 허용응력

11 토목재료 요소의 콘크리트 특징으로 옳지 않은 것은?
① 콘크리트 자체의 무게가 무겁다.
② 압축강도와 내구성이 크다.
③ 재료의 운반과 시공이 쉽다.
④ 압축강도에 비해 인장강도가 크다.

해설

6.
현장치기 콘크리트 공사에서 나선철근의 지름은 10 mm 이상으로 하여야 한다.

7.
피복두께 : 철근 표면으로부터 콘크리트 표면까지의 최단거리

8.
블리딩 : 콘크리트를 친 뒤에 시멘트와 골재알이 가라앉으면서 물이 콘크리트 표면으로 떠오르는 현상

9.
구조물에 자중 등의 하중이 오랜 시간 지속적으로 작용하면 더 이상 응력이 증가하지 않더라도 시간이 지나면서 구조물에 변형이 발생하는데, 이러한 변형을 크리프라고 한다.

10.
정착길이는 철근의 묻힘길이에 대하여 얻을 수 있는 평균 부착응력에 기초를 두고 있다.

11.
콘크리트의 압축강도는 인장강도의 10~13배이다.

정답 6. ④ 7. ① 8. ② 9. ④ 10. ① 11. ④

해설

12.
심한 침식 또는 염해를 받을 가능성이 있는 경우에 프리캐스트 콘크리트 벽체, 슬래브의 최소 피복두께는 40 mm이다.

13.
철근이 2단 이상으로 배치되는 경우 상하 철근은 동일 연직면 내에 배치되어야 하고, 상하 철근의 연직 순간격은 25 mm 이상으로 해야 한다.

14.
이형철근을 인장철근으로 사용하는 겹침이음 길이는 A급 이음 1.0 l_d, B급 이음 1.3 l_d이며, 또는 300 mm 이상이어야 한다.

15.
급결제
㉠ 시멘트의 응결을 극도로 촉진하여 단시간에 굳게 하기 위해 사용한다.
㉡ 뿜어붙이기 공법(shotcrete), 그라우트에 의한 누수 방지 공법 등 급속공사에 이용된다.

16.
토목구조물의 재료에 따른 분류
㉠ 콘크리트 구조
㉡ 철근콘크리트 구조
㉢ 프리스트레스트 콘크리트 구조
㉣ 강구조
㉤ 합성구조

17.
19~20세기에 재료 및 신기술의 발전과 사회 환경의 변화로 포틀랜드 시멘트가 개발되어 장대교량의 출현이 가능해졌다.

---

12 심한 침식 또는 염해를 받을 가능성이 있는 경우에 프리캐스트 콘크리트 벽체, 슬래브의 최소 피복두께는?

① 60 mm   ② 50 mm
③ 40 mm   ④ 30 mm

13 정철근이나 부철근을 2단 이상으로 배치할 경우에 상하 철근의 최소 순간격은?

① 15 mm 이상   ② 25 mm 이상
③ 40 mm 이상   ④ 50 mm 이상

14 인장이형철근의 겹침이음에서 A급 이음일 때 이음의 최소 길이는? (단, l_d는 인장이형철근의 정착길이)

① $1.0 l_d$ 이상   ② $1.3 l_d$ 이상
③ $1.5 l_d$ 이상   ④ $2.0 l_d$ 이상

15 숏크리트 시공 및 그라우팅에 의한 지수공법에 주로 사용되는 혼화제는?

① 발포제   ② 급결제
③ 공기연행제   ④ 고성능 유동화제

16 토목구조물을 주요 재료에 따라 구분할 때 그 분류와 거리가 먼 것은?

① 강구조   ② 골재구조
③ 합성구조   ④ 콘크리트 구조

17 재료 및 신기술의 발전과 사회 환경의 변화로 포틀랜드 시멘트가 개발되고 장대교량이 출현한 시기는?

① 기원전 1~2세기   ② 9~10세기
③ 11~18세기   ④ 19~20세기

정답 12. ③ 13. ② 14. ① 15. ② 16. ② 17. ④

18. 슬래브를 1방향 슬래브와 2방향 슬래브로 구분하는 기준과 가장 관계가 깊은 것은?
   ① 설치위치(높이)　　② 슬래브의 두께
   ③ 부철근의 구조　　④ 지지하는 경계조건

19. 그림과 같이 부정정구조물에 정정힌지를 넣어 정정구조물로 만든 보의 명칭은?

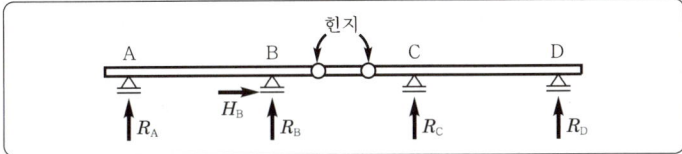

   ① 캔틸레버보　　② 내민보
   ③ 게르버보　　　④ 부정정보

20. 포스트텐션 정착부 설계에 있어서 최대 프리스트레싱 강재의 긴장력에 대하여 적용하는 하중계수는?
   ① 0.8　　② 1.0
   ③ 1.2　　④ 1.4

21. 옹벽의 종류가 아닌 것은?
   ① 뒷부벽식 옹벽　　② 중력식 옹벽
   ③ 캔틸레버 옹벽　　④ 독립식 옹벽

22. 외력(P)이 작용하는 철근콘크리트 단순보에 대한 설명으로 옳은 것은?
   ① 콘크리트의 인장응력은 압축응력보다 더 크다.
   ② 중립축 아래쪽에 있는 철근은 압축응력을 담당한다.
   ③ 철근과 콘크리트는 온도에 대한 열팽창계수가 거의 같다.
   ④ 압축측 콘크리트는 외력(P)에 의해 인장응력이 작용한다.

23. 철근콘크리트의 1방향 슬래브의 최소 두께는 얼마 이상으로 규정하고 있는가?
   ① 40 mm　　② 60 mm
   ③ 80 mm　　④ 100 mm

해설

18.
㉠ 1방향 슬래브: 두 변에 의해서만 지지된 경우이거나 네 변이 지지된 슬래브 중에서 $\dfrac{\text{장변 방향 길이}}{\text{단변 방향 길이}} \geq 2$일 경우 1방향 슬래브로 설계한다.
㉡ 2방향 슬래브: 네 변으로 지지된 슬래브로서 $\dfrac{\text{장변 방향 길이}}{\text{단변 방향 길이}} < 2$일 경우 2방향 슬래브로 설계한다.

19.
게르버보(거버보): 연속보의 중간에 힌지를 넣어 정정 구조로 만든 교량이다. 지반이 불량한 경우 효과적이지만, 내부힌지 부분을 적절하게 연결시켜야 처짐의 문제가 생기지 않는다.

20.
포스트텐션 정착부 설계에 있어서 최대 프리스트레싱 강재의 긴장력에 대하여 하중계수 1.2를 적용한다.

21.
옹벽의 종류
㉠ 중력식 옹벽
㉡ 캔틸레버 옹벽(L형 옹벽, 역L형 옹벽, T형 옹벽, 역T형 옹벽 등)
㉢ 부벽식 옹벽(뒷부벽식 옹벽, 앞부벽식 옹벽)
㉣ 반중력식 옹벽

22.
① 콘크리트의 압축응력은 인장응력보다 더 크다.
② 중립축 아래쪽에 있는 철근은 인장응력을 담당한다.
③ 압축측 콘크리트는 외력(P)에 의해 압축응력이 작용한다.

23.
1방향 슬래브의 두께는 최소 100 mm 이상으로 해야 한다.

정답　18. ④　19. ③　20. ③　21. ④　22. ③　23. ④

해설

24.
기둥이 동일한 단면이라면 단주인가, 장주인가에 따라 그 강도가 달라지지 않는다.

25.
교량의 구성
㉠ 상부구조 : 교통물의 하중을 직접 받는 부분으로 바닥판, 바닥틀, 주형 등으로 구성되어 있다.
㉡ 하부구조 : 상부구조의 하중을 지반으로 전달해 주는 부분으로 교각, 교대, 기초 등으로 구성되어 있다.

26.
옹벽의 안정조건
㉠ 전도에 대한 안정
㉡ 활동에 대한 안정
㉢ 침하에 대한 안정

27.
2방향 슬래브의 위험단면에서 철근 간격은 슬래브 두께의 2배 이하, 300 mm 이하이어야 한다.

28.
프리스트레싱 시점에서 최대 응력을 가지므로 나중에 사용하중 재하 시 PSC 구조는 충분한 안정성을 갖는다.

---

24 기둥에 관한 설명으로 옳지 않은 것은?
① 지붕, 바닥 등의 상부 하중을 받아서 토대 및 기초에 전달하고 벽체의 골격을 이루는 수직 구조체이다.
② 기둥의 강도는 단면의 모양과 밀접한 연관이 있고, 기둥 길이와는 무관하다.
③ 단주인가, 장주인가에 따라 동일한 단면이라도 그 강도가 달라진다.
④ 순수한 축방향 압축력만을 받는 일은 거의 없다.

25 교량의 구조에 대한 설명으로 옳지 않은 것은?
① 상부구조 가운데 사람이나 차량 등을 직접 받쳐주는 포장 및 슬래브 부분을 바닥판이라 한다.
② 바닥틀로부터의 하중이나 자중을 안전하게 받쳐서 하부구조에 전달하는 부분을 주형이라 한다.
③ 바닥판에 실리는 하중을 받쳐서 주형에 전달해 주는 부분을 바닥틀이라 한다.
④ 바닥틀은 상부구조와 하부구조로 이루어진다.

26 옹벽의 설계 시에 안정조건에 해당되지 않는 것은?
① 전도 ② 투수
③ 침하 ④ 활동

27 2방향 슬래브의 위험단면에서 철근 간격은 슬래브 두께의 2배 이하, 또한 몇 mm 이하로 하여야 하는가?
① 100 ② 200
③ 300 ④ 400

28 철근콘크리트(RC)와 비교할 때 프리스트레스트 콘크리트(PSC)의 특징이 아닌 것은?
① PSC는 안정성이 떨어진다.
② PSC는 변형이 크고 진동하기 쉽다.
③ PSC는 지간이 긴 교량이나 큰 하중을 받는 구조물에 사용된다.
④ PSC는 설계하중이 작용하더라도 인장측에 균열이 발생하지 않는다.

정답 24. ③ 25. ④ 26. ② 27. ③ 28. ①

29 콘크리트에 영향을 미치는 요인에 대한 설명으로 옳지 않은 것은?

① 재하하중이 클수록 크리프값이 크다.
② 콘크리트 온도가 높을수록 크리프값이 크다.
③ 고강도 콘크리트일수록 크리프값이 크다.
④ 콘크리트 재령이 짧고 하중 재하기간이 길면 크리프값이 크다.

30 서해대교와 같이 교각 위에 주탑을 세우고 주탑과 경사로 배치된 케이블로 주형을 고정시키는 형식의 교량은?

① 현수교 ② 라멘교
③ 연속교 ④ 사장교

31 철근과 콘크리트가 그 경계면에서 미끄러지지 않도록 저항하는 것을 무엇이라 하는가?

① 부착 ② 정착
③ 이음 ④ 스터럽

32 주형 혹은 주트러스를 3개 이상의 지점으로 지지하여 2경간 이상에 걸쳐 연속시킨 교량의 구조 형식은?

① 단순교 ② 라멘교
③ 연속교 ④ 아치교

33 우리나라의 콘크리트 구조기준에서는 철근콘크리트 구조물의 설계법으로 어떤 방법을 주로 사용하는가?

① 소성설계법 ② 강도설계법
③ 허용응력설계법 ④ 사용성 설계법

34 압축부재에 사용되는 나선철근에 대한 기준으로 옳지 않은 것은?

① 나선철근의 이음은 겹침이음, 기계적 이음으로 하며, 용접이음을 사용해서는 안 된다.
② 나선철근의 순간격은 25 mm 이상, 75 mm 이하이어야 한다.
③ 나선철근의 겹침이음은 이형철근의 경우 공칭지름의 48배 이상이며, 최소 300 mm 이상으로 한다.
④ 정착은 나선철근의 끝에서 추가로 1.5회전만큼 더 확보하여야 한다.

해설

29.
고강도 콘크리트일수록 크리프가 작게 일어난다.

30.
사장교 : 교각 위에 세운 주탑으로부터 비스듬히 케이블을 걸어 교량 상판을 매단 형태의 교량이다. 서해대교는 국내 최대 사장교 형식의 교량이다.

31.
철근과 콘크리트가 경계면에서 미끄러지지 않도록 저항하는 것을 부착이라고 하며, 철근과 콘크리트의 부착이 완전하면 그 경계면에서 활동은 일어나지 않는다.

32.
㉠ 단순교 : 주형 또는 주트러스의 양끝이 단순 지지된 교량을 말하며, 한쪽 지점은 힌지, 다른 쪽 지점은 이동 지점으로 지지된다.
㉡ 라멘교 : 보와 기둥의 접합부를 일체가 되도록 결합한 것을 주형으로 사용한다.
㉢ 아치교 : 타이드아치 형식의 한강대교와 같이 상부구조의 주체가 아치로 된 교량으로, 계곡이나 지간이 긴 곳에 적당하다.

33.
철근콘크리트 구조물의 설계는 강도설계법을 주로 사용한다.

34.
나선철근의 이음은 기계적 이음, 용접이음을 사용한다.

정답 29.③ 30.④ 31.① 32.③ 33.② 34.①

해설

35.
확대기초의 종류
㉠ 독립확대기초 : 1개의 기둥에 전달되는 하중을 1개의 기초가 단독으로 받도록 되어 있는 확대기초
㉡ 벽확대기초(연속확대기초) : 벽으로부터 전달되는 하중을 분포시키기 위하여 연속적으로 만들어진 확대기초
㉢ 연결확대기초 : 2개 이상의 기둥을 1개의 확대기초로 받치도록 만든 기초

36.
집중하중 P가 작용할 때
$$M_{max} = \frac{PL}{4} = \frac{120 \times 6}{4}$$
$$= 180 \text{ kN} \cdot \text{m}$$

37.
기둥의 형식
㉠ 띠철근기둥 : 축방향 철근을 적당한 간격의 띠철근으로 둘러 감은 기둥
㉡ 나선철근기둥 : 축방향 철근을 나선철근으로 촘촘히 둘러 감은 기둥
㉢ 합성기둥 : 구조용 강재나 강관을 축방향으로 보강한 기둥

38.
$P = A \cdot q$
$= 4 \times 5 \times 200$
$= 4,000 \text{ kN}$

39.
국가산업의 발전을 위하여 다량생산의 토목구조물을 만든 것은 최근의 일이다.

40.
강구조는 부재를 공장에서 제작해서 현장에서 조립하여 사용하므로 작업이 간편하고 공사 기간이 단축된다.

---

35 벽으로부터 전달되는 하중을 분포시키기 위하여 연속적으로 만들어진 확대기초는?
① 말뚝기초　② 벽확대기초
③ 연결확대기초　④ 독립확대기초

36 지간(L)이 6 m인 단순보의 중앙에 집중하중(P) 120 kN이 작용할 때 최대 휨모멘트는(M)?
① 120 kN·m　② 180 kN·m
③ 360 kN·m　④ 720 kN·m

37 철근콘크리트기둥을 분류할 때 구조용 강재나 강관을 축방향으로 보강한 기둥은?
① 띠철근기둥　② 합성기둥
③ 나선철근기둥　④ 복합기둥

38 직사각형 독립확대기초의 크기가 4 m×5 m이고, 허용지지력이 200 kN/m²일 때 이 기초가 받을 수 있는 최대하중의 크기는?
① 800 kN　② 1,000 kN
③ 3,000 kN　④ 4,000 kN

39 고대 토목구조물의 특징과 가장 거리가 먼 것은?
① 흙과 나무로 토목구조물을 만들었다.
② 국가산업을 발전시키기 위하여 다량생산의 토목구조물을 만들었다.
③ 농경지를 보호하기 위하여 토목구조물을 만들었다.
④ 치산치수를 하기 위하여 토목구조를 만들었다.

40 콘크리트 구조와 비교할 때 강구조에 대한 설명으로 옳지 않은 것은?
① 공사 기간이 긴 것이 단점이다.
② 부재의 치수를 작게 할 수 있다.
③ 콘크리트에 비하여 균질성을 가지고 있다.
④ 지간이 긴 교량을 축조하는 데에 유리하다.

정답　33. ②　36. ②　37. ②　38. ④　39. ②　40. ①

41 구조물의 보이는 부분의 겉모양을 표시할 때 사용하는 선은?
① 파선   ② 굵은 실선
③ 가는 실선   ④ 1점쇄선

42 하천공사계획의 기본도가 되는 도면은?
① 평면도   ② 종단면도
③ 횡단면도   ④ 하저경사도

43 도면의 분류방법을 용도에 따른 분류와 내용에 따른 분류로 크게 나눌 때 내용에 따른 분류방법에 해당되는 것은?
① 계획도   ② 설계도
③ 구조도   ④ 시공도

44 물체를 '눈 → 투상면 → 물체'의 순서로 놓은 정투상법은?
① 제1각법   ② 제2각법
③ 제3각법   ④ 제4각법

45 도면 제도를 위한 치수 기입방법으로 옳지 않은 것은?
① 치수의 단위는 m를 원칙으로 한다.
② 각도의 단위는 도(°), 분('), 초(")를 사용한다.
③ 완성된 도면에는 치수를 기입하여야 한다.
④ 치수 기입요소는 치수선, 치수보조선, 치수 등을 포함한다.

46 긴 부재의 절단면표시 중 환봉의 절단면표시로 옳은 것은?

① 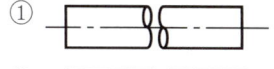   ②
③    ④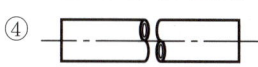

47 제도의 척도에 해당하지 않는 것은?
① 배척   ② 현척
③ 상척   ④ 축척

해설

41. 구조물의 보이는 부분의 겉모양을 굵은 실선(외형선)으로 표시한다.

42. 하천의 평면도는 개수, 그 밖의 하천공사계획의 기본도로 사용된다.

43.
㉠ 도면의 내용에 따른 분류 : 구조도, 배근도, 실측도
㉡ 도면의 용도에 따른 분류 : 계획도, 설계도, 제작도, 시공도

44. 정투상법
㉠ 제3각법 : 눈 → 투상면 → 물체
㉡ 제1각법 : 눈 → 물체 → 투상면

45. 치수의 단위는 mm를 원칙으로 하며, 단위 기호는 생략한다.

46.
① 환봉   ② 나무
③ 각봉   ④ 파이프

47.
㉠ 축척 : 실물보다 축소하여 그린 축척. 예 1 : 2
㉡ 현척 : 실물과 같은 크기로 나타낸 비율. 예 1 : 1
㉢ 배척 : 실물보다 확대하여 나타낸 비율. 예 2 : 1

정답 41. ② 42. ① 43. ③ 44. ③ 45. ① 46. ① 47. ③

해설

48.
㉠ 정면도
㉢ 우측면도

49.
강구조물이 너무 길고 넓어 많은 공간을 차지하면 몇 개의 단면으로 절단하여 표현한다.

50.
트레이스도는 먼저 윤곽선을 그린 후 외형선을 그린다.

51.
명령 영역은 사용할 명령어나 선택 항목을 키보드로 입력하는 영역이다.

52.
① 인조석
② 벽돌
③ 블록
④ 자연석(석재)

---

48 그림의 정면도와 우측면도를 보고 추측할 수 있는 물체의 모양으로 짝지어진 것은?

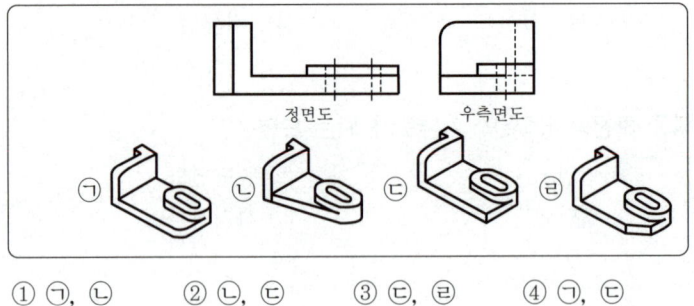

① ㉠, ㉡   ② ㉡, ㉢   ③ ㉢, ㉣   ④ ㉠, ㉢

49 강구조물의 도면에 대한 설명으로 옳지 않은 것은?
① 제작이나 가설을 고려하여 부분적으로 제작단위마다 상세도를 작성한다.
② 평면도, 측면도, 단면도 등을 소재나 부재가 잘 나타나도록 각각 독립하여 그린다.
③ 도면을 잘 보이도록 하기 위해서 절단선과 지시선의 방향을 표시하는 것이 좋다.
④ 강구조물이 너무 길고 넓어 많은 공간을 차지해도 반드시 전부를 표현한다.

50 트레이스도를 그릴 때 일반적으로 가장 먼저 그려야 할 것은?
① 숨은선   ② 외형선   ③ 절단선   ④ 치수선

51 CAD 시스템에서 키보드로 도면작업을 수행할 수 있는 영역은?
① 명령 영역
② 내림메뉴 영역
③ 도구막대 영역
④ 고정아이콘메뉴 영역

52 석재의 단면표시 중 자연석을 나타내는 것은?

① 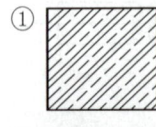   ②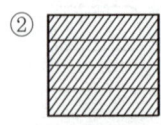

③ 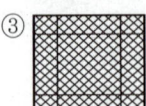   ④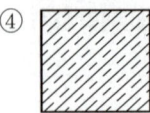

53 인출선을 사용하여 기입하는 내용과 거리가 먼 것은?

① 치수   ② 가공법
③ 주의사항   ④ 도면번호

54 철근의 표시법에서 철근의 갈고리가 앞으로 또는 뒤로 가려져 있을 때에 갈고리가 없는 철근과 구별하기 위해 표현하는 방법으로 옳은 것은?

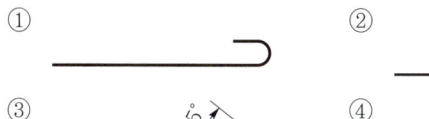
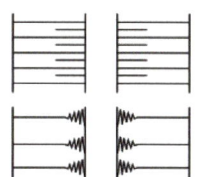

55 그림이 나타내고 있는 지형의 표현으로 옳은 것은?

① 절토면
② 성토면
③ 수준면
④ 유수면

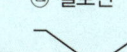
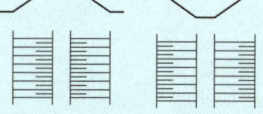

56 멀고 가까운 거리감을 느낄 수 있도록 하나의 시점과 물체의 각 점을 방사선상으로 이어서 그리는 도법으로 구조물의 조감도에 많이 쓰이는 투상법은?

① 투시도법   ② 사투상법
③ 정투상법   ④ 축측투상법

57 투상선이 모든 투상면에 대하여 수직으로 투상되는 것은?

① 투시투상법   ② 축측투상법
③ 정투상법   ④ 사투상법

58 철근 표시에서 'D16'이 의미하는 것은?

① 지름 16 mm인 원형철근
② 지름 16 mm인 이형철근
③ 반지름 16 mm인 이형철근
④ 반지름 16 mm인 고강도철근

해설

53.
인출선 : 치수, 가공법, 주의사항 등을 쓰기 위해 사용하는 선으로 가로에 대해 직각 또는 45°의 직선을 긋고, 인출되는 쪽에 화살표를 붙여 인출한 쪽의 끝에 가로선을 그어 가로선 위에 치수 또는 정보를 쓴다.

54.
철근의 갈고리가 앞으로 또는 뒤로 가려져 있을 때에 갈고리가 없는 철근과 구별하기 위해서 갈고리 정면과 같이 30° 기울게 하여 가늘고 짧게 직선을 긋는다.

55.
㉠ 성토면   ㉡ 절토면

56.
투시투상법(투시도법) : 물체와 시점 간의 거리감(원근감)을 느낄 수 있도록 실제로 우리 눈에 보이는 대로 대상물을 그리는 방법으로 원근법이라고도 한다.

57.
정투상법 : 물체의 표면으로부터 평행한 투시선으로 입체를 투상하는 방법이다. 대상물을 각 면의 수직 방향에서 바라본 모양을 그려 정면도, 평면도, 측면도로 물체를 나타내고 물체의 길이와 내부 구조를 충분히 표현할 수 있다.

58.
㉠ φ16 : 지름 16 mm의 원형철근
㉡ D16 : 지름 16 mm의 이형철근

정답 53. ④ 54. ④ 55. ② 56. ① 57. ③ 58. ②

해설

59.
해칭: 단면을 표시하는 경우나 강구조에 있어서 연결판의 측면 또는 충전재의 측면을 표시하는 때 사용되는 것으로, 가는 실선을 사용한다.

60.
① 환강
③ 등변(부등변)ㄱ형강
④ 각강관

---

59 단면도의 절단면을 해칭할 때 사용되는 선의 종류는?
① 가는 파선
② 가는 실선
③ 가는 1점쇄선
④ 가는 2점쇄선

60 판형재 중 각강(鋼)의 치수 표시방법은?
① $\phi A - L$
② $\square\, A - L$
③ $\mathsf{L}\, A \times B \times t - L$
④ $\square\, A \times B \times t - L$

정답 59. ② 60. ②

2016 제4회 과년도 출제문제

전산응용토목제도기능사

2016년 7월 10일 시행

01 D13 철근의 180° 표준갈고리에서 구부림의 최소 내면 반지름은 약 얼마인가?

① 39 mm ② 52 mm
③ 65 mm ④ 78 mm

02 두께 120 mm의 슬래브를 설계하고자 한다. 최대 정모멘트가 발생하는 위험단면에서 주철근의 중심 간격은 얼마 이하이어야 하는가?

① 140 mm 이하 ② 240 mm 이하
③ 340 mm 이하 ④ 440 mm 이하

03 동일 평면에서 평행한 철근 사이의 수평 순간격은 최소 몇 mm 이상으로 하여야 하는가?

① 15 mm 이상 ② 20 mm 이상
③ 25 mm 이상 ④ 30 mm 이상

04 토목재료로서 콘크리트의 일반적인 특징으로 옳지 않은 것은?

① 건조수축에 의한 균열이 생기기 쉽다.
② 압축강도와 인장강도가 동일하다.
③ 내구성과 내화성이 강재에 비해 높다.
④ 균열이 생기기 쉽고 부분적으로 파손되기 쉽다.

05 굳지 않은 콘크리트에 AE제를 사용하여 연행공기를 발생시켰다. 이 AE 공기의 특징으로 옳은 것은?

① 콘크리트의 유동성을 저하시킨다.
② 경화 후 동결융해에 대한 저항성이 증대된다.
③ 기포와 지름이 클수록 잘 소실되지 않는다.
④ 콘크리트의 온도가 낮을수록 AE 공기가 잘 소실된다.

해설

1.
180° 표준갈고리와 90° 표준갈고리의 구부림 내면 반지름

철근 지름	최소 반지름(r)
D10~D25	$3d_b$
D29~D35	$4d_b$
D38 이상	$5d_b$

D13 철근을 사용하므로
∴ $3d_b = 3 \times 13 = 39$ mm

2.
1방향 슬래브에서 주철근(정철근과 부철근)의 중심 간격은 최대 휨모멘트가 일어나는 위험단면에서 슬래브 두께의 2배 이하, 300 mm 이하가 되도록 해야 한다.
∴ $2 \times 120 = 240$ mm ≤ 300 mm

3.
철근이 2단 이상으로 배치되는 경우 상하 철근은 동일 연직면 내에 배치되어야 하고, 상하 철근의 연직 순간격은 25 mm 이상으로 해야 한다.

4.
콘크리트의 압축강도는 인장강도의 10~13배이다.

5.
AE 콘크리트
㉠ 경화 후 동결융해에 대한 저항성이 커진다.
㉡ 워커빌리티가 개선된다.
㉢ 콘크리트의 블리딩이 감소하며 수밀성이 커진다.
㉣ 공기량에 비례하여 압축강도가 작아지고 철근과의 부착강도가 떨어진다.

정답 1.① 2.② 3.③ 4.② 5.②

해설

6.
최소 피복두께 규정

철근의 외부 조건	최소 피복두께
수중에서 타설하는 콘크리트	100 mm
흙에 접하여 콘크리트를 친 후에 영구히 흙에 묻혀 있는 콘크리트	75 mm
흙에 접하거나 옥외의 공기에 직접 노출되는 콘크리트(D19 이상의 철근)	50 mm
옥외의 공기나 흙에 직접 접하지 않는 콘크리트(보, 기둥)	40 mm

7.
피복두께 : 콘크리트 표면과 그에 가장 가까이 배치된 철근 표면 사이의 최단 거리

8.
폴리머 콘크리트
㉠ 워커빌리티가 좋고 휨강도, 인장강도가 크다.
㉡ 내수성, 내충격성, 내마모성, 동결융해 저항성이 크다.

9.
골재가 연하고 가느다란 석편을 함유하면 낱알을 방해하므로 워커빌리티가 좋지 않다.

10.
내구성 : 재료의 건습, 동결과 융해, 철근의 녹에 의한 균열, 마모 등의 물리적 작용이나 산·알칼리 등의 화학적 작용에 견디는 성질

11.
경량골재 콘크리트 : 경량골재를 써서 만든 콘크리트로서 일반적으로 단위질량이 1,400~2,000 kg/m³인 콘크리트

---

06 프리스트레스하는 부재의 현장치기 콘크리트에서 흙에 접하여 콘크리트를 친 후 영구히 흙에 묻혀 있는 콘크리트의 최소 피복두께는?
① 75 mm
② 90 mm
③ 100 mm
④ 110 mm

07 콘크리트 표면과 그에 가장 가까이 배치된 철근 표면 사이의 최단 거리를 무엇이라 하는가?
① 피복두께
② 철근 간격
③ 콘크리트 여유
④ 유효두께

08 폴리머 콘크리트(폴리머-시멘트 콘크리트)의 성질로 옳은 것은?
① 건조수축이 크다.
② 내마모성이 좋다.
③ 동결융해 저항성이 작다.
④ 방수성, 불투성이 불량하다.

09 콘크리트용 재료로서 골재가 갖춰야 할 성질에 대한 설명으로 옳지 않은 것은?
① 알맞은 입도를 가질 것
② 깨끗하고 강하며 내구적일 것
③ 연하고 가느다란 석편을 함유할 것
④ 먼지, 흙 등의 유해물이 허용한도 이내일 것

10 콘크리트의 내구성에 영향을 끼치는 요인으로 가장 거리가 먼 것은?
① 동결과 융해
② 거푸집의 종류
③ 물 흐름에 의한 침식
④ 철근의 녹에 의한 균열

11 경량골재 콘크리트에 대한 설명으로 옳지 않은 것은?
① 골재 씻기 시험에 의하여 손실되는 양은 10% 이하로 한다.
② 경량골재는 일반적으로 입경이 작을수록 밀도가 커진다.
③ 경량골재의 굵은골재 최대치수는 원칙적으로 20 mm로 한다.
④ 경량골재를 써서 만든 콘크리트의 단위질량이 2,500~2,700 kg/m³인 콘크리트를 말한다.

정답 6.① 7.① 8.② 9.③ 10.② 11.④

12 콘크리트를 친 후 시멘트와 골재알이 가라앉으면서 물이 떠오르는 현상은?

① 블리딩　　② 레이턴스　　③ 풍화　　④ 경화

13 재료의 강도란 물체에 하중이 작용할 때 그 하중에 저항하는 능력을 말하는데, 이때 강도 중 하중속도 및 작용에 따라 분류되는 강도가 아닌 것은?

① 정적 강도　　　　② 충격 강도
③ 피로 강도　　　　④ 릴랙세이션 강도

14 소요철근량과 배근철근량이 같은 구간에서 인장력을 받는 이형철근의 정착길이가 600 mm라고 할 때 겹침이음의 길이는?

① 600 mm　② 660 mm　③ 720 mm　④ 780 mm

15 이형철근을 인장철근으로 사용하는 A급 이음일 경우 겹침이음의 최소 길이는? (단, 인장철근의 정착길이는 280mm이다.)

① 360 mm　② 330 mm　③ 300 mm　④ 280 mm

16 사용 재료에 따른 토목구조물의 분류방법이 아닌 것은?

① 강구조　　　　　② 연속구조
③ 콘크리트 구조　　④ 합성구조

17 슬래브의 형태가 아닌 것은?

① 사각형　② 말뚝형　③ 사다리꼴　④ 다각형

18 다음에서 프리스트레스트 콘크리트의 공통적인 특징에 해당되는 설명을 모두 고른 것은?

> ㄱ. 설계하중이 작용하더라도 균열이 발생하지 않는다.
> ㄴ. 철근콘크리트 부재에 비하여 단면을 작게 할 수 있다.
> ㄷ. 철근콘크리트 구조보다 안전성이 높다.
> ㄹ. 철근콘크리트보다 내화성이 약하다.
> ㅁ. 철근콘크리트보다 강성이 작다.

① ㄱ, ㄹ, ㅁ　　　　② ㄱ, ㄴ, ㄹ, ㅁ
③ ㄱ, ㄴ, ㄷ, ㄹ　　　④ ㄱ, ㄴ, ㄷ, ㄹ, ㅁ

해설

12.
블리딩 : 콘크리트를 친 뒤에 시멘트와 골재알이 가라앉으면서 물이 콘크리트 표면으로 떠오르는 현상

13.
릴랙세이션 : 재료에 응력을 준 상태에서 변형을 일정하게 유지하면 시간이 지남에 따라 응력이 감소하는 현상

14.
이형철근을 인장철근으로 사용하는 겹침이음 길이는 A급 이음 $1.0l_d$, B급 이음 $1.3l_d$, 또는 300 mm 이상이어야 한다.

$$\frac{배근철근량(사용철근량)}{소요철근량(필요한 철근량)} \geq 2$$

인 경우 A급 이음이며, 이에 해당하지 않는 경우 B급 이음이다.

∴ $1.3l_d = 1.3 \times 600 = 780$ mm

15.
이형철근을 인장철근으로 사용하는 겹침이음 길이는 A급 이음 $1.0l_d$, B급 이음 $1.3l_d$, 또는 300 mm 이상이어야 한다.

∴ $1.0l_d = 1 \times 280$
　　　$= 280$ mm ≤ 300 mm

16.
토목구조물의 사용 재료에 따른 분류
㉠ 콘크리트 구조
㉡ 강구조
㉢ 합성구조

17.
슬래브의 형태에 따른 분류
㉠ 사각형　　㉡ 사다리꼴
㉢ 다각형　　㉣ 원형 슬래브

18.
ㄱ, ㄴ, ㄷ, ㄹ, ㅁ

정답　12. ①　13. ④　14. ④　15. ③　16. ②　17. ②　18. ④

해설

19.
$P = A \cdot q = 3 \times 2 \times 500$
　　$= 3{,}000$ kN

20.
강구조로 만들어진 교량은 차량 통행에 의하여 소음이 발생하기 쉽다.

21.
기둥의 종류 : 띠철근기둥, 나선철근기둥, 합성기둥

22.
$f_{ck} \le 40$ MPa인 경우 $\eta = 1.0$
$C = \eta(0.85 f_{ck})ab$
　$= 1.0 \times 0.85 \times 28 \times 150 \times 300$
　　$\times 10^{-3}$
　$= 1{,}071$ kN

23.
중력식 옹벽
㉠ 무근콘크리트나 석재, 벽돌 등으로 만들어지며 자중에 의하여 안정을 유지한다.
㉡ 일반적으로 3 m 이하일 때 사용한다.

24.
1방향 슬래브의 두께는 최소 100 mm 이상으로 해야 한다.

25.
파선(숨은선) : 대상물의 보이지 않는 부분의 모양을 표시할 때 사용하는 선

---

19 확대기초의 크기가 3 m×2 m이고, 허용지지력이 500 kN/m²일 때, 이 기초가 받을 수 있는 최대하중은?

① 1,000 kN　　② 1,800 kN
③ 2,100 kN　　④ 3,000 kN

20 일반적인 강구조의 특징이 아닌 것은?
① 균질성이 우수하다.
② 부재를 개수하거나 보강하기 쉽다.
③ 차량 통행으로 인한 소음이 적다.
④ 반복하중에 의한 피로가 발생하기 쉽다.

21 철근콘크리트기둥을 크게 세 가지 형식으로 분류할 때, 이에 해당되지 않는 것은?
① 합성기둥　　② 원형기둥
③ 띠철근기둥　　④ 나선철근기둥

22 단철근 직사각형 보에서 보의 유효폭 $b = 300$ mm, 등가직사각형 응력 블록의 깊이 $a = 150$ mm, $f_{ck} = 28$ MPa일 때 콘크리트의 전 압축력은? (단, 강도설계법이다.)
① 1,080 kN　　② 1,071 kN
③ 1,134 kN　　④ 1,197 kN

23 보통 무근콘크리트로 만들어지며 자중에 의하여 안정을 유지하는 옹벽의 형태는?
① 중력식 옹벽　　② L형 옹벽
③ 캔틸레버 옹벽　　④ 뒷부벽식 옹식

24 1방향 슬래브의 최소 두께는 얼마인가?
① 100 mm　② 200 mm　③ 300 mm　④ 400 mm

25 다음 선의 종류 중 보이지 않는 부분의 모양을 표시할 때 사용하는 선은?
① 1점쇄선　　② 2점쇄선
③ 파선　　④ 실선

정답　19. ④　20. ③　21. ②　22. ②　23. ①　24. ①　25. ③

26 기둥에서 띠철근에 대한 설명으로 옳지 않은 것은?

① 횡방향의 보강철근이다.
② 종방향 철근의 위치를 확보한다.
③ 전단력에 저항하도록 정해진 간격으로 배치한다.
④ 띠철근은 D15 이상의 철근을 사용하여야 한다.

27 보를 강도설계법에 의해 설계할 때 균형변형률 상태를 바르게 설명한 것은?

① 압축측 최외단 콘크리트의 응력은 f_{ck}이고, 인장철근이 설계기준 항복강도에 대응하는 변형률에 도달할 때
② 압축측 최외단 콘크리트의 변형률은 0.0033이고, 인장철근이 설계기준 항복강도에 대응하는 변형률에 도달할 때
③ 압축측 최외단 콘크리트의 변형률은 0.001이고, 인장철근이 설계기준 항복강도에 대응하는 변형률에 도달할 때
④ 압축측 최외단 콘크리트의 응력은 $0.75f_{ck}$이고, 인장철근이 설계기준 항복강도에 대응하는 변형률에 도달할 때

28 철근콘크리트가 건설재료로서 널리 사용되게 된 이유로 옳지 않은 것은?

① 철근과 콘크리트는 부착이 매우 잘된다.
② 콘크리트 속에 묻힌 철근은 녹이 슬지 않는다.
③ 철근은 압축력에 강하고, 콘크리트는 인장력에 강하다.
④ 철근과 콘크리트는 온도에 대한 열팽창계수가 거의 같다.

29 주탑을 기준으로 경사 방향의 케이블에 의해 지지되는 교량의 형식은?

① 사장교   ② 아치교   ③ 트러스교   ④ 라멘교

30 토목구조물의 특징에 속하지 않는 것은?

① 건설에 많은 비용과 시간이 소요된다.
② 공공의 목적으로 건설되기 때문에 사회의 감시와 비판을 받게 된다.
③ 구조물의 공용 기간이 길어 장래를 예측하여 설계하고 건설해야 한다.
④ 주로 다량 생산 체계로 건설된다.

해설

26.
기둥에서 띠철근은 D16 이상의 철근을 사용하여야 한다.

27.
강도설계법에서는 인장철근이 설계기준 항복강도에 도달함과 동시에 압축측 최외단 콘크리트의 극한변형률이 0.0033에 도달할 때, 그 단면이 균형변형률 상태에 있다고 본다.

28.
철근은 인장력에 강하고, 콘크리트는 압축력에 강하다.

29.
사장교 : 교각 위에 세운 주탑으로부터 비스듬히 케이블을 걸어 교량 상판을 매단 형태의 교량이다. 서해대교는 국내 최대 사장교 형식의 교량이다.

30.
어떠한 조건에서 설계 및 시공된 토목구조물은 유일한 구조물이다. 동일한 조건을 갖는 환경은 없고, 동일한 구조물을 두 번 이상 건설하는 일도 없다.

정답 26. ④ 27. ② 28. ③ 29. ① 30. ④

해설

31.
옹벽의 안정조건
㉠ 전도에 대한 안정
㉡ 활동에 대한 안정
㉢ 침하에 대한 안정

32.
(a) 1단 고정 타단 자유 : $2L$
(b) 양단 힌지 : $1L$
(c) 1단 힌지 타단 고정 : $0.7L$
(d) 양단 고정 : $0.5L$

33.
콘크리트와 철근이 동시에 파괴되는 상태를 균형 상태라고 하며, 이때의 철근비를 균형철근비(ρ_b)라고 한다. 실제 설계된 철근비(ρ)가 이 균형철근비보다 크면 콘크리트가 먼저 파괴되므로 취성파괴가 일어나고, 균형철근비보다 작으면 철근이 먼저 항복하므로 연성파괴가 일어난다.
㉠ 취성파괴 : 철근비(ρ) > 균형 철근비(ρ_b)
㉡ 연성파괴 : 철근비(ρ) < 균형 철근비(ρ_b)

34.
강재는 단위면적에 대한 강도가 크다.

35.
거가대교는 사장교, 침매터널, 육상터널로 이루어져 있다.

31 옹벽은 외력에 대하여 안정성을 검토하는데, 그 대상이 아닌 것은?
① 전도에 대한 안정
② 활동에 대한 안정
③ 침하에 대한 안정
④ 간격에 대한 안정

32 그림과 같은 기둥에서 유효좌굴길이가 가장 긴 것부터 순서대로 나열한 것은?

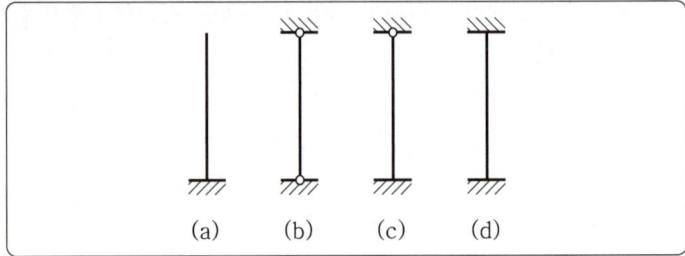

① (a) → (b) → (c) → (d)
② (a) → (c) → (b) → (d)
③ (d) → (c) → (b) → (a)
④ (d) → (c) → (a) → (b)

33 철근의 항복으로 시작되는 보의 파괴 형태로 철근이 먼저 항복한 후에 콘크리트가 큰 변형을 일으켜 사전에 붕괴의 조짐을 보이면서 점진적으로 일어나는 파괴는?
① 취성파괴
② 연성파괴
③ 경성파괴
④ 강성파괴

34 구조재료로서의 강재의 특징에 대한 설명으로 옳지 않은 것은?
① 균질성을 가지고 있다.
② 관리가 잘된 강재는 내구성이 우수하다.
③ 다양한 형상과 치수를 가진 구조로 만들 수 있다.
④ 다른 재료에 비해 단위면적에 대한 강도가 작다.

35 아치교에 대한 설명으로 옳지 않은 것은?
① 미관이 아름답다.
② 계곡이나 지간이 긴 곳에도 적당하다.
③ 상부구조의 주체가 아치(arch)로 된 교량을 말한다.
④ 우리나라의 대표적인 아치교는 거가대교이다.

정답 31. ④ 32. ① 33. ② 34. ④ 35. ④

36 철근콘크리트의 특징으로 틀린 것은?
① 내구성이 우수하다.
② 검사, 개조 및 파괴 등이 용이하다.
③ 다양한 모양과 치수를 만들 수 있다.
④ 부재를 일체로 만들어 강도를 높일 수 있다.

37 슬래브에 대한 설명으로 옳지 않은 것은?
① 슬래브는 두께에 비하여 폭이 넓은 판 모양의 구조물이다.
② 주철근의 구조에 따라 크게 1방향 슬래브, 2방향 슬래브로 구별할 수 있다.
③ 2방향 슬래브는 주철근의 배치가 서로 직각으로 만나도록 되어 있다.
④ 4변에 의해 지지되는 슬래브 중에서 단변에 대한 장변의 비가 4배를 넘으면 2방향 슬래브로 해석한다.

38 옹벽의 전도에 대한 안전율은 최소 얼마 이상이어야 하는가?
① 1   ② 2
③ 3   ④ 4

39 단철근 직사각형 보에서 $f_{ck}=24$ MPa, $f_y=300$ MPa일 때 균형철근비는 약 얼마인가?
① 0.0204   ② 0.0354
③ 0.0374   ④ 0.0414

40 프리스트레스트 콘크리트의 포스트텐션 공법에 대한 설명으로 옳지 않은 것은?
① PS 강재를 긴장한 후에 콘크리트를 타설한다.
② 콘크리트가 경화한 후에 PS 강재를 긴장한다.
③ 그라우트를 주입시켜 PS 강재를 콘크리트와 부착시킨다.
④ 정착방법에는 쐐기식과 지압식이 있다.

41 교량의 상부구조에 해당하지 않는 것은?
① 슬래브   ② 트러스
③ 교대   ④ 보

해설

36.
철근콘크리트는 검사, 개조, 보강이 어렵다.

37.
2방향 슬래브 : 네 변으로 지지된 슬래브로서
$\dfrac{\text{장변 방향 길이}}{\text{단변 방향 길이}} < 2$일 경우
즉, 네 변으로 지지되며 장변과 단변의 비가 2보다 작으면 2방향 슬래브로 해석한다.

38.
㉠ 활동에 대한 저항력은 옹벽에 작용하는 수평력의 1.5배 이상이어야 한다.
㉡ 전도에 대한 저항모멘트는 횡토압에 의한 전도모멘트의 2.0배 이상이어야 한다.

39.
$f_{ck} \le 40$ MPa인 경우, $\eta=1.0$, $\beta_1=0.80$
$\rho_b = \dfrac{\eta(0.85 f_{ck})\beta_1}{f_y} \cdot \dfrac{660}{660+f_y}$
$= \dfrac{1\times 0.85\times 24\times 0.8}{300} \times \dfrac{660}{660+300}$
$= 0.0374$

40.
㉠ 포스트텐션 방식 : 콘크리트가 경화한 후 부재의 한쪽 끝에서 PS 강재를 정착하고, 다른 쪽 끝에서 잭으로 PS 강재를 인장한다.
㉡ 프리텐션 방식 : PS 강재를 긴장한 채로 콘크리트를 친 다음 콘크리트가 충분히 경화한 후에 PS 강재의 긴장을 천천히 풀어준다.

41.
㉠ 상부구조 : 바닥판, 바닥틀, 주형 또는 주트러스, 받침
㉡ 하부구조 : 교대, 교각 및 기초 (말뚝기초 및 우물통기초)

정답 36. ② 37. ④ 38. ② 39. ③ 40. ① 41. ③

해설

42.
치수보조선
㉠ 치수를 표시하는 부분의 양끝에서 치수선에 직각으로 긋고 치수선을 약간 넘도록 연장한다.
㉡ 치수선을 그을 곳이 마땅하지 않을 때는 치수선에 대해 적당한 각도로 치수보조선을 그을 수 있다.

43.
정투상법
㉠ 제3각법 : 눈 → 투상면 → 물체
㉡ 제1각법 : 눈 → 물체 → 투상면

44.
① 지반면(흙)
② 모래
③ 자갈
④ 수준면(물)

45.
등각투상법
㉠ 평면, 정면, 측면을 하나의 투상면에서 한 번에 볼 수 있도록 그리는 방법이다.
㉡ 밑면의 모서리선은 수평선과 좌우 각각 30°씩을 이루며, 물체의 각 모서리 3개의 축은 120°의 등각을 이룬다.

46.
① 파이프 ② 나무
③ 환봉   ④ 각봉

---

42 치수보조선에 대한 설명으로 옳지 않은 것은?
① 대응하는 물리적 길이에 수직으로 그리는 것이 좋다.
② 치수선과 직각이 되게 하여 치수선의 위치보다 약간 짧게 긋는다.
③ 한 중심선에서 다른 중심선까지의 거리를 나타낼 때 중심선을 치수보조선으로 사용할 수 있다.
④ 치수를 도형 안에 기입할 때 외형선을 치수보조선으로 사용할 수 있다.

43 정투상법에서 제1각법의 순서로 옳은 것은?
① 눈 → 물체 → 투상면
② 눈 → 투상면 → 물체
③ 물체 → 눈 → 투상면
④ 물체 → 투상면 → 눈

44 단면의 경계표시 중 지반면(흙)을 나타내는 것은?

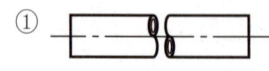

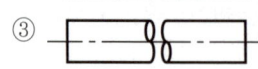
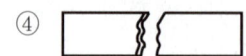

45 정면, 평면, 측면을 하나의 투상도에서 동시에 볼 수 있도록 3개의 모서리가 각각 120°를 이루게 그리는 도법은?
① 경사투상도 ② 유각투상도
③ 등각투상도 ④ 평행투상도

46 단면 형상에 따른 절단면 표시에 관한 내용으로 파이프를 나타내는 그림은?

정답 42. ② 43. ① 44. ① 45. ③ 46. ①

47 CAD 프로그램을 이용하여 도면을 출력할 때 유의사항과 가장 거리가 먼 것은?

① 주어진 축척에 맞게 출력한다.
② 출력한 용지 사이즈를 확인한다.
③ 도면 출력 방향이 가로인지 세로인지를 선택한다.
④ 이전 플롯을 사용하여 출력의 오류를 막는다.

48 1:1보다 큰 척도를 의미하는 것은?

① 실척 ② 축척
③ 현척 ④ 배척

49 구체적인 설계를 하기 전에 계획자의 의도를 제시하기 위하여 그려지는 도면은?

① 설계도 ② 계획도
③ 제작도 ④ 시공도

50 도로설계 제도에서 평면의 곡선부에 기입하는 것은?

① 교각 ② 토량
③ 지반고 ④ 계획고

51 물체를 투상면에 대하여 한쪽으로 경사지게 투상하여 입체적으로 나타낸 것은?

① 투시투상도
② 사투상도
③ 등각투상도
④ 축측투상도

해설

47.
축척, 용지의 사이즈 및 방향, 선 두께 지정 등을 직접 입력 및 확인하고 출력한다.

48.
㉠ 축척 : 실물보다 축소하여 그린 축척. [예] 1:2
㉡ 현척 : 실물과 같은 크기로 나타낸 비율. [예] 1:1
㉢ 배척 : 실물보다 확대하여 나타낸 비율. [예] 2:1

49.
계획도 : 구체적인 설계를 하기 전에 계획자의 의도를 명시하기 위해서 그리는 도면

50.
평면에 곡선부를 그리려면 먼저 교점(I.P)의 위치를 정하고 교각(I)을 각도기로 접선길이(T.L)와 동등하게 시곡점(B.C) 및 종곡점(E.C)을 취하고, 시곡점과 종곡점을 중심으로 반지름(R)의 원호를 그리고, 그 교점을 굴곡부의 중심으로 하여 곡선부를 그린다.

51.
사투상도 : 물체 앞면의 2개의 주축을 입체의 3개 주축(X축, Y축, Z축) 중에서 2개와 일치하게 놓고 정면도로 하며, 옆면 모서리 축을 수평선과 임의의 각으로 그린 도면

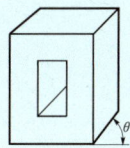

정답 47. ④ 48. ④ 49. ② 50. ① 51. ②

해설

52.
① 치수 단위는 mm를 원칙으로 하며, 단위기호는 표기하지 않는다.
② 치수선이 세로일 때 치수를 치수선 왼쪽에 표시한다.
④ 치수는 선이 교차하는 곳에 표기하지 않음을 원칙으로 한다.

53.
한 도면에서 두 종류 이상의 선이 겹칠 때의 우선순위
외형선 → 숨은선 → 절단선 → 중심선 → 무게 중심선

54.
용지의 크기

호칭	크기(mm)
A4	210×297
A3	297×420
A2	420×594
A1	594×841
A0	841×1,189

55.
건설재료의 단면 표시방법 중 목재를 표시한 것이다.

56.
① 인조석
② 콘크리트
③ 강철
④ 벽돌

---

52 도면의 치수 표기방법에 대한 설명으로 옳은 것은?
① 치수 단위는 cm를 원칙으로 하며, 단위기호는 표기하지 않는다.
② 치수선이 세로일 때 치수를 치수선 오른쪽에 표시한다.
③ 좁은 공간에서는 인출선을 사용하여 치수를 표시할 수 있다.
④ 치수는 선이 교차하는 곳에 표기한다.

53 도면에서 두 종류 이상의 선이 같은 장소에 서로 겹칠 때 우선순위로 옳은 것은?
① 외형선 → 숨은선 → 절단선 → 중심선
② 외형선 → 숨은선 → 중심선 → 절단선
③ 절단선 → 숨은선 → 중심선 → 외형선
④ 절단선 → 외형선 → 중심선 → 숨은선

54 토목설계 도면의 A3 용지 크기를 바르게 나타낸 것은?
① 841 mm×594 mm
② 594 mm×420 mm
③ 420 mm×297 mm
④ 297 mm×210 mm

55 건설재료에서 다음의 그림이 나타내는 것은?

① 유리
② 석재
③ 목재
④ 점토

56 구조용 재료의 단면표시 그림 중에서 인조석을 표시한 것은?

① 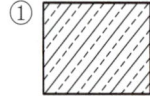 ②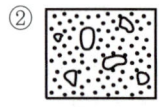
③  ④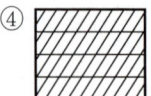

정답 52. ③ 53. ① 54. ③ 55. ③ 56. ①

57 단면도의 작성에 대한 설명으로 옳지 않은 것은?
① 단면도는 실선으로 주어진 치수대로 정확히 작도한다.
② 단면도는 보통 철근 기호는 생략하는 것을 원칙으로 한다.
③ 단면도에 배근될 철근 수량이 정확해야 한다.
④ 단면도에 표시된 철근 간격이 벗어나지 않도록 해야 한다.

58 토목제도에서의 대칭인 물체나 원형인 물체의 중심선으로 사용되는 선은?
① 파선
② 1점쇄선
③ 2점쇄선
④ 나선형 실선

59 철근의 갈고리를 표시하는 각도로 적합하지 않은 것은?
① 90°
② 45°
③ 30°
④ 10°

60 그림과 같은 양면 접시머리 공장리벳의 표시로 옳은 것은?

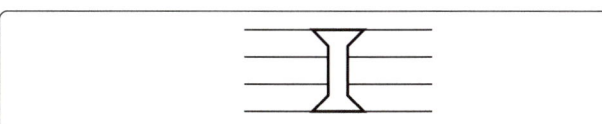

① ⊗ (with circle)
② ⊗
③ ○
④ ⊗ (with circle)

해설

57.
단면도에서 단면으로 표시되는 철근의 수량과 철근 간격을 정확히 균일성 있게 표시한다.

58.
1점쇄선의 용도
㉠ 중심선
㉡ 기준선
㉢ 피치선

59.
갈고리 표시

종류	도면
반원형(180°) 갈고리	
직각(90°) 갈고리	90°
예각(45°) 갈고리	45°
갈고리 정면 (갈고리가 없는 철근과 구별)	30°

60.
① 현장리벳 양면 접시머리
② 공장리벳 배면 접시머리
③ 공장리벳 표면 접시머리
④ 공장리벳 양면 접시머리

정답 57.② 58.② 59.④ 60.④

2025 제1회 기출 복원문제

전산응용토목제도기능사

2025년 1월 21일 시행

해설

1.

투시투상법(투시도법)
㉠ 물체와 시점 간의 거리감(원근감)을 느낄 수 있도록 실제로 우리 눈에 보이는 대로 대상물을 그리는 방법으로, 원근법이라고도 한다.
㉡ 하나의 시점과 물체의 각 점을 방사선으로 이어서 그리는 방법이다.

2.

용지 및 윤곽선의 크기

(단위 : mm)

크기의 호칭		A0	A1	A2	A3	A4
도면의 윤곽	$a \times b$	841×1189	594×841	420×594	297×420	210×297
	c(최소)	20	20	10	10	10
	d (최소)	철하지 않을 때	20	20	10	10	10
		철할 때	25	25	25	25	25

3.

표제란에는 도면번호, 도면명칭, 기업명, 책임자 서명, 도면작성 연월일, 축척 등을 기입한다.

4.

① 사질토
② 잡석
③ 모래
④ 자갈

---

01 물체의 앞이나 뒤에 화면을 놓은 것으로 생각하고, 물체를 본 시선과 그 화면이 만나는 각 점을 연결하여 물체를 그리는 투상법은?

① 투시도법
② 사투상도법
③ 정투상법
④ 표고투상법

02 도면의 크기를 종이 재단 치수(KS A 5201)에 의하여 분류했을 때 A0의 크기가 바른 것은?

① 841×1189
② 594×841
③ 297×420
④ 210×297

03 토목제도에서 표제란에 기입하지 않아도 되는 항목은?

① 도면명
② 범례
③ 축척
④ 작성 연월일

04 다음 중 강(鋼)재료의 단면표시로 옳은 것은?

①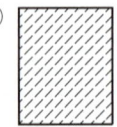
②
③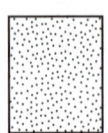
④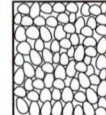

정답 1.① 2.① 3.② 4.③

05 긴 부재의 단면 형상 중 나무의 표시는?

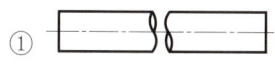

06 다음 그림과 같은 강관의 치수 표시방법으로 옳은 것은? (단, B : 내측 지름, t : 축방향 길이)

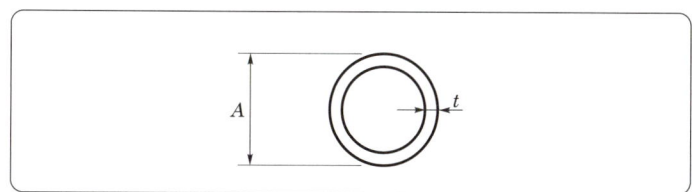

① $\phi A - L$
② $\phi A \times t - L$
③ ▭ $B \times t - L$
④ L $A \times B \times t - L$

07 보기의 철강재료의 기호 표시에서 재료의 종류, 최저 인장강도, 화학성분값 등을 표시하는 부분은?

KS D 3503	S	S	330
㉠	㉡	㉢	㉣

① ㉠ ② ㉡
③ ㉢ ④ ㉣

08 도면 제도에 있어서 등고선의 종류 중 지형 표시의 기본이 되는 선으로 가는 실선으로 나타내는 것은?

① 계곡선
② 주곡선
③ 간곡선
④ 조곡선

해설

5.
① 환봉
② 각봉
③ 파이프
④ 나무

6.
① 환강 : $\phi A - L$
③ 평강 : ▭ $B \times t - L$
④ 등변ㄱ형강 : L $A \times B \times t - L$

7.
금속재료의 기호 표시
㉠ KS D 3503 : KS 분류번호 (일반구조용 압연강재)
㉡ S : 강(steel)
㉢ S : 일반구조용 압연강재
㉣ 330 : 최저 인장강도 330 MPa

8.
등고선의 종류와 표시방법

등고선의 종류	표시방법
계곡선	굵은 실선
주곡선	가는 실선
간곡선	가는 긴 파선
조곡선	가는 짧은 파선

정답 5.④ 6.② 7.④ 8.②

해설

9.
표층에는 도로 중앙에서 측면으로 2%의 하향 구배가 있다.

10.
해칭선
㉠ 가는 실선으로 규칙적으로 빗금을 그은 선
㉡ 단면도의 절단면을 나타내는 선

11.
KS의 부문별 기호

부문	분류기호
기본	KS A
기계	KS B
전기전자	KS C
금속	KS D
건설	KS F

12.
한글 서체는 고딕체로 하고, 수직 또는 오른쪽으로 15° 경사지게 쓰는 것이 원칙이다.

09 다음 도면에 대한 설명으로 옳지 않은 것은?

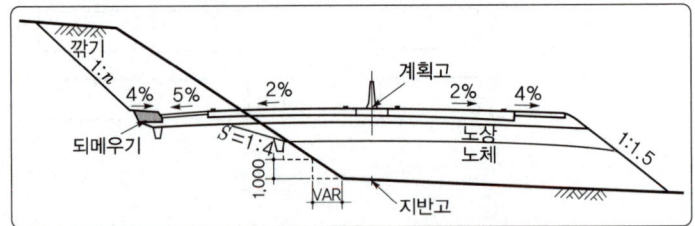

① 도면의 왼쪽은 절토구간, 오른쪽은 성토구간이다.
② 왕복 2차선 도로이다.
③ 노체와 노상부분은 1:1.5의 구배로 성토한다.
④ 표층에는 도로 중앙에서 측면으로 2%의 상향 구배가 있다.

10 단면도의 절단면을 해칭할 때 사용되는 선의 종류는?
① 가는 파선   ② 가는 실선
③ 가는 1점쇄선 ④ 가는 2점쇄선

11 공업 각 분야에서 사용되고 있는 다음과 같은 기본 부문을 규정하고 있는 한국산업표준의 영역은?

- 도면의 크기 및 방식
- 제도에 사용하는 선과 문자
- 제도에 사용하는 투상법

① KS A   ② KS B
③ KS C   ④ KS D

12 선과 문자에 대한 설명으로 옳지 않은 것은?
① 숫자는 아라비아 숫자를 원칙으로 한다.
② 문자의 크기는 원칙적으로 높이를 표준으로 한다.
③ 한글 서체는 수직 또는 오른쪽 25° 경사지게 쓰는 것이 원칙이다.
④ 문자는 명확하게 써야 하며, 문자의 크기가 같은 경우 그 선의 굵기도 같아야 한다.

정답 9. ④ 10. ② 11. ① 12. ②

13 그림에서 치수 기입방법이 틀린 것은?

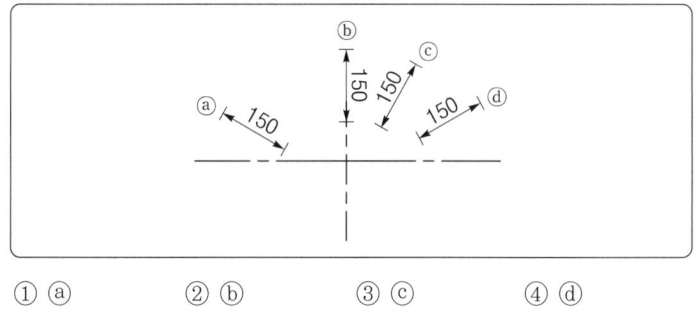

① ⓐ   ② ⓑ   ③ ⓒ   ④ ⓓ

14 치수 표기에서 특별한 명시가 없으면 무엇으로 표시하는가?
① 가상 치수
② 재료 치수
③ 재단 치수
④ 마무리 치수

15 그림과 같은 양면 접시머리 공장리벳의 바른 표시는?

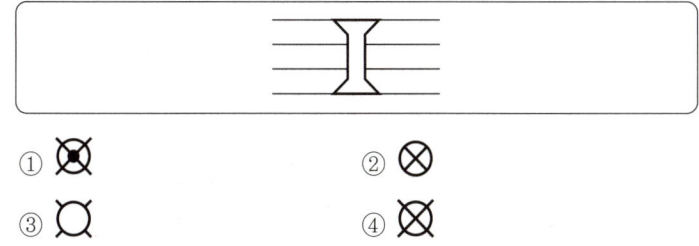

① ⊘   ② ⊗   ③ ◯   ④ ⊗

16 그림의 정면도와 우측면도를 보고 추측할 수 있는 물체의 모양으로 짝지어진 것은?

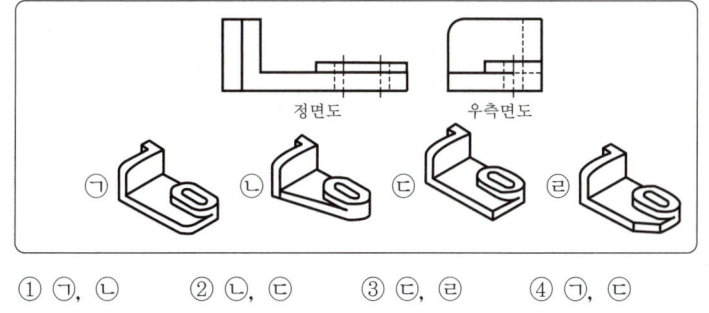

① ㉠, ㉡   ② ㉡, ㉢   ③ ㉢, ㉣   ④ ㉠, ㉢

해설

13.
치수선이 세로일 때는 치수선의 왼쪽에 치수를 기입한다.

14.
치수는 특별히 명시하지 않으면 마무리 치수(완성 치수)로 표시한다.

15.

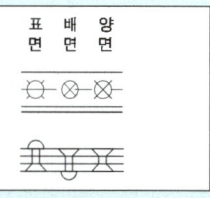

16.
㉠ 정면도
㉢ 우측면도

정답 13. ②　14. ④　15. ④　16. ④

해설

17.
철근의 갈고리가 앞으로 또는 뒤로 가려져 있을 때에 갈고리가 없는 철근과 구별하기 위해서 갈고리 정면과 같이 30° 기울게 하여 가늘고 짧게 직선을 긋는다.

18.
① 우측면도
② 정면도
③ 평면도

19.
보기 그림은 성토면을 나타낸다.

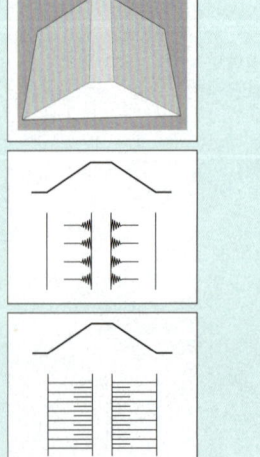

---

17 철근의 표시법에서 철근의 갈고리가 앞으로 또는 뒤로 가려져 있을 때에 갈고리가 없는 철근과 구별하기 위해 표현하는 방법으로 옳은 것은?

18 그림에서와 같이 주사위를 바라보았을 때 우측면도를 바르게 표현한 것은? (단, 투상법은 제3각법이며, 물체의 모서리 부분의 표현은 무시한다.)

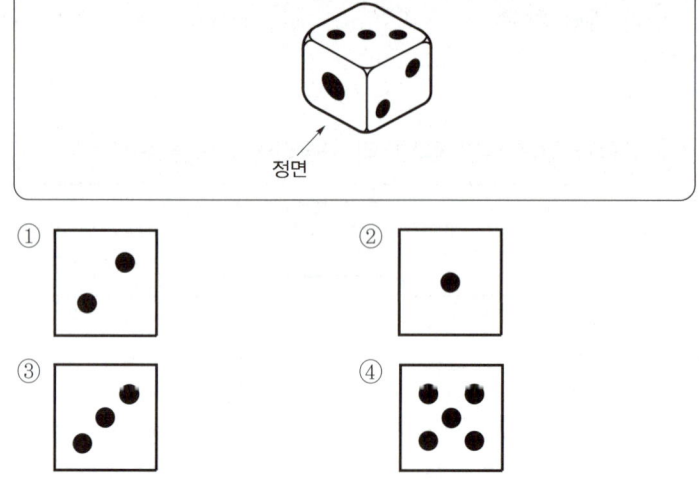

19 다음 그림은 평면도상에서 어떠한 상태를 나타내는 것인가?

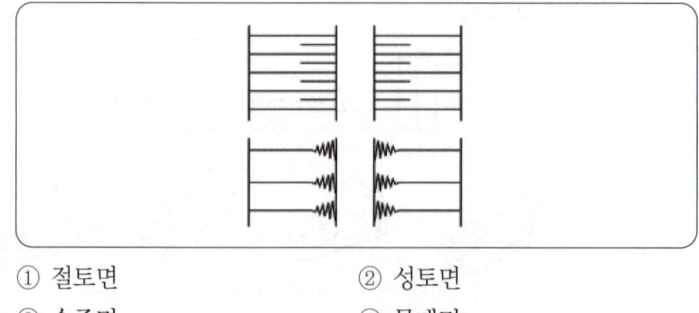

① 절토면 ② 성토면
③ 수준면 ④ 물매면

정답 17. ④ 18. ① 19. ②

20 180° 표준갈고리와 90° 표준갈고리의 구부리는 최소 내면 반지름이 D38 이상일 때 철근 지름의 몇 배 이상이어야 하는가?

① 5배
② 4배
③ 3배
④ 2배

해설

20.
표준갈고리의 최소 구부림 내면 반지름

철근 지름	최소 반지름(r)
D10~D25	$3d_b$
D29~D35	$4d_b$
D38 이상	$5d_b$

21 철근구조물에서 철근의 최소 피복두께를 결정하는 요소로 가장 거리가 먼 것은?

① 콘크리트를 타설하는 조건에 따라
② 거푸집의 종류에 따라
③ 사용 철근의 공칭지름에 따라
④ 구조물이 받는 환경 조건에 따라

21.
철근콘크리트에서 철근의 최소 피복두께는 콘크리트를 타설하는 조건, 사용 철근의 공칭지름, 구조물이 받는 환경 조건에 따라 결정한다.

22 스터럽과 띠철근에서 90° 표준갈고리에 대한 설명으로 옳은 것은?

① D16 철근은 구부린 끝에서 철근 지름의 6배 이상 연장하여야 한다.
② D19 철근은 구부린 끝에서 철근 지름의 3배 이상 연장하여야 한다.
③ D22 철근은 구부린 끝에서 철근 지름의 6배 이상 연장하여야 한다.
④ D25 철근은 구부린 끝에서 철근 지름의 3배 이상 연장하여야 한다.

22.
스터럽과 띠철근의 표준갈고리 (D25 이하의 철근에만 적용)
㉠ 90° 표준갈고리
 • D16 이하인 철근은 90° 구부린 끝에서 $6d_b$ 이상 더 연장하여야 한다.
 • D19, D22 및 D25 철근은 90° 구부린 끝에서 $12d_b$ 이상 더 연장하여야 한다.
㉡ 135° 표준갈고리 : D25 이하의 철근은 135° 구부린 끝에서 $6d_b$ 이상 더 연장하여야 한다.

23 D16 이하의 스터럽이나 띠철근에서 철근을 구부리는 내면 반지름은 철근 공칭지름(d_b)의 몇 배 이상으로 하여야 하는가?

① 1배
② 2배
③ 3배
④ 4배

23.
D16 이하의 철근을 스터럽과 띠철근으로 사용할 때, 표준갈고리의 구부림 내면 반지름은 $2d_b$ 이상으로 하여야 한다.

정답 20. ① 21. ② 22. ① 23. ②

해설

24.
용접법
㉠ 아크 용접법
㉡ 가스 용접법
㉢ 특수 용접법

25.
표준갈고리를 사용하는 인장이형철근의 경우 정착길이는 아래와 같다.
㉠ 기본정착길이 $l_{hb} = \dfrac{0.24\beta d_b f_y}{\sqrt{f_{ck}}}$
㉡ 정착길이 $l_d = $ 기본정착길이(l_{hb}) ×보정계수 ≥ $8d_b$ ≥ 150 mm
㉢ 표준갈고리의 정착길이는 위험 단면에서 갈고리 외측까지의 거리이다.
기본정착길이와 보정계수가 주어져 있으므로
0.8×600 mm $= 480$ mm

26.
철근의 피복두께는 철근의 표면에서 콘크리트의 표면까지의 최단거리이다.

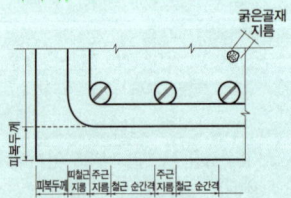

27.
보의 주철근의 수평 순간격
㉠ 25 mm 이상
㉡ 굵은골재 최대치수의 4/3배 이상
㉢ 철근의 공칭지름 이상

---

24 강재의 용접이음방법이 아닌 것은?
① 아크 용접법
② 리벳 용접법
③ 가스 용접법
④ 특수 용접법

25 표준갈고리를 가지는 인장이형철근의 보정계수가 0.8이고 기본정착길이가 600 mm이었다. 이 인장철근의 정착길이를 구하면?
① 360 mm
② 420 mm
③ 480 mm
④ 540 mm

26 철근의 피복두께에 대한 설명으로 바른 것은?
① 철근의 중앙에서 콘크리트 표면까지의 최단거리
② 철근의 상단에서 콘크리트의 표면까지의 최단거리
③ 철근의 표면에서 콘크리트의 표면까지의 최단거리
④ 철근의 표면에서 콘크리트의 표면까지의 45° 사거리

27 다음 ( ) 안에 알맞은 수치는?

> 동일 평면에서 평행한 철근 사이의 수평 순간격은 ( )mm 이상, 철근의 공칭지름 이상으로 하여야 한다.

① 25
② 35
③ 45
④ 55

정답 24. ② 25. ③ 26. ③ 27. ①

28 보에서 다발철근으로 사용할 수 있는 최대 공칭지름의 철근은?

① D19
② D25
③ D32
④ D35

29 골재의 함수 상태 네 가지 중 습기가 없는 실내에서 자연 건조시킨 것으로서 골재알 속의 빈틈 일부가 물로 차 있는 상태는?

① 습윤 상태
② 절대 건조 상태
③ 표면 건조 포화 상태
④ 공기 중 건조 상태

30 시멘트의 응결을 빠르게 하기 위하여 사용하는 혼화제는?

① 자연제
② 발포제
③ 급결제
④ 기포제

31 콘크리트에 일정하게 하중을 주면 응력의 변화는 없는데도 시간이 경과함에 따라 변형이 커지는 현상은?

① 건조수축
② 크리프
③ 틱소트로피
④ 릴랙세이션

해설

28.
보에서 D35를 초과하는 철근은 다발로 사용할 수 없다.

29.
공기 중 건조 상태(기건 상태)
실내에서 자연 건조시켜 골재 내부의 공극 일부가 물로 차 있는 상태

30.
급결제
㉠ 시멘트의 응결을 극도로 촉진하여 단시간에 굳게 하기 위해 사용한다.
㉡ 뿜어붙이기 공법(shotcrete), 그라우트에 의한 누수 방지 공법 등 급속공사에 이용된다.
㉢ 급결제를 사용하면 1~2일의 단기강도는 증대하지만 장기강도의 발현은 느린 경우가 많다.

31.
크리프
구조물에 자중 등과 같은 하중이 오랜 시간 지속적으로 작용하면 더 이상 응력이 증가하지 않더라도 시간이 지나면서 구조물에 발생하는 변형

정답 28. ④ 29. ④ 30. ③ 31. ②

해설

32.
콘크리트의 피복두께

철근의 외부 조건			최소 피복두께
수중에서 타설하는 콘크리트			100mm
흙에 접하여 콘크리트를 친 후에 영구히 흙에 묻혀 있는 콘크리트			75mm
흙에 접하거나 옥외의 공기에 직접 노출되는 콘크리트	D19 이상의 철근		50mm
	D16 이하의 철근, 지름 16 mm 이하의 철선		40mm
옥외의 공기나 흙에 직접 접하지 않는 콘크리트	슬래브, 벽체, 장선	D35를 초과하는 철근	40 mm
		D35 이하인 철근	20 mm
	보, 기둥 f_{ck} 가 40MPa 이상인 경우는 규정값에서 10 mm 저감		40 mm
	셸, 절판 부재		20 mm

33.
수밀콘크리트 : 물이 새지 않도록 치밀하게 만들어 수밀성을 크게 만든 콘크리트로, AE제·감수제 등을 사용한다.

34.
콘크리트에 사용되는 골재 중 잔골재는 2.3~3.1, 굵은골재는 6~8 범위가 적절하다.

---

32 흙에 접하여 콘크리트를 친 후 영구히 흙에 묻혀 있는 콘크리트 구조물의 경우 다발철근을 사용하였다면 최소 피복두께는 얼마인가?

① 50 mm
② 60 mm
③ 70 mm
④ 75 mm

33 수밀콘크리트를 만드는 데 적합하지 않은 것은?

① 단위수량을 되도록 적게 한다.
② 물-결합재비를 되도록 적게 한다.
③ 단위 굵은골재량을 되도록 크게 한다.
④ AE제를 사용하지 않음을 원칙으로 한다.

34 콘크리트용 잔골재의 입도에 관한 사항으로 옳지 않은 것은?

① 잔골재는 크고 작은 알이 알맞게 혼합되어 있는 것으로서 입도가 표준 범위 내인가를 확인한다.
② 입도가 잔골재의 표준 입도의 범위를 벗어나는 경우에는 두 종류 이상의 잔골재를 혼합하여 입도를 조정하여 사용한다.
③ 일반적으로 콘크리트용 잔골재의 조립률의 범위는 5.0 이상인 것이 좋다.
④ 조립률은 골재의 입도를 수량적으로 나타내는 한 방법이다.

정답 32. ④ 33. ④ 34. ③

35 공장제품용 콘크리트의 촉진 양생방법에 속하는 것은?
① 오토클레이브 양생
② 수중 양생
③ 살수 양생
④ 매트 양생

36 콘크리트에 일정하게 하중을 주면 응력의 변화는 없는데도 변형이 시간이 경과함에 따라 커지는 현상은?
① 건조수축
② 크리프
③ 틱소트로피
④ 릴랙세이션

37 풍화된 시멘트에 대하여 옳게 설명한 것은?
① 비중이 커진다.
② 응결이 빠르다.
③ 강도가 증가된다.
④ 강열감량이 증가한다.

38 다음 ( ) 안에 알맞은 값은?

> 혼화재료는 혼화제와 혼화재로 나뉘며, 사용량이 시멘트 무게의 ( )% 정도 이상이 되어 그 자체의 부피가 콘크리트의 배합 계산에 관계되는 것을 혼화재라고 한다.

① 1
② 3
③ 5
④ 8

해설

35.
촉진 양생법 : 증기 양생, 오토클레이브 양생, 온수 양생, 전기 양생, 적외선 양생, 고주파 양생

36.
크리프 : 구조물에 자중 등의 하중이 오랜 시간 지속적으로 작용하면 더 이상 응력이 증가하지 않더라도 시간이 지나면서 구조물에 변형이 발생하는데, 이러한 변형을 크리프라고 한다.

37.
풍화
시멘트가 공기 중의 습기나 이산화탄소와 수화반응하여 수산화칼슘을 만들고, 수산화칼슘이 공기 중 탄산가스와 결합하여 탄산염을 만들어 시멘트의 품질을 저하시키는 현상
풍화된 시멘트의 특징
㉠ 강열감량이 증가한다.
㉡ 비중이 작아진다.
㉢ 응결 경화가 늦어진다.
㉣ 강도가 감소된다.

38.
㉠ 혼화재 : 사용량이 시멘트 중량의 5% 이상을 사용하여 콘크리트 배합설계 시 그 무게를 고려해야 한다. 플라이애시, 고로 슬래그 미분말, 팽창재, 착색재, 폴리머, 포졸란 등이 있다.
㉡ 혼화제 : 사용량이 시멘트 중량의 1% 정도 이하를 사용하여 콘크리트 배합설계 시 그 무게를 고려하지 않는다. 공기연행제(AE제), 감수제, 공기연행감수제, 고성능 감수제, 유동화제, 촉진제, 급결제, 지연제, 발포제, 기포제 등이 있다.

정답 35. ① 36. ② 37. ④ 38. ③

해설

39.
레이턴스
㉠ 블리딩 현상에 의하여 콘크리트의 표면에 떠올라 가라앉은 미세한 물질을 말한다.
㉡ 레이턴스는 굳어도 강도가 거의 없으므로 콘크리트를 덧치기할 때에는 이것을 없앤 뒤에 작업하여야 한다.

40.
콘크리트의 휨강도는 도로 포장용 콘크리트의 품질 결정에 사용된다.

41.
지면에서 30 cm 이상, 13포대 이하로 쌓고, 저장 기간이 길면 7포대 이상은 쌓지 않는다.

42.
AE제를 사용한 AE 콘크리트는 콘크리트의 워커빌리티가 향상되고, 블리딩이 감소한다.

43.
프리플레이스트 콘크리트의 특징
• 블리딩과 레이턴스 발생이 적다.
• 조기강도는 보통콘크리트보다 작으나 장기강도는 크다.
• 수중콘크리트 시공에 적합하다.

---

39 콘크리트를 친 후 비중 차이로 시멘트와 골재알이 가라앉으며 물이 올라와 콘크리트의 표면에 가라앉은 작은 물질을 무엇이라 하는가?
① 슬럼프
② 레이턴스
③ 워커빌리티
④ 반죽질기

40 콘크리트의 강도에 대한 설명으로 옳지 않은 것은?
① 재령 28일의 콘크리트의 압축강도를 설계기준강도로 한다.
② 콘크리트의 인장강도는 압축강도의 약 1/10~1/13 정도이다.
③ 콘크리트의 휨강도는 압축강도의 약 1/5~1/8 정도이다.
④ 인장강도는 도로 포장용 콘크리트의 품질 결정에 이용된다.

41 시멘트의 저장방법으로 옳지 않은 것은?
① 방습구조로 된 사일로 또는 창고에 품종별로 구분하여 저장한다.
② 지면에서 20 cm 이상, 10포대 이하로 쌓고, 저장 기간이 길면 10포대 이상은 쌓지 않는다.
③ 시멘트 입하 순서대로 사용한다.
④ 저장 중 약간이라도 굳은 시멘트는 사용하지 않으며, 장기간 저장된 시멘트는 품질시험을 한 후 사용한다.

42 AE 콘크리트에 대한 설명으로 옳지 않은 것은?
① 콘크리트의 워커빌리티가 향상되고, 블리딩이 증가한다.
② 기상작용에 대한 내구성과 수밀성이 향상된다.
③ 워커빌리티가 향상되므로 단위수량을 감소시킬 수 있다.
④ 공기량에 비례하여 콘크리트 강도와 철근의 부착강도가 작아진다.

43 미리 거푸집 안에 굵은골재를 채우고 그 틈 사이에 특수 모르타르를 주입하는 콘크리트는?
① 숏크리트
② 프리플레이스트 콘크리트
③ 팽창 콘크리트
④ 폴리머 시멘트 콘크리트

정답 39. ② 40. ④ 41. ② 42. ① 43. ②

44 크리프 변형에 대한 설명으로 옳은 것은?

① 응력의 크기와 재하 기간, 재하 속도가 빠를수록 크리프가 작게 일어난다.
② 콘크리트의 물-시멘트비가 클수록 크리프가 작게 일어난다.
③ 단위시멘트양이 많을수록 크리프가 작게 일어난다.
④ 온도가 낮을수록 크리프가 작게 일어난다.

45 콘크리트의 배합설계에서 실제 시험에 의한 설계기준강도(f_{ck})와 압축강도의 표준편차(s)를 구했을 때 배합강도(f_{cr})를 구하는 방법으로 옳은 것은? (단, $f_{ck} \leq 35\,\mathrm{MPa}$인 경우)

① $f_{cr} = f_{ck} + 1.34s\,[\mathrm{MPa}]$,
   $f_{cr} = (f_{ck} - 3.5) + 2.33s\,[\mathrm{MPa}]$
   두 식으로 구한 값 중 작은 값

② $f_{cr} = f_{ck} + 1.34s\,[\mathrm{MPa}]$,
   $f_{cr} = (f_{ck} - 3.5) + 2.33s\,[\mathrm{MPa}]$
   두 식으로 구한 값 중 큰 값

③ $f_{cr} = f_{ck} + 1.34s\,[\mathrm{MPa}]$,
   $f_{cr} = 0.9f_{ck} + 2.33s\,[\mathrm{MPa}]$
   두 식으로 구한 값 중 작은 값

④ $f_{cr} = f_{ck} + 1.34s\,[\mathrm{MPa}]$,
   $f_{cr} = 0.9f_{ck} + 2.33s\,[\mathrm{MPa}]$
   두 식으로 구한 값 중 큰 값

46 댐과 같은 콘크리트 단면이 큰 공사에 가장 적합한 시멘트는?

① 중용열 포틀랜드 시멘트
② 보통 포틀랜드 시멘트
③ 알루미나 시멘트
④ 백색 포틀랜드 시멘트

정답 44. ④ 45. ② 46. ①

해설

47.
합성기둥
구조용 강재나 강판을 축방향으로 보강한 기둥

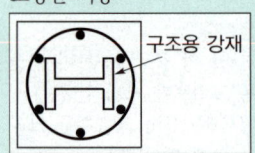

48.
㉠ 중력식 옹벽: 통상 무근콘크리트로 만든다.
㉡ 캔틸레버식 옹벽: 철근콘크리트로 만들어지며 역T형 옹벽이 대표적이다.
㉢ 중력식 옹벽: 일반적으로 3 m 이하일 때 사용한다.
㉣ 부벽식 옹벽: 높이가 7.5 m 이상일 때 사용한다.

49.
㉠ 상부구조: 바닥판, 바닥틀, 주형 또는 주 트러스, 받침
㉡ 하부구조: 교대, 교각 및 기초 (말뚝 기초 및 우물통기초)

50.
합성기둥: 구조용 강재, 강관 등을 종방향으로 배치한 기둥

51.
옹벽의 안정조건
㉠ 전도에 대한 안정
㉡ 활동에 대한 안정
㉢ 침하에 대한 안정

---

47 철근콘크리트기둥을 분류할 때 구조용 강재나 강관을 축방향으로 보강한 기둥은?
① 복합기둥
② 합성기둥
③ 띠철근기둥
④ 나선철근기둥

48 옹벽의 종류와 설명이 바르게 연결된 것은?
① 뒷부벽식 옹벽 – 통상 무근콘크리트로 만든다.
② 캔틸레버식 옹벽 – 철근콘크리트로 만들어지며 역T형 옹벽이라 한다.
③ 중력식 옹벽 – 통상 높이가 6 m 이상의 옹벽에 주로 쓰인다.
④ 앞부벽식 옹벽 – 옹벽 높이가 7.5 m를 넘는 경우는 비경제적이다.

49 교량의 구성에 있어서 상부구조에 속하지 않는 것은?
① 바닥판
② 바닥틀
③ 주 트러스
④ 교대

50 철근콘크리트 기둥을 분류할 때 구조용 강재나 강관을 축방향으로 보강한 기둥은?
① 복합기둥
② 합성기둥
③ 띠철근기둥
④ 나선철근기둥

51 외력에 대한 옹벽의 안정조건이 아닌 것은?
① 활동에 대한 안정
② 침하에 대한 안정
③ 전도에 대한 안정
④ 전단력에 대한 안정

정답 47. ② 48. ② 49. ④ 50. ② 51. ④

52 그림과 같은 기둥에서 유효좌굴길이가 가장 긴 것부터 순서대로 나열한 것은?

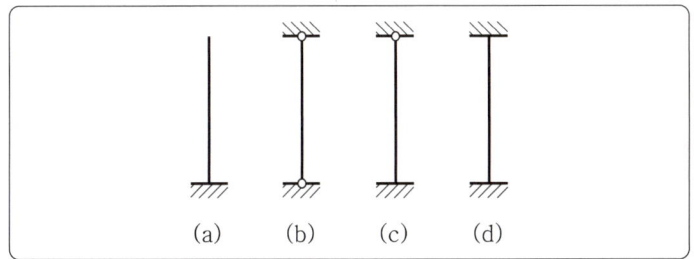

① (a) → (b) → (c) → (d)
② (a) → (c) → (b) → (d)
③ (d) → (c) → (b) → (a)
④ (d) → (c) → (a) → (b)

53 트러스의 종류 중 주 트러스로는 잘 쓰이지 않으나, 가로 브레이싱에 주로 사용되는 형식은?
① K트러스
② 프랫(pratt) 트러스
③ 하우(howe) 트러스
④ 워런(warren) 트러스

54 슬래브의 종류에는 1방향 슬래브와 2방향 슬래브가 있다. 이를 구분하는 기준과 가장 관계가 깊은 것은?
① 부철근의 구조
② 슬래브의 두께
③ 지지하는 경계조건
④ 기둥의 높이

55 다음 옹벽 그림에 대한 설명으로 옳지 않은 것은?

① 전단키가 설치되어 있다.
② 벽체와 저판부 사이에 헌치가 있다.
③ 저판 후면은 흙 속에 묻혀 있다.
④ 캔틸레버식 옹벽이다.

해설

52.
(a) 1단 고정 타단 자유: $2L$
(b) 양단 힌지: $1L$
(c) 1단 힌지 타단 고정: $0.7L$
(d) 양단 고정: $0.5L$

53.
K트러스

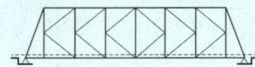

54.
㉠ 두 변에 의해서만 지지된 경우이거나, 네 변이 지지된 슬래브 중에서 $\dfrac{장변\ 방향\ 길이}{단변\ 방향\ 길이} \geq 2$일 경우 1방향 슬래브로 설계한다.
㉡ 네 변으로 지지된 슬래브로서 $\dfrac{장변\ 방향\ 길이}{단변\ 방향\ 길이} < 2$일 경우 2방향 슬래브로 설계한다.

55.
벽체와 저판부 사이에 헌치가 존재하지 않는다.

정답 52. ① 53. ① 54. ③ 55. ②

해설

56.
- ㉠ 중력식 옹벽 : 통상 무근콘크리트로 만든다.
- ㉡ 캔틸레버식 옹벽 : 철근콘크리트로 만들어지며 역T형 옹벽이 대표적이다.
- ㉢ 중력식 옹벽 : 일반적으로 3 m 이하일 때 사용한다.
- ㉣ 부벽식 옹벽 : 높이가 7.5 m 이상일 때 사용한다.

57.
하중의 종류

구분	종류
주하중	고정하중, 활하중, 충격하중
부하중	풍하중, 온도 변화의 영향, 지진하중
특수 하중	설하중, 원심하중, 제동하중, 지점 이동의 영향, 가설하중, 충돌하중

58.
철근비(ρ)
$$\rho = \frac{A_s}{bd} = \frac{3,000}{300 \times 500} = 0.02$$

59.
$$a = \frac{A_s f_y}{\eta(0.85 f_{ck})b}$$
$$= \frac{2,580 \times 400}{1 \times 0.85 \times 28 \times 300}$$
$$= 144.5 \text{ mm}$$
$$c = \frac{a}{\beta_1} = \frac{144.5}{0.80} = 181 \text{ mm}$$

---

56 옹벽의 종류와 설명이 바르게 연결된 것은?
① 뒷부벽식 옹벽 – 통상 무근콘크리트로 만든다.
② 캔틸레버식 옹벽 – 철근콘크리트로 만들어지며 역T형 옹벽이라 한다.
③ 중력식 옹벽 – 통상 높이가 6 m 이상의 옹벽에 주로 쓰인다.
④ 앞부벽식 옹벽 – 옹벽 높이가 7.5 m를 넘는 경우는 비경제적이다.

57 설계하중에서 특수하중에 속하지 않는 것은?
① 설하중   ② 충돌하중
③ 제동하중   ④ 온도 변화의 영향

58 폭 $b = 300$ mm이고, 유효깊이 $d = 50$ mm인 단면을 가진 단철근 직사각형 보를 설계하고자 할 때, 이 보의 철근비는?(단, 철근의 단면적 $A_s = 3,000$ mm^2)
① 0.01   ② 0.02
③ 0.03   ④ 0.04

59 그림과 같이 $b = 300$ mm, $d = 400$ mm, $A_s = 2,580$ mm^{2}인 단철근 직사각형 보의 중립축 위치 c는? (단, $f_{ck} = 28$ MPa, $f_y = 400$ MPa이다.)

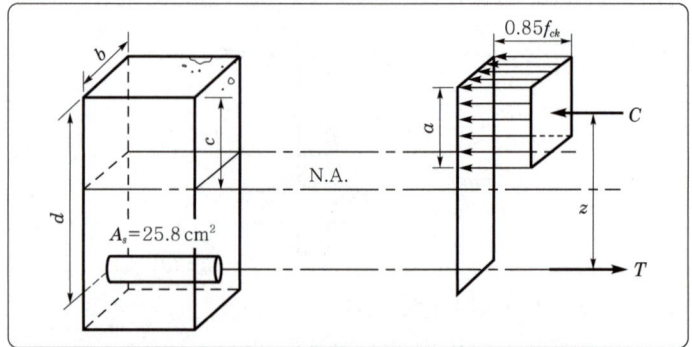

① 145 mm   ② 181 mm
③ 215 mm   ④ 240 mm

정답 56. ② 57. ④ 58. ② 59. ②

60 CAD 시스템을 도입하였을 때 얻어지는 효과와 거리가 먼 것은?
① 도면의 표준화
② 작업의 효율화
③ 제품 원가의 증대
④ 설계의 신용도 상승

 해설

60.
도면의 생산성이 향상되면서 원가는 감소한다.

CAD의 이용 효과
• 생산성 향상
• 품질 향상
• 표현력 향상
• 표준화
• 정보화
• 경영의 효율화
• 경영의 합리화

정답 60. ③

2025 제2회 기출 복원문제

전산응용토목제도기능사

2025년 4월 5일 시행

해설

1.
정투상법
물체의 표면으로부터 평행한 투시선으로 입체를 투상하는 방법으로, 대상물을 각 면의 수직 방향에서 바라본 모양을 그려, 정면도, 평면도, 측면도로 물체를 나타내는 방법이다. 물체의 길이와 내부 구조를 충분히 표현할 수 있다.

2.
한 도면에서 두 종류 이상의 선이 겹칠 경우의 우선순위
① 외형선
② 숨은선
③ 절단선
④ 중심선
⑤ 무게 중심선

3.
대칭물의 한쪽만을 표시하는 도면에서는 중심선을 따라 치수선을 연장하며, 치수선의 중심선 쪽 끝에는 화살표를 붙이지 않는다. 다만 경우에 따라 치수선의 길이는 규정보다 짧게 할 수 있다.

---

01 투상선이 투상면에 대하여 수직으로 투상되는 투영법은?
① 사투상법
② 정투상법
③ 중심투상법
④ 평행투사법

02 한 도면에서 두 종류 이상의 선이 같은 장소에 겹치게 될 때 우선 순위로 옳은 것은?

| ㉠ 숨은선 | ㉡ 중심선 |
| ㉢ 외형선 | ㉣ 절단선 |

① ㉣-㉠-㉢-㉡
② ㉢-㉠-㉣-㉡
③ ㉠-㉡-㉢-㉣
④ ㉢-㉠-㉡-㉣

03 치수선에 대한 설명으로 틀린 것은?
① 치수선은 표시할 치수의 방향에 평행하게 긋는다.
② 협소하여 화살표를 붙일 여백이 없을 때에는 치수선을 치수보조선 바깥쪽에 긋고 내측을 향하여 화살표를 붙인다.
③ 일반적으로 불가피한 경우가 아닐 때에는, 치수선은 다른 치수선과 서로 교차하지 않도록 한다.
④ 대칭인 물체의 치수선은 중심선에서 약간 연장하여 긋고, 치수선의 중심 쪽 끝에는 화살표를 붙인다.

정답 1. ② 2. ② 3. ④

04 재료의 단면표시 중 벽돌을 나타낸 것은?

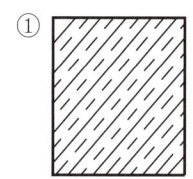 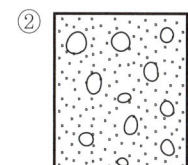

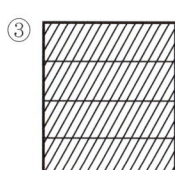 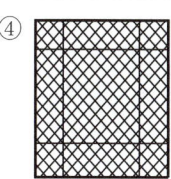

05 건설재료의 단면 경계 기호 중 암반면을 나타내는 것은?

① ② ③ ④

06 벽체에 사용된 철근의 기호는?

① Ⓗ
② Ⓦ
③ Ⓢ
④ Ⓕ

07 철근의 표시법으로 @400 C.T.C.를 바르게 설명한 것은?

① 전장 400 mm를 중심에서 절단할 것
② 철근 지름이 400 mm인 것을 배치할 것
③ 철근과 철근 사이의 간격이 400 mm가 되도록 할 것
④ 철근을 400 mm 지점에서 겹침이음할 것

해설

4.
① 자연석
② 콘크리트
③ 벽돌
④ 블록

5.
① 모래
② 암반면(바위)
③ 자갈
④ 지반면(흙)

6.
① Ⓗ : 헌치
② Ⓦ : 벽(wall)
③ Ⓢ : 슬래브(slab)
④ Ⓕ : 기초(foundation)

Ⓑ	Beam, Base, Bottom
Ⓒ	Column
Ⓕ	Foundation, Footing
Ⓗ	Haunch
Ⓢ	Spacer, Slab
Ⓦ	Wall

7.
- @ : 간격을 의미
- C.T.C. : Center To Center의 약자로, 중심 사이의 간격을 의미
- @400 C.T.C. : 철근과 철근 중심 사이의 간격이 400 mm임을 나타냄.

정답 4. ③ 5. ② 6. ② 7. ③

해설

8.
구조도
㉠ 배근도라고도 하며 콘크리트 내부의 구조 구체를 도면에 표시한다.
㉡ 철근, PC 강재 등 설계상 필요한 여러 가지 재료의 모양 및 품질 등을 표시한다.
㉢ 축척은 일반적으로 1/20, 1/30, 1/40, 1/50을 표준으로 한다.

9.

표준 명칭	기호
국제표준화기구(International Organization for Standardization)	ISO
영국 규격(British Standards)	BS
프랑스 규격(Norm Francaise)	NF
일본 규격(Japanese Industrial Standards)	JIS

10.
리벳이 다른 선과 만나는 곳에 있는 리벳은 규정된 기호(○)로 표시한다.

11.
한 도면에서 두 종류 이상의 선이 겹칠 때의 우선순위
외형선 → 숨은선 → 절단선 → 중심선 → 무게 중심선

12.
축측투상법 : 정육면체를 경사대 위에서 적당한 방향으로 두고, 투상면에 수직투상하여 정육면체 3개의 인접면을 1개의 도형으로 표현하는 방법

---

08 다음 보기는 콘크리트 구조물의 어떤 도면에 대한 설명인가?

> 일반적으로 배근도라고도 하며, 현장에서는 이 도면에 따라 철근의 가공, 배치 등을 행하는 중요한 도면이다.

① 일반도
② 평면도
③ 구조도
④ 상세도

09 국제 및 국가별 표준규격의 명칭과 기호 연결이 옳지 않은 것은?

① 국제표준화기구 – ISO
② 영국 규격 – DIN
③ 프랑스 규격 – NF
④ 일본 규격 – JIS

10 다음 중 보통의 공장 리벳 표시로 알맞은 것은?

① ● ② ×
③ ○ ④ ◎

11 한 도면에서 두 종류 이상의 선이 같은 장소에 겹치게 될 때 우선순위로 옳은 것은?

> ㉠ 숨은선   ㉡ 중심선
> ㉢ 외형선   ㉣ 절단선

① ㉣-㉠-㉢-㉡
② ㉢-㉠-㉣-㉡
③ ㉠-㉡-㉢-㉣
④ ㉢-㉠-㉡-㉣

12 각 모서리가 직각으로 만나는 물체의 모서리를 세 축으로 하여 투상도를 그려 입체의 모양을 투상도 하나로 나타낼 수 있는 투상법은?

① 정투상법
② 표고투상법
③ 투시투상법
④ 축측투상법

정답 8.③ 9.② 10.③ 11.② 12.④

13 치수 기입에 대한 설명 중 옳지 않은 것은?
① 치수는 도면상에서 다른 선에 의해 겹치거나 교차되거나 분리되지 않게 기입한다.
② 가로 치수는 치수선의 아래쪽에, 세로 치수는 치수선의 오른쪽에 쓴다.
③ 협소한 구간이 연속될 때에는 치수선의 위쪽과 아래쪽에 번갈아 치수를 기입할 수 있다.
④ 경사는 백분율 또는 천분율로 표시할 수 있으며, 경사방향 표시는 하향경사 쪽으로 표시한다.

14 치수의 기입방법에 대한 설명으로 옳지 않은 것은?
① 치수선이 세로일 때에는 치수선의 왼쪽에 쓴다.
② 치수는 선과 교차하는 곳에는 될 수 있는 대로 쓰지 않는다.
③ 각도를 기입하는 치수선은 양변 또는 그 연장선 사이의 호로 표시한다.
④ 경사의 방향을 표시할 필요가 있을 때에는 상향 경사 쪽으로 화살표를 붙인다.

15 제도용지 A2의 규격으로 옳은 것은? (단, 단위는 mm이다.)
① 841×1,189
② 515×728
③ 420×594
④ 210×297

해설

13.
치수기입 : 치수를 기입할 때는 치수가 치수선을 자르거나 치수와 치수선이 겹치지 않게 치수선의 위쪽 중앙에 기입하는 것을 원칙으로 한다. 치수선이 세로일 때는 치수선의 왼쪽 중앙에 기입한다.

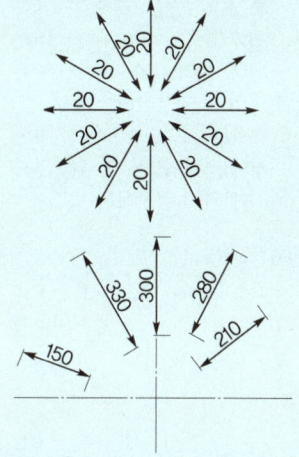

14.
경사의 방향을 표시할 필요가 있을 때에는 하향 경사 쪽으로 화살표를 붙인다.

15.
용지의 크기

호칭	크기(mm)
A4	210×297
A3	297×420
A2	420×594
A1	594×841
A0	841×1,189

정답 13. ② 14. ④ 15. ③

Craftsman-Computer Aided Drawing in Civil Engineering

해설

16.
㉠ 투시투상도법 : 물체와 시점 간의 거리감(원근감)을 느낄 수 있도록 실제로 우리 눈에 보이는 대로 대상물을 그리는 방법
㉡ 사투상법 : 물체의 앞면의 2개의 주축을 입체의 3개 주축(X축, Y축, Z축) 중에서 2개와 일치하게 놓고 정면도로 하며, 옆면 모서리 축을 수평선과 임의의 각으로 그리는 방법
㉢ 축측투상도법 : 3면이 한 평면 상에 투상되도록 입체를 경사지게 해서 투상하는 방법

17.
협소한 구간에 연속하여 치수를 기입할 경우, 치수는 치수선의 위쪽과 아래쪽에 번갈아 기입한다.

18.
철근이 2단 이상으로 배치되는 경우 상하 철근은 동일 연직면 내에 배치되어야 하고, 상하 철근의 연직 순간격은 25 mm 이상으로 해야 한다.

19.
㉠ 90° 표준갈고리
  • D16 이하인 철근은 90° 구부린 끝에서 $6d_b$ 이상 더 연장하여야 한다.
  • D19, D22 및 D25 철근은 90° 구부린 끝에서 $12d_b$ 이상 더 연장하여야 한다.
㉡ 135° 표준갈고리
  D25 이하의 철근은 135° 구부린 끝에서 $6d_b$ 이상 더 연장하여야 한다.

16 투상선이 모든 투상면에 대하여 수직으로 투상되는 것은?
① 정투상법
② 투시투상도법
③ 사투상법
④ 축측투상도법

17 다음 그림의 치수를 표시하는 방법은?

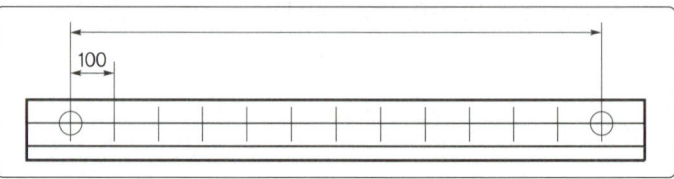

① 12@100=1200
② 100@12=1200
③ 12*100=1200
④ 100*12=1200

18 주철근을 2단 이상으로 배치할 경우에는 그 연직 순간격은 최소 얼마 이상으로 하여야 하는가?
① 15 mm
② 20 mm
③ 25 mm
④ 30 mm

19 D25 철근을 사용한 90° 표준갈고리는 90° 구부린 끝에서 최소 얼마 이상 더 연장하여야 하는가? (단, d_b : 철근의 공칭지름)
① $6d_b$
② $9d_b$
③ $12d_b$
④ $15d_b$

정답 16. ① 17. ① 18. ③ 19. ③

20 공칭지름이 몇 mm를 초과하는 철근은 겹침이음을 해서는 안 되는가?

① 35 mm
② 32 mm
③ 29 mm
④ 25 mm

21 압축부재에 사용되는 나선철근의 정착은 나선철근의 끝에서 추가로 몇 회전만큼 더 확보하여야 하는가?

① 1.0회전 ② 1.5회전
③ 2.0회전 ④ 2.5회전

22 압축부재에 사용되는 나선철근의 순간격 범위로 옳은 것은?

① 25 mm 이상, 55 mm 이하
② 25 mm 이상, 75 mm 이하
③ 55 mm 이상, 55 mm 이하
④ 55 mm 이상, 90 mm 이하

23 압축부재에 사용되는 띠철근의 수직 간격을 결정하기 위하여 고려하여야 할 사항으로 옳지 않은 것은?

① 축방향 철근 지름의 16배 이하
② 띠철근 지름의 48배 이하
③ 기둥 단면의 최소치수 이하
④ 축방향 철근 간격의 5배 이하

24 표준갈고리를 갖는 인장이형철근의 정착길이는 항상 얼마 이상이어야 하는가?

① 150 mm 이상 ② 250 mm 이상
③ 350 mm 이상 ④ 450 mm 이상

해설

20.
공칭지름이 35mm(D35)를 초과하는 철근은 겹침이음을 하지 않고 기계식 커플러나 용접을 이용한 맞댐이음을 한다.

21.
나선철근의 정착은 철근 끝에서 추가로 1.5회전 하여야 한다.

22.
기둥 등의 압축부재에 사용되는 나선철근의 순간격은 25 mm 이상, 75 mm 이하여야 한다.

23.
띠철근의 수직 간격은 축방향 철근 지름의 16배 이하, 띠철근 지름의 48배 이하, 기둥 단면의 최소치수 이하여야 한다.

24
표준갈고리를 갖는 인장이형철근의 정착길이
l_d = 기본정착길이(l_{db})×보정계수
= $8d_b$ 이상 또는 150 mm 이상

정답 20.① 21.② 22.② 23.④ 24.①

해설

25.
보의 주철근 수평 순간격
㉠ 25 mm 이상
㉡ 굵은골재 최대치수의 4/3배 이상
㉢ 철근의 공칭지름 이상
위의 값 중 최댓값 선택

26.
표준갈고리의 최소 구부림 내면 반지름

철근 지름	최소 반지름(r)
D10~D25	$3d_b$
D29~D35	$4d_b$
D38 이상	$5d_b$

27.
판형재(형강, 강관 등)의 표시는 단면모양, 높이(H)×너비(B)×두께(t)-길이(L)의 순으로 기입하고, 필요에 따라 재질을 기입할 수 있다.

28.
블리딩 현상을 줄이기 위해서는 분말도가 높은 시멘트를 사용하거나 AE제나 포졸란 등을 사용하여 단위수량을 줄인다.

---

25 보의 주철근 수평 순간격에 대한 설명으로 틀린 것은?
① 굵은골재 최대치수의 4/3배 이상
② 동일 평면에서 평행하는 철근 사이의 수평 순간격은 철근의 공칭지름 이상
③ 보 높이의 1/4 이상
④ 동일 평면에서 평행하는 철근 사이의 수평 순간격은 25 mm 이상

26 D22인 철근 갈고리의 최소 반지름은 얼마 이상이어야 하는가? (단, d_b : 철근의 공칭지름)
① $3d_b$
② $4d_b$
③ $5d_b$
④ $6d_b$

27 그림과 같이 길이가 L인 I형강의 치수 표시로 가장 적합한 것은?

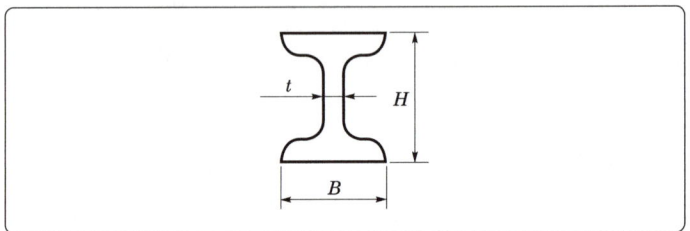

① I $H-B \times L \times t$
② I $L-B \times H \times t$
③ I $B \times L \times H \times t$
④ I $H \times B \times t - L$

28 블리딩을 작게 하는 방법으로 잘못된 것은?
① 분말도가 높은 시멘트를 사용한다.
② 단위수량을 크게 한다.
③ AE제를 사용한다.
④ 포졸란을 사용한다.

정답 25.③ 26.① 27.④ 28.②

29 콘크리트에 일어날 수 있는 인장응력을 상쇄하기 위하여 계획적으로 압축응력을 준 콘크리트를 무엇이라 하는가?
① 강구조물
② 합성구조물
③ 철근콘크리트
④ 프리스트레스트 콘크리트

30 한중콘크리트에 관한 설명으로 옳지 않은 것은?
① 하루의 평균 기온이 4℃ 이하가 되는 기상 조건하에서는 한중콘크리트로서 시공한다.
② 타설할 때의 콘크리트 온도는 5~20℃의 범위에서 정한다.
③ 가열한 재료를 믹서에 투입할 경우 가열한 물과 굵은골재, 잔골재를 넣어서 믹서 안에 재료 온도가 60℃ 정도가 된 후 시멘트를 넣는 것이 좋다.
④ AE 콘크리트를 사용하는 것을 원칙으로 한다.

31 포스트텐션 방식에서 PS 강재가 녹스는 것을 방지하고, 콘크리트에 부착시키기 위해 시스 안에 시멘트풀 또는 모르타르를 주입하는 작업을 무엇이라고 하는가?
① 그라우팅
② 덕트
③ 프레시네
④ 디비다그

32 최대 휨모멘트가 일어나는 단면에서 1방향 슬래브의 정철근 및 부철근의 중심 간격에 대한 설명으로 옳은 것은?
① 슬래브 두께의 2배 이하이어야 하고 또한 300 mm 이하로 하여야 한다.
② 슬래브 두께의 2배 이하이어야 하고 또한 400 mm 이하로 하여야 한다.
③ 슬래브 두께의 3배 이하이어야 하고 또한 300 mm 이하로 하여야 한다.
④ 슬래브 두께의 3배 이하이어야 하고 또한 400 mm 이하로 하여야 한다.

해설

29.
프리스트레스트 콘크리트
콘크리트에 생기는 인장응력을 상쇄시키거나 감소시키기 위해서 강선이나 강봉을 미리 긴장시켜 압축응력을 주어 만든 콘크리트이다.

30.
한중콘크리트
㉠ 한중콘크리트는 하루 평균 기온이 약 4℃ 이하가 되는 기상 조건에서 사용하는 콘크리트이다.
㉡ 한중콘크리트 타설 시 재료를 가열하여 사용하기도 하는데, 시멘트를 투입하기 전에 믹서 안의 재료 온도는 40℃를 넘지 않는 것이 좋다.
㉢ 응결 경화 반응이 지연되고 콘크리트가 동결할 염려가 있거나 타설 후 28일간 외기 온도가 평균 3.2℃ 이하의 기간에 사용한다.

31.
시멘트풀 또는 모르타르를 그라우트라 하고, 그라우트를 주입하는 작업을 그라우팅이라고 한다.

32.
1방향 슬래브에서 정모멘트 철근 및 부모멘트 철근의 중심 간격은 위험 단면에서는 슬래브 두께의 2배 이하이어야 하고, 또한 300 mm 이하로 하여야 한다.

정답 29. ④ 30. ③ 31. ① 32. ①

해설

33.
폴리머 콘크리트: 시멘트 대신 폴리머를 결합재로 사용한 콘크리트로, 플라스틱콘크리트 또는 레진콘크리트(resin concrete)라고도 한다. 압축강도가 우수하고, 방수성과 수밀성이 좋으며, 각종 산이나 알칼리, 염류에 강하고 내마모성이 우수하여 바닥재·포장재로 적합하다.

34.
㉠ 플랜지의 두께
㉡ 플랜지의 유효폭
㉢ 유효높이
㉣ 복부폭

35.
블리딩: 콘크리트를 친 뒤에 시멘트와 골재알이 가라앉으면서 물이 콘크리트 표면으로 떠오르는 현상

36.
최소 피복두께 규정

철근의 외부 조건	최소 피복두께
수중에서 타설하는 콘크리트	100 mm
흙에 접하여 콘크리트를 친 후에 영구히 흙에 묻혀 있는 콘크리트	75 mm
흙에 접하거나 옥외의 공기에 직접 노출되는 콘크리트(D19 이상의 철근)	50 mm
옥외의 공기나 흙에 직접 접하지 않는 콘크리트(보, 기둥)	40 mm

---

33 폴리머 콘크리트(폴리머-시멘트 콘크리트)의 성질로 옳지 않은 것은?
① 강도가 크다.
② 건조수축이 작다.
③ 내충격성이 좋다.
④ 내마모성이 낮다.

34 그림은 T형 보를 나타내고 있다. 유효폭을 나타내고 있는 것은?

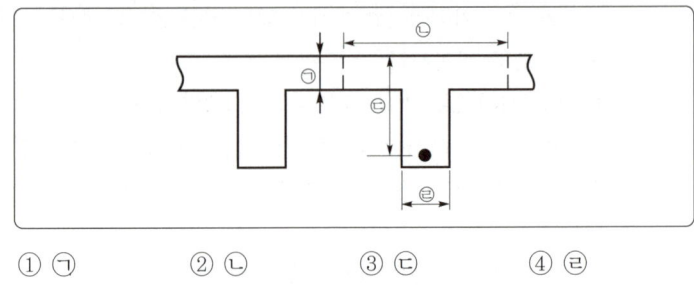

① ㉠   ② ㉡   ③ ㉢   ④ ㉣

35 콘크리트를 친 후 시멘트와 골재알이 가라앉으면서 물이 떠오르는 현상을 무엇이라 하는가?
① 풍화
② 레이턴스
③ 블리딩
④ 경화

36 옥외의 공기나 흙에 직접 접하지 않는 콘크리트보, 기둥에서 철근의 최소 피복두께는?
① 20 mm
② 40 mm
③ 60 mm
④ 80 mm

정답 33. ④ 34. ② 35. ③ 36. ②

37 콘크리트용 배합수로 바닷물을 사용할 때 철근의 부식과 밀접한 이온은?

① CO_3^{2-}
② Cl^-
③ Mg^{2+}
④ SO_4^{2-}

38 시멘트의 응결을 빠르게 하기 위하여 사용하는 혼화제는?

① 지연제
② 발포제
③ 급결제
④ 기포제

39 굳지 않은 콘크리트의 작업 후 재료분리 현상으로 시멘트와 골재가 가라앉으면서 물이 올라와 콘크리트 표면에 떠오르는 현상은?

① 크리프
② 블리딩
③ 레이턴스
④ 워커빌리티

40 경량 골재 콘크리트의 특징으로 옳지 않은 것은?

① 일반 콘크리트에 비해 밀도가 작다.
② 열전도율이 크다.
③ 강도와 탄성계수가 작다.
④ 건조수축과 팽창이 크다.

41 혼합 시멘트 중 수화열이 작고 수밀성이 크며 장기강도가 큰 것은?

① 고로 슬래그 시멘트
② 플라이애시 시멘트
③ 포틀랜드 포졸란 시멘트
④ 알루미나 시멘트

해설

37.
콘크리트용 배합수로 바닷물을 사용할 때 염소이온량(Cl^-)은 0.3 kg/m³ 이하이어야 한다.

38. 급결제
㉠ 시멘트의 응결을 극도로 촉진하여 단시간에 굳게 하기 위해 사용한다.
㉡ 뿜어붙이기 공법(shotcrete), 그라우트에 의한 누수 방지 공법 등 급속공사에 이용된다.
㉢ 급결제를 사용하면 1~2일의 단기강도는 증대하지만 장기강도의 발현은 느린 경우가 많다.

39. 블리딩
㉠ 콘크리트를 친 뒤에 시멘트와 골재알이 가라앉으면서 물이 콘크리트 표면으로 떠오르는 블리딩 현상이 발생한다.
㉡ 블리딩이 커지면 콘크리트 윗부분의 강도가 작아지고 수밀성과 내구성이 나빠진다.

40.
경량 콘크리트는 열전도율이 작다.

41. 고로 슬래그 시멘트
• 포틀랜드 시멘트 클링커에 고로 슬래그와 석고를 혼합하여 만든다.
• 수화열이 낮고 수밀성이 우수하며 장기강도가 크다.
• 황산염 등에 대한 화학적 저항성이 뛰어나다.
• 알칼리·골재반응을 억제하는 효과가 있다.
• 주로 댐, 하천, 항만 등과 같은 구조물에 쓰이며, 해수, 하수, 공장 폐수 등에 접하는 콘크리트에 적합하다.

정답 37.② 38.③ 39.② 40.② 41.①

해설

42.
크기가 적당하게 혼입되어야 하며 알맞은 입도를 가져야 한다.

43.
골재의 조립률 F.M(Fineness Modulus)
골재의 입도를 수치적으로 나타내는 방법이다. 10개의 체(80 mm, 40 mm, 20 mm, 10 mm, 5 mm, 2.5 mm, 1.2 mm, 0.6 mm, 0.3 mm, 0.15 mm)에 남은 양으로 조립률을 계산한다.

조립률(F.M)
$= \dfrac{\text{각 체에 남은 양의 누계의 합}}{100}$

44.
철근비(ρ)
$\rho = \dfrac{A_s}{bd} = \dfrac{1{,}520}{250 \times 460} = 0.0132$

45.
㉠ 연성파괴 : 철근이 항복한 후에 상당한 연성을 나타내기 때문에 파괴가 갑작스럽게 일어나지 않고 단계적으로 서서히 일어난다.
㉡ 취성파괴 : 보의 취성파괴는 사고에 대한 안전대책을 세울 시간이 없이 갑자기 일어나므로 바람직하지 못하다.

46.
균형철근비(ρ_b)
$\rho_b = \dfrac{\eta(0.85 f_{ck})\beta_1}{f_y} \times \dfrac{660}{660 + f_y}$
$= \dfrac{1 \times 0.85 \times 24 \times 0.80}{300}$
$\times \dfrac{660}{660 \times 300} = 0.037$

---

42 좋은 골재의 조건으로 옳지 않은 것은?
① 단단하고 내구성이 좋아야 한다.
② 물리 화학적으로 안정되어야 한다.
③ 모양이 정육면체에 가깝게 둥글어야 한다.
④ 일정한 크기의 골재로 구성되어야 한다.

43 골재에서 F.M(Fineness Modulus)이란 무엇을 뜻하는가?
① 입도
② 조립률
③ 잔골재율
④ 골재의 단위량

44 그림과 같은 단철근 직사각형 보에서 (인장)철근비는? (단, $A_s = 1{,}520$ mm², $f_{ck} = 24$ MPa)

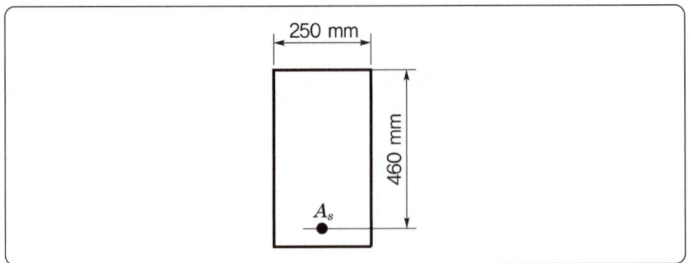

① 0.0432
② 0.0332
③ 0.0232
④ 0.0132

45 철근의 항복으로 시작되는 보의 파괴는 사전에 붕괴의 징조를 알리며 점진적으로 일어난다. 이러한 파괴 형태를 무엇이라 하는가?
① 연성파괴
② 항복파괴
③ 취성파괴
④ 피로파괴

46 단철근 직사각형 보에서 $f_{ck} = 24$MPa, $f_y = 300$MPa일 때 균형철근비는?
① 0.020
② 0.035
③ 0.037
④ 0.041

정답 42. ④ 43. ② 44. ④ 45. ① 46. ③

47 철근콘크리트보의 휨부재에 대한 강도설계법의 기본 가정이 아닌 것은?

① 콘크리트의 변형률은 중립축으로부터 거리에 비례한다.
② 철근의 변형률은 중립축으로부터 거리에 비례한다.
③ 단면 설계 시 콘크리트의 응력은 등가직사각형 분포로 가정한다.
④ 단면 설계 시 콘크리트의 인장강도를 고려한다.

48 강도설계법에서 일반적으로 사용되는 철근의 탄성계수(E_s) 표준값은?

① 150,000 MPa
② 200,000 MPa
③ 240,000 MPa
④ 280,000 MPa

49 지간 10 m인 철근콘크리트보에 등분포하중이 작용할 때, 최대 휨모멘트는? (단 보의 등분포하중은 2 kN/m이다.)

① 20 kN·m
② 25 kN·m
③ 30 kN·m
④ 35 kN·m

50 가장 보편적으로 사용되며, 철근콘크리트로 만들어지고 보통 3~7.5 m 정도의 높이에 사용되며 역T형 옹벽이라고도 하는 것은?

① 뒷부벽식 옹벽
② 캔틸레버식 옹벽
③ 앞부벽식 옹벽
④ 중력식 옹벽

51 사용 재료에 따른 토목구조물의 분류방법이 아닌 것은?

① 강구조
② 연속구조
③ 콘크리트 구조
④ 합성구조

52 옹벽의 안정 검토에서, 옹벽이 미끄러져 움직이려는 힘에 저항하는 안정을 무엇이라 하는가?

① 전도에 대한 안정
② 침하에 대한 안정
③ 활동에 대한 안정
④ 저판에 대한 안정

해설

47. 철근콘크리트의 단면 설계 시 콘크리트의 인장강도는 무시한다.

48. 철근의 탄성계수(E)
$E = 2.0 \times 10^5$ MPa

49.
$$M_u = \frac{wl^2}{8} = \frac{2 \times 10^2}{8} = 25 \text{ kN·m}$$

50. 캔틸레버식 옹벽
철근콘크리트로 만들어지며, 역T형 옹벽, L형 옹벽, 역L형 옹벽이 있고, 벽체, 뒷굽판, 앞굽판과 같은 옹벽의 각 부분이 캔틸레버처럼 거동한다. 일반적으로 3~7.5 m 정도일 때 사용한다.

51. 토목구조물의 재료에 따른 분류 : 콘크리트 구조, 강구조, 합성구조 등

52. 활동에 대한 안정
옹벽에 작용하는 수평력의 합(ΣH)은 옹벽을 수평 방향으로 활동시키려는 힘이다. 이에 대한 저항력은 지반과 저판 밑면 사이의 마찰력과 저판의 전면에 작용하는 수동토압으로 구성된다. 단, 안정 계산 시에는 저판 전면의 수동토압은 무시한다.

정답 47. ④ 48. ② 49. ② 50. ② 51. ② 52. ③

해설

53.
역T형 옹벽은 인장의 힘이 작용하는 벽체의 윗면, 저판부 앞판의 하면, 뒤판의 상면에 주철근을 배근해야 한다.

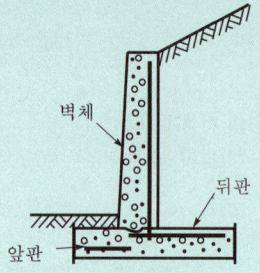

54.
② PSM : 공장에서 제작된 세그먼트를 특수 장비를 이용하여 가설하는 공법
③ ILM : 교량 한쪽 끝에서부터 세그먼트를 제작하여 밀어내는 공법
④ MSS : 이동식 지보공을 이용하여 교각 위에서 이동하며 가설하는 공법

55.
㉠ 사용 재료에 따른 분류 : 철근콘크리트교, 강교, 목교, 석교
㉡ 상부구조 형식에 따른 분류 : 거더교, 슬래브교, 라멘교, 아치교, 사장교, 현수교 등

56.
토목구조물의 특징
㉠ 어떠한 조건에서 설계 및 시공된 토목구조물은 유일한 구조물이다. 동일한 조건의 환경은 없고, 같은 구조물을 두 번 이상 건설하는 일도 없다.
㉡ 대부분 공공의 목적으로 건설된다. 따라서 공공의 비용으로 건설된다.
㉢ 일반적으로 구조물의 규모가 크므로 건설에 많은 비용과 시간이 소요된다.
㉣ 한 번 건설해 놓으면 오랜 기간 사용하므로 장래를 예측하여 설계하고 건설해야 한다.

53 캔틸레버식 역T형 옹벽의 주철근을 가장 잘 배근한 것은?

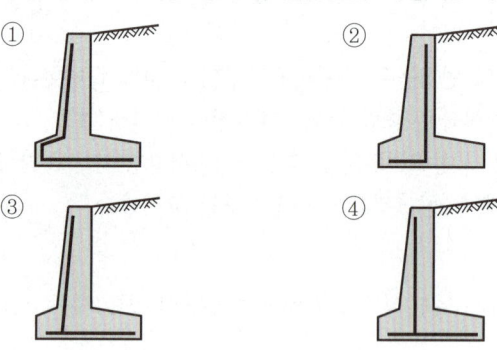

54 교량 하부에 동바리를 사용하지 않고 거푸집을 조립하여 교각(주두부)으로부터 양쪽으로 3~5 m씩의 현장타설 세그먼트(단위 구조물)를 점진적으로 시공해 나가는 방식은?

① FCM(Full Staging Method)
② PSM(Precast Span Method)
③ ILM(Incremental Launching Method)
④ MSS(Moving Sliding System)

55 사용 재료에 따른 교량의 분류가 아닌 것은?

① 철근콘크리트교 ② 강교
③ 목교 ④ 거더교

56 토목구조물의 특징으로 옳은 것은?

① 다량 생산을 할 수 있다.
② 대부분은 개인적인 목적으로 건설된다.
③ 건설에 비용과 시간이 적게 소요된다.
④ 구조물의 수명, 즉 공용 기간이 길다.

정답 53. ② 54. ① 55. ④ 56. ④

57 다음은 기둥(장주)의 유효길이에 대한 설명이다. 올바른 것은?

① 양끝이 힌지로 되어 있는 기둥일 경우 유효길이는 기둥 전체 길이의 0.5배이다.
② 양끝이 고정되어 있는 기둥일 경우 유효길이는 기둥의 전체 길이이다.
③ 한끝이 고정이고, 다른 한끝이 자유롭게 되어 있는 기둥일 경우 유효길이는 기둥 전체 길이의 2배이다.
④ 한끝이 고정이고, 다른 한끝이 힌지로 되어 있는 기둥일 경우 유효길이는 기둥 전체 길이의 4배이다.

58 캔틸레버식 옹벽의 그림으로 옳은 것은?

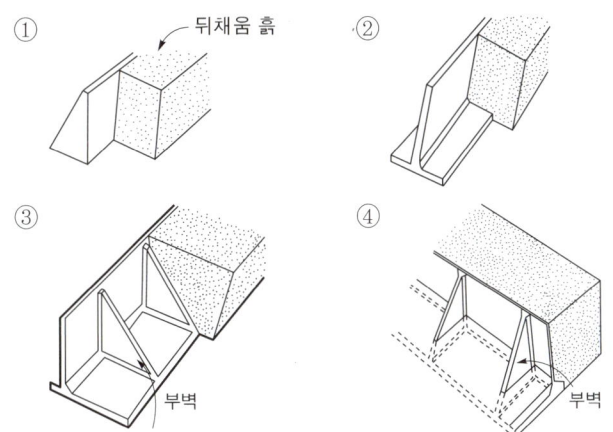

59 다음 중 확대기초 설계의 일반사항으로 옳지 않은 것은?

① 기초판의 전단거동이 1방향인 경우, 전단에 대한 위험단면은 기둥 전면으로부터 유효깊이 d만큼 떨어진 곳이다.
② 기초판의 전단거동이 2방향인 경우, 전단에 대한 위험단면은 기둥 전면으로부터 유효깊이의 $d/2$만큼 떨어진 곳이다.
③ 기초판의 상단에서 하부 철근까지의 깊이는 흙에 놓이는 기초의 경우 100 mm 이상, 말뚝기초의 경우 200 mm 이상으로 해야 한다.
④ 말뚝기초의 기초판 설계에서 말뚝의 반력은 각 말뚝의 중심점에 집중된 것으로 가정한다.

해설

57.
기둥의 지지 조건과 유효길이계수

지지 조건	양단 고정	일단 고정 타단 힌지	양단 힌지	일단 고정 타단 자유
좌굴 곡선 (탄성 곡선)				
유효 길이 (kl)	$0.5l$	$0.7l$	$1.0l$	$2.0l$

58.
① 중력식 옹벽
③ 뒷부벽식 옹벽
④ 앞부벽식 옹벽

59.
기초판의 상단에서 하부 철근까지의 깊이는 흙에 놓이는 기초의 경우 150 mm 이상, 말뚝기초의 경우 300 mm 이상으로 해야 한다.

정답 57. ③ 58. ② 59. ③

해설

60.
옹벽의 전면부 경사는 가로 0.02일 때 세로 1이다.

60 다음 도면에 대한 설명으로 옳지 않은 것은?

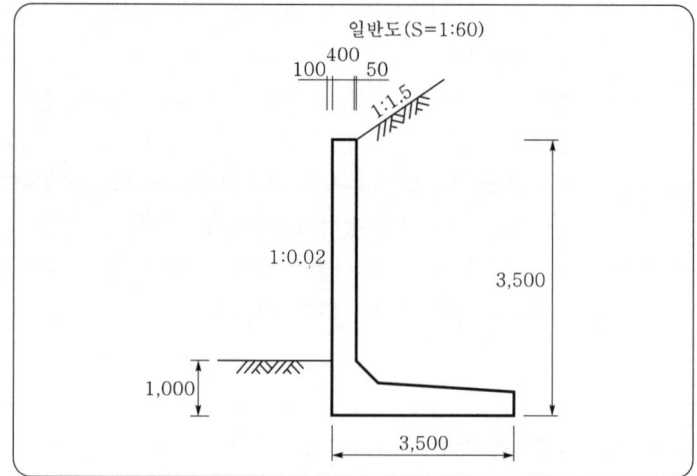

① 옹벽의 전면은 흙 속에 1,000 mm 묻혀 있다.
② 옹벽 전면의 경사는 가로 : 세로가 1 : 0.02의 비율을 갖는다.
③ 벽체와 저판부 사이에는 헌치를 설치한다.
④ 벽체 오른쪽 상단에서부터 3 m 떨어진 지점의 높이는 2m이다.

정답 60. ②

CBT 실전 모의고사

01 철근과 콘크리트는 그 성질이 매우 다르지만 두 재료가 일체로 되어 외력에 저항하는 구조재료로 널리 이용되는 이유로 틀린 것은?
① 균열이 잘 생기지 않는다.
② 철근과 콘크리트는 부착이 매우 잘된다.
③ 콘크리트 속에 묻힌 철근은 녹이 슬지 않는다.
④ 철근과 콘크리트는 온도에 대한 선팽창계수가 거의 같다.

02 강구조의 특징에 대한 설명으로 옳은 것은?
① 콘크리트에 비해 균일성이 없다.
② 콘크리트에 비해 부재의 치수가 크게 된다.
③ 콘크리트에 비해 공사기간 단축이 용이하다.
④ 재료의 세기, 즉 강도가 콘크리트에 비해 월등히 작다.

03 프리스트레스의 손실 원인 중 도입할 때의 손실 원인으로 옳은 것은?
① 마찰에 의한 손실
② 콘크리트의 크리프
③ 콘크리트의 건조수축
④ PS 강재의 릴랙세이션

04 포스트텐션 방식에서 PS 강재가 녹스는 것을 방지하고, 콘크리트에 부착시키기 위해 시스 안에 시멘트풀 또는 모르타르를 주입하는 작업을 무엇이라고 하는가?
① 그라우팅 ② 덕트
③ 프레시네 ④ 디비다그

05 프리스트레스트 콘크리트의 특징이 아닌 것은?
① 설계하중이 작용하더라도 균열이 발생하지 않는다.
② 안정성이 높다.
③ 철근콘크리트에 비해 고강도 콘크리트와 강재를 사용한다.
④ 철근콘크리트보다 내화성이 우수하다.

06 트러스의 종류 중 주트러스로는 잘 쓰이지 않으나, 가로 브레이싱에 주로 사용되는 형식은?
① K트러스
② 프랫(pratt) 트러스
③ 하우(howe) 트러스
④ 워런(warren) 트러스

07 슬래브의 종류에는 1방향 슬래브와 2방향 슬래브가 있다. 이를 구분하는 기준과 가장 관계가 깊은 것은?
① 부철근의 구조
② 슬래브의 두께
③ 지지하는 경계조건
④ 기둥의 높이

08 1방향 슬래브에서 배력철근을 배치하는 이유로서 옳지 않은 것은?
① 응력을 고르게 분포시키기 위하여
② 주철근의 간격을 유지시켜 주기 위하여
③ 콘크리트의 건조수축이나 온도 변화에 의한 수축을 감소시키기 위하여
④ 슬래브의 두께를 얇게 하기 위하여

09 다음 그림과 같은 기초를 무엇이라 하는가?

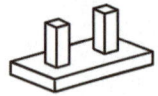

① 독립확대기초 ② 경사확대기초
③ 벽확대기초   ④ 연결확대기초

10 옹벽의 종류와 설명이 바르게 연결된 것은?
① 뒷부벽식 옹벽-통상 무근콘크리트로 만든다.
② 캔틸레버식 옹벽-철근콘크리트로 만들어지며 역T형 옹벽이라 한다.
③ 중력식 옹벽-통상 높이가 6 m 이상의 옹벽에 주로 쓰인다.
④ 앞부벽식 옹벽-옹벽 높이가 7.5 m를 넘는 경우는 비경제적이다.

11 다음은 교량구조에 대한 설명이다. 옳지 않은 것은?
① 상부구조 가운데 사람이나 차량 등을 직접 받쳐주는 포장 및 슬래브의 부분을 바닥판이라 한다.
② 바닥판에 실리는 하중을 받쳐서 주형에 전달해 주는 부분을 바닥틀이라 한다.
③ 바닥틀은 상부구조와 하부구조로 이루어진다.
④ 바닥틀로부터의 하중이나 자중을 안전하게 받쳐서 하부구조에 전달하는 부분을 주형이라 한다.

12 교량 설계에 있어서 반드시 고려해야 하고 항상 장기적으로 작용하는 하중은?
① 주하중   ② 부하중
③ 특수하중 ④ 충돌하중

13 토목구조물에 대한 설계 절차에 있어서 가장 먼저 해야 하는 것은?
① 재료의 선정 ② 응력의 결정
③ 하중의 결정 ④ 사용성의 검토

14 철근콘크리트보의 주철근을 둘러싸고, 이에 직각 또는 경사지게 배치한 복부 보강근으로서 전단력 및 비틀림모멘트에 저항하도록 배치한 보강철근을 무엇이라 하는가?
① 스터럽   ② 배력철근
③ 절곡철근 ④ 띠철근

15 보의 주철근 수평 순간격에 대한 설명으로 틀린 것은?
① 굵은골재 최대치수의 4/3배 이상
② 동일 평면에서 평행하는 철근 사이의 수평 순간격은 철근의 공칭지름 이상
③ 보 높이의 1/4 이상
④ 동일 평면에서 평행하는 철근 사이의 수평 순간격은 25 mm 이상

16 1방향 슬래브에서 정모멘트 철근 및 부모멘트 철근의 중심 간격에 대한 위험단면에서의 기준으로 옳은 것은?
① 슬래브 두께의 2배 이하, 300 mm 이하
② 슬래브 두께의 2배 이하, 400 mm 이하
③ 슬래브 두께의 3배 이하, 300 mm 이하
④ 슬래브 두께의 3배 이하, 400 mm 이하

17 스터럽과 띠철근, 주철근에 대한 표준갈고리로 사용되지 않는 것은?
① 180° 표준갈고리
② 135° 표준갈고리
③ 90° 표준갈고리
④ 45° 표준갈고리

18 D22인 철근 갈고리의 최소 반지름은 얼마 이상이어야 하는가? (단, d_b : 철근의 공칭지름)

① $3d_b$ ② $4d_b$ ③ $5d_b$ ④ $6d_b$

19 철근의 이음에 대한 설명으로 옳은 것은?

① 철근은 항상 이어서 사용해야 한다.
② 철근의 이음부는 최대 인장력 발생 지점에 설치한다.
③ 철근의 이음은 한 단면에 집중시키는 것이 유리하다.
④ 철근의 이음에는 겹침이음, 용접이음, 기계적 이음 등이 있다.

20 인장력을 받는 D25 철근을 겹침이음할 때 A급 이음이라면 겹침이음 길이는 최소 몇 mm인가? (단, 기본정착길이가 $l_d = 500$ mm 이며 수정계수는 없음)

① 360 mm   ② 500 mm
③ 700 mm   ④ 880 mm

21 AE제를 사용할 때의 특성을 설명한 것으로 옳지 않은 것은?

① 철근과의 부착강도가 커진다.
② 동결융해에 대한 저항이 커진다.
③ 워커빌리티가 좋아지고 단위수량이 줄어든다.
④ 수밀성은 커지나 강도가 작아진다.

22 철근콘크리트 구조물에서 철근의 피복두께를 일정량 이상으로 규정하는 이유로서 거리가 가장 먼 것은?

① 철근이 산화되지 않도록 하기 위하여
② 내화구조를 만들기 위하여
③ 부착 응력을 확보하기 위하여
④ 아름다운 구조물을 만들기 위하여

23 현장치기 콘크리트에서 옥외의 공기나 흙에 직접 접하지 않는 보나 기둥의 최소 피복두께는?

① 20 mm   ② 30 mm
③ 40 mm   ④ 50 mm

24 다음의 토목재료에 대한 설명 중 옳지 않은 것은?

① 시멘트와 잔골재를 물로 비빈 것을 모르타르라 한다.
② 시멘트에 물만 넣고 반죽한 것을 시멘트풀이라고 한다.
③ 시멘트, 잔골재, 굵은골재, 혼화재료를 섞어 물로 비벼서 만든 것을 콘크리트라 한다.
④ 보통 콘크리트는 전체 부피의 약 70%가 시멘트풀이고, 30%는 골재로 되어 있다.

25 부순 골재에 대한 설명 중 옳은 것은?

① 부순 잔골재의 석분은 콘크리트 경화 및 내구성에 도움이 된다.
② 부순 굵은골재는 시멘트풀과 부착이 좋다.
③ 부순 굵은골재는 콘크리트를 비빌 때 소요 단위수량이 적어진다.
④ 부순 굵은골재를 사용한 콘크리트는 수밀성은 향상되나, 휨강도는 감소된다.

26 골재의 표면수는 없고 골재알 속의 빈틈이 물로 차 있는 상태는?

① 절대 건조 상태
② 기건 상태
③ 습윤 상태
④ 표면 건조 포화 상태

27 골재의 조립률에 관한 설명으로 옳지 않은 것은?
① 잔골재의 조립률이 콘크리트의 품질 특성에 영향을 준다.
② 골재의 입도를 수치적으로 나타낸 것을 조립률이라 한다.
③ 조립률을 구할 때 쓰이는 체는 5개이다.
④ 조립률이 큰 값일수록 굵은 입자가 많이 포함되어 있다는 것을 의미한다.

28 시멘트의 분말도에 대한 설명 중 틀린 것은?
① 시멘트 입자의 가는 정도를 나타내는 것을 분말도라 한다.
② 시멘트의 분말도가 높으면 수화작용이 빨라서 조기강도가 커진다.
③ 시멘트의 분말도가 높으면 풍화되기 쉽고, 건조수축이 커진다.
④ 시멘트의 오토클레이브 팽창도 시험방법에 의하여 분말도를 구한다.

29 시멘트의 구성 화합물들이 물과 접촉하여 각각 특유한 화학반응을 일으켜서 다른 화합물이 되는 작용을 무엇이라 하는가?
① 응결작용   ② 수화작용
③ 경화작용   ④ 수축작용

30 댐과 같은 콘크리트 단면이 큰 공사에 가장 적합한 시멘트는?
① 중용열 포틀랜드 시멘트
② 보통 포틀랜드 시멘트
③ 알루미나 시멘트
④ 백색 포틀랜드 시멘트

31 다음 중 철근의 정착에 대한 설명으로 옳은 것은?
① 철근의 정착은 묻힘 길이에 의한 방법만을 의미한다.
② 묻힘 길이에 의한 정착에서 철근의 정착길이는 철근의 간격이 크면 길어져야 한다.
③ 철근이 콘크리트 속에서 미끄러지거나 뽑혀 나오지 않도록 하기 위하여 연장하여 묻어 놓은 철근의 길이를 정착길이라 한다.
④ 묻힘 길이에 의한 정착에서 철근의 정착길이는 철근의 피복두께가 크면 길어져야 한다.

32 콘크리트를 연속으로 칠 경우 콜드 조인트가 생기지 않도록 하기 위하여 사용할 수 있는 혼화제는?
① 지연제   ② 급결제
③ 발포제   ④ 촉진제

33 반죽질기의 정도에 따르는 작업이 어렵고 쉬운 정도 및 재료의 분리에 저항하는 정도를 나타내는 굳지 않은 콘크리트의 성질을 무엇이라 하는가?
① 반죽질기   ② 워커빌리티
③ 성형성   ④ 피니셔빌리티

34 콘크리트의 워커빌리티에 영향을 미치는 요소에 대한 설명으로 옳지 않은 것은?
① 시멘트의 분말도가 높을수록 워커빌리티가 좋아진다.
② AE제, 감수제 등의 혼화제를 사용하면 워커빌리티가 좋아진다.
③ 시멘트량에 비해 골재의 양이 많을수록 워커빌리티가 좋아진다.
④ 단위수량이 적으면 유동성이 적어 워커빌리티가 나빠진다.

35 콘크리트를 친 후 비중 차이로 시멘트와 골재알이 가라앉으며 물이 올라와 콘크리트의 표면에 가라앉은 작은 물질을 무엇이라 하는가?

① 슬럼프　　　② 레이턴스
③ 워커빌리티　④ 반죽질기

36 콘크리트의 강도에 대한 설명으로 옳지 않은 것은?

① 재령 28일의 콘크리트의 압축강도를 설계기준강도로 한다.
② 콘크리트의 인장강도는 압축강도의 약 1/10~1/13 정도이다.
③ 콘크리트의 휨강도는 압축강도의 약 1/5~1/8 정도이다.
④ 인장강도는 도로 포장용 콘크리트의 품질 결정에 이용된다.

37 시방배합과 현장배합에 대한 설명으로 옳지 않은 것은?

① 시방배합에서 골재의 함수상태는 표면 건조 포화 상태를 기준으로 한다.
② 시방배합에서 굵은골재와 잔골재를 구분하는 기준은 10 mm 체이다.
③ 시방배합을 현장배합으로 고치는 경우 골재의 표면수량과 입도를 고려한다.
④ 시방배합을 현장배합으로 고치는 경우 혼화제를 희석시킨 희석 수량 등을 고려하여야 한다.

38 콘크리트 속에 철근을 배치하여 양자가 일체가 되어 외력을 받게 한 구조는?

① 철근콘크리트 구조
② 무근콘크리트 구조
③ 프리스트레스트 구조
④ 합성구조

39 수중콘크리트의 시공에 관한 설명 중 옳지 않은 것은?

① 콘크리트는 정수 중에서 타설하는 것이 좋다.
② 콘크리트는 수중에 낙하시켜서는 안 된다.
③ 점성이 풍부해야 하며 물-시멘트비는 55% 이상으로 해야 한다.
④ 콘크리트 펌프나 트레미를 사용해서 타설해야 한다.

40 제도통칙에서 제도용지의 세로와 가로의 비로 옳은 것은?

① 1 : 1　　　　② 1 : 2
③ $1 : \sqrt{2}$　　④ $1 : \sqrt{3}$

41 큰 도면을 접어서 보관할 때 접어야 할 기준이 되는 도면의 크기는?

① A0　② A1　③ A3　④ A4

42 일반적으로 토목제도에서 사용하는 길이의 단위는?

① mm　② cm　③ m　④ km

43 도면의 치수 기입방법으로 옳지 않은 것은?

① 치수는 치수선에 평행하게 기입한다.
② 치수선이 수직일 때 치수는 왼쪽에 쓴다.
③ 협소한 구간에서 치수는 인출선을 사용하여 표시해도 된다.
④ 협소 구간이 연속될 때라도 치수선의 위쪽과 아래쪽에 번갈아 써서는 안 된다.

44 KS의 부문별 기호 중 건설 부문의 기호는?

① KS C　　② KS D
③ KS E　　④ KS F

45 선의 종류와 용도에 대한 설명으로 옳지 않은 것은?
① 외형선은 굵은 실선으로 긋는다.
② 치수선은 가는 파선으로 긋는다.
③ 숨은선은 파선으로 긋는다.
④ 윤곽선은 1점쇄선으로 긋는다.

46 제3각법으로 도면을 작성할 때 투상도, 물체, 눈의 위치로 바른 것은?
① 투상도-눈-물체
② 투상도-물체-눈
③ 눈-물체-투상도
④ 눈-투상도-물체

47 물체의 앞이나 뒤에 화면을 놓은 것으로 생각하고, 물체를 본 시선과 그 화면이 만나는 각 점을 연결하여 물체를 그리는 투상법은?
① 투시도법   ② 사투상도법
③ 정투상법   ④ 표고투상법

48 각 모서리가 직각으로 만나는 물체의 모서리를 세 축으로 하여 투상도를 그려 입체의 모양을 투상도 하나로 나타낼 수 있는 투상법은?
① 정투상법   ② 표고투상법
③ 투시투상법   ④ 축측투상법

49 토목제도의 단면표시에서 자연석(석재)을 나타낸 것은?

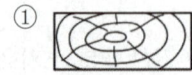 
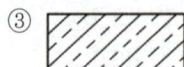 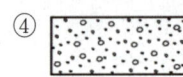

50 구조용 재료의 단면표시 중 모래를 나타낸 것은?

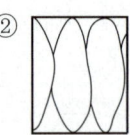

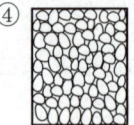

51 긴 부재의 단면 형상 중 각봉의 표시는?

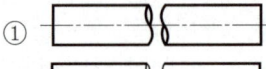

52 강재의 표시방법 중 옳지 않은 것은?

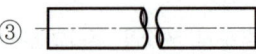

53 다음 중 구조도에서 표시하기 어려운 특정한 부분을 상세하게 나타낸 도면은?
① 일반도   ② 투시도
③ 상세도   ④ 설명도

54 그림은 평면도상에서 어떠한 상태를 나타내는 것인가?

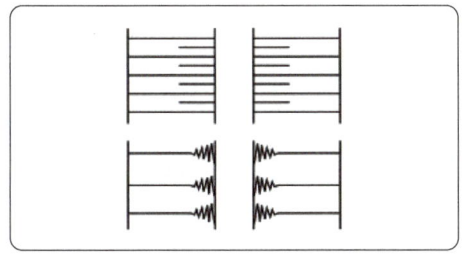

① 절토면　② 성토면
③ 수준면　④ 물매면

55 철근의 표시법과 그에 대한 설명으로 바른 것은?

① $\phi 13$: 반지름 13 mm의 원형철근
② D16 : 공칭지름 16 mm의 이형철근
③ H16 : 높이 16 mm의 고강도 이형철근
④ $\phi 13$: 공칭지름 13 mm의 이형철근

56 다음 중 철근의 용접이음에 해당하는 것은?

①
②
③
④

57 아래 철근 표시법에 대한 설명으로 옳은 것은?

24@200=4800

① 전장 4,800 m를 24 m로 200등분
② 전장 4,800 mm를 200 mm로 24등분
③ 전장 4,800 m를 24 m와 200 m로 적당한 비율로 등분
④ 전장 4,800 mm를 24 mm로 배분하고 마지막 1칸은 200 mm로 1회 배분

58 CAD 시스템의 특징을 나열한 것이다. 틀린 것은?

① 도면의 분석, 수정, 삽입, 제작이 정확하고 빠르다.
② 방대한 도면을 여러 사람이 동시에 작업하여도 표준화를 이룰 수 있다.
③ 2차원은 물론 3차원의 설계 도면과 움직이는 도면까지 그릴 수 있다.
④ 편리한 점은 많으나 설계 도면의 데이터 베이스 구축이 불가능하다.

59 CAD의 좌표계 종류가 아닌 것은?

① 절대좌표
② 상대직교좌표
③ 상대극좌표
④ 상대접합좌표

60 콘크리트의 등가직사각형 응력 분포식에서 β_1은 콘크리트의 압축강도의 크기에 따라 달라지는 값이다. 콘크리트의 압축강도가 35 MPa일 경우 β_1의 값은?

① 0.80　② 0.76
③ 0.74　④ 0.72

CBT 실전 모의고사 정답 및 해설

01	02	03	04	05	06	07	08	09	10
①	③	①	①	④	①	③	④	④	②
11	12	13	14	15	16	17	18	19	20
③	①	①	①	③	①	④	①	④	②
21	22	23	24	25	26	27	28	29	30
①	④	③	④	②	④	③	④	②	①
31	32	33	34	35	36	37	38	39	40
③	①	②	③	②	④	②	①	③	③
41	42	43	44	45	46	47	48	49	50
④	①	④	④	④	④	①	④	③	③
51	52	53	54	55	56	57	58	59	60
②	②	③	②	②	①	②	④	④	①

01 철근콘크리트의 특징

장점
• 내구성, 내진성, 내화성, 내풍성이 우수하다. • 다양한 치수와 형태로 건축이 가능하다. • 구조물을 경제적으로 만들 수 있고, 유지관리비가 적게 든다. • 일체식 구조로 만듦으로써 강성이 큰 구조가 된다.

단점
• 자체 중량이 크다. • 습식 공사로 공사 기간이 길다. • 균열이 발생하기 쉽고 부분적으로 파손되기 쉽다. • 파괴나 철거가 쉽지 않다.

02 ① 콘크리트에 비해 균일성이 있다.
② 콘크리트에 비해 부재의 치수가 작다.
④ 재료의 세기, 즉 강도가 콘크리트에 비해 크다.

04 프리스트레스의 손실 원인

도입 시 손실(즉시 손실)	도입 후 손실
• 정착장치의 활동 • PS 강재와 덕트(시스) 사이의 마찰 • 콘크리트의 탄성변형(탄성수축)	• 콘크리트의 크리프 • 콘크리트의 건조수축 • PS 강재의 릴랙세이션

03 시멘트풀 또는 모르타르를 그라우트라 하고, 그라우트를 주입하는 작업을 그라우팅이라 한다.

05 프리스트레스트 콘크리트의 특징

장점
• 장스팬의 구조가 가능하다. • 처짐이 작다. • 균열이 거의 발생되지 않기에 강재의 부식위험이 적고 내구성이 좋다. • 과다한 하중으로 일시적인 균열이 발생해도 하중을 제거하면 다시 복원되므로 탄력성과 복원성이 우수하다. • 콘크리트의 전 단면을 유효하게 이용할 수 있어 부재 단면을 줄이고 자중을 경감시킬 수 있다. • 프리캐스트 공법을 적용할 경우, 시공성이 좋고 공기단축이 가능하다. • 파괴의 전조 증상이 뚜렷하게 나타난다.

단점
• 휨강성이 작아져 진동이 생기기 쉽다. • 고강도 강재는 높은 온도에 접하면 갑자기 강도가 감소하므로 내화성에 대하여 불리하다. 그러므로 5 cm 이상의 내화피복이 요구된다. • 공정이 복잡하며 고도의 품질관리가 요구된다. • 단가가 비싸고 보조재료가 많이 사용되므로 공사비가 많이 든다.

06 K트러스

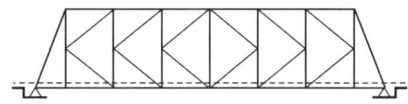

07 ㉠ 두 변에 의해서만 지지된 경우이거나, 네 변이 지지된 슬래브 중에서 $\dfrac{\text{장변 방향 길이}}{\text{단변 방향 길이}} \geq 2$일 경우 1방향 슬래브로 설계한다.
㉡ 네 변으로 지지된 슬래브로서 $\dfrac{\text{장변 방향 길이}}{\text{단변 방향 길이}} < 2$일 경우 2방향 슬래브로 설계한다.

08 배력철근의 배치효과
㉠ 응력을 고르게 분포
㉡ 콘크리트의 수축 억제 및 균열 제어
㉢ 주철근의 간격 유지
㉣ 균열 발생 시 균열 분포

09 연결확대기초
하나의 확대기초를 사용하여 2개 이상의 기둥을 지지하도록 만든 것으로, 복합기초라고도 한다.

10 ① 중력식 옹벽은 통상 무근콘크리트로 만든다.
③ 중력식 옹벽은 일반적으로 높이가 3 m 이하일 때 사용한다.
④ 부벽식 옹벽은 높이가 7.5 m 이상일 때 사용한다.

11 교량은 상부구조와 하부구조로 구성되며, 바닥틀은 상부구조에 속한다.

12 ② 부하중 : 때에 따라 작용하는 2차적인 하중으로서 하중의 조합에 반드시 고려해야 할 하중
③ 특수하중 : 교량의 종류, 구조 형식, 가설 지점의 상황 등에 따라 특별히 고려해야 할 하중
④ 충돌하중 : 특수하중의 일종으로 자동차에 의한 충돌하중은 노면 위 1.8 m에서 수평으로 작용하는 것으로 보고 설계

13 토목구조물의 설계 절차
재료의 선정 → 응력의 결정 → 하중의 결정 → 부재 단면의 가정 → 설계 강도의 계산 → 단면의 결정 → 사용성의 검토

14 스터럽 : 철근콘크리트 구조의 보에서 전단력 및 비틀림모멘트에 저항하도록 보의 주근을 둘러싸고, 이에 직각 또는 경사지게 배치한 보강철근으로 늑근이라고도 한다.

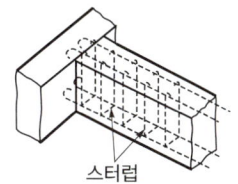
스터럽

15 보의 주철근 수평 순간격
㉠ 25 mm 이상
㉡ 굵은골재 최대치수의 4/3배 이상
㉢ 철근의 공칭지름 이상

16 1방향 슬래브의 정철근과 부철근의 중심 간격은 최대 휨모멘트가 일어나는 위험단면에서 슬래브 두께의 2배 이하, 300 mm 이하로 한다.

17 표준갈고리의 구부리는 각도
㉠ 반원형(180°) 갈고리
㉡ 직각(90°) 갈고리
㉢ 예각(135°) 갈고리

18 표준갈고리의 최소 구부림 내면 반지름

철근 지름	최소 반지름(r)
D10~D25	$3d_b$
D29~D35	$4d_b$
D38 이상	$5d_b$

19 철근의 이음
㉠ 기성 철근의 길이는 한계가 있으므로 시공 시 필요할 경우 철근을 이음하여 사용한다.
㉡ 최대 응력이 작용하는 곳에서의 철근 이음은 피한다.
㉢ 여러 개의 철근을 이음해야 할 경우 이음부를 한 단면에 집중시키지 않고 서로 엇갈리게 두는 것이 좋다.

20 인장철근의 이음 길이
이형철근을 인장철근으로 사용하는 겹침이음 길이는 다음과 같으며, 또는 300mm 이상이어야 한다.

A급 이음	$\dfrac{\text{사용한 } A_s}{\text{필요한 } A_s} \geq 2$, $\dfrac{\text{겹침이음된 } A_s}{\text{총철근량 } A_s} \leq \dfrac{1}{2}$
B급 이음	위 조건에 해당되지 않는 경우

- A급 이음 : $1.0l_d$ - B급 이음 : $1.3l_d$
㉠ 500×1.0=500 mm 이상
㉡ 300 mm 이상
그러므로 500 mm 이상이어야 한다.

21 공기연행제(AE제)
　㉠ 콘크리트 속의 작은 기포(연행공기)를 고르게 분포시키는 계면활성제의 일종이다.
　㉡ 콘크리트의 워커빌리티가 향상되고 블리딩이 감소한다.
　㉢ 기상작용에 대한 내구성과 수밀성이 향상된다.
　㉣ 워커빌리티가 향상되므로 단위수량을 감소시킬 수 있다.
　㉤ AE제가 너무 많이 들어갈 경우, 발생된 공기로 인하여 콘크리트와 철근이 닿는 표면적이 작아지므로 콘크리트 강도와 철근의 부착강도가 다소 작아진다.

22 철근의 피복두께를 두는 이유
　㉠ 철근의 산화(부식) 방지
　㉡ 내화성 증진
　㉢ 부착 응력 확보

23 콘크리트의 피복두께

철근의 외부 조건			최소 피복
수중에서 타설하는 콘크리트			100 mm
흙에 접하여 콘크리트를 친 후에 영구히 흙에 묻혀 있는 콘크리트			75 mm
흙에 접하거나 옥외의 공기에 직접 노출되는 콘크리트	D19 이상의 철근		50 mm
	D16 이하의 철근, 지름 16 mm 이하의 철선		40 mm
옥외의 공기나 흙에 직접 접하지 않는 콘크리트	슬래브, 벽체, 장선	D35를 초과하는 철근	40 mm
		D35 이하의 철근	20 mm
	보, 기둥 (f_{ck}가 40 MPa 이상인 경우는 규정값에서 10 mm 저감)		40 mm
	셸, 절판 부재		20 mm

24 보통 콘크리트는 전체 부피의 약 70%가 골재이고, 나머지 30%가 물, 시멘트, 공기로 이루어져 있다.

25 콘크리트용으로 사용하는 부순 골재의 특징
　㉠ 시멘트와의 부착력이 좋다.
　㉡ 휨강도가 커서 포장 콘크리트에 사용하면 좋다.
　㉢ 단위수량이 많이 요구된다.
　㉣ 수밀성, 내구성이 약간 저하된다.

26 표면 건조 포화 상태(표건 상태)
골재를 침수시켰다가 표면의 물기만 제거해 표면에는 물기가 없고, 내부 공극은 물로 가득 차 있는 상태

27 조립률을 구하기 위해서 10개의 체(80 mm, 40 mm, 20 mm, 10 mm, 5 mm, 2.5 mm, 1.2 mm, 0.6 mm, 0.3 mm, 0.15 mm)를 사용한다.

28 시멘트의 오토클레이브 시험방법은 시멘트의 팽창도 시험이며, 시멘트의 분말도 시험방법은 블레인(blaine) 공기투과장치로 이루어진다.

29 시멘트는 물과 닿으면 화학반응을 일으켜 수화물을 생성하는데, 이러한 반응을 수화작용이라고 하며, 이때 발생하는 열을 수화열이라고 한다.

30 중용열 포틀랜드 시멘트
　㉠ 수화열을 적게 하기 위해서 규산삼석회(C_3S), 알루민산삼석회(C_3A)의 함유량을 제한하고, 규산이석회(C_2S)의 알루민산철사석회(C_4AF)의 양을 적당량 증가시킨다.
　㉡ 수화열이 적어서 건조수축이 적고 장기강도가 크다.
　㉢ 수화열이 적으므로 서중콘크리트에 사용하기 용이하다.
　㉣ 댐과 같은 매스콘크리트, 방사선 차폐용 콘크리트 등의 단면이 큰 콘크리트에 적합하다.

31 ① 철근의 정착에는 일반적으로 정착길이에 의한 방법과 표준갈고리에 의한 방법이 사용된다.
② 묻힘 길이에 의한 정착에서 철근의 정착길이는 철근의 간격이 크면 짧아진다.
④ 묻힘 길이에 의한 정착에서 철근의 정착길이는 철근의 피복두께가 크면 짧아진다.

32 지연제
　㉠ 콘크리트의 응결이나 초기경화를 지연시키기 위하여 사용한다.
　㉡ 서중콘크리트 시공이나 레디믹스트 콘크리트 운반 중 응결을 방지하기 위해 사용한다.
　㉢ 대형 구조물 등 콘크리트의 연속 타설을 할 때 콘크리트 구조에 작업이음(cold and work joint)이 생기지 않도록 하기 위해서 사용한다.

33 워커빌리티(workability)
반죽질기의 정도에 따르는 운반, 타설, 다짐, 마무리 등 작업의 난이 정도 및 재료의 분리에 저항하는 정도

34 단위시멘트량이 많을수록 워커빌리티가 좋아진다.

※ 워커빌리티에 영향을 주는 요인
- ㉠ 시멘트 : 시멘트가 많고 분말도가 높을수록 워커빌리티가 좋아진다. 풍화된 시멘트를 사용할 경우, 슬럼프가 증가하고 재료분리가 발생할 수 있다.
- ㉡ 골재 : 시멘트의 양에 비해 골재의 양이 적을수록, 골재알의 모양이 둥글수록 워커빌리티가 좋아진다.
- ㉢ 혼화재료 : 플라이애시, 고로 슬래그 미분말 등의 혼화재와 AE제, 감수제, AE감수제 등의 혼화제를 사용하면 워커빌리티가 좋아진다.
- ㉣ 물 : 워커빌리티에 가장 영향을 끼치는 것은 사용수량이다. 수량이 많을수록 콘크리트는 묽은 반죽이 되어 재료가 분리되기 쉽고, 수량이 적으면 된 반죽이 되어 유동성이 작아 워커빌리티가 나빠진다.

35 레이턴스
- ㉠ 블리딩 현상에 의하여 콘크리트의 표면에 떠올라 가라앉는 미세한 물질을 말한다.
- ㉡ 레이턴스는 굳어도 강도가 거의 없으므로 콘크리트를 덧치기할 때에는 이것을 없앤 뒤에 작업하여야 한다.

36 콘크리트의 휨강도는 도로 포장용 콘크리트의 품질 결정에 사용된다.

37 시방배합에서 굵은골재와 잔골재를 구분하는 기준은 5 mm 체이다.

38 철근콘크리트는 압축에는 강하나 인장에서 약하므로 콘크리트 속에 철근을 넣어 인장강도를 보강한 콘크리트이다.

39 수중콘크리트
- ㉠ 물속에 콘크리트를 치는 것을 수중콘크리트라 한다.
- ㉡ 공기 중에서 시공할 때보다 높은 배합강도를 가진 콘크리트를 사용해야 한다.
- ㉢ 재료분리가 될 수 있는 대로 적게 되도록 시공해야 한다.
- ㉣ 방파제의 기초, 호안 기초, 수문 기초, 케이슨 바닥, 안벽 등의 구조물에 사용된다.
- ㉤ 물-결합재비는 50% 이하로 하고, 잔골재율은 40~45%를 표준으로 한다.

40 제도용지의 세로와 가로의 비는 $1 : \sqrt{2}$ 이다.

41 도면의 크기가 클 때에는 A4 크기로 접어서 보관한다.

42 도면의 모든 치수에 동일한 치수단위(mm)를 사용하고, 단위기호는 생략한다. 단, 도면 명세의 일부로서 다른 단위를 사용해야 하는 곳에는 해당 단위기호를 수치와 함께 표시한다.

43 협소한 구간에서 연속되게 치수를 기입할 경우에는 치수선의 위쪽과 아래쪽에 번갈아 치수를 기입한다.

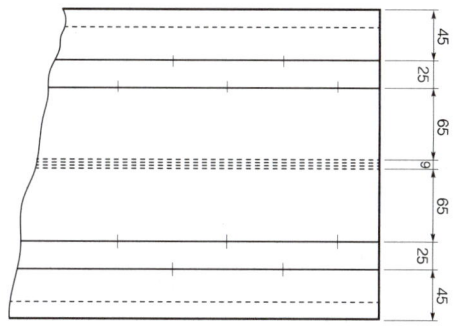

44 KS 부문별 기호

분류기호	KS A	KS B	KS C	KS D	KS E	KS F	KS G	KS H
부문	기본	기계	전기전자	금속	광산	건설	일용품	식품
분류기호	KS K	KS L	KS M	KS P	KS R	KS V	KS W	KS X
부문	섬유	요업	화학	의료	수송기계	조선	항공우주	정보

45 윤곽선은 도면의 크기에 따라 0.5 mm 이상의 굵은 실선으로 나타낸다.

46 정투상법
- ㉠ 제3각법 : 눈 → 투상도 → 물체
- ㉡ 제1각법 : 눈 → 물체 → 투상면

47 투시투상법(투시도법)
- ㉠ 물체와 시점 간의 거리감(원근감)을 느낄 수 있도록 실제로 우리 눈에 보이는 대로 대상물을 그리는 방법으로, 원근법이라고도 한다.
- ㉡ 하나의 시점과 물체의 각 점을 방사선으로 이어서 그리는 방법이다.

48 축측투상법
  ㉠ 정육면체를 경사대 위에서 적당한 방향으로 두고, 투상면에 수직투상하여 정육면체 3개의 인접면을 1개의 도형으로 표현하는 방법이다.
  ㉡ 투상된 도형은 경사대의 경사각 및 경사대 위에 있는 정육면체의 방향에 따라 등각투상법, 부등각투상법, 이등각투상법으로 나눌 수 있다.

49 ① 목재 ② 사질토 ③ 자연석(석재) ④ 콘크리트

50 ① 사질토 ② 잡석 ③ 모래 ④ 자갈

51 ① 환봉 ② 각봉 ③ 파이프 ④ 나무

52 평강의 경우 두께가 t, 폭이 B, 길이가 L일 때 ☐ $B \times t - L$로 표시한다.

53 상세도
  ㉠ 상세한 도면이 필요한 경우, 구조도의 일부를 큰 축척으로 확대하여 표시한다.
  ㉡ 축척은 1/1, 1/2, 1/5, 1/10, 1/20을 표준으로 한다.

54 성토면을 나타낸다.

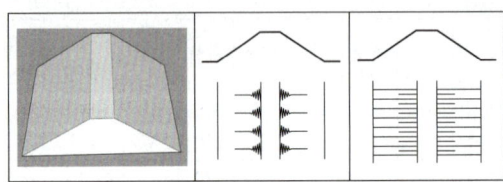

55 ①, ④ ϕ13 : 공칭지름 13 mm의 원형철근
  ③ H16 : 공칭지름 16 mm의 이형철근(고강도 철근)

56 ② 철근의 기계적 이음
  ③ 갈고리가 있을 때의 평면
  ④ 반원형 갈고리

57 '24@200=4800'은 전장 4,800 mm를 200 mm로 24등분한다는 의미이다.

58 CAD는 데이터베이스를 구축하고 후속 프로젝트에 유용하게 활용할 수 있다.

59

분류 기준	좌표계	설명
기준점에 따른 분류	절대좌표	원점으로부터 시작되는 좌표
	상대좌표	이전 점 또는 지정된 임의의 점으로부터 시작되는 좌표
후속점 입력방식에 따른 분류	직교좌표	원점 또는 이전 점에서의 X축, Y축의 이동거리로 표시
	극좌표	원점 또는 이전 점부터의 길이와 각도로 표시

60 등가직사각형 응력분포 변수값

f_{ck}	ε_{cu}	η	β_1
≤40	0.0033	1.00	0.80
50	0.0032	0.97	0.80
60	0.0031	0.95	0.76
70	0.0030	0.91	0.74
80	0.0029	0.87	0.72
90	0.0028	0.84	0.70

CBT 실전 모의고사

01 콘크리트에 일정하게 하중을 주면 응력의 변화는 없는데도 시간이 경과함에 따라 변형이 커지는 현상은?
 ① 건조수축 ② 크리프
 ③ 틱소트로피 ④ 릴랙세이션

02 철근콘크리트의 특징에 대한 설명으로 옳지 않은 것은?
 ① 내구성, 내화성, 내진성이 우수하다.
 ② 균열 발생이 없고 검사 및 개조, 해체 등이 쉽다.
 ③ 여러 가지 모양과 치수의 구조물을 만들기 쉽다.
 ④ 다른 구조물에 비하여 유지관리비가 적게 든다.

03 포스트텐션 방식의 PSC 부재에서 콘크리트 부재 속에 구멍을 형성하기 위해 사용하는 관은?
 ① 시스 ② PS 강재
 ③ 정착단 ④ 잭

04 인장측의 콘크리트에 미리 계획적으로 압축응력을 주어 일어날 수 있는 인장응력을 상쇄시킨 콘크리트를 무엇이라 하는가?
 ① 강콘크리트
 ② 합성 콘크리트
 ③ 철근콘크리트
 ④ 프리스트레스트 콘크리트

05 프리스트레스트 콘크리트의 프리텐션 방식을 설명한 것으로 옳지 않은 것은?
 ① 주로 공장에서 제작한다.
 ② PS 강재를 긴장한 채로 콘크리트를 친다.
 ③ PS 강재와 콘크리트의 부착에 의하여 콘크리트의 프리스트레스가 도입된다.
 ④ 콘크리트가 경화한 후 프리스트레스를 도입한다.

06 강구조에 관한 설명으로 옳지 않은 것은?
 ① 구조용 강재의 재료는 균질성을 갖는다.
 ② 다양한 형상의 구조물을 만들 수 있으나 개보수 및 보강이 어렵다.
 ③ 강재의 이음에는 용접이음, 고장력 볼트이음, 리벳이음 등이 있다.
 ④ 강구조에 쓰이는 강은 탄소함유량이 0.04~2.0%로 유연하고 연성이 풍부하다.

07 〈보기〉의 특징이 설명하고 있는 교량형식은?

> • 부재를 삼각형의 뼈대로 만든 것으로 보의 작용을 한다.
> • 수직 또는 수평 브레이싱을 설치하여 횡압에 저항토록 한다.
> • 부재와 부재의 연결점을 격점이라 한다.

 ① 단순교 ② 아치교
 ③ 트러스교 ④ 판형교

08 철근콘크리트기둥을 분류할 때 구조용 강재나 강관을 축방향으로 보강한 기둥은?
 ① 복합기둥 ② 합성기둥
 ③ 띠철근기둥 ④ 나선철근기둥

09 다음은 기둥(장주)의 유효길이에 대한 설명이다. 올바른 것은?
① 양끝이 힌지로 되어 있는 기둥일 경우 유효길이는 기둥 전체 길이의 0.5배이다.
② 양끝이 고정되어 있는 기둥일 경우 유효길이는 기둥의 전체 길이이다.
③ 한끝이 고정이고, 다른 한끝이 자유롭게 되어 있는 기둥일 경우 유효길이는 기둥 전체 길이의 2배이다.
④ 한끝이 고정이고, 다른 한끝이 힌지로 되어 있는 기둥일 경우 유효길이는 기둥 전체 길이의 4배이다.

10 최대 휨모멘트가 일어나는 단면에서 1방향 슬래브의 정철근 및 부철근의 중심 간격에 대한 설명으로 옳은 것은?
① 슬래브 두께의 2배 이하이어야 하고, 또한 300 mm 이하로 하여야 한다.
② 슬래브 두께의 2배 이하이어야 하고, 또한 400 mm 이하로 하여야 한다.
③ 슬래브 두께의 3배 이하이어야 하고, 또한 300 mm 이하로 하여야 한다.
④ 슬래브 두께의 3배 이하이어야 하고, 또한 400 mm 이하로 하여야 한다.

11 서해대교와 같이 교각 위에 주탑을 세우고 주탑과 경사로 배치된 케이블로 주형을 고정시키는 형식의 교량은?
① 현수교
② 라멘교
③ 연속교
④ 사장교

12 옹벽의 안정에서 옹벽이 미끄러져 나아가게 하려는 힘에 저항하는 안정을 무엇이라 하는가?
① 전도에 대한 안정
② 침하에 대한 안정
③ 활동에 대한 안정
④ 저판에 대한 안정

13 교량의 상부구조의 중량, 즉 교량의 자중을 비롯하여 교량에 부설된 모든 시설물의 중량을 말하는 토목구조물의 설계하중은?
① 활하중 ② 고정하중
③ 충격하중 ④ 풍하중

14 토목구조물의 특징으로 옳은 것은?
① 다량 생산을 할 수 있다.
② 대부분은 개인적인 목적으로 건설된다.
③ 건설에 비용과 시간이 적게 소요된다.
④ 구조물의 수명, 즉 공용 기간이 길다.

15 기둥에서 종방향 철근의 위치를 확보하고 전단력에 저항하도록 정해진 간격으로 배치된 횡방향의 보강철근을 무엇이라 하는가?
① 띠철근 ② 절곡철근
③ 인장철근 ④ 주철근

16 주철근을 2단 이상으로 배치할 경우에는 그 연직 순간격은 최소 얼마 이상으로 하여야 하는가?
① 15 mm ② 20 mm
③ 25 mm ④ 30 mm

17 D25 철근을 사용한 90° 표준갈고리는 90° 구부린 끝에서 최소 얼마 이상 더 연장하여야 하는가? (단, d_b : 철근의 공칭지름)
① $6d_b$ ② $9d_b$ ③ $12d_b$ ④ $15d_b$

18 절곡철근의 구부리는 내면 반지름은 철근 지름의 최소 몇 배 이상으로 해야 하는가?
① 6배 이상
② 5배 이상
③ 4배 이상
④ 3배 이상

19 공칭지름이 몇 mm를 초과하는 철근은 겹침 이음을 해서는 안 되는가?
① 35 mm
② 32 mm
③ 29 mm
④ 25 mm

20 철근의 피복두께에 대한 설명으로 바른 것은?
① 철근의 중앙에서 콘크리트 표면까지의 최단 거리
② 철근의 상단에서 콘크리트의 표면까지의 최단 거리
③ 철근의 표면에서 콘크리트의 표면까지의 최단 거리
④ 철근의 표면에서 콘크리트의 표면까지의 45° 사거리

21 흙에 접하여 콘크리트를 친 후 영구히 흙에 묻혀 있는 콘크리트 구조물의 경우 다발철근을 사용하였다면 최소 피복두께는 얼마인가?
① 40 mm
② 50 mm
③ 75 mm
④ 100 mm

22 토목 재료 요소의 콘크리트 특징으로 옳지 않은 것은?
① 콘크리트 자체의 무게가 무겁다.
② 압축강도와 내구성이 크다.
③ 재료의 운반과 시공이 쉽다.
④ 압축강도에 비해 인장강도가 크다.

23 굵은골재의 최대치수는 질량비로 몇 % 이상을 통과시키는 체 가운데에서 가장 작은 치수의 체눈을 체의 호칭치수로 나타낸 것인가?
① 80%
② 85%
③ 90%
④ 95%

24 골재의 함수 상태 네 가지 중 습기가 없는 실내에서 자연 건조시킨 것으로서 골재알 속의 빈틈 일부가 물로 차 있는 상태는?
① 습윤 상태
② 절대 건조 상태
③ 표면 건조 포화 상태
④ 공기 중 건조 상태

25 시멘트의 응결에 대한 설명 중 틀린 것은?
① 수량이 많고 시멘트가 풍화되었을 경우는 응결이 늦어진다.
② 온도와 분말도가 높고 습도가 낮을 경우는 응결이 빨라진다.
③ 석고의 양이 많으면 응결시간이 늦어진다.
④ 화학 성분 중에서 C_3A가 많으면 응결이 늦어진다.

26 경화가 빠르고 조기 강도가 커서 공기를 단축할 수 있고 한중 콘크리트와 수중 콘크리트 시공에 적합한 시멘트는 어느 것인가?
① 중용열 포틀랜드 시멘트
② 실리카 시멘트
③ 플라이애시 시멘트
④ 조강 포틀랜드 시멘트

27 콘크리트 속에 일반적으로 많이 사용되는 응결 경화 촉진제는?
① 플라이애시
② 산화철
③ 내황산염
④ 염화칼슘

28 주로 물의 양이 많고 적음에 따라 반죽이 되고 진 정도를 나타내는 굳지 않은 콘크리트의 성질은?

① 반죽질기 ② 워커빌리티
③ 성형성 ④ 피니셔빌리티

29 굳지 않은 콘크리트의 작업 후 재료분리 현상으로 시멘트와 골재가 가라앉으면서 물이 올라와 콘크리트 표면에 떠오르는 현상은?

① 크리프 ② 블리딩
③ 레이턴스 ④ 워커빌리티

30 지름 150 mm의 원주형 공시체를 사용한 콘크리트의 압축강도시험에서 최대 압축하중이 225 kN이었다. 압축강도는 약 얼마인가?

① 10.0 MPa ② 100 MPa
③ 12.7 MPa ④ 127 MPa

31 시방배합을 현장배합으로 고칠 경우에 고려하여야 할 사항으로 옳지 않은 것은?

① 단위시멘트량
② 잔골재 중 5 mm 체에 남는 굵은골재량
③ 굵은골재 중에서 5 mm 체를 통과하는 잔골재량
④ 골재의 함수 상태

32 콘크리트에 일어날 수 있는 인장응력을 상쇄하기 위하여 계획적으로 압축응력을 준 콘크리트를 무엇이라 하는가?

① 강구조물
② 합성구조물
③ 철근콘크리트
④ 프리스트레스트 콘크리트

33 한중콘크리트에 관한 설명으로 옳지 않은 것은?

① 하루의 평균 기온이 4℃ 이하가 되는 기상 조건하에서는 한중콘크리트로서 시공한다.
② 타설할 때의 콘크리트 온도는 5~20℃의 범위에서 정한다.
③ 가열한 재료를 믹서에 투입할 경우 가열한 물과 굵은골재, 잔골재를 넣어서 믹서 안에 재료 온도가 60℃ 정도가 된 후 시멘트를 넣는 것이 좋다.
④ AE 콘크리트를 사용하는 것을 원칙으로 한다.

34 뿜어붙이기 콘크리트에 대한 설명으로 틀린 것은?

① 시멘트는 보통 포틀랜드 시멘트를 사용한다.
② 혼화제로는 급결제를 사용한다.
③ 굵은골재는 최대치수가 40~50 mm의 부순 돌 또는 강자갈로 사용한다.
④ 시공방법으로는 건식공법과 습식공법이 있다.

35 국가 규격 명칭과 규격 기호가 바르게 표시된 것은?

① 일본 규격 - JKS
② 미국 규격 - USTM
③ 스위스 규격 - JIS
④ 국제표준화기구 - ISO

36 도면의 크기를 종이 재단 치수에 의하여 분류했을 때 A3의 크기가 바른 것은?

① 841×1,189 ② 594×841
③ 297×420 ④ 210×297

37 윤곽선은 도면의 크기에 따라 몇 mm 이상의 굵기인 실선으로 긋는가?
① 0.1 mm   ② 0.3 mm
③ 0.4 mm   ④ 0.5 mm

38 굵기에 따른 선의 종류가 아닌 것은?
① 가는 선   ② 아주 굵은 선
③ 중심선   ④ 굵은 선

39 치수 기입에 대한 설명 중 옳지 않은 것은?
① 치수는 도면상에서 다른 선에 의해 겹치거나 교차되거나 분리되지 않게 기입한다.
② 가로 치수는 치수선의 아래쪽에, 세로 치수는 치수선의 오른쪽에 쓴다.
③ 협소한 구간이 연속될 때에는 치수선의 위쪽과 아래쪽에 번갈아 치수를 기입할 수 있다.
④ 경사는 백분율 또는 천분율로 표시할 수 있으며, 경사방향 표시는 하향경사 쪽으로 표시한다.

40 치수선에 대한 설명으로 틀린 것은?
① 치수선은 표시할 치수의 방향에 평행하게 긋는다.
② 협소하여 화살표를 붙일 여백이 없을 때에는 치수선을 치수보조선 바깥쪽에 긋고 내측을 향하여 화살표를 붙인다.
③ 일반적으로 불가피한 경우가 아닐 때에는, 치수선은 다른 치수선과 서로 교차하지 않도록 한다.
④ 대칭인 물체의 치수선은 중심선에서 약간 연장하여 긋고, 치수선의 중심쪽 끝에는 화살표를 붙인다.

41 제도의 통칙에서 한글, 숫자 및 영문자의 경우 글자의 굵기는 글자 높이의 얼마 정도로 하는가?
① 1/2   ② 1/5   ③ 1/9   ④ 1/13

42 KS에서 원칙으로 하고 있는 정투상법은?
① 제1각법   ② 제2각법
③ 제3각법   ④ 제4각법

43 투상선이 투상면에 대하여 수직으로 투상되는 투영법은?
① 사투상법   ② 정투상법
③ 중심투상법 ④ 평행투사법

44 그림에서와 같이 주사위를 바라보았을 때 우측면도를 바르게 표현한 것은? (단, 투상법은 제3각법이며, 물체의 모서리 부분의 표현은 무시한다.)

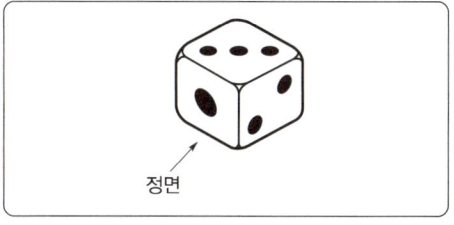
정면

① 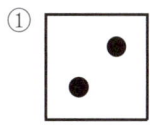   ②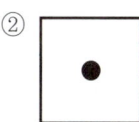

③ 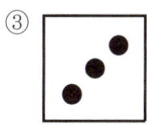   ④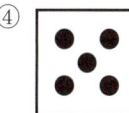

45 인접한 두 면이 각각 화면과 기면에 평행한 때의 투시도를 무엇이라 하는가?
① 평행투시도   ② 유각투시도
③ 경사투시도   ④ 정사투시도

46 다음 중 강(鋼)재료의 단면표시로 옳은 것은?

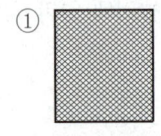

47 자갈을 나타내는 재료의 경계표시는?

48 건설재료의 단면 경계 기호 중 지반면(흙)을 나타내는 것은?

49 다음 그림과 같은 강관의 치수 표시방법으로 옳은 것은? (단, B : 내측 지름, t : 축방향 길이)

① $\phi A - L$
② $\phi A \times t - L$
③ $\square\, A \times B - L$
④ $A \times B \times t - L$

50 다음의 철강재료의 기호표시에서 재료의 종류, 최저인장강도, 화학성분값 등을 표시하는 부분은?

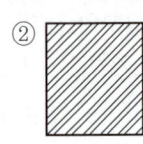

① ㉠
② ㉡
③ ㉢
④ ㉣

51 일반적인 토목구조물 제도에서 도면 배치에 대한 설명으로 옳지 않은 것은?

① 단면도를 중심으로 저판 배근도는 하부에 그린다.
② 단면도를 중심으로 우측에는 벽체 배근도를 그린다.
③ 도면 상단에는 도면 명칭을 도면 크기에 알맞게 기입한다.
④ 일반도는 단면도의 상단에 위치하도록 그린다.

52 다음은 콘크리트 구조물의 어떤 도면에 대한 설명인가?

일반적으로 배근도라고도 하며, 현장에서는 이 도면에 따라 철근의 가공, 배치 등을 행하는 중요한 도면이다.

① 일반도
② 평면도
③ 구조도
④ 상세도

53 토목제도를 목적과 내용에 따라 분류한 것으로 옳은 것은?

① 설계도 : 중요한 치수, 기능, 사용되는 재료를 표시한 도면
② 계획도 : 설계도를 기준으로 작업 제작에 이용되는 도면
③ 구조도 : 구조물과 관련 있는 지형 및 지질을 표시한 도면
④ 일반도 : 구조도에 표시하기 곤란한 부분의 형상, 치수를 표시한 도면

54 그림은 콘크리트 구조물 제도에서 어떤 철근 배근을 나타낸 것인가?

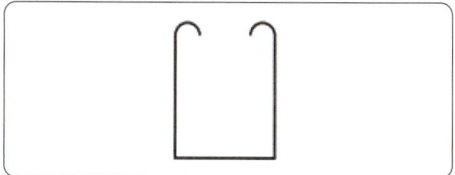

① 절곡철근 ② 스터럽
③ 띠철근   ④ 나선철근

55 아래 철근 표시법에 대한 설명으로 옳은 것은?

24@200=4800

① 전장 4,800 m를 24 m로 200등분
② 전장 4,800 mm를 200 mm로 24등분
③ 전장 4,800 m를 24 m와 200 m로 적당한 비율로 등분
④ 전장 4,800 mm를 24 mm로 배분하고 마지막 1칸은 200 mm로 1회 배분

56 지름 22 mm의 철근이 200 mm 간격으로 배치된다는 뜻을 표시한 기호는?

① $\phi 22@200$ ② $22@-\phi 200$
③ $200@22\phi$ ④ $200\phi-22@$

57 도면 제도에 있어서 등고선의 종류 중 지형 표시의 기본이 되는 선으로 가는 실선으로 나타내는 것은?

① 계곡선   ② 주곡선
③ 간곡선   ④ 조곡선

58 CAD 시스템을 도입하였을 때 얻어지는 효과와 거리가 먼 것은?

① 도면의 표준화
② 작업의 효율화
③ 제품 원가의 증대
④ 설계의 신용도 상승

59 강도설계법으로 단철근 직사각형 보를 설계할 때 콘크리트의 설계강도가 21 MPa, 철근의 항복강도가 240 MPa인 경우 균형철근비는? (단, 계수 β_1은 0.85이다)

① 0.041   ② 0.044
③ 0.052   ④ 0.056

60 CAD 작업에서 가장 최근에 입력한 점을 기준으로 하여 위치를 결정하는 좌표계는?

① 절대좌표계   ② 상대좌표계
③ 표준좌표계   ④ 사용자좌표계

CBT 실전 모의고사 정답 및 해설

01	02	03	04	05	06	07	08	09	10
②	②	①	④	④	②	③	②	③	①
11	12	13	14	15	16	17	18	19	20
④	③	②	④	①	③	③	②	①	③
21	22	23	24	25	26	27	28	29	30
③	④	③	④	④	④	④	①	②	③
31	32	33	34	35	36	37	38	39	40
①	④	③	③	④	③	④	③	②	④
41	42	43	44	45	46	47	48	49	50
③	③	②	①	①	②	④	④	②	④
51	52	53	54	55	56	57	58	59	60
④	③	①	②	②	①	②	③	②	②

01 크리프
구조물에 자중 등과 같은 하중이 오랜 시간 지속적으로 작용하면 더 이상 응력이 증가하지 않더라도 시간이 지나면서 구조물에 발생하는 변형

02 철근콘크리트는 균열이 발생하기 쉽고 검사, 개조, 보강, 파괴가 어렵다.

03 포스트텐션 방식
인장측에 시스관을 묻어 놓고 시스 내에 PC 강재를 배치한 후 콘크리트를 타설한다. 콘크리트가 경화한 후 시스관 속의 PC 강재를 양단에서 긴장 및 정착시킨다. 이때 발생하는 강재의 상향력으로 인장력을 상쇄한다.

04 프리스트레스트 콘크리트
콘크리트에 인장응력이 발생할 수 있는 부분에 고강도 강재(PS 강재)를 긴장시켜 미리 계획적으로 압축력을 주어 인장력이 상쇄될 수 있도록 한 콘크리트이다. 인장응력에 의한 균열이 방지되고 콘크리트의 전단면을 유효하게 이용할 수 있다. PS 콘크리트 또는 PSC라고도 한다.

05 프리텐션 방식
콘크리트를 타설하기 전에 강재를 미리 긴장시킨 후 콘크리트를 타설하고, 콘크리트가 경화되면 긴장력을 풀어서 콘크리트에 프리스트레스가 주어지도록 하는 방법이다. 콘크리트와 강재의 부착에 의해서 프리스트레스가 도입된다.

06 강구조의 특징

장점
• 단위면적당 강도가 크다.
• 자중이 작기 때문에 긴 지간의 교량이나 고층 건물 시공에 쓰인다.
• 인성이 커서 변형에 유리하고 내구성이 크다.
• 재료가 균질하다.
• 부재를 공장에서 제작하고 현장에서 조립하여 현장작업이 간편하고 공사 기간이 단축된다.
• 세장한 부재가 가능하다.
• 기존 건축물의 증축, 보수가 용이하다.
• 환경 친화적인 재료이다.

단점
• 내화성이 낮다.
• 좌굴의 영향이 크다.
• 접합부의 신중한 설계와 용접부의 검사가 필요하다.
• 처짐 및 진동을 고려해야 한다.
• 유지관리가 필요하다.
• 반복하중에 따른 피로에 의해 강도 저하가 심하다.
• 소음이 발생하기 쉽다.
• 구조 해석이 복잡하다.

07 트러스교에 대한 설명이다.

※ 트러스교의 특징
⊙ 구조적으로 긴 지간의 구조로 만들 수 있다. 40~120 m의 지각에 알맞은 교량형식이다.
ⓒ 쉽게 변형이 일어나지 않고, 내풍 안전성을 가지고 있다.
ⓒ 구조물의 해석이 비교적 간단하다.

08 합성기둥
구조용 강재나 강판을 축방향으로 보강한 기둥

09 기둥의 지지 조건과 유효길이계수

지지 조건	양단고정	일단고정 타단힌지	양단힌지	일단고정 타단자유
좌굴곡선 (탄성곡선)				
유효길이 (kl)	$0.5l$	$0.7l$	$1.0l$	$2.0l$
유효길이계수 (k)	0.5	0.7	1.0	2.0

10 1방향 슬래브에서 정모멘트 철근 및 부모멘트 철근의 중심 간격은 위험단면에서는 슬래브 두께의 2배 이하이어야 하고, 또한 300 mm 이하로 하여야 한다.

11 ⊙ 현수교 : 주탑을 양쪽에 세워 주케이블을 걸고, 이 케이블에 수직 케이블(행어)을 걸어 보강형을 매달아 지지하는 교량형식으로 초장대교에 적합하다.
ⓒ 라멘교 : 상부구조와 하부구조를 강결로 연결함으로써 전체 구조의 강성을 높이고 상부구조에 휨모멘트를 하부구조가 함께 부담하게 한다.
ⓒ 연속교 : 지지형식에 따른 분류로 주형이나 주트러스를 3개 이상의 지점으로 지지하여 2경간 이상에 걸쳐 연속시킨 교량이다.

12 활동에 대한 안정
옹벽에 작용하는 수평력의 합(ΣH)은 옹벽을 수평 방향으로 활동시키려고 한다. 지반과 저판 밑면 사이의 마찰력과 저판의 전면에 작용하는 수동토압이 활동에 저항하지만, 저판 전면의 수동토압은 무시한다.

13 ⊙ 활하중 : 교량을 통행하는 사람이나 자동차 등의 이동 하중
ⓒ 충격하중 : 입체 교차로와 같이 다른 도로 가운데에 각주 등이 있는 경우 자동차가 이 구조물을 충돌하는 경우
ⓒ 풍하중 : 바람에 의한 압력

14 토목구조물의 특징
⊙ 어떠한 조건에서 설계 및 시공된 토목구조물은 유일한 구조물이다. 동일한 조건을 갖는 환경은 없고, 동일한 구조물을 두 번 이상 건설하는 일이 없다.
ⓒ 대부분 공공의 목적으로 건설된다. 따라서 공공의 비용으로 건설된다.
ⓒ 일반적으로 구조물의 규모가 크므로 건설에 많은 비용과 시간이 소요된다.
ⓔ 한 번 건설해 놓으면 오랜 기간 사용하므로 장래를 예측하여 설계하고 건설해야 한다.

15 ⊙ 절곡철근 : 휨모멘트에 대하여 더 연장할 필요가 없는 인장철근을 30° 이상의 각도로 휘어 올린 철근
ⓒ 인장철근 : 부재의 인장에 힘이 가해지는 부분에 배근되는 철근
ⓒ 주철근 : 철근콘크리트 구조에서 주로 휨모멘트에 의해 생기는 장력에 대하여 배치된 철근

16 철근이 2단 이상으로 배치되는 경우 상하 철근은 동일 연직면 내에 배치되어야 하고, 상하 철근의 연직 순간격은 25 mm 이상으로 해야 한다.

17 스터럽과 띠철근의 표준갈고리
(D25 이하의 철근에만 적용)
⊙ 90° 표준갈고리
• D16 이하인 철근은 90° 구부린 끝에서 $6d_b$ 이상 더 연장하여야 한다.
• D19, D22, D25 철근은 90° 구부린 끝에서 $12d_b$ 이상 더 연장하여야 한다.
ⓒ 135° 표준갈고리
D25 이하의 철근은 135° 구부린 끝에서 $6d_b$ 이상 더 연장하여야 한다.

18 표준갈고리가 아닌 철근의 최소 구부림 내면 반지름은 $5d_b$ 이상으로 한다.

19 지름이 35 mm(D35)를 초과하는 철근은 겹침이음을 해서는 안 되고 용접에 의한 맞댐이음을 해야 한다.

20 **철근의 피복두께**
철근 표면으로부터 콘크리트 표면까지의 최단 거리

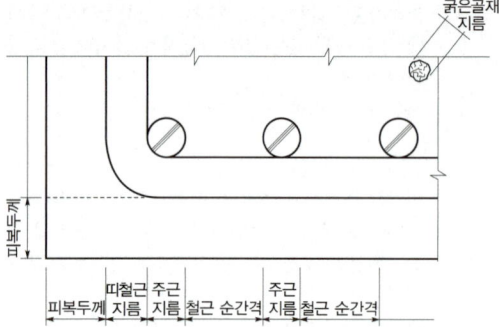

21 **콘크리트의 피복두께**

철근의 외부 조건			최소 피복
수중에서 타설하는 콘크리트			100 mm
흙에 접하여 콘크리트를 친 후에 영구히 흙에 묻혀 있는 콘크리트			75 mm
흙에 접하거나 옥외의 공기에 직접 노출되는 콘크리트	D19 이상의 철근		50 mm
	D16 이하의 철근, 지름 16 mm 이하의 철선		40 mm
옥외의 공기나 흙에 직접 접하지 않는 콘크리트	슬래브, 벽체, 장선	D35를 초과하는 철근	40 mm
		D35 이하의 철근	20 mm
	보, 기둥 (f_{ck}가 40 MPa 이상인 경우는 규정값에서 10 mm 저감)		40 mm
	셸, 절판 부재		20 mm

22 콘크리트의 인장강도는 압축강도의 약 1/10~1/13 정도이다.

23 **굵은골재 최대치수**
질량비로 90% 이상을 통과시키는 체 중에서 최소치수의 체눈을 호칭치수로 나타낸다.

24 **공기 중 건조 상태(기건 상태)**
실내에서 자연 건조시켜 골재 내부의 공극 일부가 물로 차 있는 상태

25 알루민산삼석회(C_3A)가 많으면 응결이 빨라진다.

26 **조강 포틀랜드 시멘트**
㉠ 보통 포틀랜드 시멘트보다 조기강도가 크며, 재령 7일에서 보통 포틀랜드 시멘트의 재령 28일 강도를 낸다.
㉡ 보통 포틀랜드 시멘트에 비해서 규산삼석회(C_3S)의 함유량을 높이고 규산이석회(C_2S)를 줄이는 동시에 분말도를 높였다.
㉢ 단기강도가 요구되는 긴급공사, 수중공사 등에 사용한다.
㉣ 수화열이 많으므로 겨울(한중콘크리트) 콘크리트 시공에 적합하다.
㉤ 수화열이 많아 균열이 발생하기 쉬우므로 매스콘크리트에 사용할 때에는 주의해야 한다.

27 콘크리트의 응결 경화 촉진제로는 일반적으로 염화칼슘을 많이 사용한다.

28 **반죽질기**(consistency)
주로 물의 양의 많고 적음에 따르는 반죽의 되고 진 정도로서 변형 또는 유동에 대한 저항성의 정도

29 **블리딩**
㉠ 콘크리트를 친 뒤에 시멘트와 골재알이 가라앉으면서 물이 콘크리트 표면으로 떠오르는 블리딩 현상이 발생한다.
㉡ 블리딩이 커지면 콘크리트 윗부분의 강도가 작아지고 수밀성과 내구성이 나빠진다.

30 **콘크리트의 압축강도**
$$f_c = \frac{P}{A} = \frac{225 \times 10^3}{\frac{\pi \times 150^2}{4}} = 12.7 \text{ MPa}$$

31 ㉠ **시방배합** : 시방서 또는 책임감리원에서 지시한 배합이다. 골재의 함수 상태가 표면 건조 포화 상태이면서 잔골재는 5 mm 체를 전부 통과하고, 굵은 골재는 5 mm 체에 다 남는 상태를 기준으로 한다.
㉡ **현장배합** : 현장에서 사용하는 골재의 함수 상태와 잔골재 중 5 mm 체에 남는 굵은골재량, 굵은골재 중에서 5 mm 체를 통과하는 잔골재량을 고려하여 시방배합을 수정한 것이다.

32 프리스트레스트 콘크리트
콘크리트에 생기는 인장응력을 상쇄시키거나 감소시키기 위해서 강선이나 강봉을 미리 긴장시켜 압축응력을 주어 만든 콘크리트

33 한중콘크리트
㉠ 한중콘크리트는 하루 평균 기온이 약 4℃ 이하가 되는 기상 조건에서 사용하는 콘크리트이다.
㉡ 한중콘크리트 타설 시 재료를 가열하여 사용하기도 하는데, 시멘트를 투입하기 전에 믹서 안의 재료 온도는 40℃를 넘지 않는 것이 좋다.
㉢ 응결 경화 반응이 지연되고 콘크리트가 동결할 염려가 있거나 타설 후 28일간 외기 온도가 평균 3.2℃ 이하의 기간에 사용한다.

34 뿜어붙이기 콘크리트
㉠ 압축 공기를 이용하여 시공면에 모르타르나 콘크리트를 뿜어붙이는 것으로, 숏크리트(shotcrete)라고도 한다.
㉡ 설치공법에는 건식공법과 습식공법이 있다.
㉢ 굵은골재는 최대치수 10~15 mm의 부순 돌 또는 강자갈을 사용한다.
㉣ 거푸집이 필요 없고, 급속 시공이 가능하기 때문에 공사 기간이 짧아진다.

35 국제 규격 및 국가 규격

표준 명칭	기호
국제표준화기구 (International Organization for Standardization)	ISO
국제전기표준회의 (International Electrotechnical Commission)	IEC
한국산업표준 (Korean Industrial Standards)	KS
영국 규격 (British Standards)	BS
독일 규격 (Deutsche Industrie für Normung)	DIN
미국 규격 (American National Standards Institute)	ANSI
스위스 규격 (Schweitzerish Normen Vereinigung)	SNV
프랑스 규격 (Norm Francaise)	NF
일본 규격 (Japanese Industrial Standards)	JIS

36 용지 및 윤곽선의 크기(단위: mm)

크기의 호칭		A0	A1	A2	A3	A4
$a \times b$		841×1,189	594×841	420×594	297×420	210×297
c(최소)		20	20	10	10	10
d (최소)	철하지 않을 때	20	20	10	10	10
	철할 때	25	25	25	25	25

37 윤곽선은 도면의 크기에 따라 0.5 mm 이상의 굵은 실선으로 나타낸다.

38

굵기에 따른 선의 종류	굵기 비율	예시
가는 선	1	0.2 mm
보통 선(굵은 선)	2	0.4 mm
굵은 선(아주 굵은 선)	4	0.8 mm

39 치수를 기입할 때는 치수가 치수선을 자르거나 치수와 치수선이 겹치지 않게 치수선의 위쪽 중앙에 기입하는 것을 원칙으로 한다. 치수선이 세로일 때는 치수선의 왼쪽 중앙에 기입한다.

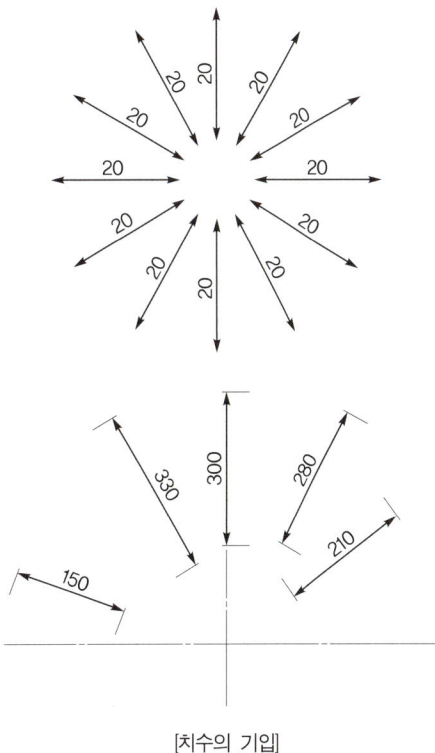

[치수의 기입]

40 중심선으로 대칭물의 한쪽을 표시하는 도면의 치수선은 그 중심을 지나 연장하며, 치수선 중심 끝의 화살표를 붙이지 않는다. 다만 경우에 따라 치수선을 규정보다 짧게 할 수 있다.

41 문자선의 굵기는 한글, 숫자, 영문자에 해당하는 문자 크기의 호칭에 대하여 1/9로 하는 것이 바람직하다.

42 KS에서 정투상법은 제3각법에 따라 도면을 작성하는 것을 원칙으로 한다.

43 정투상법
물체의 표면으로부터 평행한 투시선으로 입체를 투상하는 방법으로, 대상물을 각 면의 수직 방향에서 바라본 모양을 그려 정면도·평면도·측면도로 물체를 나타낸다. 물체의 길이와 내부 구조를 충분히 표현할 수 있다.

44 ① 우측면도
② 정면도
③ 평면도

45 투시도법의 종류(기면과 화면에 따라)
㉠ 평행투시도 : 인접한 두 면이 각각 화면과 기면에 평행한 때의 투시도
㉡ 유각투시도 : 인접한 두 면 가운데 밑면은 기면에 평행하고, 다른 면은 화면에 경사진 투시도
㉢ 경사투시도 : 인접한 두 면이 모두 기면과 화면에 기울어진 투시도

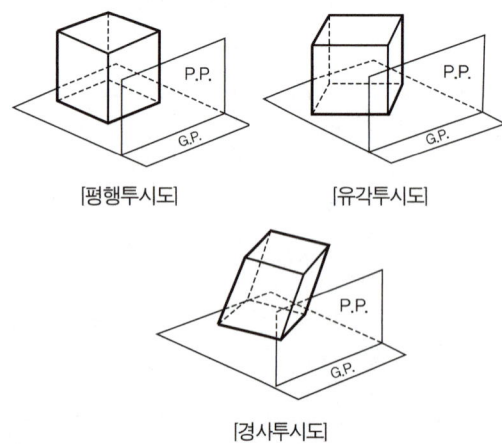

[평행투시도]   [유각투시도]

[경사투시도]

46 ① 아스팔트 ② 강철 ③ 놋쇠 ④ 구리

47 ① 지반면(흙) ② 수준면(물) ③ 호박돌 ④ 자갈

48 ① 모래 ② 암반면(바위) ③ 자갈 ④ 지반면(흙)

49 ① 환강 : $\phi A - L$
② 강관 : $\phi A \times t - L$
③ 평강 : $\square\ B \times t - L$
④ 등변(부등변)ㄱ형강 : $\mathsf{L}\ A \times B \times t - L$

50 금속재료의 기호 표시
㉠ KS D 3503 : KS 분류번호(일반구조용 압연강재)
㉡ S : 재질[강(steel)]
㉢ S : 형상 종류(일반구조용 압연강재)
㉣ 330 : 최저인장강도(330 MPa)

51 일반적인 도면 배치 : 단면도를 중심으로 하부에 저판 배근도, 우측에 벽체 배근도를 배치하고, 저판 배근도 우측에 일반도를 배치한다.

단면도	벽체 배근도
저판 배근도	일반도

52 구조도
㉠ 배근도라고도 하며 콘크리트 내부의 구조 구체를 도면에 표시한다.
㉡ 철근, PC 강재 등 설계상 필요한 여러 가지 재료의 모양 및 품질 등을 표시한다.
㉢ 축척은 일반적으로 1/20, 1/30, 1/40, 1/50을 표준으로 한다.

53 ㉠ 계획도 : 구체적인 설계를 하기 전에 계획자의 의도를 명시하기 위해서 그리는 도면
㉡ 구조도 : 구조물의 구조를 나타내는 도면
㉢ 일반도 : 구조물의 평면도, 입면도, 단면도 등에 의해서 그 형식과 일반구조를 나타내는 도면

54 그림은 스터럽(stirrup)을 나타낸 것이다. 스터럽은 정철근 또는 부철근을 둘러싸고, 이에 직각되게 또는 경사지게 배치한 복부 철근을 말한다.

55 '24@200=4800'은 전장 4,800 mm를 200 mm로 24등분한다는 의미이다.

56 ㉠ ϕ22 : 지름이 22 mm인 원형철근
㉡ @200 : 200 mm 간격으로 배근

57 등고선의 종류와 표시방법

등고선의 종류	표시방법
계곡선	굵은 실선
주곡선	가는 실선
간곡선	가는 긴 파선
조곡선	가는 짧은 파선

58 도면의 생산성이 향상되면서 원가는 감소한다.

　※ CAD의 이용 효과
　　㉠ 생산성 향상
　　㉡ 품질 향상
　　㉢ 표현력 향상
　　㉣ 표준화
　　㉤ 정보화
　　㉥ 경영의 효율화
　　㉦ 경영의 합리화

59
$$\rho_b = \frac{\eta(0.85f_{ck})\beta_1}{f_y} \times \frac{660}{660+f_y}$$
$$= \frac{1 \times 0.85 \times 21 \times 0.8}{240} \times \frac{660}{660 \times 240}$$
$$= 0.044$$

60

분류 기준	좌표계	설명
기준점에 따른 분류	절대좌표	원점으로부터 시작되는 좌표
	상대좌표	이전 점 또는 지정된 임의의 점으로부터 시작되는 좌표
후속점 입력방식에 따른 분류	직교좌표	원점 또는 이전 점에서의 X축, Y축의 이동거리로 표시
	극좌표	원점 또는 이전 점부터의 길이와 각도로 표시

스마트 전산응용토목제도기능사 필기+실기

2025. 1. 15. 초 판 1쇄 발행
2026. 1. 7. 1차 개정증보 1판 1쇄 발행

지은이	강봉수
펴낸이	이종춘
펴낸곳	(주)도서출판 성안당
주소	04032 서울시 마포구 양화로 127 첨단빌딩 3층(출판기획 R&D 센터) 10881 경기도 파주시 문발로 112 파주 출판 문화도시(제작 및 물류)
전화	02) 3142-0036 031) 950-6300
팩스	031) 955-0510
등록	1973. 2. 1. 제406-2005-000046호
출판사 홈페이지	www.cyber.co.kr
ISBN	978-89-315-1212-0 (13530)
정가	30,000원

이 책을 만든 사람들
책임 | 최옥현
진행 | 이희영
표지 디자인 | 박현정
본문 디자인 | 오정은
홍보 | 김계향, 임진성, 김주승, 최정민, 이해슴
국제부 | 이선민, 조혜란
마케팅 | 구본철, 차정욱, 오영일, 나진호, 강호묵
마케팅 지원 | 장상범
제작 | 김유석

이 책의 어느 부분도 저작권자나 BM (주)도서출판 성안당 발행인의 승인 문서 없이 일부 또는 전부를 사진 복사나 디스크 복사 및 기타 정보 재생 시스템을 비롯하여 현재 알려지거나 향후 발명될 어떤 전기적, 기계적 또는 다른 수단을 통해 복사하거나 재생하거나 이용할 수 없음.

※ 잘못 만들어진 책은 바꾸어 드립니다.